完全
マスター

電験三種
受験テキスト

植地修也
丹羽　拓 ［共著］

電力

改訂
4版

Ohmsha

読者の皆さまへ

事業用電気工作物の安全で効率的な運用を行うため，その工事と維持，運用に関する保安と監督を担うのが電気主任技術者です．社会の生産活動の多くは電気に依存しており，また，その需要は増加傾向にあります．

このような中にあって電気設備の保安を確立し，安全・安心な事業を営むために電気主任技術者の役割はますます重要になってきており，その社会的ニーズも高いことから，人気のある国家資格となっています．

「完全マスター　電験三種　受験テキストシリーズ」は，電気主任技術者の区分のうち，第三種，いわゆる「電験三種」の4科目（理論，電力，機械，法規）に対応した受験対策書として，2008年に発行し，改訂を重ねています．

本シリーズは以下のような点に留意した内容となっています．

①　多くの図を取り入れ，初学者や独学者でも理解しやすいよう工夫

②　各テーマともポイントを絞って丁寧に解説

③　各テーマの例題には適宜「Point」を設け，解説を充実

④　豊富な練習問題（過去問）を掲載

今回の改訂では，2023年度から導入されたCBT方式を考慮した内容にしています．また，各テーマを出題頻度や重要度によって3段階（★★★～★）に分けています．合格ラインを目指す方は，★★★や★★までをしっかり学習しましょう．★の出題頻度は低いですが，出題される可能性は十分にありますので，一通り学習することをお勧めします．

電験三種の試験は，範囲も広く難易度が高いと言われていますが，ポイントを絞った丁寧な解説と実践力を養う多くの問題を掲載した本シリーズでの学習が試験合格に大いに役立つものと考えています．

最後に本シリーズ企画の立上げから出版に至るまでお世話になった，オーム社編集局の方々に厚く御礼申し上げます．

2023年10月

著者らしるす

Use Method 本シリーズの活用法

1. 本シリーズは，「完全マスター」という名が示すとおり，過去の問題を綿密に分析し，「学習の穴をなくすこと」を主眼に，本シリーズのみの学習で合格に必要な実力の養成が図れるよう編集しています．

2. また，図や表を多く取り入れ，「理解しやすいこと」「イメージできること」を念頭に構成していますので，効果的な学習ができます．

3. 具体的な使用方法としては，まず，各 Chapter のはじめに「学習のポイント」を記しています．ここで学習すべき概要をしっかりとおさえてください．

4. 章内は節（テーマ）で分かれています．それぞれのテーマは読み切りスタイルで構成していますので，どこから読み始めても構いません．理解できないテーマに関しては，印などを付して繰り返し学習し，不得意分野をなくすようにしてください．また，出題頻度や重要度によって★★★ ～ ★の 3 段階に分類していますので，学習の目安にご活用ください．

5. それぞれのテーマの学習の成果を各節の最後にある問題でまずは試してください．また，各章末にも練習問題を配していますので，さらに実践力を養ってください（解答・解説は巻末に掲載しています）．

6. 本シリーズに挿入されている図は，先に示したように物理的にイメージしやすいよう工夫されているほか，コメントを配しており理解の一助をなしています．試験直前にそれを見るだけでも確認に役立ちます．

目　次　Contents

Chapter ❻ 架空送電線路と架空配電線路

Chapter ❼ 架空送配電線路における各種障害とその対策

Chapter ❽ 電気的特性

目 次

Contents

Chapter 1

水 力 発 電

　水力発電の出題は，ベルヌーイの定理を用いた水管内の流速や圧力の計算，水車の比速度，流量，落差を与えて発電所の年間電力量を求める問題，水力発電所の設備機能，速度調定率，キャビテーションなどの問題が繰り返し出されている．とくに発電所の出力に関する $P_0 = 9.8QH$ という式は基本であり，そのほか機器の機能，役割など，構造や特徴をよく理解しておく必要がある．

水力発電所の種類

[★★]

　水力発電所は，落差を得る方法，運用の仕方，機械配置，建屋，落差の大きさ，制御方式などによって分類される．

1 落差を得る方法による分類

　水路式，ダム式，ダム水路式があり，図1・1にこれを示す．

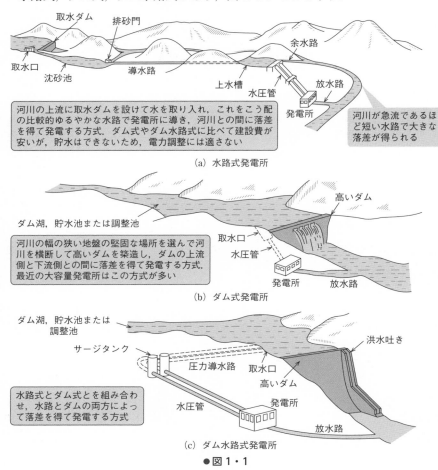

取水ダム　排砂門

取水口

沈砂池　　導水路

余水路

上水槽

水圧管　　放水路

発電所

河川の上流に取水ダムを設けて水を取り入れ，これをこう配の比較的ゆるやかな水路で発電所に導き，河川との間に落差を得て発電する方式．ダム式やダム水路式に比べて建設費が安いが，貯水はできないため，電力調整には適さない

河川が急流であるほど短い水路で大きな落差が得られる

(a) 水路式発電所

高いダム

ダム湖，貯水池または調整池

取水口

水圧管

発電所　　放水路

河川の幅の狭い地盤の堅固な場所を選んで河川を横断して高いダムを築造し，ダムの上流側と下流側との間に落差を得て発電する方式．最近の大容量発電所はこの方式が多い

(b) ダム式発電所

ダム湖，貯水池または調整池

サージタンク

圧力導水路　　取水口

洪水吐き

高いダム

水圧管

発電所

放水路

水路式とダム式とを組み合わせ，水路とダムの両方によって落差を得て発電する方式

(c) ダム水路式発電所

●図1・1

2　運用の仕方による分類

◀1▶　流込み式発電所（自流式発電所）

　河川流量を調整する池をもたず，自然流下する河川流量に応じて発電する発電所で，最大使用流量以上の流量は発電に利用できない．

◀2▶　調整池式発電所

　1日ないし1週間程度の比較的短期間の負荷変動に応じて，河川の自然流量を調整できる容量を備えた池をもつ発電所である．

◀3▶　貯水池式発電所

　自然流量を季節的に調整できる容量の池をもつ発電所で，豊水期や軽負荷時に水を蓄え，**渇水期などに放流する**．

◀4▶　揚水発電所

　深夜あるいは週末などの軽負荷時に，下部貯水池から上部貯水池に揚水しておき，**ピーク負荷時などに発電する**．

> **Point**　落差を得る方法や運用の仕方の他の分類として，機械の配置（立軸，横軸，斜軸発電所），落差の大きさ（低落差，中落差，高落差発電所），発電所建屋（屋内式，屋外式，半屋外式，地下式，半地下式および水中式発電所），制御方式（手動式，一人制御方式，遠方監視制御方式，半自動方式，全自動制御方式）などがある．

問題❶ ✔ ✔ ✔ 　　　　　　　　　　　　　　　　　　　　　H6　A-1

　ダム水路式発電所は，ダムと水路の両方で落差を得て発電する方式で，水の流れからみた代表的な構成例は，次のとおりである．

　　　ダム→ (ア) →圧力導水路→ (イ) → (ウ) →水車→放水路

　上記の空白箇所に記入する字句として，正しい組合せは次のうちどれか．

	(ア)	(イ)	(ウ)
(1)	取水口	水圧管	上水槽
(2)	導水口	サージタンク	上水槽
(3)	取水口	水圧管	サージタンク
(4)	導水口	水圧管	サージタンク
(5)	取水口	サージタンク	水圧管

解説　水路式は，取水ダム→取水口→（導水路）→沈砂池→導水路→上水槽→水圧管→水車→放水路，ダム式は，ダム→取水口→水圧管→水車→放水路，ダム水路式は，ダム→**取水口**→圧力導水路→**サージタンク**→**水圧管**→水車→放水路の順になっており，ダムと水路の両方で落差を得ている．　　　　　　　　　　　　**解答 ▶ (5)**

1-2

ベルヌーイの定理

[★★]

1 水 頭

【1】位置水頭

基準面に対するその点の高さで，図1·2
(a) のA点の基準面X-X' に対する位置
水頭はh_1〔m〕，B点はh_2〔m〕となる.

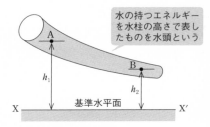

水の持つエネルギー
を水柱の高さで表し
たものを水頭という

(a) 位置水頭

【2】圧力水頭

図1·2 (b) において，重力の加速度を
g〔m/s²〕，水の密度をρ〔kg/m³〕とすると，
水深H〔m〕の水柱の底面に働く力P〔N〕
は，この水柱の重さに等しく

$$P = \rho g A H \ \text{〔N〕} \qquad (1 \cdot 1)$$

圧力の強さをp〔N/m² = Pa（パスカル）〕
とすると

$$p = \frac{P}{A} = \rho g H \ \text{〔N/m²〕} \qquad (1 \cdot 2)$$

$$H = \frac{p}{\rho g} \ \text{〔m〕} \qquad (1 \cdot 3)$$

となるので，この$p/\rho g$を**圧力水頭**という.

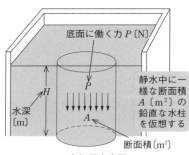

底面に働く力P〔N〕

静水中に一
様な断面積
A〔m²〕の
鉛直な水柱
を仮想する

水深
〔m〕

断面積〔m²〕

(b) 圧力水頭

👆 Point

このとき圧力のエネルギーは，位置エネルギー
(mgh) と同様に考えて

$$mgH = mg \cdot \frac{P}{\rho g} = m \cdot \frac{P}{\rho}$$

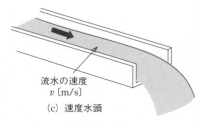

流水の速度
v〔m/s〕

(c) 速度水頭

●図1·2

【3】速度水頭

図1·2 (c) において，速度v〔m/s〕で流れている水の単位体積当たりの質量
m_0〔kg/m³〕がもつ運動のエネルギーは

$$\frac{1}{2}m_0 v^2 \ [\mathrm{N \cdot m}] \tag{1・4}$$

単位体積の水がこれと等しい位置のエネルギー（mgH）を有するものとすると

$$\frac{1}{2}m_0 v^2 = m_0 gH \ [\mathrm{N \cdot m}] \tag{1・5}$$

$$H = \frac{v^2}{2g} \ [\mathrm{m}] \tag{1・6}$$

この $v^2/2g$ を **速度水頭** という.

【4】 全 水 頭

全水頭 とは，その点における水の位置水頭，圧力水頭および速度水頭の和をいう.

2 ベルヌーイの定理

図1・3に，**ベルヌーイの定理** を示す.

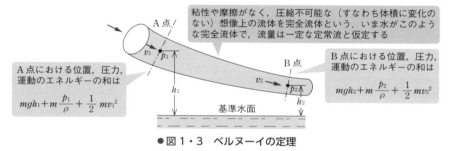

粘性や摩擦がなく，圧縮不可能な（すなわち体積に変化のない）想像上の流体を完全流体という．いま水がこのような完全流体で，流量は一定な定常流と仮定する

A点における位置，圧力，運動のエネルギーの和は

$$mgh_1 + m\frac{p_1}{\rho} + \frac{1}{2}mv_1{}^2$$

B点における位置，圧力，運動のエネルギーの和は

$$mgh_2 + m\frac{p_2}{\rho} + \frac{1}{2}mv_2{}^2$$

基準水面

●図1・3　ベルヌーイの定理

A点とB点の2点におけるそれぞれのエネルギーの和はエネルギー保存の法則により等しく

$$mgh_1 + m\frac{p_1}{\rho} + \frac{1}{2}mv_1{}^2 = mgh_2 + m\frac{p_2}{\rho} + \frac{1}{2}mv_2{}^2 = 一定$$

となる．この両辺を mg で割ると

$$\boldsymbol{h_1 + \frac{p_1}{\rho g} + \frac{v_1{}^2}{2g} = h_2 + \frac{p_2}{\rho g} + \frac{v_2{}^2}{2g} = 一定} \tag{1・7}$$

これがベルヌーイの定理で，各項はそれぞれ位置，圧力，速度の水頭を表している．実際には流水はエネルギー損失を伴うので，この損失水頭を h_l [m] とすると次のようになる.

$$h_1 + \frac{p_1}{\rho g} + \frac{v_1{}^2}{2g} = h_2 + \frac{p_2}{\rho g} + \frac{v_2{}^2}{2g} + h_l = 一定 \tag{1・8}$$

問題2 ✓ ✓ ✓

　図のように，十分大きな水槽があり，水面からの水深 H 〔m〕の側壁に小孔を開けたとき，噴出する水の速度はいくらか．正しいものを次のうちから選べ．ただし，水の噴出に伴うエネルギー損失は無視するものとし，g は重力の加速度〔m/s^2〕とする．

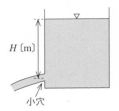

(1) $\dfrac{Hg}{2}$　　(2) $\dfrac{H^2}{2g}$

(3) $2gH$　　(4) $\sqrt{2gH}$　　(5) $2g\sqrt{H}$

解説 水槽の水面と小穴にベルヌーイの定理を適用し

$$h_1 + \frac{p_1}{\rho g} + \frac{{v_1}^2}{2g} = h_2 + \frac{p_2}{\rho g} + \frac{{v_2}^2}{2g}$$

において，$h_1 = H$ 〔m〕，噴出する水の速度を $v_2 = v$ 〔m/s〕とすると，水面と小穴から噴出した水にかかる圧力は大気圧で $p_1 = p_2 (= p_0)$，水面では $v_1 = 0$，小穴では $h_2 = 0$ であるから，$H + \dfrac{p_0}{\rho g} + 0 = 0 + \dfrac{p_0}{\rho g} + \dfrac{v^2}{2g}$　　∴ $v = \sqrt{2gH}$ 〔m/s〕

解答 ▶ (4)

問題3 ✓ ✓ ✓ H11 A-2

　水力発電所の水圧管内における，単位体積当たりの水が保有している運動エネルギー〔J/m^3〕を表す式として，正しいものは次のうちどれか．ただし，水の速度は水圧管の同一断面において管路方向に均一とする．また，ρ は水の密度〔kg/m^3〕，v は水の速度〔m/s〕を表す．

(1) $\dfrac{1}{2}\rho^2 v^2$　　(2) $\dfrac{1}{2}\rho^2 v$　　(3) $2\rho v$　　(4) $\dfrac{1}{2}\rho v^2$　　(5) $\sqrt{2\rho v}$

解説 水の質量を m 〔kg〕とし，水圧管内を v 〔m/s〕の速度で流れているとき，水のもっている運動のエネルギー E は

$$E = \frac{1}{2}mv^2 = \frac{1}{2}\rho V \cdot v^2$$

ただし，V は水の体積〔m^3〕とする．したがって，単位体積当たりのエネルギー E_0 は

$$E_0 = \frac{1}{2}\rho V \cdot v^2 \times \frac{1}{V} = \frac{1}{2}\rho v^2$$

解答 ▶ (4)

1-3

流量・落差と発電所の出力

[★★★]

1 流　量

【1】 河川流量

　河川のある地点の一定横断面を 1 秒間に通過する水の量を**河川流量**といい，一般に m³/s で表される．河川流量は，流域の地質や森林の状態，降水量の多少，降雨の状態，また，季節や年によっても異なる．

【2】 流　量　図

　図 1・4 に，**流量図**の例を示す．

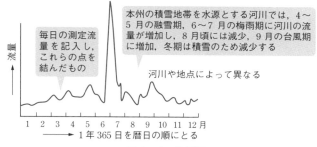

毎日の測定流量を記入し，これらの点を結んだもの

本州の積雪地帯を水源とする河川では，4〜5 月の融雪期，6〜7 月の梅雨期に河川の流量が増加し，8 月頃には減少，9 月の台風期に増加，冬期は積雪のため減少する

河川や地点によって異なる

流量

1　2　3　4　5　6　7　8　9　10　11　12 月

1 年 365 日を暦日の順にとる

●図 1・4　流量図

【3】 流況曲線

　図 1・5 に，**流況曲線**の例を示す．

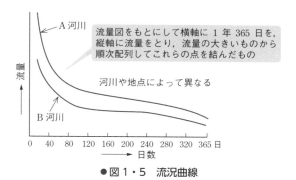

A 河川

流量図をもとにして横軸に 1 年 365 日を，縦軸に流量をとり，流量の大きいものから順次配列してこれらの点を結んだもの

河川や地点によって異なる

流量

B 河川

0　40　80　120　160　200　240　280　320　365 日

日数

●図 1・5　流況曲線

◀4▶ 河川流量の種別 ▶

図 1·6 に，**流量の種別**を示す．

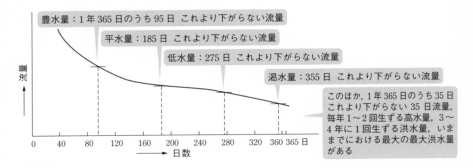

豊水量：1年365日のうち95日 これより下がらない流量

平水量：185日 これより下がらない流量

低水量：275日 これより下がらない流量

渇水量：355日 これより下がらない流量

このほか，1年365日のうち35日 これより下がらない35日流量，毎年1〜2回生ずる高水量，3〜4年に1回生ずる洪水量，いままでにおける最大の最大洪水量がある

流量

0　40　80　120　160　200　240　280　320　360 365 日

—→ 日数

補足	豊　水　量	：three month flow
	平　水　量	：ordinary water discharge
	低　水　量	：nine month flow
	渇　水　量	：minimum flow
	高　水　量	：high water flow
	洪　水　量	：flood discharge
	最大洪水量	：maximum flood discharge

●図 1・6　流量の種別

◀5▶ 流 出 係 数 ▶

図 1·7 にこれを示す．降水量と河川流量との間には，その地方の地質や森林の状態などによって異なるが，ほぼ定まった関係があり，河川流量と降水量との比を**流出係数**と呼ぶ．

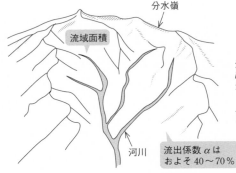

分水嶺

流域面積

河川

流出係数 α はおよそ 40〜70 %

河川の流域面積を S 〔m²〕，年間総降水量を h 〔m〕，流出係数を α とすれば，その河川に流出する年間の総水量 V 〔m³〕は

$$V = Sh\alpha \text{ 〔m}^3\text{〕} \qquad (1 \cdot 9)$$

上式からこの河川の年間平均流量 Q 〔m³/s〕は次式で求められる．

$$Q = \frac{Sh\alpha}{365 \times 24 \times 60 \times 60} \text{ 〔m}^3\text{/s〕}$$
$$(1 \cdot 10)$$

●図 1・7　流出係数の説明

2　流量の測定

　水力発電所における流量測定は，河川流量の調査を目的とするものと，水車の使用流量の実測を目的としたものとに分けられるが，測定にはいろいろな方法があり，場所や要求される精度などによって最も適した方法が採用される.

【1】 量水せき（ウェア）法

　流水を横切ってせきを設け，せきの欠口の幅と越流水深などから式により流量を求めるもので，小流量の水路などに用いられる.

【2】 浮 子 法

　河川や水路の断面変化の少ない直線部で，適当な距離を隔てて二つの横断線を設け，浮子の通過する時間から表面流速を求め流量を算出する.

【3】 流 速 計 法

　プロペラ状，わん状などの羽根車を流水で回転させ，その回転数から流速を求める方法である．河川に横断線を設けて流水の断面を垂直に適当な数に区分し，水深に応じて何点か測定し，垂直流速分布曲線を求めて平均流速を得る.

【4】 超 音 波 法

　図1・8に，超音波法の原理を示す.

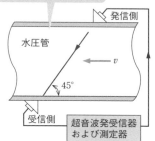

●図1・8　超音波法の原理

【5】 ピトー管法

　図1・9に，ピトー管法の原理を示す.

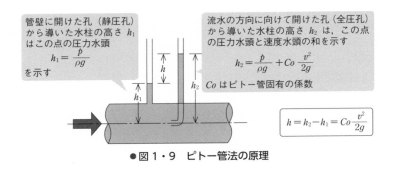

管壁に開けた孔（静圧孔）から導いた水柱の高さ h_1 はこの点の圧力水頭 $h_1 = \dfrac{p}{\rho g}$ を示す

流水の方向に向けて開けた孔（全圧孔）から導いた水柱の高さ h_2 は，この点の圧力水頭と速度水頭の和を示す $h_2 = \dfrac{p}{\rho g} + Co\dfrac{v^2}{2g}$ Co はピトー管固有の係数

$$h = h_2 - h_1 = Co\dfrac{v^2}{2g}$$

●図1・9　ピトー管法の原理

◖6◗ そ の 他

このほか，管の途中に断面を縮小した部分を設け，管の断面積の異なる二つの部分の水頭差から流量を求める**ベンチュリー管法**，水車のガイドベーンまたはニードルをゆるやかに閉じたときに生ずる水圧上昇と時間との関係から流量を算出する**ギブソン法**，大きさのわかっている箱に水を流し込み，時間と水深から流量を求める**容積法**，一定の濃度の塩水を流水の中へ一定の割合で注入し，下流で混合された流水をとり，その濃度から流量を求める**塩水濃度法**，電極の上流で流水中の全断面に急速に塩水を注入し，上下2電極間の距離と塩水の膜の通過時間から流速を求める**塩水速度法**などがある．

3 落 差

水力発電所の出力は落差と流量で決まる．

◖1◗ 落差を得る方法

水力発電所の上水槽水面と放水面との間の高さの差を落差といい，水路，ダムによって落差を得る方法のほか，下部貯水池の水を上部貯水池に揚水して落差を得る方法，異なる河川との間に落差を得る流域変更式や，潮汐の干満の差を利用するものなどがある．

◖2◗ 落差の種類

①**総落差，静落差，有効落差**：図1・10（a）に，反動水車の場合を例にとり，これを示す．

②**基準有効落差**：有効落差の一つで，水車の出力または流量決定の基準とするために選定したものをいう．

③**損失落差**：主な損失落差を図1・10（b）に示す．

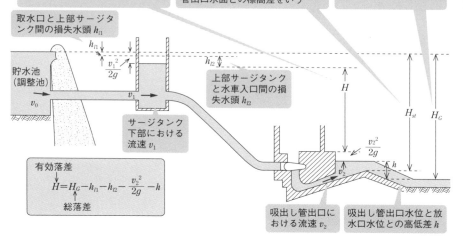

発電所の有効落差 H
発電所で利用される全水頭で発電所の取水口水面と放水口水面との全水頭の差をいう

静落差 H_{st}
発電所の全部の水車が停止したときの上水槽（または上部サージタンク）または取水口水面と吸出し管出口水面との標高差をいう

総落差 H_G
取水口水面と放水口水面との標高差をいう

取水口と上部サージタンク間の損失水頭 h_{l1}

貯水池（調整池）

上部サージタンクと水車入口間の損失水頭 h_{l2}

サージタンク下部における流速 v_1

有効落差
$$H = H_G - h_{l1} - h_{l2} - \frac{v_2^2}{2g} - h$$
総落差

吸出し管出口における流速 v_2

吸出し管出口水位と放水口水位との高低差 h

（a）総落差，静落差，有効落差の関係（反動水車の場合）

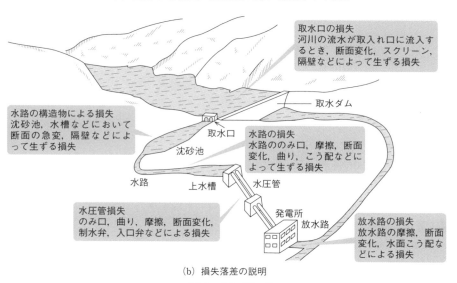

取水口の損失
河川の流水が取入れ口に流入するとき，断面変化，スクリーン，隔壁などによって生ずる損失

水路の構造物による損失
沈砂池，水槽などにおいて断面の急変，隔壁などによって生ずる損失

取水ダム

取水口

沈砂池

水路

上水槽

水圧管

発電所

放水路

水路の損失
水路ののみ口，摩擦，断面変化，曲り，こう配などによって生ずる損失

水圧管損失
のみ口，曲り，摩擦，断面変化，制水弁，入口弁などによる損失

放水路の損失
放水路の摩擦，断面変化，水面こう配などによる損失

（b）損失落差の説明

● 図1・10 落差

4 発電所の出力

(1) 理 論 水 力

有効落差 H 〔m〕，流量 Q 〔m³/s〕の水によって生ずる理論上の電力 P_0 〔kW〕は，次式のようになる（導き方は図1·11 参照）．

$$P_0 = 9.8QH \text{ 〔kW〕} \tag{1·11}$$

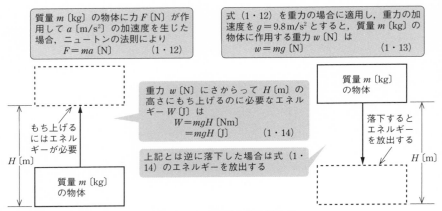

質量 m 〔kg〕の物体に力 F 〔N〕が作用して a 〔m/s²〕の加速度を生じた場合，ニュートンの法則により
$$F = ma \text{ 〔N〕} \tag{1·12}$$

式（1·12）を重力の場合に適用し，重力の加速度を $g = 9.8 \text{ m/s}^2$ とすると，質量 m 〔kg〕の物体に作用する重力 w 〔N〕は
$$w = mg \text{ 〔N〕} \tag{1·13}$$

もち上げるにはエネルギーが必要

質量 m 〔kg〕の物体

H 〔m〕

重力 w 〔N〕にさからって H 〔m〕の高さにもち上げるのに必要なエネルギー W 〔J〕は
$$W = mgH \text{ 〔Nm〕}$$
$$= mgH \text{ 〔J〕} \tag{1·14}$$

上記とは逆に落下した場合は式（1·14）のエネルギーを放出する

質量 m 〔kg〕の物体

落下するとエネルギーを放出する

H 〔m〕

●図 1·11 理論水力の導き方

式（1·14）はエネルギーで，単位は〔J〕で表されているが，仕事の割合，すなわち仕事率（効率）P_0 は，単位時間当たりのエネルギー，〔J/s〕＝〔W〕で表される．水力発電においては，流量を Q 〔m³/s〕とすると質量は $1000Q$ 〔kg〕で，しかも1秒当たりであるから，H 〔m〕を有効落差とすると，仕事率 P_0 〔W〕は

$$P_0 = 1000QgH \text{ 〔W〕} = 9.8QH \text{ 〔kW〕}$$

となり，式（1·11）が得られる．しかし，実際には損失があり，これだけの効率を得ることはできないので，式（1·11）の P_0 を**理論水力**という．

(2) 発電所出力

水車の入力と出力の比を水車効率 η_w といい，また，発電機の入力と出力との比を発電機効率 η_g という．水車の出力 P_w 〔kW〕，発電機の出力 P 〔kW〕は

$$P_w = 9.8QH\eta_w \text{ 〔kW〕} \tag{1·15}$$

$$P = 9.8QH\eta_w\eta_g \text{ 〔kW〕} \tag{1·16}$$

となる．この発電機出力 P を一般に発電所出力と呼んでいる．水車および発電

機の効率は出力などによって異なるが，表1・1に，その概数を示す．なお，（水車効率）×（発電機効率）を**合成効率**または**総合効率**と呼んでいる．

●表1・1 水車，発電機の効率の概数

出力〔kW〕	水車効率〔%〕	発電機効率〔%〕	総合効率〔%〕
1000	83	94	78
5000	85	96	82
10000	87	97	84
20000 超過	88 ～ 92	97	85 ～ 89

問題4　　　　　　　　　　　　　　　　　　　H8　B-11

　流域面積 200 km², 年間降水量 1800 mm の地点に貯水池を有する水力発電所がある．流出係数 70 %，有効落差 120 m，総合効率 85 % で不変とし，貯水池で無効放流および河川維持のための放流はないものとしたとき，次の（a）および（b）に答えよ．

(a) 発電所の年平均出力〔kW〕の値として最も近いものは次のうちどれか．
　(1) 6000　　(2) 7000　　(3) 8000　　(4) 1000　　(5) 10000

(b) この発電所の設備利用率を 40 % としたとき，発電所の定格出力〔kW〕の値として最も近いものは次のうちどれか．
　(1) 12000　　(2) 16000　　(3) 18000　　(4) 20000　　(5) 25000

 $P = 9.8QH\eta$ を用いる．その際，必要な Q, H, η を問題文で与えられた条件を使って算出する．

　(a) 年間の平均流量 Q〔m³/s〕を求めると
$$Q = \frac{200 \times 10^6 \times 1.8 \times 0.7}{365 \times 24 \times 3600} \fallingdotseq 8 \, \text{m}^3/\text{s}$$

発電所出力は
$$9.8QH \times 0.85 = 9.8 \times 8 \times 120 \times 0.85 \fallingdotseq \textbf{8000 kW}$$

(b) 定格出力を P_r〔kW〕とすると設備利用率 L〔%〕は
$$L = \frac{年間発生電力量}{P_r \times 365 \times 24} \times 100 = 40 \, \%$$

年間発生電力量 W_0〔kW・h〕は

$$W_0 = 8\,000 \times 365 \times 24 \qquad L = \frac{8\,000 \times \cancel{365} \times \cancel{24}}{P_r \times \cancel{365} \times \cancel{24}} = \frac{8\,000}{P_r}$$

$$P_r = \frac{8\,000}{40} \times 100 = 20\,000\,\text{kW}$$

解答 ▶ (a)-(3)，(b)-(4)

問題5 H21 A-1

水力発電所において，有効落差 100 m，水車効率 92 %，発電機効率 94 %，定格出力 2500 kW の水車発電機が 80 % 負荷で運転している．このときの流量〔m³/s〕の値として，最も近いのは次のうちどれか．

(1) 1.76　　(2) 2.36　　(3) 3.69　　(4) 17.3　　(5) 23.1

$P = 9.8QH\eta$ より $Q = \dfrac{P}{9.8H\eta}$ として求める．

$$Q = \frac{P}{9.8H\eta} = \frac{2\,500 \times 0.8}{9.8 \times 100 \times 0.92 \times 0.94} \fallingdotseq 2.36\,\text{m}^3/\text{s}$$

解答 ▶ (2)

次の文章は，水力発電の理論式に関する記述である．

図に示すように，放水地点の水面を基準面とすれば，基準面から貯水池の静水面までの高さ H_g 〔m〕を一般に ［ (ア) ］という．また，水路や水圧管の壁と水との摩擦によるエネルギー損失に相当する高さ h_1 〔m〕を ［ (イ) ］という．さらに，H_g と h_1 の差 $H = H_g - h_1$ を一般に ［ (ウ) ］という．

いま，Q 〔m³/s〕の水が水車に流れ込み，水車の効率を η_w とすれば，水車出力 P_w は ［ (エ) ］になる．さらに，発電機の効率を η_g とすれば，発電機出力 P は ［ (オ) ］になる．ただし，重力加速度は $9.8\,\mathrm{m/s^2}$ とする．

上記の記述中の空白箇所（ア），（イ），（ウ），（エ）および（オ）に当てはまる組合せとして，正しいものを次の（1）～（5）のうちから一つ選べ．

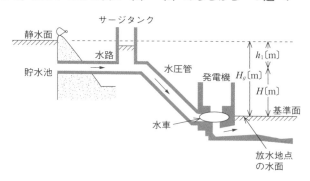

	（ア）	（イ）	（ウ）	（エ）	（オ）
(1)	総落差	損失水頭	実効落差	$9.8QH\eta_w \times 10^3$ 〔W〕	$9.8QH\eta_w\eta_g \times 10^3$ 〔W〕
(2)	自然落差	位置水頭	有効落差	$\dfrac{9.8QH}{\eta_w} \times 10^{-3}$ 〔kW〕	$\dfrac{9.8QH\eta_g}{\eta_w} \times 10^{-3}$ 〔kW〕
(3)	総落差	損失水頭	有効落差	$9.8QH\eta_w \times 10^3$ 〔W〕	$9.8QH\eta_w\eta_g \times 10^3$ 〔W〕
(4)	基準落差	圧力水頭	実効落差	$9.8QH\eta_w$ 〔kW〕	$9.8QH\eta_w\eta_g$ 〔kW〕
(5)	基準落差	速度水頭	有効落差	$9.8QH\eta_w$ 〔kW〕	$9.8QH\eta_w\eta_g$ 〔kW〕

解説 総落差＝放水面から貯水池の静水面までの高さ
有効落差＝総落差－損失落差

$P_{\mathrm{in}} = 9.8QH \times 10^3$ 〔J/s〕＝〔W〕

$P_w = P_{\mathrm{in}} \cdot \eta_w = \boldsymbol{9.8QH\eta_w \times 10^3}$ 〔W〕

$P = P_w \cdot \eta_g = \boldsymbol{9.8QH\eta_w\eta_g \times 10^3}$ 〔W〕

解答 ▶ (3)

1-4

土 木 設 備

[★★]

1 ダ ム

　河川または渓谷などを横断して，流水の貯留，取水および土砂止めなどのために築造される工作物を，ダムと呼んでいる．ダムには多くの種類があるが，発電用として用いられる主なものをあげると，次のとおりである．

1 コンクリートダム

　発電用として最も多く用いられており，**重力ダム**，**バットレスダム**，**中空重力ダム**，**アーチダム**などがあり，図 1・12 にこれを示す．

2 フィルタイプダム

　コンクリート重力ダムと同様に重力によって外力に抵抗するダムで，図 1・13 に示すような**アースダム**と**ロックフィルダム**とがある．

　なお，遮水機能を果たす要素によって分類すると，ほぼ均一な透水性の小さな材料で堤体の大部分が構成されている均一形ダム，遮水ゾーンおよび透水性の異なるいくつかのゾーンで構成されるゾーン形ダム，そしてアスファルトあるいはコンクリートなどを用い，上流側の表面に遮水機能をもたせた表面遮水壁形ダムがある．

2 取 水 口

　貯水池，調整池および河川などから流水を取り入れる設備を**取水口**という．取水口には，制水門，スクリーン，除じん機，土砂吐き，魚道などが設けられる．

3 沈 砂 池

　取水口から取り入れた流水には土砂が含まれており，水路に沈殿・堆積して通水量を減じたり，水圧管や水車に流入して摩耗させる．これを防ぐために**沈砂池**を設けるが，ダムに高さがあり，貯水池や調整池として使用する場合は，池内で土砂が沈殿するため，とくに沈砂池は設けない．

4 導 水 路

　取水口と上水槽（あるいはサージタンク）との間にある水を導くための工作物

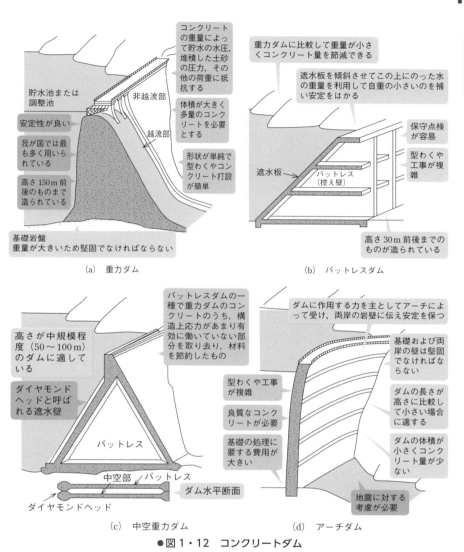

コンクリートの重量によって貯水の水圧、堆積した土砂の圧力、その他の荷重に抵抗する

重力ダムに比較して重量が小さくコンクリート量を節減できる

貯水池または調整池

非越流部

遮水板を傾斜させてこの上にのった水の重量を利用して自重の小さいのを補い安定をはかる

安定性が良い

越流部

体積が大きく多量のコンクリートを必要とする

保守点検が容易

我が国では最も多く用いられている

型わくや工事が複雑

高さ150m前後のものまで造られている

形状が単純で型わくやコンクリート打設が簡単

遮水板

バットレス（控え壁）

基礎岩盤重量が大きいため堅固でなければならない

(a) 重力ダム

高さ30m前後までのものが造られている

(b) バットレスダム

高さが中規模程度（50～100m）のダムに適している

バットレスダムの一種で重力ダムのコンクリートのうち、構造上応力があまり有効に働いていない部分を取り去り、材料を節約したもの

ダムに作用する力を主としてアーチによって受け、両岸の岩壁に伝え安定を保つ

ダイヤモンドヘッドと呼ばれる遮水壁

型わくや工事が複雑

基礎および両岸の壁は堅固でなければならない

バットレス

良質なコンクリートが必要

ダムの長さが高さに比較して小さい場合に適する

基礎の処理に要する費用が大きい

ダムの体積が小さくコンクリート量が少ない

中空部　バットレス

ダム水平断面

ダイヤモンドヘッド

地震に対する考慮が必要

(c) 中空重力ダム

(d) アーチダム

●図1・12　コンクリートダム

を**導水路**といい、**無圧水路**（開きょ式または無圧トンネル）と**圧力水路**がある。一般に、水路式発電所の場合は無圧水路となり、水路のこう配は小水量の場合1/1000程度、低落差大水量の場合1/2000程度で、流速は2～2.5m/s程度である。ダム水路式発電所の場合は圧力水路となる。

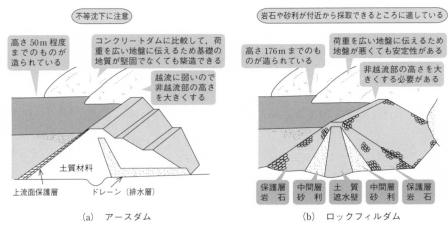

不等沈下に注意

高さ50m程度
までのものが
造られている

コンクリートダムに比較して，荷
重を広い地盤に伝えるため基礎の
地質が堅固でなくても築造できる

越流に弱いので
非越流部の高さ
を大きくする

土質材料

上流面保護層　　　ドレーン（排水層）

（a）アースダム

岩石や砂利が付近から採取できるところに適している

高さ176mまでのも
のが造られている

荷重を広い地盤に伝えるため
地盤が悪くても安定性がある

非越流部の高さを大
きくする必要がある

保護層 岩 石	中間層 砂 利	土 質 遮水壁	中間層 砂 利	保護層 岩 石

（b）ロックフィルダム

●図1・13　フィルタイプダム

5 水 槽

　導水路の末端と水圧管路の接続部に水槽を設ける．無圧水路に接続される場合を**上水槽**または**ヘッドタンク**，圧力水路に接続される場合を**サージタンク**という．

1 上 水 槽

　図1・14に，上水槽の概要と機能を示す．

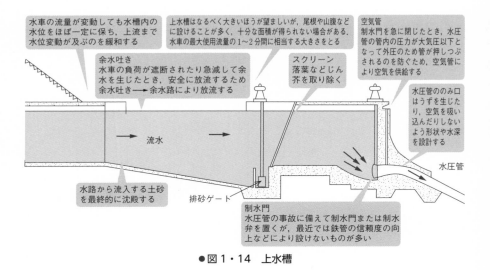

水車の流量が変動しても水槽内の
水位をほぼ一定に保ち，上流まで
水位変動が及ぶのを緩和する

上水槽はなるべく大きいほうが望ましいが，尾根や山腹など
に設けることが多く，十分な面積が得られない場合がある．
水車の最大使用流量の1～2分間に相当する大きさをとる

空気管
制水門を急に閉じたとき，水圧
管の管内の圧力が大気圧以下と
なって外圧のため管が押しつぶ
されるのを防ぐため，空気管に
より空気を供給する

余水吐き
水車の負荷が遮断されたり急減して余
水を生じたとき，安全に放流するため
余水吐き→余水路により放流する

スクリーン
落葉などじん
芥を取り除く

水圧管ののみ口
はうずを生じた
り，空気を吸い
込んだりしない
よう形状や水深
を設計する

流水

水圧管

水路から流入する土砂
を最終的に沈殿する

排砂ゲート

制水門
水圧管の事故に備えて制水門または制水
弁を置くが，最近では鉄管の信頼度の向
上などにより設けないものが多い

●図1・14　上水槽

◢2◣ サージタンク

　水車の流量が急変した場合に，タンク内の水位が自動的に昇降して圧力水路および水圧管内の水圧の変化を軽減，吸収するための工作物を**サージタンク**という．サージタンクには各種のものがあるが，図1・15に概要を示す．

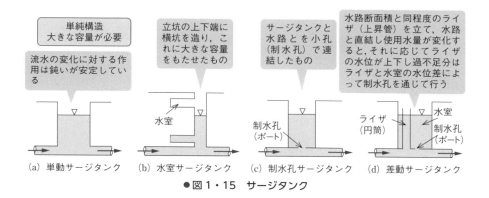

単純構造
大きな容量が必要

流水の変化に対する作用は鈍いが安定している

立坑の上下端に横坑を造り，これに大きな容量をもたせたもの

サージタンクと水路とを小孔（制水孔）で連結したもの

水路断面積と同程度のライザ（上昇管）を立て，水路と直結し使用水量が変化すると，それに応じてライザの水位が上下し過不足分はライザと水室の水位差によって制水孔を通じて行う

水室

制水孔
（ポート）

ライザ
（円筒）

水室

制水孔
（ポート）

(a)　単動サージタンク　　(b)　水室サージタンク　　(c)　制水孔サージタンク　　(d)　差動サージタンク

●図1・15　サージタンク

6　水圧管路

　上水槽（あるいはサージタンク）または取水口から圧力状態で直接水車に導水するための工作物を**水圧管路**といい，水圧管とこれを支持する工作物が含まれる．図1・16に，水圧管路の概要を示す．

　水圧管内の平均流速を v [m/s]，管の内径を D [m] とすると，流量 Q [m³/s] は

$$Q = \pi r^2 \cdot v = \pi \left(\frac{D}{2}\right)^2 \cdot v = \frac{\pi}{4} D^2 v \ [\text{m}^3/\text{s}] \tag{1・17}$$

となる．流量を一定としたとき，管径を大きくすれば管内の流速は小となり，摩擦による損失水頭は小さくなるが，管の厚さを大きくする必要があり，管径の大きいことと相まって設備費は増大する．このため，設備費と損失電力量を総合的に比較し，最も経済的になるようにするが，一般的に管内の流速は 3 ～ 10 m/s 程度とされる．

7　放水路

　水車から放水される水を導くための工作物を**放水路**といい，放水庭，放水路および放水口を総称して放水路と呼んでいる．

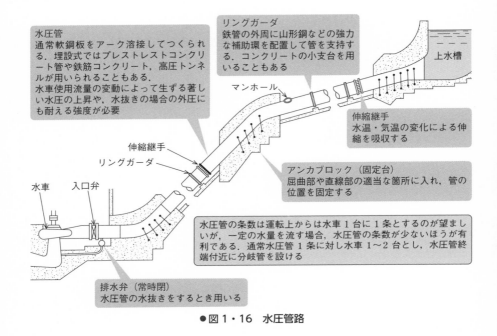

水圧管
通常軟鋼板をアーク溶接してつくられる．埋設式ではプレストレストコンクリート管や鉄筋コンクリート，高圧トンネルが用いられることもある．
水車使用流量の変動によって生ずる著しい水圧の上昇や，水抜きの場合の外圧にも耐える強度が必要

リングガーダ
鉄管の外周に山形鋼などの強力な補助環を配置して管を支持する．コンクリートの小支台を用いることもある

上水槽

マンホール

伸縮継手
水温・気温の変化による伸縮を吸収する

伸縮継手

リングガーダ

アンカブロック（固定台）
屈曲部や直線部の適当な箇所に入れ，管の位置を固定する

水車　入口弁

水圧管の条数は運転上からは水車1台に1条とするのが望ましいが，一定の水量を流す場合，水圧管の条数が少ないほうが有利である．通常水圧管1条に対し水車1〜2台とし，水圧管終端付近に分岐管を設ける

排水弁（常時閉）
水圧管の水抜きをするとき用いる

●図1・16　水圧管路

8 貯 水 池

　豊水期には余剰水量を蓄え，渇水期にはこれを放水利用できるように，自然流量を季節的に調整できる容量を備えた池を**貯水池**という．自所および下流の発電所の出力の増大を図るとともに，日間のピーク負荷にも利用できるものである．図1・17に，一つの流量図の例をあげて説明する．

【1】 流量累加曲線

　豊水期の初めを起点として365日を横軸に，水量を縦軸にとり，毎日の流量を累加して作成した曲線で，これを利用すれば貯水池の容量が求められる．図1・18に**流量累加曲線**を示す．

【2】 貯水池の有効容量

　貯水池または調整池の貯水量のうち，実際に発電に利用できる貯水容量を有効容量という．図1・19にこれを示す．

河川の流量は 1-3 節で述べたように季節的に変化する
最低流量を基準とし，発電所の最大使用流量を X-X′ で示される値とすると，この発電所の設備利用率は，補修，停止などがないものとすると 100%となる．しかし，X-X′ を超える流量は何ら利用できず放流するのみで，大きな損失となる
流量
Y
X
Y′
X′
1 2 3 4 5 6 7 8 9 10 11 12 月
発電所の最大使用流量を Y-Y′ 線の値とすると，X-X′ 線に対して同一流量図で発電電力を増大できる．しかし，ハッチングを施した部分では出力が低下する
Y-Y′ 線以上の余剰水量を貯水池に貯水し，流量が減少するハッチングを施した部分で放流すれば，年間を通じて 100%の出力が得られる

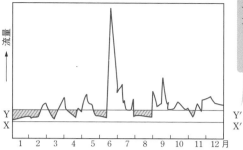

●図 1・17　流量図と使用流量の説明

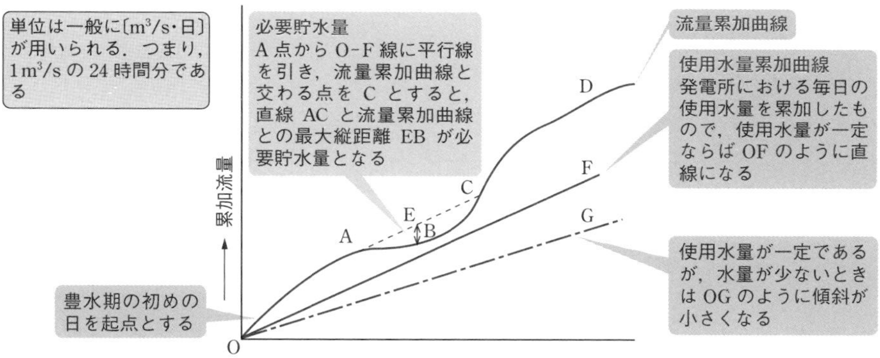

単位は一般に〔m³/s・日〕が用いられる．つまり，1 m³/s の 24 時間分である
必要貯水量
A 点から O-F 線に平行線を引き，流量累加曲線と交わる点を C とすると，直線 AC と流量累加曲線との最大縦距離 EB が必要貯水量となる
流量累加曲線
使用水量累加曲線
発電所における毎日の使用水量を累加したもので，使用水量が一定ならば OF のように直線になる
累加流量
A
B
C
D
E
F
G
O
使用水量が一定であるが，水量が少ないときは OG のように傾斜が小さくなる
豊水期の初めの日を起点とする

●図 1・18　流量累加曲線

満水位から最低水位までの利用水深に相当する貯水量を有効容量という
満水位
利用水深
最低水位
堆砂および死水容量
貯水池の容量は河川流量，地形，地質などの自然条件，電力系統の規模や需給の運用上から要求される調整能力，ダムなどの築造限界，経済性などを総合的に検討して決定される
貯水池の様式としては
● 天然の湖沼を利用するもの
● 高いダムを築造して河川の水をせき止め，貯水すると同時に落差を得るもの（ダム式発電所）
● 高いダムを築造するとともに，圧力トンネルなどでさらに下流に導き落差を得るもの（ダム水路式発電所）などがある

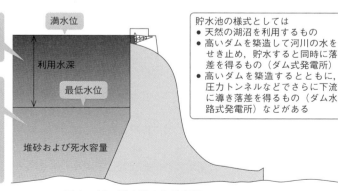

●図 1・19　貯水池の有効容量

9 調 整 池

　日または週程度の負荷変動に応じて河川流量を時間的に調整するもので，深夜または軽負荷時の余剰水量を貯水し，ピーク負荷時に放出する目的で設けられる池を**調整池**という．ピーク負荷に対応するための調整池の容量は，図1·20のようにして求める．

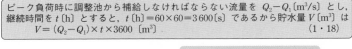

ピーク負荷時に調整池から補給しなければならない流量を $Q_2 - Q_1$ [m³/s] とし，継続時間を t [h] とすると，t [h]＝$60 \times 60 = 3\,600$ [s] であるから貯水量 V [m³] は
$$V = (Q_2 - Q_1) \times t \times 3600 \; [\text{m}^3] \tag{1·18}$$

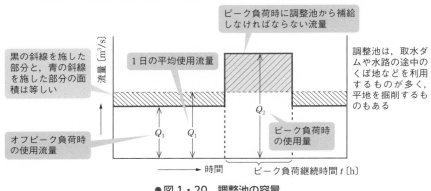

ピーク負荷時に調整池から補給しなければならない流量

黒の斜線を施した部分と，青の斜線を施した部分の面積は等しい

1日の平均使用流量

調整池は，取水ダムや水路の途中のくぼ地などを利用するものが多く，平地を掘削するものもある

オフピーク負荷時の使用流量

ピーク負荷時の使用量

流量 [m³/s]

Q_3　Q_1

Q_2

時間

ピーク負荷継続時間 t [h]

●図1·20　調整池の容量

問題7　☑ ☑ ☑　　　　　　　　　　　　　　　　　　H10　A-1

　水力発電設備に関する説明として，誤っているのは次のうちどれか．
　(1) 取水口：河川水を導水路に円滑に取り入れるための設備である．
　(2) 沈砂池：流速を下げて，流水中に含まれる土砂を沈殿させるために設けた池で，水車等の土砂による損傷を防ぐ．
　(3) 空気弁：管路のキャビテーションによる損傷を軽減するため水圧鉄管に取り付ける弁である．
　(4) 余水吐き：余分な水量を河川に戻すための設備で，放流の際の水勢を十分に下げる必要がある．
　(5) サージタンク：流量急変時に水圧変化による障害を防止するためのタンクで，圧力水路と水圧管の接続部などに設ける．

1-4 節に記されている取水口，沈砂池，サージタンクの項を整理・記憶すること．余水吐きについては図 1・14 の記述を参考にし，空気弁については本例題を通じて記憶すること．問題を解くなかで，記憶を確実にしたり，整理したり，増強したりするのが効果的な取り組み方である．

解説 空気弁は，水圧鉄管の水平部が長く，制水弁を閉じたとき，管内の圧力が低くなり，外圧のためにつぶされることを防止するために設けられている．なお，キャビテーション発生防止のためには，吸出し管の上部に空気管が設けられている．

解答 ▶ (3)

問題8 ☑ ☑ ☑

有効貯水量 $108 \times 10^3 \, \mathrm{m}^3$ の調整池を有する有効落差 50 m の水力発電所がある．自然流量が $18 \, \mathrm{m}^3/\mathrm{s}$ で図のような負荷曲線で運転されたとき，次の (a) および (b) について答えよ．ただし有効落差は変わらないものとし，水車，発電機の総合効率は 85 %，調整池は最大限に利用し，かつオフピーク時に越流させないものとする．

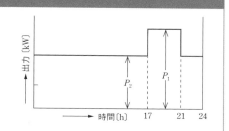

(a) ピーク負荷時の出力 P_1〔kW〕の値として最も近いものはどれか．
　(1) 10 000　　(2) 10 620　　(3) 12 830　　(4) 13 510　　(5) 14 330
(b) オフピーク負荷時の出力 P_2〔kW〕の値として最も近いものはどれか．
　(1) 5 620　　(2) 6 120　　(3) 6 870　　(4) 7 500　　(5) 7 800

$P = 9.8QH\eta$ を用いる．流量 Q の算出方法は問題を解くなかで習熟する．

解説 (a) 有効貯水量をピーク負荷時 17 時から 21 時までの 4 時間に全部放出するので，これによる流量と自然流量とを加えたピーク負荷時の出力 P_1〔kW〕は式 (1・13) により

$$P_1 = 9.8 \times \left(\frac{108 \times 10^3}{4 \times 3\,600} + 18 \right) \times 50 \times 0.85 = \mathbf{10\,620\,kW}$$

(b) オフピーク負荷時の 0 時から 17 時までと，21 時から 24 時までの 20 時間に調整池に貯水するので，この流量分を自然流量から差し引いたものが，オフピーク負荷時の出力 P_2〔kW〕となるから

$$P_2 = 9.8 \times \left(18 - \frac{108 \times 10^3}{20 \times 3\,600} \right) \times 50 \times 0.85 \fallingdotseq \mathbf{6\,870\,kW}$$

解答 ▶ (a)-(2)，(b)-(3)

-5

水　車

[★★★]

1 水車の種類

　水車は，水のもつエネルギーを機械的エネルギーに変える回転機械である．動作原理から分類すると，**衝動水車**と**反動水車**があり，**衝動水車**には，圧力水頭を速度水頭に変えた流水をランナに作用させる構造の**ペルトン水車**がある．**反動水車**には，圧力水頭をもつ流水をランナに作用させる構造の**フランシス水車**，**斜流水車**および**プロペラ水車**がある．このほか，水車にはいろいろな分類法がある．

2 ペルトン水車

　ペルトン水車は，ノズルから流出するジェットをランナに作用させるもので，図1・21に，その構造と特徴を示す．

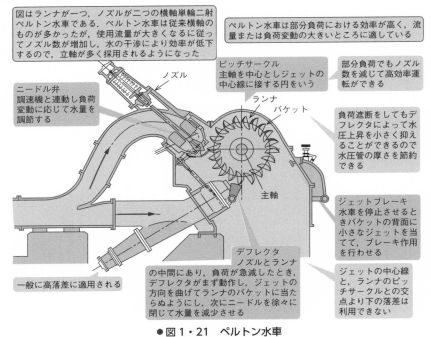

図はランナが一つ，ノズルが二つの横軸単輪二射ペルトン水車である．ペルトン水車は従来横軸のものが多かったが，使用流量が大きくなるに従ってノズル数が増加し，水の干渉により効率が低下するので，立軸が多く採用されるようになった

ペルトン水車は部分負荷における効率が高く，流量または負荷変動の大きいところに適している

ニードル弁
調速機と連動し負荷変動に応じて水量を調節する

ノズル

ピッチサークル
主軸を中心としジェットの中心線に接する円をいう

ランナ

バケット

部分負荷でもノズル数を減じて高効率運転ができる

負荷遮断をしてもデフレクタによって水圧上昇を小さく抑えることができるので水圧管の厚さを節約できる

主軸

ジェットブレーキ
水車を停止させるときバケットの背面に小さなジェットを当てて，ブレーキ作用を行わせる

一般に高落差に適用される

デフレクタ
ノズルとランナの中間にあり，負荷が急減したとき，デフレクタがまず動作し，ジェットの方向を曲げてランナのバケットに当たらぬようにし，次にニードルを徐々に閉じて水量を減少させる

ジェットの中心線と，ランナのピッチサークルとの交点より下の落差は利用できない

●図1・21　ペルトン水車

3 フランシス水車

　フランシス水車は**反動水車**の一つで，流水がランナの外周から流入し，ランナ内で軸方向に向きを変えて流出する．図 1・22 に，構造と特徴を示す．

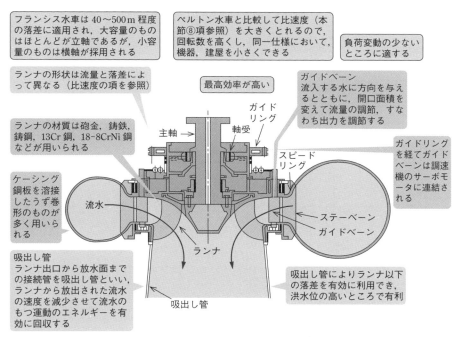

フランシス水車は 40～500 m 程度の落差に適用され，大容量のものはほとんどが立軸であるが，小容量のものは横軸が採用される

ペルトン水車と比較して比速度（本節⑧項参照）を大きくとれるので，回転数を高くし，同一仕様において，機器，建屋を小さくできる

負荷変動の少ないところに適する

ランナの形状は流量と落差によって異なる（比速度の項を参照）

最高効率が高い

ガイドベーン
流入する水に方向を与えるとともに，開口面積を変えて流量の調節，すなわち出力を調節する

ランナの材質は砲金，鋳鉄，鋳鋼，13Cr 鋼，18-8CrNi 鋼などが用いられる

主軸

軸受

ガイドリング

スピードリング

ガイドリングを経てガイドベーンは調速機のサーボモータに連結される

ケーシング
鋼板を溶接したうず巻形のものが多く用いられる

流水

ステーベーン
ガイドベーン

吸出し管
ランナ出口から放水面までの接続管を吸出し管といい，ランナから放出された流水の速度を減少させて流水のもつ運動のエネルギーを有効に回収する

ランナ

吸出し管

吸出し管によりランナ以下の落差を有効に利用でき，洪水位の高いところで有利

●図 1・22　フランシス水車

4 斜流水車

　斜流水車は**反動水車**の一つで，流水がランナを軸に斜方向に通過する．図 1・23 に，斜流水車の一種**デリア水車**の構造と特徴を示す．

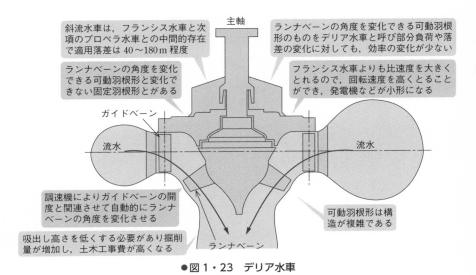

主軸

斜流水車は，フランシス水車と次項のプロペラ水車との中間的存在で適用落差は 40〜180 m 程度

ランナベーンの角度を変化できる可動羽根形のものをデリア水車と呼び部分負荷や落差の変化に対しても，効率の変化が少ない

ランナベーンの角度を変化できる可動羽根形と変化できない固定羽根形とがある

フランシス水車よりも比速度を大きくとれるので，回転速度を高くとることができ，発電機などが小形になる

ガイドベーン

流水

流水

調速機によりガイドベーンの開度と関連させて自動的にランナベーンの角度を変化させる

吸出し高さを低くする必要があり掘削量が増加し，土木工事費が高くなる

ランナベーン

可動羽根形は構造が複雑である

●図 1・23　デリア水車

5 プロペラ水車

　プロペラ水車は**反動水車**の一つで，ランナを通過する流水の方向が軸方向のものをいう．図 1・24 に，プロペラ水車の一種**カプラン水車**の構造と特徴を示す．

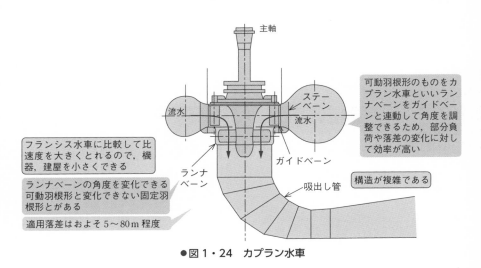

主軸

ステーベーン

流水

流水

可動羽根形のものをカプラン水車といいランナベーンをガイドベーンと連動して角度を調整できるため，部分負荷や落差の変化に対して効率が高い

フランシス水車に比較して比速度を大きくとれるので，機器，建屋を小さくできる

ランナベーン

ガイドベーン

ランナベーンの角度を変化できる可動羽根形と変化できない固定羽根形とがある

吸出し管

構造が複雑である

適用落差はおよそ 5〜80 m 程度

●図 1・24　カプラン水車

6 吸出し管 （ドラフトチューブ）

吸出し管は，反動水車のランナ出口から放水面までの接続管をいい，ランナから放出された流水の速度を減少させて流水のもつ運動のエネルギーを有効に回収させる機能をもっている．**衝動水車であるペルトン水車にはない**．

7 水車の効率

図 1・25 に，水車の種類による効率のおおよその傾向を示す．

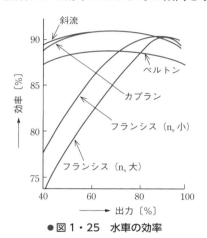

●図 1・25　水車の効率

8 比　速　度

水車の比速度とは，その水車の形と運転状態を相似に保って，その大きさを変え，単位落差で単位出力を発生させたとき，その水車が回転すべき回転速度をいう（相似な運転状態とは，水車の周辺速度を u [m/s]，流水の速度を v [m/s]，落差を H [m] としたとき，それぞれの水車の周辺速度係数 $u/\sqrt{2gH_2}$，流水速度係数 $v/\sqrt{2gH_2}$ が等しいことをいう）．

有効落差 H [m]，出力 P [kW]，回転速度 n [min^{-1}] の水車の比速度 n_s [min^{-1}] は

$$n_s = n\frac{P^{\frac{1}{2}}}{H^{\frac{5}{4}}} \ [\text{min}^{-1}] \tag{1・19}$$

となる（p.36，37 参照）．ただし，水車出力 P [kW] はペルトン水車ではノズ

ル1個当たり，フランシス水車などの反動水車ではランナ1個当たりの出力をいい，出力 P〔kW〕のとり方は図1・26による．また，n_s の異なるフランシス水車の概形を図1・27に示す．

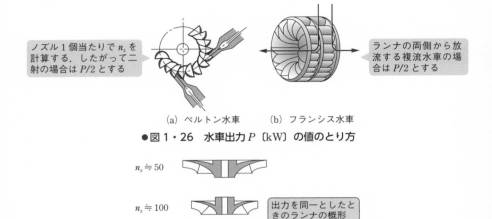

ノズル1個当たりで n_s を計算する．したがって二射の場合は $P/2$ とする

ランナの両側から放流する複流水車の場合は $P/2$ とする

（a）ペルトン水車　　（b）フランシス水車

●図1・26　水車出力 P〔kW〕の値のとり方

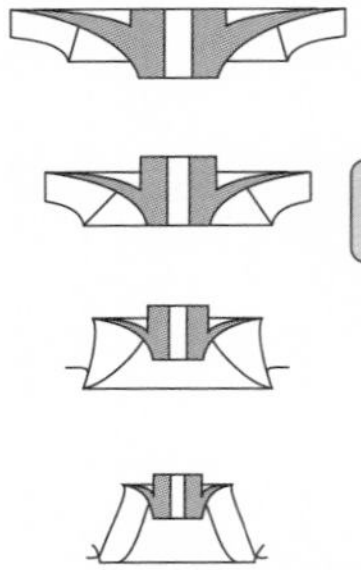

$n_s \fallingdotseq 50$

$n_s \fallingdotseq 100$

出力を同一としたときのランナの概形

$n_s \fallingdotseq 200$

$n_s \fallingdotseq 300$

●図1・27　n_s の異なるフランシス水車ランナ

通常，ペルトン水車の比速度はフランシス水車の比速度より小さい（表1・2）．

●表1・2　水車の種類と概数

水車の種類	適用落差〔m〕	無拘束速度（規定回転速度に対する %）	比速度〔min⁻¹〕	比速度の限界〔min⁻¹〕
ペルトン	150～800	170～200	18～29	$n_s \leqq \dfrac{4\,500}{H+150}+14$
フランシス	40～500	160～230	89～377	$n_s \leqq \dfrac{33\,000}{H+55}+30$
斜流	40～180	170～240	145～390	$n_s \leqq \dfrac{21\,000}{H+20}+40$
プロペラ（カプラン）	5～80	200～320	275～1216	$n_s \leqq \dfrac{21\,000}{H+13}+50$

（注）　比速度欄の数値は比速度の限界に適用落差の上限と下限を入れて求めたもの
　　　　比速度の限界は JEC-4001「水車及びポンプ水車」（2018）による

9　無拘束速度

無拘束速度とは，ある有効落差，開度および吸出し高さにおける水車の無負荷の回転速度をいい，これらのうち起こりうる最大のものを**最大無拘束速度**というが，混同のおそれのない場合は，単に無拘束速度という．表 1・2 に，各種水車の概数を示す．

10　水車の落差変化に対する特性

落差の大きな発電所では，有効落差が多少変化してもその影響は小さいが，有効水深の大きな貯水池または調整池をもつ発電所や，落差の小さな発電所では，落差の変化が水車の特性に大きな影響を与える．

落差変化前後の落差を H，H'〔m〕，回転速度を n，n'〔min^{-1}〕，流量を Q，Q'〔m^3/s〕，出力を P，P'〔kW〕とし，図 1・28 によりそれぞれの比を求めると次のようになる．

$$\frac{n'}{n} = \left(\frac{H'}{H}\right)^{\frac{1}{2}} \qquad \frac{Q'}{Q} = \left(\frac{H'}{H}\right)^{\frac{1}{2}} \qquad \frac{P'}{P} = \left(\frac{H'}{H}\right)^{\frac{3}{2}} \qquad (1・20)$$

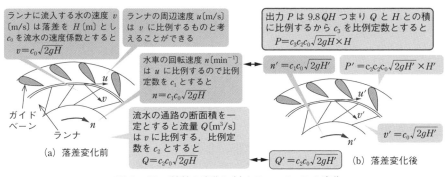

ランナに流入する水の速度 v〔m/s〕は落差を H〔m〕とし c_0 を流水の速度係数とすると $v = c_0\sqrt{2gH}$

ランナの周辺速度 u〔m/s〕は v に比例するものと考えることができる

出力 P は $9.8QH$ つまり Q と H との積に比例するから c_3 を比例定数とすると $P = c_3 c_2 c_0 \sqrt{2gH} \times H$

水車の回転速度 n〔min^{-1}〕は u に比例するので比例定数を c_1 とすると $n = c_1 c_0 \sqrt{2gH}$

$n' = c_1 c_0 \sqrt{2gH'}$　　$P' = c_3 c_2 c_0 \sqrt{2gH'} \times H'$

流水の通路の断面積を一定とすると流量 Q〔m^3/s〕は v に比例する．比例定数を c_2 とすると $Q = c_2 c_0 \sqrt{2gH}$

$v' = c_0 \sqrt{2gH'}$

$Q' = c_2 c_0 \sqrt{2gH'}$

ガイドベーン

ランナ

(a) 落差変化前

(b) 落差変化後

●図 1・28　落差の変化に対する n，Q，P の変化

11　水車のキャビテーション

◀1▶ キャビテーションの発生原因 ▶

水の流れによってある点の圧力が低下し，その時の水温における飽和蒸気圧以

下またはそれ近くになると，まず空気が水より分離し，次いでその部分の水は蒸発して水蒸気となり，水車ランナの羽根表面に沿って空虚な水のない部分が生ずる．この気泡が流されて圧力の大きいところに達して気泡として存在することが不可能となると，再び液化する前に音響を伴って潰滅することを**キャビテーション**という．このとき，瞬間的に極めて大きな衝撃（一種のウォータハンマ作用）を生じ，この衝撃が無数に反復して加えられることにより，機械的に材料が疲れをきたし，表面が破砕され海綿状に羽根が傷められる．キャビテーション発生の要因となる圧力の低い部分ができるのは

①　ランナの比速度が大きすぎる．

②　吸出し管の吸出し高さが高すぎる．

③　ランナの表面仕上げが悪い．

④　水に接する部分の形状が適当でない．

などが原因であると考えられている．

【2】 キャビテーションの水車への影響

ペルトン水車ではバケット水切り先端部の裏側およびノズルチップ，ニードルチップ，フランシス水車ではランナベーンの出口裏側など，流水に接する部分が海綿状に壊食される．また，反動水車ランナでは，負荷の状態によって振動や騒音を発生することがある．さらにキャビテーションの発生が著しくなると，水車の出力や効率が低下する．図1・29に，キャビテーションによって壊食されたフランシス水車のランナを示す．

●図1・29　キャビテーションにより壊食されたランナ

【3】 キャビテーションの防止対策

①　水車の比速度を表1・2の限界を超えないようにする．

②　吸出し高さをあまり高くしない．

③　ランナベーンの形状を整え，表面を平滑に仕上げる．

④　18-8CrNi鋼や13 Cr鋼などの，キャビテーションに耐える材料を用いる．

⑤　部分負荷や過負荷運転を避ける．

⑥　吸出し管へ空気を導入する．

などがキャビテーションの防止対策としてあげられる．

12 水車の選定

　発電所の建設位置が決まり，落差，流量，台数が決定されると，その落差に対する比速度の限界（表1・2参照）から水車のおおよその形式が選定できる．落差によっては複数の水車形式の適用が可能であるが，経済性，運転保守の容易さなどを総合的に比較検討し，最も適した形式を選定する．選定に際し比較検討される水車の特徴は次のとおりである．

【1】 ペルトン水車（衝動水車）

① **高落差領域に適している**．

② 流量の変化に対して効率特性が平坦なため，部分負荷で運転するところ，たとえば，**流況の悪い流込み式発電所に適している**．

③ 多ノズル形では負荷に応じてノズル数を変えて，高効率運転ができる．

④ デフレクタで水圧上昇を抑えられ，水圧管は経済的となる．

⑤ 摩耗部品の取替えなど保守が容易である．

⑥ ランナ据付位置は放水面より高いので損失落差がある．

【2】 フランシス水車（反動水車）

① **適用落差，出力の範囲が広く**，構造も単純なため最も広く用いられる．

② 吸出し管により，落差を有効に利用できる．

③ 負荷や落差の変化に対して，効率の低下が大きく，比速度の大きいものほど，最高効率点を境として軽負荷側，過負荷側の効率低下が著しい．

【3】 斜流水車およびプロペラ水車（反動水車）

① ランナベーンが可動形の**デリア水車**，**カプラン水車**では，**落差や負荷の変化に対して効率の変化が小さい**．

② フランシス水車に比べて比速度が大きいので，発電機や建屋を小形にできる．

③ **中低落差領域に用いられる**．

④ 構造が複雑である．

⑤ 吸出し高さを低くする必要がある．

⑥ 無拘束速度が大きい．

⑦ ランナを分解して輸送できるため，輸送制限を受けることが少ない．

13 水車の付属装置

水車は，各種の付属装置によって円滑な運転が可能であり，その主なものは，入口弁，制圧機，水位調整器，調速機（1-6節参照）などである．

【1】入 口 弁

入口弁は，水車に通水または断水する目的で，水車または水車の近くに設ける

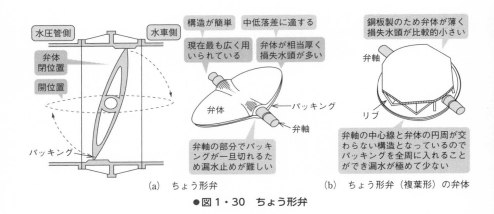

水圧管側　水車側

弁体
閉位置

開位置

パッキング

（a）ちょう形弁

構造が簡単　中低落差に適する

現在最も広く用いられている

弁体が相当厚く損失水頭が多い

パッキング
弁体
弁軸

弁軸の部分でパッキングが一旦切れるため漏水止めが難しい

鋼板製のため弁体が薄く損失水頭が比較的小さい

弁軸
リブ

弁軸の中心線と弁体の円周が交わらない構造となっているのでパッキングを全周に入れることができ漏水が極めて少ない

（b）ちょう形弁（複葉形）の弁体

●図1・30　ちょう形弁

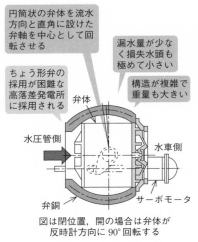

円筒状の弁体を流水方向と直角に設けた弁軸を中心として回転させる

ちょう形弁の採用が困難な高落差発電所に採用される

漏水量が少なく損失水頭も極めて小さい

構造が複雑で重量も大きい

水圧管側　弁体　水車側

弁銅　サーボモータ

図は閉位置，開の場合は弁体が反時計方向に90°回転する

●図1・31　ロータリ弁

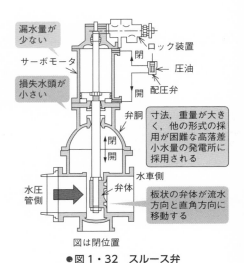

漏水量が少ない

サーボモータ

損失水頭が小さい

ロック装置　閉

圧油
配圧弁
開

弁胴　閉
開

寸法，重量が大きく，他の形式の採用が困難な高落差小水量の発電所に採用される

水圧管側　水車側　弁体

板状の弁体が流水方向と直角方向に移動する

図は閉位置

●図1・32　スルース弁

弁で，水車の停止中の漏水を少なくし，ニードルやガイドベーンの摩耗を防ぐ．水圧管内の水を抜くことなく内部点検などの作業を行うことができ，また，ニードルやガイドベーンが閉鎖不能になったときのバックアップなどに用いられるが，通常，流水中の開閉は行わない．入口弁には，**ちょう形弁**，**ロータリ弁**，**スルース弁**などがあり，図1・30〜1・32に，これらの概要を示す．

【2】 制 圧 機

水車の運転中に，負荷が急変してガイドベーンまたはニードル開度が変化し流量が急変したとき，水圧管内の圧力が異常に上昇もしくは下降する．このとき管内に生ずる激しい過渡的圧力の変動を水撃作用といい，これを防ぐため，1-4節に述べたサージタンクや制圧機が用いられる．図1・33に，制圧機の例を示す．

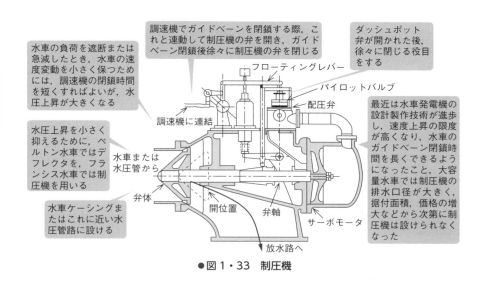

調速機でガイドベーンを閉鎖する際，これと連動して制圧機の弁を開き，ガイドベーン閉鎖後徐々に制圧機の弁を閉じる

ダッシュポット弁が開かれた後，徐々に閉じる役目をする

水車の負荷を遮断または急減したとき，水車の速度変動を小さく保つためには，調速機の閉鎖時間を短くすればよいが，水圧上昇が大きくなる

水圧上昇を小さく抑えるために，ペルトン水車ではデフレクタを，フランシス水車では制圧機を用いる

水車または水圧管から

弁体

水車ケーシングまたはこれに近い水圧管路に設ける

フローティングレバー

パイロットバルブ

配圧弁

調速機に連結

開位置

弁軸

サーボモータ

放水路へ

最近は水車発電機の設計製作技術が進歩し，速度上昇の限度が高くなり，水車のガイドベーン閉鎖時間を長くできるようになったこと，大容量水車では制圧機の排水口径が大きく，据付面積，価格の増大などから次第に制圧機は設けられなくなった

●図1・33 制圧機

【3】 水位調整器

流込み式発電所の場合は，取水口からの流入量に応じ，水車の使用水量を調節して無効放流を防止することが必要である．流入量と使用水量の差は，上水槽の水位変化として現れる．水位を一定に保つための**水位調整器**が設けられ，調速機と組み合わせて自動的に出力制御が行われる．

最近は電気式調速機が多く用いられるようになり，これと組み合わせて使用されている（1-6節参照）．

問題9 ✓✓✓　　　　　　　　　　　　　　　　H20　A-1

　　次の文章は，水力発電に関する記述である.

　　水力発電は，水のもつ位置エネルギーを水車により機械エネルギーに変換し，発電機を回す. 水車には衝動水車と反動水車がある.　(ア)　には　(イ)　，プロペラ水車などがあり，揚水式のポンプ水車としても用いられる. これに対し，　(ウ)　の主要な方式である　(エ)　は高落差で流量が比較的少ない場所で用いられる.

　　水車の回転速度は構造上比較的低いため，水車発電機は一般的に極数を　(オ)　するように設計されている.

　　上記の記述中の空白箇所（ア），（イ），（ウ），（エ）および（オ）に当てはまる語句として，正しいものを組み合わせたのは次のうちどれか.

	（ア）	（イ）	（ウ）	（エ）	（オ）
(1)	反動水車	ペルトン水車	衝動水車	カプラン水車	多く
(2)	衝動水車	フランシス水車	反動水車	ペルトン水車	少なく
(3)	反動水車	ペルトン水車	衝動水車	フランシス水車	多く
(4)	衝動水車	フランシス水車	反動水車	斜流水車	少なく
(5)	反動水車	フランシス水車	衝動水車	ペルトン水車	多く

解説　水車の代表例には衝動水車と反動水車があり，衝動水車にはペルトン水車，反動水車にはフランシス水車，プロペラ水車がある. また，回転速度は低いため発電機の磁極数を多くしている.

解答 ▶ (5)

問題10 ✓✓✓　　　　　　　　　　　　　　　　H22　A-1

　　次の文章は，水車に関する記述である.

　　衝動水車は，位置水頭を　(ア)　に変えて，水車に作用させるものである. この衝動水車は，ランナ部で　(イ)　を用いないので，　(ウ)　水車のように，水流が　(エ)　を通過するような構造が可能となる.

　　上記の空白箇所に当てはまる語句として，正しい組合せは次のうちどれか.

	（ア）	（イ）	（ウ）	（エ）
(1)	圧力水頭	速度水頭	フランシス	空気中
(2)	圧力水頭	速度水頭	フランシス	吸出管中
(3)	速度水頭	圧力水頭	フランシス	吸出管中
(4)	速度水頭	圧力水頭	ペルトン	吸出管中
(5)	速度水頭	圧力水頭	ペルトン	空気中

衝動水車は，位置水頭から圧力水頭に変えたエネルギーを**速度水頭**に変え，水流を水車に作用させる．代表例として**ペルトン**水車がある．

解答 ▶ (5)

問題⑪ ✓ ✓ ✓　　　　　　　　　　　　　　　　　　　　　H12　A-2

　水車の比速度とは，その水車と幾何学的に相似なもう一つの水車を仮想し，この仮想水車を 1 m の　(ア)　のもとで相似な状態で運転させ，1 kW の出力を発生するような　(イ)　としたときの，その仮想水車の回転速度（min⁻¹）をいう．

　水車の比速度 n_s 〔min⁻¹〕は水車出力を P 〔kW〕，有効落差を H 〔m〕，回転速度を n 〔min⁻¹〕とすれば次式で表すことができる．

$$n_s = n \times \frac{\boxed{(ウ)}^{\frac{1}{2}}}{\boxed{(エ)}^{\frac{5}{4}}}$$

　ただし，水車出力 P はペルトン水車ではノズル 1 個当たりの出力であり，　(オ)　水車ではランナ 1 個当たりの出力である．

　上記の記述中の空白個所（ア），（イ），（ウ），（エ）および（オ）に記入する語句または記号として正しいものを組み合わせたものは次のうちどれか．

	（ア）	（イ）	（ウ）	（エ）	（オ）
(1)	落差	寸法	P	H	反動
(2)	範囲	落差	H	P	衝動
(3)	落差	寸法	H	P	衝動
(4)	落差	寸法	H	P	反動
(5)	範囲	落差	P	H	衝動

　　式 (1・19) の $n_s = n \times \dfrac{P^{\frac{1}{2}}}{H^{\frac{5}{4}}}$ 〔**min⁻¹**〕を用いる．

 水車の比速度とは，その水車と幾何学的相似のランナを仮想し落差 1 m で 1 kW の出力を発生する仮想水車の回転速度〔min⁻¹〕をいう．水車出力 P〔kW〕はペルトン水車ではノズル 1 個当たり，反動水車ではランナ 1 個当たりの出力をいう．

$$n_s = n \times \frac{P^{\frac{1}{2}}}{H^{\frac{5}{4}}} \text{ 〔}\mathbf{min^{-1}}\text{〕}$$

解答 ▶ (1)

$n_s = n \times \dfrac{P^{\frac{1}{2}}}{H^{\frac{5}{4}}}$ 〔min^{-1}〕の導出

図 1・34 のような簡略化したモデルを考える．このとき，エネルギー保存則より

$$mgH = \frac{1}{2}mv^2$$

∴ $H \propto v^2$ ……………………………………………………………………… ①

回転速度 n と v の関係は

$$n \cdot 2\pi r \cdot t = v \cdot t$$

より

$$v \propto n \cdot r$$ ………………………………… ②

式 ①，② より

$$H \propto (nr)^2$$ ………………………………… ③

また，流量 Q は

$$Q \propto \pi r^2 \cdot v \propto r^2 v$$
$$\propto r^2(nr) \quad (\because ②)$$
$$\propto n \cdot r^3$$ ………………………………… ④

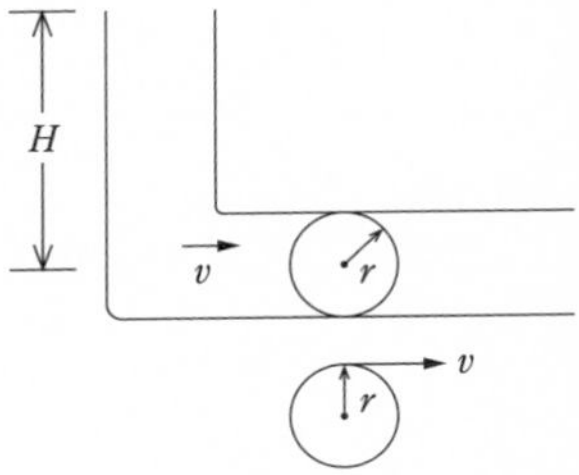

●図 1・34

いま，2 個の相似形のランナを考え，それぞれ回転速度を n, n', 大きさを表す半径を r, r' とすると

式 ④ より，Q は回転速度と大きさの 3 乗に比例するから

$$\frac{Q'}{Q} = \left(\frac{n'}{n}\right)\left(\frac{r'}{r}\right)^3 \rightarrow \left(\frac{r'}{r}\right)^3 = \left(\frac{n'}{n}\right)^{-1}\left(\frac{Q'}{Q}\right)$$

∴ $\dfrac{r'}{r} = \left(\dfrac{n'}{n}\right)^{-\frac{1}{3}}\left(\dfrac{Q'}{Q}\right)^{\frac{1}{3}}$ ……………………………………………………… ⑤

式 ③ より，H は回転速度の 2 乗と大きさの 2 乗に比例するから

$$\frac{H'}{H} = \left(\frac{n'}{n}\right)^2\left(\frac{r'}{r}\right)^2 \rightarrow \left(\frac{r'}{r}\right)^2 = \left(\frac{n'}{n}\right)^{-2}\left(\frac{H'}{H}\right)$$

∴ $\dfrac{r'}{r} = \left(\dfrac{n'}{n}\right)^{-1}\left(\dfrac{H'}{H}\right)^{\frac{1}{2}}$ ……………………………………………………… ⑥

式 ⑤⑥ で，⑥ = ⑤ であるから

$$\left(\frac{n'}{n}\right)^{-1}\left(\frac{H'}{H}\right)^{\frac{1}{2}} = \left(\frac{n'}{n}\right)^{-\frac{1}{3}}\left(\frac{Q'}{Q}\right)^{\frac{1}{3}} \rightarrow \left(\frac{H'}{H}\right)^{\frac{1}{2}} = \left(\frac{n'}{n}\right)^{\frac{2}{3}}\left(\frac{Q'}{Q}\right)^{\frac{1}{3}}$$

∴ $\left(\dfrac{n'}{n}\right)^{\frac{2}{3}} = \left(\dfrac{H'}{H}\right)^{\frac{1}{2}}\left(\dfrac{Q'}{Q}\right)^{-\frac{1}{3}}$

両辺を $\dfrac{3}{2}$ 乗して

$$\frac{n'}{n} = \left(\frac{H'}{H}\right)^{\frac{3}{4}}\left(\frac{Q'}{Q}\right)^{-\frac{1}{2}} = \left(\frac{Q^{\frac{1}{2}}}{H^{\frac{3}{4}}}\right)\left(\frac{H'^{\frac{3}{4}}}{Q'^{\frac{1}{2}}}\right)$$ ………………… ⑦

ここで，Q を P に変換するため $P = 9.8QH\eta$ より，$Q \propto \dfrac{P}{H}$ ∴ $Q^{\frac{1}{2}} \propto \dfrac{P^{\frac{1}{2}}}{H^{\frac{1}{2}}}$

と置き換えることができ

$$\frac{Q^{\frac{1}{2}}}{H^{\frac{3}{4}}} \propto \left(\frac{P^{\frac{1}{2}}}{H^{\frac{1}{2}}}\right) \cdot \frac{1}{H^{\frac{3}{4}}} = \frac{P^{\frac{1}{2}}}{H^{\frac{5}{4}}}$$

この関係を式 ⑦ に用いると

$$\therefore \quad \frac{n'}{n} = \left(\frac{P^{\frac{1}{2}}}{H^{\frac{5}{4}}} \right) \times \left(\frac{P'^{\frac{1}{2}}}{H'^{\frac{5}{4}}} \right)^{-1}$$

$$\therefore \quad n' = n \times \left(\frac{P^{\frac{1}{2}}}{H^{\frac{5}{4}}} \right) \times \left(\frac{H'^{\frac{5}{4}}}{P'^{\frac{1}{2}}} \right)$$

比速度 n_s の定義より，上式で $P' = 1\,\mathrm{kW}$，$H' = 1\,\mathrm{m}$，$n' \rightarrow n_s$ として

$$\therefore \quad n_s = n \times \frac{P^{\frac{1}{2}}}{H^{\frac{5}{4}}}$$

参考　**比速度の単位や限界式が過去問と違っているのはなぜか？**

「水車の相似則」という便利な性質があり，実機製作の前に小さな模型で特性を知ることができる．すなわち，$H = 1\,\mathrm{m}$，$P = 1\,\mathrm{kW}$ の模型水車で n_s を求めておけば，実機の回転速度 n を求めることができる．n_s が大きいほど n も大きくなり，回転数が大きくなるほど水車を小さくできる（建屋なども含めた建設コストを小さくできる）．つまり，n や n_s をできるだけ大きく設計・製作したいのであるが，同時にキャビテーションが発生しやすくなるため，限界がある．その大きくできる限界値を実験等の経験により求めたのが，n_s の限界値の式である．この式は純粋な理論値ではないため，更新されることがある．（試験では問題文中に与えられるので記憶する必要はない！）比速度の単位について，本来は回転数なので，$[\mathrm{min}^{-1}]$ とする方が自然であるが，旧来は $H = P = 1$ を強く意識していたため，$[\mathrm{kW \cdot m}]$ を用いていた．JEC の改訂にともない最近では $[\mathrm{min}^{-1}]$ とする表記が多くなっている．
※ JIS B 0119（2009），JEC-4001（2018）参照

調　速　機

[★★★]

　調速機は，水車の回転速度および出力を調整するため，フランシス水車などの反動水車ではガイドベーンを，ペルトン水車などの衝動水車ではニードルを，自動的に制御する装置である．

▌**1**　調速機の機能

　調速機は，図 1・35 に示すような三つの機能をもっている．

並列までの調速作用

同期発電機を並列運転する場合は，線路側と発電機との電圧の大きさ，位相，周波数が一致しなければならないが，周波数は水車の回転速度に比例するので，調速機によりガイドベーンまたはニードル開度を調整して線路側と一致させる

運転中の出力調整

ガイドベーンまたはニードルの開度

0 1 2 3 4 5 6 7 8 9 10

水車発電機の運転中に負荷が減少すると，水車は過剰な入力エネルギーによって加速し周波数が上昇する．負荷が増加するとこれと逆になる．調速機は負荷の変化に応じてガイドベーンまたはニードル開度を調節し，適合する流量を水車に送り込み周波数を一定に保つ働きをする．現在の大電力系統に並列している場合，大容量機でなければ周波数調整にあまり寄与することはできず，中小容量機では河川流量などに関連した単なる出力調整装置として使用されている場合が多い

事故時の異常回転速度上昇の防止

事故などによって水車の負荷が遮断された場合，ガイドベーンまたはデフレクタを閉鎖して異常な回転速度の上昇を防止するとともに，事故によっては水車発電機を停止させる

●図 1・35　調速機の機能

▌**2**　調速機の種類

　調速機には，回転速度の変化を機械的に検出する機械式と，電気的に検出する電気式とがあり，最近は電気式が多く用いられている．

◀**1**▶ 機械式調速機 ▶

　図 1・36 に，機械式調速機の動作原理を示す．

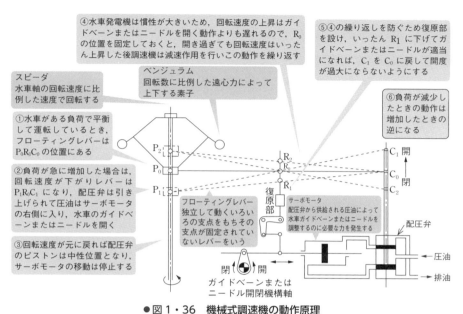

④水車発電機は慣性が大きいため，回転速度の上昇はガイドベーンまたはニードルを開く動作よりも遅れるので，R_0 の位置を固定しておくと，開き過ぎても回転速度はいったん上昇した後調速機は減速作用を行いこの動作を繰り返す

⑤④の繰り返しを防ぐため復原部を設け，いったん R_1 に下げてガイドベーンまたはニードルが適当になれば，C_1 を C_0 に戻して開度が過大にならないようにする

スピーダ
水車軸の回転速度に比例した速度で回転する

ベンジュラム
回転数に比例した遠心力によって上下する素子

⑥負荷が減少したときの動作は増加したときの逆になる

①水車がある負荷で平衡して運転しているとき，フローティングレバーは $P_0R_0C_0$ の位置にある

②負荷が急に増加した場合は，回転速度が下がりレバーは $P_1R_0C_1$ になり，配圧弁は引き上げられて圧油はサーボモータの右側に入り，水車のガイドベーンまたはニードルを開く

フローティングレバー
独立して動くいろいろの支点をもち支点が固定されていないレバーをいう

サーボモータ
配圧弁から供給される圧油によって水車ガイドベーンまたはニードルを調整するのに必要な力を発生する

③回転速度が元に戻れば配圧弁のピストンは中性位置となり，サーボモータの移動は停止する

配圧弁

圧油

排油

閉　開
ガイドベーンまたは
ニードル開閉機構軸

● 図 1・36　機械式調速機の動作原理

◀ 2 ▶ 電気式調速機

図 1・37 に，電気式調速機の概要と特徴を示す．

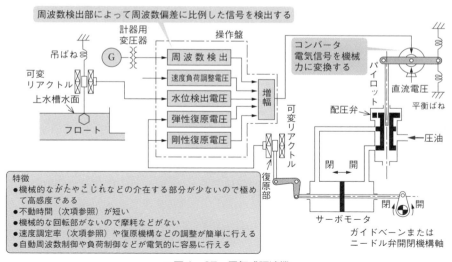

周波数検出部によって周波数偏差に比例した信号を検出する

計器用
変圧器

操作盤

吊ばね

可変
リアクトル

上水槽水面

フロート

周 波 数 検 出

速度負荷調整電圧

水位検出電圧

弾性復原電圧

剛性復原電圧

増幅

コンバータ
電気信号を機械力に変換する

パイロット

直流電圧

平衡ばね

配圧弁

圧油

可変
リアクトル

復原部

閉　開

閉　開

サーボモータ

ガイドベーンまたは
ニードル弁開閉機構軸

特徴
● 機械的ながたやこじれなどの介在する部分が少ないので極めて高感度である
● 不動時間（次項参照）が短い
● 機械的な回転部がないので摩耗などがない
● 速度調定率（次項参照）や復原機構などの調整が簡単に行える
● 自動周波数制御や負荷制御などが電気的に容易に行える

● 図 1・37　電気式調速機

3 調速機の特性

【1】 速度調定率

速度調定率の説明を図1·38に示す.

速度調定率とは，ある落差，ある出力で運転中の水車の調速機に調整を加えずに発電機の負荷を変化させたとき定常状態における回転速度の変化分と発電機の負荷の変化分の比（つまり図1·38の直線の傾斜の度合）をいう.

負荷変化前後の回転速度をn_1, n_2 [min^{-1}]，負荷をP_1, P_2 [kW]，定格回転速度をn_n [min^{-1}]，基準出力における負荷をP_n [kW] とすると，速度調定率R [%] は次式で与えられる.

$$R = \frac{\dfrac{n_2 - n_1}{n_n}}{\dfrac{P_1 - P_2}{P_n}} \times 100 \ [\%] \tag{1·21}$$

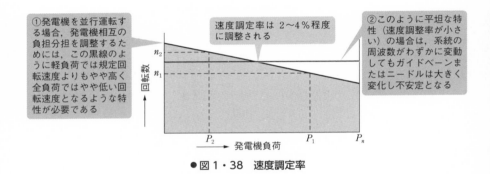

①発電機を並行運転する場合，発電機相互の負担分担を調整するためには，この黒線のように軽負荷では規定回転速度よりもやや高く全負荷ではやや低い回転速度となるような特性が必要である

速度調定率は2～4%程度に調整される

②このように平坦な特性（速度調整率が小さい）の場合は，系統の周波数がわずかに変動してもガイドベーンまたはニードルは大きく変化し不安定となる

●図1·38　速度調定率

【2】 速度変動率

速度変動率の説明を図1·39に示す.

速度変動率とは，水車の負荷が急変したときに生ずる速度の変化量と定格回転速度との比をいい，負荷変化前の回転速度をn_1 [min^{-1}]，負荷変化時の過渡最大（または最小）回転速度をn_m [min^{-1}]，定格回転速度をn_n [min^{-1}] とすると，速度変動率δ_n [%] は次式で与えられる.

$$\delta_n = \frac{n_m - n_1}{n_n} \times 100 \ [\%] \tag{1·22}$$

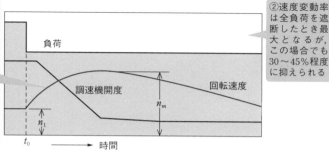

①時間 t_0 において水車の負荷を急に遮断した場合，調速機が動作してガイドベーンまたはデフレクタを閉鎖する．しかし水車発電機などの回転部は慣性モーメントを有しているため図のようにガイドベーンまたはデフレクタはわずかに遅れて動作する．図の曲線のように回転速度が変化する

②速度変動率は全負荷を遮断したとき最大となるが，この場合でも30～45％程度に抑えられる

● 図1・39 速度変動率

■【3】■ 不動時間と閉鎖時間 ■

不動時間と**閉鎖時間**の説明を図1・40に示す．

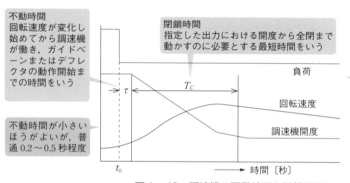

不動時間
回転速度が変化し始めてから調速機が働き，ガイドベーンまたはデフレクタの動作開始までの時間をいう

閉鎖時間
指定した出力における開度から全閉まで動かすのに必要とする最短時間をいう

閉鎖時間は通常反動水車では最大出力から全閉までおよそ2～5秒，ペルトン水車のデフレクタでは1秒，ニードルは20～30秒とすることが多い

不動時間が小さいほうがよいが，普通0.2～0.5秒程度

● 図1・40 調速機の不動時間と閉鎖時間

問題12 ✓ ✓ ✓ H17 A-1

水力発電所において，事故等により負荷が急激に減少すると，水車の回転速度は (ア) し，それに伴って発電機の周波数も変化する．周波数を規定値に保つため， (イ) が回転速度の変化を検出して， (ウ) 水車ではニードル弁， (エ) 水車ではガイドベーンの開度を加減させて水車の (オ) 水量を調整し，回転速度を規定値に保つ．

上記の記述中の空白箇所 (ア)，(イ)，(ウ)，(エ) および (オ) に記入する語句として，正しいものを組み合わせたのは次のうちどれか．

	(ア)	(イ)	(ウ)	(エ)	(オ)
(1)	上昇	調速機	ペルトン	フランシス	流入
(2)	下降	調整機	プロペラ	ペルトン	流入
(3)	上昇	調整機	ペルトン	プロペラ	流出
(4)	下降	調速機	ペルトン	フランシス	流出
(5)	上昇	調速機	プロペラ	ペルトン	流出

 水車発電機の運転中に負荷が減少すると，水車は過剰な入力エネルギーによって加速し周波数が上昇する．負荷が増加するとこれと逆になる．

　調速機は負荷の変化に応じて，**ペルトン**水車などの衝動水車では**ニードル弁**，**フランシス**水車などの反動水車ではガイドベーンの開度を調節し適合する流量を水車に送り込み，周波数を一定に保つ働きをする．

解答 ▶ (1)

問題⑬　✓ ✓ ✓

　定格出力 50 MW の水車発電機が 60 Hz の電力系統に接続され，全負荷，定格周波数で運転中である．いま，系統の周波数が 60.2 Hz まで上昇したとすれば，発電機出力は何 MW になるか．正しい値を次のうちから選べ．ただし，速度調定率は 4 % とし，調速機特性は直線とする．

(1) 45.0 　(2) 45.8 　(3) 46.7 　(4) 48.0 　(5) 49.8

式 $(1\cdot21)$ の $R = \dfrac{(n_2-n_1)/n_n}{(P_1-P_2)/P_n}$ を用いる．分母・分子が似た形をしていることが記憶のポイントである．そのうえで，負荷 P の変化に対する回転速度 n の調定率であるので P が分母，n が分子と記憶する．

 速度調定率 R 〔%〕は，式 $(1\cdot21)$ により

$$R = \frac{\dfrac{n_2-n_1}{n_n}}{\dfrac{P_1-P_2}{P_n}} \times 100 \ \text{〔%〕}$$

　問題には回転速度の代わりに周波数が与えられているが，回転速度と周波数は比例するので，c を比例定数とし，$n_n = n_1 = 60c$，$n_2 = 60.2c$，$P_n = P_1 = 50\,\text{MW}$，$R = 4\,\%$ とし上式を変形して P_2〔MW〕を求めると

$$\frac{60.2c-60c}{60c} \times 100 = \frac{50-P_2}{50} \times 4$$

$$\frac{0.2 \times 100}{60} = 4 - \frac{4P_2}{50}$$

$$\frac{4P_2}{50} = 4 - \frac{2}{6} \qquad P_2 \fallingdotseq \mathbf{45.8\,MW}$$

解答 ▶ **(2)**

参考 水車発電機とタービン発電機の相違（回転速度の違いに由来）

●表1・3

	水車発電機	タービン発電機
回転子の形状	突極形 ・直径大 ・軸方向に短い	非突極形（円筒形） ・直径小 ・軸方向に長い
極　数	多い	少ない $\left(\begin{array}{l}\text{火力……2 極}\\\text{原子力…4 極}\end{array}\right)$
軸形式	立軸	横軸
回転速度	遅い（一般的に 75 ～ 1 200 rpm）	速い（一般的に 1 500 ～ 3 600 rpm） ・強い遠心力に耐える機械的強度 ↓ 円筒形で横軸，直径小 出力を得るための，軸方向に長く
短絡比	大(0.8 ～ 1.2)↔同期インピーダンス小 鉄機械（p.54 参照）	小(0.5 ～ 0.8)↔同期インピーダンス大 銅機械
冷却方式	空気冷却が主	水素冷却が主

補足 ①原子力タービンは，汽力発電に比して蒸気条件が悪いため，大型（同一出力比）で，回転速度が低い（1 500 ～ 1 800 rpm）ため，タービン最終段の動翼長が長くなる．加えて，飽和水蒸気使用のため，湿分除去対策がタービン各段ごとに必要となる．BWR の場合は，放射能を帯びた蒸気が外部に漏れないタービンを使用する．
②地熱発電用タービンの場合，一般的に蒸気条件が悪いため，タービンが大形化し，また防食対策も必要となる．

揚水発電所

[★★★]

1 揚水発電所の種類

【1】 水の利用方法による分類

①**純揚水発電所**：上部貯水池に河川からの流入がほとんどなく，下部貯水池の水を揚水して発電する．

②**混合揚水発電所**：上部貯水池に河川の水の流入があり，これと下部貯水池から揚水した水とを併用する．

【2】 運用上の分類

①**日間調整式**：1日のうち軽負荷時に揚水し，ピーク負荷時に発電する．

②**週間調整式**：日間の調整のほか，週間の負荷変動に対応するもの．

③**年間調整式**：豊水期などの余剰電力を利用して揚水し，渇水期や日間のピーク負荷時にこの水を使用して発電するもの．

　日間，週間，年間となるに従って貯水池の容量も大きくなり，建設費も高くなる．我が国の揚水発電所は，ほとんど日間もしくは週間調整式である．

【3】 機械形式による分類

　揚水発電所は，水車，発電機，ポンプ，電動機または，ポンプ水車および発電電動機を備えている．

①**別　置　式**：水車―発電機，ポンプ―電動機を別々に設置するもの．

②**タンデム式**：ポンプ―水車―発電電動機を同一軸上に設けるもの．

③**ポンプ水車式**：ポンプ水車を発電電動機に直結するもの．

2 ポンプ水車

　ポンプ水車は，水車とポンプとを兼用させるもので，ポンプの特性と水車の特性の双方を満足させる必要がある．ポンプ水車と発電電動機を直結したポンプ水車方式は，建設費が安く，技術進歩により高い効率が得られるようになったため，最近建設される揚水発電所はほとんどこのポンプ水車を採用している．

　ポンプ水車には，**フランシス形**，**斜流形**および**プロペラ形**があり，図1·41 (a)にフランシス形，同図 (b) にプロペラ形ポンプ水車の特徴を，同図 (c) に斜

ポンプ水車ランナ　　　　　　　水車ランナ

- 30〜600 m 程度の揚程に用いられる
- 水車ランナに比較して直径が 30〜40 % 大きいが，ランナベーンは長く枚数は 6〜8 枚程度と少ない

（a）　フランシス形ポンプ水車と水車ランナ

- 20 m 程度以下の揚程に用いられる
- 通水路に屈曲がないので損失水頭が小さい
- ランナベーンが可動のものは部分負荷でも効率がよい

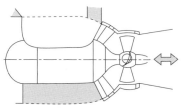

（b）　プロペラ形ポンプ水車

- 20〜180 m 程度の揚程に用いられる

（c）　斜流形ポンプ水車ランナ

●図1・41　ポンプ水車

流形ポンプ水車ランナの外観を示す．

3 揚水発電に関する計算

（1）全　揚　程

全揚程とは，使用状態においてポンプ運転によってつくられる全水頭で，ポンプの入口と出口との全水頭の差をいう．図1・42 にこれを示す．

（2）揚水ポンプの電動機入力

1-3 節（発電所出力の求め方）において述べたように，流量 Q〔m³/s〕の水を H〔m〕の高さにもち上げるのに要する動力 P_0 は，$P_0 = 9.8QH$〔kW〕である．これは理論的な値であり，損失を考慮する必要があるので，揚水ポンプの効率を η_p，電動機の効率を η_m とし，H の代わりに全揚程（総落差＋損失水頭）H_p〔m〕を用いると，電動機入力 P_m〔kW〕は次のようになる．

$$P_m = \frac{9.8QH_p}{\eta_p \eta_m} \text{〔kW〕} \tag{1・23}$$

（3）揚水所要電力量

Q〔m³/s〕の割合で揚水する場合，1 時間の揚水量は $3\,600\,Q$〔m³〕であるから，

V 〔m³〕を揚水するのに要する時間 t 〔h〕は

$$t = \frac{V}{3\,600\,Q} \text{ 〔h〕}$$

したがって，V〔m³〕を揚水するのに要する電力量 W〔kW·h〕は次のようになる．

$$\boldsymbol{W = P_m t = \frac{9.8QH_p}{\eta_p \eta_m} \cdot \frac{V}{3\,600\,Q} = \frac{9.8VH_p}{3\,600\,\eta_p \eta_m}} \text{ 〔kW·h〕} \tag{1・24}$$

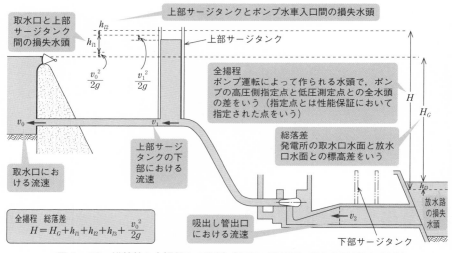

●図1・42　総落差と全揚程との関係（吹出し管出口に自由水面がない場合）

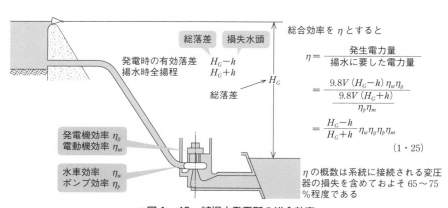

●図1・43　純揚水発電所の総合効率

46

ただし実際には,揚水に伴って H_p が変化するので式(1・24)とは異なってくる.

【4】純揚水発電所の総合効率

純揚水発電所の総合効率は,揚水に要した電力量と発電電力量との比から,どの程度電力を再生できるかの一つの目安として用いられることがある.図1・43にこれを示す.

4 揚水発電所の特徴

図1・44は日負荷曲線の一例を示すもので,**ベース部分は負荷の変動が少ないので,大容量火力,原子力などの建設費を主体とした固定費が多少高くても,燃料費などの可変費の安いものを連続的に運転することが経済的である.ミドル部分は起動・停止が容易で,可変費も比較的安い中・小容量の火力発電所に分担させる.ピーク部分は,可変費は多少高くても固定費が安く,急激な負荷変動に応じられる起動・停止の容易な電源が望ましい.**この目的に合ったものとして揚水発電所が数多く建設されるようになったが,これは,起動・停止が迅速にでき負荷調整が容易なこと,ポンプ水車の技術進歩により大容量ユニットが割安で建設可能になったこと,大容量火力や原子力が深夜などの軽負荷時に揚水することによって深夜の稼働率が向上し,高効率の連続運転が可能なこと,経済的な水力の

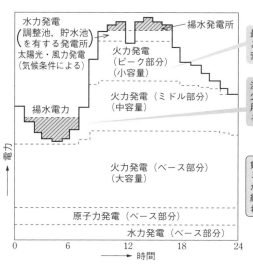

最近は,日中の太陽光発電が増加したことで,気象条件によって電源構成が変わる

深夜あるいは週末などの軽負荷時に,火力または原子力などの供給余力を利用して揚水し,ピーク負荷時に発電する目的で揚水発電所が建設される

負荷曲線からみて,およそベース部分,ミドル部分,ピーク部分に分けることができる.各部分の特性に適合する供給力が必要となり,図のように運用される

●図1・44　日負荷曲線(一例)

開発地点が少なくなったこと，などである．なお，中・小容量火力やガスタービ
ン発電所などと総合的に運用することによって，揚水発電所の特徴も一段と発揮
される．

問題⑭　☑ ☑ ☑ H23　A-1

　図のような水路式水力発電
所において，有効電力出力が
定格状態から突然低下した．
出力低下の原因箇所を見定め
るために，出力低下後に安定
した当該発電所の状態を確認
すると，出力低下前と比較し
て，以下のような状態となっ
ていた．

- 水車上流側の上部水槽で
  水位が上昇した．
- 水車流量が低下した．
- 水車発電機の回転数は定
  格回転数である．
- 発電機無効電力は零（0）のまま変化していない．
- 発電機電圧はほとんど変化していない．
- 励磁電圧が低下した．
- 保護リレーは動作していない．

　出力低下の原因が発生した箇所の想定として，次の（1）～（5）のうちから最
も適切なものを一つ選べ．

(1) 水位観測地点（上部水槽）より上流側水路
(2) 水車を含む水位観測地点（上部水槽）より下流側水路
(3) 電圧調整装置
(4) 励磁装置
(5) 発電機

図中ラベル：
取水口から／水位観測地点より上流側水路／導水路／水位観測地点／電圧調整装置／上部水槽／水流／励磁装置／水位観測地点より下流側水路／流量計設置箇所／発電機／水車

(1) ×：出力低下後，上部水槽で水位が上昇しているため，水位観測地点（上部水槽）より上流側水路が原因ではない．

(2) ○：水車流量が低下し，上部水槽の水位が上昇していることから水位観測地点より下流側水路において，原因が発生したと考えられる．その原因により水が流れにくくなり出力低下が発生したと考えられる．

(3) ×：発電機電圧がほとんど変化していないことから電圧調整装置が原因ではない．

(4) ×：励磁電圧の低下については，無効電力が零の運転をしているので有効電力が低下すると，内部誘導起電力も下がることになるため励磁電圧も低下してよい．よって励磁装置の異常ではないと考えられる．

(5) ×：そもそも保護リレーが動作していないことから，発電機が原因とは考えられない．

解答 ▶ (2)

問題⑮ ✓ ✓ ✓ H10 A-11

発電電動機 1 台の揚水発電所があり，揚水運転をしている．上池水位が標高 $1\,300\,\mathrm{m}$，下池水位が $810\,\mathrm{m}$ で発電電動機入力が $300\,\mathrm{MW}$ としたとき揚水量 $\mathrm{m^3/s}$ の値として正しい値は次のうちどれか．ただし，ポンプ効率は $85\,\%$，電動機効率は $98\,\%$，損失水頭は $10\,\mathrm{m}$ とする．

(1) 20 (2) 31 (3) 51 (4) 60 (5) 71

 式 (1・23) において損失なしの動力 P_0 に対して，実際は損失を考慮して
$$P_0 = P_m \cdot \eta_p \cdot \eta_m$$
の関係があることを理解していればよい．

 揚水ポンプの全揚程（総落差＋損失水頭）を H_p [m]，電動機効率を η_m，ポンプ効率を η_p とすると，電動機入力 P_m [kW] は式 (1・23) のようになる．

$$P_m = \frac{9.8QH_p}{\eta_p \eta_m}\ \text{[kW]}$$

したがって，揚水量 Q [m³/s] は

$$Q = \frac{P_m \eta_p \eta_m}{9.8 \times H_p} = \frac{300 \times 10^3 \times 0.85 \times 0.98}{9.8\{(1\,300 - 810) + 10\}} = \frac{250 \times 10^3}{4\,900}$$
$$= 51\,\text{m}^3/\text{s}$$

解答 ▶ (3)

問題16 ✓✓✓

　上池と下池の水面の標高差が 150 m の揚水発電所がある．水圧管のこう長は 210 m，水圧管の損失落差は揚水および発電の場合とも水圧管こう長の 2.38 %，ポンプおよび水車の効率は 85 %，電動機および発電機の効率は 98 % とすれば，揚水に費やした電力の何 % の発電ができるか．正しい値を次のうちから選べ．ただし，揚水量〔m³/s〕と使用水量〔m³/s〕は等しいものとする．

(1) 64.9 　　(2) 67.1 　　(3) 69.4 　　(4) 71.8 　　(5) 77.9

　式 (1·25) を $\eta = \dfrac{\text{発生電力量}}{\text{揚水に要した電力量}}$ から導くことができるようにしておくと，案外，記憶の負担が減るものである．

解説　水圧管の損失落差を h〔m〕とすると
$$h = 210 \times 0.0238 \fallingdotseq 5\,\text{m}$$

　揚水に費やした電力の何 % の発電ができるかは，揚水発電所の総合効率 η を意味するものであるから，式 (1·25) により

$$\eta = \frac{H_G - h}{H_G + h}\eta_w\eta_g\eta_p\eta_m = \frac{150-5}{150+5} \times 0.85 \times 0.98 \times 0.85 \times 0.98$$

$$\fallingdotseq 0.649 \rightarrow \mathbf{64.9\,\%}$$

解答 ▶ (1)

問題17 ✓✓✓

　下記の諸元の揚水発電所を，運転中の総落差が変わらず，発電出力，揚水入力ともに一定で運転するものと仮定する．この揚水発電所における発電出力の値〔kW〕，揚水入力の値〔kW〕，揚水所要時間の値〔h〕及び揚水総合効率の値〔%〕として，最も近い値の組合せを次の (1) ～ (5) のうちから一つ選べ．

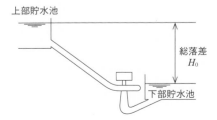

揚水発電所の諸元

総落差	$H_0 = 400\,\text{m}$
発電損失水頭	$h_G = H_0$ の 3 %
揚水損失水頭	$h_P = H_0$ の 3 %
発電使用水量	$Q_G = 60\,\text{m}^3/\text{s}$
揚水量	$Q_P = 50\,\text{m}^3/\text{s}$
発電運転時の効率	発電効率 η_G ×水車効率 $\eta_T = 87\,\%$
ポンプ運転時の効率	電動機効率 η_M ×ポンプ効率 $\eta_P = 85\,\%$
発電運転時間	$T_G = 8\,\text{h}$

	発電出力〔kW〕	揚水入力〔kW〕	揚水所要時間〔h〕	揚水総合効率〔%〕
(1)	204 600	230 600	9.6	74.0
(2)	204 600	230 600	10.0	71.0
(3)	198 500	237 500	9.6	71.0
(4)	198 500	237 500	10.0	69.6
(5)	198 500	237 500	9.6	69.6

損失水頭が，H_0 に対する比率で与えられている場合の練習である．あわてず，h_G，h_P をメートルに直してしまえばよい．

解説 　$h_G = 400 \times 0.03 = 12\,\text{m}$, $h_P = 12\,\text{m}$

発電時の有効落差 $= H_0 - h_G = 400 - 12 = 388\,\text{m}$

∴ 発電出力 $= 9.8 Q_G (H_0 - h_G) \cdot \eta_G \cdot \eta_T$

$\qquad = 9.8 \times 60 \times 388 \times 0.87 \fallingdotseq \mathbf{198\,500\,kW}$

揚水入力 $= \dfrac{9.8 Q_P (H_0 + h_P)}{\eta_M \cdot \eta_p} = \dfrac{9.8 \times 50 \times 412}{0.85} \fallingdotseq \mathbf{237\,500\,kW}$

揚水したときの全水量 = 発電水量より

$\qquad Q_P \cdot T_P = Q_G \cdot T_G$

$\qquad \therefore\ T_P = \dfrac{Q_G \cdot T_G}{Q_P} = \dfrac{60 \times 8}{50} = \mathbf{9.6\,h}$

総合効率 η は

$\qquad \eta = \dfrac{P_G \cdot T_G}{P_P \cdot T_P} = \dfrac{(198\,500) \times 8}{(237\,500) \times 9.6} = 0.696 \rightarrow \mathbf{69.6\,\%}$

解答 ▶ (5)

問題⑱ ✓ ✓ ✓　　　　　　　　　　　　　　　　　　　　H3　B-21

　　全揚程 206 m の揚水発電所がある．揚水ポンプ効率 86 ％，揚水電動機効率 98 ％，揚水量 105 m³/s の場合，揚水電動機の所要電力〔MW〕はいくらか．正しい値を次のうちから選べ．

　　(1) 224　　　(2) 233　　　(3) 241　　　(4) 252　　　(5) 265

$P_0 = 9.8 Q H_p$, $P_0 = P_m \cdot \eta_p \cdot \eta_m$ の二つの式から式 (1・23) を導くようにすると記憶の負担は減る．

 揚水ポンプ効率を η_p，電動機の効率を η_m，揚水量を Q〔m³/s〕，全揚程を H_p〔m〕とすれば，電動機入力 P_m〔kW〕は式 (1・23) により

$$P_m = \frac{9.8 Q H_p}{\eta_p \eta_m} = \frac{9.8 \times 105 \times 206}{0.86 \times 0.98} \fallingdotseq 251\,512\,\mathrm{kW} \rightarrow \mathbf{252\,MW}$$

解答 ▶ (4)

水車発電機と保護継電器

[★★]

Chapter
1

水車によって駆動される発電機を水車発電機といい，誘導発電機を用いる場合もあるが，一般的には突極形の回転界磁形三相交流同期発電機が用いられる．

1 短 絡 比

図 1・45 において，O-M を同期発電機の無負荷飽和曲線，O-S を同じく短絡曲線とし，定格電圧 V_n を発生させるための励磁電流を I_{f1}，定格電流 I_n を発生させるための励磁電流を I_{f2} とすると，**短絡比** K_s は

$$K_s = \frac{I_{f1}}{I_{f2}} = \frac{\text{Od}}{\text{Oe}} = \frac{\text{dg}}{\text{ef}} = \frac{I_s}{I_n} \tag{1・26}$$

となり，水車発電機では 0.8 ～ 1.2 程度，タービン発電機では 0.5 ～ 0.8 程度のも

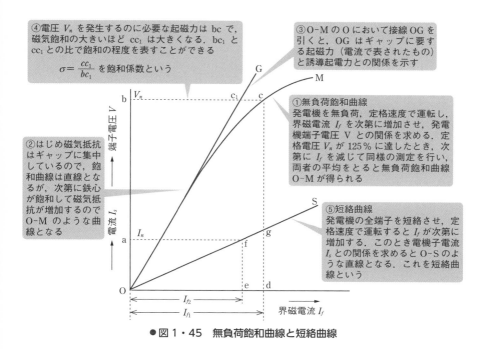

④電圧 V_n を発生するのに必要な起磁力は bc で，磁気飽和の大きいほど cc_1 は大きくなる．bc_1 と cc_1 との比で飽和の程度を表すことができる

$\sigma = \dfrac{cc_1}{bc_1}$ を飽和係数という

③O-M の O において接線 OG を引くと，OG はギャップに要する起磁力（電流で表されたもの）と誘導起電力との関係を示す

①無負荷飽和曲線
発電機を無負荷，定格速度で運転し，界磁電流 I_f を次第に増加させ，発電機端子電圧 V との関係を求める．定格電圧 V_n が 125 % に達したとき，次第に I_f を減じて同様の測定を行い，両者の平均をとると無負荷飽和曲線 O-M が得られる

②はじめ磁気抵抗はギャップに集中しているので，飽和曲線は直線となるが，次第に鉄心が飽和して磁気抵抗が増加するので O-M のような曲線となる

⑤短絡曲線
発電機の全端子を短絡させ，定格速度で運転すると I_f が次第に増加する．このとき電機子電流 I_s との関係を求めると O-S のような直線となる．これを短絡曲線という

●図 1・45　無負荷飽和曲線と短絡曲線

のが多い．**短絡比を大きくすると，機械の形態が大きく高価**となり，**鉄損，風損（機械損）が大**となるが，**電圧変動率が小さく，過負荷耐量が大きく，安定度が高く，線路の充電容量も大きく**なるといった点が利点となる．なお，短絡比の逆数が単位法で表された**同期インピーダンス**になる．

2 安 定 度

同期発電機の運転において，安定度は重要な問題で，**定態安定度**と**過渡安定度**とがある．

定態安定度は，発電機の負荷を徐々に増加した場合，どの範囲まで安定な運転ができるかの度合いをいう．

過渡安定度は，急激な負荷変動，線路の開閉，短絡故障などによって過渡状態を生じ，その過渡状態の経過後，なお安定な運転を継続しうる度合いをいう．

同期発電機の安定度を大きくするためには

① 短絡比を大きくする．

② 高感度の速応励磁方式とする．

③ 回転部のはずみ車効果を大きくする．

④ 制動巻線を設ける．

3 水車発電機の励磁方式

水車発電機はほとんど三相交流同期発電機が用いられ，その励磁方式の主なものとして，**直流励磁機方式，交流励磁機方式，静止形励磁方式**がある（図1・46参照）．

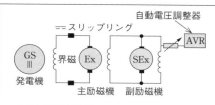

- 直流発電機を励磁機として用いるもので，従来から広く採用されてきた方式
- 通常，主機と直結されているが，低速機では電動機駆動とする場合もある
- 小容量機では副励磁機を省略する
- 励磁機には分巻または複巻直流発電機が用いられる

(a) 直流励磁機方式

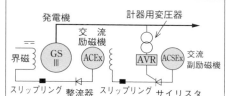

- 交流発電機を励磁機とし，別置の半導体整流器で直流として主機に界磁電流を供給する
- 副励磁機には磁石発電機などを用いる
- 交流励磁機はほとんど主機と直結される

(b) 交流励磁機方式（他励交流励磁機方式）

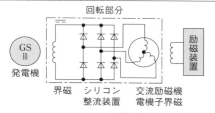

- 主機のスリップリングおよび励磁機の整流子を取り去り，ブラシを用いないためブラシの摩耗や火花が問題となるところに適しており，ブラシの点検，保守が不要となる
- シリコン整流子およびその付属品が主機の回転子軸に直結して取り付けられていることにより，大きな遠心力を受けるため，機械的強度を考慮する必要がある

(c) 交流励磁機方式（ブラシレス励磁方式）

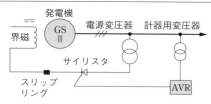

- 主母線または他の交流電源からサイリスタを用い直流にして励磁する方式
- 最も簡単な自励式で，小容量機に採用されるが，大容量機にも用いられることがある
- 感度が良く，速応性が非常に高い

(d) 静止形励磁方式（サイリスタ励磁方式）

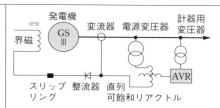

- 発電機の端子電圧に比例する成分と，電機子電流に比例する成分とを合成して整流する自励式で，複巻特性を有している
- 負荷の急変時にも端子電圧の変動が少ない

(e) 静止形励磁方式（複巻励磁方式）

● 図 1・46　水車発電機の励磁方式

4 保護継電器

図 1・47 に，水車発電機の簡単な保護継電器回路を示す．

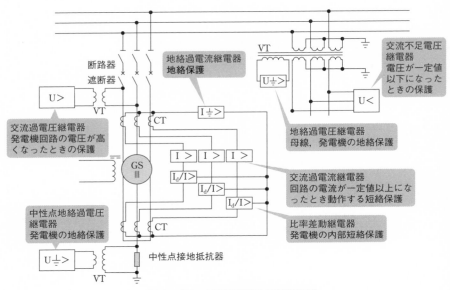

地絡過電流継電器
地絡保護

VT

$U \dot{\div} >$

交流不足電圧
継電器
電圧が一定値
以下になった
ときの保護

断路器
遮断器

U>

$U <$

VT

交流過電圧継電器
発電機回路の電圧が高
くなったときの保護

CT

$I \dot{\div} >$

地絡過電圧継電器
母線，発電機の地絡保護

GS
Ⅲ

$I >$ $I >$ $I >$

$I_d/I >$

$I_d/I >$

$I_d/I >$

交流過電流継電器
回路の電流が一定値以上にな
ったとき動作する短絡保護

中性点地絡過電圧
継電器
発電機の地絡保護

CT

比率差動継電器
発電機の内部短絡保護

$U \dot{\div} >$

中性点接地抵抗器

VT

●図1・47　水車発電機の保護継電器

問題⑲ ✓ ✓ ✓　　　　　　　　　　　　　　　　　H3　A-15

　同期発電機の励磁方式は，大別すると ⎡ (ア) ⎤，⎡ (イ) ⎤ および ⎡ (ウ) ⎤
の 3 種類に分類される．⎡ (ア) ⎤ の 1 種類としては，励磁用変圧器を設置し発
電機主回路から電源を取り出すサイリスタ励磁方式がある．また，⎡ (イ) ⎤ と
しては，ブラシレス励磁方式などがあり，一般に主機に直結で設置されるが，こ
の方式では整流器が必要となる．⎡ (ウ) ⎤ は，保守に手数がかかるので，最近
は使用されていない．

　上記の記述中の空白箇所（ア），（イ）および（ウ）に記入する字句として，正
しいものを組み合わせたものは次のうちどれか．

	（ア）	（イ）	（ウ）
(1)	直流励磁機方式	交流励磁機方式	静止形励磁方式
(2)	静止形励磁方式	交流励磁機方式	直流励磁機方式
(3)	静止形励磁方式	直流励磁機方式	交流励磁機方式
(4)	交流励磁機方式	直流励磁機方式	静止形励磁方式
(5)	交流励磁機方式	静止形励磁方式	直流励磁機方式

解説 同期発電機の励磁方式は，図1·46に示したように直流励磁機方式，交流励磁機方式および静止形励磁方式に大別される．このうち，励磁用変圧器を用いて発電機主回路から電源を取り出すサイリスタ励磁方式は，**静止形励磁方式**の一種である．また，主機に直結した交流発電機を励磁機とし，整流器で直流として主機を励磁するのは**交流励磁機方式**で，ブラシレス励磁方式などがある．**直流励磁機方式**は，整流子やスリップリングがあり，カーボンブラシを使用するため運転保守に手間がかかる．

解答 ▶ (2)

問題20 ✓ ✓ ✓

　水車発電機の安定度を向上させるには，励磁系の　(ア)　を高める　(イ)　を設ける，　(ウ)　を大にする，　(エ)　を大きくするなどの方法がある．

　上記の記述中の空白箇所（ア），（イ），（ウ）および（エ）に記入する字句として，正しいものを組み合わせたものは次のうちどれか．

	(ア)	(イ)	(ウ)	(エ)
(1)	速応度	界磁抵抗器	電機子コイル	発電機軸長
(2)	変化率	絶縁変圧器	回転子	発電機重量
(3)	速応度	制動巻線	はずみ車効果	短絡比
(4)	上昇率	サージ吸収器	残留磁気	回転子
(5)	飽和率	制動装置	回転数	短絡比

解説 ② 安定度の項を参照されたい．

解答 ▶ (3)

問題21 ✓ ✓ ✓

　発電機の短絡故障を検出するのに適している保護継電器として，正しいのはどれか．

(1) 逆相過電流継電器
(2) 差動継電器
(3) 界磁喪失継電器
(4) 過電圧継電器
(5) 地絡過電継電器

解説 発電機の内部短絡故障を検出する保護継電器は（比率）差動継電器である（図1·47参照）．

解答 ▶ (2)

練習問題

■ **1** (H29 A-1)

水力発電所に用いられるダムの種別と特徴に関する記述として，誤っているものを次の (1) ～ (5) のうちから一つ選べ.

(1) 重力ダムとは，コンクリートの重力によって水圧などの外力に耐えられるようにしたダムであって，体積が大きくなるが構造が簡単で安定性が良い. 我が国では，最も多く用いられている.

(2) アーチダムとは，水圧などの外力を両岸の岩盤で支えるようにアーチ型にしたダムであって，両岸の幅が狭く，岩盤が丈夫なところに作られ，コンクリートの量を節減できる.

(3) ロックフィルダムとは，岩石を積み上げて作るダムであって，内側には，砂利，アスファルト，粘土などが用いられている. ダムは大きくなるが，資材の運搬が困難で建設地付近に岩石や砂利が多い場所に適している.

(4) アースダムとは，土壌を主材料としたダムであって，灌漑用の池などを作るのに適している. 基礎の地質が，岩などで強固な場合にのみ採用される.

(5) 取水ダムとは，水路式発電所の水路に水を導入するため河川に設けられるダムであって，ダムの高さは低く，越流形コンクリートダムなどが用いられている.

■ **2** (H27 A-1)

水力発電所の理論水力 P は位置エネルギーの式から $P = \rho g Q H$ と表される. ここで H 〔m〕は有効落差，Q 〔m³/s〕は流量，g は重力加速度 $= 9.8$ m/s²，ρ は水の密度 $= 1000$ kg/m³ である. 以下に理論水力 P の単位を検証することとする. なお，Pa は「パスカル」，N は「ニュートン」，W は「ワット」，J は「ジュール」である.

$P = \rho g Q H$ の単位は ρ，g，Q，H の単位の積であるから，kg/m³·m/s²·m³/s·m となる. これを変形すると，　(ア)　·m/s となるが，　(ア)　は力の単位　(イ)　と等しい. すなわち $P = \rho g Q H$ の単位　(イ)　·m/s となる. ここで　(イ)　·m は仕事 (エネルギー) の単位である　(ウ)　と等しいことから $P = \rho g Q H$ の単位は　(エ)　となるが，重力加速度 $g = 9.8$ m/s² と水の密度 $\rho = 1000$ kg/m³ の数値 9.8 と 1000 を考慮すると $P = 9.8 Q H$ 〔　(オ)　〕と表せる.

上記の記述中の空白箇所か (ア)，(イ)，(ウ)，(エ) および (オ) に当てはまる組合せとして，正しいものを次の (1) ～ (5) のうちから一つ選べ.

	(ア)	(イ)	(ウ)	(エ)	(オ)
(1)	kg·m	Pa	W	J	kJ
(2)	kg·m/s²	Pa	J	W	kW
(3)	kg·m	N	J	W	kW
(4)	kg·m/s²	N	W	J	kJ
(5)	kg·m/s²	N	J	W	kW

■ **3** (H26 A-15)

ペルトン水車を 1 台もつ水力発電所がある. 図に示すように, 水車の中心線上に位置する鉄管のA 点において圧力 p 〔Pa〕と流速 v 〔m/s〕を測ったところ, それぞれ $3\,000\,\mathrm{kPa}$, $5.3\,\mathrm{m/s}$ の値を得た. また, この A 点の鉄管断面は内径 $1.2\,\mathrm{m}$ の円である. 次の (a) および (b) の問に答えよ.

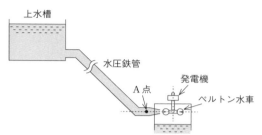

ただし, A 点における全水頭 H 〔m〕は位置水頭, 圧力水頭, 速度水頭の総記として $h+\dfrac{p}{\rho g}+\dfrac{v^2}{2g}$ より計算できるが, 位置水頭 h は A 点が水車中心線上に位置することから無視できるものとする. また, 重力加速度は $g = 9.8\,\mathrm{m/s^2}$, 水の密度は $\rho = 1\,000\,\mathrm{kg/m^2}$ とする.

(a) ペルトン水車の流量の値〔m³/s〕として, 最も近いものを次の (1) ～ (5) のうちから一つ選べ.

  (1) 3　　(2) 4　　(3) 5　　(4) 6　　(5) 7

(b) 水車出力の値〔kW〕として, 最も近いものを次の (1) ～ (5) のうちから一つ選べ. ただし, A 点から水車までの水路損失は無視できるものとし, また水車効率は 88.5 % とする.

  (1) 13 000　　(2) 14 000　　(3) 15 000　　(4) 16 000　　(5) 17 000

■ **4** (R3 A-2)

図で, 水圧管内を水が充満して流れている. 断面 A では, 内径 $2.2\,\mathrm{m}$, 流速 $3\,\mathrm{m/s}$, 圧力 $24\,\mathrm{kPa}$ である. このとき, 断面 A との落差が $30\,\mathrm{m}$, 内径 $2\,\mathrm{m}$ の断面 B における流速〔m/s〕と水圧〔kPa〕の最も近い値を組合せとして, 正しいものを次の (1) ～ (5) のうちから一つ選べ. ただし, 重力加速度は $9.8\,\mathrm{m/s^2}$, 水の密度は $1\,000\,\mathrm{kg/m^3}$ 円周率は 3.14 とする.

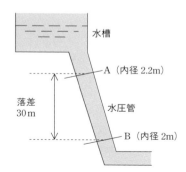

	流速〔m/s〕	水圧〔kPa〕
(1)	3.0	318
(2)	3.0	316
(3)	3.6	316
(4)	3.6	310
(5)	4.0	300

■ 5

有効落差 360 m のペルトン水車のバケットの周速〔m/s〕はいくらか. 正しい値を次のうちから選べ. ただし, この水車のバケットの周速は, ノズルから噴出する水の理論速度の 45 % に設計されているものとする.

(1) 35.1　　(2) 37.8　　(3) 39.5　　(4) 41.3　　(5) 46.6

■ 6　(H13　A-4)

水車におけるキャビテーションとは流水に触れる機械部分の表面やその表面近くに　(ア)　が発生することである. キャビテーションが発生すると水が蒸発し, 空気が遊離して泡を生じる. この泡は流水とともに流れるが, 圧力の　(イ)　ところに出会うと急激に　(ウ)　して大きな衝撃力を生じ, 流水に接する金属面を壊食したり, 振動や騒音を発生させ, また, 　(エ)　を低下させる. キャビテーションの発生を防止するため　(オ)　水車では吸出高さを適切に選定する必要がある.

上記記述中の空白箇所 (ア), (イ), (ウ), (エ) および (オ) に記入する語句として正しいものを組み合わせたものは次のうちどれか.

	(ア)	(イ)	(ウ)	(エ)	(オ)
(1)	空洞	高い	崩壊	効率	反動
(2)	きれつ	低い	結合	回転速度	衝動
(3)	空洞	低い	崩壊	効率	衝動
(4)	きれつ	高い	結合	効率	衝動
(5)	空洞	低い	結合	回転速度	反動

■ 7　(H6　B-11)

貯水池の最高水位が標高 233 m, 最低水位は標高 152 m, 反動水車ランナの中心の標高は 13 m, 放水口の水位標高 8 m の最高水位における水車の最大使用水量は 10 m³/s, 水車発電機の総合効率は常に 80 %, 損失水頭は無視するものとし, また, 放水口の水位は流量によって変わらないものとする. なお, 流量は有効落差の 1/2 乗に比例するものとする.

(a) 貯水池の最高水位のときの出力値〔kW〕として最も近いのは次のうちどれか.

　(1) 14 000　　(2) 15 300　　(3) 16 500　　(4) 17 600　　(5) 18 700

(b) 貯水池の最低水位のときの出力値〔kW〕として最も近いものは次のうちどれか.

　(1) 9 000　　(2) 10 000　　(3) 11 500　　(4) 12 000　　(5) 12 500

■ 8

ポンプ水車を用いる揚水発電所において, 5 000 MWh の電力量を使用して 15×10⁶ m³ の水量を揚水したとき, 次の (a) (b) について答えよ. ただし, 損失水頭は全揚程の 3 %, 水車および発電機としての合成効率は 90 %, ポンプおよび電動機としての合成効率は 85 % とする.

(a) この発電所の全揚程の値として最も近いものは次のうちどれか.

(1) 95　　(2) 105　　(3) 115　　(4) 125　　(5) 135

(b) この発電所の総合効率の値として最も近いものは次のうちどれか.

(1) 62　　(2) 67　　(3) 72　　(4) 82　　(5) 92

■ 9

取水口水面の標高 1 065 m，放水口水面の標高 930 m，最大使用水量 75 m³/s の水力発電所の計画がある．周波数 60 Hz の同期発電機を用いるものとし，斜流水車を採用する場合，この水車の回転速度〔min⁻¹〕として適当なものは次のうちどれか．ただし，損失落差は総落差の 3 %，水車の効率は 89 % とする.

〔参考〕 斜流水車の比速度 $\leqq \dfrac{20\,000}{H+20}+40$

(1) 225　　(2) 257　　(3) 400　　(4) 514　　(5) 600

■ 10

50 Hz で A および B の 2 台のタービン発電機がそれぞれ定格出力 250 MW および 150 MW で電力系統に並列して運転している．いま，系統周波数が上昇して A，B 両発電機の合計出力が 300 MW になったときの各発電機の出力分担〔MW〕はそれぞれいくらになるか．正しい値を組み合わせたものを次のうちから選べ．ただし，A 機および B 機の速度調定率はそれぞれ 4 % および 3 % とし調速機特性は直線とする.

(1) A：174，B：126　　(2) A：184，B：116　　(3) A：194，B：106

(4) A：204，B：96　　(5) A：214，B：86

■ 11　(H19 B-15)

定格出力 1 000 MW，速度調定率 5 % のタービン発電機と，定格出力 300 MW，速度調定率 3 % の水車発電機が電力系統に接続されており，タービン発電機は 100 % 負荷，水車発電機は 80 % 負荷をとって，定格周波数（50 Hz）にて並列運転中である．

負荷が急変し，タービン発電機の出力が 600 MW で安定したとき，次の (a) および (b) に答えよ.

(a) このときの系統周波数〔Hz〕の値として，最も近いのは次のうちどれか．ただし，ガバナ特性は直線とする．なお，速度調定率は次式で表される.

$$速度調定率 = \frac{\dfrac{n_2-n_1}{n_n}}{\dfrac{P_1-P_2}{P_n}} \times 100 \ \text{〔%〕}$$

P_1：初期出力〔MW〕　　　n_1：出力 P_1 における回転速度〔min⁻¹〕

P_2：変化後の出力〔MW〕　n_2：変化後の出力 P_2 における回転速度〔min⁻¹〕

P_n：定格出力〔MW〕　　　n_n：定格回転速度〔min⁻¹〕

(1) 49.5　　(2) 50.0　　(3) 50.3　　(4) 50.6　　(5) 51.0

(b) このときの水車発電機の出力〔MW〕の値として，最も近いのは次のうちどれか.

(1) 40　　(2) 80　　(3) 100　　(4) 120　　(5) 180

■ 12 (H9 A-11)

水力発電所と重油専焼汽力発電所とによって，需要端において最大電力 100 MW，年負荷率 60 % の負荷に電力を供給する場合，水力発電所の出力を 50 MW，年利用率 75 % とすれば汽力発電所における重油の消費量〔kl〕は年間いくら必要になるか．次の値から正しいものを選べ．

ただし，燃料消費率は 0.24 l/kWh とし，発電所から需要端までの送電損失や発電所内損失は考えないものとする．

(1) 184　　(2) 47 300　　(3) 197 100　　(4) 328 500　　(5) 525 600

■ 13 (R4 A-1)

水力発電に関する記述として，誤っているものを次の (1) ～ (5) のうちから一つ選べ．

(1) 水車発電機の回転速度は，汽力発電と比べて小さいため，発電機の磁極数は多くなる．

(2) 水車発電機の電圧の大きさや周波数は，自動電圧調整器と調速機を用いて制御される．

(3) フランシス水車やペルトン水車などで用いられる吸出し管は，水車ランナと放水面までの落差に有効に利用し，水車の出力を増加する効果がある．

(4) 我が国の大部分の水力発電所において，水車や発電機の始動・運転・停止などの操作は遠隔監視制御方式で行われ，発電所は無人化されている．

(5) カプラン水車は，プロペラ水車の一種で，流量に応じて羽根の角度を調整することができるため部分負荷での効率の低下が少ない．

■ 14 (H20 A-2)

水力発電に関する記述として，誤っているのは次のうちどれか．

(1) 水管を流れる水の物理的性質を示す式として知られるベルヌーイの定理は，力学的エネルギー保存の法則に基づく定理である．

(2) 水力発電所には，一般的に短時間で起動・停止ができる，耐用年数が長い，エネルギー変換効率が高いなどの特徴がある．

(3) 水力発電は昭和 30 年前半まで我が国の発電の主力であった．現在では，国産エネルギー活用の意義があるが，発電電力量の比率が小さいため，水力発電の電力供給面における役割は失われている．

(4) 河川の 1 日の流量を年間を通して流量の多いものから順番に配列して描いた流況曲線は，発電電力量の計画において重要な情報となる．

(5) 水力発電所は落差を得るための土木設備の構造により，水路式，ダム式，ダム水路式に分類される．

火力発電

　火力発電の出題は，火力発電所の機器とその役割に関するもの，汽力発電所の熱効率向上，汽力発電とそのほかの発電方式との比較，水力発電と火力発電の負荷分担やコンバインドサイクルに関するものなど，水力発電と同様，既往問題が少し形を変えて繰り返し出題されているパターンが多い．

　既往問題を的確に理解し，新しい問題と併せて実力向上を図るとともに，機会をみて実際のものを見学し機器の実態をつかむようお奨めしたい．

2-1

火力発電所の概要

[★]

火力発電とは，石炭，石油，天然ガスなどがもつ熱エネルギーを利用して発電するもので，主力はボイラーなどで発生した蒸気によって蒸気タービンを回して発電する汽力発電である．

1 汽力発電設備の概要

図2・1に汽力発電所の設備概要を，図2・2に設備系統概略図を示す．

図2・1の○印は水と蒸気の流れを示し，これを番号順にたどると，①補給水→②復水ポンプ→③低圧給水加熱器→④脱気器→⑤ボイラ給水ポンプ→⑥高圧給水加熱器→⑦エコノマイザ（節炭器）→⑧ボイラ→⑨過熱器→⑩高圧タービン→⑪再熱器→⑫中圧タービン→⑬低圧タービン→⑭復水器となる．また，□印は燃料と燃焼ガスの流れを示し，①燃料タンク→②ボイラ→③空気予熱器→④集じん器→⑤煙突の順となる．

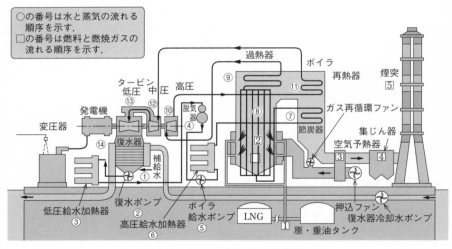

●図2・1　汽力発電所の設備概要

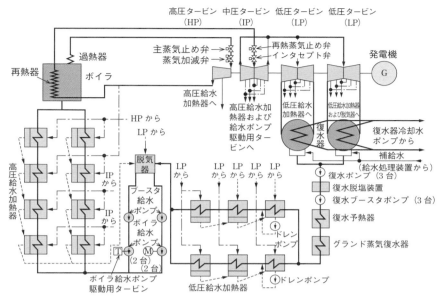

●図2・2 汽力発電所の設備系統概略図

Chapter
2

図は，汽力発電所の水と蒸気の主な循環系統を示すものである．

次の機器の名称の組合せのうち，正しいのはどれか．

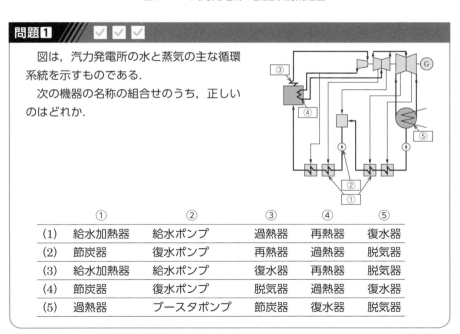

	①	②	③	④	⑤
(1)	給水加熱器	給水ポンプ	過熱器	再熱器	復水器
(2)	節炭器	復水ポンプ	再熱器	過熱器	脱気器
(3)	給水加熱器	給水ポンプ	復水器	再熱器	脱気器
(4)	節炭器	復水ポンプ	脱気器	過熱器	復水器
(5)	過熱器	ブースタポンプ	節炭器	復水器	脱気器

解説 給水加熱器，給水ポンプ，過熱器，再熱器，復水器については図 2・2 を，節炭器，脱気器については図 2・1 を参照のこと.

解答 ▶ (1)

補足 p.70 ② 熱サイクルでは，T–s 線図を用いて説明するが，ここでは，p–v（圧力–体積）線図を用いた説明を補足しておく.（ランキンサイクル T–s 線図は p.72 図 2・11 参照）

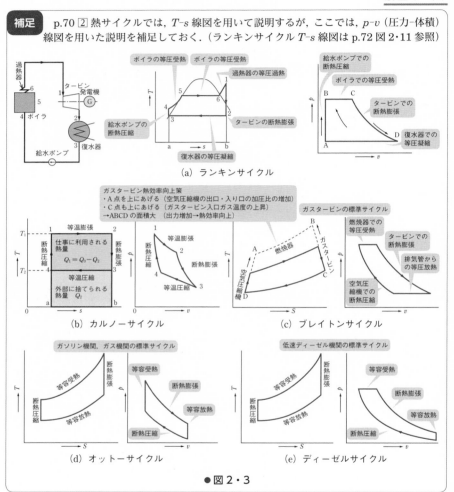

●図 2・3

2-2

熱サイクル

[★★★]

1 熱力学の概要

(1) 温 度

物体の冷熱の度合いを温度といい，SI単位では，**熱力学温度の単位としてK（ケルビン）を用いる**．これは従来の絶対温度のことである．

また，℃（セルシウス度または度）も用いられ，単位セルシウス度は単位ケルビンに等しく，t〔℃〕とケルビンとの関係は次式のとおりである．

$$T〔K〕= t〔℃〕+273.15 \qquad (2・1)$$

(2) 圧 力

SI単位では，**圧力の単位としてPa（パスカル）を用いる**．$1\,\mathrm{Pa} = 1\,\mathrm{N/m^2}$ で，従来用いられていた単位との関係は次のとおりである．

重量キログラム毎平方メートル	$1\,\mathrm{kgf/m^2} = 9.80665\,\mathrm{Pa}$
工学気圧〔kgf/cm²〕	$1\,\mathrm{at} = 98\,066.5\,\mathrm{Pa}$
水柱メートル	$1\,\mathrm{mH_2O} = 9\,806.65\,\mathrm{Pa}$
気圧	$1\,\mathrm{atm} = 101\,325\,\mathrm{Pa}\ (= 1\,013.25\,\mathrm{hPa})$
水銀柱メートル	$1\,\mathrm{mHg} = 101\,325/0.76\,\mathrm{Pa}$
トル	$1\,\mathrm{Torr} = 133.322\,\mathrm{Pa}$

(3) 熱 量

SI単位では，**熱量の単位としてJ（ジュール）を用いる**．

従来用いられていたcal（カロリー）も含め，kW·h，kcal，kJの間には次の関係がある．

$$1\,\mathrm{kW \cdot h} = 860\,\mathrm{kcal} = 3\,600\,\mathrm{kJ} \qquad (2・2)$$

(4) 熱力学の第一法則

熱はエネルギーの一種であり，熱が仕事に変わり，また，仕事が熱に変わる場合，一定の比率関係がある．これを熱力学の第一法則という．SI単位では，熱量 Q も仕事 W も同じ単位〔J〕で表されるので，$Q = W$ である（図2・4参照）．

(5) 熱力学の第二法則

第二法則はいくつかの表現の仕方があり，熱はそれ自身では低温物体から高温

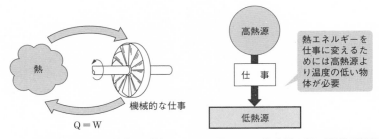

●図 2・4 熱と仕事の関係　　●図 2・5 熱力学の第二法則の説明

物体へ移ることはできない．あるいは，図 2·5 に示すように，熱機関において
その作動流体によって仕事をするには，それよりさらに低温の物体を必要とする
など，エネルギーの方向性を示すものである．

〔6〕 エンタルピー

　物体のもつ運動のエネルギーと位置のエネルギーの和を力学的エネルギーまた
は外部エネルギーというのに対し，物体がその内部に保有するエネルギーを内部
エネルギーという．温度のみで表される内部エネルギーに，膨張（収縮）するため
の仕事を加えたものを**エンタルピー**という．すなわち，エンタルピー H〔J〕は
ある物体の内部エネルギーを U〔J〕，体積を V〔m³〕，圧力を p〔Pa〕とすると，

$$H = U + pV \text{〔J〕} \tag{2・3}$$

と表される．また，1kg 当たりの内部エネルギーを u〔J/kg〕，体積を v〔m³/kg〕，
エンタルピーを h〔J/kg〕（比エンタルピーという）とすると，$h = u + pv$〔J/kg〕
となる．

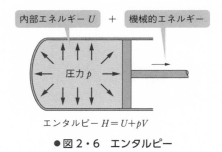

●図 2・6 エンタルピー

〔7〕 エントロピー

　物質が温度 T〔K〕のもとで得た熱量 dQ〔J〕を，その温度で割ったものを

エントロピーの増加といい，これを dS 〔J/K〕で表すと

$$dS = \frac{dQ}{T} \ \text{〔J/K〕} \tag{2・4}$$

いま，ある物質が状態 1 から 2 まで，平衡状態を保ちながら熱を受けて変化したものとすると，エントロピーの変化と，状態 2 におけるエントロピーは次式で表される．

$$S_2 - S_1 = \int_1^2 \frac{dQ}{T} \qquad S_2 = S_1 + \int_1^2 \frac{dQ}{T} \ \text{〔J/K〕} \tag{2・5}$$

物質 1 kg 当たりのエントロピーを比エントロピーといい，小文字 s 〔J/kg・K〕で表す．

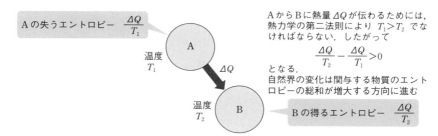

A の失うエントロピー $\dfrac{\Delta Q}{T_1}$

温度 T_1 A

ΔQ

温度 T_2 B

B の得るエントロピー $\dfrac{\Delta Q}{T_2}$

A から B に熱量 ΔQ が伝わるためには，熱力学の第二法則により $T_1 > T_2$ でなければならない．したがって

$$\frac{\Delta Q}{T_2} - \frac{\Delta Q}{T_1} > 0$$

となる．
自然界の変化は関与する物質のエントロピーの総和が増大する方向に進む

●図 2・7　エントロピーの増大

【8】 蒸　気

　大気圧（101 325 Pa）のもとで純水を加熱すると，100 ℃ まで上昇して停止する．このように，圧力一定のもとで水を加熱すると，次第に温度が上昇し，一定の温度に達すると水の温度上昇は止み，加えた熱は蒸発のために消費される．この温度をその圧力に対する**飽和温度**といい，飽和温度にある水を**飽和水**という．また，飽和温度に対する圧力を**飽和圧力**といい，飽和温度と飽和圧力との間には一定の関係がある．

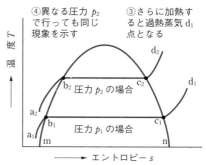

④異なる圧力 p_2 で行っても同じ現象を示す　③さらに加熱すると過熱蒸気 d_1 点となる

温度 T

エントロピー s

①圧力 p_1 のもとで a_1 点から水を加熱していくと b_1 点で温度が上昇しなくなる　②さらに加熱すると一部が蒸発して蒸気となり c_1 点で蒸発が終わる

●図 2・8　蒸気の T-s 線図

　飽和水を加熱すると次第に蒸気に変わるが，水が全部蒸発するまでは，加えられた熱は水を蒸気に変えるために消費され，この間，温度は飽和温度のまま一定であるが，この状態の蒸気は極めて微細な水滴を含んでいるので**湿り蒸気**といい，さらに加熱されて全部蒸発し，水分を含まない蒸気を**乾き飽和蒸気**という．この飽和温度にある湿り蒸気と乾き飽和蒸気を合わせて**飽和蒸気**という．湿り蒸気 $1\,kg$ 中に $x\,[kg]$ の乾き蒸気が含まれ，残りの $(1-x)\,[kg]$ が水分である場合，**x を乾き度**といい，**$1-x$ を湿り度**という．

　乾き飽和蒸気をさらに加熱すると，飽和温度を超えて温度が上昇する．このように飽和温度以上に加熱された蒸気を**過熱蒸気**といい，飽和温度と過熱蒸気温度との差を**過熱度**という．

　一定圧力のもとで $1\,kg$ の飽和水を全部蒸発させるのに要する熱量を**蒸発熱**というが，蒸発熱の大きさは蒸発の際の圧力と一定の関係があり，$101\,325\,Pa$ の圧力のもとで $100\,℃$ の飽和水 $1\,kg$ を $100\,℃$ の乾き飽和蒸気にするのに要する熱量，すなわち蒸発熱は，約 $2\,255\,J/kg$ である．

　図 2・9 において，圧力 p を上昇させると b 点と c 点とが接近し，蒸発熱が次第に小さくなる．さらに圧力を上昇させると b 点と c 点が一致して k 点となり，蒸発熱はゼロとなる．この点を**臨界点**という．水の臨界圧力および臨界温度は，$22.12\,MPa$，$374.1\,℃$ とされている．

　臨界圧力以上の圧力を**超臨界圧**といい，臨界圧力または超臨界圧のもとで液体を加熱する場合，液体は蒸発という現象を伴わないで蒸気になる．

　なお，図 2・9 の k 点より左側の曲線 km を飽和水線，右側の曲線 kn を飽和蒸気線といい，両者を合わせて飽和線または飽和限界線という．この限界線で囲まれた部分が湿り蒸気の範囲である．

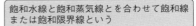

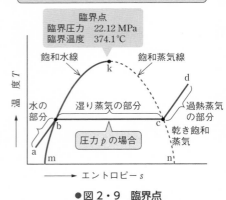

●図 2・9　臨界点

2 熱サイクル

　燃料の燃焼によってもたらされる熱エネルギーが，部分的に機械エネルギーに変換される周期過程の連続を熱サイクルという（p.66 補足 参照）．

【1】 カルノーサイクル

　等温膨張，断熱膨張，等温圧縮，断熱圧縮の順に行う理想的なサイクルを**カルノーサイクル**という．図 2・10 (a) に T (温度)-s (エントロピー) 線図を，同図 (b) に p (圧力)-v (体積) 線図を示す．

　カルノーサイクルにおいて (図 2・10 (a) 参照)，外部からもらう熱量は Q_0 (面積 a 12 b a) であるが外部に捨てられる熱量が Q_2 (面積 a 43 b a) であるから，熱効率 η は

$$\eta = \frac{Q_0 - Q_2}{Q_0} = 1 - \frac{Q_2}{Q_0} = \frac{T_1 - T_2}{T_1} = 1 - \frac{T_2}{T_1} \qquad (2 \cdot 6)$$

　カルノーサイクルは，温度 T_1 と T_2 の間で働くサイクルの中で最も熱効率が高いが，実際の装置で理論的なカルノーサイクルを行わせることは不可能である．しかし，カルノーサイクルに近づけることにより熱効率を上げることができる．

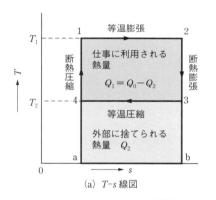

(a) T-s 線図

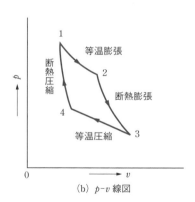

(b) p-v 線図

●図 2・10　カルノーサイクル

【2】 ランキンサイクル

　蒸気を動作物質として用い，前記のカルノーサイクルの等温過程を等圧過程に置き換えたものを**ランキンサイクル**といい，汽力発電所におけるボイラ，タービン，復水器および給水ポンプを含めた基本的なサイクルである．図 2・11 (a) に装置線図を，図 2・11 (b) に T-s 線図を示す．

　ランキンサイクルにおいて，加えられた熱量は面積 a4561ba で，復水器中で放出された熱量は面積 a32ba であるから，これを差し引いた面積 3456123 が仕事に変わった熱量である (図 2・11 (b) 参照)．したがって，ランキンサイクル

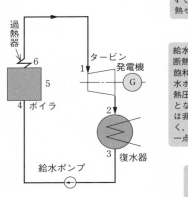

過熱器

タービン
発電機
G

6
1

5

4 ボイラ

2

給水ポンプ

3 復水器

(a) ランキンサイクル装置線図

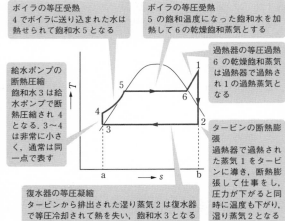

ボイラの等圧受熱
4 でボイラに送り込まれた水は
熱せられて飽和水 5 となる

ボイラの等圧受熱
5 の飽和温度になった飽和水を加
熱して 6 の乾燥飽和蒸気とする

過熱器の等圧過熱
6 の乾燥飽和蒸気
は過熱器で過熱さ
れ 1 の過熱蒸気と
なる

給水ポンプの
断熱圧縮
飽和水 3 は給
水ポンプで断
熱圧縮され 4
となる．3～4
は非常に小さ
く，通常は同
一点で表す

タービンの断熱膨
張
過熱器で過熱され
た蒸気 1 をタービ
ンに導き，断熱膨
張して仕事をし，
圧力が下がると同
時に温度も下がり，
湿り蒸気 2 となる

復水器の等圧凝縮
タービンから排出された湿り蒸気 2 は復水器
で等圧冷却されて熱を失い，飽和水 3 となる

(b) ランキンサイクル T-s 線図

●図 2・11 ランキンサイクル

の熱効率 η は

$$\eta = \frac{\text{面積} \, 3456123}{\text{面積} \, a4561ba} \tag{2・7}$$

ランキンサイクルの熱効率を向上させるには，蒸気の圧力，温度および復水器の真空度を上げればよい．

【3】 再生サイクル

図 2・12 (a) に示すように，**再生サイクル**は蒸気タービンの中間段から蒸気を一部分抽出し（これを抽気という），その熱を給水加熱に利用する方式で，復水器で冷却水にもち去られる熱量を減らし，熱効率を向上させる．図 2・12 (b) に再生サイクルの T-s 線図を示す．抽出する蒸気の圧力と温度が高い方が熱効率向上効果は大きくなる．

【4】 再熱サイクル

ランキンサイクルの熱効率を高めるには，蒸気の圧力および温度を上げればよいが，蒸気の圧力を上げるとタービンの膨張が終わり蒸気の湿り度が増加し，タービン内の損失を増し，タービン翼の腐食などを生ずる．温度を高くすれば湿り度は減少するが，金属材料の強さや価格面からあまり高くできない．そこで，図2・13 (a) に示すように，膨張の途中で圧力の下がった高圧タービンから出た蒸気を再びボイラの再熱器で再度過熱蒸気にして低圧タービンに送る方法が用いられる．これを**再熱サイクル**という．再熱は 2～3 段まで採用される．

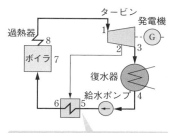

過熱器 8
ボイラ 7
タービン 1
発電機 G
2 3
復水器
給水ポンプ 4
6 5

給水加熱器は図面を簡略化するため蒸気を直接給水と混合する混合形で表してあるが，実際の発電所では図2・2のような表面形が用いられる

図は1段抽気のものであるが最近のものは8段程度まで抽気する

5の復水は給水加熱器で6の状態まで加熱し，6以降はボイラでの加熱となる

給水ポンプによる断熱圧縮は省略してある

過熱蒸気1kgを考え1の状態でタービンに入り2まで膨張して m kg が抽気され給水に熱を与えて6の状態になり，残りの $(1-m)$ kg は終圧まで膨張して3の状態で復水器に入り凝結して4の状態になるものとする

1，2，3，5，6のエンタルピーを $h_1 h_2 h_3 h_5 h_6$ とすると再生サイクルの熱効率 η_R は

$$\eta_R = \frac{(h_1 - h_3) - m(h_2 - h_3)}{h_1 - h_6}$$

抽気を行わないときの熱効率 $\eta = (h_1 - h_3)/(h_1 - h_5)$ に比較して分子が小さくなるが，分母がそれ以上に小さくなるので熱効率は高くなる

(a) 再生サイクル装置線図　　　　　　(b) 再生サイクル T-s 線図

●図2・12　再生サイクル

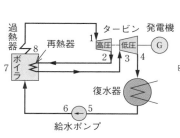

過熱器
再熱器
ボイラ 7 8
タービン 高圧 低圧
発電機 G
1 2 3 4
復水器
6 5
給水ポンプ

再熱器で再熱する過程

再熱サイクルの効率 η は

$$\eta = \frac{面積12346781}{面積123ca6781}$$

再熱を行わない場合の効率 η_s は

$$\eta_s = \frac{面積12d6781}{面積12ba6781}$$

すなわち $\dfrac{面積234d2}{面積23cb2}$ の比が他の部分より大きいため，効率は向上する

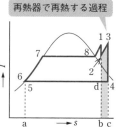

(a) 再熱サイクル装置線図　　　　　　(b) 再熱サイクル T-s 線図

●図2・13　再熱サイクル

【5】再熱再生サイクル

　熱効率の向上を図り，湿り蒸気による内部効率の低下やタービン翼の腐食などを防ぐため，再熱サイクルと再生サイクルとを組み合わせ，両者の長所を兼ね備えたものが**再熱再生サイクル**である（図2・14）．大容量の汽力発電所は，ほとんどこの再熱再生サイクルが採用されている．

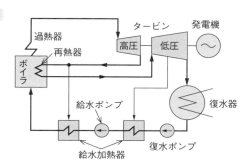

過熱器
再熱器
ボイラ
タービン 高圧 低圧
発電機
給水ポンプ
給水加熱器
復水器
復水ポンプ

●図2・14　再熱再生サイクル装置線図

問題2 ✓ ✓ ✓   H3 A-6

図に示す汽力発電所の蒸気サイクルにおいて，（ア）A—B，（イ）B—C，（ウ）C—D，（エ）D—E，（オ）E—A の各過程に相当する装置を説明する字句として，正しいものを組み合わせたのは次のうちどれか．

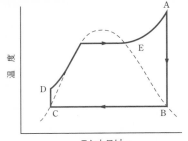

	（ア） （A—B）	（イ） （B—C）	（ウ） （C—D）	（エ） （D—E）	（オ） （E—A）
(1)	蒸気タービン	給水ポンプ	ボイラ	過熱器	復水器
(2)	蒸気タービン	復水器	給水ポンプ	ボイラ	過熱器
(3)	給水ポンプ	ボイラ	過熱器	蒸気タービン	復水器
(4)	給水ポンプ	蒸気タービン	復水器	ボイラ	過熱器
(5)	給水ポンプ	過熱器	蒸気タービン	復水器	ボイラ

解説　図 2・11 のランキンサイクルを参照．

解答 ▶ (2)

問題3 ✓ ✓ ✓   H5 A-6

ランキンサイクルで熱効率向上のため ▢（ア）▢ を上げると，タービン内の膨張過程の終わりで，蒸気の ▢（イ）▢ が増し，タービン効率の低下，タービン翼の浸食などを起こす．また，最初から ▢（ウ）▢ を高くとるのも材料強度上好ましくない．そこで，ある圧力まで膨張した蒸気をボイラに戻し，▢（エ）▢ で加熱して再びタービンに送る方式をとるが，これを ▢（オ）▢ サイクルという．

上記の記述中の空白箇所（ア），（イ），（エ）および（オ）に記入する字句として，正しいものを組み合わせたのは，次のうちどれか．

	（ア）	（イ）	（ウ）	（エ）	（オ）
(1)	蒸気圧力	乾き度	蒸気温度	過熱器	再 生
(2)	蒸気圧力	湿り度	蒸気温度	再熱器	再 熱
(3)	蒸気温度	湿り度	蒸気圧力	過熱器	再 生
(4)	蒸気温度	乾き度	蒸気圧力	再熱器	再 熱
(5)	蒸気圧力	湿り度	蒸気温度	過熱器	再 生

解説 ②（4）再熱サイクルの項を参照.
　ランキンサイクルの熱効率の向上←蒸気圧力，温度，復水器の真空度を上げる.

解答 ▶ (2)

問題4 ✓ ✓ ✓　　　　　　　　　　　　　H28　　B-15

　図は，あるランキンサイクルによる汽力発
電所の P-V 線図である．この発電所が，A 点
の比エンタルピー 140 kJ/kg，B 点の比エン
タルピー 150 kJ/kg，C 点の比エンタルピー
3 380 kJ/kg，D 点の比エンタルピー 2 560 kJ/
kg，蒸気タービンの使用蒸気量 100 t/h，蒸気

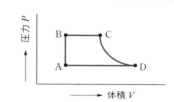

タービン出力 18 MW で運転しているとき，次の (a) および (b) の問に答えよ.
(a) タービン効率の値〔%〕として，最も近いものを次の (1) ～ (5) のうちか
　　ら一つ選べ.
　　(1) 58.4　　(2) 66.8　　(3) 79.0　　(4) 95.3　　(5) 96.7
(b) この発電所の送電端電力 16 MW，所内比率 5 % のとき，発電機効率の値〔%〕
　　として，最も近いものを次の (1) ～ (5) のうちから一つ選べ.
　　(1) 84.7　　(2) 88.6　　(3) 88.9　　(4) 89.2　　(5) 93.6

解説 (a) $\eta_t = \dfrac{\text{タービン出力}}{\text{タービン入力（タービンで消費した熱量）}}$

$$= \frac{3\,600 P_T}{Z(i_C - i_D)} = \frac{3\,600 \times 18 \times 10^3}{100 \times 10^3 \times (3\,380 - 2\,560)}$$

$$\fallingdotseq 0.79 = \mathbf{79\,\%}$$

(b) $P_S = P_G(1-L)$　　∴　$P_G = \dfrac{P_S}{1-L}$

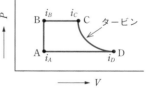

$$\eta_g = \frac{P_G}{P_T} = \frac{\dfrac{16 \times 10^3}{1 - 0.05}}{18 \times 10^3} = 0.936 = \mathbf{93.6\,\%}$$

●解図

解答 ▶ (a)-(3)　　(b)-(5)

燃料と燃焼

[★★★]

1 燃　料

　燃料は使用するときの状態により，固体燃料，液体燃料，気体燃料，および固体を流体化した石炭スラリ燃料などに分類される.

1 固 体 燃 料

　火力発電に主として用いられる固体燃料は石炭で，炭化の程度により，泥炭，褐炭，瀝青炭および無煙炭などに大別されるが，取扱いの容易な**瀝青炭**が主として用いられる. 表2・1に，石炭の性質と発熱量の概数を示す.

●表2・1　石炭の性質と発熱量の概数

種　類	性　　質	比　重	発熱量〔kJ/kg〕		着火温度〔℃〕
			高	低	
褐　炭	水分が多く約15〜50%，炭化はやや進んでいる. 発熱量は低い	0.7〜1.5	21800	20900	180〜220
瀝青炭	水分が少ない. 炭化度が進み，発熱量が高い	1.3〜1.5	26000	24700	330〜400
無煙炭	炭化度が最も進み，発熱量が高い. 揮発分が少なく燃えにくい	1.3〜1.8	28900	28500	440〜500

〔注〕高発熱量，低発熱量については2-3節2項を参照されたい.

2 液 体 燃 料

　火力発電用としては原油，重油，ナフサ，軽油などがある. 従来はC重油が

●表2・2　燃料油の成分と発熱量の概数

種　類	主な成分〔%〕				発熱量〔kJ/kg〕	
	炭　素	水　素	酸　素	硫　黄	高	低
重　油	86	12	―	2	44000	41400
軽　油	85	13	0.3	0.9	45600	40600
原　油	85	13	0.4	1.4	44800	41900
ナフサ	84	16	―	―	49000	45200

主に用いられていたが，大気汚染防止のため，**硫黄分の含有量の少ない重油**，**原油，ナフサが使用**されている．表 2・2 に，燃料油の成分と発熱量の概数を示す．

【3】 気 体 燃 料

気体燃料には，天然ガス，石油ガス，製鉄所の高炉ガス，コークス炉ガスなどがあるが，天然ガスを液化した **LNG（液化天然ガス）** が最も多く使用されている．LNG は，硫黄分を含まず，窒素分も含まないため窒素酸化物の発生量が少なく，ばいじんをほとんど発生せず，優れた燃料であるが，含有水素によって火炉内に水分を発生し，ボイラ効率が 1 ～ 2 % 低下する．

【4】 石炭スラリ燃料

石炭を液体にして輸送や燃料制御を容易にするため，重量比で石炭 70 %，水 30 %，少量の界面活性剤を加え，粉砕混合した CWM（Coal Water Mixture）の実用化が進められている．

2 燃 焼

【1】 燃 焼

燃焼とは，発熱を伴う急激な酸化反応をいい，燃料と燃焼用空気との混合物が，他からの着火熱を与えられ，一定の着火温度まで熱せられて着火，燃焼する．燃料には，炭素 C，水素 H，硫黄 S からなる種々の分子構造の可燃成分が含まれており，酸素と化合して多量の熱量を発生する（表 2・3 参照）．

●表 2・3　燃焼の反応式と発熱量

燃料成分＋酸素＝燃焼ガス	発熱量 〔kJ/kg〕		発熱量 〔kJ/Nm³〕	
	高	低	高	低
C（炭素）＋O_2（酸素）＝CO_2（炭酸ガス）	33 910	33 910	—	—
H_2（水素）＋$\frac{1}{2}O_2$＝H_2O（水）	141 950	119 590	12 770	10 760
S（硫黄）＋O_2＝SO_2（亜硫酸ガス）	9 250	9 250	—	—
CH_4（メタン）＋$2O_2$＝CO_2＋$2H_2O$	55 590	49 940	38 720	35 790

【2】 空 気 比

実際に燃料を燃焼させる場合，完全燃焼に理論上必要な空気量（これを**理論空気量**という）のみでは不完全燃焼となるので，過剰の空気を供給する．理論空気量 A_0 と実際空気量 A との比 μ を**空気比**という．

$$\mu = \frac{A}{A_0} \tag{2・8}$$

空気比の概数は，微粉炭燃焼 1.2 ～ 1.4，原・重油 1.1 ～ 1.3，天然ガス 1.05 ～ 1.2 である．

■【3】 高発熱量と低発熱量 ■

高発熱量は，燃料中に最初から含まれている水分と，燃焼によって生成した水分が水蒸気になっているとき，水蒸気の蒸発熱を含んだ発熱量をいう．

低発熱量は，高発熱量から水蒸気の蒸発熱を差し引いた発熱量をいう．

問題5 ✓ ✓ ✓　　　　　　　　　　　　　　　　　　　　H23　A-15

定格出力 500 MW，定格出力時の発電端熱効率 40 ％ の汽力発電所がある．重油の発熱量は 44 000 kJ/kg で，潜熱の影響は無視できるものとして，次の （a） および （b） の問に答えよ．

ただし，重油の化学成分を炭素 85 ％，水素 15 ％，水素の原子量を 1，炭素の原子量を 12，酸素の原子量を 16，空気の酸素濃度を 21 ％ とし，重油の燃焼反応は次のとおりである．

$$C + O_2 \rightarrow CO_2 \qquad\qquad 2H_2 + O_2 \rightarrow 2H_2O$$

(a) 定格出力にて，1 時間運転したときに消費する燃料重量 〔t〕 の値として，最も近いものを次の （1） ～ （5） のうちから一つ選べ．

(1) 10　　　(2) 16　　　(3) 24　　　(4) 41　　　(5) 102

(b) このとき使用する燃料を完全燃焼させるために必要な理論空気量※ 〔m³〕 の値として，最も近いものを次の （1） ～ （5） のうちから一つ選べ．ただし，1 mol の気体標準状態の体積は 22.4 L とする．

※　理論空気量：燃料を完全に燃焼するために必要な最小限の空気量（標準状態における体積）

(1) 5.28×10^4　　(2) 1.89×10^5　　(3) 2.48×10^5

(4) 1.18×10^6　　(5) 1.59×10^6

物理量の次元・単位に注意して換算を行う練習が大事である．

(例)　MW・h→10^3 kW・h→$10^3 \times 3\,600$ kW・s→$10^3 \times 3\,600$ kJ

t→1 000 kg→10^6 g

mol 換算も同様に

C：1 mol の燃焼に必要な O_2 は，$C + O_2 \rightarrow CO_2$ より 1 mol

H_2：$1\,mol$ の燃焼に必要な O_2 は，$2H_2+O_2\rightarrow2H_2O$ より $H_2+\dfrac{1}{2}$ $O_2\rightarrow H_2O$

だから $\dfrac{1}{2}\,mol$

（注）　潜熱：融触熱・気化熱など，物質の相が変化するときに必要とされる熱量.

解説　（a）定格出力にて，1 時間運転したときの発電電力量は

$$Q_C = 500\,MW\cdot h = 500\times10^3\,kW\cdot h = 500\times10^3\times3\,600\,kW\cdot s = 1.8\times10^9\,kJ$$

消費する燃料重量 W は

$$W = \frac{Q_c}{44\,000\eta} = \frac{1.8\times10^9}{44\,000\times0.4} \fallingdotseq 102.3\times10^3\,kg \fallingdotseq \mathbf{102\,t}$$

（b）燃料重量 W〔g〕中の炭素（C），水素（H）が燃焼するのに必要な酸素量は

$$C：\frac{0.85W\times10^6}{12}\,mol$$

$$H：\frac{0.15W\times10^6}{2}\times\frac{1}{2}\,mol$$

よって，燃料燃焼に必要な酸素量は

$$\frac{0.85W\times10^6}{12}+\frac{0.15W\times10^6}{4}=\frac{1.3}{12}\times W\times10^6\,mol$$

$$=\frac{1.3}{12}\times W\times10^6\times22.4\,L$$

空気中の酸素濃度が 21 ％ であることから，必要な理論空気量〔m^3〕は，燃料重量 $W = 102\,t$ を用いて

$$\frac{1.3}{12}\times W\times10^6\times22.4\times\frac{1}{0.21}\,L = \frac{1.3\times102\times10^6\times22.4}{12\times0.21}\,L$$

$$= 1\,179\times10^6\,L$$

$$\fallingdotseq \mathbf{1.18\times10^6\,m^3}$$

解答 ▶ （a）-（5），（b）-（4）

参考　シェールガス

　シェールガスは，頁岩（けつがん）と呼ばれる堆積岩の層から採取される天然ガスで，2000 年代に採掘技術が確立され，生産量が一気に拡大したことから注目をあびている.

火力発電所の熱効率と熱消費率

[★★★]

　2-2 節において，簡単なサイクルの熱効率について述べたが，実際の発電所の熱効率および熱消費率は次のように表される．

1　熱 効 率

　火力発電所の熱効率は，発生した電力量と消費した燃料の熱量の比で表されるが，電力量と熱量の間には，式 (2·2) に示したように

$$1\,\mathrm{kW \cdot h} = 860\,\mathrm{kcal} = 3\,600\,\mathrm{kJ}$$

の関係があり，燃料の発熱量は，一般に高発熱量が用いられる．

　発電端熱効率 η〔%〕は，発電機端子で計測した電力量を用い

$$\eta = \frac{発生電力量〔\mathrm{kW \cdot h}〕 \times 3\,600\,\mathrm{kJ/kW \cdot h}}{燃料消費量〔\mathrm{kg}〕 \times 燃料の発熱量〔\mathrm{kJ/kg}〕} \times 100 \;〔\%〕 \qquad (2 \cdot 9)$$

　送電端熱効率 η'〔%〕は，発電機端子で計測した電力量から所内電力量を差し引いた電力量を用いる（図 2·15 参照）．

$$\eta' = \frac{(発生電力量 - 所内電力量)〔\mathrm{kW \cdot h}〕 \times 3\,600\,\mathrm{kJ/kW \cdot h}}{燃料消費量〔\mathrm{kg}〕 \times 燃料の発熱量〔\mathrm{kJ/kg}〕} \times 100〔\%〕$$

$$(2 \cdot 10)$$

　燃料の消費量を kg，発熱量を kJ/kg で表しているが，重油などで消費量を L で表した場合，発熱量は kJ/L を用いる．

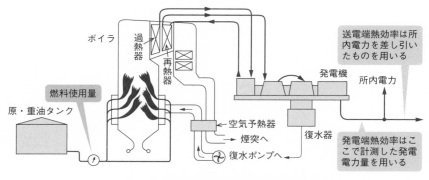

●図 2・15　発電端熱効率と送電端熱効率の説明

参考 **効率の公式のまとめ**

効率はすべて $\dfrac{出力}{入力}$ であることを意識すると以下の式は容易に導出される.

① **ボイラ効率** $\eta_B = \dfrac{ボイラ出力}{ボイラ入力} = \dfrac{Z(i_s - i_w)}{B \cdot H}$

② **熱サイクル効率** $\eta_C = \dfrac{タービンで消費した熱量}{ボイラで発生した蒸気の発熱量} = \dfrac{Z \cdot i_s - Z \cdot i_e}{Z \cdot i_s - Z \cdot i_w} = \dfrac{i_s - i_e}{i_s - i_w}$

③ **タービン効率** $\eta_t = \dfrac{タービン（機械）出力}{タービン入力（タービンで消費した熱量）} = \dfrac{3600 P_T}{Z(i_s - i_e)}$

④ **タービン室効率** $\eta_T = \dfrac{タービン（機械）出力}{ボイラで発生した蒸気の発熱量} = \dfrac{3600 P_T}{Z(i_s - i_w)} = \eta_C \cdot \eta_t$
　（タービン熱効率）

⑤ **発電機効率** $\eta_g = \dfrac{発電機出力}{発電機入力} = \dfrac{P_G}{P_T}$

⑥ **発電端熱効率** $\eta_P = \dfrac{発電機出力}{ボイラ入力} = \dfrac{3600 P_G}{B \cdot H} = \eta_B \cdot \eta_C \cdot \eta_t \cdot \eta_g = \eta_B \cdot \eta_T \cdot \eta_g$

⑦ **送電端熱効率** $\eta = \dfrac{送電端出力}{ボイラ入力}$

$$= \dfrac{3600 P_S}{B \cdot H} = \dfrac{3600(P_G - P_L)}{BH}$$

$$= \dfrac{3600 P_G\left(1 - \dfrac{P_L}{P_G}\right)}{BH} = \eta_P (1 - L)$$

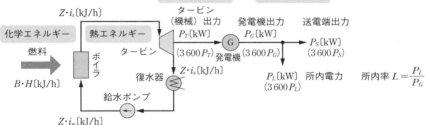

B：燃料消費量〔kg/h〕　　　H：燃料の発熱量〔kJ/kg〕　　　$\left.\begin{array}{l} B \cdot H \\ Z \cdot i \end{array}\right\}$は熱量〔kJ/h〕

Z：蒸気・給水の流量〔kg/h〕　i_s：ボイラ出口蒸気のエンタルピー〔kJ/kg〕　$3600 P$〔kJ/h〕は

i_w：ボイラ入口給水のエンタルピー〔kJ/kg〕　熱量換算値

i_e：タービン排気のエンタルピー〔kJ/kg〕

●図 2・16

表 2・4 に，効率の概数を示す．

●表 2・4　ユニット容量 500〜1 000 MW の重油専焼火力の概数

項　　目	〔%〕	項　　目	〔%〕
ボイラ効率	89 前後	送電端熱効率	39 前後
タービン室効率	48 前後	所内比率	3〜4
発電端熱効率	41 前後		

2　熱 消 費 率

熱消費率は，1 kW・h を発生するのにどれだけの熱量を消費したかを示すもので，熱消費率を H〔kJ/kW・h〕，発電端熱効率を η〔%〕とすると，次式で表される．

$$H = \frac{3\,600}{\eta} \times 100 \quad \text{〔kJ/kW・h〕} \tag{2・11}$$

問題6　✓ ✓ ✓

出力 125 MW の火力発電所が 60 日間運転したとき，発熱量 36 000 kJ/kg の燃料油を 24 000 t 消費した．この間の発電所の熱効率が 30 %，所内率が 3 % であるとき，次の（a）および（b）に答えよ．

(a) 設備利用率〔%〕の値として，最も近いのは次のうちどれか．

　(1) 20　　(2) 25　　(3) 35　　(4) 40　　(5) 65

(b) 送電端電力量〔MW・h〕の値として，最も近いのは次のうちどれか．

　(1) 66 000　　(2) 69 800　　(3) 72 000　　(4) 74 200　　(5) 78 000

設備利用率などの定義式を正確に記憶し，あとは単位に注意して計算すればよい．所内率の使い方は，例題の解法からマスターすること．

　設備利用率 $= \dfrac{\text{発生電力量}}{\text{定格出力×運転時間}}$

　　　ここで，

$$\text{発生電力量〔kW・h〕} = \frac{\text{燃料消費量〔kg〕×燃料の発熱量〔kJ/kg〕×熱効率}}{3\,600\,\text{kJ/kW・h}}$$

$$= 24\,000 \times 10^3 \times 36\,000 \times 0.3 \div 3\,600$$

$$= 72\,000 \times 10^3$$

$$\text{定格出力〔kW〕×運転時間〔h〕} = 125 \times 10^3 \times 60 \times 24$$

$$= 180\,000 \times 10^3$$

したがって

$$設備利用率 = \frac{72\,000 \times 10^3}{180\,000 \times 10^3} = 0.4 = \mathbf{40\,\%}$$

(b) 送電端電力量 = 発生電力量 × (1 - 所内率)
$$= 72\,000 \times 10^3 \times (1 - 0.03)$$
$$= 69\,840 \times 10^3\,\mathrm{kW\cdot h} = \mathbf{69\,800\,MW\cdot h}$$

解答 ▶ (a)-(4), (b)-(2)

問題7 ✓✓✓　　　　　　　　　　　　　　　　　R3　B-15

ある火力発電所にて，定格出力 350 MW の発電機が下表に示すような運転を行ったとき，次の (a) および (b) の問に答えよ．ただし，所内率は 2 % とする．

発電機の運転状態

時刻	発電機出力〔kW〕
0 時～7 時	130
7 時～12 時	350
12 時～13 時	200
13 時～20 時	350
20 時～24 時	130

(a) 0 時から 24 時の間の送電端電力量の値〔MW·h〕として，最も近いものを次の (1)～(5) のうちから一つ選べ．

(1) 4 660　　(2) 5 710　　(3) 5 830　　(4) 5 950　　(5) 8 230

(b) 0 時から 24 時の間に発熱量 54.70 MJ/kg の LNG（液化天然ガス）を 770 t 消費したとすると，この間の発電端熱効率の値〔%〕として，最も近いものを次の (1)～(5) のうちから一つ選べ．

(1) 44　　(2) 46　　(3) 48　　(4) 50　　(5) 52

所内率 L〔%〕の関係を図にして解く．

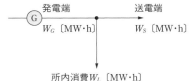

$$W_S = W_G - W_L = W_G - W_G \times \frac{L}{100} = W_G \times \left(1 - \frac{L}{100}\right)$$

（a）送電端電力量とは，発電した電力量から所内で消費した電力量を差し引いたものである．発電電力量 W_G は，表の発電機出力に時間を掛ければよいので

発電電力量 $W_G = 130\,\text{MW} \times 7\,\text{h} + 350\,\text{MW} \times 5\,\text{h} + 200\,\text{MW} \times 1\,\text{h} + 350\,\text{MW}$
$\times 7\,\text{h} + 130\,\text{MW} \times 4\,\text{h} = 5\,830\,\text{MW·h}$

発電電力量のうち，所内で 2 % 消費されるため，送電端電力量と W_S は

$$W_S = 5\,830\,\text{MW·h} \times \left(1 - \frac{2}{100}\right)$$

$$= 5\,713.4 \fallingdotseq \mathbf{5\,710\,MW·h}$$

（b）発電端熱効率 η ［%］は，投入した LNG の熱量に対して，どれだけの発電電力量を得たかを表す．発電電力量 W_G ［kW·h］，LNG 発熱量 H ［kJ/kg］，LNG 消費量 Q ［kg］のときの発電端熱効率 η ［%］は，次のようになる（式（2·9）参照）．

$$\eta = \frac{3\,600 W_G}{QH} \times 100 = \frac{3\,600 \times 5\,830 \times 10^3}{770 \times 10^3 \times 54.7 \times 10^3} \times 100$$

$$= 49.83 \fallingdotseq \mathbf{50\,\%}$$

解答 ▶ （a）-（2），（b）-（4）

問題8 ✓ ✓ ✓ H27 A-2

　汽力発電所における再生サイクルおよび再熱サイクルに関する記述として，誤っているものを次の（1）～（5）のうちから一つ選べ．

（1）再生サイクルは，タービン内の蒸気の一部を抽出して，ボイラの給水加熱を行う熱サイクルである．

（2）再生サイクルは，復水器で失う熱量が減少するため，熱効率を向上させることができる．

（3）再生サイクルによる熱効率向上効果は，抽出する蒸気の圧力，温度が高いほど大きい．

（4）再熱サイクルは，タービンで膨張した湿り蒸気をボイラの過熱器で加熱し，再びタービンに送って膨張させる熱サイクルである．

（5）再生サイクルと再熱サイクルを組み合わせた再熱再生サイクルは，ほとんどの大容量汽力発電所で採用されている．

 再熱サイクルで，低圧タービンに送る前に（湿り）蒸気を再び過熱蒸気にするのはボイラの再熱器である（図 2·13 参照）．

解答 ▶ （4）

発電用ボイラ

[★★★]

　ボイラは，燃料の燃焼によって発生した熱量を水に与え，必要な蒸気を発生させる装置で，**燃焼装置，蒸発部，過熱器，再熱器，エコノマイザ（節炭器），空気予熱器，通風装置，集じん装置，給水装置，**その他付属装置から構成されている．図2・17に，ボイラの構成部分の概要を示す．

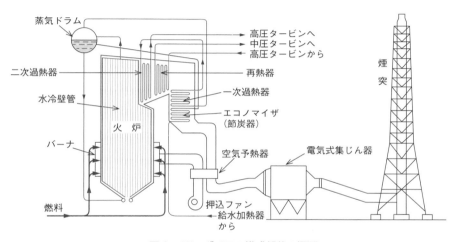

●図2・17　ボイラの構成部分の概要

1　ボイラの種類

　発電用として広く用いられるのは燃焼ガスの通路や火炉の周壁に多数の水管を設けた水管ボイラで，いろいろな分類法があるが，主なものは次のとおりである．

（1）使用する燃料による分類

　石炭燃焼ボイラ，原・重油燃焼ボイラ，ガス燃焼ボイラ，2種類以上の燃料を同時に使用する**混焼ボイラ**などがある．

（2）蒸気圧力による分類

　発生する蒸気の圧力の高低により，**低圧ボイラ，高圧ボイラ**といい，とくに臨界圧力（22.12 MPa）を超えるものを**超臨界圧ボイラ**，さらに圧力の高いものを**超々臨界圧ボイラ**，臨界圧力以下でこれに近いものを**亜臨界圧ボイラ**という．

■【3】 水の循環方式による分類 ■

ボイラを水の循環方式によって分類すると，次の三つに分けられる.

① **自然循環ボイラ** 水管内の汽水混合物の密度差によってボイラ水を循環させるもので，図 2・18 にこれを示す.

蒸発管内を汽水混合物の状態で上昇し，下降管内を水が下降して循環する. 蒸気圧力が高くなるに従い，水と蒸気の密度の差が小さくなり循環力は低下する. これを補うためボイラの高さを高くする.

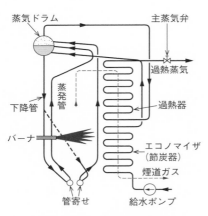

●図 2・18 自然循環ボイラ

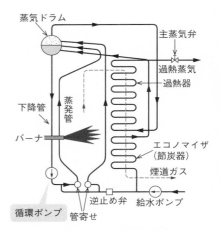

●図 2・19 強制循環ボイラ

② **強制循環ボイラ** ボイラ水をポンプで強制的に循環させるもので，図 2・19 にこれを示す. 循環ポンプにより水の循環が一様で熱負荷が均一になり，蒸発管の径を小さく肉厚を薄くできる，水量の調整で水管の過熱を防止でき，始動停止が急速にできる，ボイラの高さを低くできるなどの特徴があるが，循環ポンプにより所内動力が増加し，運転保守が必要となる.

③ **貫流ボイラ** 給水を管の一端からポンプで押し込み，管の他端から蒸気を取り出すもので，図 2・20 にこれを示す.

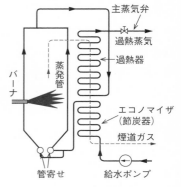

●図 2・20 貫流ボイラ

ボイラ水は循環しないので，汽水を分離するための**蒸気ドラム**が不要で，給水を強制的に蒸発管に供給するため，循環不良による蒸発管の焼損事故を防止でき，蒸発管の径を小さくできるため，構造が簡単で全体の重量が軽く，保有水量が少ないので始動時間が短いが，蓄熱による負荷変動に対する応答性が悪く，給水，燃料，蒸気温度を関連して制御する必要があり，給水処理には特別な注意を要する．なお，**貫流ボイラ**は超臨界圧に適している．

2　ボイラ効率

ボイラ効率は，ボイラに供給された熱量と，ボイラで有効に利用された熱量の比で表される．**ボイラ効率を** η_B 〔%〕とすると，次式のようになる．

$$\eta_B = \frac{(蒸発量〔kg/h〕\times 発生蒸気のエンタルピー〔kJ/kg〕 - 給水量〔kg/h〕\times 給水のエンタルピー〔kJ/kg〕)}{燃料使用量〔kg/h〕\times 燃料の発熱量〔kJ/kg〕} \times 100 〔\%〕$$

(2・12)

3　ボイラの主要設備

〔1〕過熱器と再熱器

過熱器と再熱器の概要と特徴を図2・21に示す．

過熱器は，ボイラの蒸発管で発生した飽和蒸気を，タービンで使用する蒸気温度まで過熱する装置で，伝熱方式により，接触形，放射形および接触放射形の3種類がある．

また，**再熱器**は，タービンの熱効率向上と，タービン翼の浸食を軽減させる目的で，タービンの高圧部または中圧部の排気を再び加熱して，タービンの中圧部または低圧部へ送る．構造は過熱器とほとんど同じであるが，圧力が低い．

〔2〕エコノマイザ（節炭器）

煙突から排出される燃焼ガスの保有する熱を利用して給水を加熱するもので，給水を飽和温度またはこれに近くまで加熱するが，給水の一部が蒸発を起こす**蒸発式エコノマイザ**もある．

エコノマイザ設置による利点は，熱効率の向上による燃料消費量の節減，給水を予熱するためボイラドラムに与える熱応力の軽減，給水の予熱によってスケール（ボイラ水中の不純物がドラム，管内壁などに析出，固着したもの）の発生が減少することなどであるが，欠点として通風損失が増加する．図2・22，図2・23に，エコノマイザの概形を示す．

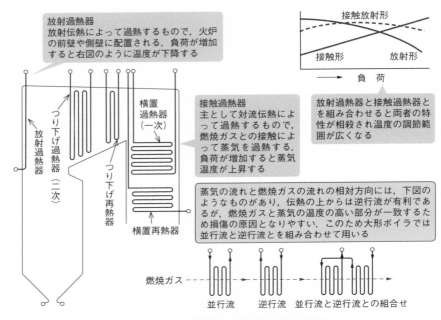

放射過熱器
放射伝熱によって過熱するもので，火炉の前壁や側壁に配置される．負荷が増加すると右図のように温度が下降する

接触放射形

接触形　　　　放射形

負荷

横置過熱器（一次）

つり下げ過熱器（二次）

放射過熱器

つり下げ再熱器

横置再熱器

接触過熱器
主として対流伝熱によって過熱するもので，燃焼ガスとの接触によって蒸気を過熱する．負荷が増加すると蒸気温度が上昇する

放射過熱器と接触過熱器とを組み合わせると両者の特性が相殺され温度の調節範囲が広くなる

蒸気の流れと燃焼ガスの流れの相対方向には，下図のようなものがあり，伝熱の上からは逆行流が有利であるが，燃焼ガスと蒸気の温度の高い部分が一致するため損傷の原因となりやすい．このため大形ボイラでは並行流と逆行流とを組み合わせて用いる

燃焼ガス

並行流　　　逆行流　　並行流と逆行流との組合せ

●図 2・21　過熱器，再熱器の概要と特徴

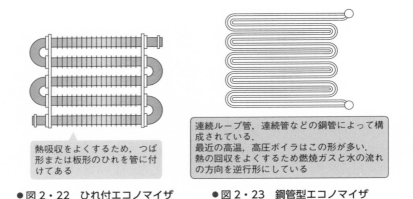

熱吸収をよくするため，つば形または板形のひれを管に付けてある

連続ループ管，連続管などの鋼管によって構成されている．
最近の高温，高圧ボイラはこの形が多い．
熱の回収をよくするため燃焼ガスと水の流れの方向を逆行形にしている

●図 2・22　ひれ付エコノマイザ　　●図 2・23　鋼管型エコノマイザ

【3】 空気予熱器

　空気予熱器は煙道ガスの余熱を利用して燃焼用空気を加熱する装置で，伝熱体に熱ガスと空気を交互に接触させることによって熱交換を行う**再生式**，管の壁を介して燃焼ガスと空気の間に熱交換を行う**管形**，多数の平板を一定の間隔に並べ，

燃焼ガスと空気を板で隔てて層状に流して熱交換を行う**板形**などの空気予熱器がある．図2・24に，これらの構造概要を示す．

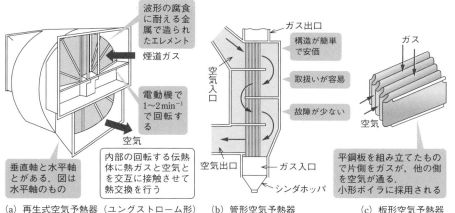

波形の腐食に耐える金属で造られたエレメント

煙道ガス

電動機で1～2min⁻¹で回転する

空気

垂直軸と水平軸とがある．図は水平軸のもの

内部の回転する伝熱体に熱ガスと空気とを交互に接触させて熱交換を行う

(a) 再生式空気予熱器（ユングストローム形）

ガス出口

構造が簡単で安価

取扱いが容易

故障が少ない

空気入口

空気出口

ガス入口

シンダホッパ

(b) 管形空気予熱器

ガス

空気

平鋼板を組み立てたもので片側をガスが，他の側を空気が通る．小形ボイラに採用される

(c) 板形空気予熱器

● 図 2・24　空気予熱器

【4】通風装置

　ボイラの燃焼に必要な空気を火炉に供給し，燃焼に伴って発生した燃焼ガスをボイラの伝熱面を通過させて大気に放出するのが**通風装置**である．通風方式には

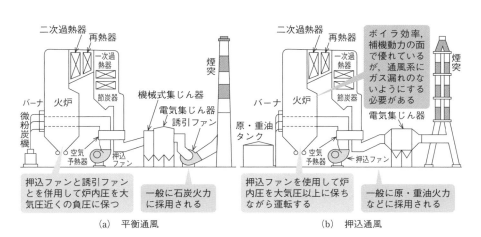

二次過熱器　再熱器

一次過熱器

節炭器

煙突

機械式集じん器

電気集じん器

誘引ファン

バーナ　火炉

微粉炭機

空気予熱器

押込ファン

押込ファンと誘引ファンとを併用して炉内圧を大気圧近くの負圧に保つ

一般に石炭火力に採用される

(a) 平衡通風

二次過熱器　再熱器

一次過熱器

節炭器

煙突

ボイラ効率，補機動力の面で優れているが，通風系にガス漏れのないようにする必要がある

電気集じん器

バーナ　火炉

原・重油タンク

空気予熱器

押込ファン

押込ファンを使用して炉内圧を大気圧以上に保ちながら運転する

一般に原・重油火力などに採用される

(b) 押込通風

● 図 2・25　強制通風装置

煙突のみによる**自然通風**があるが，小規模のもののみに適用され，一般には送風機を用いた**強制通風方式**が採用されている．これには**平衡通風**と**押込通風**があり，図2·25にこれを示す．

●【5】集じん装置

　煙道ガスは多くのばいじんを含んでいる．これを除去するため集じん装置が用いられる．集じん装置には**電気式**と**機械式**がある．また，ばいじんを含んだガスまたは分離したダストを水と接触させ，湿潤状態でダストを捕集する**湿式**と，水を用いない**乾式**がある．湿式は多量の水を必要とし，乾式では大きな通風損失を伴うものは動力費が高くなることなどから，従来は図2·26に示すような乾式のマルチサイクロンと，図2·27に示す電気式を組み合わせて用いていたが，ばいじんの排出基準強化に伴って，**電気式集じん装置**が単独で設置されるようになった．

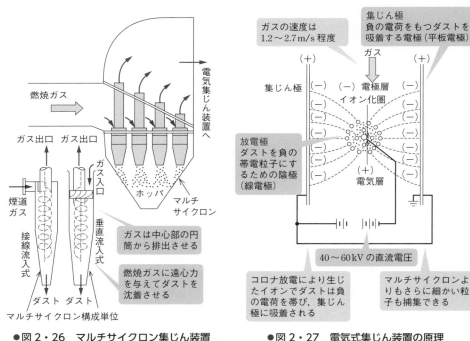

●図2・26　マルチサイクロン集じん装置　　●図2・27　電気式集じん装置の原理

4 ボイラの保安・保護装置

【1】 安 全 弁

ボイラの蒸気圧力が規定圧力以上に上昇した場合，危険を防ぐために蒸気を放出する弁で，ドラム，過熱器，再熱器などに設けられる．

安全弁には，**ばね安全弁**（図 2・28），**ばね先駆弁付安全弁**（内部圧力の上昇により，まずばね式パイロット弁が開き，この作用によって安全弁を開く），**電気式逃し弁**（設定圧力を超えると電磁式パイロット弁の作用により自動的に蒸気を吹き出す弁で，過熱器出口に設置され，設定圧力の最も低い弁）などがある．

【2】 高低水位警報装置

ボイラの水位が過度に低下すると，水管などを過熱破損する危険が生ずる．反対に上昇しすぎると，蒸気が水分と分離されないままドラムから送り出されたり（**プライミング**という），ボイラ水中に溶解している固形分が蒸気の流れによって運び出され（**キャリーオーバー**という），過熱器の管壁に付着したり，タービンにまでたどり着くことがある．これを防ぐため，水面計とともに**高低水位警報装置**が設けられる．フロートと気笛を用いる機械式と，図 2・29 に示すような警報装置がある．

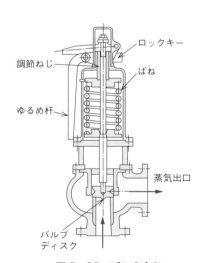

●図 2・28　ばね安全弁

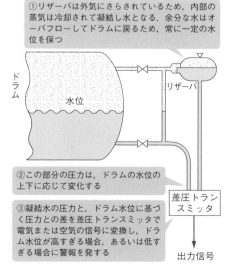

①リザーバは外気にさらされているため，内部の蒸気は冷却されて凝結し水となる．余分な水はオーバフローしてドラムに戻るため，常に一定の水位を保つ

②この部分の圧力は，ドラムの水位の上下に応じて変化する

③凝結水の圧力と，ドラム水位に基づく圧力との差を差圧トランスミッタで電気または空気の信号に変換し，ドラム水位が高すぎる場合，あるいは低すぎる場合に警報を発する

●図 2・29　高低水位警報装置

■3■ マスタフューエルトリップ（MFT）リレー ■

　危急時にボイラの燃料を遮断するためのリレーで，ボイラ，タービンおよび発電機などの事故が発生した場合，ボイラを消火しなければならない事故については，**MFTリレー**に信号を集めて燃料を遮断する．

■4■ パージインタロック ■

　ボイラは，起動時あるいはMFTリレー動作後の再点火時に，炉内に未燃ガスなどが残っていると爆発の恐れがあるため外部に放出する．この放出をパージという．火炉を**パージ**しなければ再点火できない．

問題9 ✓ ✓ ✓　　　　　　　　　　　　　　　　　　　　　R3　A-3

　汽力発電におけるボイラ設備に関する記述として，誤っているものを次の（1）～（5）のうちから一つ選べ．

(1) ボイラを水の循環方式によって分けると，自然循環ボイラ，強制循環ボイラ，貫流ボイラがある．

(2) 蒸気ドラム内には汽水分離器が設置されており，蒸発管から送られてくる飽和蒸気と水を分離する．

(3) 空気予熱器は，煙道ガスの余熱を燃焼用空気に回収することによって，ボイラ効率を高めるための熱交換器である．

(4) 節炭器は，煙道ガスの余熱を利用してボイラ給水を加熱することによって，ボイラ効率を高めるためのものである．

(5) 再熱器は，高圧タービンで仕事をした蒸気をボイラに戻して再加熱し，再び高圧タービンで仕事をさせるためのもので，熱効率の向上とタービン翼の腐食防止のために用いられている．

 再熱器は，効率向上のため，一度高圧タービンで仕事をした蒸気をボイラに戻して加熱するためのものである．再び高圧タービンで仕事をさせることはしない．

解答 ▶ (5)

問題⑩ ☑☑☑ H28 A-3

汽力発電所のボイラおよびその付属設備に関する記述として，誤っているものを次の（1）～（5）のうちから一つ選べ．

(1) 蒸気ドラムは，内部に蒸気部と水部をもち，気水分離器によって蒸発管からの気水を分離させるものであり，自然循環ボイラ，強制循環ボイラに用いられるが貫流ボイラでは必要としない．

(2) 節炭器は，煙道ガスの余熱を利用してボイラ給水を飽和温度以上に加熱することによって，ボイラ効率を高める熱交換器である．

(3) 空気予熱器は，煙道ガスの排熱を燃焼用空気に回収し，ボイラ効率を高める熱交換器である．

(4) 通風装置は，燃焼に必要な空気をボイラに供給するとともに発生した燃焼ガスをボイラから排出するものである．通風方式には，煙突だけによる自然通風と，送風機を用いた強制通風とがある．

(5) 安全弁は，ボイラの使用圧力を制限する装置としてドラム，過熱器，再燃器などに設置され，蒸気圧力が所定の値を超えたときに弁体が開く．

解説 蒸発式エコノマイザ以外では，蒸発を起こさないよう給水温度は飽和温度を越えないようにする．

解答 ▶ (2)

問題⑪ ☑☑☑ H17 A-3

汽力発電所のボイラに関する記述として，誤っているのは次のうちどれか．

(1) 自然循環ボイラは，蒸発管と降水管中の水の比重差によってボイラ水を循環させる．

(2) 強制循環ボイラは，ボイラ水を循環ポンプで強制的に循環させるため，自然循環ボイラに比べて各部の熱負荷を均一にでき，急速起動に適する．

(3) 強制循環ボイラは，自然循環ボイラに比べてボイラ高さは低くすることができるが，ボイラチューブの径は大きくなる．

(4) 貫流ボイラは，ドラムや大形管などが不要で，かつ，小口径の水管となるので，ボイラ重量を軽くできる．

(5) 貫流ボイラは，亜臨界圧から超臨界圧まで適用されている．

解説 強制循環ボイラは，循環ポンプにより水の循環が一様で熱負荷が均一になるため，蒸発管の径を小さく，肉厚を薄くできる．

解答 ▶ (3)

問題12

　毎時 320 t の蒸気を使うタービン出力 75 000 kW の汽力発電所がある. タービン入口蒸気エンタルピー h_1, 復水器入口蒸気エンタルピー h_2, 復水エンタルピー h_3 がそれぞれ $h_1 = 3390$ kJ/kg, $h_2 = 2344$ kJ/kg, $h_3 = 146$ kJ/kg であるとき次の (a) および (b) に答えよ.

(a) タービンの有効効率 η_t 〔%〕 の値として, 正しいものは次のうちどれか.
　　(1) 26.0　　(2) 32.0　　(3) 40.5　　(4) 80.6　　(5) 85.0

(b) 熱効率 η_h 〔%〕 の値として正しいのは次のうちどれか.
　　(1) 18.0　　(2) 26.0　　(3) 38.4　　(4) 50.5　　(5) 80.6

 (a) タービンの有効効率 η_t 〔%〕 は次のようになる.

$$\eta_t = \frac{75\,000 \times 3\,600}{320 \times 10^3 \times (3\,390 - 2\,344)} \times 100 = \mathbf{80.6\,\%}$$

(b) 熱効率 η_h 〔%〕 は次のようになる.

$$\eta_h = \frac{75\,000 \times 3\,600}{320 \times 10^3 \times (3\,390 - 146)} \times 100 = \mathbf{26.0\,\%}$$

解答 ▶ (a)‑(4), (b)‑(2)

問題13 　　　　　　　　　　　　　　　　　　　　　H21　A-3

　ボイラ入口の給水のエンタルピー 1 025 kJ/kg, ボイラ出口のエンタルピー 3 850 kJ/kg, 蒸気および給水量 2 200 t/h, 燃料消費量 168 kl/h, 燃料発熱量 41 000 kJ/l の汽力発電所のボイラ効率 〔%〕 はいくらか. 正しい値を次のうちから選べ.
　　(1) 88.5　　(2) 89.2　　(3) 90.2　　(4) 91.5　　(5) 92.2

 式 (2・12) を記憶し適用する. 分子は (量)×(エンタルピー), 分母は (使用量)×(発熱量) であることなどに着目していくと記憶しやすくなる.

 ボイラ効率を η_B 〔%〕 とすると, 式 (2・12) により

$$\eta_B = \frac{2\,200 \times 10^3 \times 3\,850 - 2\,200 \times 10^3 \times 1\,025}{168 \times 10^3 \times 41\,000} \times 100 ≒ \mathbf{90.2\,\%}$$

解答 ▶ (3)

問題⓮ ✓ ✓ ✓ H12 A-4

汽力発電において熱効率の向上を図る方法として誤っているものは次のうちどれか.
(1) 主蒸気温度を上げる　(2) 再熱蒸気温度を上げる
(3) 復水器真空度を高める　(4) 主蒸気圧力を上げる
(5) 排ガス温度を上げる

熱効率向上の基本は，入口の温度を上げ，出口の温度を下げて温度差を大きくすることである. 加えて，蒸気圧力や復水器真空度を上げればよい.

解説 （1）～（4）は熱効率向上対策として有効であるが，（5）はエコノマイザ（節炭器）や空気予熱器を煙道に設けてできるだけ熱エネルギーを吸収し，排ガス温度を下げるようにしている.

解答 ▶ （5）

問題⓯ ✓ ✓ ✓ H21 A-3

汽力発電所における，熱効率の向上を図る方法として，誤っているのは次のうちどれか.
(1) タービン入口の蒸気として，高温・高圧のものを採用する.
(2) 復水器の真空度を低くすることで蒸気はタービン内で十分に膨張して，タービンの羽根車に大きな回転力を与える.
(3) 節炭器を設置し，排ガスエネルギーを回収する.
(4) 高圧タービンから出た湿り飽和蒸気をボイラで再熱し，再び高温の乾き飽和蒸気として低圧タービンに用いる.
(5) 高圧および低圧のタービンから蒸気を一部取り出し，給水加熱器に導いて給水を加熱する.

解説 タービン内の蒸気は入口と出口の圧力差で膨張することから，復水器の真空度を高くすることで熱効率が向上する.

解答 ▶ （2）

問題16 ✓ ✓ ✓ H27 ▶ A-3

定格出力 10 000 kW の重油燃焼の汽力発電所がある．この発電所が 30 日間連続運転し，そのときの重油使用量は 1 100 t，送電端電力量は 5 000 MW・h であった．この汽力発電所のボイラ効率の値〔%〕として，最も近いものを次の（1）～（5）のうちから一つ選べ．なお，重油の発熱量は 44 000 kJ/kg，タービン室効率は 47 %，発電機効率は 98 %，所内率は 5 % とする．

(1) 51 　　(2) 77 　　(3) 80 　　(4) 85 　　(5) 95

所内率 $L = \dfrac{P_L}{P_G}$ を用いて，$P_S = P_G - P_L = P_G\,(1-L)$ さらに電力量についても同様に $W_S = W_G(1-L)$ が成立する．

解説

$$B \cdot H = 1\,100 \times 10^3\,\mathrm{kg} \times 44\,000\,\mathrm{kJ/kg}$$
$$= 48\,400 \times 10^6\,\mathrm{kJ} \quad\cdots\cdots\cdots\cdots\cdots\cdots\cdots\cdots\cdots\cdots\cdots\cdots\cdots\cdots\cdots\cdots ①$$
$$W_S = W_G(1-L) \quad\cdots\cdots\cdots\cdots\cdots\cdots\cdots\cdots\cdots\cdots\cdots\cdots\cdots\cdots\cdots\cdots ②$$
$$3\,600 W_G = \eta_B \cdot \eta_T \cdot \eta_G \cdot (B \cdot H) = \eta_B \cdot \eta_T \cdot \eta_G \times 48\,400 \times 10^6 \quad\cdots\cdots\cdots\cdots\cdots ③$$

式 ③ より

$$\eta_B = \frac{3\,600 W_G}{\eta_T \cdot \eta_G \times 48\,400 \times 10^6}$$

$$= \frac{3\,600\,\dfrac{W_S}{1-L}}{\eta_T \cdot \eta_G \times 4\,800 \times 10^6} \quad (\because ②)$$

$$= \frac{3\,600 \times \dfrac{5\,000 \times 10^3}{1-0.05}}{0.47 \times 0.98 \times 48\,400 \times 10^6} = 0.8499 \doteqdot \mathbf{85\,\%}$$

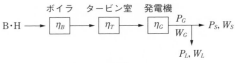

●解図

解答 ▶ (4)

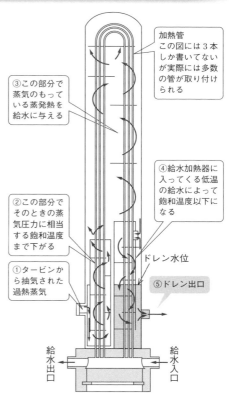
給 水 設 備

[★]

1 給水加熱器

タービンの抽気を給水の加熱に利用し，復水器で冷却水にもち去られる熱量を減らし，熱効率の向上を図る目的で給水加熱器が設置される．給水ポンプ前のものを**低圧給水加熱器**，後のものを**高圧給水加熱器**といい，**横形**と**立形**（図2・30）がある．

2 脱 気 器

脱気器は，蒸気によって給水を直接加熱し，給水中の酸素や炭酸ガスなどの溶存ガスを物理的に分離・除去し，配管やボイラの腐食を防ぐ．水を噴射して溶存ガスを分離する**スプレー式**，水をトレイ（水の表面積を増やすためのじゃま板）に流して溶存ガスを分離する**トレイ式**，噴射した水をさらにトレイに流す**スプレートレイ式**（図2・31）がある．

加熱管
この図には3本しか書いてないが実際には多数の管が取り付けられる

③この部分で蒸気のもっている蒸発熱を給水に与える

④給水加熱器に入ってくる低温の給水によって飽和温度以下になる

②この部分でそのときの蒸気圧力に相当する飽和温度まで下がる

①タービンから抽気された過熱蒸気

ドレン水位

⑤ドレン出口

給水出口　給水入口

●図2・30 立形高圧給水加熱器

3 ボイラ給水ポンプ

給水の圧力を上げてボイラに押し込むためのポンプを**ボイラ給水ポンプ**という．給水ポンプは極めて重要な設備で，故障した場合は発電所の運転に支障を生じ，瞬時の停止でも水管の破損事故などの原因となる．そのため，信頼度が高く，取扱いが容易で，始動が確実，操作が簡単なことが要求される．

給水ポンプは，一般的には**多段タービンポンプ**が用いられ，高い圧力の場合は

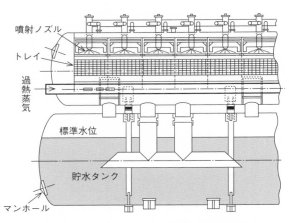

●図2・31　スプレートレイ式脱気器の構造

漏水を防ぐためケーシングを二重にした**バレル形**が用いられる．また，給水ポンプの台数は，常用ポンプのほか 25 % 以上の容量を有する予備機 1 台が必要で，一般的には常用に 50 % 容量のもの 2 台，予備として 50 % のもの 1 台を設置する場合が多い．図2・32 に，**電動機駆動**と**タービン駆動**の特徴を示す．

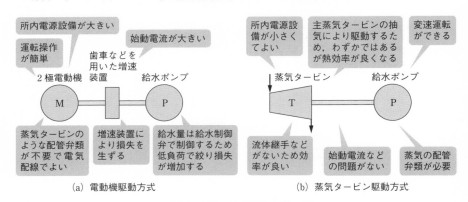

●図2・32　ボイラ給水ポンプ

4　給 水 処 理

　ボイラ用の原水には水道水，工業用水，河川の水などを用いるが，これらの中には多くの不純物を含み，そのままボイラの中で蒸発させると，ボイラや付属機器にスケールやスラッジの付着，堆積，腐食などを生じ，水の循環を妨げたり，局

所的に管壁を過熱して膨出や破損の原因となり，また，タービン翼などに付着して効率を低下させる．これらの障害を防ぐため給水処理を行うが，ボイラ，タービンの循環系統に入る前の**一次水処理**と，循環系統内の**二次水処理**に大別される．

問題⑰ ☑ ☑ ☑

汽力発電所の補機のうち，所要動力の最も大きいものとして，正しいものは次のうちどれか．

(1) 復水ポンプ　　　(2) 燃料ポンプ　　　(3) 押込通風機

(4) 復水器冷却水ポンプ　　(5) ボイラ給水ポンプ

解説 汽力発電所の主要補機を容量の大きい順に並べると，発電所により多少の相違はあるが，およそ表のようになる．したがって，最大容量のものは**ボイラ給水ポンプ**である．

●解表　主要補機の例

容量の大きさ	機器名
①	ボイラ給水ポンプ
②	押込通風機
③	復水器冷却水ポンプ
④	ガス再循環通風機
⑤	復水ポンプ

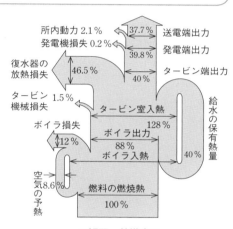

●解図　熱勘定図

解答 ▶ (5)

問題⑱ ☑ ☑ ☑

汽力発電所の脱気器に関する説明として，正しいのは次のうちどれか．

(1) 工業用水などに溶解している不純物を除去し，サイクルの補給水とする．

(2) 復水器に漏れ込む空気を取り出し，復水器真空度を維持する．

(3) 原油などの燃料を貯蔵するタンクの内部に発生する可燃性ガスを除去する．

(4) タービン軸受油に混入する水分を除去し，軸受の腐食を防止する．

(5) 給水中に溶解している酸素を除去し，ボイラの腐食を防止する．

解説 本節②項で述べたとおり，脱気器は給水中の溶存ガスを物理的に分離・除去する装置である．

解答 ▶ (5)

蒸気タービン

[★★★]

1 蒸気タービンの種類

　蒸気タービンは，蒸気の保有している熱エネルギーを機械的エネルギーに変えるもので，蒸気の作用や機械的構造などによっていろいろ分類されるが，主なものをあげると次のとおりである.

【1】蒸気の作用による分類

　① **衝動タービン**　　蒸気の圧力降下が主としてノズルで行われ，ノズルから出る高速の蒸気の衝動力によって回転するタービンをいう（図 2・33 参照）.

　② **反動タービン**　　蒸気の圧力降下が静翼で行われるとともに動翼でも行われ，主として動翼から噴出する蒸気の反動力により回転するタービンをいう（図 2・34 参照）.

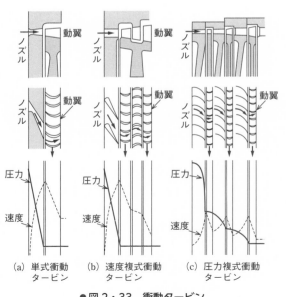

(a) 単式衝動タービン　　(b) 速度複式衝動タービン　　(c) 圧力複式衝動タービン

●図 2・33　衝動タービン

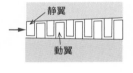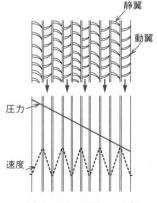

●図 2・34　反動タービン

【2】 タービンケーシングの配列による分類

① **くし形タービン** 高圧・低圧タービン，または高圧・中圧・低圧タービンが1軸に配列されたものをいう（図2・35参照）．

② **並列形タービン** 高圧・低圧タービン，または高圧・中圧・低圧タービンが2軸以上に配列されたものをいう（図2・36参照）．

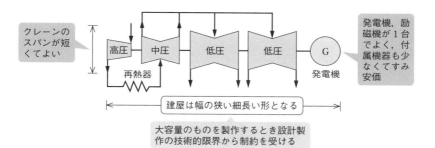

クレーンのスパンが短くてよい

高圧　中圧　低圧　低圧　G 発電機

再熱器

発電機，励磁機が1台でよく，付属機器も少なくてすみ安価

建屋は幅の狭い細長い形となる

大容量のものを製作するとき設計製作の技術的限界から制約を受ける

● 図2・35 くし形タービン（タンデム・タービン）

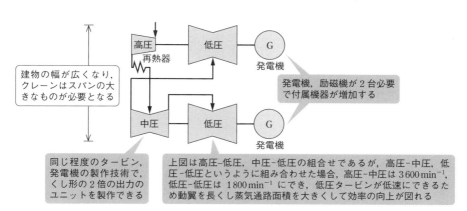

高圧　低圧　G 発電機

再熱器

建物の幅が広くなり，クレーンはスパンの大きなものが必要となる

中圧　低圧　G 発電機

発電機，励磁機が2台必要で付属機器が増加する

同じ程度のタービン，発電機の製作技術で，くし形の2倍の出力のユニットを製作できる

上図は高圧-低圧，中圧-低圧の組合せであるが，高圧-中圧，低圧-低圧というように組み合わせた場合，高圧-中圧は $3\,600\,\mathrm{min}^{-1}$，低圧-低圧は $1\,800\,\mathrm{min}^{-1}$ にでき，低圧タービンが低速にできるため動翼を長くし蒸気通路面積を大きくして効率の向上が図れる

● 図2・36 並列形タービン（クロスコンパウンド・タービン）

【3】 使用蒸気の処理方法による分類

大別して8種類のタービンがあり，図2・37にその概要を示す．

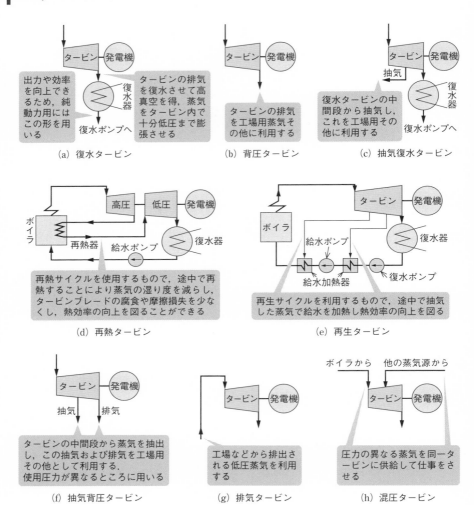

(a) 復水タービン

出力や効率を向上できるため，純動力用にはこの形を用いる

タービン─発電機

復水器

タービンの排気を復水させて高真空を得，蒸気をタービン内で十分低圧まで膨張させる

復水ポンプへ

(b) 背圧タービン

タービン─発電機

タービンの排気を工場用蒸気その他に利用する

(c) 抽気復水タービン

タービン─発電機

抽気

復水器

復水タービンの中間段から抽気し，これを工場用その他に利用する

復水ポンプへ

(d) 再熱タービン

ボイラ

高圧　低圧─発電機

再熱器　給水ポンプ　復水器

再熱サイクルを使用するもので，途中で再熱することにより蒸気の湿り度を減らし，タービンブレードの腐食や摩擦損失を少なくし，熱効率の向上を図ることができる

(e) 再生タービン

ボイラ

タービン─発電機

給水ポンプ　復水器

給水加熱器　復水ポンプ

再生サイクルを利用するもので，途中で抽気した蒸気で給水を加熱し熱効率の向上を図る

(f) 抽気背圧タービン

タービン─発電機

抽気　排気

タービンの中間段から蒸気を抽出し，この抽気および排気を工場用その他として利用する。使用圧力が異なるところに用いる

(g) 排気タービン

タービン─発電機

工場などから排出される低圧蒸気を利用する

(h) 混圧タービン

ボイラから　他の蒸気源から

タービン─発電機

圧力の異なる蒸気を同一タービンに供給して仕事をさせる

●図2・37　蒸気タービンの種類

2 蒸気タービンの主要部

1 タービンケーシング

　タービンロータを囲む覆いを**タービンケーシング**といい，その内面に静翼が取り付けられ，高圧部は二重構造になっている．

■2■ ノズルと静翼

ノズルは，蒸気のもつ熱エネルギーを有効に速度エネルギーに変換する噴出口で，衝動タービンのノズルに相当するものが反動タービンの**静翼**であり，図2・38に示すように仕切板の周辺にノズルまたは静翼が配置される．

■3■ 動　翼

タービンのロータ側に固定されたブレードを**動翼**といい，タービンの効率，振動および遠心力に対する強度などに関係する重要な部品である．図2・39に低圧タービンの動翼の例を示す．

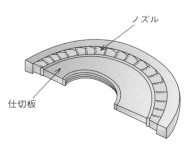

ノズル

仕切板

●図2・38　仕切板

●図2・39　低圧タービンの動翼

■4■ タービンロータ

ロータは製作途中でつり合い試験や調整を行うが，さらに完成後，熱安定試験を行う．ロータを軸受で支持すると弾性的なたわみを生じ，固有の振動数をもつことになる．偏心をもっている軸の回転速度が曲げの固有振動数と一致すると，たわみが大きくなり回転を継続できなくなる．これを**危険速度**といい，低いものから一次，二次がある．一次危険速度が定格速度より低いものを**たわみ軸**といい，高いものを**剛性軸**という．大形のタービンではたわみ軸が多く，危険速度と定格速度との開きは $10 \sim 15\%$ 以上とされる．

■5■ 蒸気の漏れ止め装置

ロータがタービンケーシングや仕切板を貫く部分で，蒸気が漏れるのを防ぐため，**漏れ止め装置**を設ける．これには，**水封じグランド**，**ラビリンスパッキン**が用いられ，このほか，円弧状の炭素環を用いる**炭素パッキン**があるが，小形のものに使用される．

3 蒸気タービンの付属装置

1 調速装置

タービンの速度制御を行う装置で，負荷の変動にかかわらず常に一定の回転速度となるよう，加減弁開度を変えて蒸気流量を調整する装置で，並列運転時には出力の増減を行うことができる．**調速装置**には**機械式**（図 2・40），**油圧式**，**電気式**がある．

調速装置で蒸気の量を制御するのに，**絞り調速**と**ノズル締切り調速**があり，図 2・41 にこれを示す．

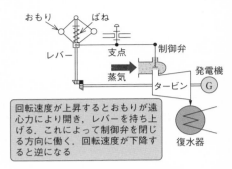

回転速度が上昇するとおもりが遠心力により開き，レバーを持ち上げる．これによって制御弁を閉じる方向に働く．回転速度が下降すると逆になる

● 図 2・40　調速装置（機械式）

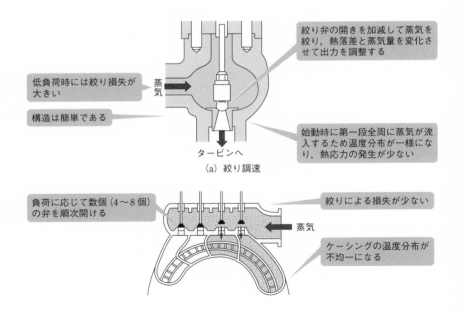

絞り弁の開きを加減して蒸気を絞り，熱落差と蒸気量を変化させて出力を調整する

低負荷時には絞り損失が大きい

構造は簡単である

始動時に第一段全周に蒸気が流入するため温度分布が一様になり，熱応力の発生が少ない

タービンへ

（a）絞り調速

負荷に応じて数個（4〜8個）の弁を順次開ける

絞りによる損失が少ない

ケーシングの温度分布が不均一になる

（b）ノズル締切り調速

● 図 2・41　調速の原理

（2） 非常調速機

タービンが一定範囲以上（定格速度の 110% を超えて）加速した場合に作動し，タービンへの蒸気の流入を防いで停止させる装置で，タービンロータの軸端に取り付けられた偏心リングまたは偏心ピンが，遠心力によってばねの力に打ち勝って飛び出す．これを検出して主蒸気止め弁や再熱蒸気止め弁などを急速に閉鎖する．

（3） ターニング装置

タービンの起動または停止時に，タービンロータを低速で回転し，温度分布を一様にしてひずみの発生を防ぐ．通常，発電機とタービンの中間に設置し，ロータに刻んだ歯車を通じて電動機で回転させる．

（4） 復 水 装 置

① **復 水 器**　**復水器**は，蒸気タービンの排気を冷却して凝縮し，再び水にするとともに，真空度を保持（722 mmHg 程度）して背圧を低くし，蒸気タービンの出力，効率を高める．復水器は，冷却管に冷却水を通し，タービンの排気がその管の外面に触れて冷却復水する**表面復水器**（図 2·42）が広く用いられている．

② **復水器冷却水ポンプ**　復水器に冷却水を送るためのポンプである．

③ **復水ポンプ**　復水器の復水を抽出するポンプである．

④ **空気抽出器**　復水器の真空度を保持するため，内部の空気を抽出する装置である．

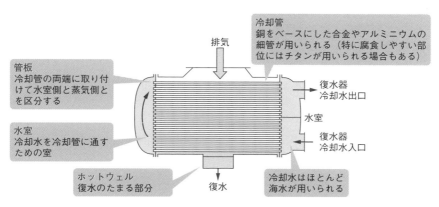

●図 2・42　復水器（表面復水器）

問題⑲ ✓✓✓ H30 A-3

汽力発電所の蒸気タービン設備に関する記述として，誤っているものを次の
(1)～(5)のうちから一つ選べ．

(1) 衝動タービンは，蒸気が回転羽根（動翼）に衝突するときに生じる力によっ
て回転させるタービンである．

(2) 調速装置は，蒸気加減弁駆動装置に信号を送り，蒸気流量を調整すること
で，タービンの回転速度制御を行う装置である．

(3) ターニング装置は，タービン停止中に高温のロータが曲がることを防止す
るため，ロータを低速で回転させる装置である．

(4) 反動タービンは，固定羽根（静翼）で蒸気を膨張させ，回転羽根（動翼）
に衝突する力と回転羽根（動翼）から排気するときの力を利用して回転さ
せるタービンである．

(5) 非常調速装置は，タービンの回転速度が運転中に定格回転速度以下となり，
一定値以下まで下降すると作動して，タービンを停止させる装置である．

解説 非常調速装置は，タービンの回転速度が一定範囲以上に上昇すると作動し，ター
ビンの蒸気の流入を防いで停止させる装置である．

解答 ▶ (5)

問題⑳ ✓✓✓ R2 A-2

次の文章は，汽力発電所の復水器の機能に関する記述である．

汽力発電所の復水器は蒸気タービン内で仕事を取り出した後の (ア) 蒸気
を冷却して凝縮させる装置である．復水器内部の真空度を (イ) 保持して
タービンの (ア) 圧力を (ウ) させることにより， (エ) の向上を図
ることができる．なお，復水器によるエネルギー損失は熱サイクルの中で最も
(オ) ．

上記の記述中の空白箇所（ア）～（オ）に当てはまる組合せとして，正しいも
のを次の(1)～(5)のうちから一つ選べ．

	(ア)	(イ)	(ウ)	(エ)	(オ)
(1)	抽気	低く	上昇	熱効率	大きい
(2)	排気	高く	上昇	利用率	小さい
(3)	排気	高く	低下	熱効率	大きい
(4)	抽気	高く	低下	熱効率	小さい
(5)	排気	低く	停止	利用率	大きい

復水器は，真空を作り蒸気タービンで仕事をした蒸気をその排気端において冷却凝縮するとともに，復水として回収する装置である．

タービン排気を密閉した復水器に導き，冷却水で冷却することにより蒸気は凝縮し，その体積は著しく減少するので高真空を得ることができる．つまり，蒸気を低圧まで膨張させて熱効率を増加させ，蒸気の低圧部における保有熱量を有効に機械エネルギーに変えることができるので，蒸気タービンの熱効率を向上することができる．

なお，汽力発電所では，復水器の冷却水損失が最も大きく（約 45 ～ 50 %），次いでボイラ損失となっている（問題 **17** 解図参照）．

解答 ▶ (3)

問題21 ☑ ☑ ☑ H23 A-3

汽力発電所の復水器に関する一般的説明として，誤っているものを次の (1) ～ (5) のうちから一つ選べ．
(1) 汽力発電所で最も大きな損失は，復水器の冷却水に持ち去られる熱量である．
(2) 復水器の冷却水の温度が低くなるほど，復水器の真空度は高くなる．
(3) 汽力発電所では一般的に表面復水器が多く用いられている．
(4) 復水器の真空度を高くすると，発電所の熱効率が低下する．
(5) 復水器の補機として，復水器内の空気を排出する装置がある．

タービン入口と出口の蒸気圧力の差を大きくすると熱効率が向上する．復水器は，タービン出口の蒸気を冷却・凝縮して水にする装置で，凝縮するときに圧力が低下する．

タービン出口の圧力を下げることにより入口と出口の圧力差を大きくできる．「真空度が高い」の意味は「圧力が低い」ということなので熱効率は向上する．

解答 ▶ (4)

問題22 ☑ ☑ ☑ R4 A-3

ある汽力発電設備が，発電機出力 19 MW で運転している．このとき，蒸気タービン入口における蒸気の比エンタルピーが 3 550 kJ/kg，復水器入口における蒸気の比エンタルピーが 2 500 kJ/kg，使用蒸気量が 80 t/h であった．発電機効率が 95 % であるとすると，タービン効率の値〔%〕として，最も近いものを次の (1) ～ (5) のうちから一つ選べ．
(1) 71　　(2) 77　　(3) 81　　(4) 86　　(5) 90

P81　参考の式 ③ （タービン効率 η_t）を用いて解く.

 タービン効率を η_t ［%］とすると

$$\eta_t = \frac{3\,600 \times \dfrac{19 \times 10^3}{0.95}}{80 \times 10^3 \times (3\,550 - 2\,500)} \times 100 = 85.71 \doteqdot \mathbf{86\,\%}$$

解答 ▶ (4)

2-8

タービン発電機と付属設備

[★★★]

1 タービン発電機

蒸気またはガスタービンによって駆動される発電機を普通，タービン発電機と呼んでいるが，水車発電機と大きく異なる点は，小容量のものもあるが，**一般に大容量で**（単機容量 $1500\,\mathrm{min}^{-1}$ 機で $1540\,\mathrm{MV\cdot A}$，$3600\,\mathrm{min}^{-1}$ 機で $800\,\mathrm{MV\cdot A}$ までのものが製作されている），**極数が 2 極または 4 極で（火力では 2 極機が大部分，原子力では 4 極機が多い）**，1 分間の回転速度が 3600，$1800\,\mathrm{min}^{-1}$（60 Hz），または 3000，$1500\,\mathrm{min}^{-1}$（50 Hz）と高速のため，**遠心力の関係から機械的強度の点で回転子の直径の大きさに制約を受け，円筒界磁形で軸方向に長い形となり，横軸形が採用**される．また，**短絡比は 0.58**，電圧は 12.6 〜 25 kV のものが多い．

2 タービン発電機の冷却方式

タービン発電機の冷却方式は，冷却媒体によって，**空気冷却，水素冷却，液体冷却**の各方式に分けられ，また，導体の発生熱量を絶縁物を介して取り出す**間接冷却方式**，導体内部に直接冷却媒体を通じて取り出す**直接冷却方式**がある．間接冷却方式はおよそ 40 MV・A 程度以下の小容量機で用いられ，大容量機では，で

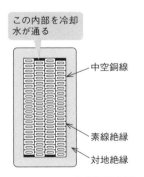

●図2・43　水冷却固定子コイルの断面

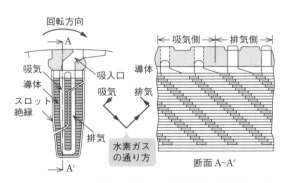

●図2・44　水素ガスを用いた直接冷却の回転子の例

きるかぎり冷却を効果的に行い，形態を小形にして製作限界内に収めるため，固定子コイルは**水素ガス**または**水**，回転子は**水素ガス**を用いた**直接冷却方式**が採用されている．図2・43に固定子の，図2・44に回転子の直接冷却の例を示す．

3 励 磁 方 式

　励磁方式には ① **直流励磁（機）方式**，② **交流励磁（機）方式**，③ **静止形励磁方式**があり，静止形励磁方式の**サイリスタ励磁方式**（1-8 節参照）が広く採用されている．

4 発電機保護および付属設備

【1】 保護継電器

　タービン発電機の主回路と保護継電器の基本的なものを図2・45に示す．

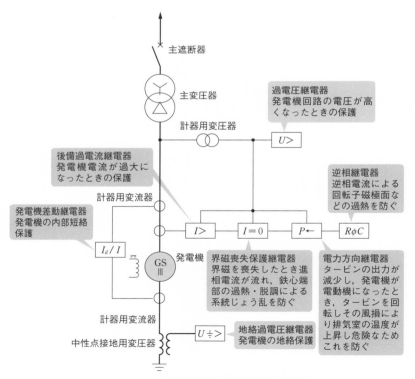

●図 2・45　発電機の主回路と主な保護継電器

◉(2) 軸電流防止装置

　発電機鉄心磁気回路の磁気抵抗の不平衡や，タービン製作時の磁気探傷試験の残留磁気などによって，回転子軸の両端に数 V 程度の電圧を発生することが多い．これにより軸受に電流が流れて軸受を損傷することが少なくない．これを防ぐため，図 2・46 に示すように軸受台を台座から絶縁したり，軸受部へ絶縁物を挿入したりする．また，タービンの動翼の回転などによって生ずる静電気により軸受を損傷することがあるので，軸をブラシで接地するなどの方法がとられる．

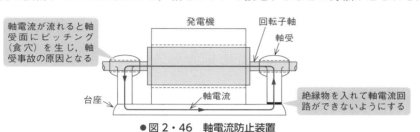

●図 2・46　軸電流防止装置

◉(3) 閉鎖形母線

　発電機と主変圧器ならびに所内変圧器との間の母線を**主母線**と呼ぶが，これを流れる電流は 10kA を超えるものが一般的となり，発電機と主変圧器との間には遮断器や断路器を設置しないのが一般的であるから，短絡や地絡故障を生じないよう，極めて高い信頼度が要求される．このため，主母線は図 2・47 に示すような閉鎖形母線のうち**相分離母線**が採用される．

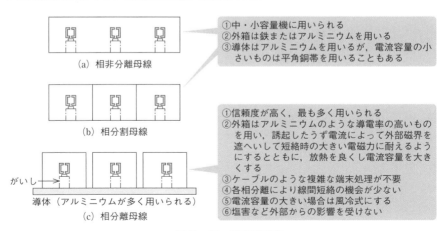

●図 2・47　閉鎖形母線

問題23　✓ ✓ ✓　H3　A-16

　　大容量発電機の主回路に採用されている相分離母線は，各相導体をおのおの独立した　(ア)　金属板製の箱内に別々に収納し，各相を分離した完全密閉の母線である．外箱は，放熱面積が大きく導電率の高いアルミニウムを用いており，線路短絡時でも　(イ)　により母線相互間に働く　(ウ)　を大幅に小さくすることができる．

　　上記の記述中の空白箇所（ア），（イ）および（ウ）に記入する字句として，正しいものを組み合わせたのは次のうちどれか．

	(ア)	(イ)	(ウ)
(1)	接地	電磁遮へい効果	電磁力
(2)	絶縁	電磁遮へい効果	電磁力
(3)	接地	電磁遮へい効果	短絡電流
(4)	絶縁	限流効果	短絡電流
(5)	接地	限流効果	電磁力

解説　相分離母線は各相導体を接地した金属板製の箱内に収納したもので，外箱は一般にアルミニウムが用いられ，これに誘起したうず電流によって磁界が遮へいされるので，短絡時の大電流による電磁力を小さくできる．

解答 ▶ (1)

問題24 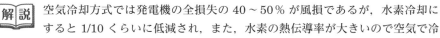 H21 A-2

タービン発電機の水素冷却方式について，空気冷却方式と比較した場合の記述として，誤っているのは次のうちどれか．

(1) 水素は空気に比べ比重が小さいため，風損を減少することができる．

(2) 水素を封入し全閉形となるため，運転中の騒音が少なくなる．

(3) 水素は空気より発電機に使われている絶縁物に対して化学反応を起こしにくいため，絶縁物の劣化が減少する．

(4) 水素は空気に比べ比熱が小さいため，冷却効率が向上する．

(5) 水素の漏れを防ぐため，密封油装置を設けている．

解説 空気冷却方式では発電機の全損失の 40～50 % が風損であるが，水素冷却にすると 1/10 くらいに低減され，また，水素の熱伝導率が大きいので空気で冷却するよりも定格出力が増加する．水素は不活性で，絶縁物への劣化影響が少ない．封入する水素圧力を高くすると冷却効果が大きくなるため容量が大きくできるので，水素圧力も高い値（主に 0.1～0.4 MPa）が採用される．水素ガスの漏れを防ぐため，軸受けには油膜シールが施されている．水素の比熱のほうが大きい（空気の比熱 1 に対して 0.3 MPa の水素の比熱で 14.35）．また，水素ガス濃度を高め（90 % 以上）に保つことで，爆発の危険性を回避している．

解答 ▶ (4)

火力発電所の環境対策

[★★]

環境を健全で恵み豊かなものとして維持するため，環境基本法が定められている．この中で「公害とは事業活動，その他の人の活動に伴って生ずる相当範囲にわたる大気の汚染，水質の汚濁，土壌の汚染，騒音，振動，地盤沈下および悪臭によって，人の健康または生活環境に係る被害が生ずることをいう」とあり，このうち，火力発電所に特に関係のあるものは，**大気の汚染，水質の汚濁**および**騒音**の三つである．

1 大気汚染の防止

火力発電所では燃料を燃焼して電力を発生しているが，その際，燃焼ガスとともに，**硫黄酸化物，窒素酸化物，ばいじん**などを発生し，大気汚染の原因となる．これらを防止するため，いろいろな対策がとられるが，図2・48（a）に対策の全般を，また，同図（b）〜（d）に**NO$_x$（窒素酸化物）**および**SO$_x$（硫黄酸化物）**の対策の例を示す．

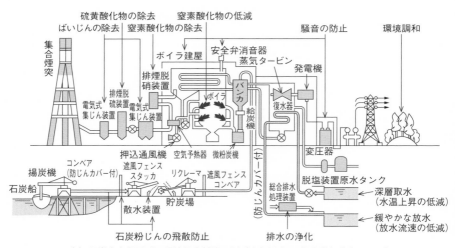

（a）石炭火力発電所の環境保全対策の例（中部電力67期事業報告書による）

● 図2・48　大気汚染の防止

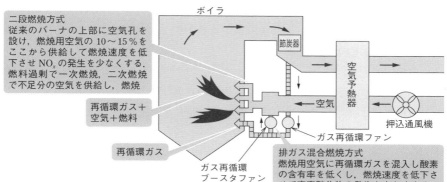

二段燃焼方式
従来のバーナの上部に空気孔を設け，燃焼用空気の 10〜15 % をここから供給して燃焼速度を低下させ NOₓ の発生を少なくする．燃料過剰で一次燃焼，二次燃焼で不足分の空気を供給し，燃焼

再循環ガス＋空気＋燃料

再循環ガス

ガス再循環ブースタファン

ガス再循環ファン

排ガス混合燃焼方式
燃焼用空気に再循環ガスを混入し酸素の含有率を低くし，燃焼速度を低下させて窒素酸化物の発生を少なくする

（b）二段燃焼および排ガス混合燃焼方式

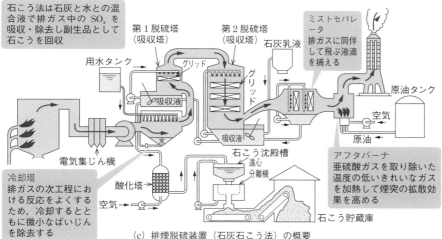

石こう法は石灰と水との混合液で排ガス中の SOₓ を吸収・除去し副生品として石こうを回収

冷却塔
排ガスの次工程における反応をよくするため，冷却するとともに微小なばいじんを除去する

ミストセパレータ
排ガスに同伴して飛ぶ液滴を捕える

アフタバーナ
亜硫酸ガスを取り除いた温度の低いきれいなガスを加熱して煙突の拡散効果を高める

（c）排煙脱硫装置（石灰石こう法）の概要

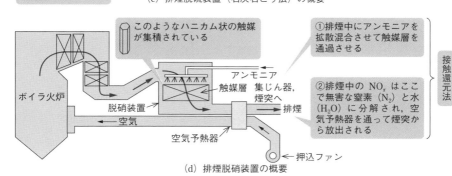

このようなハニカム状の触媒が集積されている

①排煙中にアンモニアを拡散混合させて触媒層を通過させる

②排煙中の NOₓ はここで無害な窒素（N₂）と水（H₂O）に分解され，空気予熱器を通って煙突から放出される

接触還元法

（d）排煙脱硝装置の概要

●図 2・48 つづき

2 水質汚濁の防止

■1■ 排 水 処 理 ■

　火力発電所では，空気予熱器などの機器を洗浄したときに生ずる排水，ボイラ用水をつくる純水装置の再生水，定期点検時の機器洗浄水などの排水を生ずる．油混入水は排水溝から油分離装置に導かれ，油と水を分離して油は回収し，清浄水のみを排出する．

■2■ 温 排 水 ■

　復水器の冷却には一般に海水が用いられるが，取り入れたときよりも 6～7℃温度が上昇するので，自然環境や水産生物などへの影響を考慮して，**深層取水**や**深層放水**のほか，冷却水の一部を復水器をバイパスさせて，温排水と混合させる**復水器バイパス方式**などの対策がとられる．

3 騒音の防止

　火力発電所には騒音を発生する機器が多数設置されているが，一般的には低騒音設計がされ，かつ，屋内に収容されているものが大部分のため，周辺の住宅地などに影響はない．主変圧器（これの騒音対策は5-7節参照），押込ファン，起動・停止などに発生する蒸気の放出音，ボイラ保護用の安全弁の蒸気放出音などが対策の対象となる．

問題25 ✓ ✓ ✓　　　　　　　　　　　　　　　　　　　　　　　H17　A-2

　汽力発電所の燃焼ガスは，　(ア)　，　(イ)　，節炭器および　(ウ)　で熱交換を行い，煙突から放出される．燃焼ガスには，ばいじんが含まれているので，煙道に　(エ)　を利用した　(オ)　装置を設置するのが一般的である．

　上記記述の空白箇所（ア），（イ），（ウ），（エ）および（オ）に記入する字句として，正しいものを組み合わせたのは次のうちどれか．

	(ア)	(イ)	(ウ)	(エ)	(オ)
(1)	過熱器	再熱器	空気予熱器	静電気	電気集じん
(2)	水管	過熱器	再熱器	誘引ファン	機械式集じん
(3)	一次過熱器	再熱器	二次過熱器	直流電圧	電気集じん
(4)	再熱器	空気予熱器	押込ファン	遠心力	マルチサイクロン
(5)	二次過熱器	再熱器	一次過熱器	マルチサイクロン	電気集じん

解説 図2·17および2·5節 ③ 参照

解答 ▶ (1)

問題26 ✓ ✓ ✓ H22 A-2

火力発電所において，燃料の燃焼によりボイラから発生する窒素酸化物を抑制するために，燃焼域での酸素濃度を ［ (ア) ］する，燃焼温度を ［ (イ) ］する等の燃焼方法の改善が有効であり，その一つの方法として排ガス混合法が用いられている．さらに，ボイラ排ガス中に含まれる窒素酸化物の削減方法として，［ (ウ) ］出口の排ガスにアンモニアを加え，混合してから触媒層に入れることにより，窒素酸化物を窒素と ［ (エ) ］に変えるアンモニア接触還元法が適用されている．

上記の記述中の空白箇所（ア），（イ），（ウ）および（エ）に記入する語句として，正しいものを組み合わせたのは次のうちどれか．

	（ア）	（イ）	（ウ）	（エ）
(1)	高く	低く	再熱器	水蒸気
(2)	低く	低く	節炭器	二酸化炭素
(3)	低く	高く	過熱器	二酸化炭素
(4)	低く	低く	節炭器	水蒸気
(5)	高く	高く	過熱器	水蒸気

解説 窒素酸化物は，高温燃焼および酸素の多い状態での燃焼において大量に発生する．**排ガス混合法**は，ガス混合機で排煙道ダクトより排ガスを吸入し，火炉の燃焼ダンパ入口に送り込み，低酸素化燃焼を行わせ，燃焼温度を下げて NO_x の生成を抑制する方式である．**アンモニア接触還元法**は，ボイラ節炭器出口からの排ガスにアンモニアガスを加え，よく混合してから触媒層に入れる．これにより排ガス中の窒素酸化物とアンモニアガスは触媒の働きで急速に反応し，無害な窒素と水蒸気に変化する．

解答 ▶ (4)

問題27　✓ ✓ ✓　　　　　　　　　　　　H22　A-2

　火力発電所の環境対策に関して，誤っている記述は次のうちどれか．
(1) 燃料として天然ガス（LNG）を使用することは，硫黄酸化物による大気汚染防止に有効である．
(2) 排煙脱硫装置は，硫黄酸化物を粉状の石灰と水の混合液に吸収させ除去する．
(3) ボイラにおける酸素濃度の低下を図ることは，窒素酸化物低減に有効である．
(4) 電気集じん器は，電極に高電圧をかけ，ガス中の粉子をコロナ放電で放電電極から放出される正イオンによって帯電させ，分離・除去する．
(5) 排煙脱硝装置は，窒素酸化物を触媒とアンモニアにより除去する．

解説　電気集じん器は，気体中に浮遊する微粒子に放電極の負極放電（コロナ放電）で生じた負電荷を帯電させ，正電極の集じん板に吸引させることで分離捕集する装置である．

解答 ▶（4）

ディーゼル，ガスタービン，コンバインド サイクル，コージェネレーション [★★★]

1 ディーゼル発電所

ディーゼル発電所は，離島，山間へき地，工場などの常用電源として用いられるほか，放送局，無線通信基地，デパート，病院，地下街などの非常用電源として広く用いられている．単機容量は数百 kW 以下の小容量のものから，20 MW 程度のものまであり，熱効率も 30 ～ 40 ％と優れている．

【1】 ディーゼル機関

ディーゼル機関には **4 サイクル機関**と **2 サイクル機関**があり，図 2・49 および

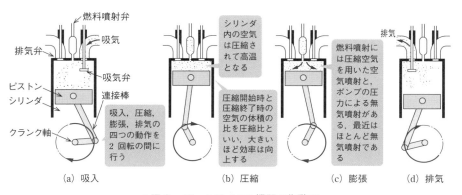

●図 2・49　4 サイクル機関の作動図

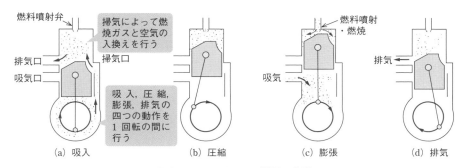

●図 2・50　2 サイクル機関の作動図

119

図2·50にこれを示す.

　最近のディーゼル発電所は，出力を増大するため**過給機**が付けられており，図2·51にその例を示す.

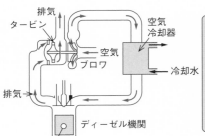

①ディーゼル機関の出力は燃料噴射量にほぼ比例する
②燃料を完全に燃焼するためにはこれに見合った空気量が必要である
③機関の出力を増大させるため，燃焼空気量を増加させ出力を増大することを過給という
④過給にはクランク軸で直接駆動する方式と，図のようなターボ式があるが，最近はほとんどターボ式である
⑤過給することによって無過給の場合に比べ出力を50～100％程度増大できる

●図2·51　ターボ過給機

【2】 ディーゼル発電所の特徴

ディーゼル発電所の特徴を図2·52に示す.

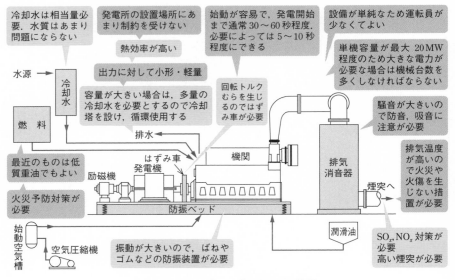

●図2·52　ディーゼル発電所の特徴

2 ガスタービン発電所

ガスタービンとは，気体（空気，または空気と燃焼ガスとの混合体）を圧縮し，加熱した後膨張させて，気体の保有する熱エネルギーを機械的エネルギーとして取り出す熱機関である．

ガスタービンの基本サイクルは，圧縮―加熱（燃焼）―膨張―放熱の4過程からなっているが，これに再生器，中間冷却器，再熱器などを適宜組み込むことによってサイクル効率を向上させることができる．**熱効率向上策には，空気圧縮機の出口・入口の圧力比の増加と燃焼温度（タービン入口ガス温度）の高温化等**があるが，**燃焼温度上昇に耐える耐熱材料（タービン翼・燃焼器）**や燃焼温度上昇に伴う NO_x の上昇を抑制するため**タービン翼冷却技術の開発**がなされた．

1 ガスタービンの種類

ガスタービンは，作動流体の流動形式によって**開放サイクル**と**密閉サイクル**に分けられ，熱力学的サイクルによって**単純サイクル**，**再生サイクル**，**中間冷却サイクル**および**再熱サイクル**に分けられる．また，回転軸の数によって**一軸形**と**多軸形**に分けられる．

① **開放サイクル** ガスタービンの吸・排気とも大気に開放されているもので，吸排気の量が多いため**騒音が大きく**，**外気温度が上がれば出力が低下する**．効率は密閉サイクルに劣るなどの短所があるが，**設備が簡単で，始動停止時間が短く，運転保守が容易**なことから，最も多く用いられている（図2・53 参照）．

② **密閉サイクル** 図2・54 に示すように，作動流体が大気から隔離され，循環使用されるもので，排気を直接大気に放出しないので**騒音が小さく**，効率や出力が**外気温度の影響を受けず**，効率は開放サイクルよりも数%高いが，設備が複雑で運転保守が難しく，始動・停止時間も開放サイクルに比較

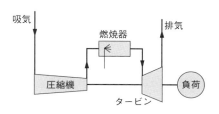

●図2・53 開放サイクルガスタービン

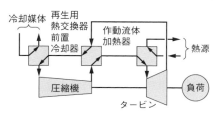

●図2・54 密閉サイクルガスタービン

して長い.

◀2▶ ガスタービン発電所の特徴

主として汽力発電所として比較しながら，その特徴を述べると次のとおりである.

① 汽力発電所に比較して**設備が簡単**であり，**建設費が安価で建設期間も短い**.

② **運転操作が簡単**で，汽力発電所のような高度の運転技術を必要とせず，運転人員も少なくてすむ.

③ 汽力発電所のような**大量の冷却水を必要とせず**，水処理などが不要である.

④ 小容量のものから 240 MW 程度までつくられ，汽力と内燃力の中間の出力の発電所として適している.

⑤ 始動から全負荷まで 10 ～ 30 分程度で，ピーク負荷用や非常電源に適している.

⑥ 設置場所は，燃料の供給さえ考慮すれば比較的自由に選べる.

⑦ ガスタービンの温度が高く，**高価な耐熱材料を必要とする**.

⑧ 熱効率は比較的大容量のものでも 30 % 前後で，内燃力や大容量汽力発電所に劣る.

⑨ **騒音が大きい**.

⑩ 使用する機種によっては**燃料の制約を受け**，また，**出力が外気温度に影響され**，外気温度が上昇すれば出力が低下するものもある.

⑪ 空気の圧縮に要する動力が大きく，タービン出力の 1/2 強を必要とする.

3 コンバインドサイクル発電所

ガスタービンの熱効率は 20 ～ 30 % 程度で，燃料の熱量の 70 ～ 80 % は損失として排気にもち去られる. そこでガスタービンと蒸気タービンを結合し，熱効率の向上（汽力よりも数 % ～ 10 % 程度高い）を図ったもので，**複合サイクル発電所**とも呼ばれている.

◀1▶ コンバインドサイクルの種類

ガスタービンと蒸気タービンを結合したコンバインドサイクルにはいろいろな方式があるが，図 2・55 および図 2・56 に主なものを示す. 図 2・55（a）は**排熱回収式**，（b）は**排気助燃式**，（c）は**排気再燃式**，（d）は**過給ボイラ式**，（e）は**給水加熱式**，（f）は**一軸形**，図 2・56 は**多軸形**の概要を示す.

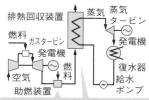

（a）排熱回収式コンバインドサイクル

ガスタービンの排気を排熱回収装置に導き，その熱回収によって蒸気を発生し，蒸気タービンを駆動する方式

（b）排気助燃式コンバインドサイクル

ガスタービンの排気を排熱回収装置に導くとともに，ガスタービンの排気ダクト内で助燃を行い，その熱回収によって蒸気を発生し蒸気タービンを駆動する方式

ガスタービンの排気をボイラに導き，ボイラで燃料を燃焼させて蒸気を発生し，蒸気タービンを駆動する方式

（c）排気再燃式コンバインドサイクル

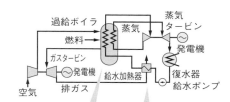

ガスタービンの圧縮機出口空気を過給ボイラに導き，ボイラで加圧燃焼して蒸気を発生させて蒸気タービンを駆動し，ボイラの排気をガスタービンに導き，さらにその排気を給水加熱器に導く方式

（d）過給ボイラ式コンバインドサイクル

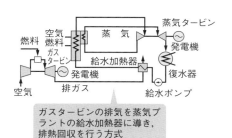

ガスタービンの排気を蒸気プラントの給水加熱器に導き，排熱回収を行う方式

（e）給水加熱式コンバインドサイクル

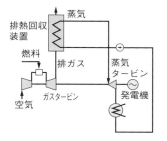

（f）一軸形コンバインドサイクル

● 図 2・55　コンバインドサイクルの種類

◀2▶ コンバインドサイクル火力発電所の特徴 ▶

① **熱効率が高い．** 大容量の汽力発電所の熱効率は 40 % 前後であるが，これより数 % ～ 10 % 程度高い．また，部分負荷における熱効率も高い．

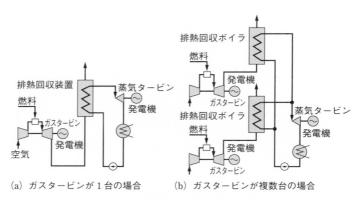

(a) ガスタービンが1台の場合　　(b) ガスタービンが複数台の場合

●図2・56　多軸形コンバインドサイクル

② 小容量機を複数台組み合わせているため，**故障の際，局部的に停止することができ**，また，点検による出力減もわずかである．

③ **始動・停止が容易**で，汽力発電所に比べて時間も短い．

④ ガスタービンと蒸気タービンの出力分担の割合によって異なるが，単位出力当たりの**復水器冷却水量が少なく**，従来の汽力発電所に比べて約70％程度であり，温排水対策が容易である．

⑤ ガスタービンに**多量の空気を必要とする**ため，単位出力当たりの排ガスの量は，汽力発電所に比べて約3倍となる．

⑥ ガスタービンは高温で燃焼するので，**窒素酸化物の含有率が高くなる**．そのため，脱硝装置を設けるなどの対策が必要である．

⑦ 燃料中にナトリウムやバナジウムを含んでいると，高温腐食の原因となるので，**良質な燃料を必要とする**．

⑧ **出力は外気温度の影響を受ける**．

⑨ **騒音が大きく**，対策が必要である．

4 コージェネレーション

熱併給発電とも呼ばれている．ガスタービン，ディーゼルエンジン，燃料電池などを用いて発電を行うとともに，発電に伴って出る排ガスおよび冷却水の保有熱を回収する装置を設置し，蒸気や温水を発生させ，産業または民生用に給湯や冷暖房などを併せて行い，高効率（80％に達するものもある）と需要地での発電による送電損失の軽減，電源立地問題の解消，環境汚染の軽減などを図る．

問題28 ✓ ✓ ✓　　　　　　　　　　　　　　　　　　H18　A-2

　汽力発電所と比較して，内燃力発電所の特徴として，誤っているのは次のうちどれか．
　(1) 始動・停止が容易であり，負荷の応答性もよい．
　(2) 設備が単純で取扱いが容易である．
　(3) 設備出力の小さい割合に熱効率が高く，低負荷時の熱効率低下の度合いも比較的少ない．
　(4) 冷却水の量が比較的多く，また，水質の良否が汽力発電所以上に運転上問題となる．
　(5) 運転時には振動を伴うので，防振対策を十分考慮する必要がある．

解説　内燃力発電所は，汽力発電所のような復水器がないので，冷却水の量は少なく，水質も良質でなくてよい．

解答 ▶ (4)

問題29 ✓ ✓ ✓　　　　　　　　　　　　　　　　　　H16　A-3

　排熱回収方式のコンバインドサイクル発電におけるガスタービンの燃焼用空気に関する流れとして，正しいのは次のうちどれか．
　(1) 圧縮機→タービン→排熱回収ボイラ→燃焼器
　(2) 圧縮機→燃焼器→タービン→排熱回収ボイラ
　(3) 燃焼器→タービン→圧縮機→排熱回収ボイラ
　(4) 圧縮機→タービン→燃焼器→排熱回収ボイラ
　(5) 燃焼器→圧縮機→排熱回収ボイラ→タービン

解説　排熱回収式コンバインドサイクルは，燃料の燃焼熱を熱源とするガスタービンサイクルと，この作動媒体である燃焼ガス排気の余熱をボイラの熱源とする蒸気タービンサイクルで構成される．
　したがって空気の流れは

　　空気圧縮機→燃焼器→ガスタービン→排熱回収ボイラ→煙突
　　　　　　ガスタービンサイクル

となる．

解答 ▶ (2)

問題30 ✓ ✓ ✓ H19 A-3

排熱回収方式のコンバインドサイクル発電所が定格出力で運転している. そのときのガスタービン発電効率が η_g, ガスタービンの排気の保有する熱量に対する蒸気タービン発電効率が η_s であった. このコンバインドサイクル発電全体の効率を表す式として, 正しいのは次のうちどれか. ただし, ガスタービン排気はすべて蒸気タービン発電側に供給されるものとする.

(1) $\eta_g + \eta_s$　　(2) $\eta_s + (1-\eta_g)\eta_g$　　(3) $\eta_s + (1-\eta_g)\eta_s$

(4) $\eta_g + (1-\eta_g)\eta_s$　　(5) $\eta_g + (1-\eta_s)\eta_g$

ガスタービンの排気 $1 \times (1-\eta_g)$ が蒸気タービンの入力となるので, その出力は, $1 \times (1-\eta_g) \times \eta_s$ となる.

補足　コンバインドサイクルの効率：$\eta_g + (1-\eta_g)\eta_s$

η_g：ガスタービンの効率
η_s：蒸気タービンの効率

解説　ガスタービンへの入力を「1」とすると

　　ガスタービン発電の出力：$1 \times \eta_g$

　ガスタービンの排気　　　：$1 \times (1-\eta_g)$

ガスタービンの排気が蒸気タービンの入力となるので

　蒸気タービン発電の出力　：$(1-\eta_g) \times \eta_s$

よって, コンバインド発電全体の効率は

$$\frac{\text{ガスタービン発電の出力} + \text{蒸気タービン発電の出力}}{\text{ガスタービンへの入力}} = \frac{\eta_g + (1-\eta_g)\eta_s}{1}$$

∴　$\boldsymbol{\eta_g + (1-\eta_g)\eta_s}$

解答 ▶ (4)

問題31 ✓ ✓ ✓　　　　　　　　　　　　　　　　　　R1　A-5

　　ガスタービンと蒸気タービンを組み合わせたコンバインドサイクル発電に関する記述として，誤っているものを次の（1）〜（5）のうちから一つ選べ.
　　(1) 燃焼用空気は，空気圧縮機，燃焼器，ガスタービン，排熱回収ボイラ，蒸気タービンを経て，排ガスとして煙突から排出される.
　　(2) ガスタービンを用いない同容量の汽力発電に比べて，起動停止時間が短く，負荷追従性が高い.
　　(3) ガスタービンを用いない同容量の汽力発電に比べて，復水器の冷却水量が少ない.
　　(4) ガスタービン入口温度が高いほど熱効率が高い.
　　(5) 部分負荷に対応するための，単位ユニットの運転台数の増減が可能なため，部分負荷時の熱効率の低下が小さい.

解説　解図のとおり，コンバインドサイクル発電の燃焼用空気は
　　　　　空気圧縮機 → 燃焼器 → ガスタービン → 排熱回収ボイラ → 排ガス
の流れを経て，排ガスとして排出される．そのため，蒸気タービンは経由しない.

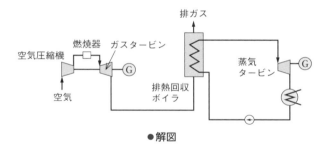

●解図

解答 ▶ (1)

問題32 ✓ ✓ ✓ H26 A-3

次の文章は，コンバインドサイクル発電の高効率化に関する記述である．

コンバインドサイクル発電の出力増大や熱効率向上を図るためにはガスタービンの高効率化が重要である．

高効率化の方法には，ガスタービンの入口ガス温度を　(ア)　することや空気圧縮機の出口と入口の　(イ)　比を増加させることなどがある．このためには，燃焼器やタービン翼などに用いられる　(ウ)　材料の開発や部品の冷却技術の向上が重要であり，同時に　(エ)　の低減が必要となる．

上記の記述中の空白箇所（ア），（イ），（ウ）および（エ）に当てはまる組合せとして，正しいものを次の（1）～（5）のうちから一つ選べ．

	(ア)	(イ)	(ウ)	(エ)
(1)	高く	温度	耐熱	窒素酸化物
(2)	高く	圧力	触媒	窒素酸化物
(3)	低く	圧力	耐熱	ばいじん
(4)	低く	温度	触媒	ばいじん
(5)	高く	圧力	耐熱	窒素酸化物

解説 熱効率向上策として空気圧縮機の出口・入口の圧力比の増加，燃焼温度（タービン入口ガス温度）の高温化がある．

そのために，耐熱材料や窒素酸化物（NO_x）の抑制技術の開発が行われた．

解答 ▶ (5)

練習問題

■ **1** (H14 A-2)

図は汽力発電所の熱サイクルを示している. 図の各過程に関する記述として, 誤っているのは次のうちどれか.

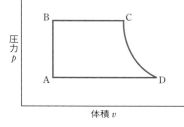

体積 v

(1) A→B は, 等積変化で給水の断熱圧縮の過程を示す.

(2) B→C は, ボイラ内で加熱される過程を示し, 飽和蒸気が過熱器でさらに過熱される過程も含む.

(3) C→D はタービン内で熱エネルギーが機械エネルギーに変換される断熱圧縮の過程を示す.

(4) D→A は, 復水器内で蒸気が凝縮されて水になる等圧変化の過程を示す.

(5) A→B→C→D→A の熱サイクルをランキンサイクルという.

■ **2** (H19 A-2)

ある汽力発電所において, 各部の汽水の温度および単位質量当たりのエンタルピー (これを「比エンタルピー」という.)〔kJ/kg〕が, 下表の値であるとき, このランキンサイクルの効率〔%〕の値として, 最も近いのは次のうちどれか. ただし, ボイラ, タービン, 復水器以外での温度およびエンタルピーの増減は無視するものとする.

(1) 34.9　　(2) 36.3　　(3) 39.1　　(4) 43.3　　(5) 53.6

		温度 t〔℃〕		比エンタルピー h〔kJ/kg〕
ボイラ出口蒸気	t_1	570	h_1	3 487
タービン排気	t_2	33	h_2	2 270
給水ポンプ入口給水	t_3	33	h_3	138

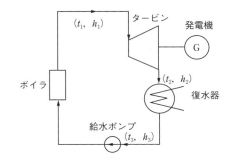

■ **3** (H17 A-15)

重油専焼火力発電所が出力 $1\,000\,MW$ で運転しており，発電端効率が $41\,\%$，重油発熱量が $44\,000\,kJ/kg$ であるとき，次の（a）および（b）に答えよ．ただし，重油の化学成分（重量比）は炭素 $85\,\%$，水素 $15\,\%$，炭素の原子量は 12，酸素の原子量は 16 とする．

(a) 重油消費量〔t/h〕の値として，最も近いのは次のうちどれか．

 (1) 50 (2) 80 (3) 120 (4) 200 (5) 250

(b) 1 日に発生する二酸化炭素の重量〔t〕の値として，最も近いのは次のうちどれか．

 (1) 9.5×10^3 (2) 12.8×10^3 (3) 15.0×10^3 (4) 17.6×10^3

 (5) 28.0×10^3

■ **4** (H24 A-2)

次の文章は，汽力発電所のタービン発電機の特徴に関する記述である．

汽力発電所のタービン発電機は，水車発電機に比べ回転速度が ［ (ア) ］ なるため，［ (イ) ］ 強度を要求されることから，回転子の構造は ［ (ウ) ］ にし，水車発電機よりも直径を ［ (エ) ］ しなければならない．このため，水車発電機と同出力を得るためには軸方向に ［ (オ) ］ することが必要となる．

上記の記述中の空白箇所（ア），（イ），（ウ），（エ）および（オ）に当てはまる組み合わせとして，最も適切なものを次の（1）～（5）のうちから一つ選べ．

	(ア)	(イ)	(ウ)	(エ)	(オ)
(1)	高く	熱的	突極形	小さく	長く
(2)	低く	熱的	円筒形	大きく	短く
(3)	高く	機械的	円筒形	小さく	長く
(4)	低く	機械的	円筒形	大きく	短く
(5)	高く	機械的	突極形	小さく	長く

■ **5**

出力 $500\,000\,kW$ の汽力発電所で，発熱量 $44\,000\,kJ/kg$ で重油を毎時 $105\,t$ 使用している．タービン室効率 $45\,\%$，発電機効率 $99\,\%$ としたとき次の（a）および（b）に答えよ．

(a) 発電端効率 η〔%〕の値として正しいものは次のうちどれか．

 (1) 33 (2) 35 (3) 39 (4) 41 (5) 42

(b) ボイラ効率 η_B〔%〕の値として最も近いものは次のうちどれか．

 (1) 80.5 (2) 82.5 (3) 85.5 (4) 87.5 (5) 89.5

■ **6** (H18 B-15)

復水器での冷却に海水を使用する汽力発電所が出力 $600\,MW$ で運転しており，復水器冷却水量が $24\,m^3/s$，冷却水の温度上昇が $7\,℃$ であるとき，次の（a）および（b）に答えよ．ただし，海水の比熱を $4.02\,kJ/(kg\cdot K)$，密度を $1.02\times10^3\,kg/m^3$，発電機効

率を 98 ％ とする.

(a) 復水器で海水へ放出される熱量〔kJ/s〕の値として，最も近いのは次のうちどれか.

(1) 4.25×10^4 (2) 1.71×10^5 (3) 6.62×10^5 (4) 6.89×10^5

(5) 8.61×10^5

(b) タービン室効率〔％〕の値として，最も近いのは次のうちどれか. ただし，条件を示していない損失は無視できるものとする.

(1) 41.5 (2) 46.5 (3) 47.0 (4) 47.5 (5) 48.0

■ **7** (H6 A-6)

汽力発電所において，部分負荷での □ (ア) □ の低下を改善するために，タービン内部効率の向上，加減弁での □ (イ) □ および給水ポンプ動力の低減を図る □ (ウ) □ が多く採用されている.

上記の記述中の空白箇所（ア），（イ）および（ウ）に記入する字句として，正しいものを組み合わせたのは次のうちどれか.

	（ア）	（イ）	（ウ）
(1)	熱効率	動力損失	変圧運転
(2)	所内率	熱損失	変圧運転
(3)	所内率	絞り損失	低圧運転
(4)	熱効率	絞り損失	変圧運転
(5)	熱効率	熱損失	低圧運転

■ **8** (H24 A-3)

汽力発電所の保護装置に関する記述として，誤っているものを次の（1）〜（5）のうちから一つ選べ.

(1) ボイラ内の蒸気圧力が一定限度を超えたとき，蒸気を放出させ機器の破損を防ぐ蒸気加減弁が設置されている.

(2) ボイラ水の循環が円滑に行われないとき，水管の焼損事故を防止するため，燃料を遮断してバーナを消火させる燃料遮断装置が設置されている.

(3) 蒸気タービンの回転速度が定格を超える一定値以上に上昇すると，自動的に蒸気止弁を閉じて，タービンを停止する非常調速機が設置されている.

(4) 蒸気タービンの軸受油圧が異常低下したとき，タービンを停止させるトリップ装置が設置されている.

(5) 発電機固定子巻線の内部短絡を検出・保護するために，比率差動継電器が設置されている.

Chapter 3

原子力発電

　原子力発電に関しては，原子炉構成材料，核分裂，質量欠損，原子力発電とそのほかの発電方式との比較など基本的な問題が多いが，学習に当たっては，既往の問題を軽視せずに新しい問題とともに取り組み，基本的事項をよく理解し，いつでも応用できるようにしておくことが大切である．

　また計算問題は，有名な式 $E = mc^2$ を用いて解くことが基本になっている．簡単であるから記憶しておいて欲しい．

③-1

原子力発電所の概要

[★★★]

1 原子力発電設備の概要

　火力発電所が石油などの化石燃料をボイラで燃焼して蒸気を発生させ，タービン発電機を回転して発電するのに対し，原子力発電所では原子炉の中でウランなどを核分裂させ，その際に発生する熱量を利用して蒸気をつくる.

　石油危機以降，石油への依存度の低下とエネルギー供給構造の改善が進められ，原子力発電が大きな役割を果たし，地球温暖化の対策技術としても評価されていたが，2011年3月11日に発生した東日本大震災に伴う原子力発電所の事故により信頼性が大きく揺らぎ，従来の安全基準を強化した新たな規制基準が施行さ

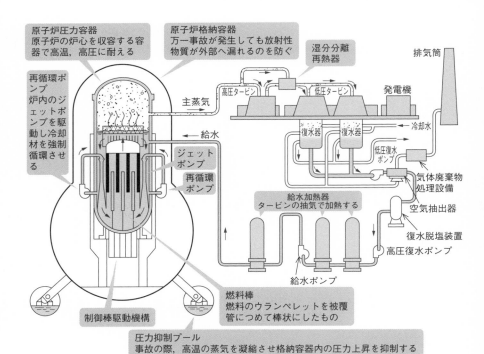

● 図3・1　沸騰水型原子力発電所

れ，さまざまな取組みがなされている．最近では，小型モジュール炉（SMR）と呼ばれる次世代の原子力発電所の技術開発も検討されている．

図3·1に，沸騰水型原子力発電所を例にして設備の概要を示す．

2 原子核エネルギー

❰1❱ 原子の構造

原子は，中心にある原子核と，そのまわりを回るいくつかの電子とから構成されている（図3·2）．自然界には水素，酸素など92種類の原子があり，人工的につくり出されたものを合わせると118種類になる．

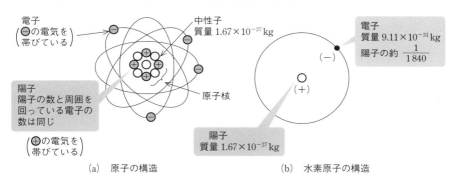

(a) 原子の構造   (b) 水素原子の構造

● 図3・2 原子のモデル

❰2❱ 原 子 核

原子核は原子の核心を構成している部分で，陽電気を帯びた陽子と，陽子とほぼ同じ質量で電気的に中性な中性子とから構成され，核力と呼ばれる力によって，

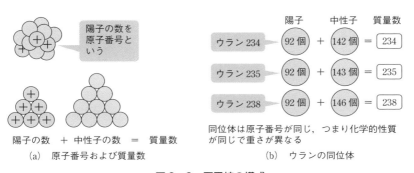

陽子の数 ＋ 中性子の数 ＝ 質量数

(a) 原子番号および質量数   (b) ウランの同位体

● 図3・3 原子核の構成

これらの粒子は強く結合されている．原子核を構成する陽子と中性子の数の和を質量数という．また，原子核のもつ陽子の個数を原子番号といい，原子番号は同じであるが質量数の異なる原子を同位体または同位元素という．これは，陽子の数は同じであるが，中性子の数が異なることを意味する．たとえば，原子番号92の天然ウランには，質量数が234，235および238の3種類の同位体があり，これらを記号で表す場合 $^{234}_{92}U$，$^{235}_{92}U$，$^{238}_{92}U$ のように表す．

【3】 核 分 裂

重い原子核が2個（まれに3個または4個）の原子核に分裂する現象を**核分裂**といい，中性子などの衝撃によって引き起こされる誘発核分裂と，自然に起こる自発核分裂とがある．ウラン235に熱中性子を当てて核分裂させた場合を図3・4に，また，これによって生ずる生成物の質量数と生成率を図3・5に示す（ウラン238は自然界に多いが核分裂しにくい）．

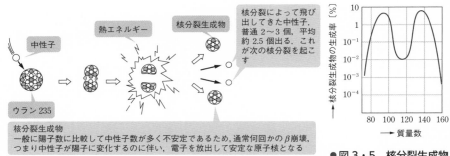

●図3・4　ウラン235の核分裂

●図3・5　核分裂生成物の生成率

【4】 核分裂エネルギー

核分裂によって多量のエネルギーが放出される．ウラン235の場合を例にとって説明すると図3・6のようになる．

核分裂前 ^{235}U の原子核とそれに入った中性子1個との質量の合計と，核分裂後の生成物と核分裂の際放出される2～3個の中性子の質量の合計との間には差があり，核分裂後のほうが小さい．これを**質量欠損**といい，これがエネルギーに変換されたわけで，質量欠損を m [kg]，光速を c [m/s]（3×10^8 m/s）とすると，アインシュタインの質量とエネルギーの関係式により，エネルギー E [J] は次式のようになる．

$$E = mc^2 \text{ [J]} \tag{3・1}$$

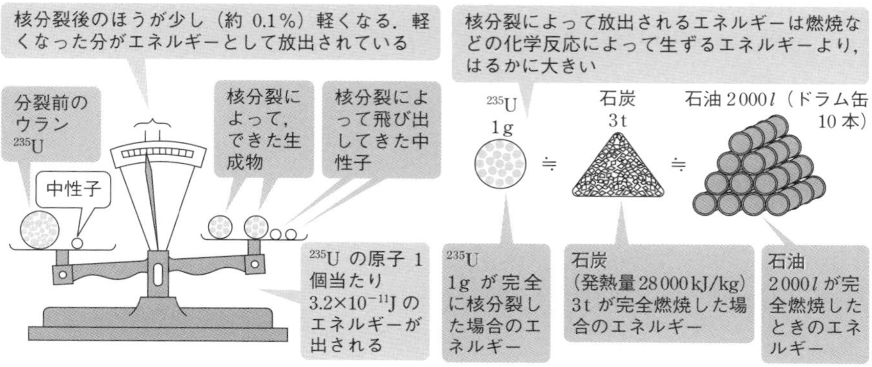

核分裂後のほうが少し（約 0.1 %）軽くなる．軽くなった分がエネルギーとして放出されている

核分裂によって放出されるエネルギーは燃焼などの化学反応によって生ずるエネルギーより，はるかに大きい

分裂前のウラン ^{235}U

核分裂によって，できた生成物

核分裂によって飛び出してきた中性子

中性子

^{235}U の原子 1 個当たり 3.2×10^{-11} J のエネルギーが出される

^{235}U
1 g

^{235}U 1 g が完全に核分裂した場合のエネルギー

石炭
3 t

石炭（発熱量 28 000 kJ/kg）3 t が完全燃焼した場合のエネルギー

石油 2 000 l（ドラム缶 10 本）

石油 2 000 l が完全燃焼したときのエネルギー

● 図 3・6　核分裂によるエネルギーの放出

減速材
核分裂によって放出される高速中性子を，速度の遅い，いわゆる熱中性子にして ^{235}U を核分裂しやすくする．減速材は中性子の吸収が小さく減速効果の大きな物質が適しており重水（D_2O），黒鉛，ベリリウム，軽水（天然の水）などが用いられる

制御棒
原子炉内での位置を変化させ核燃料に吸収される中性子を制御するもので，中性子吸収の大きな物質が用いられる，ほう素，カドミウム，ハフニウムまたはこれらの合金が用いられる

熱遮へい
放射線が生体遮へい，圧力容器などを通過する際，放射線の吸収によって生ずる熱による破損から，それらを守るためそれらの内側に置かれる遮へい体，鉄，ボロン鋼などが用いられる

反射体
炉心から漏れる中性子を反射するために炉心のまわりに置かれるもので，これによって中性子の漏れが減り，核燃料の量を節約し炉心の大きさを小さくできる．反射体は散乱（粒子がほかの粒子と衝突してその運動方向を変えること）によって中性子を反射するので減速材と同じ材料を用いる

生体遮へい
放射線による障害から人体を保護するために使う遮へい体で普通はコンクリートを用いる

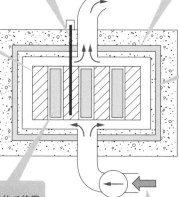

核燃料
核分裂連鎖反応を行わせる目的で使用する核分裂性物質またはそれを含むもので，核燃料物質としては ^{233}U，^{235}U，^{239}Pu（プルトニウム）があるがこのうち天然に存在するのは ^{235}U で，天然ウランの中に約 0.7 % 含まれている．熱中性子炉では，炉の形成によって異なるが，通常 2 ～ 3 % に濃縮したもの，または天然ウランが用いられる

冷却材
原子炉で発生した熱を炉外へ取り出すために使う流体．中性子の吸収が少なく各種の放射線に対して安定で誘導放射能が小さく，熱伝導率や比熱が大きく，温度に関して安定で融点が低く沸点が高いこと．高温でも炉内の構成材料を腐食せず，循環に必要なポンプ動力が小さく，取扱い容易で安価なことが要求される．通常，水，炭酸ガス，空気，ヘリウム，ナトリウムなどが用いられる

● 図 3・7　熱中性子炉

3 原子炉の構成

◀1▶ 原子炉の構成概要

原子炉は，核分裂の連鎖反応を自己維持し，かつ，制御できるようにするため，核燃料，減速材，冷却材，反射体，制御棒，遮へい材などで構成されている．図3・7 に，熱中性子炉を例にとってその概要を示す．なお，高速中性子炉には減速材を用いない．

◀2▶ 原子炉の形式と構成材料

原子炉は，種類や形式によって構成材料が異なる．表3・1 にその概要を示す．

●表3・1　原子炉の形式と構成材料

	原子炉の形式		核燃料	減速材	冷却材
熱中性子炉	軽水減速冷却炉（軽水炉）	沸騰水型	濃縮ウラン	軽水	軽水
		加圧水型			
	ガス冷却炉		天然ウラン	黒鉛	炭酸ガス
	改良型ガス冷却炉		濃縮ウラン	黒鉛	炭酸ガス
	重水減速炉		天然ウラン 濃縮ウラン	重水	炭酸ガス 軽水 重水
	高圧ガス炉		濃縮ウラン	黒鉛	ヘリウム
高速中性子炉	高速増殖炉		濃縮ウラン プルトニウム	なし	ナトリウム ナトリウム－カリウム合金

◀3▶ 核　燃　料

① **濃縮ウラン**　核燃料物質としては ^{233}U，^{235}U，^{239}Pu（プルトニウム）があるが，このうち**天然に存在するのは ^{235}U のみ**で，天然ウランの中に約 0.7％ 含まれている．この ^{235}U に含まれている割合を人工的に高めたものを濃縮ウランといい，ウランを燃料とする原子炉は，天然，濃縮のいずれを使用するかによって，**天然ウラン**炉，**濃縮ウラン**炉という．

ウラン濃縮法の代表的な二つの方法を図3・8に示す．

② **プルトニウム**　^{239}Pu は，天然ウランの大部分を占める ^{238}U に中性子を吸収させて人工的にできる．図 3・9 に，^{238}U から ^{239}Pu に変化する過程

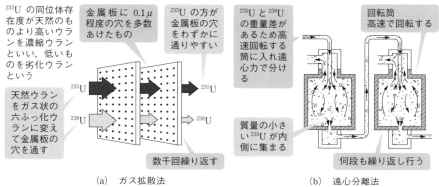

²³⁵U の同位体存在度が天然のものより高いウランを濃縮ウランといい、低いものを劣化ウランという

金属板に 0.1μ 程度の穴を多数あけたもの

²³⁵U の方が金属板の穴をわずかに通りやすい

²³⁵U と ²³⁸U の重量差があるため高速回転する筒に入れ遠心力で分ける

回転筒 高速回転する

天然ウランをガス状の六ふっ化ウランに変えて金属板の穴を通す

質量の小さい ²³⁵U が内側に集まる

数千回繰り返す

何段も繰り返し行う

（a）　ガス拡散法

（b）　遠心分離法

●図3・8　ウラン濃縮法

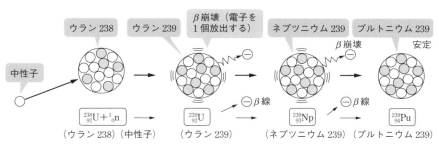

中性子

ウラン238　ウラン239　β崩壊（電子を1個放出する）　ネプツニウム239　プルトニウム239

β崩壊　安定

$^{238}_{92}\mathrm{U}+^1_0\mathrm{n} \longrightarrow$　$^{239}_{92}\mathrm{U}$　$\ominus\beta$線　$^{239}_{93}\mathrm{Np}$　$\ominus\beta$線　$^{239}_{94}\mathrm{Pu}$

（ウラン238）（中性子）　（ウラン239）　（ネプツニウム239）（プルトニウム239）

●図3・9　$^{238}_{92}\mathrm{U} \to {}^{239}_{94}\mathrm{Pu}$ 変化の過程

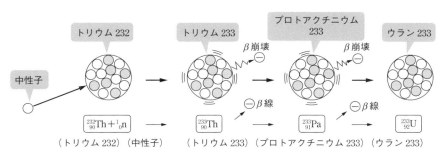

トリウム232　トリウム233　プロトアクチニウム233　ウラン233

中性子

β崩壊　β崩壊

$^{232}_{90}\mathrm{Th}+^1_0\mathrm{n} \longrightarrow$　$^{233}_{90}\mathrm{Th}$　$\ominus\beta$線　$^{233}_{91}\mathrm{Pa}$　$\ominus\beta$線　$^{233}_{92}\mathrm{U}$

（トリウム232）（中性子）　（トリウム233）（プロトアクチニウム233）（ウラン233）

●図3・10　$^{232}_{90}\mathrm{Th} \to {}^{233}_{92}\mathrm{U}$ 変化の過程

を示す．この ²³⁹Pu は，炉の中でさらに中性子1個を吸収すると ²⁴⁰Pu になる．

③ **ウラン233** ^{233}U は，トリウム ^{232}Th に中性子を吸収させてできる（図 3・10）．^{238}U や ^{232}Th のように中性子を吸収して核分裂性物質に変わるものを**親物質**といい，親物質を核分裂性物質に変えることを**転換**という．

【4】減 速 材

核分裂によって放出される中性子は 20 000 km/s 程度の高速のため，2 km/s 程度の速度の遅い中性子に変えて ^{235}U を核分裂しやすくする．**減速材**は放射線に対して安定で，中性子吸収が小さく，減速効果の高い物質が適している．最も優れているのは**重水（D$_2$O）**で，天然水中に約 0.015 % 含まれている．このほか，**黒鉛**，**ベリリウム**，**軽水**（普通の水）が用いられる．

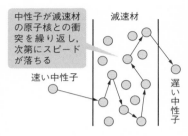

中性子が減速材の原子核との衝突を繰り返し，次第にスピードが落ちる

速い中性子

減速材

遅い中性子

●図3・11 減速材

問題1 ✓ ✓ ✓ H7 A-4

一般的な軽水形原子力発電所の燃料としては ［ （ア） ］ が用いられる．これは ［ （イ） ］ 中のウラン 235 の比率が 0.7 % 程度であるものを，ガス拡散法や遠心分離法などによって濃縮したものである．

核分裂しにくい ［ （ウ） ］ の一部は，原子炉内の ［ （エ） ］ の作用によって ［ （オ） ］ となる．さらにこの一部は，炉内で核分裂してエネルギー発生に寄与する．

上記の記述中の空白箇所（ア），（イ），（ウ），（エ）および（オ）に記入する字句として，正しいものを組み合わせたのは次のうちどれか．

	（ア）	（イ）	（ウ）	（エ）	（オ）
(1)	低濃縮ウラン	天然ウラン	ウラン 238	中性子	プルトニウム 239
(2)	低濃縮ウラン	天然ウラン	劣化ウラン	中性子	ウラン 235
(3)	低濃縮ウラン	ウラン鉱石	ウラン 235	中性子	ウラン 238
(4)	高濃縮ウラン	低濃縮ウラン	プルトニウム 239	放射線	ウラン 235
(5)	高濃縮ウラン	天然ウラン	ウラン 238	ガンマ線	プルトニウム 239

天然に存在する ^{235}U の割合を高めたものが濃縮ウランである．天然ウランの大部分を占める ^{238}U に中性子を吸収させて ^{239}Pu ができる．

解説 一般の軽水形原子力発電所の燃料は**低濃縮ウラン**のウラン 235 が用いられる．
これは天然ウランだけでは核分裂反応が連続的に起きないためである．天然ウ
ランはウラン 235 を 0.7 % しか含んでいないので，3 % 程度に濃縮して用いる．

解答 ▶ (1)

問題2 ✓ ✓ ✓　　　　　　　　　　　　　　　　　　　　　H12　A-5

　　ウラン 235 の原子核の 1 個に ［ (ア) ］を入射すると ［ (イ) ］種類の原子核
に分裂する．このとき ［ (ア) ］や γ 線とともに ［ (ウ) ］に相当する約
200 ［ (エ) ］の膨大なエネルギーが放出される．このような現象を核分裂とい
う．
　　上記記述中の空白個所（ア）（イ）（ウ）および（エ）に記入する語句，数値ま
たは記号として，正しいものを組み合わせたのは次のうちどれか．

	（ア）	（イ）	（ウ）	（エ）
(1)	中性子	4	質量欠損	〔MW〕
(2)	陽子	4	質量欠損	〔MeV〕
(3)	陽子	2	質量増分	〔MeV〕
(4)	中性子	2	質量欠損	〔MeV〕
(5)	中性子	4	質量増分	〔MW〕

解説 ウラン 235 （$^{235}_{92}$U）に**中性子**（$^1_0$n）を 1 個当てると
$$^{235}_{92}\text{U} + ^1_0\text{n} \longrightarrow \text{A} + \text{B} + 2.5^1_0\text{n} + エネルギー$$

A および B は核分裂の結果生じた新しい原子であり，いろいろな種類のものが生じ
る．$^{235}_{92}$U と入射した $^1_0$n の質量の和は，右辺の A と B と 2.5 個の中性子の質量の和よ
り大きく，その差がエネルギーとなって放出されるが，1 個分の核分裂によって放出さ
れるエネルギーは約 200 MeV である．1eV は 1.6×10^{-19} J に相当する．

解答 ▶ (4)

問題3 ✓ ✓ ✓ H21 A-4

次の文章は原子力発電に関する記述である.

原子力発電は,原子材料が出す熱で水を蒸気に変え,これをタービンに送って熱エネルギーを機械エネルギーに変えて,発電機を回転させることにより電気エネルギーを得るという点では, (ア) と同じ原理である.原子力発電では,ボイラの代わりに (イ) を用い, (ウ) の代わりに原子燃料を用いる.現在,多くの原子力発電所で燃料として用いている核分裂連鎖反応する物質は (エ) であるが,天然に産する原料では核分裂連鎖反応しない (オ) が99%以上を占めている.このため,発電用原子炉にはガス拡散法や遠心分離法などの物理学的方法で (エ) の含有率を高めた濃縮燃料が用いられている.

上記の記述中の空白箇所 (ア), (イ), (ウ), (エ) および (オ) に当てはまる語句として,正しいものを組み合わせたのは次のうちどれか.

	(ア)	(イ)	(ウ)	(エ)	(オ)
(1)	汽力発電	原子炉	自然エネルギー	プルトニウム239	ウラン235
(2)	汽力発電	原子炉	化石燃料	ウラン235	ウラン238
(3)	内燃力発電	原子炉	化石燃料	プルトニウム239	ウラン238
(4)	内燃力発電	燃料棒	化石燃料	ウラン238	ウラン235
(5)	太陽熱発電	燃料棒	自然エネルギー	ウラン235	ウラン238

 正解の語句を当てはめた文章を読み直し,事柄を整理・記憶すること.

解答 ▶ (2)

問題4 ✓ ✓ ✓ H6 B-12

原子力発電所において,1gの ^{235}U が燃焼し,質量欠損が0.09%であったとき,発生電力量〔kW・h〕はいくらとなるか.正しい値を次のうちから選べ.ただし,原子力発電所の熱効率を32%とする.

(1) 360 (2) 2600 (3) 5600 (4) 7200 (5) 12500

 $E = mc^2$ を用いる.

m の単位は kg. $c = 3×10^8$ m/s であることに留意し,kW・h ↔ J の変換を正確に行う.

 1gの ^{235}U が核分裂をした場合,0.09%の質量が減少することになっているので,式 (3・1) の m 〔kg〕は $m = 1×0.09×10^{-2}×10^{-3} = 9×10^{-7}$ kg

光速 c 〔m/s〕は $3×10^8$ m/s であるから $E = 9×10^{-7}×(3×10^8)^2 = 8.1×10^{10}$ J

熱効率は 32% であるから $8.1 \times 10^{10} \times 32 \times 10^{-2} = 2.592 \times 10^{10}$ J

$1\,\text{kW·h}$ は $3\,600 \times 10^3$ J であるから $2.592 \times 10^{10} \times 1/(3\,600 \times 10^3) = \boldsymbol{7\,200\,\text{kW·h}}$

解答 ▶ (4)

問題5 ✓ ✓ ✓ R1 A-4

1g のウラン 235 が核分裂し，0.09% の質量欠損が生じたとき，これにより発生するエネルギーと同じだけの熱量を得るのに必要な石炭の質量の値 〔kg〕として，最も近いものを次の (1) ～ (5) のうちから一つ選べ．ただし，石炭の発熱量は $2.51 \times 10^4\,\text{kJ/kg}$ とし，光速は $3.0 \times 10^8\,\text{m/s}$ とする．

(1) 16　　(2) 80　　(3) 160　　(4) 3 200　　(5) 48 000

 $E = mc^2$ で得られる熱に対する石炭の質量を算出する．m の単位は kg であることに留意する．

 核分裂によって放出されるエネルギー E 〔J〕は

$$E = mc^2 \ \text{〔J〕}$$

ここで 1g のウラン 235 の核分裂による質量欠損は

$$m = 1 \times 10^{-3} \times \frac{0.09}{100} = 9 \times 10^{-7}\,\text{kg}$$

よって E 〔J〕は

$$E = mc^2 = 9 \times 10^{-7} \times (3.0 \times 10^8)^2 = 8.1 \times 10^{10}\,\text{J}$$

このエネルギーと同じ熱量を得るのに必要な石炭の質量を x 〔kg〕とすると

$$8.1 \times 10^{10} \underbrace{\times 10^{-3}}_{\textbf{kJ に合わせる}\text{ため}} = 2.51 \times 10^4 \times x$$

$$x = 3\,227 ≒ \boldsymbol{3\,200\,\text{kg}}$$

解答 ▶ (4)

3-2

発電用原子炉

[★★★]

1 軽 水 炉

　冷却材および減速材に軽水を使用し，核燃料に低濃縮ウランを用いるもので，**加圧水型原子炉（PWR）**と**沸騰水型原子炉（BWR）**がある．自己制御性を有し，現在，我が国はおよび世界中で建設されている発電炉の主流をなしている．

【1】 加圧水型原子炉

　原子炉で発生した熱は冷却材を沸騰させることなく取り出され，蒸気発生器を介してタービン系統に伝達されるので，一次系統の放射能がタービン系統に移行しない．このため点検保守が容易であるが，構成がやや複雑になる．

　炉心の反応度の制御は，**制御棒クラスタの出入り**および**冷却材中のほう酸濃度の調整**による．図 3・12 に，加圧水型原子炉の概念図を示す．

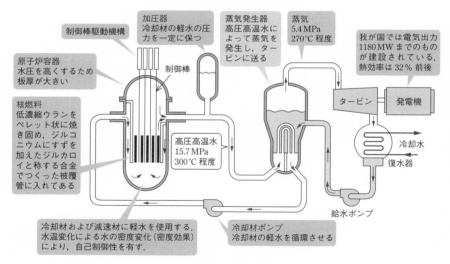

●図 3・12　加圧水型原子炉

【2】 沸騰水型原子炉

　炉心で蒸気を発生させて直接タービン系統に送るため，熱効率はやや高くなるが，放射性を帯びた蒸気がタービンに送られるので，タービンを遮へいする必要

がある.

出力の調整は, **制御棒の調整**および**再循環ポンプの流量調整**による. 流量を増加すれば炉心の蒸気泡の量が減少し, 炉心反応度が増加して出力が増大する. 図3・13 に, 沸騰水型原子炉の概念図を示す.

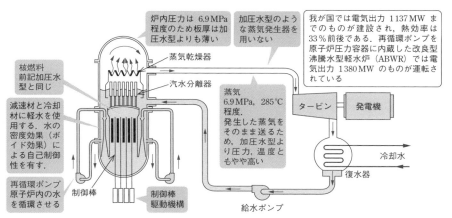

炉内圧力は 6.9 MPa 程度のため板厚は加圧水型よりも薄い

加圧水型のような蒸気発生器を用いない

我が国では電気出力 1137 MW までのものが建設され, 熱効率は 33% 前後である. 再循環ポンプを原子炉圧力容器に内蔵した改良型沸騰水型軽水炉 (ABWR) では電気出力 1380 MW のものが運転されている

蒸気乾燥器

核燃料 前記加圧水型と同じ

汽水分離器

蒸気 6.9 MPa, 285℃ 程度. 発生した蒸気をそのまま送るため, 加圧水型より圧力, 温度ともやや高い

タービン　発電機

減速材と冷却材に軽水を使用する. 水の密度効果 (ボイド効果) による自己制御性を有す.

冷却水

再循環ポンプ 原子炉内の水を循環させる

復水器

制御棒　制御棒駆動機構

給水ポンプ

●図 3・13　沸騰水型原子炉

2 ガス冷却型原子炉 (GCR)

【1】天然ウランガス冷却炉

核燃料に天然ウランの金属を棒状にしたものを用い, マグネシウム合金で被覆しているところから, マグノックス炉とも呼ばれる. 冷却材には炭酸ガス, 減速材には黒鉛を用いる.

【2】改良型ガス冷却炉 (AGR)

上記 (1) を改良し, 核燃料は 1～2% 濃縮したウランのペレットをステンレス鋼で被覆したものを用い, 炉の温度を 650℃ 程度まで高めたものである. 蒸気条件も一般の汽力発電の水準の 16.7 MPa, 540℃ を得ている.

【3】高温ガス (冷却) 炉

冷却材にはヘリウム, 核燃料には高濃縮ウランとトリウムを用いて, 燃料を微小な粒子としている. その外側を黒鉛や炭化けい素で被覆し, 黒鉛のスリーブに入れて棒状にしたものなどがあり, 冷却材の出口温度は 750～850℃ と高く, 熱交換器を通して得られる蒸気は汽力発電並みである.

3 重水炉

【1】 重水減速重水冷却炉

代表的なものとしてカナダで開発された CADU-PHW があり，燃料は天然もしくは微濃縮ウランを用いる．転換率（原子炉の中で，転換によってつくられた核分裂性核種の原子数の，失われた核分裂性核種の原子数に対する比）を高くとることができる（核種とは質量数および原子番号によって定まる原子の種類）．

【2】 重水減速沸騰軽水炉

我が国で開発された新型転換炉（ATR）「ふげん」（2003 年運転終了）がある．核燃料は，天然ウランとプルトニウム 239 の混合物と微濃縮ウランを用いる．転換率は軽水炉が 0.6 程度に対し，「ふげん」は 0.8 程度である．図 3・14 に「ふげん」の概念図を示す．

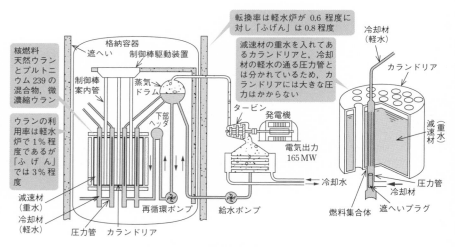

●図 3・14　新型転換炉「ふげん」

4 高速増殖炉（FBR）

核分裂の際に放出される高速中性子をそのまま使用するので，減速材を用いない．転換率は 1.1 ～ 1.4 程度で，消費する燃料より新しくできる燃料のほうが多くなる．我が国では実験炉「常陽」（100 MW 1977 年臨界），原型炉「もんじゅ」（280 MW，2016 年廃炉決定）がある．

問題6　☑ ☑ ☑　　　　　　　　　　　H3　A-13

　我が国の原子炉の主流である軽水炉は，水が冷却材と　(ア)　を兼ねているため，炉の出力が上がり水の温度が上昇すると，水の密度が　(イ)　し，中性子の減速効果が低下する．その結果，核分裂に寄与する　(ウ)　が減少し，核分裂は自動的に　(エ)　され，出力も　(オ)　し，水の温度も下がる特性を有している．これを自己制御性という．

　上記の記述中の空白箇所（ア），（イ），（ウ），（エ）および（オ）に記入する字句として，正しいものを組み合わせたのは次のうちどれか．

	（ア）	（イ）	（ウ）	（エ）	（オ）
(1)	制御材	減少	高速中性子	抑制	減少
(2)	制御材	増加	熱中性子	加速	増加
(3)	減速材	減少	熱中性子	抑制	減少
(4)	減速材	増加	高速中性子	加速	減少
(5)	遮へい材	減少	熱中性子	抑制	増加

　原子炉の自己制御性について，水が冷却材と減速材の役割を有していることを踏まえ，整理しておく．

解説　軽水炉において，水は冷却材と減速材を兼ねており，水の温度が上昇すると密度は減少し，減速効果が減少する．したがって，中性子のエネルギーが高くなって核分裂は抑制され，出力は減少する．

解答 ▶ (3)

問題7　☑ ☑ ☑　　　　　　　　　　　H3　A-11

　我が国で運転している原子力発電所で採用されている原子炉は，主として沸騰水型（BWR）および加圧水型（PWR）の2種類であるが，この二つの型の構成上の相違点は　　　　　　である．

　上記の記述中の空中箇所に記入する字句として，正しいのは次のうちどれか．

　(1)　冷却材の違い　　　(2)　減速材の違い　　　(3)　制御棒の有無
　(4)　蒸気発生器の有無　(5)　給水加熱器の有無

解説　図3・12と図3・13を比較した場合，**加圧水型では蒸気発生器を有し**，沸騰水型は直接蒸気をタービンに送るためこれがない．

解答 ▶ (4)

問題8 ✓ ✓ ✓　　　　　　　　　　　　　　　H20 A-4

　我が国の商業発電用原子炉のほとんどは，軽水炉と呼ばれる型式であり，それには加圧水型原子炉（PWR）と沸騰水型原子炉（BWR）の2種類がある.

　PWR の熱出力調整は主として炉水中の ┃(ア)┃ の調整によって行われる. 一方，BWR では主として ┃(イ)┃ の調整によって行われる. なお両型式とも起動または停止時のような大幅な出力調整は制御棒の調整で行い，制御棒の ┃(ウ)┃ によって出力は上昇し，┃(エ)┃ によって出力は下降する.

　上記の記述中の空白箇所（ア），（イ），（ウ）および（エ）に当てはまる語句として，正しいものを組み合わせたのは次のうちどれか.

	（ア）	（イ）	（ウ）	（エ）
(1)	ほう素濃度	再循環流量	挿入	引抜き
(2)	再循環流量	ほう素濃度	引抜き	挿入
(3)	ほう素濃度	再循環流量	引抜き	挿入
(4)	ナトリウム濃度	再循環流量	挿入	引抜き
(5)	再循環流量	ほう素濃度	挿入	引抜き

解説　BWR：**再循環ポンプ**がある. 軽微な出力変化は再循環ポンプの流量を変化させて行う. 流量を増やせば炉心の蒸気泡が減少し出力が増大する（章末の練習問題9の解説参照）.

　PWR：**軽微な出力変化は，ほう素濃度の変化**で行う. ほう素濃度を増すと出力が減少する.

　両原子炉とも**大きな出力調整は制御棒**で行う. 制御棒を挿入すると中性子を吸収するため出力が減少する.

解答 ▶ (3)

問題9 ✓ ✓ ✓　　　　　　　　　　　　　　　H22 A-4

　我が国における商業発電用の加圧水型原子炉（PWR）の記述として，正しいのは次のうちどれか.
　(1) 炉心内で水を蒸発させて，蒸気を発生する.
　(2) 再循環ポンプで炉心内の冷却水流量を変えることにより，蒸気泡の発生量を変えて出力を調整できる.
　(3) 高温・高圧の水を，炉心から蒸気発生器に送る.
　(4) 炉心と蒸気発生器で発生した蒸気を混合して，タービンに送る.
　(5) 炉心を通って放射線を受けた蒸気が，タービンを通過する.

PWR は炉心内では蒸気を発生させず，炉心外に置かれる**蒸気発生器**で発生させる．この放射能を帯びていない蒸気がタービンに送られるため，タービンの運転・保守が容易である． **解答 ▶ (3)**

問題⑩ ✓ ✓ ✓ H17　A-4

　沸騰水型原子炉 (BWR) に関する記述として，誤っているのは次のうちどれか．
(1) 燃料には低濃縮ウランを，冷却材および減速材には軽水を使用する．
(2) 加圧水型原子炉（PWR）に比べて出力密度が大きいので，炉心および原子炉出力容器は小さくなる．
(3) 出力調整は，制御棒の抜き差しと再循環ポンプの流量調整により行う．
(4) 加圧水型軽水炉に比べて原子炉圧力が低く，蒸気発生器がないので構成が簡単である．
(5) タービン系に放射性物質が持ち込まれるため，タービン等に遮へい対策が必要である．

　BWR では，原子炉の内部蒸気を直接タービンで利用するため，蒸気発生器が不要である．つまり，PWR のように炉内の水の圧力を高くしなくても良い．また，BWR では，炉心上部に汽水分離器と蒸気乾燥器が設置されているため，PWR の圧力容器よりも大きくなり，出力密度は小さくなる．すなわち，BWR は PWR に比べて炉心等は大きくなる． **解答 ▶ (2)**

問題⑪ ✓ ✓ ✓ R4　A-4

　沸騰水型原子炉 (BWR) に関する記述として，誤っているものを次の (1) ～ (5) のうちから一つ選べ．
(1) 燃料には低濃縮ウランを，冷却材及び減速材には軽水を使用する．
(2) 加圧水型原子炉（PWR）に比べて原子炉圧力が低く，蒸気発生器が無いので構成が簡単である．
(3) 出力調整は，制御棒の抜き差しと再循環ポンプの流量調節により行う．
(4) 制御棒は，炉心上部から燃料集合体内を上下することができる構造となっている．
(5) タービン系統に放射性物質が持ち込まれるため，タービン等に遮へい対策が必要である．

　沸騰水型原子炉（BWR）において，制御棒は炉心下部から上向きに挿入される構造になっている．なお，加圧水型原子炉（PWR）は炉心上部から抜き差しする． **解答 ▶ (4)**

参考 $E = mc^2$ の導き方

アインシュタインのようにこの関係を，特殊相対論の二つの前提とエネルギー・運動量の両保存則から導く．

特殊相対論の二つの前提

Ⅰ　相対性原理：物理法則はどの慣性系で見ても同一．

Ⅱ　光速度不変の原理：真空中の光速は光源の速度によらず，光速はどの慣性系で見ても同一．

光を吸収する質量 M の物体と A さんが，大きな船のデッキにいる．B さんが v の速さで図の方向に移動している小さなモータボートにいる．A さんの座標系を $x-y$ とし，モータボートの B さんの座標系を $x'-y'$ とする．

船上で静止している物体 M に，x 軸方向正の向きと負の向きから同じ振動数 ν の光（光子）が同時に吸収されたとする．また，光電効果やコンプトン効果などをもとに，光子のエネルギー ε と運動量 p は $\varepsilon = h\nu$，$p = \varepsilon/c$ であることが知られている．ここで c は光の速さである．

このとき，A さんの観測では，同じ光子が物体に反対側から同時に吸収されるので，物体は静止したままで，エネルギーは

$$E = 2\varepsilon$$

増加する．

同じ事象が B さんの観測では，物体は y' 方向に v の速度で移動しているように見える．

入射する際光子は y' 方向に速度成分 v をもって吸収される．光速度不変の原理より，入射する光子の速度は c で一定．y' 方向の光子の運動量は

$$p_{y'} = p \cos \theta = p \times \frac{v}{c} = \frac{\varepsilon}{c} \times \frac{v}{c} = \frac{\varepsilon v}{c^2}$$

2 個の光子の運動量は（x' 方向は打ち消し合うので）y' 方向のみを考えて

$$2p_{y'} = \frac{2\varepsilon v}{c^2} = \frac{Ev}{c^2}$$

しかるに，船の上で物体は静止したままなので，B さんから見て光子の吸収後も物体は速度 v で移動しているように見える．そうなると，質量ゼロの光子が吸収されたにもかかわらず物体の質量が増加したと考えられる以外には運動量を保存させることができない．質量の増加分を mv とすると，運動量保存則は

$$Mv + \frac{Ev}{c^2} = (M+m)v$$

これより

$$\frac{Ev}{c^2} = mv \quad \therefore \quad E = mc^2$$

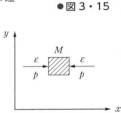

●図 3・15

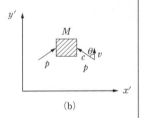

●図 3・16

> 質量 m のふつうの物体なら
> $$Mv + mv = (M+m)v$$
> となるところ，光子は $m = 0$ でありながら $p = E/c$ の運動量をもつゆえである

原子力発電所の特徴

[★★]

　原子力発電所は，^{235}U などの核燃料が核分裂をした際に発生するエネルギーを利用するため，石油などの化石燃料を燃焼する汽力発電所とは異なった特徴をもっている．そこで，汽力発電所と比較しながら，その特徴を述べることとする．

1 原 子 炉

　汽力発電所のボイラに相当するものが原子炉であり，図 3·17 に原子炉の特徴の概要を示す．

原子炉は熱とともに，強い放射能をもつ核分裂生成物などを生ずるので，放射線に対する遮へいや各種の安全設備など，汽力発電所にはない装置を設けなければならない

核分裂によって生ずる核分裂生成物や腐食生成物などの放射性物質を含んだ放射性廃棄物を発生するため，自然環境へ影響を与えないよう特殊な処理が必要

核分裂を維持するために一定量以上の核燃料が原子炉の中に入れられており，一般に数年分の燃料が詰めこまれている．燃料加工段階のものと合わせると，相当期間の燃料を貯蔵していることと同じため，石油のように価格上昇や供給中断などの影響を受けることが少ない

発電原価に占める燃料費が小さいため，燃料価格の上昇による影響が少ない

石油や石炭を燃焼させる汽力発電所に比較して，ばいじんや窒素酸化物，硫黄酸化物などの問題がない

燃料などの温度制限や熱伝達特性による制約から軽水炉では6.9 MPa，285℃ 前後の蒸気のため最近の汽力発電所の 24.5 MPa，560℃ 程度に比較して蒸気条件は良くない

^{238}U などの親物質を炉内の中性子照射によって ^{239}Pu などの核分裂性物質に転換できるため，使用済みの燃料を再処理して，^{239}Pu や燃え残りの ^{235}U などを回収し，再使用ができる

石油などの化石燃料を燃焼して化学変化によってエネルギーを取り出すのに比べ，核分裂によるため，莫大なエネルギーを取り出せるので，汽力発電所のボイラに比較して単位体積当たりの出力が大きい

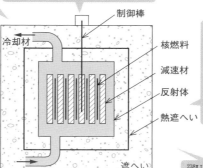

制御棒
冷却材
核燃料
減速材
反射体
熱遮へい
遮へい

●図 3·17　原子炉の特徴

2 タービンおよび発電機

現在，加圧水型とともに最も多く建設されている沸騰水型の原子力発電所を例にとり，その特徴を図3・18に示す（p.43 参考 ・ 補足 参照）．

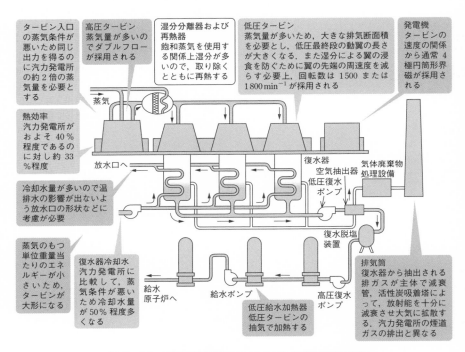

- タービン入口の蒸気条件が悪いため同じ出力を得るのに汽力発電所の約2倍の蒸気量を必要とする

- 高圧タービン蒸気量が多いのでダブルフローが採用される

- 湿分分離器および再熱器飽和蒸気を使用する関係上湿分が多いので，取り除くとともに再熱する

- 低圧タービン蒸気量が多いため，大きな排気断面積を必要とし，低圧最終段の動翼の長さが大きくなる．また湿分による翼の浸食を防ぐために翼の先端の周速度を減らす必要上，回転数は1500または1800 min^{-1} が採用される

- 発電機タービンの速度の関係から通常4極円筒形界磁が採用される

- 熱効率汽力発電所がおよそ40%程度であるのに対し約33%程度

- 冷却水量が多いので温排水の影響が出ないよう放水口の形状などに考慮が必要

- 蒸気のもつ単位重量当たりのエネルギーが小さいため，タービンが大形になる

- 復水器冷却水汽力発電所に比較して，蒸気条件が悪いため冷却水量が50%程度多くなる

- 低圧給水加熱器低圧タービンの抽気で加熱する

- 排気筒復水器から抽出される排ガスが主体で減衰管，活性炭吸着塔によって，放射能を十分に減衰させ大気に拡散する．汽力発電所の煙道ガスの排出と異なる

蒸気　放水口へ　復水器　空気抽出器　低圧復水ポンプ　気体廃棄物処理設備　復水脱塩装置　給水原子炉へ　給水ポンプ　高圧復水ポンプ

●図3・18　原子力発電所のタービンおよび発電機の特徴

3 核燃料（原子燃料）サイクル

原子力発電所で使い終えた使用済燃料の中からウランやプルトニウムを回収する**再処理**を行った後，**MOX燃料**と呼ばれるウランとプルトニウムの混合酸化物に加工して発電に再利用することを**核燃料（原子燃料）サイクル**といい，資源の有効活用，高レベル放射性廃棄物の減容化・有害度の低減の観点から計画されている．

MOX燃料を，すべてもしくは一部の発電燃料に使用することを**プルサーマル**と呼んでいる．

問題⑫　✓ ✓ ✓　H10　A-3

原子力発電所と最近の大形火力（汽力）発電所とを比較した場合，その特徴に関する記述として，誤っているのは次のうちどれか．

(1) 原子力発電のほうが発電原価に占める燃料費の割合が小さい．

(2) 原子力発電用高圧タービンのほうが，火力の高圧タービンより回転速度が遅い．

(3) 同じ出力の場合，原子力発電のほうが復水器の冷却水量が多い．

(4) 原子力発電では燃料の燃焼に空気を必要としない．

(5) 原子力発電所の発生蒸気のほうが高温高圧である．

 (1) 原子力は初期装荷の燃料費が大きいが，その後の取替燃料費はあまり必要としない．

(2) 原子力は蒸気条件が悪く 1500，1800 min^{-1}，汽力は 3000，3600 min^{-1} 程度である．

(3) 原子力は蒸気条件が悪く大量の蒸気を冷却するため，復水器の冷却水量が多い．

(4) 原子力は空気を必要としない．

(5) 原子力は低温低圧で約 285℃，6.9 MPa の飽和蒸気，汽力は約 566℃，24.1 MPa の過熱蒸気を用いている．

解答 ▶ (5)

参考　$E = Mc^2$ と $p = E/c$ との関係

三種受験では必要ないが，微積分をマスターするといろいろなことが導出可能となる．これはその一例である．

$$E = Mc^2 \text{ より } \frac{d(Mc^2)}{dt} = \frac{dE}{dt} = F \cdot v \quad \text{\dotfill ①}$$

$$Mv = F \cdot t \text{（運動量と力積の関係）より，} \frac{d(Mv)}{dt} = F \quad \text{\dotfill ②}$$

式 ①，② より $\dfrac{d(Mc^2)}{dt} = \dfrac{d(Mv)}{dt} \cdot v$

両辺に $2M$ をかけると

$$2M \cdot \frac{d(Mc^2)}{dt} = 2M \cdot v \frac{d(Mv)}{dt} \qquad \therefore \quad \frac{d(Mc)^2}{dt} = \frac{d(Mv)^2}{dt}$$

$$\therefore \quad M^2 c^2 = M^2 v^2 + \alpha \quad \text{\dotfill ③}$$

$v = 0$ のとき，$M = M_0$ とすると，$\alpha = M_0{}^2 c^2$ $\quad \therefore \quad M^2 c^2 = M^2 v^2 + M_0{}^2 c^2$

$$M^2(c^2 - v^2) = M_0{}^2 c^2$$

$$M^2 = \frac{c^2}{c^2 - v^2} \cdot M_0{}^2 = \frac{1}{1 - \left(\dfrac{v}{c}\right)^2} \cdot M_0{}^2 \qquad \therefore \quad M = \frac{M_0}{\sqrt{1 - \left(\dfrac{v}{c}\right)^2}} \quad \text{\dotfill ④}$$

Chapter **3**

$E = Mc^2$ と式④ より，$E = \dfrac{M_0 c^2}{\sqrt{1 - \left(\dfrac{v}{c}\right)^2}}$ ....⑤

ここで，$p = Mv = \dfrac{M_0 v}{\sqrt{1 - \left(\dfrac{v}{c}\right)^2}}$ ....⑥

式⑤ より，$E^2 = \dfrac{M_0^2 c^4}{\sqrt{1 - \left(\dfrac{v}{c}\right)^2}}$ $\quad\therefore\quad 1 - \left(\dfrac{v}{c}\right)^2 = \dfrac{M_0^2 c^4}{E^2}$ ....⑦

これより，$c^2 - v^2 = c^2 \cdot \dfrac{M_0^2 c^4}{E^2}$ $\quad\therefore\quad v^2 = c^2\left(1 - \dfrac{M_0^2 c^4}{E^2}\right)$ ....⑧

式⑥ より，$p^2 = \dfrac{M_0^2 v^2}{1 - \left(\dfrac{v}{c}\right)^2}$ $\quad\therefore\quad \left\{1 - \left(\dfrac{v}{c}\right)^2\right\} p^2 = M_0^2 v^2$

式⑦ を代入して，$\left(\dfrac{M_0^2 c^4}{E^2}\right) \cdot p^2 = M_0^2 v^2$

$\qquad \left(\dfrac{M_0^2 c^4}{E^2}\right) \cdot p^2 = M_0^2 c^2\left(1 - \dfrac{M_0^2 c^4}{E^2}\right)$ $\quad\therefore\quad \dfrac{c^2}{E^2} \cdot p^2 = 1 - \dfrac{M_0^2 c^4}{E^2}$

$\therefore\quad c^2 p^2 = E^2 - M_0^2 c^4$ $\quad\therefore\quad E^2 = c^2(p^2 + M_0^2 c^2)$ $\quad\therefore\quad E = c\sqrt{p^2 + M_0^2 c^2}$

光子の場合，$M_0 = 0$ だから，$E = cp$ $\quad\therefore\quad p = \dfrac{E}{c}$

また，$v \ll c$ のとき，$\dfrac{1}{\sqrt{1 - \left(\dfrac{v}{c}\right)^2}} = \left\{1 - \left(\dfrac{v}{c}\right)^2\right\}^{-1/2} \fallingdotseq 1 + \dfrac{1}{2}\left(\dfrac{v}{c}\right)^2$ だから，式⑤ より

$\qquad E = \dfrac{M_0 c^2}{\sqrt{1 - \left(\dfrac{v}{c}\right)^2}} \fallingdotseq M_0 c^2\left\{1 + \dfrac{1}{2}\left(\dfrac{v}{c}\right)^2\right\} = \underset{\text{（静止エネルギー）}}{M_0 c^2} + \underset{\text{（運動エネルギー）}}{\dfrac{1}{2} M_0 v^2}$

通常の力学で，エネルギー保存則を扱う際，運動エネルギー $\dfrac{1}{2} M_0 v^2$ のみを書くのは，事象の前後で質量が一定であり，静止エネルギーの項がキャンセルされるためである．

練習問題

■ **1** (H8 A-2)

次の ① 群〜④ 群は，各種の発電用原子炉で減速材，冷却材，制御材または核燃料として使用される物質を，用途別に分類してグループにしたものである.

① 群……天然ウラン，プルトニウム，低濃縮ウラン

② 群……ハフニウム，カドミウム，ボロン

③ 群……黒鉛，軽水，重水

④ 群……軽水，炭酸ガス，ナトリウム

① 群から ④ 群までの各グループが，それぞれどの用途に該当するか，正しい組合せを次のうちから選べ.

	① 群	② 群	③ 群	④ 群
(1)	核燃料	減速材	制御材	冷却材
(2)	制御材	核燃料	冷却材	減速材
(3)	核燃料	制御材	減速材	冷却材
(4)	制御材	核燃料	減速材	冷却材
(5)	核燃料	制御材	冷却材	減速材

■ **2** (H16 A-4)

$1g$ のウラン 235 が核分裂し，0.09% の質量欠損が生じたとき，発生するエネルギーを石炭に換算した値 〔kg〕 として，最も近いのは次のうちどれか.

ただし，石炭の発熱量を $25\,000\,\text{kJ/kg}$ とする.

(1) 32 　　(2) 320 　　(3) 1 600 　　(4) 3 200 　　(5) 6 400

■ **3** (H5 B-24)

天然ウランに含まれるウラン 235 が全部核分裂を起こすものとすれば，150 t の天然ウランで電気出力 1 000 MW の原子力発電所を何日運転することができるか.

ただし，原子力発電所の熱効率を 33 ％，ウラン 235 の 1 g の核分裂で発生するエネルギーを $8.2 \times 10^{10}\,\text{W·s}$，天然ウラン中に含まれるウラン 235 の量を 0.7 ％ とする.

(1) 141 日 　　(2) 218 日 　　(3) 303 日 　　(4) 329 日 　　(5) 469 日

■ **4** (H13 A-3)

原子核は正の電荷をもつ陽子と電荷をもたない ┃ (ア) ┃ とが結合したものである.原子核の質量は，陽子と ┃ (ア) ┃ の個々の質量の合計より ┃ (イ) ┃. この差を ┃ (ウ) ┃ といい，この質量の差を m 〔kg〕，光の速度を c 〔m/s〕 とすると，結合エネルギー E 〔J〕 は ┃ (エ) ┃ に等しい. 原子力発電は，ウランなど原子燃料の ┃ (オ) ┃ の前後における原子核の結合エネルギーの差を利用したものである.

上記の記述中の空白箇所（ア），（イ），（ウ），（エ）および（オ）に記入する語句として，正しいものを組み合わせたのは次のうちどれか.

	(ア)	(イ)	(ウ)	(エ)	(オ)
(1)	電子	小さい	質量欠損	mc	核分裂
(2)	電子	大きい	質量増加	mc	核融合
(3)	中性子	大きい	質量増加	mc^2	核融合
(4)	中性子	小さい	質量欠損	mc^2	核分裂
(5)	中性子	小さい	質量欠損	mc	核分裂

■ **5** (H15　A-4)

軽水炉で使用されている原子燃料に関する記述として，誤っているのは次のうちどれか．

(1) 中性子を吸収して核分裂を起こすことのできる核分裂性物質には，ウラン235やプルトニウム239がある．

(2) ウラン燃料は，二酸化ウランの粉末を焼き固め，ペレット状にして使用される．

(3) ウラン燃料には，濃縮度90％程度の高濃縮ウランが使用される．

(4) ウラン238は中性子を吸収してプルトニウム239に変わるので，親物質と呼ばれる．

(5) 天然ウランは約0.7％のウラン235を含み，残りはほとんどウラン238である．

■ **6** (R3　A-5)

原子力発電に関する記述として，誤っているものを次の (1) ～ (5) のうちから一つ選べ．

(1) 原子力発電は，原子燃料の核分裂により発生する熱エネルギーで水を蒸気に変え，その蒸気で蒸気タービンを回し，タービンに連結された発電機で発電する．

(2) 軽水炉は，減速材に黒鉛，冷却材に軽水を使用する原子炉であり，原子炉圧力容器の中で直接蒸気を発生させる沸騰水型と，別置の蒸気発生器で蒸気を発生させる加圧水型がある．

(3) 軽水炉は，天然ウラン中のウラン235の濃度を3～5％程度に濃縮した低濃縮ウランを原子燃料として用いる．

(4) 核分裂反応を起こさせるために熱中性子を用いる原子炉を熱中性子炉といい，軽水炉は熱中性子炉である．

(5) 沸騰水型原子炉の出力調整は，再循環ポンプによる冷却材再循環流量の調節と制御棒の挿入及び引き抜き操作により行われ，加圧水型原子炉の出力調整は，一次冷却材中のほう素濃度の調節と制御棒の挿入及び引き抜き操作により行われる．

■ **7** (H18　A-13)

原子力発電に用いられる5.0gのウラン235を核分裂させたときに発生するエネルギーを考える．ここで規定する原子力発電所では，上記エネルギーの30％を電力量として取り出すことができるものとする．これを用いて，揚程200m，揚水時の総合的

効率を 84% としたとき，揚水発電所で揚水できる水量〔m^3〕の値として，最も近いのは次のうちどれか．ただし，ここでは原子力発電所から揚水発電所への送電で生じる損失は無視できるものとする．なお，計算には必要に応じて次の数値を用いること．

　核分裂時のウラン235の質量欠損 0.09%

　ウランの原子番号 92

　真空中の光の速度 $c = 3.0 \times 10^8 \, \text{m/s}$

　(1) 2.6×10^4　(2) 4.2×10^4　(3) 5.2×10^4　(4) 6.1×10^4　(5) 9.7×10^4

■ **8** (H19 A-4)

　軽水炉は，　(ア)　を原子燃料とし，冷却材と　(イ)　に軽水を用いた原子炉であり，我が国の商用原子力発電所に広く用いられている．この軽水炉には，蒸気を原子炉の中で直接発生する　(ウ)　原子炉と蒸気発生器を介して蒸気を作る　(エ)　原子炉とがある．

　沸騰水型原子炉では，何らかの原因により原子炉の核分裂反応による熱出力が増加して，炉内温度が上昇した場合でも，それに伴う冷却材沸騰の影響でウラン235に吸収される熱中性子が自然に減り，原子炉の暴走が抑制される．これは，　(オ)　と呼ばれ，原子炉固有の安定性をもたらす現象の一つとして知られている．

　上記の記述中の空白箇所（ア），（イ），（ウ），（エ）および（オ）に当てはまる語句として，正しいものを組み合わせたのは次のうちどれか．

	(ア)	(イ)	(ウ)	(エ)	(オ)
(1)	低濃縮ウラン	減速材	沸騰水型	加圧水型	ボイド効果
(2)	高濃縮ウラン	減速材	沸騰水型	加圧水型	ノイマン効果
(3)	プルトニウム	加速材	加圧水型	沸騰水型	キュリー効果
(4)	低濃縮ウラン	減速材	加圧水型	沸騰水型	キュリー効果
(5)	高濃縮ウラン	加速材	沸騰水型	加圧水型	ボイド効果

■ **9.** (H27 A-4)

　次の文章は，原子力発電の設備概要に関する記述である．

　原子力発電で多く採用されている原子炉の型式は軽水炉であり，主に加圧水型と沸騰水型に分けられるが，いずれも冷却材と　(ア)　に軽水を使用している．

　加圧水型は，原子炉内で加熱された冷却材の沸騰を　(イ)　により防ぐとともに，一次冷却材ポンプで原子炉，　(ウ)　に冷却材を循環させる．　(ウ)　で熱交換を行い，タービンに送る二次系の蒸気を発生させる．

　沸騰水型は，原子炉内で冷却材を加熱し，発生した蒸気を直接タービンに送るため，系統が単純になる．

　それぞれに特有な設備には，加圧水型では　(イ)　，　(ウ)　，一次冷却材ポンプがあり，沸騰水型では　(エ)　がある．

　上記の記述中の空白箇所（ア），（イ），（ウ）および（エ）に当てはまる組合せとして，

正しいものを次の (1) ～ (5) のうちから一つ選べ.

	(ア)	(イ)	(ウ)	(エ)
(1)	減速材	加圧器	蒸気発生器	再循環ポンプ
(2)	減速材	蒸気発生器	加圧器	再循環ポンプ
(3)	減速材	加圧器	蒸気発生器	給水ポンプ
(4)	遮へい材	蒸気発生器	加圧器	再循環ポンプ
(5)	遮へい材	蒸気発生器	加圧器	給水ポンプ

■ 10 (H25 A-4)

原子力発電に用いられる軽水炉には, 加圧水型 (PWR) と沸騰水型 (BWR) がある. この軽水炉に関する記述として, 誤っているものを次の (1) ～ (5) のうちから一つ選べ.

(1) 軽水炉では, 低濃縮ウランを燃料として使用し, 冷却材や減速材に軽水を使用する.

(2) 加圧水型では, 構造上, 一次冷却材を沸騰させない. また, 原子炉の反応度を調整するために, ホウ酸を冷却材に溶かして利用する.

(3) 加圧水型では, 高温高圧の一次冷却材を炉心から送り出し, 蒸気発生器の二次側で蒸気を発生してタービンに導くので, 原則的に炉心の冷却材がタービンに直接入ることはない.

(4) 沸騰水型では, 炉心で発生した蒸気と蒸気発生器で発生した蒸気を混合して, タービンに送る.

(5) 沸騰水型では, 冷却材の蒸気がタービンに入るので, タービンの放射線防護が必要である.

■ 11 (H28 A-4)

次の文章は, 原子力発電における核燃料サイクルに関する記述である.

天然ウランには主に質量数 235 と 238 の同位体があるが, 原子力発電所の燃料として有用な核分裂性物質のウラン 235 の割合は, 全体の 0.7 % 程度にすぎない. そこで, 採鉱されたウラン鉱石は製錬, 転換されたのち, 遠心分離法などによって, ウラン 235 の濃度が軽水炉での利用に適した値になるように濃縮される. その濃度は (ア) % 程度である. さらに, その後, 再転換, 加工され, 原子力発電所の燃料となる.

原子力発電所から取り出された使用済燃料からは, (イ) によってウラン, プルトニウムが分離抽出され, これらは再び燃料として使用することができる. プルトニウムはウラン 238 から派生する核分裂性物質であり, ウランとプルトニウムとを混合した (ウ) を軽水炉の燃料として用いることをプルサーマルという.

また, 軽水炉の転換比は 0.6 程度であるが, 高速中性子によるウラン 238 のプルトニウムへの変換を利用した (エ) では, 消費される核分裂性物質よりも多くの量の新たな核分裂性物質を得ることができる.

上記の記述中の空白箇所 (ア), (イ), (ウ) および (エ) に当てはまる組合せとして,

正しいものを次の（1）～（5）のうちから一つ選べ．

	（ア）	（イ）	（ウ）	（エ）
(1)	3～5	再処理	MOX 燃料	高速増殖炉
(2)	3～5	再処理	イエローケーキ	高速増殖炉
(3)	3～5	再加工	イエローケーキ	新型転換炉
(4)	10～20	再処理	イエローケーキ	高速増殖炉
(5)	10～20	再加工	MOX 燃料	新型転換炉

■ **12** (H30 A-4)

次の文章は，我が国の原子力発電所の蒸気タービンの特徴に関する記述である．

原子力発電所の蒸気タービンは，高圧タービンと低圧タービンから構成され，くし形に配置されている．

原子力発電所においては，原子炉または蒸気発生器によって発生した蒸気が高圧タービンに送られ，高圧タービンにて所定の仕事を行った排気は，　(ア)　分離器に送られて，排気に含まれる　(ア)　を除去した後に低圧タービンに送られる．

高圧タービンの入口蒸気は，　(イ)　であるため，火力発電所の高圧タービンの入口蒸気に比べて，圧力・温度ともに　(ウ)　，そのため，原子力発電所の熱効率は，火力発電所と比べて　(ウ)　なる．また，原子力発電所の高圧タービンに送られる蒸気量は，同じ出力に対する火力発電所と比べて　(エ)　．

低圧タービンの最終段翼は，35～54 インチ（約 89 cm～137 cm）の長大な翼を使用し，　(ア)　による翼の浸食を防ぐため翼先端周速度を減らさなければならないので，タービンの回転速度は　(オ)　としている．

上記の記述中の空白箇所（ア），（イ），（ウ），（エ）および（オ）に当てはまる組合せとして，正しいものを次の（1）～（5）のうちから一つ選べ．

	（ア）	（イ）	（ウ）	（エ）	（オ）
(1)	空気	過熱蒸気	高く	多い	$1\,500\,\text{min}^{-1}$ または $1\,800\,\text{min}^{-1}$
(2)	湿分	飽和蒸気	低く	多い	$1\,500\,\text{min}^{-1}$ または $1\,800\,\text{min}^{-1}$
(3)	空気	飽和蒸気	低く	多い	$750\,\text{min}^{-1}$ または $900\,\text{min}^{-1}$
(4)	湿分	飽和蒸気	高く	少ない	$750\,\text{min}^{-1}$ または $900\,\text{min}^{-1}$
(5)	空気	過熱蒸気	高く	少ない	$750\,\text{min}^{-1}$ または $900\,\text{min}^{-1}$

Chapter

4

再生可能エネルギー
（新エネルギー）等

学習のポイント

　地球環境問題等への関心・意識の高まりとともに，出題頻度も高い．平成 20 年以降，この Chapter で取り上げている項目は毎年 1 題以上出題されている．

　試験の内容は，風力発電・太陽光発電に関する出題が多いが，再生可能エネルギー（新エネルギー）全般について万遍なく学習しておくことが期待される．

再生可能エネルギーは，低炭素であるとともに，エネルギー自給率の低い我が国にとって貴重な国産エネルギーであり，およそ以下のように分類されている.

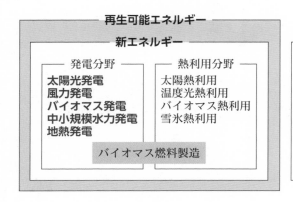

本章では，太陽光発電，風力発電，小水力発電，地熱発電，バイオマス発電に加え，燃料電池についても解説をする.

参考　**分散型電源の大量導入による系統運転上の課題（p.479 補足 参照）**

　太陽光発電や風力発電のような，出力が天候等により変動する発電電力が大量に導入されると，系統安定化のために蓄電池等を活用した高度な制御が必要となる．特に変電所から需要家への単一方向の電力潮流を前提に構築されてきた配電系統では，電圧降下対策のみならず**電圧上昇抑制対策**も必要となった．Chapter 12 で述べる電圧降下軽減策に加え，**双方向 SVR の導入やSVC 等の無効電力調整装置**の配電系統への導入が行なわれている．加えて，分散型電源自身でも **PCS（パワーコンディショナー）** の機能に**進相運転（系統からみて遅れ力率）** 機能等が盛り込まれている．また，電線路の保護のため，系統電源喪失時に分散型電源が系統連系したまま**単独運転**することのないよう各種（能動的・受動的）**単独運転防止機能**が PCS に具備されている.

太陽光発電

[★★★]

　太陽電池によって太陽光を直接電気エネルギーに変換し発電するものである．図4・1は，半導体のpn接合による太陽電池の原理を示すもので，太陽光が入射すると半導体内部に電子と正孔が発生するが，接合部の電界によって電子はn形半導体に，正孔はp形半導体に集まり，適当な負荷を通して外部に電力が取り出される．太陽光が照射されているかぎり，その光エネルギーは電気エネルギーに変

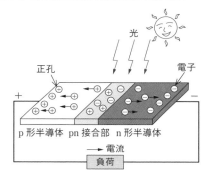

●図4・1　太陽電池の原理

換される．太陽電池には**単結晶シリコン形**，**多結晶シリコン形**，**アモルファスシリコン形**，2種類以上の元素の化合物からなる**化合物半導体形**などがある．

　太陽光発電システムの概略を図4・2に示す．

　太陽光発電の特徴は，燃料が不要で，クリーンなエネルギーであり，モジュー

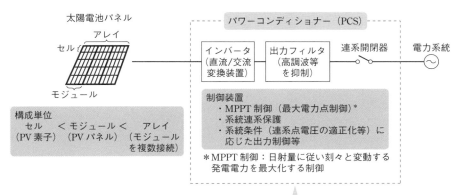

●図4・2　太陽光発電システム

ル構造のため，小規模なものから大規模なものまで製作が容易な点である．しかし，太陽光のエネルギー密度が低く（晴天時で $1\,\mathrm{kW/m^2}$），大電力を得るためには広い面積が必要で，光の当たっているときのみ発電する．現在市販されているシリコン太陽電池の変換効率は $10\sim20\,\%$ 程度で，汽力発電の発電効率（$40\sim50\,\%$ 程度）に対して効率は低い．製造コストは近年大幅に下がっている．

問題❶ ✓ ✓ ✓　　　　　　　　　　　　　　　H23　A-5

太陽光発電は，　(ア)　を用いて，光のもつエネルギーを電気に変換している．エネルギー変換時には，　(イ)　のように　(ウ)　を出さない．

すなわち，　(イ)　による発電では，数千万年から数億年間の太陽エネルギーの照射や，地殻における変化等で優れた燃焼特性になった燃料を電気エネルギーに変換しているが，太陽光発電では変換効率は低いものの，光を電気エネルギーへ瞬時に変換しており長年にわたる　(エ)　の積み重ねにより生じた資源を消費しない．そのため環境への影響は小さい．

上記の記述中の空白箇所（ア），（イ），（ウ）および（エ）に当てはまる組合せとして，最も適切なものを次の（1）〜（5）のうちから一つ選べ．

	(ア)	(イ)	(ウ)	(エ)
(1)	半導体	化石燃料	排気ガス	環境変化
(2)	半導体	原子燃料	放射線	大気の対流
(3)	半導体	化石燃料	放射線	大気の対流
(4)	タービン	化石燃料	廃熱	大気の対流
(5)	タービン	原子燃料	排気ガス	環境変化

太陽光発電の特徴は

- 変換効率は $10\sim20\,\%$
- 気象条件により出力が変動
- CO_2 や放射線を排出しない
- 環境への負荷が少ない

解説　太陽光発電は **PV（Photo Voltaic）** ともいわれ，pn 接合された半導体である太陽電池に日光が当たることにより発電する．これに対し，石油や石炭は数千万年以上前の動植物などが化石化した燃料であり，過去の太陽エネルギーの蓄積とも考えられる．

解答 ▶ **(1)**

問題 2 ✓ ✓ ✓ R2 A-2

次の文章は，太陽光発電に関する記述である．

太陽光発電は，太陽電池の光電効果を利用して太陽光エネルギーを電気エネルギーに変換する．地球に降り注ぐ太陽光エネルギーは，$1m^2$ 当たり 1 秒間に約 （ア） kJ に相当する．太陽電池の基本単位はセルと呼ばれ， （イ） V 程度の直流電圧が発生するため，これを直列に接続して電圧を高めている．太陽電池を系統に接続する際は， （ウ） により交流の電力に変換する．

一部の地域では太陽光発電の普及によって （エ） に電力の余剰が発生しており，余剰電力は揚水発電の揚水に使われているほか，大容量蓄電池への電力貯蔵に活用されている．

上記の記述中の空白箇所（ア）～（エ）に当てはまる組合せとして，正しいものを次の（1）～（5）のうちから一つ選べ．

	（ア）	（イ）	（ウ）	（エ）
（1）	10	1	逆流防止ダイオード	日中
（2）	10	10	パワーコンディショナ	夜間
（3）	1	1	パワーコンディショナ	日中
（4）	10	1	パワーコンディショナ	日中
（5）	1	10	逆流防止ダイオード	夜間

解説 太陽光発電の出力は，晴天時に約 $1kW/m^2$ であることは要記憶．$W = J/s$ の関係を用いて $1m^2$ 当たり 1 秒間に約 $1kJ$ となる．

太陽電池の基本単位はセルと呼ばれ，セルを複数枚配列したものは，モジュールと呼ばれる．

また，太陽電池による発電は直流のため，系統に接続する際は，パワーコンディショナ（PCS）を用いて交流に変換する．

解答 ▶ （3）

風 力 発 電

[★★★]

　風力発電は，自然の風を利用して風車を回転し，増速歯車を介して発電機を駆動し，電気エネルギーを得るのが一般的な構成であり，現在，世界的に導入が進められている．なお，増速歯車を用いないダイレクトドライブ方式も設備が簡単で，騒音も小さいことなどから用いられている．

　風力発電所を建設するには事前の調査が必要である．まず，風況観測を実施し，風況条件を把握する．騒音などの環境条件や建設用地の地質調査などを行う．

【1】風　車

　風力発電の風車にはいろいろなものがあるが，大別して風車回転軸が垂直のものと水平のものがある．大電力用には主に水平軸風車が採用され，その中で最も風力発電に適したものとして水平軸でプロペラ形，ブレードが 2 ～ 3 枚のものが多く用いられる．

　風車の外形とナセルの内部の例を図 4・3 に示す．

【2】発　電　機

　発電機は，構造の単純な**誘導発電機**が従来多く採用された．同期発電機は，風の変動に対して一定の回転速度を保持する必要がある．回転数が変化しても，誘導発電機では発電機の滑りによって出力変動に対応することになり，周波数変動を起こさない．なお，誘導発電機は他の同期発電機と並列運転する場合のみ発電機として動作し，単独では電圧を発生しない．すなわち誘導発電機は無効電力（励磁電力）を必要とする．

【3】風車の運転

　風車の**運転開始（カットイン）**風速は 3 ～ 5 m/s，**運転中止（カットアウト）**風速は 20 ～ 25 m/s，定格風速は年間発電量が最大になるように定める．

　風車は風の吹いてくる方向に正対する必要がある．そのため正対を制御する方法としては，

　　① 尾翼によるもの
　　② 風車の両側面に取り付けた小形風車による方法
　　③ 風向のセンサとサーボモータを組み合わせたもの
　　④ 風車制御をコンピュータと組み合わせ全自動制御を行うもの

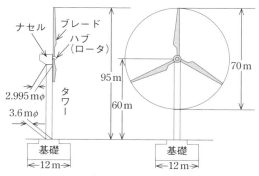

（a） 風車の外形

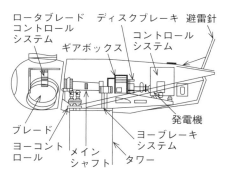

発電機および風車の仕様	
発電機定格出力	1 500 kW
発電電圧	690 V
風車の向き	風向 360° 回転
発電開始風速	3 m/s
定格風速	11.6 m/s
発電中止風速	25 m/s
耐風速	60 m/s

（b） ナセルの内部構造

● 図 4・3　恵山クリーンエネルギー開発の風力発電設備
（OHM '02/6，オーム社による）

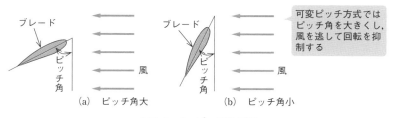

● 図 4・4　ピッチ角制御

などがあり，大形の風車を制御するにはコンピュータが多く用いられている．

定格出力以上では出力を抑制することが必要である．その方法として主なもの

に**ピッチ角制御**と**ストール制御**がある.

ピッチ角制御は図 4・4 に示すようにブレードのピッチ角を大きくして風を逃がし, 回転を抑制する.

ストール制御は図 4・5 に示すように, ブレードの失速特性を利用し高風速時に出力が増大するのを抑制する.

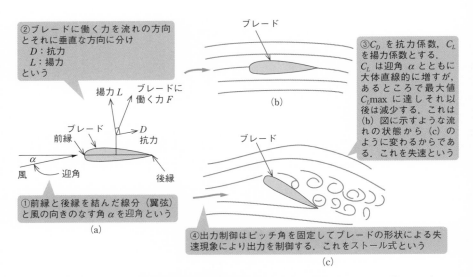

②ブレードに働く力を流れの方向とそれに垂直な方向に分け
D：抗力
L：揚力
という

揚力 L ブレードに働く力 F
ブレード 前縁 D 抗力
α
風 迎角 後縁

①前縁と後縁を結んだ線分（翼弦）と風の向きのなす角 α を迎角という

(a)

ブレード

(b)

③C_D を抗力係数, C_L を揚力係数とする. C_L は迎角 α とともに大体直線的に増すが, あるところで最大値 $C_L$max に達しそれ以後は減少する. これは(b) 図に示すような流れの状態から (c) のように変わるからである. これを失速という

ブレード

④出力制御はピッチ角を固定してブレードの形状による失速現象により出力を制御する. これをストール式という

(c)

●図 4・5　ストール制御方式（機械工学ポケットブック（JR 版），オーム社による）

【4】 風力のエネルギー

風のもつ運動のエネルギー E〔J〕は空気の質量を m〔kg〕, 速度を v〔m/s〕とすると

$$E = \frac{1}{2}mv^2 〔\text{J}〕 \tag{4・1}$$

空気の密度を ρ〔kg/m^3〕, 風車の回転面積を A〔m^2〕とすると, 1 秒間に風車を通過する空気の質量は $m = \rho Av$〔kg〕となるので, 式（4・1）に入れて m を消去すると

$$E = \frac{1}{2}C_p\rho Av^3 〔\text{J}〕 \tag{4・2}$$

同時にこれは J/s ＝ W を表しているので

$$P = \frac{1}{2}C_p \rho A v^3 \ [\text{W}] \tag{4・3}$$

とも書ける.

ここで C_p はパワー係数で風車によって得られる出力と風のもっているエネルギーの比で，一般的に C_p は 0.15 ～ 0.45 くらいである.

風車のエネルギーは風車の回転面積に比例し，**風速の 3 乗に比例**する.

しかし，風のもつ運動のエネルギーの利用には限界があり，得られるエネルギーは 10 ～ 30 % 程度である.

【5】 連系の届出と協議

風力発電システムを建設し送配電事業者の送電線や配電線に連系する場合は，事前に届出，協議が必要である.

【6】 風力発電の特徴

自然の風を利用しているので，火力のように燃料を燃焼する必要がなく，地球温暖化の原因とされている二酸化炭素や環境に大きな影響を与える窒素酸化物や硫黄酸化物などを排出しないクリーンなエネルギー源である.

① 原子力発電のように放射性廃棄物などを排出しない.

② 間欠性，不規則性があり発生電力の変動がある.

③ 原子力や火力に比較してエネルギー密度が低い.

④ 誘導発電機を使用した場合は始動時に大きな突入電流を生ずる.

問題 3 ✓ ✓ ✓　　　　　　　　　　　　　　　　H14　A-4

中小水力発電や風力発電に使用されている誘導発電機の特徴について同期発電機と比較した記述として誤っているものは次のうちどれか.

(1) 励磁装置が不要で，建設および保守のコスト面で有利である.

(2) 始動・系統への並列などの運転操作が簡単である.

(3) 負荷や系統に対して遅れ無効電力を供給することができる.

(4) 単独で発電することができず，電力系統に並列して運転する必要がある.

(5) 系統への並列時に大きな突入電流が流れる.

 4-2 節に述べたとおり (1)，(2)，(4)，(5) は正しく，(3) は遅れ無効電力を供給せず，反対に遅れ無効電力を必要とする.

解答 ▶ (3)

問題4 ✓ ✓ ✓　　　　　　　　　　　　　　　　　　　　　H30　A-5

　　ロータ半径が30mの風車がある．風車が受ける風速が10m/sで，風車のパワー
係数が50%のとき，風車のロータ軸出力〔kW〕に最も近いものを次の (1)〜(5)
のうちから一つ選べ．ただし，空気の密度を1.2kg/m³とする．ここでパワー係
数とは，単位時間当たりにロータを通過する風のエネルギーのうちで，風車が風
から取り出せるエネルギーの割合である．

　　(1) 57　　　(2) 85　　　(3) 710　　　(4) 850　　　(5) 1 700

解説　式 (4·3) により，風車のロータ軸出力 P〔W〕は

$$P = \frac{1}{2}C_p \rho A v^3 \text{〔W〕}$$

となる．ここに，問題で与えられた，パワー係数 $C_p = 0.5$，空気密度 $\rho = 1.2\,\text{kg/m}^3$，
投影面積 $A = 3.14 \times 30^2\,\text{m}^2$，風速 $v = 10\,\text{m/s}$ を代入すると

$$P = \frac{1}{2} \times 0.5 \times 1.2 \times 3.14 \times 30^2 \times 10^3$$

$$= 847\,800\,\text{W} \fallingdotseq \mathbf{850\,kW}$$

解答 ▶ (4)

問題5 ✓ ✓ ✓　　　　　　　　　　　　　　　　　　　　　H22　A-5

　　次の文章は，風力発電に関する記述である．
　　風として運動している同一質量の空気がもっている運動エネルギーは，風速の
　(ア)　乗に比例する．また，風として風力発電機の風車面を通過する単位時
間当たりの空気の量は，風速の　(イ)　乗に比例する．したがって，風車面を
通過する空気のもつ運動エネルギーを電気エネルギーに変換する風力発電機の変
換効率が風速によらず一定とすると，風力発電機の出力は風速の　(ウ)　乗に
比例することとなる．

　　上記の記述中の空白箇所（ア），（イ）および（ウ）に当てはまる数値として，
正しいものを組み合わせたのは次のうちどれか．

	（ア）	（イ）	（ウ）
(1)	2	2	4
(2)	2	1	3
(3)	2	0	2
(4)	1	2	3
(5)	1	1	2

$E = \dfrac{1}{2}mv^2$ に $m = \rho Av$ を代入して，$P = \dfrac{1}{2}\rho Av^3$

ここで，A はロータの投影面積〔m²〕，ρ は空気の密度〔kg/m³〕である．

解答 ▶ (2)

問題6 ✓ ✓ ✓ H24 A-5

風力発電に関する記述として，誤っているものを次の (1) ～ (5) のうちから一つ選べ．

(1) 風力発電は，風の力で風力発電機を回転させて電気を発生させる発電方式である．風が得られれば燃焼によらずパワーを得ることができるため，発電するときに CO_2 を排出しない再生可能エネルギーである．

(2) 風車で取り出せるパワーは風速に比例するため，発電量は風速に左右される．このため，安定して強い風が吹く場所が好ましい．

(3) 離島においては，風力発電に適した地域が多く存在する．離島の電力供給にディーゼル発電機を使用している場合，風力発電を導入すれば，そのディーゼル発電機の重油の使用量を減らす可能性がある．

(4) 一般に，風力発電では同期発電機，永久磁石式発電機，誘導発電機が用いられる．とくに，大形の風力発電機には，同期発電機または誘導発電機が使われている．

(5) 風力発電では，翼が風を切るため騒音を発生する．風力発電を設置する場所によっては，この騒音が問題となる場合がある．この騒音対策として，翼の形を工夫して騒音を低減している．

Chapter
4

---

 (1) 風力発電は，地球温暖化の原因とされる CO_2 などの温室効果ガスを放出しない．

(2) $P = \dfrac{1}{2}C_p\rho Av^3$ より風速の 3 乗に比例する．

(3) 風力発電は燃料不要，設備簡単であるため離島設置に適している．

(4) 風力発電に一般的に用いられている誘導発電機は，系統並列時に瞬時電圧低下を生じさせ，系統電圧を所定値から逸脱させる恐れがある．このような場合，同期発電機の使用などの対策がとられる．

(5) 風力発電は，当初は北海道や東北地方の海沿いの地域などに設置されてきたが，近年は人家に隣接する地域にも設置されるようになった．このような場合，翼の風切り音による低周波音の騒音被害が発生する場合がある．

解答 ▶ (2)

問題7 ✓ ✓ ✓ H4 A-16

定格出力 250 kW の誘導発電機を用いた風力発電設備が 60 Hz の系統に連系され，200 kW の出力を出している．このときの風車の回転速度の正しい値を次のうちから選べ．

ただし，誘導発電機は 4 極で風車とは 1：37.7 の増速ギアを介して直結されているものとし，また，200 kW のときの滑りを −0.6 % とする．

(1) 30　　(2) 38　　(3) 48　　(4) 50　　(5) 60

(磁) 極数は，N 極と S 極で 1 対 1 組の場合，$p = 2$.

2 組の場合，N 極と S 極が 2 つずつなので $p = 4$ と数える．このとき，回転数 $[\text{min}^{-1}]$ に対し

2 極　　4 極

$$f = \frac{p}{2} \times \frac{N}{60}$$

$$\therefore \quad N = \frac{120f}{p}$$

また，滑りがマイナスということは発電していることになる．このとき，発電機の回転速度＞同期速度となる．

 周波数を f $[\text{Hz}]$，極数を p とすると，同期速度 N_S $[\text{min}^{-1}]$ は

$$N_S = \frac{120f}{p} = \frac{120 \times 60}{4} = 1\,800\,\text{min}^{-1}$$

発電機の回転速度を N $[\text{min}^{-1}]$ とすると，滑りが−0.6 % であるから

$$N = N_S(1 + 0.006) = 1\,800 \times 1.006 = 1\,810.8\,\text{min}^{-1}$$

増速ギアは 1：37.7 であるから，風車の回転数 N_T $[\text{min}^{-1}]$ は

$$N_T = \frac{1\,810.8}{37.7} \fallingdotseq 48\,\text{min}^{-1}$$

解答 ▶ (3)

燃料電池発電

[★★]

　燃料電池は乾電池やバッテリーのように内部に電気エネルギー源をもっているわけではなく，外部から受け取る水素と酸素が起こす電気化学反応により**化学エネルギーから直接電気エネルギーを発生**させるものである．

【1】 燃料電池の原理

　燃料電池は**水の電気分解を逆に行うもの**で水素と酸素を反応させると水と電気ができる．図 4・6 にその原理を示す．

　燃料電池は効率が高く，発電に伴って発生する熱も有効活用できる．騒音振動が少なく大気汚染を生ずる窒素酸化物や硫黄酸化物を発生せず，地球温暖化に影響があるといわれている二酸化炭素を低減できる，などの特徴をもっている．

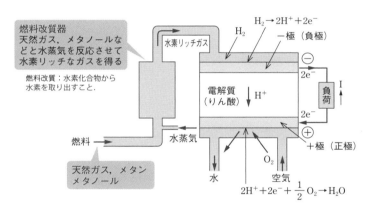

燃料改質器
天然ガス，メタノールなどと水蒸気を反応させて水素リッチなガスを得る

燃料改質：水素化合物から水素を取り出すこと．

水素リッチガス

$H_2 \rightarrow 2H^+ + 2e^-$

H_2

一極（負極）

$\ominus$

$2e^-$

電解質
（りん酸）

$\downarrow H^+$

負荷

I

$2e^-$

$\oplus$

＋極（正極）

燃料

水蒸気

天然ガス，メタン
メタノール

水

O_2

空気

$2H^+ + 2e^- + \dfrac{1}{2}O_2 \rightarrow H_2O$

●図 4・6　りん酸形燃料電池の原理

【2】 燃料電池の種類

　燃料電池は作動温度によって**低温形**（常温 ～ 220℃）と**高温形**（600 ～ 1 000℃）に，また，使用する電解質によって**りん酸形**，**溶融炭酸塩形**および**固体電解質形**などに分けられる．

【3】 燃料電池の電解質による分類

　① **アルカリ形**　　燃料電池を電解質によって分けると表 4・1 のようになる．腐食性が低く材料選択の幅が広い．また，100℃ 以下の水酸化カリウム液

●表4・1　燃料電池の種類

種　類	アルカリ形（AFC）	固体高分子形（PEFC）	りん酸形（PAFC）	溶融炭酸塩形	固体電解質形
電解質	KOH 水溶液	高分子イオン交換膜	濃 H_3PO_4 水溶液	Li_2CO_3–K_2CO_3/Na_2CO_3	$ZrO_2(Y_2O_3, CaO)$
燃料	水　　素	水素 天然ガス メタノール	天然ガス メタノール	天然ガス メタノール, 石炭ガス化ガス	天然ガス メタノール, 石炭ガス化ガス
作動温度	～200℃	～80℃	～200℃	～650℃	～1000℃
発電効率	～60％（純水素使用）	35～45％	35～45％	45～60％	45～60％

（電気工学ハンドブック，オーム社による）

を用い，高い効率が得やすい．

② **固体高分子形**　80℃ 程度の低温で運転される．近年**高性能なイオン交換樹脂膜**が開発され，高出力密度運転の柔軟性に富み，システムとしても簡単で，自動車用，家庭用電源として開発が進められている．

③ **りん酸形**　濃りん酸水溶液を用い 180℃ 程度で運転される．運転実績も多く最も実用化が近い．排熱を冷暖房に利用できる．

④ **溶融炭酸塩形**　高温動作のため高価な電極触媒が不要で，排熱を複合発電に利用できる．

⑤ **固体電解質形**　1000℃ 程度の高温で運転される．高温排ガスを複合発電に利用できる．

◀4▶ 燃料電池の特徴

① 熱や運動のエネルギーの過程を経ない直接発電のため，高効率（表 4・1）．また，負荷変動に対する応答に優れている．

② 騒音や振動などが小さく環境上の制約を受けないので，発電所を**需要地内に設置できる**．

③ 発電に伴って発生する熱を給湯や冷暖房などに利用すれば，**総合熱効率は80％ 程度まで可能**である．

④ 燃料は天然ガス，メタノール，石炭ガスなどが使用できる．

問題8

りん酸形燃料電池は外部からエネルギー源である　(ア)　と　(イ)　を電気化学反応により　(ウ)　発電するもので，効率は　(エ)　の大小によらず変化がない．

上記の記述中の空白箇所（ア），（イ），（ウ）および（エ）に記入する字句として正しいものを組み合わせたのは次のうちどれか．

	(ア)	(イ)	(ウ)	(エ)
(1)	窒素	りん酸	間接	発電規模
(2)	カリウム水溶液	酸素	誘導	負荷
(3)	水素	酸素	間接	発電規模
(4)	白金	りん酸	直接	負荷
(5)	水素	酸素	直接	発電規模

解説　りん酸形燃料電池は外部からの水素と酸素を電気化学反応により直接発電するもので，発電規模の大小は効率に変化を与えず，高い効率を得ることができる．

解答 ▶ (5)

参考　**電池の種類**

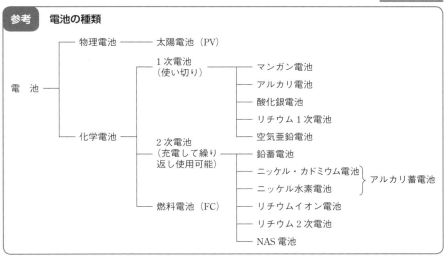

電池
- 物理電池 ── 太陽電池（PV）
- 化学電池
  - 1次電池（使い切り）
    - マンガン電池
    - アルカリ電池
    - 酸化銀電池
    - リチウム1次電池
    - 空気亜鉛電池
  - 2次電池（充電して繰り返し使用可能）
    - 鉛蓄電池
    - ニッケル・カドミウム電池 ┐
    - ニッケル水素電池 ┘ アルカリ蓄電池
    - リチウムイオン電池
    - リチウム2次電池
    - NAS電池
  - 燃料電池（FC）

参考　**蓄電池充電の際の留意点**

　予備電源装置に用いられる蓄電池は常時は**浮動充電**で，停電時の対応に備えている．停電によって放電した分は，速やかに回復充電を行う必要がある．また，長期間浮動充電で使用すると，複数個の電池それぞれの電圧や比重にばらつきが生じる．そのため，定期的に**均等充電**を行う必要がある．その際，最初は定電流で充電し，充電が進行した時点で定電圧充電に切り替える（電池電圧の低い最初から，定電圧で充電すると大きな電流が流れてしまい，電池等をいためることを防ぐため）．

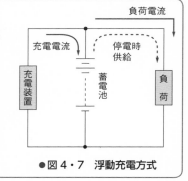

●図4・7　浮動充電方式

小水力，地熱，バイオマス発電

[★★]

1 小水力発電

　自然エネルギーの有効利用が積極的に進められ，電気設備技術基準においても風力や小規模水力発電設備（出力 1000 kW 以下）について，無人化などの規制の緩和が行われ，建設費や運転保守の省力化が図れるようになった．ここでは 1000 ～ 2000 kW 程度以下の小水力発電について述べる．

　従来，発電原価が割高なためあまり関心をもたれなかった小水力地点も，発電設備を簡素化して開発が進められている．水車は 1-5 節で述べたものが用いられるが，図 4·8 に示す**クロスフロー水車**および図 4·9 に示す**ターゴインパルス水車**などの構造が簡単なものも用いられる．また，水車の**ガイドベーン**は，開閉に時間を要しても問題のない場合は，圧油装置を用いない電動制御式が使用される．なお，発電機は同期機のほか，誘導発電機も用いられる．

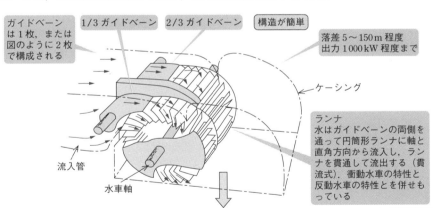

ガイドベーンは 1 枚，または図のように 2 枚で構成される

1/3 ガイドベーン　　2/3 ガイドベーン　　構造が簡単

落差 5 ～ 150 m 程度
出力 1000 kW 程度まで

ケーシング

流入管

水車軸

ランナ
水はガイドベーンの両側を通って円筒形ランナに軸と直角方向から流入し，ランナを貫通して流出する（貫流式）．衝動水車の特性と反動水車の特性とを併せもっている

☞ **Point** 図のようにランナの軸方向の長さを 1：2 に分割し，ガイドベーンもこれに合わせて個別に制御して，流量の多いときは全体に流し，2/3 以下になったときは 1/3 ガイドベーンを閉じて運転する．さらに，1/3 以下に流量が減少したときは 2/3 ガイドベーンを閉じ，1/3 ガイドベーンで運転する．最高効率はフランシス水車より少し劣るが，部分負荷では効率が良い．

● 図 4·8　クロスフロー水車

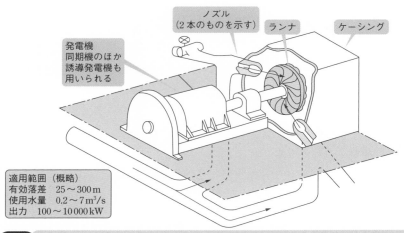

ノズル
（2本のものを示す）　ランナ　ケーシング

発電機
同期機のほか
誘導発電機も
用いられる

適用範囲（概略）
有効落差　25〜300m
使用水量　0.2〜7m³/s
出力　100〜10000kW

Point ペルトン水車とフランシス水車の境界領域に用いられ，構造はペルトン水車に近い．ノズルから噴出した水はランナに対し，20〜25°の角度で入り，ランナの裏側に流出する．ペルトン水車の2〜3倍の回転速度とすることができ，発電機を小形にできる．水圧上昇はデフレクタを用いれば，小さく抑えることができる

●図4・9　ターゴインパルス水車

2 地 熱 発 電

地熱発電所は，地下から噴出する蒸気，熱水，またはそれらの混合体で発電する（図4・10参照）．

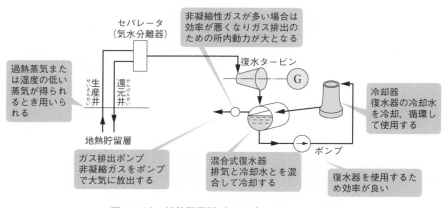

セパレータ
（気水分離器）

非凝縮性ガスが多い場合は
効率が悪くなりガス排出の
ための所内動力が大となる

復水タービン

過熱蒸気また
は湿度の低い
蒸気が得られ
るとき用いら
れる

生産井　還元井

地熱貯留層

冷却器
復水器の冷却水
を冷却，循環し
て使用する

ガス排出ポンプ
非凝縮ガスをポンプ
で大気に放出する

混合式復水器
排気と冷却水とを混
合して冷却する

ポンプ

復水器を使用するた
め効率が良い

●図4・10　地熱発電所（シングルフラッシュ方式）

地熱発電の特徴は以下のとおり．（p.43 **補足** 参照）

① 　燃料が不要である．

② 　ボイラや給水設備が不要である．

③ 　蒸気条件は，1 MPa 前後で，140 ～ 250℃ 程度である．

> **補足**　セパレーターで分離した熱水をフラッシャー（減圧器）で低圧の蒸気とし，高低圧両方の蒸気でタービンを回す**ダブルフラッシュ方式**を用いると約 20 ％ 出力が増加する．八丁原発電所・森発電所で採用されている．

> **補足**　より低温の地熱流体でも発電できるよう，水よりも沸点の低い二次媒体を使用した**バイナリー発電**もある．

3　バイオマス発電

バイオマスとは，動植物などから生まれた生物資源の総称であり，有機物で構成されているため燃料として利用できる．バイオマス発電では，この生物資源を直接燃焼したりガス化して燃焼するなどして発電を行う．

植物は燃やすと CO_2 を発生するが，成長過程では，光合成により CO_2 を吸収してきている．そのため排出・吸収の総計をとると **CO_2 の収支はゼロ**と考えられるため，**バイオマス発電は CO_2 を排出しない発電**として取り扱われている（**カーボンニュートラル**）．

問題9 ✓ ✓ ✓　　　　　　　　　　　　　　　　　　　　H25　A-1

次の文章は，水力発電に用いる水車に関する記述である．

水をノズルから噴出させ，水の位置エネルギーを運動エネルギーに変えた流水をランナに作用させる構造の水車を ［ （ア） ］ 水車と呼び，代表的なものに ［ （イ） ］ 水車がある．また，水の位置エネルギーを圧力エネルギーとして，流水をランナに作用させる構造の代表的な水車に ［ （ウ） ］ 水車がある．さらに，流水がランナを軸方向に通過する ［ （エ） ］ 水車もある．近年の地球温段化防止策として，農業用水・上下水道・工業用水など少水量と落差での発電が注目されており，代表的なものに ［ （オ） ］ 水車がある．

上記の記述中の空白箇所 （ア），（イ），（ウ），（エ）および（オ）に当てはまる組合せとして正しいものを次の （1）～ （5）のうちから一つ選べ．

	（ア）	（イ）	（ウ）	（エ）	（オ）
(1)	反動	ペルトン	プロペラ	フランシス	クロスフロー
(2)	衝動	フランシス	カプラン	クロスフロー	ポンプ
(3)	反動	斜流	フランシス	ポンプ	プロペラ
(4)	衝動	ペルトン	フランシス	プロペラ	クロスフロー
(5)	斜流	カプラン	クロスフロー	プロペラ	フランシス

1-5 節により，水力発電をおさえたうえで，再生可能エネルギーとして，注目
される小水力発電の知識を加えていくと，整理しやすい.

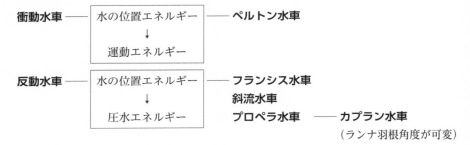

衝動水車 ──── 水の位置エネルギー
　　　　　　　↓
　　　　　　　運動エネルギー ──── **ペルトン水車**

反動水車 ──── 水の位置エネルギー
　　　　　　　↓
　　　　　　　圧水エネルギー

フランシス水車
斜流水車
プロペラ水車 ──── **カプラン水車**
　　　　　　　　　　　（ランナ羽根角度が可変）

クロスフロー水車：衝動水車と反動水車の両特性をあわせ持った水車

解答 ▶ （4）

問題⑩　☑ ☑ ☑　H20　A-5

電気エネルギーの発生に関する記述として，誤っているのは次のうちどれか.
(1) 風力発電装置は風車，発電機，支持物などで構成され，自然エネルギー利
用の一形態として注目されているが，発電電力が風速の変動に左右される
という特徴をもつ.
(2) 我が国は火山国でエネルギー源となる地熱が豊富であるが，地熱発電の商
用発電所は稼働していない.
(3) 太陽電池の半導体材料として，主に単結晶シリコン，多結晶シリコン，ア
モルファスシリコンが用いられており，製造コスト低減や変換効率を高め
るための研究が継続的に行われている.
(4) 燃料電池は振動や騒音が少ない．大気汚染の心配が少ない．熱の有効利用
によりエネルギー利用率を高められるなどの特長を持ち，分散型電源の一

　つとして注目されている.
(5) 日本はエネルギー資源の多くを海外に依存するので，石油，天然ガス，石炭，原子力，水力など多様なエネルギー源を発電に利用することがエネルギー安定供給の観点からも重要である.

解説　日本における実用地熱発電所の最初は，1966 年に運転を開始した松川地熱発電所（岩手県八幡平市）である.

　火山が多く，技術開発水準も高い我が国で地熱発電が従来それほど盛んでなかったのは候補地の多くが国立・国定公園や観光地となっており，景観を損なう建設に理解を得にくいことも要因の一つである.

　現状，日本の地熱発電所の総容量は少ないものの，安定的な再生可能エネルギーとして期待される地熱発電所の開発が今後各地で進められる.

解答 ▶ (2)

問題⓫　☑ ☑ ☑

各種の発電に関する記述として，誤っているのは次のうちどれか.
(1) 溶融炭酸塩型燃料電池は，電極触媒劣化の問題が少ないことから，石炭ガス化ガス，天然ガス，メタノールなど多様な燃料を容易に使用することができる.
(2) シリコン太陽電池には，結晶系の単結晶太陽電池や多結晶太陽電池と非結晶系のアモルファス太陽電池などがある.
(3) 地熱発電所においては，蒸気井から得られる熱水が混じった蒸気を，直接蒸気タービンに送っている.
(4) 風力発電は，一般に風速に関して発電を開始する発電開始風速（カットイン風速）と停止する発電停止風速（カットアウト風速）が設定されている.
(5) 廃棄物発電は，廃棄物を焼却するときの熱を利用して蒸気を作り，蒸気タービンを回して発電をしている.

解説　地熱発電では，蒸気が過熱状態または湿り度数 % 以下の場合は直接タービンを回転させる方式が採用されるが，熱水（温度の高い水）が混じった場合にはこれを熱源として熱交換器で水を蒸発させてタービンを回転させる方式が採用される.

解答 ▶ (3)

Chapter
4

問題⑫ ✓ ✓ ✓ H16　A-12

　　バイオマス発電は，植物等の　(ア)　性資源を用いた発電と定義することが
できる．森林樹木，サトウキビ等はバイオマス発電用のエネルギー作物として使
用でき，その作物に吸収される　(イ)　量と発電時の　(イ)　発生量を同じ
とすることができれば，環境に負担をかけないエネルギー源となる．ただ，現在
のバイオマス発電では，発電事業として成立させるためのエネルギー作物等の
　(ウ)　確保の問題や　(エ)　をエネルギーとして消費することによる作物価
格への影響が課題となりつつある．

　　上記の記述中の空白箇所（ア），（イ），（ウ）および（エ）に当てはまる語句と
して，正しいものを組み合わせたのは次のうちどれか．

	（ア）	（イ）	（ウ）	（エ）
(1)	無機	二酸化炭素	量的	食料
(2)	無機	窒素化合物	量的	肥料
(3)	有機	窒素化合物	質的	肥料
(4)	有機	二酸化炭素	質的	肥料
(5)	有機	二酸化炭素	量的	食料

バイオマスエネルギーの特徴は次のようである．

長所は
① 再生可能
② 貯蔵性・代替性
③ 膨大な賦存量

短所は
① 単位質量当たりの発熱量が低い
② エネルギー以外の用途（食料）と競合

解説 バイオマス＝「太陽エネルギーを蓄えたさまざまな生物体の総称」である．
　　バイオマス発電では，発電時は CO_2 が排出されるものの森林の CO_2 吸収量と
バランスすると考え，トータル収支ゼロとして取り扱う（**カーボンニュートラル**）．

解答 ▶ (5)

練習問題

■ 1 (H16　A-5)

風力発電および太陽光発電に関する記述として，誤っているのは次のうちどれか．

(1) 自然エネルギーを利用したクリーンな発電方式であるが，現状では発電コストが高い．

(2) エネルギー源は地球上どこにでも存在するが，エネルギー密度が低い．

(3) 気象条件による出力の変動が大きく，電力への変換効率が低い．

(4) 太陽電池の出力は直流であり，一般の用途にはインバータによる変換が必要である．

(5) 風車によって取り出せるエネルギーは，風車の受風面積および風速にそれぞれ正比例する．

■ 2 (R3　A-6)

分散型電源に関する記述として，誤っているものを次の (1) 〜 (5) のうちから一つ選べ．

(1) 太陽電池で発生した直流の電力を交流系統に接続する場合は，インバータにより直流を交流に変換する．連系保護装置を用いると，系統の停電時などに電力の供給を止めることができる．

(2) 分散型電源からの逆潮流による系統電圧上昇を抑制する手段として，分散型電源の出力抑制や，電圧調整器を用いた電圧の制御などが行われる．

(3) 小水力発電では，河川や用水路などでの流込み式発電が用いられる場合が多い．

(4) 洋上の風力発電所と陸上の系統の接続では，海底ケーブルによる直流送電が用いられることがある．ケーブルでの直流送電のメリットとして，誘電損を考慮しなくてよいことなどが挙げられる．

(5) 一般的な燃料電池発電は，水素と酸素との吸熱反応を利用して電気エネルギーを作る発電方式であり，負荷変動に対する応答が早い．

■ 3 (H19　A-5)

地球温暖化の主な原因の一つといわれる二酸化炭素の排出量削減が，国際的な課題となっている．発電設備 a 〜 d を発電時の発生電力量当たりの二酸化炭素排出量が少ない順に並べたものとして，正しいのは次のうちどれか．

ただし，ここでは，汽力発電所の発電効率は同一であるとする．

a. 原子力発電所　　　　　b. LNG 燃料を用いたコンバインドサイクル発電所
c. 石炭専焼汽力発電所　　d. 重油専焼汽力発電所

(1) a＜b＜c＜d　　　　(2) a＜d＜c＜b　　　　(3) b＜a＜d＜c

(4) a＜b＜d＜c　　　　(5) b＜a＜c＜d

■ **4** (H28 A-5)

各種の発電に関する記述として，誤っているものを次の（1）～（5）のうちから一つ選べ．

(1) 燃料電池発電は，水素と酸素との化学反応を利用して直流の電力を発生させる．化学反応で発生する熱は給湯などに利用できる．

(2) 貯水池式発電は水力発電の一種であり，季節的に変動する河川流量を貯水して使用することができる．

(3) バイオマス発電は，植物などの有機物から得られる燃料を利用した発電方式である．さとうきびから得られるエタノールや，家畜の糞から得られるメタンガスなどが燃料として用いられている．

(4) 風力発電は，風のエネルギーによって風車で発電機を駆動し発電を行う．風力発電で取り出せる電力は，損失を無視すると，風速の2乗に比例する．

(5) 太陽光発電は，太陽電池によって直流の電力を発生させる．需要地点で発電が可能，発生電力の変動が大きい，などの特徴がある．

■ **5** (H25 A-5)

次の文章は，太陽光発電に関する記述である．

現在広く用いられている太陽電池の変換効率は太陽電池の種類により異なるが，およそ　(ア)　〔%〕である．太陽光発電を導入する際には，その地域の年間　(イ)　を予想することが必要である．また，太陽電池を設置する　(ウ)　や傾斜によって　(イ)　が変わるので，これらを確認する必要がある．さらに，太陽電池で発電した直流電力を交流電力に変換するためには，電気事業者の配電線に連系して悪影響を及ぼさないための保護装置などを内蔵した　(エ)　が必要である．

上記の記述中の空白箇所（ア），（イ），（ウ）および（エ）に当てはまる組合せとして，最も適切なものを次の（1）～（5）のうちから一つ選べ．

	(ア)	(イ)	(ウ)	(エ)
(1)	7～20	平均気温	影	コンバータ
(2)	7～20	発電電力量	方位	パワーコンディショナ
(3)	20～30	発電電力量	強度	インバータ
(4)	15～40	平均気温	面積	インバータ
(5)	30～40	日照時間	方位	パワーコンディショナ

■ **6** (H27 A-5)

分散型電源の配電系統連系に関する記述として，誤っているものを次の（1）～（5）
のうちから一つ選べ．

(1) 分散型電源からの逆潮流による系統電圧の上昇を抑制するために，受電点の力
率は系統側から見て進み力率とする．

(2) 分散型電源からの逆潮流等により他の低圧需要家の電圧が適正値を維持できな
い場合は，ステップ式自動電圧調整器（SVR）を設置する等の対策が必要にな
ることがある．

(3) 比較的大容量の分散型電源を連系する場合は，専用線による連系や負荷分割等
配電系統側の増強が必要になることがある．

(4) 太陽光発電や燃料電池発電等の電源は，電力変換装置を用いて電力系統に連系
されるため，高調波電流の流出を抑制するフィルタ等の設置が必要になること
がある．

(5) 大規模太陽光発電等の分散型電源が連系した場合，配電用変電所に設置されて
いる変圧器に逆向きの潮流が増加し，配電線の電圧が上昇する場合がある．

■ **7** (H26 A-5)

Chapter
4

二次電池に関する記述として，誤っているものを次の（1）～（5）のうちから一つ選べ．

(1) リチウムイオン電池，NAS電池，ニッケル水素電池は，繰り返し充放電ができ
る二次電池として知られている．

(2) 二次電池の充電法として，整流器を介して負荷に電力を常時供給しながら二次
電池への充電を行う浮動充電方式がある．

(3) 二次電池を活用した無停電電源システムは，商用電源が停電したとき，瞬時に
二次電池から負荷に電力を供給する．

(4) 風力発電や太陽光発電などの出力変動を抑制するために，二次電池が利用され
ることもある．

(5) 鉛蓄電池の充電方式として，一般的に，整流器の定格電圧で回復充電を行い，
その後，定電流で満充電状態になるまで充電する．

■ **8** (H30 B-16)

図のように，電圧線および中性線の各部の抵抗が 0.2Ω の単相 3 線式低圧配電線路において，末端の AC 間に太陽光発電設備が接続されている．各部の電圧及び電流が図に示された値であるとき，次の（a）および（b）の問に答えよ．ただし，負荷は定電流特性で力率は 1，太陽光発電設備の出力（交流）は電流 I 〔A〕，力率 1 で一定とする．また，線路のインピーダンスは抵抗とし，図示していないインピーダンスは無視するものとする．

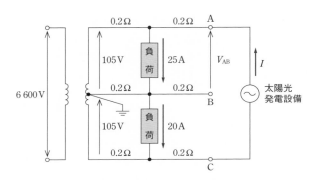

(a) 太陽光発電設備を接続する前の AB 間の端子電圧 V_{AB} の値〔V〕として，最も近いものを次の（1）～（5）のうちから一つ選べ．

    (1) 96   (2) 99   (3) 100   (4) 101   (5) 104

(b) 太陽光発電設備を接続したところ，AB 間の端子電圧 V_{AB}〔V〕が 107 V となった．このときの太陽量発電設備の出力電流（交流）I の値〔A〕として，最も近いものを次の（1）～（5）のうちから一つ選べ．

    (1) 5   (2) 15   (3) 20   (4) 25   (5) 30

Chapter

5

変　　　　　電

学習のポイント

　試験の内容は，変電所に設置される機器の問題，変電所の役割，リアクトルの種類と機能，変電所の電圧調整，継電器など広い範囲にわたっているが，既往問題の繰り返しが多く，形を少し変えただけのものがあるので既往問題に目を通し，基本事項をよく理解すれば解ける問題である．

　電力は機械や法規と関係が深く，他の科目の出題のなかには電力の問題ではないかと思わせるものもある．

　なお，電力用コンデンサによる電圧降下改善については本書のChapter 8 を参照されたい．

変　電　設　備

[★★]

　電気設備技術基準では「変電所とは構外から伝送される電気を構内に施設した変圧器・電動発電機・回転変流機・整流器その他の機械器具により変成するところであって，変成した電気をさらに構外に伝送するものをいう」と定義されている．

1 変電所の種類

◀1▶ 用途による分類

　電気事業用の変電所を一般に電力用変電所といい，送電用変電所，配電用変電所および周波数変換所に分けられる．

◀2▶ 電圧ならびに変圧段階による分類

　一般に変電所の高圧側の電圧によって 500 kV 変電所，超高圧変電所というように呼び，また，変圧段階によって一次変電所，二次変電所というように呼んでいる（図 5·1 参照）．

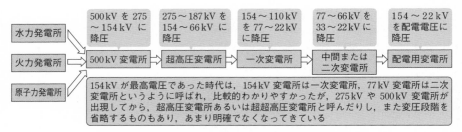

●図 5·1　電圧ならびに変圧段階による分類

◀3▶ 運転方式による分類

　① 常時監視制御変電所，② 断続監視制御変電所，③ 遠隔監視制御変電所，④ 簡易監視変電所，などがある，このほか変電所の形式によって屋外式変電所，屋内式変電所，半屋内式変電所，地下式変電所に分類できる．また，絶縁方式によって，気中絶縁変電所，ガス絶縁変電所などに分けられる．

2 変電所の機能

【1】 電圧の変成

発電所や他の変電所から送られた電気の電圧を昇圧または降圧し，電線路で他の変電所あるいは需要家に送る．

【2】 交直，周波数の変換

整流器その他の機械器具により，交流を直流に変換したり，異なる周波数の交流に変換して送る．

【3】 電力潮流の制御

開閉設備により送電，停止，切替を行う．

【4】 無効電力の調整

調相設備により無効電力の調整，電圧の調整を行うとともに，電力損失の軽減を図る．

【5】 電圧の調整

負荷時タップ切換変圧器，調相設備などにより，電圧の調整を行う．

【6】 保　護

制御保護装置により，変電所自体および送配電線の保護を行う．

3 変電所の主要機器

Chapter
5

変電所は，その機能を果たすために，多くの機器で構成されているが，主なものは次のとおりである．

① **変圧器**

② **開閉設備**　遮断器，断路器

③ **母　線**

④ **避雷器**

⑤ **調相設備**　同期調相機，電力用コンデンサ，分路リアクトル，静止形無効電力補償装置

⑥ **諸設備**　中性点接地装置，空気圧縮機，蓄電池ほか

⑦ **制御・保護装置**　監視制御盤，保護継電器，計測装置，変成器

⑧ **交直変換・周波数変換設備**

電力系統における変電所の役割に関する記述として，誤っているのは次のうちどれか．

(1) 変圧器により昇圧または降圧して送配電に適した電圧に変換する．

(2) 負荷時タップ切換変圧器などにより電圧を調整する．

(3) 軽負荷時には電力用コンデンサ，重負荷時には分路リアクトルを投入して無効電力を調整する．

(4) 送変電設備の過負荷運転を避けるため，開閉装置により系統切替を行って電力潮流を調整する．

(5) 送配電線に事故が発生したときは，遮断器により事故回線を切り離す．

電圧調整 ← 無効電力調整 ← コンデンサ・分路リアクトル

電圧を上昇させる → コンデンサにより力率を進みの方向へ

電圧を低下させる → リアクトルにより力率を遅れの方向へ

解説 通常の動力負荷の力率は 70 ～ 80 % 程度なので，重負荷時には大きな遅れ電流が流れ送配電線の電圧降下は大きくなる．また，長距離送電線の場合など，軽負荷時には充電電流（進み電流）の影響，いわゆるフェランチ効果によって受電端電圧が送電端電圧よりも高くなる．

このため，受電端に調相設備を設置し，重負荷時には電力系統の力率が遅れとなって電圧を低下させるため電力用コンデンサにより無効電力を供給し（進み電流をとらせ），軽負荷時には電力系統の力率が進みとなって電圧を上昇させるため分路リアクトルにより無効電力を供給し（遅れ電流をとらせ），系統電圧を調整している．

解答 ▶ (3)

変　圧　器

[★★★]

　変圧器は，変電所の設備のうち最も重要なもので，その理論や構造については本シリーズの「機械」を参照されたい．本節では，変圧器の選定や運用面を主体に述べることとする．

1 変圧器容量の選定

変圧器のユニット容量の選定時に，考慮すべき主な事項は次のとおりである．

① **変圧器新設時点の初期負荷**

② **将来の負荷の増加傾向**

③ **変圧器の稼働率**（負荷に対して容量の過大なものは稼働率が低く，経費が大となる．容量の過小のものは近い時点で増設の必要が生ずる）

④ **変圧器故障時の対策**（隣接変電所や移動用変電設備による救済対策）

⑤ 隣接変電所で故障が発生した場合**負荷分担の必要性**とその規模

⑥ 電力系統の基幹となる変電所の場合，単なる日常の供給負荷のみでなく，**併用される発電所の事故や出力減退時の対応**

⑦ **標準容量，標準仕様の変圧器の採用**（価格，納期などで有利となる）

Chapter
5

2 変圧器相数の選定

　単相器3台とするか，三相器1台とするかであるが，輸送上の問題や特別の事情のないかぎり，次の理由で三相器が採用される．

① 変圧器の設計製作技術の進歩により，**故障が極めて少なくなった．**

② 新設時あるいは新設後，比較的近い年次で2バンクが必要な場合が多く，**変圧器相互に事故時の対応ができる．**

③ 電圧調整のための**負荷時タップ切換装置**を設ける場合，単相器よりも有利である．

④ 単相器3台よりも**据付け面積や鉄構などを小さくでき**，変電所をコンパクトに設計できる．

⑤ 単相器3台に比較して，**変圧器価格や損失が約 80 %** 程度ですむ．

⑥ **輸送限界容量が拡大**し，相当な大容量のものでも組立て輸送が可能である．

3 変圧器の結線

変圧器の三相結線にはいろいろな方法があるが，図 5・2 に主なものを示す．なお，現在広く用いられているのは，△-△，Y-△ および Y-Y-△ 結線である．

【1】△-△ 結線

① 第 3（高）調波電流を流せるので**誘起電圧も正弦波**となる．

② 一次・二次間の線間電圧に**位相差を生じない**．

③ **負荷時タップ切換器は各相に別々に設置する**ことが必要である．

④ 単相器の場合，1 台が故障しても V-V **結線として運転**できる．ただし，バンク容量は 1 台の容量の $\sqrt{3}$ 倍である．

⑤ 中性点が引き出せないので，中性点接地の際は**接地変圧器が必要**となる．

【2】Y-△ 結線

① 第 3（高）調波電流を流せるので**誘起電圧も正弦波**となる．

② 一次・二次間に **30° の位相差**を生ずる．

③ **中性点用負荷時タップ切換器が採用**できる．

④ Y 側は中性点を接地できるが，△ 側は接地変圧器が必要となる．

【3】Y-Y-△ 結線

① 三次の △ 巻線に第 3（高）調波電流を流せるので，**正弦波の誘起電圧が得られる**．

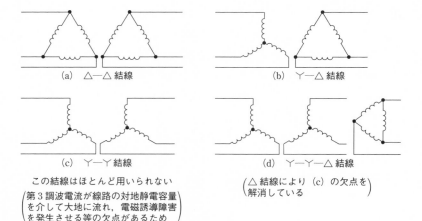

(a) △-△ 結線

(b) Y-△ 結線

(c) Y-Y 結線

この結線はほとんど用いられない

（第3調波電流が線路の対地静電容量を介して大地に流れ，電磁誘導障害を発生させる等の欠点があるため）

(d) Y-Y-△ 結線

（△ 結線により（c）の欠点を解消している）

●図 5・2　変圧器の三相結線

② 一次・二次間に**位相差がない**.

③ **中性点用負荷時タップ切換器が採用**できる.

④ **中性点を接地**できる. △ 回路に電力用コンデンサなどを接続できる.

4 変圧器の並行運転

変圧器の並行運転条件　並行運転をする場合，各変圧器の容量に比例した電流が流れることが必要で，次の条件が要求される（ただし，③ ④ は完全に合致していなくても実用上運転できる）.

① **極性が一致していること**.

② **巻数比が等しく，一次および二次の定格電圧が等しいこと**.

③ **各変圧器の百分率インピーダンス**※1 **が等しいこと**.

④ **抵抗とリアクタンスの比が等しいこと**.

⑤ **三相器の場合は，相回転の方向および角変位が等しいこと**※2.

※1　1995 年の JEC の改正（JEC-2200-1995 変圧器）により "インピーダンス電圧" は "短絡インピーダンス" と呼称が改められた. その結果，パーセントインピーダンスは，百分率短絡インピーダンスと表記されている.

※2　三相並列運転可能な結線組合せは以下のとおり.

同種同士	異種同士
△-△ と △-△	△-Y と △-Y
Y-Y と Y-Y	Y-△ と Y-△
△-△ と Y-Y	Y-△ と △-Y(注)

Point
△ と Y がそれぞれ偶数個の組合せは ○ で，奇数個の組合せは ×
例えば，△-△ と △-Y や △-Y と Y-Y のような場合は×

Chapter 5

(注)　Y-△ と △-Y の場合は，例えば図 5・3 のように結線することにより可能となる（例 1, 2 どちらでも可）. V-V は △-△ と同様に考えることができる.

例1

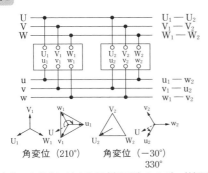

角変位（210°）　角変位（−30°）330°

例2

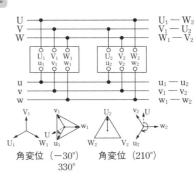

角変位（−30°）330°　角変位（210°）

角変位：中性点に対する U（高圧側）および u（低圧側）の電圧ベクトル間の角度（時計回りがプラス方向）

●**図 5・3　Y-△ と △-Y の並行運転を可能にする結線例**

5　単相変圧器の負荷分担

　容量の異なる A，B，2 台の単相変圧器を並行運転する場合，各変圧器の励磁アドミタンスを無視し，一次に換算したインピーダンスを z_a 〔Ω〕，z_b 〔Ω〕とし，一次・二次電圧がそれぞれ等しいものとして，等価回路をつくると図 5・4 のようになる．両変圧器の抵抗とリアクタンスの比は等しいとし，負荷電流を I_l 〔A〕，変圧器の分担電流を I_a 〔A〕，I_b 〔A〕とすると

$$I_a = I_l \times \frac{z_b}{z_a+z_b} \text{〔A〕} \qquad I_b = I_l \times \frac{z_a}{z_a+z_b} \text{〔A〕} \qquad (5 \cdot 1)$$

　各変圧器の定格電圧を V 〔V〕，定格電流を I_{na} 〔A〕，I_{nb} 〔A〕とすると，% インピーダンスは $\%z_a = z_a I_{na} \times 100/V$，$\%z_b = z_b I_{nb} \times 100/V$ であるから（p.204）

$$z_a = \frac{\%z_a V}{I_{na} \times 100} \text{〔Ω〕} \qquad z_b = \frac{\%z_b V}{I_{nb} \times 100} \text{〔Ω〕}$$

これを式（5・1）に代入すると

$$I_a = I_l \times \frac{\%z_b V/(I_{nb} \times 100)}{\%z_a V/(I_{na} \times 100) + \%z_b V/(I_{nb} \times 100)}$$

$$= I_l \times \frac{\%z_b/I_{nb}}{\%z_a/I_{na} + \%z_b/I_{nb}} \text{〔A〕}$$

分母・分子を V 〔V〕で割るとともに，両辺に V 〔V〕を掛けると

$$I_a V = I_l V \times \frac{\%z_b/I_{nb}V}{\%z_a/I_{na}V + \%z_b/I_{nb}V} \text{〔V・A〕}$$

$$P_a = P_l \times \frac{\%z_b/P_{nb}}{\%z_a/P_{na} + \%z_b/P_{nb}} = P_l \times \frac{\%z_b P_{na}/P_{nb}}{\%z_a + \%z_b P_{na}/P_{nb}} \text{〔V・A〕}$$

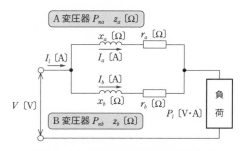

●図 5・4　容量の異なる変圧器の負荷分担

ただし，P_a〔V・A〕は A 変圧器の分担負荷，P_{na}〔V・A〕，P_{nb}〔V・A〕は A，B 両変圧器の定格容量，P_l〔V・A〕は全負荷とする．$\%z_b \times P_{na}/P_{nb}$ は $\%z_b$ を A 変圧器容量 P_{na}〔V・A〕を基準容量として換算したものであり，これを $\%z_b{}'$ とすると

$$P_a = P_l \times \frac{\%z_b{}'}{\%z_a + \%z_b{}'} \ \text{〔V・A〕} \tag{5・2}$$

　同様にして B 変圧器の分担負荷 P_b〔V・A〕は

$$P_b = P_l \times \frac{\%z_a}{\%z_a + \%z_b{}'} \ \text{〔V・A〕} \tag{5・3}$$

となる．

補足　式（5・3）の導出は以下のとおり．

$$z_a = \frac{\%z_a \cdot V}{I_{na} \times 100} \ , \quad z_b = \frac{\%z_b \cdot V}{I_{nb} \times 100}$$

を式（5・1）に代入して

$$I_b = I_l \times \frac{\dfrac{\%z_a \cdot V}{I_{na} \times 100}}{\dfrac{\%z_a \cdot V}{I_{na} \times 100} + \dfrac{\%z_b \cdot V}{I_{nb} \times 100}} = I_l \times \frac{\dfrac{\%z_a}{I_{na}}}{\dfrac{\%z_a}{I_{na}} + \dfrac{\%z_b}{I_{nb}}}$$

分母・分子をともに V で割って，両辺に V をかけると

$$I_b \cdot V = I_l \cdot V \times \frac{\dfrac{\%z_a}{I_{na} \cdot V}}{\dfrac{\%z_a}{I_{na} \cdot V} + \dfrac{\%z_b}{I_{nb} \cdot V}}$$

$$\therefore \ \ P_b = P_l \times \frac{\dfrac{\%z_a}{P_{na}}}{\dfrac{\%z_a}{P_{na}} + \dfrac{\%z_b}{P_{nb}}} = P_l \times \frac{\%z_a}{\%z_a + \%z_b \cdot \dfrac{P_{na}}{P_{nb}}}$$

　ここで，$\%z_b \cdot \dfrac{P_{na}}{P_{nb}}$ は，B の変圧器容量ベースの $\%z_b$ を A の変圧器容量ベースに換算したものであり

$$\%z_b{}' = \%z_b \cdot \frac{P_{na}}{P_{nb}}$$

とすると

$$P_b = P_l \times \frac{\%z_a}{\%z_a + \%z_b{}'}$$

問題2 ✅ ✅ ✅　　　　　　　　　　　　　　　　　　　　H7　A-3

　　配電用変電所に使われている変圧器は，負荷電流の変化などによって生ずる
　(ア)　変動を補償して，良質の電力を供給するために　(イ)　を行う機能を
有しており，巻線には　(ウ)　が設けられていて，一定の　(エ)　で可変に
できるように設計されている．

　　上記の記述中の空白箇所（ア），（イ），（ウ）および（エ）に記入する字句とし
て，正しいものを組み合わせたのは次のうちどれか．

	（ア）	（イ）	（ウ）	（エ）
(1)	周波数	周波数調整	タップ	周波数帯
(2)	電圧	電圧調整	タップ	ステップ電圧
(3)	電圧	電圧調整	コンデンサ	ステップ電圧
(4)	電流	電流調整	コンデンサ	ステップ電流
(5)	電流	電流調整	タップ	ステップ電流

　配電用変電所の変圧器は，巻線にタップをもち，ステップ的に電圧調整を行う
ことができる．

解説　配電用の変電所の変圧器は，負荷の変化などによって生じる**電圧変動**を補償し，
　　　　適正な電圧を維持するために**電圧を調整**できる機能をもち，巻線には**タップ**が
設けてあり，一定の**ステップ電圧**で変えることができる．

解答 ▶ (2)

問題3 ✅ ✅ ✅　　　　　　　　　　　　　　　　　　　　H22　A-7

　　大容量発電所の主変圧器の結線を一次側三角形，二次側星形とするのは，二次
側の線間電圧は相電圧の　(ア)　倍，線電流は相電流の　(イ)　倍であるた
め，変圧比を大きくすることができ，　(ウ)　に適するからである．また，一
次側の結線が三角形であるから，　(エ)　電流は巻線内を還流するので二次側
への影響がなくなるため，通信障害を抑制できる．

　　一次側を三角形，二次側を星形に接続した主変圧器の一次電圧と二次電圧の位
相差は，　(オ)　〔rad〕である．

　　上記の記述中の空白箇所（ア），（イ），（ウ），（エ）および（オ）に当てはまる
語句，式または数値として，正しいものを組み合わせたのは次のうちどれか．

	（ア）	（イ）	（ウ）	（エ）	（オ）
(1)	$\sqrt{3}$	1	昇圧	第3調波	$\pi/6$
(2)	$1/\sqrt{3}$	$\sqrt{3}$	降圧	零相	0

(3)	$\sqrt{3}$	$1/\sqrt{3}$	昇圧	高周波	$\pi/3$
(4)	$\sqrt{3}$	$1/\sqrt{3}$	降圧	零　相	$\pi/3$
(5)	$1/\sqrt{3}$	1	昇圧	第3調波	0

日本では標準的に Ｙ は △ に対して 30°だけ進んでいる（ように製作している）．なお，位相差（角変位）は，0°，30°，60°，120°，150°，180°，210°，240°，300°，330°をとることができ，銘板に示されている．図5・3の例に示したように，角変位と結線を工夫することにより，Ｙ-△ と △-Ｙ のような並行運転ができる．例えば米国製は，結線によらず1次側が30°進みとなるような仕様が一般的である．

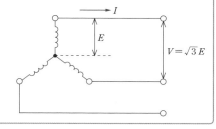

星形（Ｙ）結線では $V=\sqrt{3}\,E$，**線電流＝相電流**，Ｙ は △ に対して $30°=\pi/6$ ［rad］進んでいる．

解答 ▶（1）

問題4　✓✓✓　　　　　　　　　　H25　A-6

変圧器の結線方式として用いられる Ｙ—Ｙ—△ 結線に関する記述として，誤っているものを次の（1）～（5）のうちから一つ選べ．
（1）高電圧大容量変電所の主変圧器の結線として広く用いられている．
（2）一次若しくは二次の巻線の中性点を接地することができない．
（3）一次-二次間の位相変位がないため，一次-二次間を同位相とする必要がある場合に用いる．
（4）△ 結線がないと，誘導起電力は励磁電流による第三調波成分を含むひずみ波形となる．
（5）△ 結線は，三次回路として用いられ，調相設備の接続用，又は，所内電源用として使用することができる．

　Ｙ—Ｙ 結線は使われず，Ｙ—Ｙ—△ 結線で使用される．△ 巻線は三次回路として調相設備や所内電源に利用されない場合でも，安定巻線として変圧器に内蔵される．△巻線に変圧器の励磁電流に含まれる第3高調波を還流させることで，ひずみのない正弦波電圧を誘起することができる．

解答 ▶（2）

問題5 ✓ ✓ ✓

一次側定格電圧と二次側定格電圧がそれぞれ等しい変圧器 A と変圧器 B がある．変圧器 A は，定格容量 $S_A = 5\,000\,\mathrm{kV \cdot A}$，パーセントインピーダンス $\%Z_A = 9.0\,\%$（自己容量ベース），変圧器 B は，定格容量 $S_B = 1\,500\,\mathrm{kV \cdot A}$，パーセントインピーダンス $\%Z_B = 7.5\,\%$（自己容量ベース）である．この変圧器 2 台を並行運転し，$6\,000\,\mathrm{kV \cdot A}$ の負荷に供給する場合，過負荷となる変圧器とその変圧器の過負荷運転状態〔%〕（当該変圧器が負担する負荷の大きさをその定格容量に対する百分率で表した値）の組合せとして，正しいものを次の（1）〜（5）のうちから一つ選べ．

	過負荷となる変圧器	過負荷運転状態〔%〕
(1)	変圧器 A	101.5
(2)	変圧器 B	105.9
(3)	変圧器 A	118.2
(4)	変圧器 B	137.5
(5)	変圧器 A	173.5

 各変圧器の基準容量をそろえる場合，どちらかの変圧器にあわせると計算量を少なくできる．

解説 変圧器 A の $5\,000\,\mathrm{kV \cdot A}$ にあわせると

$$\%Z_B{}' = \%Z_B \cdot \frac{S_A}{S_B} = 7.5 \times \frac{5\,000}{1\,500} = 25\,\%$$

$$S_A = \frac{\%Z_B{}'}{\%Z_A + \%Z_B{}'} S = \frac{25}{9.0 + 25} \times 6\,000 = 4\,412\,\mathrm{kV \cdot A}$$

$$S_B = \frac{\%Z_A}{\%Z_A + \%Z_B{}'} S = \frac{9.0}{9.0 + 25} \times 6\,000 = 1\,588\,\mathrm{kV \cdot A}$$

変圧器 B の定格容量は $1\,500\,\mathrm{kV \cdot A}$ のため，**変圧器 B は過負荷**となる．このとき，過負荷運転状態〔%〕は

$$\therefore \quad \frac{1\,588}{1\,500} \times 100 = \mathbf{105.9\,\%}$$

解答 ▶ (2)

開 閉 設 備

[★★★]

電路の開閉をつかさどる器具を，用途と性能によって分類すると，およそ次の三つに分けられる.

① 単に電路の開閉や接続替えを目的とし，無電流あるいはそれに近い状態で電路を開閉することを原則としたもので，代表的なものに**断路器（DS）**がある.

② 常時の負荷電流あるいは過負荷電流程度までの開閉を目的としたもので，**開閉器，負荷開閉器（LBS），接触器**などがある.

③ 常時の負荷電流のほか，異常状態，特に短絡状態における電路をも開閉しうるもので，**遮断器（CB）**はこの目的につくられたものである. なお，電路の遮断を行うものに**電力ヒューズ**がある.

1 交流遮断器の種類と特徴

（1） ガス遮断器（GCB）

消弧性能および絶縁強度に優れた特性を示す **SF$_6$（六ふっ化硫黄）**ガスを消弧媒体として利用する遮断器である（他力消弧方式）.

ガス遮断器は遮断性能が優れ，およそ 3.6 ～ 550 kV のものが製作され，高電圧遮断器の主流をなしている. SF$_6$ ガスを 1.5 MPa 程度に圧縮機で圧縮して吹き付ける**二重圧力式**と，ピストンとシリンダで遮断時に高圧ガスにして吹き付ける**単圧式**（パッファ形）がある. 図 5·5 に，ガス遮断器の構造概要を示す. 特徴は次のとおりである.

① 多重切りの場合，高電圧では，空気遮断器に比較して**遮断点数が少なく**，空気遮断器の 1/2 ～ 1/3 程度ですむため小形になる.

② タンク形は**耐震性に優れ**，また，**ブッシング変流器を使用できる**ので，**遮断点数の少ないこと**と併せて据付け面積が小さい.

③ 遮断性能がよく，接触子の損耗が少ない.

④ 開閉時の**騒音が小さい**.

Chapter
5

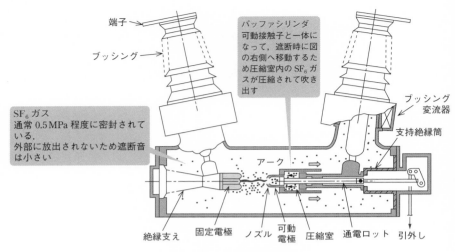

端子

ブッシング

バッファシリンダ
可動接触子と一体に
なって，遮断時に図
の右側へ移動するた
め圧縮室内のSF₆ガ
スが圧縮されて吹き
出す

ブッシング
変流器

SF₆ガス
通常0.5MPa程度に密封されて
いる.
外部に放出されないため遮断音
は小さい

支持絶縁筒

アーク

絶縁支え　　固定電極　ノズル　可動　　圧縮室　　通電ロット　　引外し
　　　　　　　　　　　　　　　電極

●図5・5　ガス遮断器の構造

◀2▶ 空気遮断器（ABB）▶

　1～3MPa程度に圧縮した空気をアークに吹き付けて消弧する他力形遮断器
で，およそ12～550kVのものが製作された．特徴を次に示す.
　① 120kVを超えると1極に2個以上の遮断点を有する多重切りとするため，
　　構成ユニットについて**性能の検証試験が容易**である.
　② 空気を用いるため絶縁油に比べ保守が容易で，火災の危険がない.
　③ 「入」，「切」の際に大きな**騒音を発する**ので，設置場所により対策が必要
　　である.
　④ **高電圧では多重切り**となり，**変流器も別置**のため据付け面積が大きい.

◀3▶ 油遮断器（OCB）▶

　消弧媒質に絶縁油を用いるもので，およそ3.6～300kVのものが製作されて
いる．その特徴を次に示す.
　① 構造が簡単で，取扱いも容易で安価.
　② ブッシング下部に**ブッシング変流器を取り付けられる**.
　③ 開閉時の騒音が小さい.
　④ 絶縁油の再生，取替え，火災に対する配慮が必要である.

◀4▶ 真空遮断器（VCB）▶

　真空の絶縁性とアーク生成物の真空中への拡散による消弧作用を利用するもの

で，真空度は封じ切り時に $1 \sim 10 \mu$ Pa 以下に製作される（自己消弧方式）．

しかし，使用中，次第に真空度が低下し，その許容限界は 130 mPa 程度と見られている．図5·6に，真空遮断器の遮断部（真空バルブ）の構造を示す．およそ $3.6 \sim 168\,\mathrm{kV}$ のものが製作され，配電線用遮断器に広く用いられている．その特徴を次に示す．

① **遮断性能が優れ**，小形，軽量である．

② 絶縁油を用いないので，火災の危険がない．

③ 開閉時の騒音が小さい．

④ 規定の遮断または動作回数まで点検が不要で，**省力化が図れる**．

【5】磁気遮断器（MBB）

遮断電流によりつくられた磁界によってアークを駆動し，アークシュートにアークを押し込めて冷却，遮断するもので，$3.6 \sim 15\,\mathrm{kV}$ 程度のキュービクル用遮断器として用いられる．その特徴を次に示す．

① 絶縁油を用いないので，火災の危険がない．

② かなり**高い頻度の開閉に耐える**．

③ 空気遮断器のような空気を圧縮する設備は不要である．

④ 保守や点検が容易である．

図5·7に，磁気遮断器の消弧原理を示す．

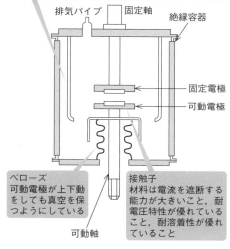

アークシールド
アークから飛散してくる金属蒸気などが，絶縁容器の内面に凝結して絶縁低下するのを防ぐ．
金属蒸気や飛沫を捕捉して遮断の成功に寄与する．電界分布を改善する

排気パイプ　固定軸　絶縁容器

固定電極
可動電極

ベローズ
可動電極が上下動をしても真空を保つようにしている

接触子
材料は電流を遮断する能力が大きいこと，耐電圧特性が優れていること，耐溶着性が優れていること

可動軸

●図5・6　真空遮断器の遮断部（真空バルブ）

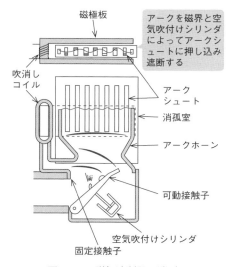

磁極板

アークを磁界と空気吹付けシリンダによってアークシュートに押し込み遮断する

吹消しコイル

アークシュート
消弧室
アークホーン

可動接触子

空気吹付けシリンダ
固定接触子

●図5・7　磁気遮断器の消弧原理

201

2 断路器

断路器（DS：ディスコン）は，無電流あるいはこれに近い状態で開閉することを原則としており，回路の接続変更や電気機器の回路からの切離しなどに使用される．また，遮断器で開放した部分の安全確保のために，送配電線路の遮断器の線路側や母線側などに断路器を設け，遮断器の自然投入などによる災害を防ぎ，開路状態の確認などの目的に使用される．

断路器には，屋内，屋外，単極単投，六極単投，一点切り，二点切りなど各種のものがあり，回路を合理的に構成できるようになっている．また操作方式は，ディスコン棒を用いた手動のものと，圧縮空気や電動機により遠方で操作ができるものとがある．

●図5・8　（一点切り）断路器

3 SF₆ガス絶縁開閉設備

絶縁性能および消弧性能に優れた特性を示すSF₆（六ふっ化硫黄）ガスを金属容器に密閉し，この中に開閉装置，母線，変成器などを収納したものを**SF₆ガス絶縁開閉設備（GIS）**という．このガス絶縁開閉設備を用いた変電所は，その敷地面積または所要容積を大幅に縮小できる．SF₆ガスは**同一の圧力では空気の2.5～3.5倍の絶縁耐力**があり，**0.3～0.4 MPa で絶縁油以上**となる．

〔1〕 ガス絶縁変電所の設備概要

図5・9に，従来の屋外形変電所と，ガス絶縁開閉設備を用いたガス絶縁変電所との比較を，また，図5・10にガス絶縁変電所の外観を示す．図5・11に，ガ

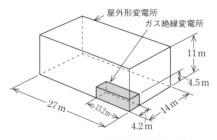

●図5・9　従来の屋外形変電所とガス
　　　　　絶縁変電所との比較

●図5・10　ガス絶縁変電所の外観

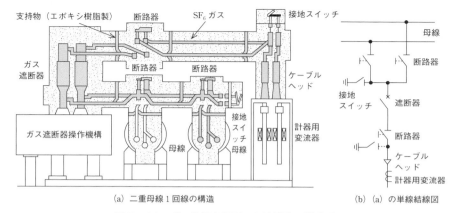

(a) 二重母線 1 回線の構造 (b) (a) の単線結線図

●図 5・11　ガス絶縁変電所の母線構造と単線結線図

ス絶縁開閉設備を用いた二重母線 1 回線の構造概要と単線結線図を示す.

【2】 SF₆ ガス絶縁開閉設備の特徴

　最近は変電所用地を取得することが著しく困難になり,土地単価も高価なため,図 5・12 のようなガス絶縁開閉設備を用いたガス絶縁変電所が採用されるようになった.特に地下変電所,屋内変電所などに広く適用され,500 kV 回路用まで実用化されている.以下にその特徴を示す.

- ・SF₆ ガスは不燃性のため火災の危険がなく,安全性が高い
- ・SF₆ ガスは不活性のため絶縁物の劣化がなく,信頼度が高い
- ・従来の空気絶縁に代わって,絶縁性能の優れた SF₆ ガスを封入した容器の中に母線などを収納するため,絶縁距離を大幅に縮小できる
- ・母線,遮断器,断路器,接地装置,変成器などすべての充電部が完全に収納されており,その収納金属容器は接地されているため,感電の危険がない
- ・完全に密閉されているため,充電部がシールドされておりラジオ障害などの問題がない

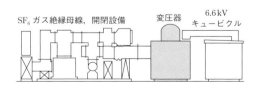

●図 5・12　SF₆ ガス絶縁開閉設備

・雷や天候の影響を受けない

・工場組立て，分割輸送のため現地据付工事が簡単になる

・完全に密閉された容器に機械が収納されているため，外部の雰囲気による汚損や劣化がないので保守の省力化が図れる

・機械を小形化したり，合理的な立体配置が可能となったため，変電所の所要面積または容積が小さく土地価格の高いところでは経済的である

・外観が比較的シンプルなため，環境との調和をとりやすい

・断路器や接地スイッチの「入」「切」を直接目視で確認できない

・据付け時に異物の混入やガス漏れのないよう慎重に行う必要がある

・従来形の開閉設備に比較して高価である

4 開閉設備の設計

【1】 三相短絡電流の計算

　開閉設備の主となるものは遮断器で，その遮断電流や遮断容量を決定する場合，系統の短絡電流または短絡容量を求めなければならない．その基本となるのが三相短絡電流の計算で，百分率インピーダンスによる方法について述べる（Chapter 9 にも詳述）．

　図 5・13 の単相回路において，zI_n と E_a の比に 100 を掛けたものを %z で表し，**百分率インピーダンス**という．すなわち

$$\%z = \frac{zI_n}{E_a} \times 100 \ 〔\%〕 \tag{5・4}$$

この式の E_a〔V〕を E〔kV〕で表し，分母・分子に E を掛けると

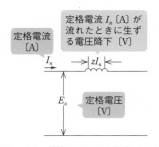

●図 5・13　単相回路の百分率インピーダンス〔%z〕

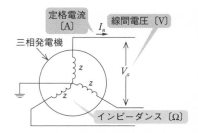

●図 5・14　三相回路の百分率インピーダンス〔%z〕

$$\%z = \frac{zI_n}{1\,000 \times E} \times 100 = \frac{zI_n}{10E} = \frac{zEI_n}{10E^2} = \frac{zS}{10E^2} \quad [\%] \tag{5・5}$$

ただし，$S = EI_n$ [kV・A] で定格容量である．

単相回路と同様に図 5・14 の三相回路の $\%z$ を求める．この場合 V_a [V] は線間電圧であるから相電圧は $V_a/\sqrt{3}$ [V] となり

$$\%z = \frac{zI_n}{V_a/\sqrt{3}} \times 100 \quad [\%] \tag{5・6}$$

単相回路と同様に V_a [V] を V [kV] で表し，分母・分子に V を掛けると

$$\%z = \frac{zI_n}{\dfrac{1\,000 \times V}{\sqrt{3}}} \times 100 = \frac{\sqrt{3}\,zI_n}{10V} = \frac{z \times \sqrt{3}\,VI_n}{10V^2} = \frac{zS}{10V^2} \quad [\%] \tag{5・7}$$

ただし，$S = \sqrt{3}\,VI_n$ [kV・A] で，発電機の定格容量とする．

式（5・5）と式（5・7）は同じ形になり，単相でも三相でも使用できる．

なお，V は線間電圧を [kV] で，S は定格容量を [kV・A] で表している．

図は発電機で示したが，変圧器でもインピーダンスでも差し支えない．

式（5・5）および式（5・7）の $\%z$ は S [kV・A] を基準としているが，S' [kV・A] を基準にしたときの百分率インピーダンスを $\%z'$ とすると

$$\%z' = \%z \times \frac{S'}{S} \quad [\%] \tag{5・8}$$

となる．短絡電流を計算する場合，各部の kV・A が異なっているときは，任意の容量 [kV・A] のもとに $\%z$ を換算し合計すればよい．この基準にとった容量を基準容量という．

図 5・15 の三相回路において短絡が発生した場合の短絡電流の求める．

図において，線間電圧は V_a [V] であるから，相電圧は $V_a/\sqrt{3}$ [V] となり，三相短絡電流 I_s [A] は

$$I_s = \frac{V_a/\sqrt{3}}{z} = \frac{V_a}{\sqrt{3}\,z} \quad [A] \tag{5・9}$$

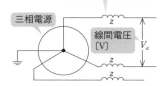

●図 5・15 三相短絡電流の求め方

式（5・6）から z を求めると

$$\%z = \frac{zI_n}{V_a/\sqrt{3}} \times 100 = \frac{\sqrt{3}\,zI_n}{V_a} \times 100$$

Chapter
5

$$z = \frac{\%z \times V_a}{\sqrt{3}\,I_n \times 100} \ [\Omega] \tag{5・10}$$

式（5・9）に式（5・10）を代入すると

$$I_s = \frac{V_a}{\sqrt{3}\,z} = \frac{V_a}{\sqrt{3}} \times \frac{\sqrt{3}\,I_n \times 100}{\%z \times V_a} = \frac{100}{\%z} \times I_n \ [\mathrm{A}] \tag{5・11}$$

したがって，$\%z$ で 100 を割れば，定格電流の何倍の短絡電流が流れるかを簡単に求められる．なお，単相回路でも同じ形の式が得られる．

三相短絡容量を S_s〔kV・A〕，基準容量（皮相電力）を S_{BASE}〔kV・A〕とすると

$$S_s = 3 \times \frac{V}{\sqrt{3}} \times I_s = \sqrt{3}\,V \times \frac{100}{\%z} \times I_n = \sqrt{3}\,VI_n \times \frac{100}{\%z}$$

$$= S_{\mathrm{BASE}} \times \frac{100}{\%z} \ [\mathbf{kV \cdot A}] \tag{5・12}$$

●【2】 開閉設備の設計

　開閉設備の設計にあたっては，設置箇所の電圧，電流，使用条件，使用場所，操作方式，種類，信頼度，保守の容易さ，将来計画，環境条件，経済性などについて検討される．開閉設備の主体は遮断器で，JEC（電気規格調査会標準規格）の中から選定するが，考慮すべき主な事項をあげると次のとおりである．

① **定格電圧**　　回路の公称電圧の 1.2/1.1 倍のものを選ぶ．例えば，77 kV の場合 77×1.2/1.1 = 84 kV とする．

② **定格電流**　　将来の拡張計画，過負荷運転なども検討して決定する．

③ **定格遮断電流**　　遮断器を設置する回路の短絡電流を計算して決定する．

④ **定格周波数**　　使用する回路の周波数による．

⑤ **定格投入電流**　　定格遮断電流のほぼ 2.5 倍が標準．投入動作時の電磁反発力によって，投入不能や，先行アークによる接触子の消耗などの問題がある．

⑥ **定格遮断時間**　　2，3，5 サイクルがある．

⑦ **動作責務**　　一般用として，A 号 O-(1 分)-CO-(3 分)-CO，B 号 CO-15 秒-CO，再閉路用として R 号 O-(θ)-CO-(1 分)-CO がある．ここで，O は遮断，C は投入である．θ は再閉極時間で 0.35 秒を標準とする．

⑧ **過渡回復電圧**　　電流遮断直後の過渡期に開閉機器の 1 極の端子間に現れる電圧をいい，特に高いところは特殊仕様にするか，緩和措置をとる．

⑨ **操作方式**　　投入，引外しに電気式，圧縮空気式，油圧式などがある．

⑩ **種　類**　　ガス，真空，油，空気，磁気などの遮断器がある．

⑪ **特殊条件**　　周囲温度，塩害，粉じん害，多頻度開閉，騒音，火災，据付け面積などに制約のあるもの．

問題6 ✓ ✓ ✓ H3　A-20

　　コンデンサ用開閉器は，一般の開閉器に比べて　(ア)　が起こりやすい．コンデンサ回路の電圧の位相は電流の位相と比べ　(イ)　ため，電流ゼロで開閉器のアークが切れた瞬間は電圧が　(ウ)　であるから，接触部が十分離れていなければこの現象が起こりやすい．

　　上記の記述中の空白箇所（ア），（イ）および（ウ）に記入する字句として，正しいものを組み合わせたのは次のうちどれか．

	（ア）	（イ）	（ウ）
(1)	共振現象	90度遅れている	不安定
(2)	共振現象	90度進んでいる	最大
(3)	再点弧現象	90度進んでいる	不安定
(4)	再点弧現象	同相である	不安定
(5)	再点弧現象	90度遅れている	最大

 コンデンサ開閉器：遮断後再点弧しやすい（∵　位相90°進み）．

解説　電流が遮断された直後，商用周波の1サイクルの1/4以上の時点で，接触子間に再び電流が流れることを**再点弧**というが，図でコンデンサ電流が t_1 で遮断されると，コンデンサは最大値に充電されており，接触子間に電位差はないので容易に遮断される．電源電圧が a–t_2–b に沿って変化すると，コンデンサ電圧は ac のようにほとんど変化しないので，1/2 サイクル後の t_3 において接触子間電圧は $2E_m$ となり，接触子間の距離が十分でないと再点弧しやすい．

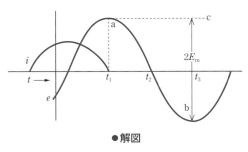

●解図

解答 ▶ (5)

Chapter **5**

問題7 ☑ ☑ ☑

図に示す送電線の F 点において三相短絡を生じた場合，この点における短絡電流はいくらか．正しい値を次のうちから選べ．ただし，各部の電圧，容量および百分率リアクタンスは次のとおりとする．

G$_1$ 発電機　10 000 kV·A　11 kV　30 %

G$_2$ 発電機　20 000 kV·A　11 kV　30 %

変圧器　30 000 kV·A　11/77 kV　7.5 %

送電線　30 000 kV·A　77 kV　3 %（変圧器から F 点まで）

(1) 294　　(2) 454　　(3) 555　　(4) 882　　(5) 1 363

$I_s = \dfrac{100}{\%z} \times I_n$,　$\%z_2 = \dfrac{S_{2\text{BASE}}}{S_{1\text{BASE}}} \%z_1$ を用いる．

解説 この問題は百分率リアクタンスであるが，百分率インピーダンスと同様に扱えばよい．

基準容量を 30 000 kV·A とし，G$_1$，G$_2$ の百分率リアクタンスを換算すると

G$_1$ 発電機　$30 \times 30\,000/10\,000 = 90\,\%$

G$_2$ 発電機　$30 \times 30\,000/20\,000 = 45\,\%$

短絡点からみたこの系統の合成百分率リアクタンス $\%x$ は

$$\%x = \frac{1}{1/90 + 1/45} + 7.5 + 3 = 40.5\,\%$$

定格電流を I_n 〔A〕とすると，F 点の短絡電流 I_s 〔A〕は

$$I_s = \frac{100}{\%x} \times I_n = \frac{100}{40.5} \times \frac{30\,000}{\sqrt{3} \times 77} = \mathbf{555\,A}$$

解答 ▶ (3)

問題8 ☑ ☑ ☑　　　　　　　　　　H15 A-7

ガス絶縁開閉装置（GIS）は，金属容器に遮断器，断路器，母線などを収納し，絶縁耐力および消弧能力の優れた　(ア)　を充填したもので，充電部を支持するスペーサなどの絶縁物には，主に　(イ)　が用いられる．また，気中絶縁の設備に比べて GIS には次のような特徴がある．

① コンパクトである．

② 充電部が密閉されており，安全性が高い．

③ 大気中の汚染物等の影響を受けないため，信頼性が　(ウ)　．

④ 内部事故時の復旧時間が ［　（エ）　］.

上記の記述中の空白箇所（ア），（イ），（ウ）および（エ）に記入する語句として，正しいものを組み合わせたのは次のうちどれか.

	（ア）	（イ）	（ウ）	（エ）
(1)	SF_6 ガス	磁器がいし	高い	短い
(2)	SF_6 ガス	エポキシ樹脂	高い	長い
(3)	SF_6 ガス	エポキシ樹脂	低い	短い
(4)	窒素ガス	磁器がいし	低い	長い
(5)	窒素ガス	エポキシ樹脂	高い	短い

 SF_6（六ふっ化硫黄）ガスは電気絶縁性・化学的安定性に優れている.

解説 GIS は，絶縁性能および消弧性能に優れた特性を示す **SF_6 ガス**を金属容器に密閉し，この中に開閉装置，母線，変成器などを収納したものである.

充電部の支持には**エポキシ樹脂**が用いられ，充電部が隠ぺいされており大気中の汚染物の影響を受けないため**信頼性が高い**が，機器を密閉・一体化しているため内部故障時の**復旧時間は長い**.

解答 ▶ (2)

問題❾ ✓ ✓ ✓　　　　　　　　　　　　　　　　　　　　　　　H19　A-14

六ふっ化硫黄（SF_6）ガスに関する記述として，誤っているのは次のうちどれか.

(1) 絶縁破壊電圧が同じ圧力の空気よりも高い.

(2) 無色，無臭であり，化学的にも安定である.

(3) 温室効果ガスの一種として挙げられている.

(4) 比重が空気に比べて小さい.

(5) アークの消弧能力は空気よりも高い.

解説 **SF_6 ガスは無色・無臭・不活性の気体**であり，**約 500℃ まで安定**している優れた絶縁性ガスである. **比重は空気に対して 5.1 倍**と大きい. また SF_6 ガスは電気的負性ガスで，**絶縁耐力が空気の約 3 倍**あり（$0.3 \sim 0.4\,MPa$ に圧縮された場合，**絶縁油に相当**），圧力による線形性が優れていることから，加圧され，ガス絶縁開閉装置（GIS），遮断器，変圧器などの電力用機器の絶縁材料や消弧媒体として多用されている. しかし，地球温暖化現象の検討結果から SF_6 ガスの**温暖化係数の高いこと**（**同じ質量の二酸化炭素の約 2 万倍**）が明らかになり，不要に大気中に排出しないように管理されている.

解答 ▶ (4)

問題⑩ ✓ ✓ ✓

　次の文章は，送変電設備の断路器に関する記述である．

　断路器は　(ア)　をもたないため，定格電圧のもとにおいて　(イ)　の開閉をたてまえとしないものである．　(イ)　が流れている断路器を誤って開くと，接触子間にアークが発生して接触子は損傷を受け，焼損や短絡事故を生じる．したがって，誤操作防止のため，直列に接続されている遮断器の開放後でなければ断路器を開くことができないように　(ウ)　機能を設けてある．

　なお，断路器の種類によっては，短い線路や母線の　(エ)　およびループ電流の開閉が可能な場合もある．

　上記の記述中の空白箇所（ア），（イ），（ウ）および（エ）に記入する語句として，正しいものを組み合わせたのは次のうちどれか．

	(ア)	(イ)	(ウ)	(エ)
(1)	消弧装置	励磁電流	インタロック	地絡電流
(2)	冷却装置	励磁電流	インタロック	充電電流
(3)	消弧装置	負荷電流	インタフェース	地絡電流
(4)	冷却装置	励磁電流	インタフェース	充電電流
(5)	消弧装置	負荷電流	インタロック	充電電流

遮断器：負荷電流および故障電流を遮断する（できる）．

断路器：負荷電流および故障電流を開閉（遮断）することができない．

解説　断路器は負荷電流を開閉することができないため，遮断器と**インタロック**を施し，遮断器が開放状態でなければ，断路器の開閉操作ができないようになっている．なお，線路の充電電流を直接遮断することは断路器本来の目的ではないが，母線や線路の充電電流および変圧器の励磁電流を開閉する能力が若干あり，これによって遮断器を省略することができる場合がある．

解答 ▶ (5)

母線・保護装置

[★★★]

1 変電所の母線

　変電所の母線・主回路の接続方式は，その変電所の重要度，系統運用の融通性，運転保守の容易さ，経済性などを総合的に検討して，系統構成と十分協調をとり，かつ，できるかぎり簡素化することが，誤操作防止などの面から必要である．

1 結線方式の種類

　母線方式の基本的なものとして，単母線，複母線（二重・三重母線など）および環状母線などがあるが，変電所によっては母線を省略することもある．図5・16に基本的な母線・主回路の方式を単線結線図で示す．

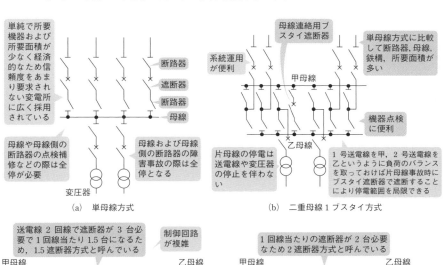

●図5・16　母線・主回路の方式

■2■ 母線導体

　変電所の母線導体には，裸硬銅，硬アルミ，耐熱アルミ合金などのより線と，銅帯，銅棒，銅管，アルミ合金チャンネル（チャネル），アルミパイプなど各種のものが用いられる．これらの導体の選定は，屋内，屋外の別，架線方法，電流容量，短時間電流強度，コロナ雑音，経済性などを考慮して決定される．

2　避　雷　器

■1■ 避雷器の機能

　避雷器は，雷または回路の開閉などによって過電圧の波高値がある一定の値を超えた場合，放電により過電圧を制限して電気施設の絶縁を保護するものである．放電が実質的に終了した後は，引き続き電力系統から供給されて避雷器を流れる電流（これを続流という）を短時間のうちに遮断（続流遮断）して，系統の正常な状態を乱すことなく，原状に回復する機能が要求される．

■2■ 避雷器の特性

　避雷器の性質や動作について，主なものを図5·17に示す．

■3■ 避雷器の種類

　避雷器を構造上から分類すると，直列ギャップ付避雷器と，直列ギャップをもたない酸化亜鉛（ZnO）形避雷器に分けられる．

　① **直列ギャップ付避雷器**　図5·18（a）に示すように，炭化けい素（SiC）を主材にした高温焼成素子でできた特性要素，直列ギャップ，およびこれらを収容する密閉容器とからなっている．主に配電用避雷器に使用される．

　② **酸化亜鉛（ZnO）形避雷器**　図5·18（b）に示すように，直列ギャップをもたない避雷器（ギップレス避雷器）で，現在広く用いられている．その特徴は

（1）　直列ギャップをもたないため**放電遅れがなく，保護性能がよい**．

（2）　非直線抵抗特性が優れているため，**サージ処理能力が高い**．

（3）　直列ギャップがないので，**汚損による特性変化が少ない**．

（4）　小形，軽量のため耐震性能が向上し，また，ガス絶縁変電所では据付けスペースの縮小が図れる．

　なお，避雷器の設置位置は，保護効果を高めるため，被保護機器との離隔距離をできるかぎり小さくすることが必要である．

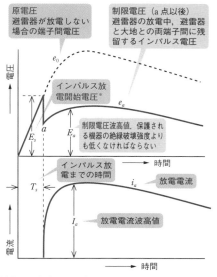

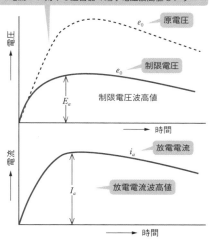

＊避雷器と大地との両端子間にインパルス電圧が印加され，避雷器が放電する場合，その初期において放電前に達し得る端子間電圧の最高値
・商用周波放電開始電圧：実質的に避雷器に電流が流れ始める最低の商用周波電圧をいい，実効値で表す

＊＊所定の電流値としては，容量性電流を除いた交流抵抗分電流，または直流電流波高値を用い，公称放電電流 10 000 A，開閉サージ動作責務静電容量 25 μF の避雷器の場合 1 mA，50 μF の場合 2 mA，78 μF の場合 3 mA となる

(a) 直列ギャップ付避雷器

(b) 直列ギャップを用いない酸化亜鉛形避雷器

● 図 5・17 避雷器の特性

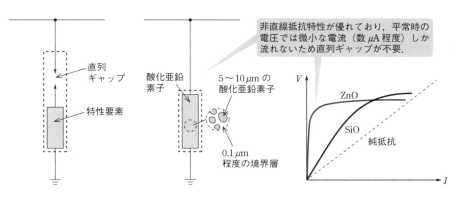

(a) 直列ギャップ付避雷器

(b) 酸化亜鉛（ZnO）形避雷器

(c) V-I 特性

● 図 5・18 避雷器の構造

3 変電所の保護継電器

変電所の内部または外部において故障が発生した場合，迅速かつ確実に故障を検出して，適当な遮断器で遮断し，機器の損傷や故障範囲の拡大を防ぐため，保護継電器が用いられる．なお，保護継電器は従来のアナログ形保護継電器に代わり，演算性能に優れ高性能，小形化，保守の簡素化などが図れるディジタル形保護継電器が用いられるようになった．

〔1〕 保護継電器の種類

変電所に使用される保護継電器のうち主なものをあげると，次のとおりである．

① **過電流（過電圧）継電器**　　電流（電圧）が整定値以上になった場合に動作するもので，過電流継電器は，短絡事故や過負荷の検出に使用される．

② **不足電流（不足電圧）継電器**　　電流（電圧）が整定値以下になった場合に動作するものである．

③ **差動継電器**　　保護区間に流入する電流と保護区間から流出する電流のベクトル差を判別して動作するものである．

④ **比率差動継電器**　　上記 ③ の差動継電器の一種で，保護区間に流入する電流と保護区間から流出する電流の差が動作コイルに流れて動作するものである（図5・19）．

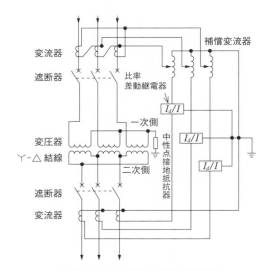

●図5・19　比率差動継電器の回路

⑤　**電力継電器**　整定値以上の電力で動作するものである.

⑥　**方向継電器**　二つ以上のベクトル量の関係位置で動作し，電流がいずれの方向に流れているかを判定するもので，事故点の方向や電力潮流の方向などを判断するのに用いる.

⑦　**距離継電器**　継電器からみる電気的距離，たとえば電圧/電流の値から故障点までのインピーダンスを判別して動作するものである. オーム継電器，リアクタンス継電器，インピーダンス継電器，モー継電器などがある.

⑧　**位相比較継電器**　保護区間の各端子の電流の位相を比較するものである.

⑨　**地絡継電器**　地絡保護を行うために設けられるものである.

⑩　**回線選択継電器**　並行多回線送電線において，各回線間の電流や電力潮流などを比較して事故回線を選択するものである.

⑪　**再閉路継電器**　再閉路を行うために設けられるものである. 送配電系統は雷，樹木接触，鳥獣接触などの事故が多く，事故回線を遮断して一定時間後に再投入すれば異常なく送電できる場合が多い. このため再閉路継電器が用いられる.

【2】変圧器の保護

①　**電気的継電器**　変圧器の巻線を電気的に保護する場合，小容量のものは過電流継電器が用いられ，容量が大きくなると差動継電器，さらに図 5・19 に示したような比率差動継電器が用いられる.

②　**機械的継電器**　ガス蓄積形，油流形，衝撃圧力形がある（図 5・20 参照）.

Chapter
5

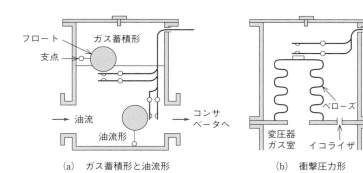

(a)　ガス蓄積形と油流形　　　　(b)　衝撃圧力形

● 図 5・20　機械的継電器（変圧器保護）

問題⓫　　　✓ ✓ ✓

次の文章は，避雷器に関する記述である．

避雷器は，雷又は回路の開閉などに起因する過電圧の　(ア)　がある値を超えた場合，放電により過電圧を抑制して，電気施設の絶縁を保護する装置である．特性要素としては　(イ)　が広く用いられ，その　(ウ)　の抵抗特性により，過電圧に伴う電流のみを大地に放電させ，放電後は　(エ)　を遮断することができる．発変電所用避雷器では，　(イ)　の優れた電圧－電流特性を利用し，放電耐量が大きく，放電遅れのない　(オ)　避雷器が主に使用されている．

上記の記述中の空白箇所 (ア) ～ (オ) に当てはまる組合せとして，正しいものを次の (1) ～ (5) のうちから一つ選べ．

	(ア)	(イ)	(ウ)	(エ)	(オ)
(1)	波頭長	SF_6	非線形	続流	直列ギャップ付き
(2)	波高値	ZnO	非線形	続流	ギャップレス
(3)	波高値	SF_6	線形	制限電圧	直列ギャップ付き
(4)	波高値	ZnO	線形	続流	直列ギャップ付き
(5)	波頭長	ZnO	非線形	制限電圧	ギャップレス

解説　避雷器には **ZnO**（酸化亜鉛）が広く用いられている．ZnO は特性要素として**非線形**の抵抗特性をもち，平常時の電圧ではごく微小な電流しか流れないため，直列ギャップは不要である．過電圧に伴う電流のみを大地に放電させ，放電後は**続流**を遮断する．

解答 ▶ (2)

問題⓬　　　✓ ✓ ✓

発変電所の保護継電器に関する次の記述のうち，誤っているのはどれか．
(1) 機器の破損を防ぎ事故の拡大を防止するため，必要な動作速度を有すること．
(2) 継電器は誤動作，誤不動作のないことが要求される．
(3) 事故電流の大きさによって保護性能が左右されない動作感度が必要である．
(4) 事故発生の際は，安全のため継電器によりできるだけ広範囲に遮断することが必要である．
(5) 主保護継電器が確実に動作しても，遮断器の不良などによる保護不能を防ぐため，必要に応じて後備保護が設けられる．

保護継電器は，動作感度と動作速度を設定することで，事故区間を含む遮断区間を局限化する.

解説 継電器は，遮断区間が必要最小限となるように事故区間を遮断し，不必要な遮断をしない選択性が要求される.

解答 ▶ (4)

問題⑬　☑☑☑　　　　　　　　　　　　　　H14　A-5

変電所に使用されている主変圧器の内部故障を確実に検出するためには，電気的な保護継電器や機械的な保護継電器が用いられる．電気的な保護継電器としては，主に　(ア)　継電器が用いられ，機械的な保護継電器としては，　(イ)　の急変や分解ガス量を検出するブッフホルツ継電器，　(ウ)　の急変を検出する継電器などが用いられる.

また，故障時に変圧器内部の圧力上昇を緩和するために　(エ)　が取り付けられている.

上記の記述中の空白箇所（ア），（イ），（ウ）および（エ）に記入する語句として正しいものを組み合わせたのは次のうちどれか.

	(ア)	(イ)	(ウ)	(エ)
(1)	過電流	油流	振動	減圧弁
(2)	比率差動	油流	油圧	放圧装置
(3)	比率差動	油流	振動	放圧装置
(4)	過電流	油温	振動	減圧弁
(5)	比率差動	油温	油圧	放圧装置

Chapter 5

 変圧器の内部事故検出：比率差動継電器（電気的），ブッフホルツ継電器，衝撃圧力継電器（機械的）がある.

解説 変圧器の内部事故を確実に検出するために電気的なものとして**比率差動継電器**が用いられ，機械的なものとして古くからブッフホルツ継電器が用いられてきたが，最近は内圧上昇率を検出する衝撃圧力継電器によるものが多い.

解答 ▶ (2)

問題14 ☑ ☑ ☑ H27 A-6

保護リレーに関する記述として，誤っているものを次の（1）〜（5）のうちから一つ選べ．

(1) 保護リレーは電力系統に事故が発生したとき，事故を検出し，事故の位置な種類を識別して，事故箇所を系統から直ちに切り離す指令を出して遮断器を動作させる制御装置である．

(2) 高圧配電線路に短絡事故が発生した場合，配電用変電所に設けた過電流リレーで事故を検出し，遮断器に切り離し指令を出し事故電流を遮断する．

(3) 変圧器の保護に最も一般的に適用される電気式リレーは，変圧器の一次側と二次側の電流の差から異常を検出する差動リレーである．

(4) 後備保護は，主保護不動作や遮断器不良など，何らかの原因で事故が継続する場合に備え，最終的に事故除去する補完保護である．

(5) 高圧需要家に構内事故が発生した場合，同需要家の保護リレーよりも先に配電用変電所の保護リレーが動作して遮断器に切り離し指令を出すことで，確実に事故を除去する．

5-4節 ③ および 12-2節参照．

 保護継続方式の具備条件の一つに故障範囲の局限化，健全部分への波及防止がある．構内事故が発生した当該需要家以外の健全な需要家も停電することは誤りである．

解答 ▶ (5)

調 相 設 備

[★★★]

　一般の負荷は，主に抵抗と誘導リアクタンスの組合せからなっており，遅れ力率のものが多い．反面，超高圧送電線や都市のケーブル系統の増大に伴って対地充電容量が大きくなり，軽負荷時には系統電圧が上昇する．調相設備は，これらに対して無効電力潮流を適正に維持することを目的として設置される．調相設備には電力用コンデンサ，分路リアクトルおよび静止形無効電力補償装置の静止器と，同期調相機の回転機がある．なお，力率改善，電圧降下および損失の軽減の計算については，Chapter 8（電気的特性）の記述を参照されたい．

┃1┃ 同期調相機

　同期調相機（RC）は無負荷運転の同期電動機で，界磁電流を増加すれば進み電流，減少すれば遅れ電流が，系統から電機子巻線に流れ込むのを利用して**力率を調整する**（図 5・21 参照）．

　同期調相機の冷却方式には，**空気冷却**と**水素冷却**が採用されている．

◀1▶ 同期調相機の特徴

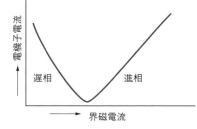

●図 5・21　同期調相機の V 曲線

① 進相，遅相の両方に使用でき，**連続可変**である（図 5・21 参照）．
② 遅相容量は進相容量の 0.5 〜 0.8 程度である．
③ 界磁電流が大きいため，**界磁巻線が大きい**．
④ 動力を伝達する必要がないため，**軸が細い**．
⑤ 電力損失は，静止器の 0.5 ％ 以下に比べて約 1.5 〜 2.5 ％ と大きい．
⑥ 回転機のため運転が難しく，保守が煩雑である．また，始動も静止器のように簡単ではなく，騒音も大きく，高価である．

┃2┃ 電力用コンデンサ

　図 5・22 に，**電力用コンデンサ（SC）**の高圧用のものを示す．**直列リアクトル**は，波形ひずみを防止するため第 5 調波に同調させて短絡状態とし，これ以

上の調波に対しては誘導性となるようにしている．放電コイルは，停止時に残留
電荷を放電する．

◀【1】 電力用コンデンサの特徴 ▶

① 電力損失が約 0.2 % 以下と小さい．

② 可動部分がないので信頼度が高く，保守が容易で騒音がほとんどない．

③ 進相容量のみで**遅相容量はない**．

④ 1 群の単位で「入」，「切」して調整するため，段階的になる．

⑤ 同期調相機に比べて安価である．

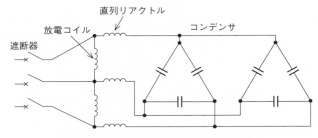

●図 5・22　電力用コンデンサ（高圧用）

3 分路リアクトル

　分路リアクトル（ShR）は，交流回路
の分路に接続され，長距離送電線やケーブ
ル系統などの進相電流を補償するために設
けられる（図 5・23 参照）．

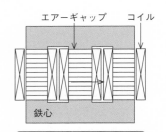

●図 5・23　分路リアクトルの構造概要

◀【1】 分路リアクトルの特徴 ▶

① 電力損失が 0.5 % 以下と小さい．

② 可動部分がないので信頼度が高く，
保守が容易である．

③ 低騒音形を採用すれば騒音は問題な
い．

④ 1 台の単位で「入」，「切」して調整するので段階的となる．遅相容量のみ
で**進相容量はない**．

⑤ 同期調相機に比べ安価である．

4 静止形無効電力補償装置

　静止形無効電力補償装置（SVC：Static Var Compensator）は，負荷の変動によって生じる**電力フリッカの抑制，受電端電圧の安定化，電力系統の安定度向上対策**など，高度の制御性を要求される場合に用いられる．SVC にはいろいろな種類があるが，図5·24 にその一部を示す．

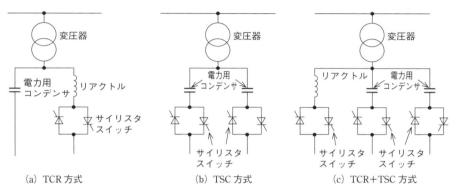

(a) TCR 方式　　　(b) TSC 方式　　　(c) TCR+TSC 方式

●図5·24　静止形無効電力補償装置

【1】 サイリスタ制御リアクトル方式

　図5·24（a）はサイリスタ制御リアクトル（**TCR**：Thyristor Controlled Reactor）方式で，リアクトルに直列に接続されたサイリスタスイッチにより，容量を連続的に変化できる．一般的には，サイリスタ制御リアクトルと進相コンデンサを並列に接続して使用される．

【2】 サイリスタ開閉制御コンデンサ方式

　図5·24（b）はサイリスタ開閉制御コンデンサ（**TSC**：Thyristor Switched Capacitor）方式で，サイリスタスイッチの開閉により複数台のコンデンサを段階的に制御する．

【3】 TCR+TSC 方式

　図5·24（c）は TCR と TSC を組み合わせたものである．

【4】 自励式インバータ方式

　自励式インバータ（SCC：Self Commutated Convertor）を用いて無効電力を発生するもので，**静止形無効電力発生装置**（**SVG**：Static Var Generator）とも呼ばれる．図5·25（a）に示すように，変圧器を介して自励式インバータ

Chapter
5

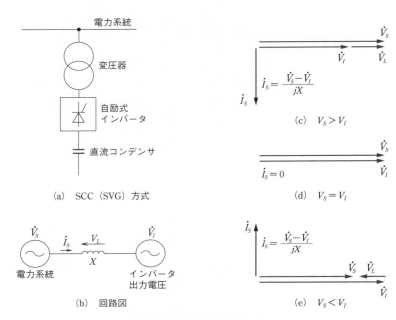

(a)　SCC（SVG）方式

(b)　回路図

(c)　$V_S > V_I$

(d)　$V_S = V_I$

(e)　$V_S < V_I$

●図5・25　自励式インバータ方式

を電力系統に接続したものである.

　いま，系統電圧を V_S，インバータ出力電圧を V_I，回路のリアクタンスを X（抵抗分は無視する）とし，V_S と V_I とを同期させ，V_I の大きさを変化させたとき，V_I と V_S の差 V_L によって図5・25（b）のように電流 $\dot{I}_S$ が流れる.

　$V_S > V_I$ のときは図5・25（c）のベクトル図に示すように，系統から遅れ電流が流れ込み，遅れの無効電力を吸収する.

　$V_S = V_I$ のときは図5・25（d）に示すように $\dot{I}_S = 0$ となる.

　$V_S < V_I$ のときは図5・25（e）に示すように $\dot{I}_S$ は進相電流となり，進みの無効電力を吸収する.

　このように，**SVG は無効電力を進相にも遅相にも制御でき，高速制御性があり，連続的に制御できる**などの特徴がある.

❙5❙　調相設備の設計

　調相設備の設計にあたり，これまで述べた同期調相機，電力用コンデンサ，分路リアクトルおよび静止形無効電力補償装置の比較を表5・1に示す.

●表5・1　調相設備の比較

比較項目	同期調相機	電力用コンデンサ	分路リアクトル	SVC
価　　　格	大	小	小	大
年　経　費	大	小	小	小
電　力　損　失	出力の 1.5～2.5%	出力の 0.2% 以下	出力の 0.5% 以下	出力の 0.5～1.0%
保　　　守	回転機として煩雑	簡単	簡単	簡単
無 効 電 力 吸 収 能 力	進相と遅相用	進相用	遅相用	進相と遅相用
調　整　段　階	連続	段階的	段階的	連続
電圧調整能力	大	同期調相機より 小	同期調相機より 小	大
試 送 電 能 力	可　　能	不可能	不可能	不可能

◀1▶ 無効電力潮流を改善し，送電損失の軽減と送電容量の確保，系統電圧の適正維持などを目的とする場合

① 調整が段階的で支障のないとき，進相用には電力用コンデンサ，遅相用には分路リアクトルを用いるのが保守も容易で，損失も小さく，安価である．

② 調整を連続的にする必要があるとき，同期調相機，SVC（TCR，SVG）が選択の対象となるが，いずれも高価で，同期調相機は損失もやや大きく，回転機のため運転保守も煩雑となる．

③ 無効電力吸収能力が遅相，進相とも必要なとき電力用コンデンサと分路リアクトルを併置するか，同期調相機または SVG を用いる．

◀2▶ 負荷変動対策，系統安定度向上対策として高度な制御性が必要な場合

高度制御が可能な SVC が用いられる．

調相設備は上記のように，設置目的に合う種類の選択と，電圧，容量（当面の必要容量，将来の容量），設置所要面積，電力損失，運転・保守の容易さ，建設費，維持費などを総合的に検討して決定される．なお，調相設備の開閉器は，開閉頻度が高く，コンデンサの開閉では電流遮断後 1/2 サイクルで開閉器の極間に高い回復電圧が現れるので，再点弧を発生しないものを選ぶ必要がある．

Chapter
5

問題15 ☑ ☑ ☑   H18 A-5

交流送配電系統では，負荷が変動しても受電端電圧をほぼ一定に保つために，変電所等に力率を調整する設備を設置している．これを調相設備という．

調相設備には， (ア) ， (イ) ，同期調相機等がある． (ウ) には (ア) により調相設備に進相負荷をとらせ， (エ) には (イ) により遅相負荷をとらせて，受電端電圧を調整する．同期調相機は界磁電流を調整することにより，上記のいずれの調整も可能である．また，電圧フリッカの抑制，系統安定度の向上，受電端電圧の安定化などが高速で制御できる (オ) も用いられている．

上記の記述中の空白箇所（ア），（イ），（ウ），（エ）および（オ）に当てはまる語句として，正しいものを組み合わせたのは次のうちどれか．

	(ア)	(イ)	(ウ)	(エ)	(オ)
(1)	電力用コンデンサ	分路リアクトル	重負荷時	軽負荷時	静止形無効電力補償装置
(2)	電力用コンデンサ	分路リアクトル	軽負荷時	重負荷時	負荷時タップ切替変圧器
(3)	直列リアクトル	電力用コンデンサ	重負荷時	軽負荷時	静止形無効電力補償装置
(4)	分路リアクトル	電力用コンデンサ	軽負荷時	重負荷時	負荷時タップ切替変圧器
(5)	電力用コンデンサ	直列リアクトル	重負荷時	軽負荷時	負荷時電圧調整器

 調相設備：電力用コンデンサ，分路リアクトル，同期調相機がある．

解説 一般の負荷の大部分は誘導負荷で，**重負荷時**には遅れの無効電流が増大して線路の電圧降下を増し，受電端電圧が低下する．これに対して受電端に**電力用コンデンサ**を接続すると進みの無効電流をとるため，負荷の無効電流と打ち消し合って力率がよくなり，受電端の電圧低下が改善される．

一方，ケーブル系統の増大に伴い対地静電容量が大きくなり，**軽負荷時**には，充電電流による進みの無効電力となり，受電端電圧が上昇する．そこで，受電端に**分路リアクトル**を接続して遅れの無効電力をとり，電圧を調整する．

また，電圧フリッカ抑制，系統安定度の向上，受電端電圧の安定化などが高速で制御できる機能を持った**静止形無効電力補償装置**も用いられる．

解答 ▶ (1)

問題16 ✓ ✓ ✓　　　　　　　　　　　　　　　　　　　H6　B-12

　変電所に用いられる電力用コンデンサは，特性上系統の高調波電流を増大させ回路電圧波形を悪くする．このため，コンデンサと直列にリアクトルを入れ，第5調波以上に対し合成リアクタンスを誘導性にしている．この条件を満足するためには，直列リアクタンスを，コンデンサのリアクタンスに対し最低何 % 以上にすればよいか．正しい値を次のうちから選べ．

　　(1) 1　　　(2) 2　　　(3) 3　　　(4) 4　　　(5) 5

 電力用コンデンサは高調波電流の増大要因となる．対策として直列リアクトルを設置する．

解説 基本波に対するリアクトルのリアクタンスを ωL 〔Ω〕，コンデンサのリアクタンスを $1/\omega C$ 〔Ω〕とすると，第5調波に対しては $5\omega L > 1/5\omega C$ となり，$\omega L > 1/25\omega C$，したがって，ωL は $0.04 \rightarrow 4\%$ を超える **5 %** が必要である．

解答 ▶ (5)

問題17 ✓ ✓ ✓　　　　　　　　　　　　　　　　　　　H13　A-6

　電力系統において無効電力を調整する方法として，適切でないのは次のうちどれか．

　　(1) 負荷時タップ切換変圧器のタップを切り換えた．
　　(2) 重負荷時に，電力用コンデンサを系統に接続した．
　　(3) 軽負荷時に，分路リアクトルを系統に接続した．
　　(4) 負荷に応じて同期調相機の界磁電流を調整した．
　　(5) 静止形無効電力補償装置（SVC）により，無効電力を調整した．

 無効電力調整 = 調相設備（電力用コンデンサ，分路リアクトル，同期調相機，SVC）

解説 負荷時タップ切替変圧器のタップ切り換えは，巻数比を変えることによる電圧の調整であり，無効電力を調整するものではない．

解答 ▶ (1)

Chapter
5

参考　**各種リアクトルの設置イメージ**

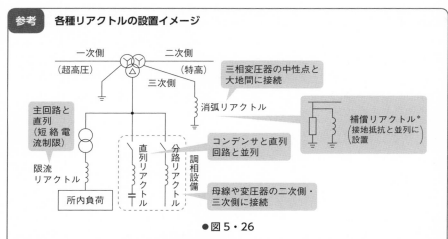

● 図5・26

＊補償リアクトル接地方式：抵抗接地方式が採用される電圧階級の系統で，ケーブルが長く，対地充電電流が大きい場合，その一部を補償するリアクトルを中性点接地抵抗器に並列に接続し，地絡電流を抑えることで，電磁誘導障害等の発生を防ぐとともに，地絡保護継電器の適用を容易にする.

5-6

交直変換設備と周波数変換設備

[★]

　長距離大電力送電やケーブル送電において直流送電を採用することにより多くの利点を生ずる．日本では，津軽海峡を隔てた北海道と本州を，紀伊水道を横断して四国と本州を，海底ケーブルで連系し，直流送電が行われている（6-4 節参照）．

1 交直変換設備

　直流送電の基本的回路は図 5・27 に示すように，順変換所と逆変換所および直流線路で構成されている．まず，順変換所において一つの系統の交流電力を，変換器用変圧器でサイリスタバルブに適した電圧とし，これを直流に変換する．変換された直流電流は直流リアクトルで平滑され，直流送電線路で逆変換所へ送電される．逆変換所では直流リアクトルを経由し，逆変換装置で交流に変換し，変換器用変圧器を通してほかの系統へ送られる．直流送電は，迅速な潮流変化や潮流方向の切替が可能である．

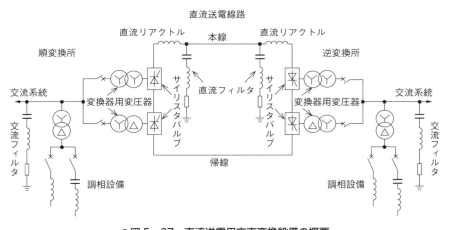

●図 5・27　直流送電用交直変換設備の概要

2　交直変換設備の構成

変換設備の主要機器は次のとおりである.

【1】 サイリスタバルブ

サイリスタとその冷却体を組み合わせ，サージ電圧吸収のための保護回路やゲート駆動回路などを接続したバルブモジュールを 10 ～ 30 個積み上げたサイリスタバルブが順変換器，逆変換器として用いられている．なお，最近は光直接点弧サイリスタがつくられ，バルブ部品点数の削減と信頼性の向上が図られている.

【2】 変換器用変圧器

電源に対する高調波の影響を軽減するため多相整流方式が一般に採用され，Y-Y 結線と Y-△ 結線とを組み合わせた方式が多く使用される．通常，負荷時タップ切換変圧器が用いられる.

【3】 直流リアクトル

直流電流の脈動分の平滑化，軽負荷時の直流断続防止，直流回路事故発生時の電流上昇率の抑制などのために設けられる.

【4】 交流フィルタ

変換装置の運転によって 6 相整流では 5 次，7 次，12 相整流では 11 次，13 次を主とした高調波電流が交流側へ流出する．これらを防ぐため交流フィルタが設けられる.

【5】 直流フィルタ

整流した相数に相当する脈動電圧が直流側に発生するので，直流フィルタが設けられる.

【6】 避　雷　器

図 5·27 では省略してあるが，異常電圧に対する防護のため種々の避雷器が設けられる．酸化亜鉛形が用いられるが，長距離送電線やケーブル系統では対地静電容量が大きいため，過酷な動作責務を要求される.

【7】 制　御　装　置

起動，停止，順変換，逆変換などシステムの基本性能が，サイリスタバルブの点弧位相制御に依存するため，制御装置は極めて重要である.

3　周波数変換設備

　前記 ① の直流送電用交直変換設備において，送・受両端の交流系統の周波数は単独に決めることができる．このため，周波数の異なる系統の連系に使用されたのが周波数変換設備である．我が国では，東が 50 Hz，西が 60 Hz となっており，この連系を強化するため，佐久間と新信濃および東清水に周波数変換所が設けられている．図 5・28 に，新信濃の周波数変換設備の概要を示す．基本的な構成は直流送電と同一である．

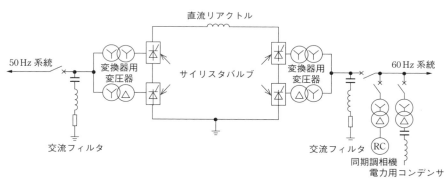

●図 5・28　周波数変換設備の概要

4　交直変換設備と周波数変換設備の設計

　交直変換および周波数変換設備の設計について，ごく概要のみを述べると，設置場所，所要面積，送電線引出しの容易さ，変換器用変圧器の電圧，容量，周波数，冷却方式，電圧調整，サイリスタバルブの種類，電圧，電流，冷却方式，直流リアクトルの電流，容量，高調波フィルタの周波数，調相設備用の変圧器の電圧，容量，調相設備の種類，電圧，容量，制御保護装置，建物など当面の設備と将来の増設の際の施工の容易さなども含めた検討が必要である．

　また，環境対策にも考慮を払い，運転保守の容易さ，運転経費，建設費，事故時の対策など総合的に検討する必要がある．

問題⓲　✓ ✓ ✓

直流送電の交直変換設備についての記述で，誤っているのはどれか．

(1) サイリスタバルブは，順変換器または逆変換器として交直変換を行う．

(2) 直流送電線路の送・受両端に遮断器を設けず，変換器用変圧器の高電圧側に交流遮断器が設置される．

(3) 直流送電線路の送・受両端に，直流電流脈動分の平滑化のため直流リアクトルが設置される．

(4) 変換装置に必要な無効電力を供給するため，電力用コンデンサや同期調相機などの無効電力供給設備が設置される．

(5) 直流送電の交直変換設備と，周波数変換設備とは基本構成においてまったく異なるものである．

 直流送電の交直変換設備と周波数変換設備の基本的な構成は同じである．

解答 ▶ (5)

変電所の設計・運転

[★★]

1 変電所の一般的な設計方針

　変電所の設計に当たっては，電力系統に占める位置，規模，要求される信頼度，融通性や電力需要の大きさ，伸び率，将来の規模などを検討して設計するが，一般的な設計方針について述べると次のとおりである．

① 変電所全般の設計をできるかぎり**標準化する**．

② 運転操作，価格，納期などの有利さを考え，使用機器は**標準品を用いる**．

③ 主回路の構成を簡単明瞭にし，運転員の錯覚による**誤操作をなくす**．

④ 機器の配置を適切にし，**所要面積が小さくなるようにする**．

⑤ 系統運用上の**融通性をもたせる**．

⑥ 将来の増設に対応できるようにする．

⑦ 将来の増設などを総合的に勘案し，**建設費が最も少なくなるようにする**．

⑧ **運転経費が安価になるようにする**．

⑨ 運転，保守を容易にし，**運転員，作業員の安全を確保する**．

⑩ 火災予防，消火防災設備を考慮する．

⑪ 風水害などの地理的条件，気象条件などの対策をあらかじめ考慮する．

⑫ 周囲環境を考慮し，景観に適合させる．

Chapter
5

2 変電所の位置選定

　変電所の位置選定に当たっては，将来計画を含めた単線結線図，機器配置平面図に基づき，既設の送配電線や発変電所との関係，負荷の状況などを検討して選定するが，理想的な用地を取得することは難しく，総合的な判断が必要となる．

　位置選定上考慮すべき一般的事項は次のとおりである．

① **位置，地形，広さが適当**であること．

② 将来の拡張や増設の余裕があること．

③ **送配電線の引込み，引出しが容易**で，将来の増設余裕があること．

④ 悪性のガスや粉じんなど周囲からの被害を受けるおそれがないこと．

⑤ 塩害の影響を受けないこと．

⑥　変電所を建設することによって周囲の発展を妨げる恐れがないこと.

⑦　高潮, 山崩れ, 風水害, 地すべり, なだれなどの恐れのないこと.

⑧　地盤が良好で接地工事がしやすく, かつ基礎工事が少なくてすむこと.

⑨　土盛りや埋立ての費用が安価なこと.

⑩　**変圧器などの重量物の搬入に便利**なこと.

⑪　騒音や日照権など環境問題の生ずる恐れのないこと.

⑫　用地の取得が容易で条件や法規の問題がなく, 買収費や補償費などが適切であること.

3　発変電所の塩害対策

我が国は海に囲まれているため, 台風や季節風などにより海水中の塩分が運ばれ, 発変電所のがいしやブッシングなどに付着する. これに小雨や霧などの条件が重なり, 表面が湿潤すると絶縁抵抗が低下し, 部分的な沿面放電から全面フラッシオーバに至る. 電気設備に塩害が発生すると, 大規模な供給停止と多大な復旧費を必要とするため, 適切な塩害対策が必要である.

(1) 過　絶　縁

がいしやブッシングは汚損時に商用周波耐電圧が低下するので, これを見込んで強化する. がいし連結個数の増加や耐塩がいしを用いる.

(2) がいし洗浄

パイロットがいしの塩分付着量などにより, 一定の基準を設けて定期的, 応急的にがいしを洗浄する. 固定式と移動式がある.

(3) 水 幕 装 置

海に面した側に垂直方向に噴水するノズルを設けて水幕を張り, 潮風の遮断と水の飛散で洗浄効果をあげるもの.

(4) はっ水性物質の塗布

シリコーンコンパウンドなどのグリース状のはっ水性物質を, がいしやブッシングの表面に塗布する.

(5) 設備の屋内収容

屋内化は, 最も信頼性が高いが設備費も増大する.

(6) ガス絶縁方式の採用

密閉型となるため, 信頼性が高くなり, 小型化にも寄与する.

4 発変電所の騒音対策

◀1▶ 変圧器の騒音

　原因の最も大きなものは，鉄心の**磁気ひずみによる振動**で，けい素鋼板を交流励磁すると，電源の2倍の周波数を基本波として伸縮し振動する．磁束密度を高くすれば，磁気ひずみの量も大きくなる．冷却ファンや送油ポンプから発生する騒音，鉄心，変圧器タンク，放熱器の共振によるもの，巻線導体間あるいはコイル間の電磁力による振動などもある．対策として，鉄心の磁束密度を小さくする，磁気ひずみの小さい方向性けい素鋼帯の使用，鉄心の締付けを完全にする，防音タンク構造，防振ゴムを基礎との間に挿入，コンクリート製建屋内に収容などがある．

◀2▶ 遮断器の騒音

　開閉時に発する衝撃音で，最も大きいのは空気遮断器である．対策としては，SF_6ガス，油，真空などの騒音の小さい遮断器を用いる，消音器を付ける，遮断器を屋内またはキュービクル内に収容する，などである．

◀3▶ 同期調相機，空気圧縮機の騒音対策

　屋内に収容する，人家から隔離する，境界までの距離を十分にとって騒音を減衰させる，などである．

5 変電所の運転

Chapter
5

　良質な電気を供給するため，変電所の設備の稼働状態の監視，機器の操作，記録・報告，構内巡視，異常発生時の処理などを適切に行わなければならない．良質な電気とは，停電がなく，電圧や周波数が適正に維持されることをいう．

◀1▶ 監　視

　現在の送電系統，自所の各機器の性能などから，電力潮流や設備の稼働状況が適切か，開閉設備の入・切状態は良いか，電圧や周波数に異常はないか，部外者の侵入はないかなど，配電盤の計器や工業用テレビで監視する．異常が発見された場合は，早急な対処を必要とするかどうか，適切な判断が要求される．

◀2▶ 機器の操作

　送配電線，変圧器の一次・二次などの開閉設備の操作，母線切替，電圧調整，保護継電器の使用，ロック，開閉設備を駆動するための圧縮空気系のバルブ操作，アース着脱など，機器の操作にあたっては必ず事前に操作票を作成し，操作する

機器の順序，復旧について十分検討し，誤操作のないようにしなければならない.

◖**3**◗ **記録・報告**

電圧，電流，力率，電力など運転データや機器の操作を記録する. また，事故発生時には時刻，場所，動作した継電器，原因，被害の状況などを記録する. このほか，工事や点検などを行った場合，その内容を記録するとともに，将来の設備計画や運転管理の資料とするため，これらを関係部署へ報告する.

◖**4**◗ **構 内 巡 視**

稼働中の機器に異常はないか運転員により確認するもので，漏れなく効果的に行うため，通常，巡視のコースが定められている. 巡視には，日常実施する普通巡視と，チェックリストを用いて行う細密巡視，台風や地震発生時などに行う臨時巡視がある. 最近は変電所の無人化が進み，地域環境の変化を把握するため，変電所周辺の民家などにモニタを依頼するなどして情報の収集に努めている.

◖**5**◗ **異常発生時の処置**

事故による停電は社会的に与える影響が極めて大きい. 事故を未然に防止するような設備面の整備が必要であるが，事故が発生した場合これによる影響を最小限にとどめるため，迅速・的確な操作を必要とする. あらゆる事故を想定し，その対策を立て，確実，迅速に操作ができるよう日常の訓練が必要である. また，事故により動作した保護継電器の種類，電圧，潮流，自動オシログラフの記録などから事故の状況を正確に判断し，復旧手順を迅速に立て実行する必要がある.

問題⑲ ✓ ✓ ✓　　　　　　　　　　　　　　H4　B-24

定格容量 20 MV・A の変圧器を 2 バンク有する配電用変電所で，変圧器 1 バンク故障時に長時間の停電なしに電力を供給するには，平常時の変電所の負荷を何 MV・A 以下としなければならないか. 正しい値を次のうちから選べ. ただし，事故時には，変圧器の定格容量の 110 % まで負荷するものとし，また，ほかの変電所に平常時負荷の 20 % を直ちに切り換えるものとする.

(1) 22.0　　　(2) 25.0　　　(3) 27.5　　　(4) 30.5　　　(5) 32.0

事故時，他変電所に切り分け後，残った負荷を過負荷状態で供給する.

解説　残った健全なバンクの変圧器は 110 % まで負荷できるので $20 \times 1.10 = 22.0$ MV・A となる. 平常時の負荷を P〔MV・A〕とすると，他所に 0.2P 切換えできるので，0.8P を変圧器 1 台で供給すればよいことになり，$0.8P = 22$. よって，$P = $ **27.5 MV・A**

解答 ▶ (3)

練習問題

■ **1** (H6 A-10)

一般に，変電所でインピーダンスの小さい変圧器を使用すれば，電圧変動率は ［（ア）］ く，系統の安定度は ［（イ）］ くなる．また，系統の短絡容量が ［（ウ）］ するほか銅損に比べ鉄損が大きく，重量が ［（エ）］，全損失は ［（オ）］ する傾向となる．

上記の空白箇所に記入する字句として，正しいものの組合せは次のうちどれか．

	（ア）	（イ）	（ウ）	（エ）	（オ）
(1)	小さ	良	増加	増し	減少
(2)	小さ	良	減少	減り	増加
(3)	小さ	悪	減少	減り	減少
(4)	大き	悪	増加	増し	減少
(5)	大き	良	減少	増し	増加

■ **2** (H18 A-4)

変電所に設置される機器に関する記述として，誤っているのは次のうちどれか．

(1) 活線洗浄装置は，屋外に設置された変電所のがいしを常に一定の汚損度以下に維持するため，台風が接近している場合や汚損度が所定のレベルに達したとき等に充電状態のまま注水洗浄が行える装置である．

(2) 短絡，過負荷，地絡を検出する保護継電器は，系統や機器に事故や故障等の異常が生じたとき，速やかに異常状況を検出し，異常箇所を切り離す指示信号を遮断器に送る機器である．

(3) 負荷時タップ切換変圧器は，電源電圧の変動や負荷電流による電圧変動を補償して，負荷側の電圧をほぼ一定に保つために，負荷状態のままタップ切換えを行える装置を持つ変圧器である．

(4) 避雷器は，誘導雷および直撃雷による雷過電圧や電路の開閉等で生じる過電圧を放電により制限し，機器を保護するとともに直撃雷の侵入を防止するために設置される機器である．

(5) 静止形無効電力補償装置（SVC）は，電力用コンデンサと分路リアクトルを組み合わせ，電力用半導体素子を用いて制御し，進相から遅相までの無効電力を高速で連続制御する装置である．

■ **3** (H20 A-6)

変電所に設置される機器に関する記述として，誤っているのは次のうちどれか．

(1) 周波数変換装置は，周波数の異なる系統間において，系統または電源の事故後の緊急応援電力の供給や電力の融通等を行うために使用する装置である．

(2) 線路開閉器（断路器）は，平常時の負荷電流や異常時の短絡電流および地絡電流を通電でき，遮断器が開路した後，主として無負荷状態で開路して，回路の

Chapter
5

絶縁状態を保つ機器である.

(3) 遮断器は，負荷電流の開閉を行うだけではなく，短絡や地絡などの事故が生じたとき事故電流を迅速確実に遮断して，系統の正常化を図る機器である.

(4) 三巻線変圧器は，一般に一次側および二次側を Y 結線，三次側を △ 結線とする. 三次側に調相設備を接続すれば，送電線の力率調整を行うことができる.

(5) 零相変流器は，三相の電線を一括したものを一次側とし，三相短絡事故や 3 線地絡事故が生じたときのみ二次側に電流が生じる機器である.

■ **4** (H1 A-20)

最近，発変電所において，22 kV 以下の遮断器には，防火および保守性から従来の （ア） 遮断器に代わって （イ） 遮断器が多く用いられている. また，22 kV 以上のものには， （ウ） 防止対策の効果もあり，優れた （エ） 性能を有する （オ） ガスを使用したガス遮断器が多用されている.

上記の空白箇所に記入する字句として，正しいものの組合せは次のうちどれか.

	（ア）	（イ）	（ウ）	（エ）	（オ）
(1)	空気	ガス	騒音	保守	SF$_6$
(2)	空気	真空	火災	遮断	フロン（フレオン）
(3)	油	空気	騒音	保守	フロン（フレオン）
(4)	油	真空	騒音	遮断	SF$_6$
(5)	空気	ガス	火災	保守	SF$_6$

■ **5** (H19 A-6)

ガス絶縁開閉装置に関する記述として，誤っているのは次のうちどれか.

(1) 金属製容器に遮断器，断路器，避雷器，変流器，母線，接地装置等の機器を収納し，絶縁ガスを充填した装置である.

(2) ガス絶縁開閉装置に充填する絶縁ガスは，六ふっ化硫黄（SF$_6$）ガス等が使用される.

(3) 開閉装置が絶縁ガス中に密閉されているため，塩害，塵埃等外部の影響を受けにくい.

(4) ガス絶縁開閉装置はコンパクトに製作でき，変電設備の縮小化が図られる.

(5) 現地の据え付作業後にすべての絶縁ガスの充填を行い，充填後は絶縁試験，動作試験等を実施するため，据え付作業工期は長くなる.

■ **6** (H2 A-16)

定格電圧 77/6 kV，定格容量 10 000 kV・A の受電用変圧器の一次側に過電流継電器を配置したとき，変圧器定格電流の 180 % 過負荷時に継電器を動作させるためには，継電器のタップとして何 A を使用したらよいか. 正しい値を次のうちから選べ, ただし, CT 比は 150/5 A とする.

(1) 3.5　　(2) 4.0　　(3) 4.5　　(4) 5.0　　(5) 5.5

7 (H22 A-9)

　計器用変成器において，変流器の二次端子は，常に　(ア)　負荷を接続しておかねばならない．特に，一次電流（負荷電流）が流れている状態では，絶対に二次回路を　(イ)　してはならない．これを誤ると，二次側に大きな　(ウ)　が発生し　(エ)　が過大となり，変流器を焼損する恐れがある．また，一次端子のある変流器は，その端子を被測定線路に　(オ)　に接続する．

　上記の空白箇所に当てはまる語句として，正しいものの組合せは次のうちどれか．

	(ア)	(イ)	(ウ)	(エ)	(オ)
(1)	高インピーダンス	開放	電圧	銅損	並列
(2)	低インピーダンス	短絡	誘導電流	銅損	並列
(3)	高インピーダンス	短絡	電圧	鉄損	直列
(4)	高インピーダンス	短絡	誘導電流	銅損	直列
(5)	低インピーダンス	開放	電圧	鉄損	直列

8 (H4 A-19)

　電力系統の短絡容量は，その系統規模が拡大するに伴って増大する．このことにより遮断器などの容量不足の問題が生じてくる．この対策として，適していないものは次のうちどれか．

(1) 変圧器インピーダンスの低減
(2) 交直変換装置の導入による系統の分割
(3) 大容量遮断器の採用
(4) 直列リアクトルの設置
(5) 変電所の母線分割による系統構成の変更

9 (H1 B-24)

　表の定格をもつ2台の変圧器 A，B を並行運転している場合，この変電所から供給できる最大負荷〔MV・A〕は，およそいくらか．正しい値を次のうちから選べ．ただし，各変圧器の抵抗とリアクタンスの比は等しいものとする．

変圧器	電　圧〔kV〕	容　量〔MV・A〕	パーセントインピーダンス
A	33/6.6	5	5.5
B	33/6.6	4	5.0

(1) 7.5　　(2) 8.0　　(3) 8.5　　(4) 8.7　　(5) 9.0

Chapter **5**

■ **10** (H16 A-6)

変電所では主要機器をはじめ多数の電力機器が使用されているが，変電所に異常電圧が侵入したとき，避雷器は直ちに動作して大地に放電し，異常電圧をある値以下に抑制する特性を持ち，機器を保護する．この抑制した電圧を，避雷器の　(ア)　と呼んでいる．この特性をもとに変電所全体の　(イ)　の設計を最も経済的，合理的に決めている．これを　(ウ)　という．

上記の空白箇所に記入する語句として，正しいものの組合せは次のうちどれか．

	(ア)	(イ)	(ウ)
(1)	制限電圧	機器配置	保護協調
(2)	制御電圧	機器配置	絶縁協調
(3)	制限電圧	絶縁強度	絶縁協調
(4)	制御電圧	機器配置	保護協調
(5)	制御電圧	絶縁強度	絶縁協調

■ **11** (H15 A-8)

直流送電に関する記述として，誤っているのは次のうちどれか．
(1) 交流送電よりも送電線路の建設費は安いが，交直変換所の設置が必要となる．
(2) 交流送電のような安定度問題がないので，長距離送電に適している．
(3) 直流の高電圧大電流の遮断は，交流の場合より容易である．
(4) 直流は，変圧器で簡単に昇圧や降圧ができない．
(5) 交直変換器からは高調波が発生するので，フィルタ設置等の対策が必要である．

■ **12** (R3 A-9)

1台の定格容量が 20 MV・A の三相変圧器を 3 台有する配電用変電所があり，その総負荷が 55 MW である．変圧器 1 台が故障したときに，残りの変圧器の過負荷運転を行い，不足分を他の変電所に切り換えることにより，故障発生前と同じ電力を供給したい．この場合，他の変電所に故障発生前の負荷の何 % を直ちに切り換える必要があるか，最も近いものを次の (1) ～ (5) のうちから一つ選べ．ただし，残りの健全な変圧器は，変圧器故障時に定格容量の120 %の過負荷運転をすることとし，力率は常に95 %（遅れ）で変化しないものとする．
(1) 6.2　　(2) 10.0　　(3) 12.1　　(4) 17.1　　(5) 24.2

Chapter 6

架空送電線路と架空配電線路

学習のポイント

　出題傾向やレベルはほとんど変わりはなく，確実な得点を期待できる分野である．したがって，合格への一番の近道は既往問題のマスターであり，そのために本文の内容や問題を活用して頂きたい．

　電力を輸送するという点では，送電線路も配電線路も同じである．しかし，送電線路は発電所で発電した大電力を長距離に輸送するのが主な役割で，設備自体は単純であるが，使用電圧が高電圧であるための問題が生じてくる．

　電力を輸送するための送・受電端電圧，電力，電圧降下，電力損失などの理論的な特性に関する問題は，三種の学習の範囲では，短距離送電線路を対象に考えればよいので，配電線路と同様な計算方法でよく，したがって，送配電を併せて Chapter 8 にまとめてある．

　学習の仕方としては，まず，電源，電力輸送設備としての変電所・送配電線路などの全電力系統に占める架空送配電線路の役割と，それがどのように構成されているかを十分頭に入れておくことが大切である．

送配電系統

[★]

　発電所（水力，火力，原子力）で発電された電力は，いったん変圧器によって長距離伝送に必要な電圧に昇圧し，送電線路によって需要地近くの変電所へ送電する．ここで 22～77 kV に電圧を下げ，さらに送電線路によって需要地の配電用変電所へ送電する．ここで 6.6 kV に電圧を下げ，高圧需要家には直接，低圧需要家には柱上変圧器で 100 V または 200 V に電圧を下げて供給する．特別高圧で受電する需要家には特別高圧のまま供給する．これら一連の系統を送配電系統と呼び，概要を示すと図 6・1 のとおりである．主として**送電線路は発電所と変電所相互の連絡線路であり，配電線路は需要家に電力を供給するためのものである**．

　送電線路は大電力を長距離に輸送するもので，電圧も高く，架空電線路では暴風雨，雪，雷などの厳しい自然の脅威を受けるので，これらに耐える設備とすることが必要である．一方，配電線路は面的な広がりをもつ需要に電力を供給するため，人家の密集した箇所に施設されることが多いので，使用する高・低圧電線は絶縁電線を使用し，内部短絡時の噴油による災害の恐れがないよう，開閉器類

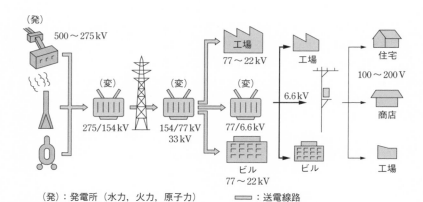

（発）：発電所（水力，火力，原子力）　　▭▭：送電線路
（変）：変電所　　　　　　　　　　　　　══：配電線路

　77～22 kV では送電線路の他に 20 kV 級配電も存在し，大きな工場やビル内では，400 V も使用されている．また，送電線路で直接需要家に供給する場合もある．

●図6・1　送配電系統構成例

には絶縁油を使用しない開閉器を使用するなど，とくに安全上の配慮を必要とし，都市美観などとの調和も図らなければならない．

なお，送電線路・配電線路とも架空線式と地中線式があるが，架空線式は，雷や風雨などの自然災害を受けやすく，事故も多いが，建設費が安く，事故箇所の発見が容易で，事故復旧も簡単であるので広く利用されている．

また，送配電線路の電気方式には直流方式と交流方式があるが，交流方式は変圧器によって電圧の昇降が効率良くでき，電動機などの負荷設備が経済的でもあるので，我が国の送配電系統は交流式がほとんどである．しかし，直流式は送電の分野でその利点を生かして，本州-北海道連系（ケーブル）や，中部地区の佐久間・新信濃周波数変換所や東清水変電所のように，50 Hz・60 Hz 連系に使用されている．

問題 1 ✓ ✓ ✓

送配電線路についての記述として，誤っているものはどれか．
(1) 発電所相互間の電線路は送電線路である．
(2) 特別高圧電線路はすべて送電線路である．
(3) 変電所相互間の電線路は送電線路である．
(4) 需要設備相互間の電線路は配電線路である．
(5) 発電所と変電所との間の電線路は送電線路である．

解説 20 kV 級配電などに用いられているように，特別高圧電線路は，送電線路と配電線路の両方に使用されているため，誤りである．

解答 ▶ (2)

問題 2 ✓ ✓ ✓　　　　　　　　　H20 A-9

送電線路は大電力を長距離に輸送するため電圧が高い．配電線路は人家の密集した地域に施設されるので，特に ▭ 上の配慮が必要である．

上記の記述中に空白箇所に記入する字句として，正しいのは次のうちどれか．
(1) 保安　　(2) 美観　　(3) 技術基準　　(4) 経済　　(5) 通行

解説 人家の密集した地域に施設するうえで，第一に考慮されるべきは保安確保である．

解答 ▶ (1)

Chapter 6

架空送電線路の構成

[★★]

架空送電線路は，**支持物，電線，がいし，架空地線**などで構成される（図6·2）．

1 支 持 物

支持物には，**鉄塔，鉄柱，鉄筋コンクリート柱**などがあるが，鉄塔が主に使用される．

(1) M C 鉄 塔

主柱材にコンクリートを充てんした鋼管，腹材に中空の鋼管を使用したもので，大形鉄塔に使用される．最近は，**中空鋼管**に代わりつつある．

なお，最近は美観を考慮したデザインや塗装を施した環境調和鉄塔も使用されている．

●図6·2　架空送電線路

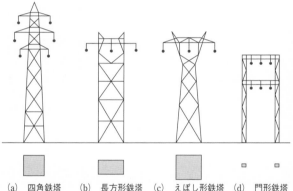

(a) 四角鉄塔　　(b) 長方形鉄塔　　(c) えぼし形鉄塔　　(d) 門形鉄塔

●図6·3　鉄塔の種類

2 電 線

(1) 電線の具備条件（図6·4）

① 導電率が高いこと．

② 機械的強度および伸びが大きいこと．

③ 耐久性があること．

④ 比重（密度）が小さく，安価であること．

導電率・強度・伸び・耐久性→大
比重小・安価

●図6·4　電線の具備条件

【2】 種　類

　架空送電線は普通，裸線とし，**可とう性**（屈曲しやすい性質）**を増すため，よ**
り線を用いる.

　① **硬銅より線（HDCC）**　　導電率が電線中最も高く（約97％），引張強度
　も大きく耐久性も良いが高価である．77kV以下の線路に主に使用される．

　② **鋼心アルミより線（ACSR）**　　中心に引張強さの大きい鋼より線を使用，
　その周囲に比較的導電率の良い（約61％）硬アルミ線をより合わせたもので，
　硬銅線に比べて次のような特徴がある．

　（1）**導電率が低く，軟らかいので傷がつきやすく接続工事が面倒である**.

　（2）**機械的強度が大きく，軽く，同一抵抗の硬銅線に比して外径が大きい**
　　　のでコロナの点でも有利で，価格も安く，一般に広く使用されている．

　③ **鋼心耐熱アルミ合金より線（TACSR）**　　硬銅より線，ACSRとも最高
　許容温度は連続90℃，短時間100℃として許容（安全）電流が定めら
　れている．この電線は，耐熱アルミ合金線を硬アルミ線の代わりに使用したも
　ので，最高許容温度をさらに高くとれるので，許容電流は30～60％大きく
　なる．特に超高圧以上の線路に広く用いられている．

【3】 電線の許容電流

　電線に電流を通じると，抵抗損による発熱のため温度が上昇する．これがある
限界を超えると，引張強さが低下するなど，電線の性能に影響を与える．電線の
性能に悪影響を及ぼさない限度の温度を**最高許容温度**といい，この温度における
電流を**許容電流**または**安全電流**という．

　最高許容温度は，硬銅より線，鋼心アルミより線とも**連続90℃，短時間（30
分～1時間程度）100℃**である．

　電線の**許容電流は，電線の材質，構造，表面の状況，周囲温度，日射の状況，
風速**などによって異なる．

Chapter
6

3　が い し

【1】 がいしの具備条件

　電線を絶縁するものががいしで，次の条件を具備していることが望ましい．
　① 常規電圧はもちろん，地絡事故などの内部異常電圧に耐えること．
　② 十分な機械的強度をもっていること．
　③ 長年月にわたって電気的・機械的劣化が少ないこと．

④ 温度の急変に耐え，吸湿しないこと．

⑤ 安価であること．

したがって，絶縁体には主として硬質磁器が用いられる．

がいしは，雷による異常電圧（外部異常電圧―外雷）に耐えるようにするのは困難であるので，外雷に対しては Chapter 7 の雷害対策の項で述べるがいし保護装置などによることとし，一線地絡などによって発生する内部異常電圧（内雷）に対して十分な絶縁を確保できるように設計する．

【2】種 類

送電線路用がいしには，**懸垂がいし，長幹がいし，ピンがいし，ラインポストがいし**などがある．主なものを示すと図 6·5 のとおりである．

① **懸垂がいし** 使用電圧に応じて適当な個数を連結して使用でき，連結した個々のがいしが同時に不良となることが少ないので信頼度が高く，最も多く使用されている．我が国では直径 250 mm のものが一般的で，500 kV 用には 280 mm または 320 mm のものが使用される．

② **長幹がいし** 中実の棒状にした磁器部分の両端に金具を取り付けたもので，セメントによる劣化が少なく，塩じんあいの雨洗効果も良く，**V 吊りとして横振れを防止でき，水平線間距離の短縮**が可能で，**鉄塔用地が少なく**てすむ．

③ **ピンがいし，ラインポストがいし** いずれも同じ目的に使われるが，最近では特性の良い**ラインポスト（LP）**がいしが使用されている．使用電圧は 77 kV 程度までである．

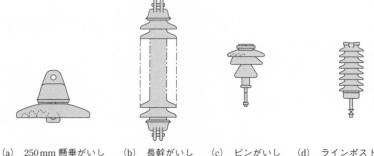

(a) 250 mm 懸垂がいし (b) 長幹がいし (c) ピンがいし (d) ラインポストがいし（LP がいし）

●図 6・5 送電線路用がいし

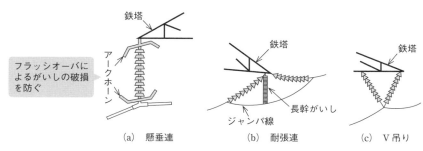

（a）懸垂連　　（b）耐張連　　（c）V吊り

● 図 6・6　がいし連の適用

 問題3 ✓ ✓ ✓

架空送電線路に使用する硬銅より線や ACSR の最高許容温度〔℃〕として，正しいものは次のうちどれか．

(a) 連続最高許容温度

　(1) 60　　(2) 70　　(3) 80　　(4) 90　　(5) 100

(b) 短時間最高許容温度

　(1) 70　　(2) 80　　(3) 90　　(4) 100　　(5) 110

 ACSR：鋼心アルミより線

解説　電線の許容電流は，最高許容温度に大きく依存する．硬銅より線，鋼心アルミより線の最高許容温度は連続 **90℃**，短時間 **100℃** である．

解答 ▶ (a)‒(4)，(b)‒(4)

Chapter 6

問題4 ✓ ✓ ✓　　　　H17　A-12

高圧架空配電線路に使用する電線の太さを決定する要素として，とくに必要のない事項は次のうちどれか．

(1) 電力損失　(2) 高調波　(3) 電圧降下　(4) 機械的強度　(5) 許容電流

解説　電線の太さには抵抗値 R が大きく関係する．電圧降下（$\Delta V = \sqrt{3}\,I(R\cos\theta + X\sin\theta)$）や電力損失（$I^2R$），許容電流値と密接な関係がある．また，電線の太い・細いは機械的強度に関係する．

解答 ▶ (2)

問題5 ✓✓✓

架空送電線路の電線の具備条件で，一般に問題にしなくてよいものはどれか．
(1) 導電率 (2) 機械的強度 (3) 耐久性 (4) 価格 (5) 絶縁性能

解説 架空送電線は通常裸電線であり，線路としての絶縁性能は電線自体ではなく，がいしなどにより確保される．

解答 ▶ (5)

問題6 ✓✓✓ H18 A-11

電線の導体に関する記述として，誤っているのは次のうちどれか．
(1) 地中ケーブルの銅導体には，伸びや可とう性に優れる軟銅線が用いられる．
(2) 電線の導電材料としての金属には，資源量の多さや導電率の高さが求められる．
(3) 鋼心アルミより線は，鋼より線の周囲にアルミ線をより合わせたもので，軽量で大きな外径や高い引張強度を得ることができる．
(4) 電気用アルミニウムの導電率は銅よりも低いが，電気抵抗と長さが同じ電線の場合，アルミニウム線の方が銅線より軽い．
(5) 硬銅線は軟銅線と比較して曲げにくく，電線の導体としては使用されない．

解説 軟銅線はケーブル，硬銅より線は 77 kV 以下の線路に用いる．(2) の導電率は，銅よりも銀のほうが優れているが，高価なため電力線としては通常使わない．

解答 ▶ (5)

問題7 ✓✓✓

送電線路用がいしの具備条件で，問題にしなくてよいものはどれか．
(1) 吸湿性 (2) 耐温度急変性 (3) 着色性 (4) 耐久性 (5) 価格

解説 絶縁を確保するためには，丈夫で吸湿しないことが重要である．景観上の理由などにより着色したがいしを使用する場合もあるが，考慮すべき優先順位はがいしとしての基本性能と価格である．

解答 ▶ (3)

問題8 ✓✓✓

送電線路に最も多く使用されている懸垂がいしの直径〔mm〕として，正しいものは次のうちどれか．
(1) 180 (2) 200 (3) 250 (4) 280 (5) 320

懸垂がいしの直径は 250 mm が一般的であり，超高圧である 500 kV 用には 280 mm，320 mm も使われる．

解答 ▶ (3)

問題⑨ ✓ ✓ ✓ H18 A-7

送配電線路に使用するがいしの性能を表す要素として，特に関係のない事項は次のうちどれか．
(1) 系統短絡電流　(2) フラッシオーバ電圧　(3) 汚損特性
(4) 油中破壊電圧　(5) 機械的強度

 がいしの基本性能である絶縁性能は，電圧に対する性能であり，短絡電流のような大電流によって生じる磁気力に対する機械的強度は考慮する必要があるものの，短絡電流そのものをがいしの性能を表す要素としては考慮していない．

解答 ▶ (1)

問題⑩ ✓ ✓ ✓ R1 A-9

架空送電線路の構成部品に関する記述として，誤っているものを次の(1)～(5)のうちから一つ選べ．
(1) 鋼心アルミより線は，アルミ線を使用することで質量を小さくし，これによる強度の不足を，鋼心を用いることで補ったものである．
(2) 電線の微風振動やギャロッピングを抑制するために，電線にダンパを取り付け，振動エネルギーを吸収する方法がとられる．
(3) がいしは，電線と鉄塔などの支持物との間を絶縁するために使用する．雷撃などの異常電圧による絶縁破壊は，がいし内部で起こるように設計されている．
(4) 送電線やがいしを雷撃などの異常電圧から保護するための設備に架空地線がある．架空地線には，光ファイバを内蔵し電力用通信線として使用されるものもある．
(5) 架空送電線におけるねん架とは，送電線各相の作用インダクタンスと作用静電容量を平衡させるために行われるもので，ジャンパ線を用いて電線の配置を入れ替えることができる．

 がいしは，電線と支持物などを絶縁するために使用され，懸垂がいし，長幹がいし，ピンがいし，ラインポストがいしなどがある．雷などによるフラッシオーバでがいしが破損しないよう，アークホーンを取り付け，がいしの外部で放電するように設計されている．

解答 ▶ (3)

Chapter 6

架空送電線路の構成要素に関する記述として，誤っているものを次の(1)～(5)のうちから一つ選べ．

(1) 鋼心アルミより線（ACSR）：中心に亜鉛メッキ鋼より線を配置し，その周囲に硬アルミ線を同心円状により合わせた電線．

(2) アーマロッド：クランプ部における電線の振動疲労防止対策及び溶断防止対策として用いられる装置．

(3) ダンパ：微風振動に起因する電線の疲労，損傷を防止する目的で設置される装置．

(4) スペーサ：多導体方式において，負荷電流による電磁吸引力や強風などによる電線相互の接近・衝突を防止するために用いられる装置．

(5) 懸垂がいし：電圧階級に応じて複数個を連結して使用するもので，棒状の絶縁物の両側に連結用金具を接着した装置．

正誤問題を解く際，効果的なのは正解を見つけるだけでなく，正しい記述の選択文章をきちんと読み込むことである．1問をこなすだけで数倍の知識が得られる．

解説 「棒状の絶縁物の両側に連結用金具を接着した装置」は長幹がいしである．

解答 ▶ (5)

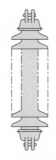

●解図1 懸垂がいし　　●解図2 長幹がいし

架空配電線路の構成

[★★★]

架空配電線路は，**高圧電線**，**低圧電線**，**引込線**と，これらを支持する**支持物**（**電柱**），**変圧器**，**開閉器**，**がいし**などから構成されている（図6・7）.

なお，油入開閉器は内部短絡時，噴油による災害の恐れがあるため，使用が禁止されている.

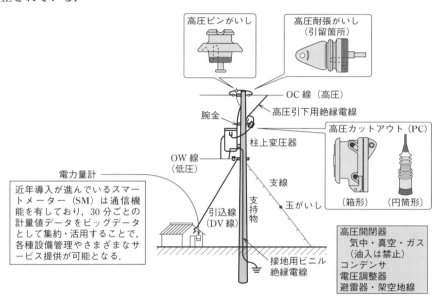

高圧ピンがいし

高圧耐張がいし
（引留箇所）

OC線（高圧）

腕金

高圧引下用絶縁電線

柱上変圧器

高圧カットアウト（PC）

OW線
（低圧）

支線

電力量計

近年導入が進んでいるスマートメーター（SM）は通信機能を有しており，30分ごとの計量値データをビッグデータとして集約・活用することで，各種設備管理やさまざまなサービス提供が可能となる.

玉がいし

引込線
（DV線）

支持物

接地用ビニル
絶縁電線

（箱形）　　　（円筒形）

高圧開閉器
　気中・真空・ガス
　　（油入は禁止）
コンデンサ
電圧調整器
避雷器・架空地線

●図6・7

1　絶縁電線の分類

【1】引込用ビニル絶縁電線（DV線）

低圧引込線に使用する.

【2】屋外用ビニル絶縁電線（OW線）

主に低圧線に使用する.

【3】架橋ポリエチレン絶縁電線(OC線)/ポリエチレン絶縁電線(OE線)

高圧線に使用する.

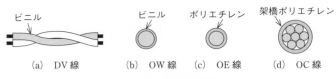

ビニル　　　　　ビニル　　ポリエチレン　架橋ポリエチレン

(a)　DV線　　(b)　OW線　(c)　OE線　　(d)　OC線

●図6・8　絶縁電線の分類

2 各種配電線路の形状

架空配電線路は，面的に広がりをもつ多くの需要に電力を供給する最終設備である．したがって，電灯需要や動力需要など，需要の種類や規模の大小など，さまざまな供給条件のもとに，いかに経済的に電力を供給するかが重要となる．このため，需要の内容に応じて各種の配電方式が採用されている．

【1】 樹枝（放射状）式

図6・9のように，幹線から分岐線を樹木の枝（樹枝）状に伸ばしていくもので，低圧配電線のほとんどはこの方式で，高圧配電線では，次のループ式とともによく用いられている．樹枝式の特徴は次のとおりである．

① 建設費が最も安価．
② 保護装置が簡単で，需要増加に容易に対応可能．
③ 事故時に停電範囲が広くなり，信頼度は低い．

【2】 ループ（環状）式

図6・10のように配電線をループ状にする方式で，比較的需要密度の高い地域の高圧配電線に多く用いられている．ループ式には1回線ループ，2回線ループ，多重ループがある．この方式はループ点を通じてほかの配電線からも送電できる

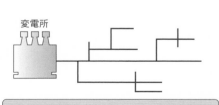

安価，保護装置簡単，需要増加容易，信頼度低い

●図6・9　樹枝式（高圧配電線の例）

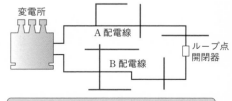

信頼度高い，電力損失・電圧降下小，やや高価，保護装置やや複雑

●図6・10　ループ式（2回線ループの例）

ので，樹枝式に比し，以下の特徴があげられる．

① 信頼度が高い．

② 電力損失や電圧降下が小さい．

③ 建設費がやや高い．

④ 保護方式がやや複雑である．

我が国では，ループ点を常時は開放しているので，信頼度が高いことを除いては，電力損失や電圧降下は樹枝式と変わらない．

【3】低圧バンキング式

図 6・11 のように，同じ高圧配電線に接続された 2 台以上の柱上変圧器の二次（低圧）側を幹線で並列に接続する方式で，都市部の一部に採用されることがある．

① **長 所**

(1) 電圧降下や電力損失が少ない．

(2) 電動機の始動電流などによる照明のちらつき（**フリッカ**）の影響が少ない．

(3) 柱上変圧器の設備容量の減少や負荷に対して融通性がある．

(4) 単相 3 線式であれば，変圧器相互間にバランサ作用がある．

(5) 保護協調がとれていれば，信頼度も向上する．

② **短 所**

(1) 樹枝式に比し建設費が高い．

(2) 保護協調が十分とれていないと**カスケーディング**を起こし，かえって信頼度が低下する．

👆**Point**

カスケーディング（将棋倒し）：過負荷により，高圧ヒューズが次々に切れる現象，たとえば図 6・11 で，なんらかの原因で 1 台の変圧器の高圧ヒューズが切れたとする．すると，残りの 2 台の変圧器で全体の負荷に供給しなければならず，このため，変圧器に余裕がなく，バンキングスイッチのヒューズなどとの協調がとれていないと変圧器が過負荷となり，高圧ヒューズが次々に切れ，全部が停電することになるような現象のことである．これを防ぐためには，高圧ヒューズ，バンキングスイッチ，引込ヒューズなどの協調について十分検討しておく必要がある．

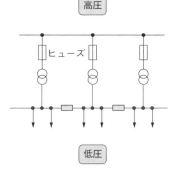

▭:バンキングスイッチ
（ブレーカまたはヒューズ）

● 図 6・11　バンキング式

◀️4▶ ネットワーク（網状）式

① **方　式**　ネットワーク式は需要密度の高い都市中心部に適用されるため，架空設備ではなく**地中設備であるのが一般的**であるが，配電線路の形状の一つとして分類したほうが記憶しやすいため，ここで述べることとする．

ネットワーク式には，高圧ネットワーク，スポットネットワーク，低圧ネットワーク（レギュラーネットワーク）があるが，我が国ではスポットネットワークが採用されている．この方式は，図 6・12 のように 22〜33 kV の 2〜4 回線の配電線に接続された変圧器の二次（低圧）側を幹線でネットワークに接続する方式であり，地中線が一般的である．

スポットネットワークは，大工場や高層ビルなど 1 か所ごとに集中し点在する負荷に供給する方式であり，日本の大都市供給で採用されている．一般需要家を含めて面的に供給するレギュラーネットワークは，我が国では一般的ではない．

② **特　徴**

（1）　一次側の遮断器は省略し，二次側に設けた**ネットワークプロテクタ**で保護する．

（2）　ネットワークに使用する変圧器は，短絡電流抑制のため，**インピーダンスを通常の変圧器より大きくする**のが一般的である（並列運転により負荷分担を弾力的に行い，適切にするため，等価的に低インピーダンスとなることから，短絡電流大としないようにするため）．

（3）　**ネットワーク母線**の保護はできないため，**母線の信頼度は高くする必要**がある．

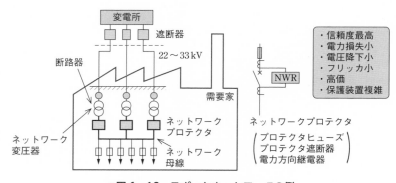

●図 6・12　スポットネットワークの例

③　長　所

(1)　一次側配電線または変圧器に事故が発生しても，残った設備で無停電供給できるため，信頼度が高い．

(2)　電圧降下や電力損失が少ない．

(3)　電動機の始動電流による照明のちらつき（フリッカ）の影響が少ない．

(4)　負荷増加に融通性がある．

④　短　所

(1)　保護装置が複雑で建設費が高い．

(2)　回生電力を発生する（発電した電力を電源へ返す）回転機負荷（エレベータなど）がある場合，ネットワークプロテクタが不必要動作することがある．

⑤　**ネットワークプロテクタ**　　スポットネットワーク式の心臓ともいうべきもので，**プロテクタヒューズ**，**プロテクタ遮断器**および**電力方向継電器**からなる保護装置で，次の性能をもっている．

(1)　**無電圧投入特性**　　ネットワーク側に電圧がかかっていない状態で，一次側配電線が充電されると閉路する．

(2)　**過（差）電圧投入特性**　　ネットワーク側および変圧器二次側ともに電圧がある場合で，変圧器から負荷側に向かって電流が流れる条件のとき閉路する．

(3)　**逆電力（逆電流）遮断特性**　　一次側配電線が停電すると，ネットワーク側から停電した配電線に接続された変圧器を介して一次側へ逆に電流が流れるので，これを阻止するために遮断する．

◖5◗　20 kV 級配電

現在，高圧配電線路は 6.6 kV 三相 3 線式（非接地）が最も一般的であるが，**過疎地域の電圧対策**や，埋立地・団地などの**新規開発地の供給力増強対策**として，20 kV 級（地域により 22 kV，33 kV のいずれかが使用され，両者を合わせて 20 kV 級と呼ぶ）の電圧を用いる架空配電方式も採用されている．

①　**電気方式と特徴**　　20 kV 級架空配電の電気方式は，図 6・13 に示すように，電源変電所で Ｙ 結線の中性点を高抵抗接地した三相 3 線式（線間電圧 22～33 kV）で，図 6・14 に示すように，20 kV 級の特別高圧需要家へはそのまま直接供給できる．

　　高圧需要家には，途中に**配電塔**を設け，そこから 6.6 kV 高圧架空配電線

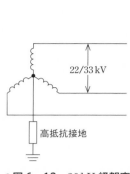

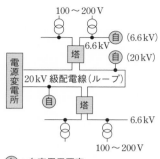

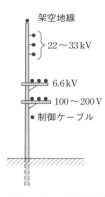

●図6・13　20kV級架空
　　　　　配電電気方式

●図6・14　20kV級架空配電

●図6・15　20kV級架
　　　　　空配電線

路を利用して供給し，低圧需要家については，さらに柱上変圧器で6.6kV
から100〜200Vに降圧して供給する．

　　低圧需要家については，**20kV級電圧から変圧器で直接400Vまたは
100〜200Vに降圧し供給することもできる**．支持物は鉄筋コンクリート
柱を使用し，高・低圧線の必要な箇所では，図6・15のようにこれらを併架
する．

　　この方式を6.6kVと比較すると，33kVの場合，電圧を5倍に格上げし
たことになるので，同じ負荷であれば電流が1/5になるので電圧降下は1/5
に，電力損失は$(1/5)^2 = 1/25$に減少する．また，送電容量は，電流を6.6kV
と同じとすれば，電圧の倍数，すなわち5倍となる．したがって，6.6kV
に比し電圧降下，電力損失，電圧変動率などが減少するとともに，送電容量
が増加し，所要電線量が少なくてすむ．しかし，道路沿いに施設される箇所
もあるので，次のような保安対策が講じられている．

　　一般的に，特別高圧電線路の電線には裸線を使用するが，20kV級配電線
は，他物接触対策として，架橋ポリエチレン絶縁の特別高圧絶縁電線や架空
ケーブルを使用する．また，電源変圧器の中性点を高抵抗接地とし，高・低
圧線の混触時における低圧線の電位上昇を6.6kV線路なみとしている．

［6］ 400V配電

　　低圧の屋内配電電圧は，電灯は100V単相2線式または100/200V単相3線式，
動力は200V三相3線式が一般に採用されているが，電圧降下，電力損失，電

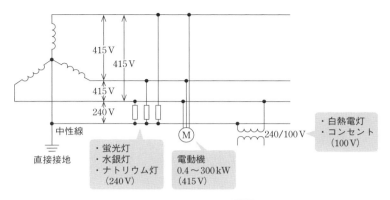

●図6・16　400V配電

線量などの面からは，使用電圧はできるだけ高いほうがよい.

400V配電は，図6・16に示すように，受電用変圧器の二次側を丫（スター）に結線し，中性点を直接接地した三相4線式で，電灯・動力設備が共用でき，電圧の格上げにより供給力が増加し，電圧降下や電力損失が減少，所要電線量が少なくてすみ，22/33kV受電の場合，6.6kVまたは3.3kVの中間電圧を省略できるなどの特長がある. 100V負荷が少なく，電動機負荷の多い規模の大きいビル，工場では，従来の100/200V配電に比し極めて有利で，次第に増加しつつある.

中性点は直接接地（0Ωに近い値で接地）しているので，地絡事故は過電流遮断器（配線用遮断器など）で回路の保護はできるが，感電事故および漏電火災事故防止のための地絡保護も必要である（感電事故に対しては30mA程度で回路を遮断することが望ましい）.

Chapter
6

問題⓬ ✓ ✓ ✓　　　　　　　　　　　　　　　　　　　R2　A-12

高圧架空配電線路を構成する機材とその特徴に関する記述として，誤っているものを次の（1）～（5）のうちから一つ選べ.
(1) 支持物は，遠心成形でコンクリートを締め固めた鉄筋コンクリート柱が一般的に使用されている.
(2) 電線に使用される導体は，硬銅線が用いられる場合もあるが，鋼心アルミ線なども使用されている.
(3) 柱上変圧器は，単相変圧器2台をV結線とし，200Vの三相電源として用い，同時に変圧器から中性線を取り出した単相3線式による100/200V

電源として使用するものもある.
(4) 柱上開閉器は,気中形,真空形などがあり,手動操作による手動式と制御
器による自動式がある.
(5) 高圧カットアウトは,柱上変圧器の一次側に設けられ,形状は箱形の一種
類のみである.

解説 高圧カットアウト(PC)は,箱形と円筒形がある.箱形は磁器製の蓋にヒュー
ズ筒を装着し,蓋を開閉することで線路を開閉する.円筒形は磁器製の円筒内
にヒューズ筒が装備され,ヒューズ筒の抜き差しにより線路を開閉する.

解答 ▶ (5)

問題⓭ ✓ ✓ ✓ H26 A-13

高圧架空配電系統を構成する機材とその特徴に関する記述として,誤っている
ものを次の (1) ~ (5) のうちから一つ選べ.
(1) 柱上変圧器は,鉄心に低損失材料の方向性けい素鋼板やアモルファス材を
使用したものが実用化されている.
(2) 鋼板組立柱は,山間部や狭あい場所など搬入困難な場所などに使用されて
いる.
(3) 電線は,一般に銅又はアルミが使用され,感電死傷事故防止の観点から,
原則として絶縁電線である.
(4) 避雷器は,特性要素を内蔵した構造が一般的で,保護対象機器にできるだ
け接近して取り付けると有効である.
(5) 区分開閉器は,一般に気中形,真空形があり,主に事故電流の遮断に使用
されている.

解説 「開閉器」と「遮断器」は別物.開閉器は負荷電流の開閉を行うもので,短絡
電流などの大きな事故電流を遮断する能力はない.

解答 ▶ (5)

問題⓮ ✓ ✓ ✓

低圧屋内配線,低圧架空電線および高圧架空電線の順に,主として使用される
電線およびケーブルを並べたもののうち,正しいものを組み合わせたのは次のう
ちどれか.
(1) DV線 OW線 ACSR   (2) IV線 OC線 DV線
(3) OW線 DV線 OC線   (4) VVケーブル DV線 OC線
(5) VVケーブル OW線 OC線

低圧屋内配線には VV ケーブルを使用する.

解答 ▶ (5)

問題⑮

　我が国の一般的な高圧配電線路および低圧配電線路で，多く採用されている形状の組合せ（左が高圧，右が低圧）で正しいものはどれか.
(1) 樹枝式/ネットワーク式　　　(2) ループ式/樹枝式
(3) ネットワーク式/バンキング式　　(4) バンキング式/多重式
(5) 多重式/ループ式

 高圧配電線路のループ式は，常時ループとなってはおらず，切替時を除いては線路用開閉器で閉ループとして運用しているのが一般的である.

解答 ▶ (2)

問題⑯

　我が国の高圧配電線路の構成形式と特徴についての次の記述について，誤っているのはどれか.
(1) 樹枝式は工事費は安価であるが，事故時に停電範囲が大きくなる.
(2) ループ式は供給信頼度は高いが，保護方式がやや複雑である.
(3) ループ式のループ点は，常時は開放されているのが一般的である.
(4) ループ式は都市部で多く採用されている.
(5) ネットワーク式は供給信頼度が最も高いので，最も広く採用されている.

 ネットワーク式は，非常に費用がかかるため一般的ではない.

解答 ▶ (5)

問題⑰

　都市部の高圧配電線に多く採用されている方式は，次のうちどれか.
(1) 樹枝式　　(2) ループ式　　(3) ネットワーク式
(4) バンキング式　　(5) 放射状式

　都市部ではループ式が用いられているが，郊外や山間部になると，必ずしもループ状に線路を形成できないため，樹枝式となっていく.

解答 ▶ (2)

問題18 ☑ ☑ ☑

スポットネットワーク式についての記述のうち，誤っているのはどれか．
(1) ネットワーク変圧器のインピーダンスは，普通の変圧器より小さい．
(2) 無停電供給が可能で供給信頼度が高い．
(3) 始動電流による照明フリッカが小さい．
(4) 保護装置としてネットワークプロテクタを取り付ける．
(5) 供給配線の電圧は，一般に 22～33 kV である．

解説 負荷分担を適当にするため，ネットワーク変圧器のインピーダンスは大きくする．

解答 ▶ (1)

問題19 ☑ ☑ ☑

スポットネットワーク式に使用する保護装置はどれか．
(1) バンキングスイッチ　　(2) ネットワークプロテクタ　　(3) MCB
(4) NFB　　　　　　　　(5) CKS

解説 ネットワークプロテクタは，スポットネットワーク式の心臓部である．

解答 ▶ (2)

問題20 ☑ ☑ ☑

バンキング配電方式に関する記述として，誤っているのはどれか．
(1) 同じ高圧配電線路に接続された変圧器の並列運転である．
(2) 電圧降下が少ない．
(3) カスケーディングを起こすことがある．
(4) 電動機の始動電流によるちらつきが増加する．
(5) バンキングスイッチを使用する．

解説 バンキング配電方式は，電動機始動電流などの影響を受けにくくなる．

解答 ▶ (4)

問題21 ☑ ☑ ☑

過疎地域の電圧対策や，埋立地などの供給力増強対策として利用されるようになった 22～33 kV 架空配電に関する記述として，誤っているのは次のうちどれか．

(1) 中性点を直接接地した三相 3 線式である.

(2) 低圧需要家には途中に配電塔を設け 6.6 kV 配電線を利用し，柱上変圧器で供給するものが多い.

(3) 特別高圧需要家には，絶縁変圧器を介さず直接供給できる.

(4) 33 kV 方式を 6.6 kV 方式と比較すると，電圧降下率は 1/25 になる.

(5) 33 kV 方式を 6.6 kV 方式と比較すると，電力損失率は 1/25 になる.

解説 同一電力であれば電圧を 5 倍に上げるので電流は 1/5 に（$P = \sqrt{3}\ IV\cos\theta$ ∴ $I = P/\sqrt{3}\ V\cos\theta$），したがって，電圧降下は 1/5 になる（$v = \sqrt{3}\ I\ (R\cos\theta + X\sin\theta)$）．電圧降下率は受電電圧に対する電圧降下（$\varepsilon = v/V_r \times 100$）で，分子が 1/5，分母が 5 倍になるので，1/25 になる．22 〜 33 kV 架空配電は高抵抗接地方式である.

解答 ▶ (1)

問題㉒ ✓ ✓ ✓ R1 A-12

配電線路に用いられる電気方式に関する記述として，誤っているものを次の (1) 〜 (5) のうちから一つ選べ.

(1) 単相 2 線式は，一般住宅や商店などに配電するのに用いられ，低圧側の 1 線を接地する.

(2) 単相 3 線式は，変圧器の低圧巻線の両端と中点から合計 3 本の線を引き出して低圧巻線の両端から引き出した線の一方を接地する.

(3) 単相 3 線式は，変圧器の低圧巻線の両端と中点から 3 本の線で 2 種類の電圧を供給する.

(4) 三相 3 線式は，高圧配電線路と低圧配電線路のいずれにも用いられる方式で，電源用変圧器の結線には一般的に Δ 結線と V 結線のいずれかが用いられる.

(5) 三相 4 線式は，電圧線の 3 線と接地した中性線の 4 本の線を用いる方式である.

解説 配電線路の電気方式には，単相 2 線式，単相 3 線式，三相 3 線式，三相 4 線式などが採用されている．図の単相 3 線式は，低圧の 100 V 負荷に対する供給方式として広く利用されている．変圧器の低圧巻線の両端と中点から 3 線を引き出し，中性線を接地する.

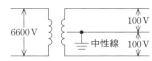

解答 ▶ (2)

問題23 ✓ ✓ ✓

400 V 配電の特徴に関する記述として，誤っているものは次のうちどれか．
(1) 中性点を直接接地した三相 4 線式で，電灯・電力は共用しない．
(2) 蛍光灯などの放電灯は，中性線と電圧線との間に接続する．
(3) 300 kW 程度の電動機でも，400 V で使用できる．
(4) 白熱電灯やコンセント回路は，変圧器を介して 100 V で供給する．
(5) 電動機負荷の多い規模の大きいビル，工場で有利である．

解説 中性点を直接接地した三相 4 線式で電灯・動力設備は共用できる．

解答 ▶ (1)

問題24 ✓ ✓ ✓

400 V 配電に関する次の記述のうち，誤っているものはどれか．
(1) ほかの配電方式に比し導体量を大幅に節約できる．
(2) 400 V 級電動機が採用できる．
(3) 240/415 V 三相 4 線式とすることにより，電灯・動力共用の配電が可能である．
(4) 接地保護は，過電流保護のみで目的が達せられる．
(5) 中性点を接地し，対地電圧を低下できる．

解説 地絡事故に対する回路保護は過電流遮断器で可能だが，感電事故・漏電火災事故防止のためには，別に地絡保護が必要である．

解答 ▶ (4)

問題25 ✓ ✓ ✓ H10 A-9（改題）

規模の大きいビルなどの屋内配線に 400 V 配電方式が採用されている例がある．この配電方式は受電用変圧器の二次側を ［（ア）］ に結線し，中性点を直接接地した ［（イ）］ で構成される．用途としては，電動機などの動力負荷は電圧線間に接続し，［（ウ）］ などの照明負荷は中性線と電圧線との間に接続し，電灯・動力設備の共用，電圧格上げによる供給力の増加を図ったものである．
なお，［（エ）］，コンセント回路などは変圧器を介し 100 V で供給する．
上記の記述中の空白箇所（ア），（イ），（ウ）および（エ）に記入する記号または字句として，正しいものを組み合わせたのは次のうちどれか．

	（ア）	（イ）	（ウ）	（エ）
(1)	Ｙ	三相 4 線式	蛍光灯および水銀灯	白熱電灯

(2)	Y	三相 3 線式	白熱電灯	蛍光灯および水銀灯
(3)	Y	三相 4 線式	白熱電灯	蛍光灯および水銀灯
(4)	△	三相 3 線式	白熱電灯	蛍光灯および水銀灯
(5)	△	三相 3 線式	蛍光灯および水銀灯	白熱電灯

解説 図 6・16 参照.

解答 ▶ (1)

問題26 ✓ ✓ ✓ H14 A-8

配電系統の構成方式の一つであるスポットネットワーク方式に関する記述として, 誤っているのは次のうちどれか.
(1) 都市部の大規模ビルなど高密度大容量負荷に供給するための, 2 回線以上の配電線による信頼度の高い方式である.
(2) 万一, ネットワーク母線に事故が発生したときには, 受電が不可能となる.
(3) 配電線の 1 回線が停止するとネットワークプロテクタが自動開放するが, 配電線の復旧時にはこのプロテクタを手動投入する必要がある.
(4) 配電線事故で変電所遮断器が開放すると, ネットワーク変圧器に逆電流が流れ, 逆電力継電器により事故回線のネットワークプロテクタを開放する.
(5) ネットワーク変圧器の一次側は, 一般には遮断器が省略され, 受電用断路器を介して配電線と接続される.

解説 ネットワークプロテクタの過 (差) 電圧投入特性は, ネットワーク側およびネットワーク変圧器二次側ともに電圧があって, 変圧器から負荷側に向って電流が流れる条件のときは自動的に閉路する.

解答 ▶ (3)

Chapter
6

問題27 ✓ ✓ ✓ H23 A-12

次の文章は, スポットネットワーク方式に関する記述である.
スポットネットワーク方式は, ビルなどの需要家が密集している大都市の供給方式で, 一つの需要家に □ (ア) □ 回線で供給されるのが一般的である.
機器の構成は, 特別高圧配電線から断路器, □ (イ) □ およびネットワークプロテクタを通じて, ネットワーク母線に並列に接続されている.
また, ネットワークプロテクタは, □ (ウ) □ , プロテクタ遮断器, 電力方向継電器で構成されている.
スポットネットワーク方式は, 供給信頼度の高い方式であり, □ (エ) □ の単

一故障時でも無停電で電力を供給することができる.

　上記の記述中の空白箇所（ア），（イ），（ウ）および（エ）に当てはまる組合せとして，正しいものを次の（1）〜（5）のうちから一つ選べ.

	（ア）	（イ）	（ウ）	（エ）
(1)	1	ネットワーク変圧器	断路器	特別高圧配電線
(2)	3	ネットワーク変圧器	プロテクタヒューズ	ネットワーク母線
(3)	3	遮断器	プロテクタヒューズ	ネットワーク母線
(4)	1	遮断器	断路器	ネットワーク母線
(5)	3	ネットワーク変圧器	プロテクタヒューズ	特別高圧配電線

スポットネットワーク方式は 3 回線供給→高信頼度である.

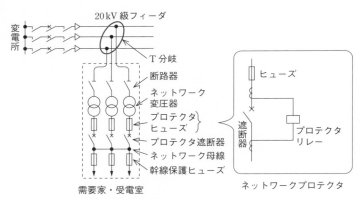

●解図　スポットネットワーク方式

　解図に示すとおり，**3 回線**供給で，20 kV 級フィーダ（特別高圧配電線路）→断路器→**ネットワーク変圧器**→**プロテクタヒューズ**→プロテクタ遮断器・ネットワークプロテクタリレー→ネットワーク母線である.

　特別高圧配電線路の 3 回線のうち 1 回線に故障が発生しても，この回線を切り離すことで，ほかの回線により停電することなく供給を継続できる.

解答 ▶ (5)

直 流 送 電

[★★★]

　直流送電は，図6・17に示すように，送電端で交流電力を変圧器によって適当な電圧に変成し，変換器によって直流に変換して直流電線路を通じて送電し，受電端で直流を交流に変換する方式である．変換された直流は，直流リアクトルで脈動分を滑らかにする．受電端では，無効電力を供給する必要があるので，必要に応じ電力用コンデンサまたは同期調相機などの，調相設備を設ける（5-6節参照）．

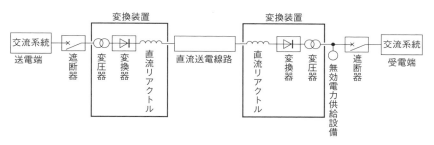

●図6・17　直流送電系統構成

1　直流送電の長所

◀1▶ 安定度良，長距離・大電力送電可

　安定度に問題がなく，電線の許容電流の限度まで**送電**できるので，長距離・大電力の送電に適する．

◀2▶ 電圧降下・電力損失小

　無効電力がないので，**電流が小さく**，**誘電体損がなく**，電圧降下や電力損失が少ない．

◀3▶ 絶縁容易，ケーブル適用良

　絶縁は交流の $1/\sqrt{2}$ でよく，**絶縁が容易で電力ケーブルの使用に適する**．

◀4▶ 充電容量補償装置不要

　充電電流が流れないので，充電電流補償用の**分路リアクトルが不要**である．

◀5▶ 異周波数系統連系可能

　系統の**短絡容量を増加させないで**，周波数の異なる交流系統相互間を連系できる．

Chapter

6

【6】 線路建設費小

導体は 2 条でよく（交流送電は 3 条），大地を帰路とした場合は 1 条でも送電が可能で，**送電線路の建設費が安く**なる.

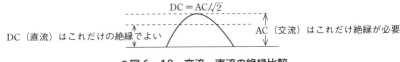

●図 6・18　交流・直流の絶縁比較

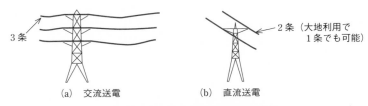

(a)　交流送電　　　　　(b)　直流送電

●図 6・19　交流・直流の導体数比較

2 直流送電の短所

【1】 交直変換装置・無効電力供給源が必要

送・受電端に交流-直流変換装置が必要である．したがって，線路建設費の分で十分メリットが出るような長距離送電の場合でないと，かえって建設費が高くなる場合がある．また，受電端に負荷の無効電力を供給するための**調相設備，電力用コンデンサなどの無効電力供給源が必要**である.

【2】 電　食

大地帰路方式の場合は電食を起こすおそれがあり，また，大地帰路方式でなくとも漏れ電流などによる地中埋設物に対する**電食**問題が生ずる場合がある.

【3】 高調波対策必要

交流-直流変換装置から高調波が発生するので，**高調波障害対策が必要**である.

【4】 直流遮断困難

直流は交流と異なり**電流がゼロになることがない**ので，**高電圧・大電流の直流遮断は相当困難**で，多端子構成は困難など**系統構成の自由度が低い**.

問題㉘ ✓ ✓ ✓ H24 A-9

直流送電に関する記述として，誤っているものを次の（1）～（5）のうちから一つ選べ．

(1) 直流送電線は，線路の回路構成をするうえで，交流送電線に比べて導体本数が少なくて済むため，同じ電力を送る場合，送電線路の建設費が安い．

(2) 直流は，変圧器で容易に昇圧や降圧ができない．

(3) 直流送電は，交流送電と同様にケーブル系統での充電電流の補償が必要である．

(4) 直流送電は，短絡容量を増大させることなく異なる交流系統の非同期連系を可能とする．

(5) 直流系統と交流系統の連系点には，交直変換所を設置する必要がある．

 解説 (1) 直流送電は，交流に比べて線路の条数が少なく建設費が安い．

(2) 直流送電の昇降圧は変圧器でなくチョッパ回路で行われる．

(3) コンデンサには直流電流は流れないため，直流送電では充電電流は流れない．これは直流送電の利点の一つである．

(4) 直流送電は短絡容量を増大させることなく，異なる交流系統の非同期連系が可能である． **解答 ▶ (3)**

問題㉙ ✓ ✓ ✓ H21 A-9

電力系統における直流送電について交流送電と比較した次の記述のうち，誤っているのはどれか．

(1) 直流送電線の送・受電端でそれぞれ交流-直流電力変換装置が必要であるが，交流送電のような安定度問題がないため，長距離・大容量送電に有利な場合が多い．

(2) 直流部分では交流のような無効電力の問題はなく，また，誘電体損がないので電力損失が少ない．そのため，海底ケーブルなど長距離の電力ケーブルの使用に向いている．

(3) 系統の短絡容量を増加させないで交流系統間の連系が可能であり，また，異周波数系統間連系も可能である．

(4) 直流電流では電流零点がないため，大電流の遮断が難しい．また，絶縁については，公称電圧値が同じであれば，一般に交流電圧より大きな絶縁距離が必要となる場合が多い．

(5) 交流-直流電力変換装置から発生する高調波・高周波による障害への対策が必要である．また，漏れ電流による地中埋設物の電食対策も必要である．

Chapter
6

解説 交流では，最大電圧は $\sqrt{2}$ ×公称電圧であり，直流では，公称電圧＝最大電圧であるから，同じ公称電圧ならば交流のほうが，直流よりも大きな絶縁距離を必要とする．

解答 ▶ (4)

問題30 ✓ ✓ ✓ H29 A-6

電力系統で使用される直流送電系統の特徴に関する記述として，誤っているものを次の (1) ～ (5) のうちから一つ選べ．

(1) 直流送電系統は，交流送電系統のように送電線のリアクタンスなどによる発電機間の安定度の問題がないため，長距離・大容量送電に有利である．

(2) 一般に，自励式交直変換装置では，運転に伴い発生する高調波や無効電力の対策のために，フィルタや調相設備の設置が必要である．一方，他励式交直変換装置では，自己消弧形整流素子を用いるため，フィルタや調相設備の設置が不要である．

(3) 直流送電系統では，大地帰路電流による地中埋設物の電食や直流磁界に伴う地磁気測定への影響に注意を払う必要がある．

(4) 直流送電系統では，交流送電系統に比べ，事故電流を遮断器により遮断することが難しいため，事故電流の遮断に工夫が行われている．

(5) 一般に，直流送電系統の地絡事故時の電流は，交流送電系統に比べ小さいため，がいしの耐アーク性能が十分な場合，がいし装置からアークホーンを省くことができる．

解説 直流送電の交直変換装置には，自励式・他励式にかかわらず無効電力供給のための調相設備が必要である．また，あわせてフィルタも必要である．

解答 ▶ (2)

練習問題

■ 1

抵抗が等しい場合において，鋼心アルミより線を硬銅より線と比較した記述として，誤っているのは次のうちどれか.

(1) 導電率が低い   (2) 引張荷重が大きい   (3) 傷がつきにくい

(4) コロナを発生しにくい   (5) 直径が大きい

■ 2

架空送電線路により線を使う理由として，正しいのは次のうちどれか.

(1) 可とう性を増大させるため   (2) 表皮電流を減少させるため

(3) 抗張力を増大させるため   (4) コロナ臨界電圧を上昇させるため

(5) 放熱性能を増大させるため

■ 3

次の事項のうち，架空送電線に使用される電線の安全電流を決める場合に無関係なものはどれか.

(1) 電線の材質   (2) 支持がいし   (3) 周囲温度   (4) 日射   (5) 風

■ 4 (H17 A-12)

鋼心アルミより線の特徴を硬銅より線と比較して述べた次の記述のうち，誤っているのはどれか. ただし，連続許容電流が同じ場合とする.

(1) 接続工事が面倒である   (2) 引張強さが大きい   (3) 重量が軽い

(4) 外径が小さく，コロナが発生しやすい   (5) 軟らかく，傷がつきやすい

■ 5 (H5 A-3)

一般に，長径間の送電線路に用いられる電線はどれか. 正しいものを次のうちから選べ.

(1) 銅合金線   (2) 硬銅より線   (3) アルミ合金線

(4) 鋼心アルミより線   (5) アルミ覆鋼線

■ 6 (H1 A-16)

高圧架空配電線路に使用される電線の太さを決める要素として，関係のないものは次のうちどれか.

(1) 許容電流   (2) 電圧降下   (3) 電力損失   (4) 機械的強度

(5) コロナ開始電圧

Chapter
6

■7 (H14　A-6)

架空送電線路の線路定数には，抵抗，インダクタンス，静電容量などがある．導体の抵抗は，その材質，長さおよび断面積によって定まるが， (ア) が高くなれば若干大きくなる．また，交流電流での抵抗は (イ) 効果により直流電流での値に比べて増加する．インダクタンスと静電容量は，送電線の長さ，電線の太さや (ウ) などによって決まる．一方，各相の線路定数を平衡させるため， (エ) が行われる．

上記の記述中の空白箇所（ア），（イ），（ウ）および（エ）に記入する語句として，正しいものを組み合わせたのは次のうちどれか．

	（ア）	（イ）	（ウ）	（エ）
(1)	温度	フェランチ	材質	多導体化
(2)	電圧	表皮	配置	多導体化
(3)	温度	表皮	材質	多導体化
(4)	電圧	フェランチ	材質	ねん架
(5)	温度	表皮	配置	ねん架

■8

高圧架空配電線路に主として使用する電線として，正しいのは次のうちどれか．

(1) OW 線　(2) DV 線　(3) OC 線　(4) CV ケーブル　(5) OF ケーブル

■9 (H15　A-12)

高圧架空配電線路を構成する機器または材料として，使用されることのないものは，次のうちどれか．

(1) 柱上開閉器　(2) 避雷器　(3) DV 線　(4) 中実がいし　(5) 支線

■10 (H3　A-12)

600 V ビニル絶縁電線の許容電流に関する次の記述のうち，適切なものはどれか．

(1) 絶縁物が電流による発熱により変質しないように制限した値をいう．
(2) 電線が電流による発熱により溶断するときの電流値をいう．
(3) 電線が電流による発熱により溶断するときの電流値の 50 ％の値をいう．
(4) 電線温度が 100 ℃ となるときの電流値をいう．
(5) 電線の定格電流を絶縁抵抗値で除した値をいう．

■11 (H12　A-8（改題）)

低圧ネットワーク配電方式に関する記述として，誤っているのは次のうちどれか．

(1) レギュラーネットワーク方式は，我が国では一般的ではない．
(2) レギュラーネットワーク方式は，大工場や高層ビルなど，一箇所に集中した負荷（大口需要家）に供給する方式である．
(3) ネットワーク変圧器の一次側に接続される配電線の供給電圧は，一般的に 22 kV または 33 kV である．
(4) 一般的にネットワーク変圧器一次側には断路器が設置され，遮断器は省略される．

(5) ネットワーク変圧器二次側に，保護装置としてネットワークプロテクタが設置される．

■ 12

最近，都市のビルなどに適用されているスポットネットワーク方式に関する記述として，誤っているのは次のうちどれか．

(1) 一般に多回路で供給されるので，供給線路のうち，1回線が故障停電しても無停電供給が可能であり，信頼度が高い．

(2) 一次側は遮断器が省略される場合が多く，設備の簡素化が図られる．

(3) 負荷に大きな回生電力を発生する回転機があると，プロテクタが不必要動作するおそれがある．

(4) ネットワークは多回線で構成されるため，ネットワーク母線の信頼度は，それほど高くなくてもよい．

(5) ネットワーク系統は，ループ式などに比べて配電線の稼働率を高くすることができる．

■ 13 (H5 A-14)

図は，ある配電系統の構成を示したものである．図に該当する配電方式は次のうちどれか．

(1) 放射状方式   (2) ループ方式   (3) バンキング方式

(4) 低圧ネットワーク方式   (5) 高圧ネットワーク方式

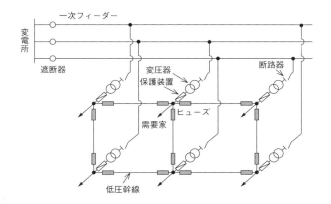

Chapter

6

■ **14**　(H18 A-10)

図に示すスポットネットワーク受電設備において，（ア），（イ）および（ウ）の設備として，最も適切なものを組み合わせたのは次のうちどれか．

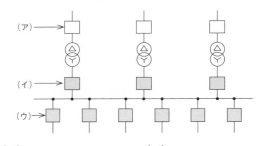

	（ア）	（イ）	（ウ）
(1)	ネットワークプロテクタ	断路器	幹線保護装置
(2)	ネットワークプロテクタ	断路器	プロテクタヒューズ
(3)	断路器	ネットワークプロテクタ	プロテクタ遮断器
(4)	断路器	幹線保護装置	プロテクタヒューズ
(5)	断路器	ネットワークプロテクタ	幹線保護装置

■ **15**　(H6 A-7)

スポットネットワーク受電方式に関する次の記述のうち，誤っているのはどれか．
- (1) 多回線で受電しているので，1回線が故障しても停電せずに受電が可能である．
- (2) 受電設備の一次側遮断器が省略でき，設備の簡素化ができる．
- (3) ネットワークプロテクタリレーは，変圧器の二次側から一次側に向かって流れる電流によって二次側の遮断器を動作させる．
- (4) ネットワーク母線の事故時にも受電が可能である．
- (5) プロテクタヒューズは，ネットワークプロテクタの後備保護として用いられる．

■ **16**　(H21 A-8)

22（33）kV 配電系統に関する記述として，誤っているのは次のうちどれか．
- (1) 6.6kV の配電線に比べ電圧対策や供給力増強対策として有効なので，長距離配電の必要となる地域や新規開発地域への供給に利用されることがある．
- (2) 電気方式は，地絡電流抑制の観点から中性点を直接接地した三相3線方式が一般的である．
- (3) 各種需要家への電力供給は，特別高圧需要家へは直接に，高圧需要家へは途中に設けた配電塔で 6.6kV に降圧して高圧架空配電線路を用いて，低圧需要家へはさらに柱上変圧器で 200～100V に降圧して，行われる．
- (4) 6.6kV の配電線に比べ 33kV の場合は，負荷が同じで配電線の線路定数も同じなら，電流は 1/5 となり電力損失は 1/25 となる．電流が同じであれば，送電容

量は 5 倍となる.

(5) 架空配電系統では保安上の観点から，特別高圧絶縁電線や架空ケーブルを使用
する場合がある.

■ **17** (H16 A-13)

図のように，二つの高圧配電線路 A および B が連系開閉器 M（開放状態）で接続さ
れている．いま，区分開閉器 N と連系開閉器 M との間の負荷への電力供給を，配電線
路 A から配電線路 B に無停電で切り替えるため，連系開閉器 M を投入（閉路）して短
時間ループ状態にした後，区分開閉器 N を開放した.

このように，無停電で配電線路の切り替え操作を行う場合に，考慮しなくてもよい事
項は次のうちどれか.

(1) ループ状態にする前の開閉器 N と M の間の負荷の大きさ
(2) ループ状態にする前の連系開閉器 M の両端の電位差
(3) ループ状態にする前の連系開閉器 M の両端の位相差
(4) ループ状態での両配電系統の短絡容量
(5) ループ状態での両配電系統の電力損失

架空送配電線路における各種障害とその対策

学習のポイント

　この Chapter で取り上げる分野は，過去から A 問題としてほぼ毎年出題されている．この頻出傾向はこれからも変わらないと予想されるため，十分な学習が効果をあげる分野である．

　この分野は 5 肢択一式の A 問題として出題されるため，確実な知識がないと，選択肢の中の正解とは無関係の，聞き覚えのある語句に惑わされてしまうことがある．

　本文の内容が理解できていれば，どのような形式の問題が出ても戸惑うことはないが，正誤問題などで確実に正解するには，一つひとつの内容を確実に記憶しておくことが重要となるため，特に例題，章末の練習問題をこなすことにより記憶の整理を図ってもらいたい．

電線振動とその対策

[★★★]

1 電線振動と防止装置

架空電線が，**電線と直角方向に毎秒数 m 程度の微風を一様に**受けると，電線の背後にうず（カルマン渦）を生じ，電線が上下に振動を起こすことがある．これが**微風振動**で，この現象が長く続くと電線が疲労劣化して，電線支持点であるクランプ付近で断線することがある．

微風振動は，**電線が全径間にわたって同じ**であるとき，**軽い電線または長径間の箇所で張力が大きい**ほど発生しやすく，したがって，**硬銅線よりも鋼心アルミより線に起きやすい**．また，**風速や風向が一定の微風で平坦部に**発生しやすく，また，**早朝や日没時に**発生しやすい．

微風振動の防止装置は，次のとおりである．

【1】 支持点の補強

支持点近くの電線を**アーマロッド**などで補強する．アーマロッドは，図7·1 に示すように電線と同種の線でできており，これを支持点付近の電線に巻き付ける．

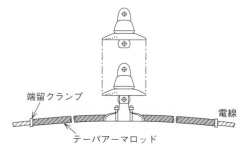

端留クランプ

電線

テーパアーマロッド

●図7·1 テーパアーマロッド

【2】 ダンパ取付け

支持点付近に適当なおもりを取り付けて，振動エネルギーを吸収することによって振動発生を防ぐ．このため，図7·2 に示す**ストックブリッジダンパ**や**トーショナルダンパ**などのダンパ（制動子）を，電線支持点付近などの電線へ取り付ける．

なお，電線に発生する振動には，微風振動のほか，氷雪が付着した状態で強い風を受けた場合に発生する**ギャロッピング**，電線に付着した氷雪の落下時に発生する**スリートジャンプ**（電線のはね上り），多導体固有の**サブスパン振動**，**コロナ振動**などがある．多導体の 1 相内のスペーサとスペーサの間隔をサブスパンという（図 7·4 参照）．このサブスパン内で，風速が数～20 m/s，特に 10 m/s 超で激しくなる振動をサブスパン振動という．

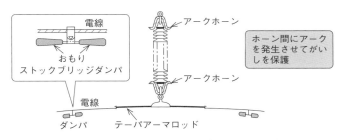

●図 7・2　がいし保護装置および電線振動防止装置

2 電線付属品

スリーブ（電線相互の接続金具），**クランプ**（引き留めや直線部の電線を把持し，がいし装置に取り付ける），**スペーサ**（多導体線路で電磁力や強風による電線相互の接近・接触防止），**アーマロッド**などがあげられる．

問題1 ✓ ✓ ✓　　　　　　　　　　　　R4　A-10

次の文章は，架空送電線の振動に関する記述である．

架空送電線が電線と直角方向に毎秒数メートル程度の風を受けると，電線の後方に渦を生じて電線が上下に振動することがある．これを微風振動といい，
　（ア）　電線で，径間が　（イ）　ほど，また，張力が　（ウ）　ほど発生しやすい．

多導体の架空送電線において，風速が数～20 m/s で発生し，10 m/s を超えると激しくなる振動を　（エ）　振動という．

また，その他の架空送電線の振動には，送電線に氷雪が付着した状態で強い風を受けたときに発生する　（オ）　や，送電線に付着した氷雪が落下したときにその反動で電線が跳ね上がる現象などがある．

上記の記述中の空白箇所（ア）～（オ）に当てはまる組合せとして，正しいも

Chapter

7

のを次の (1) ～ (5) のうちから一つ選べ.

	(ア)	(イ)	(ウ)	(エ)	(オ)
(1)	重い	長い	小さい	サブスパン	ギャロッピング
(2)	軽い	長い	大きい	サブスパン	ギャロッピング
(3)	重い	短い	小さい	コロナ	ギャロッピング
(4)	軽い	短い	大きい	サブスパン	スリートジャンプ
(5)	重い	長い	大きい	コロナ	スリートジャンプ

解説　電線に発生する振動には**微風振動**のほかに，**着氷雪**によるギャロッピングやスリートジャンプ，**多導体固有**のサブスパン振動，コロナ振動がある.

着氷雪による振動対策として，**難着雪リング**，**カウンタウエイト**（ねじれ防止用ダンパ），**スパイラルロッド**，**アーマロッド**，**相間スペーサ**，**オフセット**がある.

解答 ▶ (2)

問題2 ✓ ✓ ✓ H20　A-9

架空送電線路の構成要素に関する記述として, 誤っているのは次のうちどれか.
(1) アークホーン：がいしの両端に設けられた金属電極をいい，雷サージによるフラッシオーバの際生じるアークを電極間に生じさせ，がいし破損を防止するものである.
(2) トーショナルダンパ：着雪防止が目的で電線に取り付ける. 風による振動エネルギーで着雪を防止し，ギャロッピングによる電線間の短絡事故などを防止するものである.
(3) アーマロッド：電線の振動疲労防止やアークスポットによる電線溶断防止のため，クランプ付近の電線に同一材質の金属を巻き付けるものである.
(4) 相間スペーサ：強風による電線相互の接近及び衝突を防止するため，電線相互の間隔を保持する器具として取り付けるものである.
(5) 埋設地線：塔脚の地下に放射状に埋設された接地線，あるいは，いくつかの鉄塔を地下で連結する接地線をいい，鉄塔の塔脚接地抵抗を小さくし，逆フラッシオーバを抑止する目的等のため取り付けるものである.

解説　トーショナルダンパは架空送電線の振動防止のためのものであり，着雪防止のためのものではない（ベートダンパ，クロスワイヤダンパ等の添線式ダンパも同様）.

解答 ▶ (2)

コロナ障害とその対策

1 コ ロ ナ

　電線の表面から外に向かっての電位の傾きは，電線の表面において最大となり，表面から離れるに従って減少していく．そして，その値がある電圧（コロナ臨界電圧）以上になると，周囲の空気層の絶縁が失われてイオン化し，ジージーという低い音や，薄白い光を発生するようになる．この現象を**コロナ放電**と呼ぶ．

【1】 コロナの影響と対策

　架空送電線路にコロナが発生すると，**コロナ損**が生じるほか，消弧リアクトル系の接地方式では**消弧不能**になるおそれがあり，遮へい線のない近接通信線に**誘導障害**を与えたり，コロナによる電線の腐食，ラジオ妨害などの**受信障害**を起こすことがある．しかし，コロナは，送電線路の**異常電圧進行波の波高値を減衰**させる効果がある．**コロナの発生防止**のため，以下の対策がとられている．

- ・電線の太さ選定（太くする）
- ・多導体の採用
- ・がいし装置へのシールドリング取付け
- ・電線に傷をつけないようにし，金具は突起をなくす

> **参考** **コロナの語源**
>
> 　コロナは「王冠」を意味するラテン語に由来し，太陽の大気外側にあるガス層のことをいう．コロナ放電は太陽のコロナに似ているため，こう呼ばれる．

Chapter
7

【2】 コロナ臨界電圧

　コロナが発生する最小の電圧を**コロナ臨界電圧**といい，標準の気象条件（20℃，1013.25 hPa）で波高値で約 30 kV/cm である．すなわち，直流では約 **30 kV/cm**，交流（実効値）では約 21 kV/cm（$30/\sqrt{2}$）に相当する．

　コロナ臨界電圧は，電線の表面の状態，太さ，気象条件，線間距離などによって異なり，雨天時や外径の小さな電線ほど臨界電圧は低くなり，コロナが発生し

やすくなる．**鋼心アルミより線は，同じ抵抗の硬銅より線に比し外径が大きいの**で，コロナの点でも有利で，電圧の高い送電線に鋼心アルミより線が用いられる理由の一つはこのためである．

天候などを考慮したコロナ臨界電圧 E_0 は，次式によって与えられる．

$$E_0 = m_0 m_1 \delta^{\frac{2}{3}} \times 48.8\, r \left(1 + \frac{0.301}{\sqrt{r\delta}}\right) \log_{10} \frac{D}{r} \quad [\text{kV}] \qquad (7 \cdot 1)$$

ここに，m_0：電線の表面係数（7 本より電線で 0.83 ～ 0.87，19 ～ 61 本より電線で 0.80 ～ 0.85），m_1：天候係数（晴天時 1.0，雨天時 0.8），δ：相対空気密度（20℃ で $\delta = 1$），r：電線の半径〔cm〕，D：線間距離〔cm〕

2 多 導 体

送電線の 1 相分の電線として，2 本以上の電線を使用したものを**多(複)導体**と呼んでいる．図 7・3 のように，普通 2 ～ 6 本の電線を 20 ～ 90 m ごとに設けられたスペーサで 30 ～ 50 cm 間隔に並列に架設する方式で，主に超高圧以上の送電線に用いる．特に，1 相が 2 本で構成されたものを**複導体**と呼んでいる．

この方式は，同一断面積の単導体（1 組 1 本で，154 kV 以下では一般的）に比べて

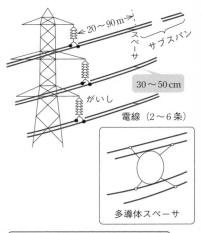

●図7・3　多(複)導体

① 電流容量が大きくとれ，**送電容量が増加**

② 電線の**インダクタンスが減少**し，**静電容量が増加**

③ 電線の**表面電位傾度が低下**し，コロナ臨界電圧が 15 ～ 20 % 上昇するため**コロナが発生しにくい**

④ インダクタンスが減少するので，**安定度増進**に役立つ

などの特長があるが，**構造が複雑で風圧も大きくなり，鉄塔部材が大きくなる**．

問題3 ☑ ☑ ☑ H16 A-11

架空送電線路におけるコロナ放電に関する記述として，誤っているのは次のうちどれか．
(1) コロナ放電が発生すると，電気エネルギーの一部が音，光，熱などに形を変えて現れ，コロナ損という電力損失を伴う．
(2) コロナ放電は，電圧が高いほど，また，電線が太いほど発生しやすくなる．
(3) 多導体方式は，単導体方式に比べてコロナ放電の発生が少ないので，電力損失が少なくなる．
(4) 電線表面の電位の傾きがある値を超えると，コロナ放電が生じるようになる．
(5) コロナ放電が発生すると，電波障害や通信障害が生じる．

解説 コロナ発生防止策の一つが**太線化**である．

解答 ▶ (2)

問題4 ☑ ☑ ☑ H20 A-7

送配電線路や変電機器等におけるコロナ障害に関する記述として，誤っているのは次のうちどれか．
(1) 導体表面にコロナが発生する最小の電圧はコロナ臨界電圧と呼ばれる．その値は，標準の気象条件（気温 $20\,℃$，気圧 $1\,013\,\mathrm{hPa}$，絶対湿度 $11\,\mathrm{g/m^3}$）では，導体表面での電位の傾きが波高値で約 $30\,\mathrm{kV/cm}$ に相当する．
(2) コロナ臨界電圧は，気圧が高くなるほど低下し，また，絶対湿度が高くなるほど低下する．
(3) コロナが発生すると，電力損失が発生するだけでなく，導体の腐食や電線の振動などを生じるおそれもある．
(4) コロナ電流には高周波成分が含まれるため，コロナの発生は可聴雑音や電波障害の原因にもなる．
(5) 電線間隔が大きくなるほど，また，導体の等価半径が大きくなるほどコロナ臨界電圧は高くなる．このため，相導体の多導体化はコロナ障害対策として有効である．

解説 コロナが発生すると**電力損失の発生，導体の腐食，電線の振動，可聴雑音，電波障害**の原因となる．コロナ放電は，送電電圧が高くなり，電線表面の電位の傾きが大きくなると，電線に接する空気の絶縁が破れて発生する．
空気絶縁が破れる電圧の傾きは標準状態（$20\,℃$，$1\,013\,\mathrm{hPa}$）で約 $30\,\mathrm{kV/cm}$（波高値）である．**コロナ臨界電圧は，気圧が高くなるほど上昇**する（式 (7・1) 参照）．

Chapter
7

解答 ▶ (2)

問題5 ✓ ✓ ✓　　　　　　　　　　　　　　　　　　　H30　A-9

　次の文章は，架空送電線の多導体方式に関する記述である．

　送電線において，1相に複数の電線を　(ア)　を用いて適度な間隔に配置したものを多導体と呼び，主に超高圧以上の送電線に用いられる．多導体を用いることで，電線表面の電位の傾きが　(イ)　なるので，コロナ開始電圧が　(ウ)　なり，送電線のコロナ損失，雑音障害を抑制することができる．

　多導体は合計断面積が等しい単導体と比較すると，表皮効果が　(エ)　．また，送電線の　(オ)　が減少するため，送電容量が増加し系統安定度の向上につながる．

　上記の記述中の空白箇所（ア），（イ），（ウ），（エ）および（オ）に当てはまる組合せとして，正しいものを次の（1）～（5）のうちから一つ選べ．

	（ア）	（イ）	（ウ）	（エ）	（オ）
(1)	スペーサ	大きく	低く	大きい	インダクタンス
(2)	スペーサ	小さく	高く	小さい	静電容量
(3)	シールドリング	大きく	高く	大きい	インダクタンス
(4)	スペーサ	小さく	高く	小さい	インダクタンス
(5)	シールドリング	小さく	低く	大きい	静電容量

解答 ▶ (4)

参考　**振動障害のキーワード**

振動障害	対策（キーワード）
微風振動（電線の背後に生じるカルマン渦による電線の上下振動）	アーマロッド，ダンパ(ストックブリッジダンパ，トーショナルダンパ)
ギャロッピング（電流に翼状に付着した氷雪が風により揚力を生み振動）	難着雪リング カウンタウエイト（ねじれ防止用ダンパ） スパイラルロッド
スリートジャンプ（電線に付着した氷雪の一斉の落下による反動での電線の跳ね上がり）	アーマロッド 相間スペーサ オフセット
コロナ振動（電線から帯電した水の粒子が射出し，その反作用で誘発する振動）	多導体方式の採用，シールドリング，金具の突起をなくす
サブスパン振動（多導体送電線に風速 10 m/s を越える風があたることにより発生）	スペーサ取付け

塩 害 対 策

[★★]

1 塩 害 現 象

　送電線路の塩害現象は，工業地域における煙じんや風で運ばれた塩分などの導電性物質が，がいし表面に付着し，それがある限度を超えて霧，露，小雨などの適当な湿りが与えられたときや，台風などで海水が直接がいしにかかる場合などに発生し，漏れ電流やフラッシオーバなどによって送電ができなくなったり，テレビの受信障害などが発生する．

2 塩 害 対 策

　塩害対策としては，付着しにくくする，付着しても耐えるようにする，付着塩分などを取り除く，などの方法を考えればよい．

> **塩害対策：ルート選定，過絶縁，特殊がいし，洗浄，はっ水性物質塗布**

【1】 送電線路のルート選定

　これらの導電性物質が付着しにくいルートを選定する．

【2】 過絶縁による方法

　送電線路のがいしは**懸垂がいし**が多く使用されているので，表面の漏れ距離を増すために**連結個数を増加**する方法が，最も一般的な方法である．

(a)　スモッグがいし　　(b)　耐塩形高圧ピンがいし

●図7・4　特殊がいし

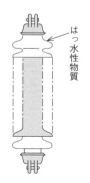

はっ水性物質

●図7・5　はっ水性物質の塗布

Chapter
7

■【3】 特殊がいしの使用 ■

　雨洗効果の良い**長幹がいし**や，漏れ距離の長い**スモッグがいし**，**耐塩がいし**（図 7・4）などの特殊がいしを使用する．

■【4】 がいしの洗浄 ■

　洗浄によって塩分などを取り除くか，少なくする方法である．これには，活線で洗浄する方法と，停電して洗浄する方法がある．

■【5】 はっ水性物質の塗布 ■

　塩分などが付着しても，はっ水性があればフラッシオーバを起こすことはない．このため，グリース状の**シリコーンコンパウンド**などをがいしの表面に塗布する．送電線路ではあまり行われない（図 7・5）．

問題6 ✓ ✓ ✓　　　　　　　　　　　　　　　　　　　　　　H18　A-6

　架空送電線路の塩害対策として適当でないものは，次のうちどれか．
　(1) 適当なルートの選定　　　(2) 絶縁電線の採用
　(3) がいし連結個数増加　　　(4) はっ水性物質の塗布
　(5) 長幹がいしの使用

　塩害対策：ルート選定，過絶縁，特殊がいし，洗浄，はっ水性物質塗布

　絶縁電線の採用は，樹木などが裸電線と接触して地絡事故に至るのを防止することが主目的である．がいしの塩害対策とは直接的な関係はない．

解答 ▶ (2)

問題7 ✓ ✓ ✓

　架空送電線路の塩害対策として最も一般的な方法として正しいものを，次のうちから選べ．
　(1) 過絶縁を行う　　　　　　(2) がいしをⅤ吊りにする
　(3) 定期的に活線洗浄を行う　(4) シリコーンコンパウンドを塗布する
　(5) 屋内化を行う

　　　　　　　　　　　　┌─ 付着しにくくする
　塩害対策─────┤─ 付着しても耐えるようにする
　　　　　　　　　　　　└─ 付着塩分を取り除く

　最も一般的な方法としては，がいしの連結個数を増加する方法により，過絶縁を行う．しかし，「**定期的な**」**洗浄は困難**である．

解答 ▶ (1)

問題8 R3 A-10

次の文章は，がいしの塩害とその対策に関する記述である．

風雨などによってがいし表面に塩分が付着すると， ［ （ア） ］ が発生することがあり，可聴雑音や電波障害，フラッシオーバの原因となる．これをがいしの塩害という．

がいしの塩害対策は，塩害の少ない送電ルートの選定，がいしの絶縁強化，がいしの洗浄，がいし表面への ［ （イ） ］ 性物質の塗布が挙げられる．

懸垂がいしにおいて，絶縁強化を図るには，がいしを ［ （ウ） ］ に連結する個数を増やす方法や，がいしの表面漏れ距離を ［ （エ） ］ する方法が用いられる．

また，懸垂がいしと異なり，棒状磁器の両端に連結用金具を取り付けた形状の ［ （オ） ］ がいしは，雨洗効果が高く，塩害に対し絶縁性が高い．

上記の記述中の空白箇所（ア）～（オ）に当てはまる組合せとして，正しいものを次の（1）～（5）のうちから一つ選べ．

	（ア）	（イ）	（ウ）	（エ）	（オ）
（1）	漏れ電流	はっ水	直列	長く	長幹
（2）	過電圧	吸湿	直列	短く	ピン
（3）	漏れ電流	吸湿	並列	短く	長幹
（4）	過電圧	はっ水	並列	長く	長幹
（5）	漏れ電流	はっ水	直列	短く	ピン

解説

塩害対策 ┬ 付着した塩分の除去
　　　　　├ 塩分の付着しにくいがいしの使用など
　　　　　└ 絶縁強化

具体策としては，①塩分の付着しにくい送電ルートの選定，②活線洗浄・停電洗浄，③懸垂がいしの個数を増やし過絶縁，④長幹がいし，スモッグがいし，耐塩がいしなどの採用，⑤シリコーンコンパウンドなどのはっ水性塗料の塗布．

解答 ▶ （1）

Chapter
7

誘 導 障 害

[★★]

1 誘 導 障 害

電力線と通信線とが接近して施設されている場合，電力線の電圧や電流の影響を受けて通信が妨害されたり，通信機器が破壊されたり，取扱者が危害を受けたりすることを**誘導障害**という．誘導障害には**静電誘導**と**電磁誘導**がある．

静電誘導は位置関係で，電磁誘導は地絡電流によって生ずる．

2 静電誘導と防止対策

1 静 電 誘 導

静電誘導は，図7·6のように，各相の電線と通信線間に静電的に不平衡があるときに生じるもので，平常時でも限度を超えると障害を生じる．

図7·6において

$$\dot{i}_a = j\omega C_a(\dot{E}_a - \dot{E}_s)$$
$$\dot{i}_b = j\omega C_b(\dot{E}_b - \dot{E}_s)$$
$$\dot{i}_c = j\omega C_c(\dot{E}_c - \dot{E}_s)$$
$$\dot{i}_a + \dot{i}_b + \dot{i}_c = \dot{i}_0 = j\omega C_s\dot{E}_s$$

これらの式により

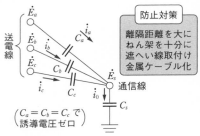

●図7·6 静電誘導

$$C_a(\dot{E}_a - \dot{E}_s) + C_b(\dot{E}_b - \dot{E}_s) + C_c(\dot{E}_c - \dot{E}_s) = C_s\dot{E}_s$$

よって，**静電誘導電圧** $\dot{E}_s$ は次式で与えられる．

$$\dot{E}_s = \frac{C_a\dot{E}_a + C_b\dot{E}_b + C_c\dot{E}_c}{C_a + C_b + C_c + C_s} \tag{7·2}$$

ここに，$\dot{E}_a$, $\dot{E}_b$, $\dot{E}_c$：各線の相電圧 [V]，C_a, C_b, C_c：各線と通信線間の静電容量 [F]，C_s：通信線の対地静電容量 [F]

各線と通信線間の静電容量が $C_a = C_b = C_c = C$ [F]，すなわち，各線の対地静電容量が平衡している場合，式 (7·2) より

$$\dot{E}_s = \frac{C(\dot{E}_a + \dot{E}_b + \dot{E}_c)}{3C + C_s}$$

$\dot{E}_a$, $\dot{E}_b$, $\dot{E}_c$ のベクトル和は 0 のため, 誘導電圧は生じない ($\dot{E}_s = 0\,\text{V}$).

そのため, 図 7・7 に示すように, 例えば全区間を 3 等分し, 各相に属する電線の位置が一巡するように**ねん架**を行うと, インダクタンスや静電容量が平衡し, 付近の通信線に対する誘導障害を軽減させることができる.

●図 7・7　ねん架

◖2◗ 防 止 対 策

① **通信線との離隔距離を大きくする**.

② 電力線の**ねん架**を十分に行い, 相互の静電容量の不平衡をなくす.

③ 通信線側に**遮へい線を設ける**. なお, **架空地線に導電率の良いもの**を使用するのも効果がある.

④ **通信線を金属ケーブル化**する.

なお, 超高圧送電線下で静電誘導によって人体に影響を与える恐れがある場合は, 電線の**地上高を高く**したり, 2 回線垂直配列の送電線では電線配列を**逆相配列**（1 回線は上から a, b, c 相, 他回線は上から c, b, a 相）にしたりする. 特別高圧架空電線路では, 地表上 1 m における電界強度を 3 kV/m 以下とする.

3 電磁誘導と防止対策

◖1◗ 電 磁 誘 導

電磁誘導は, 図 7・8 のように, 電流によって通信線に電磁的に電圧が誘起されるもので, **電磁誘導電圧** $\dot{E}$ は次式で与えられる.

$$\dot{E} = -j\omega M l(\dot{I}_a + \dot{I}_b + \dot{I}_c) = -j\omega M l \dot{I} \ \ \text{[V]} \tag{7・3}$$

ここに, $\omega = 2\pi f$, f：周波数〔Hz〕, M：相互インダクタンス〔H/m〕, l：こう長〔m〕, I：地絡電流〔A〕（起誘導電流と呼ばれている）

式（7・3）で, 常時は $\dot{I}_a + \dot{I}_b + \dot{I}_c \fallingdotseq 0$ なので電磁誘導を受けることはほとんどないが, 一線地絡が発生すると地絡電流が流れて電磁誘導が発生する. したがって, これを防止するには, **地絡電流の抑制**, **相互インダクタンスを小さくする**, **遮へい**, **故障回線の迅速遮断**などを考えればよい.

Chapter
7

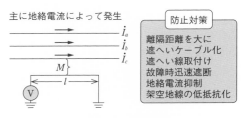

主に地絡電流によって発生

防止対策

離隔距離を大に
遮へいケーブル化
遮へい線取付け
故障時迅速遮断
地絡電流抑制
架空地線の低抵抗化

●図7・8　電磁誘導

　電磁誘導電圧の制限値は，中性点直接接地方式の超高圧送電線路の場合は430 V，その他の送電線路の場合は 300 V を基準としている．なお，故障電流が0.06 秒以内に除去されるなどの条件を満たす高安定送電線の場合，制限値は650 V とされる．

●**(2)　防 止 対 策**

① **通信線と離隔距離を大きく**する．
② 通信線に**遮へいケーブル**を使用する．
③ 通信線に**避雷器**を取り付ける．
④ 電力線と通信線間に，**導電率の大きな遮へい線**を設ける．
⑤ 故障時に，**故障回線を迅速に遮断**する．
⑥ 中性点の**接地抵抗を大きくして，地絡電流を抑制**する．
⑦ 架空地線に導電率の良い**鋼心イ号アルミ線**などを使用するとともに，条数を増加させる．
⑧ **ねん架**や**逆相配列**を行う．

問題9 ☑ ☑ ☑

通信線に対する誘導障害に関係のないものは次のうちどれか．
(1) ねん架　　　　　(2) 高速遮断　　　　(3) 架空地線導電率
(4) 中性点接地抵抗　(5) 電線の絶縁化

 (5) の電線の絶縁化は，電線の接触対策が主目的であり，無関係である．

解答 ▶ (5)

問題10 ☑ ☑ ☑

　電力線による通信線に対する静電誘導防止対策として，適当でないものは次のうちどれか．

(1) 相互間の離隔距離をできるだけ大きくする.

(2) 電力線のねん架を十分に行う.

(3) 通信線側に遮へい線を設ける.

(4) 通信線を金属ケーブル化する.

(5) 中性点の接地抵抗を大きくして，地絡電流を抑制する.

 解説　地絡電流抑制は電磁誘導防止対策である.

解答 ▶ (5)

問題11 ✓ ✓ ✓

電力線による通信線に対する電磁誘導防止対策についての記述において，誤っているものは次のうちどれか.

(1) 相互の離隔距離をできるだけ大きくする.

(2) 導電率の小さい遮へい線を設ける.

(3) 故障時に故障回線を迅速に遮断する.

(4) 地絡電流を適当な値に抑制する.

(5) 架空地線に鋼心イ号アルミ線などを使用する.

 解説　導電率の大きい遮へい線を設ける.

解答 ▶ (2)

問題12 ✓ ✓ ✓ H23 A-6

架空送配電線路の誘導障害に関する記述として，誤っているものを次の (1) ~ (5) のうちから一つ選べ.

(1) 誘導障害には，静電誘導障害と電磁誘導障害とがある. 前者は電力線と通信線や作業者などとの間の静電容量を介しての結合に起因し，後者は主として電力線側の電流経路と通信線や他の構造物との間の相互インダクタンスを介しての結合に起因する.

(2) 平常時の三相 3 線式送配電線路では，ねん架が十分に行われ，かつ，各電力線と通信線路や作業者などとの距離がほぼ等しければ，誘導障害はほとんど問題にならない. しかし，電力線のねん架が十分でも，一線地絡障害を生じた場合には，通信線や作業者などに静電誘導電圧や電磁誘導電圧が生じて障害の原因となることがある.

(3) 電力系統の中性点接地抵抗を高くすることおよび故障電流を迅速に遮断することは，ともに電磁誘導障害防止策として有効な方策である.

(4) 電力線と通信線の間に導電率の大きい地線を布設することは，電磁誘導障

Chapter 7

害対策として有効であるが，静電誘導障害に対してはその効果を期待することはできない．

(5) 通信線の同軸ケーブル化や光ファイバ化は，静電誘導障害に対しても電磁誘導障害に対しても有効な対策である．

静電誘導：電力線と通信線との間の静電容量が起因する．
電磁誘導：電力線を流れる電流の相互誘導作用が起因する．

 （4）の電力線と通信線の間に導電率の大きい地線（遮へい線）を布設することは静電誘導障害に対して効果がある．

解答 ▶ （4）

問題⓭ ✓ ✓ ✓　　　　　　　　　　　　　　　　H28　A-8

　架空送電線路が通信線路に接近していると，通信線路に電圧が誘導されて設備やその取扱者に危害を及ぼす等の障害が生じるおそれがある．この障害を誘導障害といい，次の2種類がある．

① 架空送電線路の電圧により通信線路に誘導電圧を発生させる　(ア)　障害．

② 架空送電線路の電流が，架空送電線路と通信線路間の　(イ)　を介して通信線路に誘導電圧を発生させる　(ウ)　障害．

　三相架空送電線路が十分にねん架されていれば，平常時は，電圧や電流によって通信線路に現れる誘導電圧は　(エ)　となるので 0 V となる．三相架空送電線路に　(オ)　事故が生じると，電圧や電流は不平衡になり，通信線路に誘導電圧が現れ，誘導障害が生じる．

　上記の記述中の空白箇所（ア），（イ），（ウ），（エ）および（オ）に当てはまる語句として，正しいものを組み合わせたのは次のうちどれか．

	(ア)	(イ)	(ウ)	(エ)	(オ)
(1)	静電誘導	相互インダクタンス	電磁誘導	ベクトルの和	一線地絡
(2)	磁気誘導	誘導リアクタンス	ファラデー	ベクトルの差	二線地絡
(3)	磁気誘導	誘導リアクタンス	ファラデー	大きさの差	三相短絡
(4)	静電誘導	自己インダクタンス	電磁誘導	大きさの和	一線地絡
(5)	磁気誘導	相互インダクタンス	電荷誘導	ベクトルの和	三相短絡

 設備が三相平衡設備であっても，流れる電流が不平衡となる．そのため，一線地絡故障時の電流抑制も対策となる．

解答 ▶ （1）

7-5

中性点接地方式

[★★★]

1 中性点接地の目的

送電線路の中性点は，直接，または抵抗器，リアクトルなどを通して接地するのが一般的である．中性点を接地する目的は，およそ次のとおりである．

① アーク地絡その他の事故による異常電圧を抑制して，線路および機器の絶縁を低減し，建設費の低減を図る．

② 地絡事故の際，保護継電器を確実に動作させ，故障箇所を迅速に除去する．

③ 消弧リアクトル接地方式では，一線地絡時のアーク地絡を早く消滅させることができる．

2 中性点接地方式

送電線路の中性点の方式には，非接地方式，抵抗接地方式，消弧リアクトル接地方式，直接接地方式などがある．

◀1▶ 非接地方式

中性点を接地しない方式で，電圧が高く，こう長の長い線路では一線地絡時に異常電圧を発生するおそれがあるので，33 kV 以下の，電圧が低く，こう長の短い線路に用いられている．

◀2▶ 抵抗接地方式

中性点を抵抗を通して接地する方式で，地絡電流を 100 ～ 300A 程度とするようにしたものが多く，広く用いられている．

◀3▶ 消弧リアクトル接地方式

送電線路の対地静電容量と共振するリアクトルで中性点を接地する方式で，一線地絡時，地絡点のアークを自動的に消滅させる．したがって，一線地絡電流は最も小さいが，断線故障時に異常電圧を発生するおそれがある（補償リアクトル接地方式については，p.226 参考 参照）．

Chapter
7

◀4▶ 直接接地方式

中性点を導体で直接接地する方式で，地絡などに伴う健全相の対地電圧上昇が最も小さく（接地抵抗値はほとんどゼロであるから，中性点電圧はほとんどゼロ

で動かない），線路や機器の絶縁が低減できる．したがって，建設費も安く保護
継電器の動作が確実などの長所があるが，一線地絡電流は最も大きく，地絡時の
電磁誘導障害（地絡電流によって発生）が大きい．通常，超高圧以上の線路に用
いられている．

　各種接地方式の概要を図7・9に，また，主な特徴を表7・1に示す．

中性点接地の目的（異常電圧抑制・絶縁の低減と建設費低減・保護装置確実動作・故障箇所迅速除去）

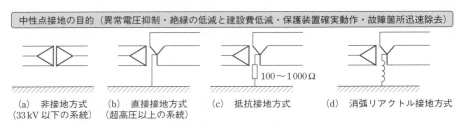

（a）非接地方式 （b）直接接地方式 （c）抵抗接地方式 （d）消弧リアクトル接地方式
（33 kV 以下の系統）（超高圧以上の系統）

●図7・9　中性点接地方式

●表7・1　各種接地方式の特徴

項　目	接地方式	非接地	直接接地	抵抗接地	消弧リアクトル接地
一線地絡電流		小	最大	中	最小
一線地絡時健全相対地電圧		大	小	中	大
高低圧混触時の低圧線電位上昇		小	最大	中	最小
通信線電磁誘導	常　時	小	小	小	小
	一線地絡時	小	大	中	小

　なお，我が国の高圧配電線路はほとんど非接地方式である．これは，一線地絡
時に健全相対地電圧が $\sqrt{3}$ 倍の線間電圧に上昇するが，電圧が低いので問題とな
らないのに対して，地絡電流（数〜数十アンペア程度），高低圧混触時の低圧線
電位上昇（変圧器の B 種（旧第二種）接地抵抗と地絡電流の積），通信線に対す
る誘導障害がいずれも小さい利点があるためである．

　このほか，**一線地絡が発生すると，各線の対地電圧は変化するが，線間電圧は
変わらない．**

3 消弧リアクトルのインダクタンス

　図7・10 は，1 線の対地静電容量 C_0 の送電線路の中性点 n をインダクタンス L

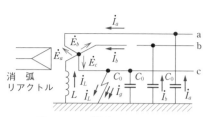

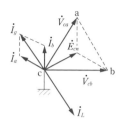

●図7・10　消弧リアクトル接地　　●図7・11　消弧リアクトル方式の電流ベクトル図

で接地した場合, c 相に地絡を生じたときの故障電流の分布を示したものである.

　地絡点には, 対地充電電流 $\dot{I}_g = \dot{I}_a + \dot{I}_b$ が流れると同時に, n 点と大地間の電圧によって L を通る電流 $\dot{I}_L$ もまた地絡点を通ることになる. 図7・11 は, これらの関係をベクトル図で示したものである. $\dot{I}_a$, $\dot{I}_b$ はそれぞれ a, b 線の対地電圧 $\dot{V}_{ca}$, $\dot{V}_{cb}$ より 90° 位相が進み, そのベクトル和 $\dot{I}_g$ は中性点の対地電圧 $\dot{E}_{cn}$ より 90° 進んでおり, その大きさは I_g は I_a, I_b の $\sqrt{3}$ 倍, a 相の対地電圧が V_{ca} であることから

$$I_g = \sqrt{3}\, I_a = \sqrt{3}\, \omega C_0 V = 3\omega C_0 E$$

　ここに, V：線間電圧, E：相電圧

　一方, $\dot{I}_L$ は $\dot{E}_{cn}$ によってインダクタンス L に流れる電流であるから 90° 位相が遅れ, その大きさは

$$I_L = \frac{V/\sqrt{3}}{\omega L} = \frac{E}{\omega L}$$

である. $\dot{I}_g$ と $\dot{I}_L$ は反対位相であるから, もし両者が等しい大きさならば, $\dot{I}_g + \dot{I}_L = 0$ となって地絡点の電流は互いに打ち消し合って 0 になる. そのときの条件は

$$3\omega C_0 E = \frac{E}{\omega L} \qquad \therefore \quad L = \frac{1}{3\omega^2 C_0} \tag{7・4}$$

問題14　✓ ✓ ✓

　送電線の中性点接地方式で, 一線地絡電流が最も小さい接地方式はどれか.
　(1) 消弧リアクトル接地方式　　(2) 直接接地方式　　(3) 非接地方式
　(4) 高抵抗接地方式　　(5) 低抵抗接地方式

 消弧リアクトル接地方式の一線地絡電流は理想的にはゼロにすることが可能.

解答 ▶ (1)

問題15　☑ ☑ ☑

送電線路の中性点接地の目的として適当でないものは，次のうちどれか．
- (1) 事故による異常電圧の抑制
- (2) 地絡電流をゼロにするように抑制
- (3) 絶縁の低減による建設費の低減
- (4) 消弧リアクトル方式では，アーク地絡の早期消滅
- (5) 保護継電器の確実動作

解答 ▶ (2)

問題16　☑ ☑ ☑

次の中性点接地方式のうち，一線地絡電流の最も大きいものはどれか．
- (1) 非接地　　(2) 直接接地　　(3) 抵抗接地　　(4) 消弧リアクトル接地
- (5) 補償リアクトル接地

解説　直接接地では接地抵抗値はほとんどゼロと考えるため，一線地絡電流は最も大きい．

解答 ▶ (2)

問題17　☑ ☑ ☑　　　　　　　　　　　　　　　　　　　　H22　A-8

　一般に，三相配電線に接続される変圧器は △-Υ または Υ-△ 結線されることが多く，Υ 結線の中性点は接地インピーダンス Z_n で接地される．この接地インピーダンス Z_n の大きさや種類によって種々の接地方式がある．中性点の接地方式に関する記述として，誤っているのは次のうちどれか．
- (1) 中性点接地の主な目的は，一線地絡などの故障に起因する異常電圧（過電圧）の発生を抑制したり，地絡電流を抑制して故障の拡大や被害の軽減を図ることである．中性点接地インピーダンスの選定には，故障点のアーク消弧作用，地絡リレーの確実な動作などを勘案する必要がある．
- (2) 非接地方式（$Z_n \to \infty$）では，一線地絡時の健全相電圧上昇倍率は大きいが，地絡電流の抑制効果が大きいのがその特徴である．我が国では，一般の需要家に供給する 6.6 kV 配電系統においてこの方式が広く採用されている．
- (3) 直接接地方式（$Z_n \to 0$）では，故障時の異常電圧（過電圧）倍率が小さいため，我が国では，187 kV 以上の超高圧系統に広く採用されている．一方，この方式は接地が簡単なため，我が国の 77 kV 以下の下位系統でもしばしば採用されている．

(4) 消弧リアクトル接地方式は，送電線の対地静電容量と並列共振するように設定されたリアクトルで接地する方式で，一線地絡時の故障電流はほとんど零に抑制される．このため，遮断器によらなくても地絡故障が自然消滅する．しかし，調整が煩雑なため近年この方式の新たな採用は多くない．

(5) 抵抗接地方式（$Z_n =$ ある適切な抵抗値 R〔Ω〕）は，我が国では主として 154 kV 以下の送電系統に採用されており，中性点抵抗により地絡電流を抑制して，地絡時の通信線への誘導電圧抑制に大きな効果がある．しかし，地絡リレーの検出機能が低下するため，何らかの対応策を必要とする場合もある．

解説 中性点直接接地方式は 187 kV 以上，154 kV 以下は抵抗接地方式，一部に消弧リアクトル接地方式，154 〜 22 kV ケーブル系統では補償リアクトル接地方式および低抵抗接地方式がある．高圧配電系統では非接地方式である．

解答 ▶（3）

問題18 ✓✓✓　H19　A-13

　我が国の高圧配電系統では，主として三相 3 線式中性点非接地方式が採用されており，一般に一線地絡事故時の地絡電流は　(ア)　アンペア程度であることから，配電用変電所の高圧配電線引出口には，地絡保護のために　(イ)　継電方式が採用されている．

　低圧配電系統では，電灯線には単相 3 線式が採用されており，単相 3 線式の電灯と三相 3 線式の動力を共用する方式として　(ウ)　も採用されている．柱上変圧器には，過電流保護のために　(エ)　が設けられ，柱上変圧器内部および低圧配電系統内での短絡事故を高圧配電系統側に波及させないよう施設している．

　上記の記述中の空白箇所（ア），（イ），（ウ）および（エ）に当てはまる語句として，正しいものを組み合わせたのは次のうちどれか．

	（ア）	（イ）	（ウ）	（エ）
(1)	百〜数百	過電流	V 結線三相 4 線式	高圧カットアウト
(2)	百〜数百	地絡方向	Y 結線三相 4 線式	配線用遮断器
(3)	数〜数十	地絡方向	Y 結線三相 4 線式	高圧カットアウト
(4)	数〜数十	過電流	V 結線三相 4 線式	配線用遮断器
(5)	数〜数十	地絡方向	V 結線三相 4 線式	高圧カットアウト

解答 ▶（5）

問題⑲ /// ✓ ✓ ✓

　図に示すように，中性点をリアクトル L を介して接地している公称電圧 66 kV の系統があるとき，次の (a) および (b) の問に答えよ．なお，図中の C は，送電線の対地静電容量に相当する等価キャパシタを示す．また，図に表示されていない電気定数は無視する．

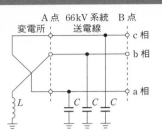

(a) 送電線の線路定数を測定するために，図中の A 点で変電所と送電線を切り離し，A 点で送電線の 3 線を一括して，これと大地間に公称電圧の相電圧相当の電圧を加えて充電すると，一括した線に流れる全充電電流は 115 A であった．このとき，この送電線の 1 相当たりのアドミタンスの大きさ〔mS〕として，最も近いものを次の (1)～(5) のうちから一つ選べ．

(1) 0.58　　(2) 1.0　　(3) 1.7　　(4) 3.0　　(5) 9.1

(b) 図中の B 点の a 相で 1 線地絡事故が発生したとき，地絡点を流れる電流を零とするために必要なリアクトル L のインピーダンスの大きさ〔Ω〕として，最も近いものを次の (1)～(5) のうちから一つ選べ．ただし，送電線の電気定数は，(a) で求めた値を用いるものとする．

(1) 111　　(2) 196　　(3) 333　　(4) 575　　(5) 1 000

(a) 題意より，扱う回路は図のようになる．

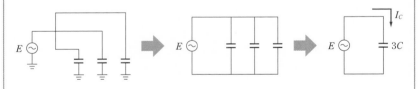

(b) 式 (7·4) より，$L = \dfrac{1}{3\omega^2 C}$　　∴　$X_L = \omega L = \dfrac{1}{3\omega C}$

　(a) $X_C = \dfrac{1}{\omega(3C)}$　　∴　$I_C = \dfrac{E}{X_C} = \omega \cdot 3CE = 115\,\text{A}$　　∴　$\omega C = \dfrac{115}{3E}$

1 相当たりのアドミタンス Y は

$$Y = \frac{1}{Z} = \frac{1}{\dfrac{1}{\omega C}} = \omega C = \frac{115}{3E} = \frac{115}{3 \times \dfrac{V}{\sqrt{3}}} = \frac{115}{\sqrt{3} \times 66 \times 10^3}$$

$$\fallingdotseq 1.006 \times 10^{-3}\,\mathrm{S} \fallingdotseq \mathbf{1.0\,mS}$$

(b) $X_L = \dfrac{1}{3\omega C} = \dfrac{1}{3 \times 1.006 \times 10^{-3}} \fallingdotseq \mathbf{331.3\,\Omega}$

解答 ▶ (a)‐(2)　　　(b)‐(3)

補足　式 (7·4) に頼らずテブナンの定理から解くと次のとおり（p.412 参照）.
図 7·12 のように等価回路を考える．このとき，L と $3C$ の合成インピーダンス $\dot{Z}$ は

$$\frac{1}{\dot{Z}} = \frac{1}{j\omega L} + \frac{1}{\dfrac{1}{j\omega 3C}} = \frac{1}{j\omega L} + j\omega 3C$$

この問題では与えられていない R_g は無視して $R_g = 0$ と考えて

$$\therefore \quad \dot{I}_g = \frac{\dot{E}_a}{\dot{Z}} = \left(\frac{1}{j\omega L} + j\omega 3C \right) \dot{E}_a$$

$\dot{I}_g = 0$ となるのは

$$\frac{1}{j\omega L} + j\omega 3C = 0 \qquad \therefore \quad \frac{1}{j\omega L} = -j\omega 3C$$

両辺に j をかけて，$j^2 = -1$ なので

$$\frac{1}{\omega L} = \omega \cdot 3C \qquad \therefore \quad \omega L = X_L = \frac{1}{3\omega C}$$

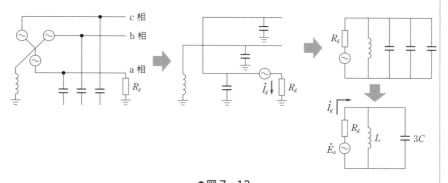

●図 7・12

Chapter
7

異常電圧と雷害対策

[★★★]

1 異 常 電 圧

　架空送電線路に発生する異常電圧には，系統の内部原因によって生じる内部異常電圧（内雷）と，主に雷によって生ずる外部異常電圧（外雷）がある．これらを分類すると図7・13のとおりである．

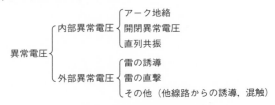

●図7・13　異常電圧の分類

【1】 内部異常電圧

　① **アーク地絡**　　がいしの表面に沿うアーク地絡が生じると，消弧と再点弧を繰り返して高い異常電圧を発生することがある．これは，非接地系統で充電電流のみの場合が最も高い．

　② **開閉異常電圧**　　送電線路を開閉操作するときに生じるもので，充電電流のみを遮断するとき最大となる．

　③ **直列共振による異常電圧**　　消弧リアクトル接地系統に発生するもので，変圧器の中性点の残留電圧により，消弧リアクトルのインダクタンスと対地静電容量の直列共振によって発生する．

　異常電圧は，接地方式により異なり，**接地抵抗の小さい系統ほど小さく，非接地系統が大きく4倍程度**である．

　これらのほか，**変圧器の励磁電流遮断**（ガス・空気遮断機等の他力消弧形遮断器で電流がゼロになる前に強制的に遮断する場合），**高速度再閉路時**などにも発生する．

【2】 外部異常電圧

　① **雷の誘導による異常電圧**　　送電線路に接近した雷雲が大地または他の雷雲に放電した場合に発生する．

②　**雷の直撃による異常電圧**　送電線路の電線に雷の直撃を受けた場合に発生する.

2 雷 害 対 策

絶縁の考え方は，内部異常電圧に対して，それに耐える十分安全な絶縁設計を行うが，雷害に対しては，がいしの過絶縁などでは防止できない．したがって，雷害対策としては，電線路に次の対策を施す．

【1】 架空地線の設置

一般に，架空送電線路を雷から遮へいするため，架空地線（GW：グランドワイヤ）が用いられる．架空地線は，図7・14のように，架空電線の上部に電線路方向に1～2条（同図の例は1条）設けられた接地した金属線（亜鉛めっき鋼より線，鋼心イ号アルミより線，アルミ被鋼線などの裸電線）で，架空電線への雷の**直撃からの保護，誘導雷の大きさの軽減効果**がある．また，地絡電流の一部が架空地線を流れるので，通信線に対する**電磁誘導障害を軽減する**ほか，架空地線と電線との電磁結合により，電線上の**進行波を減衰**させる効果もある（図7・15）．なお，架空地線は**遮へい角が小さいほど効果が大きい**ので，重要な線路では2条設ける．

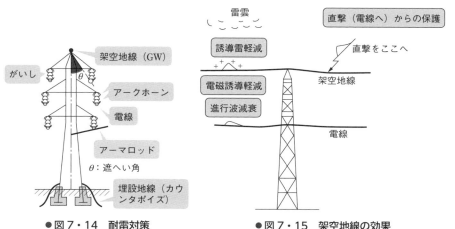

●図7・14　耐雷対策　　　　　　　●図7・15　架空地線の効果

【2】 埋設地線（カウンタポイズ）の設置

雷電流 I〔kA〕が塔脚（鉄塔の脚）の接地抵抗 R〔Ω〕を通して大地に流れると，鉄塔の電位は $V = IR$〔kV〕となり，**鉄塔または架空地線から電線へ逆に**フ

ラッシオーバ（せん絡）することがある．これを**逆フラッシオーバ**と呼ぶ．したがって，塔脚の接地抵抗はできるだけ低くすることが必要である．接地抵抗を低下させるには，接地極を抵抗率の低い土質層まで打ち込み，埋設地線を施す．これは，図7·16のような放射形，平行形および連続形がある．

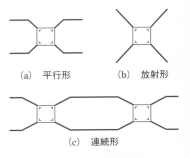

(a) 平行形　　(b) 放射形

(c) 連続形

●図7·16　埋設地線

■**3**■ そ の 他 ■

平行2回線送電線路で，両回線の絶縁に格差を設け，2回線にまたがる事故を防止する**不平衡絶縁**，フラッシオーバによるがいし破損防止のための**アークホーン**，電線支持点の補強のための**アーマロッド**，電線の太線化なども効果がある．従来，送電線路には避雷器は取り付けられなかったが，最近の限流素子の性能向上に伴い，送電用避雷装置が適用されるようになった．

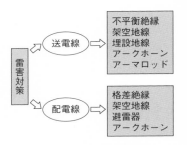

●図7·17　雷害対策

以上は架空送電線対策であるが，高圧架空配電線は絶縁耐力が低いので，耐雷設計は誘導雷対策が中心で，**避雷器，架空地線，格差絶縁**（本線を10kV級），絶縁電線のアークによる断線対策も兼ねた**限流素子付アークホーン**（耐雷ホーン）などがある（図7·17）．

送配電系統に設置される機器や装置の絶縁強度の相互の協調を図り，最も合理的かつ経済的に系統全体として信頼度を向上できるようにすることを**絶縁協調**という（図7·18）．

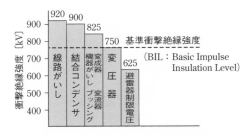

●図7·18　絶縁協調が図られた場合の絶縁強度の比較例

> **補足** **絶縁協調**とは機器・装置の絶縁強度の相互の協調を図ることであって，外部過電圧そのものの大きさを低減することではない．

なお，避雷器に関する解説は，5-4 ② 節を参照．

問題20 ✓ ✓ ✓

架空送電線路の雷害対策に関係のないものは次のうちどれか．
(1) グランドワイヤ　　(2) カウンタポイズ　　(3) トーショナルダンパ
(4) アークホーン　　(5) 塔脚の接地

解説 トーショナルダンパは電線の振動対策である．

解答 ▶ (3)

問題21 ✓ ✓ ✓

架空送電線路における異常電圧には，内部異常電圧と外部異常電圧とがある．前者は，(ア) がいしの表面に沿うフラッシオーバのようなアーク地絡，(イ) 高い値となる機会の多い重負荷線路の開閉，(ウ) 消弧リアクトル接地系における直列共振によるものなどがある．後者には，(エ) 雷の直撃によるもの，誘導によるもの，(オ) 他線路との混触によるものなどがある．
上記の記述中の下線を付した箇所のうち，誤っているものは次のうちどれか．
(1)(ア) の箇所　　(2)(イ) の箇所　　(3)(ウ) の箇所
(4)(エ) の箇所　　(5)(オ) の箇所

解説 軽負荷時の方が電圧は高くなりやすい．

解答 ▶ (2)

問題22 ✓ ✓ ✓

架空送電線の雷害対策として，適当でないのは次のうちどれか．
(1) グランドワイヤを設ける．
(2) 埋設地線を設ける．
(3) アークホーンを取り付ける．
(4) 電線支持点の補強を行う．
(5) 雷電圧に耐える絶縁設計を行う．

解説 雷による異常電圧に耐えるようにするのは困難であるため，絶縁設計のみで対抗するのは実用的ではない．

解答 ▶ (5)

Chapter
7

問題23 ✓✓✓ H15 A-9

送電線路の鉄塔の上部に十分な強さをもった
 (ア) を張り，鉄塔を通じて接地したものを架
空地線といい，送電線への直撃雷を防止するために
設置される.

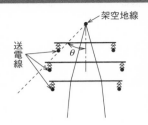

図において，架空地線と送電線とを結ぶ直線と，
架空地線から下ろした鉛直線との間の角度 θ を
 (イ) と呼んでいる. この角度が (ウ) ほど
直撃雷を防止する効果が大きい.

架空地線や鉄塔に直撃雷があった場合，鉄塔から送電線に (エ) を生じる
ことがある. これを防止するために，鉄塔の接地抵抗を小さくするような対策が
講じられている.

上記の記述中の空白箇所（ア），（イ），（ウ）および（エ）に記入する語句とし
て，正しいものを組合せたのは次のうちどれか.

	（ア）	（イ）	（ウ）	（エ）
(1)	裸線	遮へい角	小さい	逆フラッシオーバ
(2)	絶縁電線	遮へい角	大きい	進行波
(3)	裸線	進入角	小さい	進行波
(4)	絶縁電線	進入角	大きい	進行波
(5)	裸線	進入角	大きい	逆フラッシオーバ

解答 ▶ (1)

問題24 ✓ ✓ ✓　　　　　　　　　　　　　　　　　　　　　　H23　A-7

　次の文章は，送配電線路での過電圧に関する記述である．

　送配電系統の運転中には，様々な原因で，公称電圧ごとに定められている最高電圧を超える異常電圧が現れる．このような異常電圧は過電圧と呼ばれる．

　過電圧は，その発生原因により，外部過電圧と内部過電圧に大別される．

　外部過電圧は主に自然雷に起因し，直撃雷，誘導雷，逆フラッシオーバに伴う過電圧などがある．このうち一般の配電線路で発生頻度が最も多いのは　(ア)　に伴う過電圧である．

　内部過電圧の代表的なものとしては，遮断器や断路器の動作に伴って発生する　(イ)　過電圧や　(ウ)　時の健全相に現れる過電圧，さらにはフェランチ現象による過電圧などがある．

　また，過電圧の波形的特徴から，外部過電圧や，内部過電圧のうちの　(イ)　過電圧は　(エ)　過電圧，　(ウ)　やフェランチ現象に伴うものなどは　(オ)　過電圧と分類されることもある．

　上記の記述中の空白箇所（ア），（イ），（ウ），（エ）および（オ）に当てはまる組合せとして，正しいものを次の（1）～（5）のうちから一つ選べ．

	（ア）	（イ）	（ウ）	（エ）	（オ）
(1)	誘導雷	開閉	一線地絡	サージ性	短時間交流
(2)	直撃雷	アーク間欠地絡	一線地絡	サージ性	短時間交流
(3)	直撃雷	開閉	三相短絡	短時間交流	サージ性
(4)	誘導雷	アーク間欠地絡	混触	短時間交流	サージ性
(5)	逆フラッシオーバ	開閉	混触	短時間交流	サージ性

解答 ▶ (1)

Chapter
7

フェランチ効果，自己励磁現象，高調波障害

[★★★]

長距離送電線路を無負荷で充電する場合，分布静電容量の影響で問題が生じる．

1 フェランチ効果

長距離送電線路などで，負荷が非常に小さい場合，とくに無負荷の場合には，線路を流れる電流が静電容量のため進み電流となり，**受電端電圧が送電端電圧より高くなる**ことがある．この現象を**フェランチ効果（現象）**という．無負荷の充電電流は，静電容量に比例，静電容量は距離に比例する．したがって，この現象は，送電線路の**単位長当たりの静電容量が大きいほど**（たとえばケーブル線路），**インダクタンスが大きいほど**，また，**こう長が長いほど**著しい．

通常，負荷の力率は遅れ力率であるから，図7·19（a）に示すように，負荷電流 $\dot{I}_L$ と充電電流 $\dot{I}_C$ の和の線路電流 $\dot{I}$ は受電端電圧 $\dot{E}_r$ より遅れている．この遅れ電流 $\dot{I}$ による線路の抵抗降下 $\dot{I}R$（$\dot{I}$ と同相）およびリアクタンス降下 $j\dot{I}X$（$\dot{I}$ より90°進み，$\dot{I}R$ に直角）を加えたものが送電端電圧 $\dot{E}_s$ で，受電端電圧は送電端電圧より低（小さ）くなる．

ところが，負荷 $\dot{I}_L$ が軽負荷になったり，とくに無負荷になると，線路の静電容量による充電電流 $\dot{I}_C$ の影響が大きくなり，図7·19（b）に示すように線路電流 $\dot{I}$ は進み電流となり，これによる電圧降下は受電端電圧を上昇させるように働き，受電端電圧が送電端電圧よりも高くなることになる．これがフェランチ効果である．

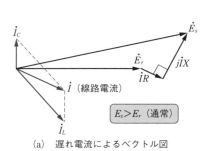

（a）遅れ電流によるベクトル図

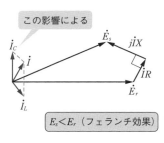

（b）進み電流によるベクトル図

●図7·19 フェランチ効果

　このことは，力率改善などの目的で需要家に取り付けられている電力用コンデンサも同様な働きをする．したがって，これらの**電力用コンデンサは，休日や夜間などの軽負荷時には開放しておくことが望ましい**．

　しかし，分布静電容量は，重負荷時には電力用コンデンサと同様，負荷の遅れ力率を補償して，力率改善，負荷電圧の向上，損失の軽減に役立つ．

2　発電機の自己励磁現象

　無負荷の長距離送電線路を発電機で充電する場合，**発電機電圧より約 90° 位相の進んだ充電電流が流れ，これによる発電機の電機子反作用によって発電機の端子電圧が上昇する**．この現象が**発電機の自己励磁現象**である．したがって，送電線路を充電する場合，とくに**小容量発電機の場合は十分注意**する必要がある．**短絡比の大きい発電機**ほど送電線路の充電には有利である．

 Point　同期発電機において定格速度で無負荷定格電圧を発生させるのに必要な界磁電流 i_0 と，三相短絡時に定格電流に等しい短絡電流を流すのに必要な界磁電流 i_s との比 i_0/i_s を短絡比という．短絡比は一般に，タービン発電機で 0.5 〜0.8，水車発電機では 0.8〜1.2 程度のものが多い．短絡比の大きい発電機は寸法が大きいため，風損（機械損）や鉄損が大きく，効率が悪くなるが，線路充電容量は大きくなる（p.43，54 参照）．

3　高調波障害

　半導体機器，整流器の使用，アーク炉や変圧器鉄心飽和などによって，線路に高調波が発生する．コンデンサのリアクタンスは周波数に反比例するので，高調波源によって電力用コンデンサに過電流が流れ，**コンデンサが焼損**したり，**異常音（うなり）**が発生することがある．また，**過電流継続器の誤動作**が起きることがある．対策としては，**フィルタの設置，供給設備系統の切替，専用線化**などがある．

問題㉕　✓✓✓　　　　　　　　　　　　　　　　　　　　　　　H24　A-12

　送配電線路のフェランチ効果に関する記述として，誤っているものを次の（1）〜（5）のうちから一つ選べ．
　（1）受電端電圧のほうが送電端電圧より高くなる現象である．
　（2）線路電流が大きい場合より著しく小さい場合に生じることが多い．
　（3）架空送配電線路の負荷側に地中送配電線路が接続されている場合に生じる

　　　　可能性が高くなる.
　(4) 線路電流の位相が電圧に対して遅れている場合に生じることが多い.
　(5) 送配電線路のこう長が短い場合より長い場合に生じることが多い.

解説 (1) のとおり，$E_s < E_r$ となるのがフェランチ効果である.
　　　 (2) の夜間などの軽負荷時に発生することが多い.

　(3) の地中配電線路は，ケーブルを使用しているため，静電容量が大きく進み電流となりやすいため発生しやすい.

　(4) の一般の負荷電流は遅れ位相だが，軽負荷時などに線路等の静電容量による進み位相の電流のほうが大きくなると発生する.

　(5) は線路のこう長が長いほど静電容量が大きくなるため，進み電流となりやすく，発生しやすい.

解答 ▶ (4)

問題26 ✔ ✔ ✔

　フェランチ現象に関する記述について，誤っているのはどれか.
　(1) 受電端電圧が送電端電圧より高くなる現象である.
　(2) 無負荷送電線路を充電するときに起きやすい.
　(3) 地中電線路では発生しにくい.
　(4) 線路のこう長が大きいほど著しい.
　(5) 重負荷時には電圧降下，電力損失の軽減に役立つ.

解説 地中電線路はケーブル線路であり，単位長あたり静電容量が大きい.

解答 ▶ (3)

問題27 ✔ ✔ ✔

　発電機の自己励磁現象に関する記述について，誤っているのはどれか.
　(1) 発電機の電機子反作用が大きいと起こる.
　(2) 約 90° 進み位相の充電電流によって，発電機電圧が上昇する.
　(3) 容量が小さいほど起こりやすい.
　(4) 短絡比が大きいほど起こりにくい.
　(5) 同容量ではタービン発電機のほうが起こりにくい.

解説 自己励磁は短絡比が大きいほど起こりにくく，タービン発電機のほうが短絡比が小さいため，自己励磁が起こりやすい.

解答 ▶ (5)

問題28 ✓ ✓ ✓

大容量の調相用電力コンデンサには，通常，そのリアクタンスの 5% 程度の
リアクトルを直列に接続する．その主な目的は次のうちどれか．

(1) 第 5 高調波の抑制　　　(2) 電圧の調整　　　(3) 力率の改善
(4) フェランチ効果の抑制　　(5) 調相容量の増大

解説 直列リアクトルの設置は，高調波被害を抑制するのが目的である．

解答 ▶ (1)

問題29 ✓ ✓ ✓　　　　　　　　　　　　　　　　　H11　A-6

電力系統にはさまざまなリアクトルが使用されている．深夜などの軽負荷時の
電圧上昇を防ぐためには (ア) リアクトルが，電力用コンデンサの高調波対
策には (イ) リアクトルが使用されている．また，送電系統の短絡電流を抑
制するためには (ウ) リアクトルが，一線地絡時の地絡電流を小さくするた
めには (エ) リアクトルが使用されている．

上記の記述中の空白箇所（ア），（イ），（ウ）および（エ）に記入する字句とし
て，正しいものを組み合わせたのは次のうちどれか．

	(ア)	(イ)	(ウ)	(エ)
(1)	分路	直列	限流	中性点
(2)	並列	直列	限流	分路
(3)	直列	並列	直流	分路
(4)	分路	並列	消弧	直列
(5)	直列	分路	直流	中性点

 p.226 の **参考** 各種リアクトルの設置イメージを参照し，どのリアクトルが電
力系統のどこに設置されているかを，イメージできるようにしておくと記憶の
助けになる．

解答 ▶ (1)

 Chapter 7

参考 **$V = \sqrt{3}\,E$ の関係** （p.318 式（8·2）の導出）

2角が30°，60°の直角三角形の辺の比は $1 : \dfrac{1}{2} : \dfrac{\sqrt{3}}{2}$ なので

$$E : V = \boxed{1} : 2 \times \frac{\sqrt{3}}{2} = \boxed{1} : \boxed{\sqrt{3}} = 1 : \sqrt{3}$$

$$\therefore \quad V = \sqrt{3}\,E$$

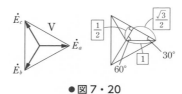

●図7·20

また，複素数計算でも求めることができる．

$$\dot{E}_c = E \angle 120° = E(\cos 120° + j \sin 120°) = E\left(-\frac{1}{2} + j\frac{\sqrt{3}}{2}\right)$$

$$\dot{V}_{ca} = \dot{E}_c - \dot{E}_a \quad \text{添字の順に引けばよい}$$

$$= E\left(-\frac{1}{2} + j\frac{\sqrt{3}}{2}\right) - E = E\left(-\frac{3}{2} + j\frac{\sqrt{3}}{2}\right)$$

$$\therefore \quad |\dot{V}_{ca}| = E\left|-\frac{3}{2} + j\frac{\sqrt{3}}{2}\right| = E \cdot \sqrt{\left(-\frac{3}{2}\right)^2 + \left(\frac{\sqrt{3}}{2}\right)^2} = \sqrt{3}\,E$$

$$\therefore \quad V = \sqrt{3}\,E$$

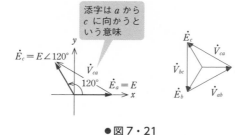

添字は a から c に向かうという意味

●図7·21

練習問題

■ 1 (H2　A-3)

送電線にダンパを取り付ける目的として，正しいのは次のうちどれか．

- (1) 電線の過熱防止
- (2) がいしの振動防止
- (3) 電線の振動防止
- (4) 懸垂がいしの傾斜防止
- (5) 電線の横振れ防止

■ 2 (H6　A-2)

架空送電線路におけるスリートジャンプに関する記述として，正しいのは次のうちどれか．

- (1) 電線下面に付着した水滴により生じやすくなったコロナが水の微粒子を射出した反作用で発生する振動
- (2) 電線の直角方向に吹いた風で生じたうずにより発生した交番力が，電線の固有振動に等しくなった場合に生ずる振動
- (3) 着氷した電線に比較的強い風が吹き付け，電線が上下に大きく振動する現象
- (4) 多導体を構成する素導体が空気力学的に不安定になるために生ずる現象
- (5) 着氷雪が脱落することにより，電線が跳ね上がり，振動する現象

■ 3 (H1　A-4)

架空送電線路の電線引留めのために取り付けるものとして，正しいのは次のうちどれか．

- (1) ジャンパ　(2) スリーブ　(3) ダンパ　(4) クランプ　(5) アークホーン

■ 4

電線の微風振動の発生しやすい場合についての記述として，誤っているのは次のうちどれか．

- (1) 電線が軽いほど発生しやすい．
- (2) 径間が短いほど発生しやすい．
- (3) 硬銅より線よりも鋼心アルミより線に発生しやすい．
- (4) 早朝や日没時に発生しやすい．
- (5) 周囲に山や林のない平坦地で発生しやすい．

■ 5 (H6　A-4)

多導体送電線の特徴を単導体送電線と比較した次の記述のうち，誤っているのはどれか．

- (1) 高電圧送電線に適している．
- (2) 長距離送電線に適している．
- (3) 大容量送電線に適している．
- (4) 架線金具および電線付属品が多い．
- (5) 機械的挙動が単純である．

Chapter
7

■ 6 (H4 A-7)

架空送電線の塩じん害対策に関する次の記述のうち，誤っているのはどれか．

(1) スモッグがいしを使用する．

(2) がいしの個数を増加する．

(3) 定期的にがいしの活線洗浄を行う．

(4) がいしの表面にシリコン処理を行う．

(5) がいしを V 吊りにする．

■ 7 (H5 A-4)

架空送電線路の雪害対策として，効果がないものは次のうちどれか．

(1) 難着雪リングの取付け

(2) カウンタウェイト（ねじり防止用ダンパ）の取付け

(3) 鉄塔など支持物の機械的強度を上げる

(4) 添線式ダンパ（電線支持点付近に取り付けるもの）の取付け

(5) スパイラルロッド（電線に巻き付けるらせん状の金属）の取付け

■ 8 (H5 A-5)

架空送電線の静電誘導障害に関する次の記述のうち，誤っているのはどれか．

(1) 一般に，送電線の地上高が高いほど静電誘導障害は発生しにくい．

(2) フェンスの設置によって静電誘導障害を軽減することができる．

(3) 抵抗接地方式を採用することにより，静電誘導障害を軽減できる．

(4) 静電誘導障害は，各相の対地電圧により発生する．

(5) 三相式送電線では，各相の対地静電容量の差が大きいと障害が発生しやすい．

■ 9 (H2 A-5)

架空送電線路の電線の　(ア)　は，各線の　(イ)　および静電容量をそれぞれ相等しくして，　(ウ)　を防ぎ，線路の中性点に現れる　(エ)　を減少させ，付近の通信線に対する誘導障害を軽減させる効果がある．

上記の記述中の空白箇所（ア），（イ），（ウ）および（エ）に記入する字句として，正しいものを組み合わせたのは次のうちどれか．

	(ア)	(イ)	(ウ)	(エ)
(1)	配置	インピーダンス	電気的不平衡	零相電流
(2)	配置	リアクタンス	静電誘導	零相電圧
(3)	大サイズ化	アドミタンス	電磁誘導	残留電圧
(4)	ねん架	インダクタンス	電気的不平衡	残留電圧
(5)	ねん架	インダクタンス	電磁誘導	零相電流

■ 10 (H3 A-6)

架空送電線と架空弱電流電線とが接近して設置される場合，架空弱電流電線に生ずる電磁誘導障害の防止対策として，誤っているのは次のうちどれか．

(1) 電力線と架空弱電流電線の離隔距離を大きくする.

(2) 中性点直接接地方式とする.

(3) 接地した遮へい線を設ける.

(4) 電力線と架空弱電流電線とが併行する部分をできるだけ少なくする.

(5) 電力線における高調波の発生を防止する.

■ 11 (H5 A-6)

架空送電線で一線地路事故時に, 付近の通信線路に誘導される電磁誘導電圧の値に関係のないものは, 次のうちどれか.

(1) 中性点接地方式 　　　　(2) 保護継電方式

(3) 架空地線の材質 　　　　(4) 送電線通過地域の大地導電率

(5) 送電線と通信線との離隔距離

■ 12 (H1 A-10)

送電線の一線地絡時に電磁誘導によって通信線に誘起される電圧 V 〔V〕を求める式として, 正しいのは次のうちどれか. ただし,

　　M：送電線と通信線の大地帰路相互インダクタンス〔H/km〕

　　l：送電線と通信線の平行長〔km〕

　　I：起誘導電流〔A〕

　　ω：送電線の電源の角周波数〔rad/s〕

とする.

(1) $V = MlI^2$ 　　(2) $V = M^2lI$ 　　(3) $V = \omega M^2lI^2$

(4) $V = \omega MlI$ 　　(5) $V = \omega M^2lI$

■ 13 (H2 A-1)

送電系統の中性点の接地抵抗を低くする目的として, 誤っているのは次のうちどれか.

(1) 地絡時の健全相の対地電位の上昇抑制

(2) 電線や機器の絶縁レベルの低減

(3) 地絡継電器の確実な動作

(4) 異常電圧発生の軽減

(5) 通信線に対する電磁誘導の抑制

■ 14 (H3 A-5)

架空送電線路において, 一線地絡事故時に健全相に現れる電圧は, 中性点接地方式により異なる. 次の表1の項目とこれと最も関係の深い表2の項目とを組み合わせた場合, 正しいのは (1) ～ (5) までのうちどれか.

(1) （ア）—(a) 　　（イ）—(c) 　　（ウ）—(b)

(2) （ア）—(b) 　　（イ）—(c) 　　（ウ）—(a)

(3) （ア）—(a) 　　（イ）—(b) 　　（ウ）—(c)

(4) （ア）—(c) 　　（イ）—(a) 　　（ウ）—(b)

(5) （ア）—(c) 　　（イ）—(b) 　　（ウ）—(a)

Chapter 7

●表1

(a)	直接接地
(b)	高抵抗接地
(c)	非接地

●表2 一線地絡事故時に健全相に現れる電圧

（ア）	（イ）	（ウ）
大 長距離送電線路の場合，異常電圧を生ずる	小 常時とほとんど変わりがない	（ア）の場合よりやや小さいが，線間電圧値よりも大となることがある

■ 15 （H7 A-6）

非接地，直接接地，抵抗接地および消弧リアクトル接地の中性点接地方式において，電線路の一線地絡時の地絡電流が小さいものから大きいものの順に左から右に並んでいるのは次のうちどれか。

(1) 直接接地，消弧リアクトル接地，抵抗接地，非接地

(2) 非接地，消弧リアクトル接地，抵抗接地，直接接地

(3) 非接地，抵抗接地，消弧リアクトル接地，直接接地

(4) 消弧リアクトル接地，直接接地，抵抗接地，非接地

(5) 消弧リアクトル接地，非接地，抵抗接地，直接接地

■ 16 （H5 A-1）

中性点抵抗接地方式は，　（ア）　に比べて，　（イ）　を制限しつつ，故障回線を選択遮断しようとする方式である。抵抗のとりうる値には幅があるが，過大になると　（ウ）　に近くなり　（エ）　は少なくなるが，アーク地絡現象の恐れがあるなどの問題が生ずる。

上記の記述中の空白箇所（ア），（イ），（ウ）および（エ）に記入する字句として，正しいものを組み合わせたのは次のうちどれか。

	（ア）	（イ）	（ウ）	（エ）
(1)	非接地方式	地絡電流	直接接地方式	残留電圧
(2)	直接接地方式	地絡電流	非接地方式	誘導障害
(3)	消弧リアクトル接地方式	短絡電流	直接接地方式	充電電流
(4)	非接地方式	地絡電流	消弧リアクトル接地方式	通信障害
(5)	消弧リアクトル接地方式	零相電流	直接接地方式	誘導障害

■ 17 （H11 A-10）

次の記述は，我が国で一般的に用いられている非接地三相3線式の高圧配電方式に関するものである。誤っているのは次のうちどれか。

(1) 高圧配電線は，多くの場合，配電用変電所の変圧器二次側 △ 巻線から引き出されている。

(2) 一般に一線地絡事故時の地絡電流は十数アンペア程度であり，中性点接地高圧配電方式に比べて小さい。

(3) 一線地絡故障中の健全相対地電圧は，正常運転時と同じである．

(4) 地絡事故時の選択遮断方式は，中性点接地高圧配電方式に比べて複雑になる．

(5) 高圧と低圧が混触した場合，低圧電路の対地電圧の上昇は，中性点接地高圧配電方式に比べて小さい．

■ **18** (H2 A-8)

6.6 kV 配電線に ☐ (ア) ☐ 接地方式が採用されているのは，高低圧 ☐ (イ) ☐ 時の低圧線電位 ☐ (ウ) ☐ の抑制や ☐ (エ) ☐ への誘導障害防止などのためである．

上記の記述中の空白箇所（ア），（イ），（ウ）および（エ）に記入する字句として正しいものを組み合わせたのは次のうちどれか．

	（ア）	（イ）	（ウ）	（エ）
(1)	低抵抗	断線	上昇	低圧線
(2)	低抵抗	断線	振動	通信線
(3)	直接	断線	振動	低圧線
(4)	非	混触	上昇	通信線
(5)	非	混触	降下	通信線

■ **19** (H9 A-9)

中性点非接地方式の三相 3 線式高圧配電線路で地絡事故を生じた．地絡電流の大きさに大きく関係するものは，線路の対地電圧のほか，次のうちどれか．

(1) 電線の抵抗　　(2) 対地静電容量　　(3) 対地リアクタンス

(4) 負荷電流　　(5) 線路の漏れ抵抗

■ **20** (H7 A-8)

非接地方式の電線路に一線地絡が発生した場合の現象として，誤っているのは次のうちどれか．

(1) 地絡電流は，直接接地方式に比べて小さい．

(2) 健全相の電位が上昇する．

(3) 通信線の誘導障害は，抵抗接地方式に比べて大きい．

(4) 電線路のこう長が長いほど地絡電流は大きい．

(5) 間欠アークが発生し，異常電圧を発生する恐れがある．

■ **21** (H3 A-9)

図の系統で一線地絡事故が発生したとき，B 変電所の二次側の電圧は，どのように変化するか．正しいものを次のうちから選べ．ただし，線路のインピーダンスおよび背後のインピーダンスは無視するものとする．

(1) 変わらない　　(2) v_a が低下する　　(3) v_a, v_b が低下する

(4) v_a, v_c が低下する　　(5) v_a, v_b, v_c が低下する

Chapter
7

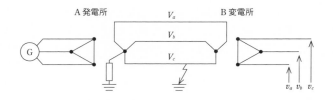

■ 22 (H1　A-1)

　消弧リアクトル接地の送電線路では，　(ア)　故障の大部分は瞬時に消弧されるが，たとえ永久地絡になっても，送電線の安定が害されることなく送電を継続できる．しかし，そのまま放置すれば，通信線に対して　(イ)　障害を及ぼし，また，健全相は大地に対する電圧が　(ウ)　倍に上昇するので，　(エ)　に移行し，被害が拡大する恐れがあり，できるだけ早く故障回線を検出して除去する必要がある．

　上記の記述中の空白箇所（ア），（イ），（ウ）および（エ）に記入する字句として，正しいものを組み合わせたのは次のうちどれか．

	（ア）	（イ）	（ウ）	（エ）
(1)	一線地絡	誘導	$\sqrt{3}$	二線地絡
(2)	一線地絡	誘導	2	三相短絡
(3)	一線地絡	コロナ	$\sqrt{3}/2$	三相短絡
(4)	三相短絡	コロナ	$\sqrt{2}$	一線地絡
(5)	三相短絡	コロナ	$\sqrt{2}$	二線地絡

■ 23 (H13　A-7)

電力系統の中性点接地方式に関する記述として，誤っているのは次のうちどれか．
　(1) 直接接地方式は，他の中性点接地方式に比べて，地絡事故時の地絡電流は大きいが健全相の電圧上昇は小さい．
　(2) 消弧リアクトル接地方式は，直接接地方式や抵抗接地方式に比べて，一線地絡電流が小さい．
　(3) 非接地方式は，他の中性点接地方式に比べて，地絡電流および短絡電流を抑制できる．
　(4) 抵抗接地方式は，直接接地方式と非接地方式の中間的な特性を持ち，154 kV 以下の特別高圧系統に適用されている．
　(5) 消弧リアクトル接地方式および非接地方式は，直接接地方式や抵抗接地方式に比べて，通信線に対する誘導障害が少ない．

■ 24

　送電線路に関する次の施設のうち，フラッシオーバによるがいしの破損を防止するものは，どれか．
　(1) 架空地線　(2) 埋設地線　(3) 接地棒　(4) アークホーン　(5) アーマロッド

■ 25

次の事項のうち，架空送電線路のコロナ臨界電圧に無関係なものはどれか．

(1) 電線の太さ　　(2) 電線の材質　　　　(3) 電線表面の状態

(4) 気象条件　　(5) 複導体導式の採用

■ 26 (H19　A-8)

架空送電線路の架空地線に関する記述として，誤っているのは次のうちどれか．

(1) 架空地線は，架空送電線への直撃雷および誘導雷を防止することができる．

(2) 架空地線の遮へい角が小さいほど，直撃雷から架空送電線を遮へいする効果が大きい．

(3) 架空地線は，近くの弱電流電線に対し，誘導障害を軽減する働きもする．

(4) 架空地線には，通信線の機能をもつ光ファイバ複合架空地線も使用されている．

(5) 架空地線に直撃雷が侵入した場合，雷電流は鉄塔の接地抵抗を通じて大地に流れる．接地抵抗が大きいと，鉄塔の電位を上昇させ，逆フラッシオーバが起きることがある．

■ 27 (H6　A-1)

特別高圧架空送電線路の雷害対策として，誤っているのは次のうちどれか．

(1) アークホーンの設置　　(2) 遮断速度の向上　　　(3) ダンパの設置

(4) 架空地線の設置　　　(5) 絶縁の強化

■ 28 (H5　A-12)

配電線路の雷害対策として，関係のないものは次のうちどれか．

(1) 避雷器　　　　　(2) アークホーン　　(3) 放電クランプ

(4) 絶縁電線の採用　　(5) 架空地線

■ 29 (H3　A-10)

送電線路に発生する雷過電圧についての次の記述のうち，誤っているのはどれか．

(1) 雷過電圧は送電線に発生する過電圧の中で最も大きい．

(2) 架空地線は，雷の架空電線への直撃を防止するために，架空電線を遮へいするものである．

(3) 雷過電圧には，直撃雷によるもののほかに，架空地線や鉄塔へ雷撃したものがさらに電線へ逆フラッシオーバするものがある．

(4) 埋設地線は，鉄塔の接地抵抗を低減し，鉄塔や架空地線から電線への逆フラッシオーバを防止する．

(5) 避雷器は，架空電線への雷の直撃を防止する．

Chapter
7

■ 30 (H11　A-7)

次の用語群は，架空送電線路における（ア）事故事象と（イ）その対応策を組み合わせたものである．（ア）と（イ）の組合せのうち，誤っているのは次のうちどれか．

(1)（ア）雷害　　　　　　（イ）架空地線

(2)（ア）塩害　　　　　　（イ）がいし直列個数の増加

- (3) （ア） ギャロッピング （イ） 相間絶縁スペーサ
- (4) （ア） 微風振動 （イ） ダンパ
- (5) （ア） 雪害 （イ） アークホーン

■31 (H7　A-5)

　架空送電線の絶縁設計の考え方として，　(ア)　に対しては，フラッシオーバ事故を皆無にすることは困難であり，その事故低減策として　(イ)　などの避雷対策を講ずる．また，がいし個数の決定は，　(ウ)　および　(エ)　に十分耐えるようにする．

　上記の記述中の空白箇所（ア），（イ），（ウ）および（エ）に記入する字句として，正しいものを組み合わせたのは次のうちどれか．

	（ア）	（イ）	（ウ）	（エ）
(1)	内部異常電圧	アークホーン	開閉過電圧	常時対地電圧
(2)	内部異常電圧	アークホーン	雷過電圧	短時間過電圧
(3)	雷撃	架空地線	雷過電圧	常時対地電圧
(4)	雷撃	架空地線	開閉過電圧	短時間過電圧
(5)	雷撃	アークホーン	開閉過電圧	短時間過電圧

■32 (H12　A-7)

　次の用語群は，（ア）電力系統に関する現象と（イ）その現象を左右する要素を組み合わせたものである．（ア）と（イ）の組合せのうち，誤っているのは次のうちどれか．

- (1) （ア） 電圧降下 （イ） インピーダンス
- (2) （ア） 充電電流 （イ） 静電容量
- (3) （ア） 誘導障害 （イ） 接地方式
- (4) （ア） コロナ放電 （イ） 線路電流
- (5) （ア） 異常電圧 （イ） 雷

■33 (H1　A-8)

　次の表1の項目と，これと最も関係の深い表2の項目とを組み合わせたものとして，正しいのは(1)から(5)までのうちどれか．

●表1

（ア）	複導体
（イ）	電力線搬送電話
（ウ）	埋設地線

●表2

(a)	結合コンデンサ
(b)	コロナ臨界電圧
(c)	基準衝撃絶縁強度
(d)	逆フラッシオーバ
(e)	ダンパ
(f)	遮へい効果

(1) （ア）―（b）　（イ）―（a）　（ウ）―（d）　(2) （ア）―（d）　（イ）―（e）　（ウ）―（f）

(3) （ア）―（b）　（イ）―（a）　（ウ）―（f）　(4) （ア）―（f）　（イ）―（c）　（ウ）―（d）

(5) （ア）―（a）　（イ）―（f）　（ウ）―（d）

■ 34 (H6 A-1)

送電系統に設置される機械・装置のうち，衝撃放電電圧の最も低いものは，次のうちどれか．

(1) 避雷器　　　　　(2) 変圧器　　　　　(3) 機器ブッシング

(4) 結合コンデンサ　(5) 線路がいし

■ 35 (H4 A-4)

高い開閉過電圧が発生しやすい真空遮断器の開閉操作は，次のうちどれか．

(1) 負荷遮断　　　　　　　　　(2) 短絡電流遮断

(3) 無負荷送電線の投入　　　　(4) 無負荷変圧器の遮断

(5) 電力用コンデンサの投入

■ 36 (H19 A-9)

交流送電線の受電端電圧値は送電端電圧値より低いのが普通である．しかし，線路電圧が高く，こう長が　（ア）　なると，受電端が開放または軽負荷の状態では，線路定数のうち　（イ）　の影響が大きくなり，　（ウ）　電流が線路に流れる．このため，受電端電圧値は送電端電圧値より大きくなることがある．これを　（エ）　現象という．このような現象を抑制するために，　（オ）　を接続するなどの対策が講じられる．

上記の記述中の空白箇所（ア），（イ），（ウ），（エ）および（オ）に記入する語句として，正しいものを組み合わせたのは次のうちどれか．

	（ア）	（イ）	（ウ）	（エ）	（オ）
(1)	短く	静電容量	進み	フェランチ	直列リアクトル
(2)	長く	インダクタンス	遅れ	自己励磁	直列コンデンサ
(3)	長く	静電容量	遅れ	自己励磁	分路リアクトル
(4)	長く	静電容量	進み	フェランチ	分路リアクトル
(5)	短く	インダクタンス	遅れ	フェランチ	進相コンデンサ

■ 37 (H8 A-6)

送電線路のフェランチ効果について，次の記述のうち，誤っているのはどれか．

(1) 線路に流れる電流が進み電流の場合に生ずる．

(2) 受電端電圧が送電端電圧より高くなる現象である．

(3) 負荷電流が著しく小さい場合に生じる．

(4) 電線路のこう長が長いほど著しい．

(5) 架空送電線路の受電端側に地中電線路が接続されている場合のほうが，接続されていない場合より起こりにくい．

Chapter 7

315

■ 38 (H1　A-2)

長距離送電線路に関する次の記述のうち，誤っているのはどれか．

(1) 無負荷送電線路でフェランチ現象が現れる．

(2) 重負荷時には，安定度の問題が生ずる．

(3) 無負荷時には，発電機の自己励磁現象が起こりやすい．

(4) 直列リアクタンスを減少させることは，安定度向上に有効である．

(5) 軽負荷時には，力率と電圧が低下し，電力損失も増加する．

■ 39 (H5　A-18)

架空送電線の受電端側にケーブル系統が接続された電力系統では，深夜軽負荷時には，ケーブル系統の　(ア)　による　(イ)　無効電力のために，受電端電圧が　(ウ)　する．これを防ぐために，軽負荷時には受電端に　(エ)　を接続する．

上記の記述中の空白箇所（ア），（イ），（ウ）および（エ）に記入する字句として，正しいものを組み合わせたのは次のうちどれか．

	(ア)	(イ)	(ウ)	(エ)
(1)	インダクタンス	進み	低下	直列リアクトル
(2)	インダクタンス	遅れ	上昇	分路リアクトル
(3)	キャパシタンス	進み	上昇	分路リアクトル
(4)	キャパシタンス	遅れ	上昇	電力用コンデンサ
(5)	キャパシタンス	遅れ	低下	電力用コンデンサ

■ 40 (H1　A-6)

送電系統に接続された同期発電機の自己励磁現象が起こりやすいのは，どのような場合か，正しいものを次のうちから選べ．

(1) 発電機の電機子反作用が小さい場合

(2) 発電機の容量が小さい場合

(3) 発電機の短絡比が大きい場合

(4) 線路の並列静電容量が小さい場合

(5) 重負荷の場合

■ 41 (H5　A-10)

配電系統に高調波を発生する原因となるものをあげた次の記述のうち，誤っているのはどれか．

(1) コンデンサ　　　　(2) 変圧器　　(3) アーク炉　　(4) 整流器

(5) サイクロコンバータ

Chapter

8

電気的特性

学習のポイント

　計算問題のウエイトは極めて高く，今後も A 問題で 1～2 問，B 問題でも 1～2 問の出題が予想されることから，計算問題の出来，不出来が試験の合否を左右するとみてよい.

　送配電に関する計算問題は，電力，電圧，電圧降下，電力損失，電線太さ，力率改善に関するものの出題頻度が高いので，これらを中心にまとめてある．一見，別々の解法があるように思われるかもしれないが，これらの問題を解く重要な式は，電圧降下に関する $\Delta V = \sqrt{3} I (R\cos\theta + X\sin\theta)$ と，電力に関する $P = \sqrt{3}\, VI\cos\theta$ （いずれも三相例）の二つである.

　送・受電端電圧の関係は電圧降下がわかれば求まるし，電力損失は $I = P/\sqrt{3}\, V\cos\theta$ と R から 1 線当たり I^2R として求まる．また，電線の太さは電圧降下の式から R を，さらに $R = \rho\,(l/S)$ から断面積（太さ）が求まる.

　力率改善に関する問題は，ベクトル図を書いたうえでの計算が大切である.

　計算問題はやみくもに手をつけても解けるものではないが，類題が頻出している点に着眼し，それぞれ問題の内容に応じた解き方の基本を，多くの問題を解くことにより身につけ，問題をみたら直ちに解法が浮かぶようにするのが学習の道筋である.

　複素数も含んだ回路方程式を立式でき，解くことができるようになると二種の合格も近づいてくる.

電気的特性に関する計算問題に必要な公式

[★★]

1 記憶すべき関係式

抵抗と抵抗率の関係　$R = \rho \dfrac{l}{S}$　　　　　　　　　　　　　　　　(8・1)

　　ここで，R：抵抗，ρ：抵抗率，l：長さ，S：断面積

線間電圧と相電圧の関係　$V = \sqrt{3}\,E$　　　　　　　　　　　　　(8・2)

1線当たりの電力損失　$w_1 = I^2 R$　　　　　　　　　　　　　　(8・3)

> **Point** 式 (8·2) は p.306 **参考** を参照のこと．

●表8・1

単　相	三　相
単相電圧降下（1線当たり） $\Delta E = I(R\cos\theta + X\sin\theta)$　(8・4) 単相2線式電圧降下 $\Delta V = 2I(R\cos\theta + X\sin\theta)$　(8・5)	三相電圧降下 $\Delta V = \sqrt{3}\,\Delta E$ $\quad = \sqrt{3}\,I(R\cos\theta + X\sin\theta)$　(8・6)
単相電力 $P_1 = EI\cos\theta$　(8・7)	三相電力 $P_3 = 3P_1 = 3EI\cos\theta$　(8・8) $\quad = 3\dfrac{V}{\sqrt{3}}I\cos\theta$　($\because\ V = \sqrt{3}\,E$) $\quad = \sqrt{3}\,VI\cos\theta$　(8・9)
$P_1 = \dfrac{E_s E_r}{X}\sin\delta$　(8・10)	$P_3 = 3P_1 = \dfrac{3E_s E_r}{X}\sin\delta$ $\quad = \dfrac{(\sqrt{3}\,E_s)(\sqrt{3}\,E_r)}{X}\sin\delta$ $\quad = \dfrac{V_s V_r}{X}\sin\delta$　(8・11)

$$電圧降下率 = \frac{V_s - V_r}{V_r} \times 100 \ [\%] \tag{8・12}$$

$$電圧変動率 = \frac{V_{0r} - V_r}{V_r} \times 100 \ [\%] \tag{8・13}$$

　ここで，V_{0r}：無負荷（軽負荷）時の受電端電圧

Point　「電圧変動率」本来の定義は式（8・13）および式（8・26）のとおりであるが，送配電系統において条件を変化させた場合の電圧変動率を問う問題では，単に条件変化の前後での電圧変動率を回答すればよい．すなわち

$$電圧変動率 = \frac{V_後 - V_前}{V_前} \times 100 \%$$

$$電力損失率 = \frac{電力損失}{受電電力} \times 100 \ [\%] \tag{8・14}$$

$$送電損失率 = \frac{電力損失}{送電端電力} \times 100 \ [\%] \tag{8・14'}$$

以上の関係式を確実に覚えて使えるようにするのが本章の目的である．

2 記号の統一

なお，記号は以下のように統一してある．
　　　E：相電圧（E_s：送電端相電圧，E_r：受電端相電圧）
　　　V：線間電圧（V_s：送電端線間電圧，V_r：受電端線間電圧）
　　　I：線電流　　　P_1：単相電力　　　P_3：三相電力
　　　Q：無効電力　　　S：皮相電力
また，原則として $\dot{E}$ や $\dot{I}$ のようにドットをつけて表記したものはベクトルを，E や I のように表記したものはベクトルではなくスカラー値（大きさ）を表すものとする．

補足　記号の用い方で，**相電圧は E，線間電圧は V** というように，また，**単相と三相を区別するために添字の 1 と 3 を明示**するように，明確に定めておくと，**計算ミスが格段に減少**する効果がある（記号の統一化は，計算の精度向上につながる）．
（注）**三相の場合，力率角 θ は，$\dot{E}$ と $\dot{I}$ の間の角度**である（$\dot{V}$ と $\dot{I}$ の間の角度ではない）．**単相の場合の力率角 θ は，$\dot{V}$ と $\dot{I}$ の間の角度**である．

Chapter
8

電　　力

[★★★]

1　一般的な電力の表し方

　電力は，電圧と同相分の電流との間に発生する．したがって，直流回路では，供給電圧を E 〔V〕，電流を I 〔A〕とすれば，図8·1に示すように E と I は同相であるから電力 P は $P = EI$ 〔W〕となるが，

直流回路（E と I は同相）

●図8·1

交流回路ではリアクタンスの影響で，図8·2のように I は E より遅れるのが一般的である．このため E と，E と同相分電流 $I\cos\theta$ との積が電力となる．

　したがって，単相電力 P_1 は

$$P_1 = EI\cos\theta \ \text{〔W〕} \tag{8·15}$$

　三相3線式の場合は，相電圧を E 〔V〕とすれば，図8·3に示すように各相の電力は $EI\cos\theta$ で，これが3個あるので各相電力の3倍となる．したがって，三相電力 P_3 は，次のようになる．

$$
\begin{aligned}
P_3 = 3P_1 &= 3\,EI\cos\theta \\
&= (\sqrt{3})^2 EI\cos\theta \\
&= \sqrt{3}\,(\sqrt{3}\,E)\,I\cos\theta \\
&= \sqrt{3}\,VI\cos\theta \ \text{〔W〕} \quad (\because \ \ V = \sqrt{3}\,E)
\end{aligned}
\tag{8·16}
$$

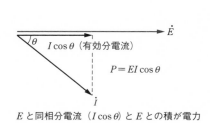

E と同相分電流（$I\cos\theta$）と E との積が電力

●図8·2

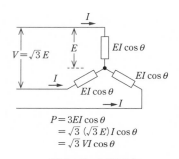

$$
\begin{aligned}
P &= 3EI\cos\theta \\
&= \sqrt{3}\,(\sqrt{3}\,E)I\cos\theta \\
&= \sqrt{3}\,VI\cos\theta
\end{aligned}
$$

●図8·3　三相電力

2 　送・受電端電圧による電力の表し方

　図 8・4 のように，送電端電圧および受電端電圧（いずれも相電圧）をそれぞれ $\dot{E}_s$，$\dot{E}_r$〔V〕，$\dot{E}_s$ と $\dot{E}_r$ との相差角を δ，送・受電端がリアクタンス X〔Ω〕を通じて接続された場合を考える．負荷の力率角を θ とし，線路に抵抗はないので線路損失はない．したがって，1 相当たりの送電端電力 P_s〔W〕と受電端電力 P_r〔W〕は等しく，$E_rI\cos\theta$ となる．分母・分子にそれぞれリアクタンス X を乗じて（値は変わらない）式を変形すると $P_1 = P_s = P_r = E_rI\cos\theta = E_rIX\cos\theta/X$．図 8・4 において $IX\cos\theta = \overline{ab}$ でこれは $E_s\sin\delta$ である．したがって

$$P_1 = E_rI\cos\theta = \frac{E_r}{X}\overbrace{IX\cos\theta}^{E_s\sin\delta} = \frac{E_sE_r}{X}\sin\delta \ \text{〔W〕}$$

　これは 1 相当たりの電力であるから，三相 3 線式の送電電力 P_3 は送・受電端線間電圧をそれぞれ V_s，V_r〔V〕とすれば

$$P_3 = 3P_1 = \frac{3E_sE_r}{X}\sin\delta = \frac{(\sqrt{3}\,E_s)(\sqrt{3}\,E_r)}{X}\sin\delta$$

$$= \frac{V_sV_r}{X}\sin\delta \ \text{〔W〕} \tag{8・17}$$

　この式から，このような線路の電力は，送・受電端電圧の位相が $90°$ のとき最大となる（$\sin 90° = 1$）ことがわかる．

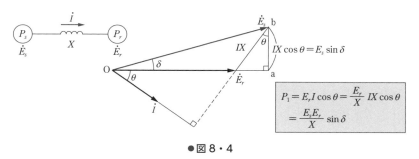

●図 8・4

3 　安　定　度

　徐々に負荷を増加させたときに，安定に送電しうる度合いを**定態安定度**といい，そのとき送電しうる極限電力を**定態安定極限電力**という．また，負荷の急変時に

安定に送電しうる度合いを**過渡安定度**といい，そのとき送電しうる極限電力を**過渡安定極限電力**という．

安定度向上対策としては，以下の方策がある．

- **系統のリアクタンスを小さく**する（並列回線数の増加，多導体の採用，直列コンデンサの採用，機器リアクタンスの減少）
- **送電電圧の高電圧化**と送電線の新・増設
- **発電機に制動巻線の設置**
- **即応励磁方式の採用**，保護方式を完備させて事故時における他系統への波及拡大防止
- **直流連系・直流送電の採用**

など．

送電線の送電容量に関する記述として，誤っているものを次の（1）〜（5）のうちから一つ選べ．

(1) 送電線の送電容量は，送電線の電流容量や送電系統の安定度制約などで決定される．

(2) 長距離送電線の送電電力は，原理的に送電電圧の2乗に比例するため，送電電圧の格上げは，送電容量の増加に有効な方策である．

(3) 電線の太線化は，送電線の電流容量を増すことができるので，短距離送電線の送電容量の増加に有効な方策である．

(4) 直流送電は，交流送電のような安定度の制約がないため，理論上，送電線の電流容量の限界まで電力を送電することができるので，長距離・大容量送電に有効な方策である．

(5) 送電系統の中性点接地方式に抵抗接地方式を採用することは，地絡電流を効果的に抑制できるので，送電容量の増加に有効な方策である．

 中性点接地の目的は，アーク地絡等の異常電圧抑制や，地絡事故の際の保護継電器の確実動作等にあり，送電容量の増加に対する直接的効果はない．

解答 ▶ (5)

問題2　✓ ✓ ✓　　　　　　　　　　　　　　　　　　　　H4　A-2

　　三相 3 線式 1 回線送電線路において，送電端および受電端の線間電圧をそれぞれ V_s および V_r，その間の相差角を δ とした場合，送電されている有効電力に関する次の記述のうち，誤っているものはどれか．ただし，電線 1 条当たりのリアクタンスは X で，その他の定数は無視する．

(1) X に反比例する　　　(2) V_s に比例する　　　(3) V_r に比例する

(4) $\sin\delta$ に比例する　　　(5) $\cos\delta$ に比例する

$$P_3 = \frac{V_s V_r}{X}\sin\delta \text{ を用いる．}$$

 $\cos\delta$ を登場させるために $\sin\delta = \sqrt{1-\cos^2\delta}$ を用いても，$\cos\delta$ には比例しない．

解答 ▶ (5)

問題3　✓ ✓ ✓　　　　　　　　　　　　　　　　　　　　H21　A-7

　　交流三相 3 線式 1 回線の送電線路があり，受電端に遅れ力率角 θ〔rad〕の負荷が接続されている．送電端の線間電圧を V_s〔V〕，受電端の線間電圧を V_r〔V〕，その間の相差角は δ〔rad〕である．受電端の負荷に供給されている三相有効電力〔W〕を表す式として，正しいのは次のうちどれか．ただし，送電端と受電端の間における電線 1 線当たりの誘導性リアクタンスは X〔Ω〕とし，線路の抵抗，静電容量は無視するものとする．

(1) $\dfrac{V_s V_r}{X}\cos\delta$　　　(2) $\dfrac{\sqrt{3}\,V_s V_r}{X}\cos\theta$　　　(3) $\dfrac{V_s V_r}{X}\sin\delta$

(4) $\dfrac{\sqrt{3}\,V_s V_r}{X}\sin\delta$　　　(5) $\dfrac{V_s V_r}{X\sin\delta}\cos\theta$

三相平衡回路では単相回路を基本に考える．

$$\dot{E}_s = \dot{E}_r + jX\dot{I}$$

その後，$V = \sqrt{3}\,E$ より，線間電圧を求める．

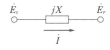

$\dot{E}_r$ を基準にとると，$\dot{E}_r = E_r$ とでき，
$$\dot{I} = I\angle -\theta = I(\cos\theta - j\sin\theta)$$

このとき，$\dot{E}_s = E_s\angle\delta$ なので

$$E_s\angle\delta = E_r + jXI\angle -\theta$$
$$= E_r + jXI(\cos\theta - j\sin\theta)$$
$$= (E_r + XI\sin\theta) + jXI\cos\theta$$

$$P_3 = 3E_r I\cos\theta$$

ここで，ベクトル図より

$$XI\cos\theta = E_s\sin\delta \quad \therefore \quad I\cos\theta = \frac{E_s}{X}\sin\delta$$

よって

$$P_3 = 3E_r\cdot\frac{E_s}{X}\sin\delta$$

ここに，$E_r = \dfrac{V_r}{\sqrt{3}}$，$E_s = \dfrac{V_s}{\sqrt{3}}$ を代入すると

$$P_3 = 3\cdot\frac{V_r}{\sqrt{3}}\cdot\frac{V_s}{\sqrt{3}}\cdot\frac{1}{X}\sin\delta = \frac{V_r\cdot V_s}{X}\sin\delta$$

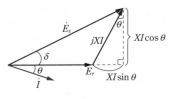

●解図

解答 ▶ (3)

電 圧 降 下

[★★★]

1 電圧降下の計算式

送・受電端の電圧差を求めるには，1線当たりの電圧降下を求め，単相2線式は2倍，三相3線式は$\sqrt{3}$倍すればよい．

$$\Delta V = 2I(R\cos\theta + X\sin\theta) \ [\text{V}] \qquad (単相2線式) \qquad (8\cdot18)$$

$$\Delta V = \sqrt{3}\,I(R\cos\theta + X\sin\theta) \ [\text{V}] \qquad (三相3線式) \qquad (8\cdot19)$$

ここに，ΔV：電圧降下，I：線電流〔A〕，R：1線当たりの電線抵抗〔Ω〕，

$\qquad X$：1線当たりの電線リアクタンス〔Ω〕，$\cos\theta$：負荷力率

2 計算式の求め方

高圧配電線路はもちろん，送電線路でも，本書で扱う短距離送電線路の電圧降下は，図8·6に示すように，抵抗やリアクタンスなどが1か所に集中したものとして計算してよい．電圧降下の計算式の求め方には，受電電圧を基準ベクトルにとる方法と，線電流を基準ベクトルにとる方法がある．送・受電端の相電圧をそれぞれ$\dot{E}_s$，$\dot{E}_r$とすれば次のとおりである．

◆1◆ $\dot{E}_r$を基準ベクトルにとる方法

$\dot{E}_r$を水平に$\overline{\text{oc}}$にとると，図8·7で$\dot{I}$は力率角θだけ遅れて$\overline{\text{o}I}$となる．$\dot{E}_r$に（c点から），抵抗による電圧降下IRを$\dot{I}$と同相（平行）に加え，その先端に電流より90°進んだリアクタンス降下IXを加えると，$\overline{\text{ob}}$が送電端電圧E_sとなる．三角形oabは直角三角形であるから

$$E_s = \overline{\text{ob}} = \sqrt{(\overline{\text{oa}})^2 + (\overline{\text{ab}})^2}$$

$$= \sqrt{(E_r + IR\cos\theta + IX\sin\theta)^2 + (IX\cos\theta - IR\sin\theta)^2} \qquad (8\cdot20)$$

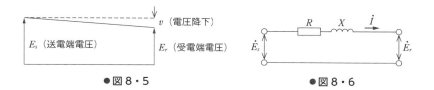

●図8·5 ●図8·6

Chapter
8

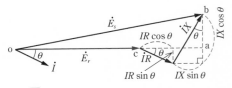
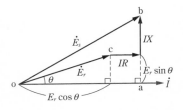

$E_s = \overline{ob} \fallingdotseq \overline{oa}$
$\Delta E = E_s - E_r = \overline{oa} - \overline{oc} = IR\cos\theta + IX\sin\theta$

●図 8・7　$\dot{E}_r$ を基準ベクトル　　　　　●図 8・8　$\dot{I}$ を基準ベクトル

となる．ところが，電圧降下は $\dot{E}_s$ と $\dot{E}_r$ との大きさ（絶対値）の差で，しかも，図 8・7 では拡大して書いてあるが，$\dot{E}_s$ と $\dot{E}_r$ の相差（∠boc の大きさ）はわずかであるから，$E_s =$ ob ≒ oa としてよい．したがって

$$E_s \fallingdotseq E_r + IR\cos\theta + IX\sin\theta$$

$$\therefore\ \Delta E = E_s - E_r = IR\cos\theta + IX\sin\theta = I(R\cos\theta + X\sin\theta) \qquad (8\cdot21)$$

となる．**これは 1 線当たりである**から，2 線式の電圧降下はこれの 2 倍となる．

三相 3 線式の場合は，$\sqrt{3}\,E_s = V_s$，$\sqrt{3}\,E_r = V_r$（V_s，V_r：線間電圧）であるから式 (8・21) の両辺をそれぞれ $\sqrt{3}$ 倍すると

$$\sqrt{3}\,(E_s - E_r) = \sqrt{3}\,E_s - \sqrt{3}\,E_r = V_s - V_r\ \text{より}$$

$$\Delta V = V_s - V_r = \sqrt{3}\,I(R\cos\theta + X\sin\theta) \qquad (8\cdot22)$$

つまり，**1 線の電圧降下の $\sqrt{3}$ 倍となる**．

Point　三相電圧降下＝1 線当たりの電圧降下×$\sqrt{3}$

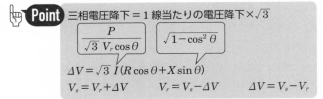

$$\Delta V = \sqrt{3}\,I(R\cos\theta + X\sin\theta)$$
$$V_s = V_r + \Delta V \qquad V_r = V_s - \Delta V \qquad \Delta V = V_s - V_r$$

【2】$\dot{I}$ を基準ベクトルにとる方法

$\dot{I}$ を基準ベクトルにとると，図 8・8 で $\dot{E}_r$ は力率角だけ進んで $\overline{oc}$ となる．$\dot{E}_r$ に IR を $\dot{I}$ と同相（平行）に加え，その先端に $\dot{I}$ より 90° 進んだ IX を加えると，$\overline{ob}$ が $\dot{E}_s$ となる．すると，三角形 oab は直角三角形であるから

$$E_s = \overline{ob} = \sqrt{(\overline{oa})^2 + (\overline{ab})^2}$$

$$= \sqrt{(E_r\cos\theta + IR)^2 + (E_r\sin\theta + IX)^2} \qquad (8\cdot23)$$

となる．

3 複数負荷の電圧降下

図 8·9 のような複数の負荷がある場合の電圧降下を求める際，特にことわりがなければ，$\dot{E}_1$，$\dot{E}_2$ などの位相差はごくわずかであるため，同相として扱う．

Point 解き方の基本は「各区間の合成電流を求め，各区間ごとの電圧降下を求めて，それぞれを加え合わせる」である．

この場合，単数負荷の場合と同様，1 線の電圧降下を求め，単相 2 線式の場合は 2 倍，三相 3 線式の場合は $\sqrt{3}$ 倍する．

また，図 8·9 のように，各区間の合成電流を求めると，各区間内の損失などの算出の際にも有効である．

なお，図 8·10 のような平等分布負荷の電圧降下は，全負荷が全長の 1/2 のところに集中したと考えた場合の電圧降下に等しい．またこの場合，等価電流として全線のどこにも平均電流 $I_e\left(=\dfrac{I}{2}\right)$ が流れていると考えてもよい（p.360 **補足** 参照）．

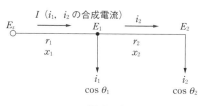

●図 8·9

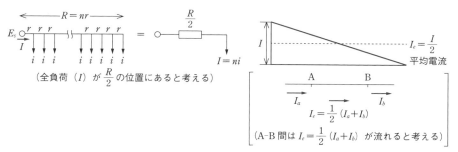

●図 8·10　平等分布負荷の電圧降下

4 電流などの求め方

電圧降下の計算式は，電圧降下計算はもちろん，電力損失計算や電線太さ計算などの基礎となる重要な式であるから，必ず記憶しておかなければならない．実際の計算に当たっては，I，R，Xなどはそのまま与えられるとは限らない．したがって，電力 P〔W〕が与えられると，$P = \sqrt{3} V_r I \cos\theta$（三相の場合）から $I = P/\sqrt{3} V_r \cos\theta$ として求めることが必要である．また，単位長当たりの r，x およびこう長 l が与えられた場合は，$R = rl$，$X = xl$ から求める．また，$V_s = V_r + \Delta V$，$V_r = V_s - \Delta V$ など，問題に応じて式を変形して使い分けることが必要である．

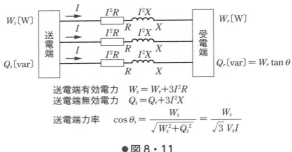

$$送電端有効電力 \quad W_s = W_r + 3I^2R$$
$$送電端無効電力 \quad Q_s = Q_r + 3I^2X$$
$$送電端力率 \quad \cos\theta_s = \frac{W_s}{\sqrt{W_s^2 + Q_s^2}} = \frac{W_s}{\sqrt{3} V_s I}$$

●図8・11

5 電圧降下率と電圧変動率

1 電圧降下率

送電端電圧 V_s と受電端電圧 V_r の差（電圧降下）と受電端電圧の比の百分率を**電圧降下率**という．

$$電圧降下率 = \frac{V_s - V_r}{V_r} \times 100 = \frac{\Delta V}{V_r} \times 100 \ [\%] \tag{8・24}$$

式（8・24）で，$V_s - V_r = \Delta V$（電圧降下）であるから，電圧降下率を ε〔%〕とすると

$$v = V_r \times \frac{\varepsilon}{100} \ [V] \tag{8・25}$$

から電圧降下を求めることができる．ε を小数で表せば $v = \varepsilon V_r$〔V〕となる．

Point

$$\varepsilon = \frac{V_s - V_r}{V_r} \times 100 = \frac{\Delta V}{V_r} \times 100 \ [\%]$$

$$\Delta V = \frac{\varepsilon V_r}{100} \ [\text{V}]$$

【2】 電圧変動率

無負荷（軽負荷）時の受電端電圧 V_{0r} と全負荷時の受電端電圧 V_r の差と受電端電圧の比の百分率を**電圧変動率**という（p.319 の point 参照）.

$$\text{電圧変動率} = \frac{V_{0r} - V_r}{V_r} \times 100 \ [\%] \tag{8・26}$$

6 電力損失率

電力損失と受電電力との比を**電力損失率**という．電力損失率を p とすると

$$p_1 = \frac{w_1}{P} = \frac{2I^2R}{P} = \frac{2R\left(\dfrac{P}{V\cos\theta}\right)^2}{P} = \frac{2PR}{V^2\cos^2\theta} \qquad \text{（単相 2 線式）} \tag{8・27}$$

$$p_3 = \frac{w_3}{P} = \frac{3I^2R}{P} = \frac{3R\left(\dfrac{P}{\sqrt{3}\,V\cos\theta}\right)^2}{P} = \frac{PR}{V^2\cos^2\theta} \qquad \text{（三相 3 線式）} \tag{8・28}$$

なお，電力損失と送電端電力 $(P+w)$ との比を**送電損失率**という．

また，図 8・10 のような**平等分布負荷の電力損失は，全電流が全こう長の 1/3 のところに集中したと考えた場合の損失に等しい**（p.360 **補足** 参照）.

7 電力損失軽減対策

電力損失を配電線路について考えてみると，電力損失は線路の抵抗損と柱上変圧器の銅損および鉄損が主なものである．抵抗損および銅損は I^2R で与えられるので，損失を減らすには電流 I か抵抗 R を減らすことを考えればよい．鉄損を減らすには，鉄損の少ない巻鉄心変圧器を使えばよい．したがって，電力損失軽減対策としては次のことがあげられる（図 8・12）.

Chapter
8

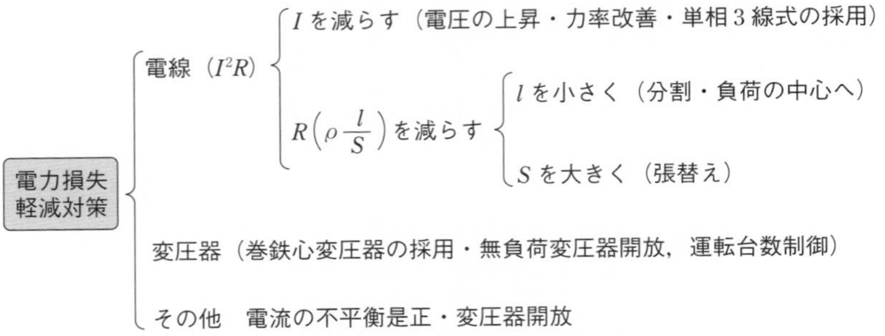

電力損失
軽減対策
{
電線 (I^2R)
{
I を減らす (電圧の上昇・力率改善・単相3線式の採用)

$R\left(\rho\dfrac{l}{S}\right)$ を減らす
{
l を小さく (分割・負荷の中心へ)

S を大きく (張替え)
}
}

変圧器 (巻鉄心変圧器の採用・無負荷変圧器開放, 運転台数制御)

その他 電流の不平衡是正・変圧器開放

●図 8・12 電力損失軽減対策

◀1▶ 配電電圧の上昇

電圧を上昇させると,負荷電力が同じであれば線電流は電圧に反比例するので,電力損失は電圧の上昇の割合の 2 乗に反比例して減少する.たとえば,3.3 kV から 6.6 kV に昇圧すると電流が 1/2 になるので,電力損失は 1/4 になる.

◀2▶ 電力用コンデンサの設置

負荷に並列に電力(進相)用コンデンサを取り付けると,線路電流は力率に反比例して減少するので,電力損失は力率の 2 乗に反比例して減少する.

◀3▶ 電線の張替え(太線化),分割,こう長の短縮

このような方法で抵抗を減少させるとともに,分割によって電流密度が減少し,電力損失が減少する.

◀4▶ 給電点の適正化

柱上変圧器を負荷の中心に設置するなど,給電点をできるだけ負荷の中心に移すと,電流分布が良くなり,電力損失が減少する.

◀5▶ 単相 3 線式の採用と負荷電流の不平衡の是正

100 V 負荷に単相 3 線式を採用すると,電圧上昇の効果もあり,電力損失が大幅に減少する.また,単相 3 線式でも負荷電流が不平衡であると,平衡の場合に比べて電力損失が増加するので,極力負荷電流を平衡させるようにする.

◀6▶ そ の 他

鉄損減のため,変圧器に方向性けい素鋼板を使用した巻鉄心変圧器を採用したり,工場では負荷に応じて変圧器運転台数の調整,△ 結線変圧器を ∨ 結線に,休日・夜間などに使用していない変圧器の開放(鉄損減少)などの方法がある.

問題4 ☑ ☑ ☑　　　　　　　　　　　　　　　H19　A-10

　三相3線式交流送電線があり，電線1線当たりの抵抗が R〔Ω〕，受電端の線間電圧が V_r〔V〕である．いま，受電端から力率 $\cos\theta$ の負荷に三相電力 P〔W〕を供給しているものとする．この送電線での3線の電力損失を P_L とすると，電力損失率 P_L/P を表す式として，正しいのは次のうちどれか．ただし，線路のインダクタンス，静電容量およびコンダクタンスは無視できるものとする．

(1) $\dfrac{RP}{(V_r\cos\theta)^2}$　　(2) $\dfrac{3RP}{(V_r\cos\theta)^2}$　　(3) $\dfrac{RP}{3(V_r\cos\theta)^2}$

(4) $\dfrac{RP^2}{(V_r\cos\theta)^2}$　　(5) $\dfrac{3RP^2}{(V_r\cos\theta)^2}$

 $P_L=3I^2R,\ P=\sqrt{3}\,V_rI\cos\theta$ を用いる．

解説 $P_L=3I^2R,\ I=\dfrac{P}{\sqrt{3}\,V_r\cos\theta}$ より

$$P_L=3\left(\dfrac{P}{\sqrt{3}\,V_r\cos\theta}\right)^2R=\dfrac{P^2R}{(V_r\cos\theta)^2}\qquad \therefore\ \dfrac{P_L}{P}=\dfrac{RP}{(V_r\cos\theta)^2}$$

解答 ▶ (1)

問題5 ☑ ☑ ☑

　三相3線式高圧配電線路の末端に 1000 kW，力率80%（遅れ）の負荷が接続されている．負荷端の電圧を 6000 V とすると，（ア）送電端電圧〔V〕，（イ）電圧降下〔V〕および（ウ）電圧降下率〔%〕として，正しい値は次のうちどれか．ただし，線路のインピーダンスは1線当たり $(0.5+j1)$〔Ω〕とする．

（ア）(1) 6210　(2) 6320　(3) 6450　(4) 6580　(5) 6600
（イ）(1) 180　(2) 210　(3) 280　(4) 380　(5) 450
（ウ）(1) 3.5　(2) 4.7　(3) 5.5　(4) 6.3　(5) 7.5

 $\Delta V=V_s-V_r=\sqrt{3}\,I(R\cos\theta+X\sin\theta),\ P=\sqrt{3}\,V_rI\cos\theta$ を用いる．

解説 送・受電端電圧をそれぞれ V_s, V_r〔V〕，線路の抵抗およびリアクタンスをそれぞれ R, X〔Ω〕，負荷力率を $\cos\theta$，負荷電力を P〔W〕，負荷電流を I〔A〕とすれば，V_s は

$$V_s=V_r+\sqrt{3}\,I(R\cos\theta+X\sin\theta)$$

で示される．負荷電流 I は

$$I = \frac{P}{\sqrt{3} \, V_r \cos \theta} = \frac{1\,000 \times 10^3}{\sqrt{3} \times 6\,000 \times 0.8} = \frac{1\,000}{4.8\sqrt{3}} \, \text{A}$$

インピーダンスが $0.5+j1$ であるから，$R=0.5\,\Omega$，$X=1\,\Omega$

$$\therefore \quad V_s = 6\,000 + \sqrt{3} \times \frac{1\,000}{4.8\sqrt{3}} \, (0.5 \times 0.8 + 1 \times \sqrt{1-0.8^2}) = 6\,208\,\text{V} \fallingdotseq \mathbf{6\,210\,V}$$

電圧降下は $6\,208 - 6\,000 = 208\,\text{V} \fallingdotseq \mathbf{210\,V}$

電圧降下率は式（8・24）から

$$\frac{208}{6\,000} \times 100 = \mathbf{3.5\,\%}$$

解答 ▶ （ア）-（1），（イ）-（2），（ウ）-（1）

問題6 ✓ ✓ ✓

受電電圧 $6\,000\,\text{V}$，こう長 $2\,\text{km}$ の三相 3 線式配電線によって，遅れ力率 0.8 の負荷に電力を供給している．電圧降下率を 10 % としたときの負荷の限度〔kW〕として，正しい値は次のうちどれか．ただし，1 線当たりの抵抗およびリアクタンスはそれぞれ $0.3\,\Omega/\text{km}$，$0.4\,\Omega/\text{km}$ とする．

(1) 1 000   (2) 1 500   (3) 2 000   (4) 2 500   (5) 3 000

$\Delta V = \sqrt{3} \, I(R \cos \theta + X \sin \theta)$，$P = \sqrt{3} \, V_r I \cos \theta$ を用いる．

単位のとり方が大切で，電力は W，電圧は V，電流は A．なお，計算の途中では $\sqrt{3}$ を残しておくと，最後に約分されて計算しやすい．

解説 受電端電圧を V_r〔V〕，負荷電流を I〔A〕，負荷力率を $\cos \theta$，線路の抵抗およびリアクタンスをそれぞれ R，X〔Ω〕とすれば，電圧降下 ΔV は次式で示される．

$$\Delta V = \sqrt{3} \, I(R \cos \theta + X \sin \theta) \, \text{〔V〕}$$

この式で，こう長が $2\,\text{km}$ であるから $R = 0.3 \times 2 = 0.6\,\Omega$，$X = 0.4 \times 2 = 0.8\,\Omega$

電圧降下率 10 % の場合の負荷の限度を P〔kW〕とすると，電圧降下 ΔV は $6\,000 \times 0.1 = 600\,\text{V}$（式（8・25））であるから

$$\Delta V = 600 = \sqrt{3} \times \frac{P \times 10^3}{\sqrt{3} \times 6\,000 \times 0.8} \, (0.6 \times 0.8 + 0.8 \times \sqrt{1-0.8^2})$$

$$600 = \frac{P}{4.8} \times 0.96 \quad \therefore \quad P = \mathbf{3\,000\,kW}$$

解答 ▶ （5）

問題7 ☑ ☑ ☑

210 V に保たれた母線に接続された 60 m の 3 心ケーブルによって，全電圧始動の定格電圧 200 V，定格出力 15 kW の三相誘導電動機がある．始動時の端子電圧 〔V〕 として，正しい値を次のうちから選べ．ただし，ケーブルは抵抗のみとし 0.90 Ω/km，始動電流は端子電圧に比例するものとし，200 V において 360 A，始動時力率は 0.5 とする．

(1) 178 (2) 185 (3) 189 (4) 194 (5) 197

$\Delta V = \sqrt{3}\, I(R \cos\theta + X \sin\theta)$ である．

例題文より，$X = 0$，$I_{st} = 360 \times \dfrac{V_{st}}{200}$ を用いる．　（st：start の意）

 始動端子電圧・電流を V_{st}〔V〕，I_{st}〔A〕 とすれば，$I_{st} = 360 \times V_{st}/200$〔A〕

$R = 0.06\,\text{km} \times 0.90\,\Omega/\text{km} = 0.054\,\Omega$

$V_{st} = 210 -$ 電圧降下 $= 210 - \sqrt{3}\, I_{st} R \cos\theta$

$$= 210 - \sqrt{3} \times \left(360 \times \frac{V_{st}}{200}\right) \times 0.054 \times 0.5 = 210 - 0.0842\, V_{st}$$

$1.0842\, V_{st} = 210$　　∴　$V_{st} = 193.7 \doteqdot \mathbf{194\,V}$

解答 ▶ (4)

問題8 ☑ ☑ ☑　　　　　　　　　　　　　　　　　　H20　B-17

図のような三相高圧配電線路 A–B がある．B 点の負荷に電力を供給するとき，次の (a) および (b) に答えよ．ただし，配電線路の使用電線は硬銅より線で，その抵抗率は $\dfrac{1}{55}$ Ω·mm²/m，線路の誘導性リアクタンスは無視するものとし，A 点の電圧は三相対称であり，その線間電圧は 6 600 V で一定とする．また，B 点の負荷は三相平衡負荷とし，一相当たりの負荷電流は 200 A，力率 100 % で一定とする．

(a) 配電線路の使用電線が各相とも硬銅より線の断面積が 60 mm² であったとき，負荷 B 点における線間電圧 〔V〕 の値として，最も近いのは次のうちどれか．

(1) 6 055 (2) 6 128 (3) 6 205 (4) 6 297 (5) 6 327

(b) 配電線路 A–B 間の線間の電圧降下を 300 V 以内にすることができる電線の断面積 〔mm²〕 を次のうちから選ぶとすれば，最小のものはどれか．ただし，電線は各相とも同じ断面積とする．

(1) 60 (2) 80 (3) 100 (4) 120 (5) 150

$$\Delta V = \sqrt{3}\,I\,(R\cos\theta + X\sin\theta)$$

$$R = \rho\,\frac{l}{S}$$

$\cos\theta = 1.0$ のとき，$\sin\theta = 0$ なので

$$\Delta V = \sqrt{3}\,IR$$

解説

(a) $V_A - V_B = \sqrt{3}\,I\,(R\cos\theta + X\sin\theta) = \sqrt{3}\,IR$ （∵ $\cos\theta = 1.0,\ \sin\theta = 0.0$）

$$R = \rho\,\frac{l}{S} = \frac{1}{55}\cdot\frac{4.5\times10^3}{60} = 1.364\,\Omega$$

∴ $V_B = V_A - \sqrt{3}\,IR$

$\quad = 6\,600 - \sqrt{3}\times200\times1.364$

$\quad = 6\,127.5 \fallingdotseq \mathbf{6\,128\,V}$

(b) $\Delta V = \sqrt{3}\,IR = \sqrt{3}\,I\cdot\rho\,\dfrac{l}{S} \leqq 300$

∴ $\dfrac{\sqrt{3}\,I\rho l}{300} \leqq S$

∴ $S \geqq \dfrac{\sqrt{3}\times200\times\dfrac{1}{55}\times4.5\times10^3}{300} = 94.5$

よって，**$100\,\text{mm}^2$** を選択.

解答 ▶ (a)-(2)，(b)-(3)

問題9 ☑ ☑ ☑　　　　　　　　　　　　　　　　　　H13　B-12

　図に示す A 点および B 点に負荷を有する三相 3 線式高圧配電線がある．電源側 S 点の線間電圧を 6 600 V とするとき，次の（a）および（b）に答えよ．ただし，配電線 1 線当たりの抵抗およびリアクタンスはそれぞれ 0.3 Ω/km とする．

（a）S-A 間に流れる有効電流〔A〕の値として，正しいのは次のうちどれか．

　　（1）140　　　（2）160　　　（3）200　　　（4）220　　　（5）240

（b）B 点における線間電圧〔V〕の値として，最も近いのは次のうちどれか．

　　（1）5 770　　　（2）6 020　　　（3）6 130　　　（4）6 260　　　（5）6 460

　S-A 間の電流は，有効電流，無効電流に分けて合成する．

$\Delta V = \sqrt{3}\,I(R\cos\theta + X\sin\theta)$ を用いる．

　（a）解図に示すように S-A 間の電流値は，A 点および B 点の負荷電流の I_A，I_B の合成値となる．

S-A 間有効電流 $= I_{SA}\cos\theta = 200\,\text{A}\times 0.8 + 100\,\text{A}\times 0.6 = \boldsymbol{220\,\text{A}}$

S-A 間無効電流 $= I_{SA}\sin\theta = 200\,\text{A}\times\sqrt{1-0.8^2} + 100\,\text{A}\times\sqrt{1-0.6^2} = 200\,\text{A}$

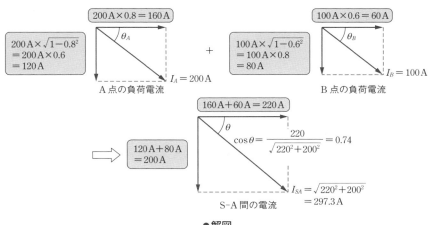

●解図

(b) S-A 間，A-B 間のそれぞれの電圧降下を ΔV_{SA}，ΔV_{AB} とすると

$$R = R_{SA} = R_{AB} = 0.3\,\Omega/\mathrm{km} \times 2\,\mathrm{km} = 0.6\,\Omega$$

$$X = X_{SA} = X_{AB} = 0.3\,\Omega/\mathrm{km} \times 2\,\mathrm{km} = 0.6\,\Omega$$

であり，電圧降下算出式

$$\Delta V = \sqrt{3}\,I(R\cos\theta + X\sin\theta) = \sqrt{3}\,(RI\cos\theta + XI\sin\theta)$$

を用いると

$$\Delta V_{SA} = \sqrt{3}\,(R_{SA}I_{SA}\cos\theta + X_{SA}I_{SA}\sin\theta) = \sqrt{3} \times (0.6 \times 220 + 0.6 \times 200)$$
$$= 252\sqrt{3}\ \mathrm{V}$$

$$\Delta V_{AB} = \sqrt{3}\,(R_{AB}I_B\cos\theta_B + X_{AB}I_B\sin\theta_\mathrm{B}) = \sqrt{3} \times (0.6 \times 60 + 0.6 \times 80)$$
$$= 84\sqrt{3}\ \mathrm{V}$$

$\therefore$　B 点線間電圧 $= V_S - \Delta V_{SA} - \Delta V_{AB} = 6\,600 - 252\sqrt{3} - 84\sqrt{3} = 6\,018 \fallingdotseq \mathbf{6\,020\,V}$

解答 ▶ (a)‐(4)，(b)‐(2)

問題⑩ ✓ ✓ ✓

　こう長 3 km の三相配電線路の末端に 1 000 kW，遅れ力率 80 % の負荷が接続されている．負荷端の線間電圧を 6 000 V とするとき，(a) 配電線の損失〔kW〕，(b) 電力損失率〔%〕として，正しい値は次のうちどれか．ただし，配電線のインピーダンスを 1 線当たり $(0.32 + j0.45)$〔Ω/km〕とする．

(a)　(1) 36　　(2) 42　　(3) 46　　(4) 51　　(5) 55

(b)　(1) 3.4　　(2) 4.2　　(3) 5.0　　(4) 5.2　　(5) 6.8

$P = \sqrt{3}\,V_r I\cos\theta \to I = \dfrac{P}{\sqrt{3}\,V_r\cos\theta}$　を用いる．

　(a) 負荷電力を P〔W〕，受電端線間電圧を V_r〔V〕，線路電流を I〔A〕，線路の抵抗を R〔Ω〕，負荷力率を $\cos\theta$ とすれば

$$I = \frac{P}{\sqrt{3}\,V_r\cos\theta} = \frac{1\,000 \times 10^3}{\sqrt{3} \times 6\,000 \times 0.8} = \frac{10^3}{4.8\sqrt{3}}\,\mathrm{A}$$

$R = 0.32 \times 3 = 0.96\,\Omega$ であるから，電力損失 w〔W〕は

$$w = 3I^2R = 3 \times \left(\frac{10^3}{4.8\sqrt{3}}\right)^2 \times 0.96\ \mathrm{W} = 41.7 \fallingdotseq \mathbf{42\,kW}$$

(b) 電力損失率 p_3 は電力損失と受電電力の比であるから

$$p_3 = \frac{41.7}{1\,000} \times 100 = \mathbf{4.2\,\%}$$

となる（解図参照）．

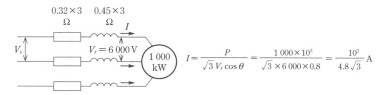

$$I = \frac{P}{\sqrt{3}\,V_r\cos\theta} = \frac{1\,000 \times 10^3}{\sqrt{3} \times 6\,000 \times 0.8} = \frac{10^3}{4.8\sqrt{3}}\,\text{A}$$

●解図

解答 ▶ (a)-(2), (b)-(2)

問題⓫ ☑ ☑ ☑

線路こう長が 15 km で，電線 1 条 1 km 当たりの抵抗が 0.32 Ω の三相 3 線式送電線路がある．受電端電圧を 20 kV，負荷の力率を 0.8 に保って，線路損失を受電端電力の 10 ％ 以内とするため，受電できる電力〔kW〕はいくらか，正しい値を次のうちから選べ．

(1) 5 330 　(2) 5 630 　(3) 5 830 　(4) 6 030 　(5) 6 330

 1 線当たりの損失は I^2R，3 線ならば $3 \times I^2R$ である．

 解説 電線 1 条の抵抗 R は $R = 0.32 \times 15 = 4.8\,\Omega$

送・受電端電圧をそれぞれ V_s, V_r〔V〕，受電電力を P〔W〕，線電流を I〔A〕，力率を $\cos\theta$ とすれば

$$I = \frac{P}{\sqrt{3}\,V_r\cos\theta}\,\text{〔A〕}$$

線路損失 $3I^2R$ を P の 10 ％（$0.1P$）以内に収めるためには

$$3I^2R = 3\left(\frac{P}{\sqrt{3}\,V_r\cos\theta}\right)^2 R = 0.1P$$

$$\therefore\quad P = \frac{0.1 \times 3 \times V_r^2\cos^2\theta}{3R} = \frac{0.1 \times 3 \times (20 \times 10^3)^2 \times 0.8^2}{3 \times 4.8}$$

$$\fallingdotseq 5\,330 \times 10^3\,\text{W} = \mathbf{5\,330\,kW}$$

解答 ▶ (1)

問題⓬ ☑ ☑ ☑

配電系統における電力損失軽減対策に関する記述について，誤っているものは次のうちどれか．

(1) 配電電圧の格上げ　(2) 直列コンデンサの設置
(3) 変圧器運転台数の調整　(4) 負荷電流の不平衡の是正
(5) 巻鉄心変圧器の採用

Chapter **8**

力率改善用コンデンサは並列に接続する.

解答 ▶ (2)

問題13 ✓ ✓ ✓

三相3線式配電線路によって，遅れ力率 0.8 の負荷に電力を供給している. 負荷の端子電圧を 6 000 V に保った場合，線路の電圧降下率 ε および電力損失率 p がともに 10 % を超えないための負荷電力〔kW〕として，正しい値は次のうちどれか. ただし，電線1線当たりのインピーダンスは $(1.64+j0.76)$〔Ω〕とする.

    (1) 1 350   (2) 1 400   (3) 1 520   (4) 1 620   (5) 1 710

電圧降下率 $\varepsilon = \dfrac{\Delta V}{V_r}$，3 線分の線路損失 $3I^2R$ を用いる.

 ε および p が 10 % の場合の負荷電力をそれぞれ P_1〔kW〕，P_2〔kW〕とすれば，電圧降下 ΔV は $\Delta V = V_r \varepsilon = 6\,000 \times 0.1 = 600\,\mathrm{V}$，線路損失 $w = 3I^2R \times 10^{-3}$ $= 0.1P_2$〔kW〕

$$\Delta V = 600 = \sqrt{3}\,I(R\cos\theta + X\sin\theta)$$

$$= \sqrt{3} \times \frac{P_1 \times 10^3}{\sqrt{3} \times 6\,000 \times 0.8}(1.64 \times 0.8 + 0.76 \times \sqrt{1-0.8^2})$$

$$= 1.768 P_1/4.8 \quad \therefore \quad P_1 = 1\,629\,\mathrm{kW}$$

$$w = 3 \times \left(\frac{P_2 \times 10^3}{\sqrt{3} \times 6\,000 \times 0.8}\right)^2 \times 1.64 \times 10^{-3} = 0.1P_2$$

$$\therefore \quad P_2 = \frac{0.1 \times 4.8^2 \times 10^3}{1.64} \fallingdotseq 1\,405\,\mathrm{kW}$$

ε, p ともに 10 % を超えないためには，負荷電力は小さいほうの 1 405 kW に近い (2) の **1 400 kW** となる.

なお，P_1 の 1 629 kW では p が 10 % を超えるため不適.

解答 ▶ (2)

問題14 ✓ ✓ ✓   H14　A-9

負荷電力 P_1〔kW〕，力率 $\cos\phi_1$（遅れ）の負荷に電力を供給している三相3線式高圧配電線路がある. 負荷電力が P_1〔kW〕から P_2〔kW〕に，力率が $\cos\phi_1$（遅れ）から $\cos\phi_2$（遅れ）に変わったが，線路損失の変化はなかった. このときの P_1/P_2 の値を示す式として，正しいのは次のうちどれか. ただし，負荷の端子電圧は変わらないものとする.

    (1) $\dfrac{\cos\phi_1}{\cos\phi_2}$ (2) $\dfrac{\cos\phi_2}{\cos\phi_1}$ (3) $\dfrac{\cos^2\phi_1}{\cos^2\phi_2}$ (4) $\dfrac{\cos^2\phi_2}{\cos^2\phi_1}$ (5) $\cos\phi_1 \cdot \cos\phi_2$

$P = \sqrt{3}\,IV\cos\theta$, 3 線分の線路損失 $3I^2R$ を用いる.

解説 題意より

$$P_1 = \sqrt{3}\,I_1 V\cos\phi_1 \quad \therefore \quad I_1 = \frac{P_1}{\sqrt{3}\,V\cos\phi_1} \quad\cdots\cdots\cdots ①$$

$$P_2 = \sqrt{3}\,I_2 V\cos\phi_2 \quad \therefore \quad I_2 = \frac{P_2}{\sqrt{3}\,V\cos\phi_2} \quad\cdots\cdots\cdots ②$$

線路損失 $w = 3I^2R$ が変化なかったことから

$$3I_1{}^2R = 3I_2{}^2R \longrightarrow I_1{}^2 = I_2{}^2 \quad \therefore \quad I_1 = I_2$$

式 ①, ② より

$$\frac{P_1}{\sqrt{3}\,V\cos\phi_1} = \frac{P_2}{\sqrt{3}\,V\cos\phi_2}$$

$$\frac{P_1}{\cos\phi_1} = \frac{P_2}{\cos\phi_2} \quad \therefore \quad \boldsymbol{\frac{P_1}{P_2} = \frac{\cos\phi_1}{\cos\phi_2}}$$

解答 ▶ (1)

問題15 ✔✔✔　　　　　　　　H23　B-17

単相 2 線式配電線があり, この末端に 300 kW の需要家がある.

この配電線の途中, 図に示す位置に 6 300 V/6 900 V の昇圧器を設置して受電端電圧を 6 600 V に保つとき, 次の (a) および (b) の問に答えよ. ただし, 配電線の 1 線当たりの抵抗は 1 Ω/km, リアクタンスは 1.5 Ω/km とし, 昇圧器のインピーダンスは無視するものとする.

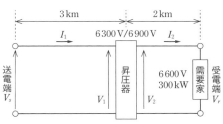

(a) 末端の需要家が力率 1 の場合, 受電端電圧を 6 600 V に保つとき, 昇圧器の二次側の電圧 V_2 〔V〕の値として, 最も近いものを次の (1)〜(5) のうちから一つ選べ.

　(1) 6 691　　(2) 6 757　　(3) 6 784　　(4) 6 873　　(5) 7 055

(b) 末端の需要家の遅れ力率 0.8 の場合, 受電端電圧を 6 600 V に保つとき, 送電端の電圧 V_s 〔V〕の値として, 最も近いものを次の (1)〜(5) のうちから一つ選べ.

　(1) 6 491　　(2) 6 519　　(3) 6 880　　(4) 7 016　　(5) 7 189

単相 2 線式の場合：$\Delta V = 2I(R\cos\theta + X\sin\theta)$

$P = IV\cos\theta$

昇圧器の損失はないので，一次側・二次側の電力の間で下式が成り立つ．

$I_1 V_1 = I_2 V_2$

解説 （a）単相 2 線式なので

$$\Delta V = 2I_2(R_2\cos\theta + X_2\sin\theta) \cdots\cdots\cdots ①$$

$R_2 = 1 \times 2 = 2\,\Omega$

$X_2 = 1.5 \times 2 = 3\,\Omega$

$$P = I_2 V_r\cos\theta \cdots\cdots\cdots ②$$

より

$$I_2 = \frac{P}{V_r\cos\theta} = \frac{300\times 10^3}{6\,600 \times 1} = 45.45\,\text{A}$$

以上より

$$\Delta V = V_2 - 6\,600 = 2\times 45.45 \times (2\times 1.0 + 3\times 0) = 181.8$$

$\therefore\quad V_2 = 6\,781.8\,\text{V}$

与えられた選択肢で最も近いのは（3）**6784** となる．

（b）$\cos\theta = 0.8$ のとき，式 ② より

$$I_2 = \frac{P}{V_r\cos\theta} = \frac{300\times 10^3}{6\,600\times 0.8} = 56.82\,\text{A}$$

このとき V_2 は

$$V_2 - 6\,600 = 2\times 56.82\times(2\times 0.8 + 3\times 0.6)$$

$$(\because\quad \sin\theta = \sqrt{1-0.8^2} = 0.6)$$

$\therefore\quad V_2 = 6\,986.4\,\text{V}$

$V_1 : V_2 = 6\,300 : 6\,900$ より

$$V_1 = \frac{6\,300}{6\,900}\times 6\,986.4 = 6\,378.9\,\text{V}$$

$I_1 V_1 = I_2 V_2$ より

$$I_1 = \frac{V_2}{V_1}\cdot I_2 = \frac{6\,900}{6\,300}\times 56.82 = 62.23\,\text{A}$$

$R_1 = 1\times 3 = 3\,\Omega$

$X_1 = 1.5\times 3 = 4.5\,\Omega$

以上により

$$\Delta V = V_s - V_1 = 2I_1(R_1\cos\theta + X_1\sin\theta)$$

$\therefore\quad V_s = V_1 + 2I_1(R_1\cos\theta + X_1\sin\theta)$

$$= 6\,378.9 + 2 \times 62.23 \times (3 \times 0.8 + 4.5 \times 0.6)$$

$$= 7\,013.6\,\mathrm{V}$$

与えられた選択肢で最も近いのは（4）**7016** となる.

解答 ▶ **(a)-(3)，(b)-(4)**

問題16 ✓ ✓ ✓ H22 B-17

図は単相2線式の配電線路の単線図である．電線1線当たりの抵抗と長さは，a–b 間で 0.3 Ω/km，250 m，b–c 間で 0.9 Ω/km，100 m とする．次の（a）および（b）に答えよ．

(a) b–c 間の1線の電圧降下 v_{bc}〔V〕および負荷 B と負荷 C の負荷電流 i_b，i_c〔A〕として，正しいものを組み合わせたのは次のうちどれか．ただし，給電点 a の線間の電圧値と負荷点 c の線間の電圧値の差を 12.0 V とし，a–b 間の1線の電圧降下 $v_{ab} = 3.75\,\mathrm{V}$ とする．負荷の力率はいずれも 100 %，線路リアクタンスは無視するものとする．

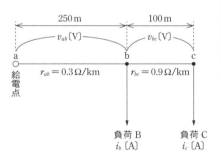

	v_{bc}〔V〕	i_b〔A〕	i_c〔A〕
(1)	2.25	10.0	40.0
(2)	2.25	25.0	25.0
(3)	4.50	10.0	25.0
(4)	4.50	0.0	50.0
(5)	8.25	50.0	91.7

(b) 次に，図の配電線路で抵抗に加えて a–c 間の往復線路のリアクタンスを考慮する．このリアクタンスを 0.1 Ω とし，b 点には無負荷で $i_b = 0\,\mathrm{A}$，c 点には受電電圧が 100 V，遅れ力率 0.8，1.5 kW の負荷が接続されているものとする．このとき，給電点 a の線間の電圧値と負荷点 c の線間の電圧値〔V〕の差として，最も近いのは次のうちどれか．

(1) 3.0　　(2) 4.9　　(3) 5.3　　(4) 6.1　　(5) 37.1

単相2線式：$\Delta V = 2I(R\cos\theta + X\sin\theta)$
与えられた X などの定数が往復線路分であることに注意する.

（a）$\cos\theta = 1.0$　$X = 0.0$ だから，単相2線式なので
$$\Delta V = 2I(R\cos\theta + X\sin\theta) = 2IR$$
また

$$R_{ab} = 0.3 \times \frac{250}{1\,000} = 0.075\,\Omega$$

$$R_{bc} = 0.9 \times \frac{100}{1\,000} = 0.09\,\Omega$$

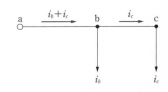

●解図1

題意より，$2v_{bc} = 12.0 - 2 \times 3.75 = 4.5\,\mathrm{V}$

$$\left.\begin{array}{l} 2v_{ab} = 2(i_b + i_c) \times 0.075 = 2 \times 3.75\,\mathrm{V} \\ 2v_{bc} = 2i_c \times 0.09 = 4.5\,\mathrm{V} \end{array}\right\}$$

$\therefore \left.\begin{array}{l} i_b + i_c = 50 \\ i_c = 25 \end{array}\right\}$ $\quad \therefore \left.\begin{array}{l} i_b = \mathbf{25\,A} \\ i_c = \mathbf{25\,A} \end{array}\right\}$ $\quad v_{bc} = \dfrac{4.5}{2} = \mathbf{2.25\,V}$

(b) $v_{ac} = 2I(R\cos\theta + X\sin\theta)$

$$R_{ac} = R_{ab} + R_{bc} = 0.075 + 0.09 = 0.165\,\Omega$$

与えられたリアクタンスは往復線路の値なので

$$2X_{ac} = 0.1 \quad \therefore \quad X_{ac} = 0.05\,\Omega$$

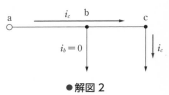

●解図2

また，$P_c = v_c i_c \cos\theta$ より

$$i_c = \frac{P_c}{v_c \cos\theta} = \frac{1.5 \times 10^3}{100 \times 0.8} = 18.75\,\mathrm{A}$$

$\therefore \quad v_{ac} = 2i_c(R_{ac}\cos\theta + X_{ac}\sin\theta)$

$\qquad = 2 \times 18.75 \times (0.165 \times 0.8 + 0.05 \times 0.6)$

$\qquad = 6.075 \doteqdot \mathbf{6.1\,V}$

解答 ▶ (a) - (2)，(b) - (4)

力 率 改 善

[★★★]

1 力　率

　電動機などの誘導性負荷に電圧を加えると，流れる電流は電圧より遅れる．この遅れの角を θ とするとき，$\cos\theta$ を**力率**という．この関係のベクトル図を示したものが図8・13である．同図で，電流ベクトルの各辺に電圧を乗じたものが，右図の電力ベクトルである．図で P を有効電力（単位は W または kW），Q を無効電力（単位は var または kvar），S を皮相電力（単位は V·A または kV·A）という．

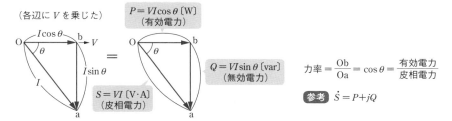

●図8・13　力　率

　有効電力を P，無効電力を Q，皮相電力を S とすれば，三角形 Oab は直角三角形であるから，これらの間には次の関係がある．

$$
\left.
\begin{aligned}
\cos\theta &= \frac{P}{S} \quad \therefore \quad P = S\cos\theta \\
S &= \frac{P}{\cos\theta} \\
\sin\theta &= \frac{Q}{S}
\end{aligned}
\right\}
\tag{8·29}
$$

$$
\therefore \quad Q = S\sin\theta = P \times \frac{\sin\theta}{\cos\theta} = P\tan\theta
\tag{8·30}
$$

また，直角三角形の性質から

$$
S = \sqrt{P^2 + Q^2} \qquad P = \sqrt{S^2 - Q^2} \qquad Q = \sqrt{S^2 - P^2}
$$

なお，Q は $Q/P = \tan\theta$ であるから，$Q = P\tan\theta$ からも求めることができる．

Chapter

8

343

2 力率改善

交流電力を送電する場合，有効電力 P だけでなく無効電力 Q も供給することになる．このため，この無効電力と逆位相の無効電力 Q_C を補償するコンデンサを取り付けることにより供給力の増加策などとすることができる．これを**力率改善**という．

有効電力 P〔kW〕，無効電力 Q〔kvar〕の負荷は図8・14で表される．

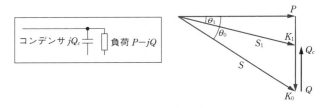

コンデンサ jQ_c　負荷 $P-jQ$

●図8・14　力率改善のベクトル図

この負荷端に容量 Q_C〔kvar〕のコンデンサを並列に接続すると，無効電力が Q_C だけ減少して，力率は $\cos\theta_0$ から $\cos\theta_1$ に改善され，皮相電力が S〔kV·A〕から S_1〔kV·A〕に減少して，供給設備容量の節減，電力損失の軽減などが図られる．

3 力率改善の効果

図8・15で，P〔kW〕なる電力（有効電力）を得るためには，S_1（$\overline{Oa}$）または S_2（$\overline{Ob}$）の設備〔kV·A〕が必要である．また，電圧降下や電力損失も S_1 または S_2 の皮相電力〔kV·A〕で決まる．同図からもわかるとおり，θ が小さい（力率が良い）ほど皮相電力は小さくなるので，力率を改善（θ を小さくする）すると次のような効果がある．

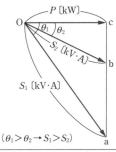

$(\theta_1 > \theta_2 \rightarrow S_1 > S_2)$

同じ電力 P を得るために S_1 または S_2 の設備が必要．
電力損失，電圧降下も S_1 または S_2 で決まる．θ が小さいほど力率はよい．

●図8・15　力率改善の効果

【1】 電流の減少（電力損失の軽減）

電流は皮相電力に比例する（$I = S/\sqrt{3}\,V$ で，V は一般に一定）ので，電力損失 I^2R は皮相電力の2乗に比例する．皮相電力が最小となるのは，図8・15で $\theta = 0$，$\cos\theta =$

$\cos 0 = 1$，すなわち，力率が 100％のとき（$P = S$ となる）である．したがって，**電力損失も力率 100％のときが最小となる．**

また，力率に注目すると，電流は力率に反比例する（$I = P/\sqrt{3}\,V\cos\theta$ で，P，V は一般に一定）ので，電力損失 I^2R は力率の 2 乗に反比例する．

Point 電力損失は力率の 2 乗に反比例

(2) 電圧降下や電圧変動などの減少

電圧降下（1 線当たり）の式 $I(R\cos\theta + X\sin\theta)$ で，たとえば $\cos\theta = 0.6$ のとき，$I = 120\,\mathrm{A}$，$R = 1\,\Omega$，$X = 2\,\Omega$ とすると

$$\varDelta V = 120(1 \times 0.6 + 2 \times 0.8) = 264\,\mathrm{V}$$

力率を 0.8 とすると，電流は $120 \times 0.6/0.8 = 90\,\mathrm{A}$（小さくなる）に減少するので

$$\varDelta V = 90(1 \times 0.8 + 2 \times 0.6) = 180\,\mathrm{V}$$ となり，電圧降下が減少する．

ただし，リアクタンス X が無視される場合は，$\varDelta V = RI_1\cos\theta_1 = RI_2\cos\theta_2$ となるので，電圧降下は変わらない（$I_1\cos\theta_1$ も $I_2\cos\theta_2$ も図 8･15 で $\overline{\mathrm{Oc}}$ に相当）．

(3) 設備の余力

図 8･15 からもわかるとおり，皮相電力が小さくなるので，$(S_1 - S_2)$ だけ設備に余力ができ，小さな設備で供給できる．

力率改善の問題の場合，ベクトル図を書き，問題を解きながら理解するほうがやさしく感じられる（解くパターンが一定）ため，実際の問題の解き方を次の例題を通して理解してほしい．

Point 力率改善の計算はベクトル図を書く

問題17 ✓ ✓ ✓ H22 A-6

50 Hz，200 V の三相配電線の受電端に，力率 0.7，50 kW の誘導性三相負荷が接続されている．この負荷と並列に三相コンデンサを挿入して，受電端での力率を遅れ 0.8 に改善したい．挿入すべき三相コンデンサの無効電力容量〔kV･A〕の値として，最も近いのは次のうちどれか．

(1) 4.58　(2) 7.80　(3) 13.5　(4) 19.0　(5) 22.5

P，Q についてのベクトル図を書き，コンデンサ分の無効電力量が Q を減じるとして，書き加えたベクトル図をもとに計算すればよい．

解説 ① 誘導性負荷 P, Q, $\cos\theta$ のベクトル図を書く（解図1）.

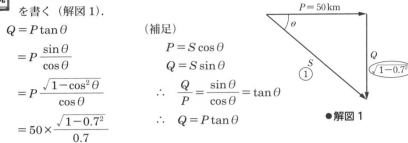

$$Q = P\tan\theta$$

$$= P\frac{\sin\theta}{\cos\theta}$$

$$= P\frac{\sqrt{1-\cos^2\theta}}{\cos\theta}$$

$$= 50\times\frac{\sqrt{1-0.7^2}}{0.7}$$

$$= 51.0\,\text{kvar}$$

（補足）

$$P = S\cos\theta$$

$$Q = S\sin\theta$$

$$\therefore \quad \frac{Q}{P} = \frac{\sin\theta}{\cos\theta} = \tan\theta$$

$$\therefore \quad Q = P\tan\theta$$

●解図1

② コンデンサ Q_C を挿入したベクトル図を書く（解図2）.

$$\cos\theta' = \frac{P}{S'}$$

$$= \frac{P}{\sqrt{P^2+(Q-Q_C)^2}}$$

これが 0.8 となることから

$$\frac{50}{\sqrt{50^2+(51.0-Q_C)^2}} = 0.8$$

$$\sqrt{50^2+(51.0-Q_C)^2} = \frac{50}{0.8} = 62.5$$

$$50^2+(51.0-Q_C)^2 = 62.5^2$$

$$(51.0-Q_C)^2 = 62.5^2-50^2 = 1\,406.25$$

$$51.0-Q_C = \sqrt{1\,406.25} = 37.5$$

$$\therefore \quad Q_C = 51.0-37.5$$

$$= 13.5\,\text{kvar}$$

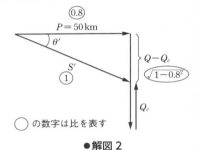

○ の数字は比を表す

●解図2

容量 kV·A は kvar と同じなので，求める容量は **13.5 kV·A** となる.

【別解】 ベクトル図（三角形）の比から解いてみる.

① 力率 $\cos\theta = 0.7$ の場合，ベクトル図の P, Q, S の比は解図1のように表せる. この比から，Q を求めると

$$Q = P\times\frac{\sqrt{1-0.7^2}}{0.7} = 50\times\frac{\sqrt{0.51}}{0.7} \fallingdotseq 51.0\,\text{kvar}$$

② 力率 $\cos\theta = 0.8$ の場合，ベクトル図の P, $(Q-Q_c)$, S' の比は解図2のように表せる. この比から，$(Q-Q_c)$ を求めると

$$Q-Q_c = P\times\frac{\sqrt{1-0.8^2}}{0.8} = 50\times\frac{\sqrt{0.36}}{0.8} = 37.5\,\text{kvar}$$

$$\therefore Q_c = 51.0 - 37.5 = 13.5 \,\text{kvar}$$

よって，挿入する三相コンデンサの容量は，**13.5 kV·A** となる．

解答 ▶ (3)

問題⑱　✓ ✓ ✓　　　　　　　　　　　　　　　H21　A-7

配電線に 100 kW，遅れ力率 60 % の三相負荷が接続されている．この受電端に 45 kvar の電力量コンデンサを接続した．次の (a) および (b) に答えよ．ただし，電力用コンデンサ接続前後の電圧は変わらないものとする．

(a) 電力用コンデンサを接続した後の受電端の無効電力 [kvar] の値として，最も近いのは次のうちどれか．

　(1) 56　　(2) 60　　(3) 75　　(4) 88　　(5) 133

(b) 電力用コンデンサ接続前と後の力率〔%〕の差の大きさとして，最も近いのは次のうちどれか．

　(1) 5　　(2) 15　　(3) 25　　(4) 55　　(5) 75

コンデンサ設置前後のベクトル図を書ければ，あとは順序よく計算するだけ！

解説　負荷：P, Q, $\cos\theta$, コンデンサ：Q_C として，ベクトル図を書く（解図）．

(a) コンデンサ設置後の無効電力は

$Q - Q_C$ となる．ここで

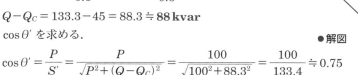

$$Q = P\tan\theta = P\cdot\frac{\sqrt{1-\cos^2\theta}}{\cos\theta}$$

$$= 100 \times \frac{\sqrt{1-0.6^2}}{0.6} = 100 \times \frac{0.8}{0.6} = 133.3 \,\text{kvar}$$

$$\therefore \quad Q - Q_C = 133.3 - 45 = 88.3 \fallingdotseq \mathbf{88\,kvar}$$

(b) $\cos\theta'$ を求める．　　　　　　　　　　　　　●解図

$$\cos\theta' = \frac{P}{S'} = \frac{P}{\sqrt{P^2+(Q-Q_C)^2}} = \frac{100}{\sqrt{100^2+88.3^2}} = \frac{100}{133.4} \fallingdotseq 0.75$$

求める力率の差の大きさは

$$\cos\theta' - \cos\theta = 0.75 - 0.6 = 0.15 = \mathbf{15\,\%}$$

解答 ▶ (a)-(4)，(b)-(2)

Chapter
8

問題⑲ ☑ ☑ ☑

定格容量 $750\,\mathrm{kV \cdot A}$ の三相変圧器に遅れ力率 0.9 の三相負荷 $500\,\mathrm{kW}$ が接続されている. この三相変圧器に新たに遅れ力率 0.8 の三相負荷 $200\,\mathrm{kW}$ を接続する場合, 次の (a) および (b) の問に答えよ.

(a) 負荷を追加した後の無効電力〔kvar〕の値として, 最も近いものを次の (1) ～ (5) のうちから一つ選べ.

   (1) 339   (2) 392   (3) 472   (4) 525   (5) 610

(b) この変圧器の過負荷運転を回避するために, 変圧器の二次側に必要な最小の電力用コンデンサ容量〔kvar〕の値として, 最も近いものを次の (1) ～ (5) のうちから一つ選べ.

   (1) 50   (2) 70   (3) 123   (4) 203   (5) 256

 負荷の追加の前後, 電力用コンデンサの追加の前後のベクトル図を書き, 手順に従って解いていく.

解説 (a) 増設前：P_1, Q_1, $\cos\theta_1$, 増設分：P_2, Q_2, $\cos\theta_2$
とすると

$$Q_1 = P_1 \tan\theta_1 = P_1 \frac{\sin\theta_1}{\cos\theta_1} = P_1 \frac{\sqrt{1-\cos^2\theta_1}}{\cos\theta_1}$$

$$= 500 \times \frac{\sqrt{1-0.9^2}}{0.9} = 242.2\,\mathrm{kvar}$$

$$Q_2 = P_2 \tan\theta_2 = P_2 \frac{\sqrt{1-\cos^2\theta_2}}{\cos\theta_2}$$

$$= 200 \times \frac{\sqrt{1-0.8^2}}{0.8} = 150\,\mathrm{kvar}$$

$\therefore\ Q_1 + Q_2 = 392.2 \fallingdotseq \mathbf{392\,kvar}$

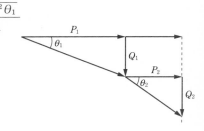

●解図1

(b) $\sqrt{(P_1+P_2)^2+(Q_1+Q_2-Q_C)^2} \leqq 750$

$\sqrt{700^2+(392-Q_C)^2} \leqq 750$

$\therefore\ (392-Q_C)^2 \leqq 750^2 - 700^2 = 72\,500$

$392 - Q_C \leqq \sqrt{72\,500} = 269.3$

$\therefore\ Q_C \geqq 392 - 269.3 = 122.7 \fallingdotseq \mathbf{123\,kvar}$

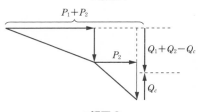

●解図2

解答 ▶ (a)-(2), (b)-(3)

問題⑳ ☑ ☑ ☑

電線 1 線の抵抗が 5Ω，誘導性リアクタンスが 6Ω である三相 3 線式送電線について，次の（a）および（b）に答えよ.

(a) この送電線で受電端電圧を 60 kV に保ちつつ，かつ，送電線での電圧降下率を受電端電圧基準で 10 ％ に保つには，負荷の力率が 80 ％（遅れ）の場合に受電可能な三相皮相電力〔MV・A〕の値として，最も近いのは次のうちどれか.

(1) 27.4 (2) 37.9 (3) 47.4 (4) 56.8 (5) 60.5

(b) この送電線の受電端に，遅れ力率 60 ％ で三相皮相電力 63.2 MV・A の負荷を接続しなければならなくなった. この場合でも受電端電圧を 60 kV に，かつ，送電線での電圧降下率を受電端電圧基準で 10 ％ に保ちたい. 受電端に設置された調相設備から系統に供給すべき無効電力〔Mvar〕の値として，最も近いのは次のうちどれか.

(1) 12.6 (2) 15.8 (3) 18.3 (4) 22.1 (5) 34.8

(a) 三相の電圧降下式 $\Delta V = \sqrt{3}\,I(R\cos\theta + X\sin\theta)$ と $P = \sqrt{3}\,IV\cos\theta \rightarrow$

$I = P\dfrac{P}{\sqrt{3}\,V\cos\theta}$ を用いる.

(b) まず，ベクトル図を書き，P，Q，$\cos\theta$ の関係を明らかにする.

解説 (a) 電圧降下率が受電端電圧基準で 10 ％ なので

$$\frac{\Delta V}{V_r} = 0.10 \quad\text{……①}$$

$$\Delta V = \sqrt{3}\,I(R\cos\theta + X\sin\theta)$$

$$= \sqrt{3}\cdot\frac{P}{\sqrt{3}\,V\cos\theta}\cdot(R\cos\theta + X\sin\theta)$$

$$= \frac{P}{60\times10^3\times0.8}\cdot(5\times0.8 + 6\times\sqrt{1-0.8^2})$$

$$= 0.1583\times10^{-3}\times P \quad\text{……②}$$

式 ② を式 ① に代入して

$$\frac{0.1583\times10^{-3}\times P}{60\times10^3} = 0.10$$

$$\therefore\ P = 0.10\times\frac{60\times10^3}{0.1583\times10^{-3}} = 37.90\times10^6\,\text{W} = 37.90\,\text{MW}$$

よって求める皮相電力は $S\cos\theta = P$ より

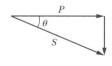

●解図 1

$$S = \frac{P}{\cos\theta} = \frac{37.90}{0.8} = \mathbf{47.4\,MV\cdot A}$$

(b) 題意の条件は，$S = 63.2\,\mathrm{MV\cdot A}$，$\cos\theta = 0.6$ で

$$\frac{\Delta V'}{V_r} = 0.10 \quad\cdots\cdots\cdots\cdots\cdots\cdots\cdots\cdots ③$$

$$\Delta V' = \sqrt{3}\,I'\,(R\cos\theta' + X\sin\theta') \quad\cdots\cdots ④$$

$$P = S'\cos\theta' = \sqrt{3}\,V_r I'\cos\theta' \quad\cdots\cdots\cdots ⑤$$

$$Q' = S'\sin\theta' = \sqrt{3}\,V_r I'\sin\theta' \quad\cdots\cdots\cdots ⑥$$

式④，⑤，⑥より

$$\Delta V'\cdot V_r = V_r\cdot\sqrt{3}\,I'\,(R\cos\theta' + X\sin\theta')$$
$$= R\cdot(\sqrt{3}\,V_r I'\cos\theta') + X\cdot(\sqrt{3}\,V_r I'\sin\theta')$$
$$= R\cdot P + X\cdot Q'$$

$$\therefore\quad \Delta V' = \frac{R\cdot P + X\cdot Q'}{V_r} \quad\cdots\cdots\cdots\cdots\cdots\cdots\cdots ⑦$$

●解図 2

式③と式⑦により

$$\frac{R\cdot P + X\cdot Q'}{V_r} = 0.10\,V_r$$

$$\therefore\quad Q' = \frac{1}{X}(0.10\,V_r{}^2 - R\cdot P) = \frac{1}{6}\{0.10\times(60\times10^3)^2 - 5\times37.90\times10^6\}$$

$$= 28.42\times10^6\,\mathrm{var} = 28.42\,\mathrm{Mvar}$$

$$\therefore\quad Q - Q_C = 28.42$$

$$\therefore\quad Q_C = Q - 28.42 \quad\cdots\cdots\cdots\cdots\cdots\cdots\cdots\cdots\cdots\cdots\cdots ⑧$$

ここで $Q = S\sin\theta$ なので

$$Q = S\sin\theta = 63.2\times\sqrt{1-0.6^2} = 50.56\,\mathrm{Mvar} \quad\cdots\cdots\cdots\cdots ⑨$$

式⑧と式⑨より

$$Q_C = 50.56 - 28.42 = 22.14\,\mathrm{Mvar} \fallingdotseq \mathbf{22.1\,Mvar}$$

解答 ▶ (a)‐(3)，(b)‐(4)

問題21 ☑ ☑ ☑　　　　　　　　　　H29　B-17

　特別高圧三相 3 線式専用 1 回線で，
6 000 kW（遅れ力率 90 ％）の負荷 A
と 3 000 kW（遅れ力率 95 ％）の負荷
B に受電している需要家がある．次の
(a) および (b) の問に答えよ．

(a) 需要家全体の合成力率を 100 ％
　　にするために必要な力率改善用
　　コンデンサの総容量の値〔kvar〕
　　として，最も近いものを次の (1)
　　〜 (5) のうちから一つ選べ．

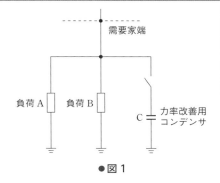

●図 1

　　(1) 1 430　　(2) 2 900　　(3) 3 550　　(4) 3 900　　(5) 4 360

(b) 力率改善用コンデンサの投入・開放による電圧変動を一定値に抑えるため
　　に力率改善用コンデンサを分割して設置・運用する．下図のように分割設
　　置する力率改善用コンデンサのうちの 1 台（C1）は容量が 1 000 kvar であ
　　る．C1 を投入したとき，投入前後の需要家端 D の電圧変動率が 0.8 ％であっ
　　た．需要家端 D から
　　電源側を見たパーセン
　　トインピーダンスの値
　　〔％〕（10 MV・A ベー
　　ス）として，最も近い
　　ものを次の (1) 〜 (5)
　　のうちから一つ選べ．
　　ただし，線路インピー
　　ダンス X はリアクタ
　　ンスのみとする．また，
　　需要家構内の線路イン
　　ピーダンスは無視す
　　る．

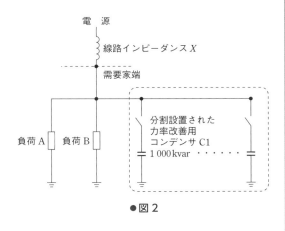

●図 2

　　(1) 1.25　　(2) 8.00　　(3) 10.0　　(4) 12.5　　(5) 15.0

この問題（b）での「電圧変動率」は p.319 の point の条件変化前後のもので
ある．また，電圧変動率は 0.8 % であることから非常に小さいことをうまく活
用すると計算が楽になる．電圧降下の近似式 $\Delta V = \sqrt{3}\,I\,(R\cos\theta + x\sin\theta)$
を用いて解く．

（a）負荷 A と負荷 B の
ベクトル図を書く（解図）．

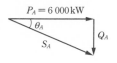

●解図

$$Q_A = S_A \sin\theta_A \qquad P_A = S_A \cos\theta_A$$

$$\therefore\quad S_A = \frac{P_A}{\cos\theta_A}$$

$$\therefore\quad Q_A = P_A \cdot \frac{\sin\theta_A}{\cos\theta_A} = P_A \cdot \frac{\sqrt{1-\cos^2 Q_A}}{\cos\theta_A}$$

同様に $Q_B = P_B \cdot \dfrac{\sqrt{1-\cos^2 Q_B}}{\cos\theta_B}$

$$\therefore\quad Q = Q_A + Q_B = 6\,000 \times \frac{\sqrt{1-(0.9)^2}}{0.9} + 3\,000 \times \frac{\sqrt{1-(0.95)^2}}{0.95}$$

$$= 3\,890 \fallingdotseq \mathbf{3\,900\,kvar}$$

（b）電圧降下の近似式より

$$V_s - V_r = \sqrt{3}\,I(R\cos\theta + X\sin\theta) = \frac{\sqrt{3}\,IV_r(R\cos\theta + X\sin\theta)}{V_r}$$

$$= \frac{\sqrt{3}\,IV_r\cos\theta \cdot R + (\sqrt{3}\,IV_r\sin\theta)\cdot X}{V_r} = \frac{P\cdot R + Q\cdot X}{V_r}$$

ここで題意より $R = 0$ なので

$$V_s - V_r = \frac{Q\cdot X}{V_r} \quad\text{---①}$$

すなわち，負荷の特性（定電力負荷とか定インピーダンス負荷とか）によらず ① が
成立する．

同様にして，C1 投入後の需要家端電圧を $V_r{}'$ とすると，V_s は一定で不変なので

$$V_s - V_r{}' = \frac{Q'\cdot X}{V_r{}'} \quad\text{---②}$$

①－② より，$\Delta V = V_r{}' - V_r = \dfrac{Q\cdot X}{V_r} - \dfrac{Q'\cdot X}{V_r{}'}$

計算を簡単にするため，$V_r{}' = 1.008\,V_r$ より $V_r{}' \fallingdotseq V_r$ とすると

$$\Delta V = \frac{(Q-Q')\cdot X}{V_r} = \frac{\Delta Q \cdot X}{V_r}$$

題意より $|\Delta V| = \dfrac{0.8}{100} V_r$ なので

$$\frac{0.8}{100} V_r = |\Delta Q| \frac{X}{V_r} \qquad \therefore \quad X = \frac{0.8}{100} V_r{}^2 \frac{1}{|\Delta Q|}$$

ここで計算を楽にするため単位法で考える．10 MVA を基準にして

$$|\Delta Q| = \frac{1\,000 \times 10^3}{10 \times 10^6} = 0.1, \quad V_r = 1$$

$$\therefore \quad X = \frac{0.8}{100} \cdot (1)^2 \cdot \frac{1}{0.1} = 0.08 = 8\,\%$$

解答 ▶ (a)‐(4)，(b)‐(2)

補足 $V_r' \fallingdotseq V_r$ とせずに $V_r' = 1.008 V_r$ のまま計算すると

$$\Delta V = \frac{Q \cdot X}{V_r} - \frac{Q' \cdot X}{1.008 V_r} = \frac{(1.008\,Q - Q')\cdot X}{1.008 V_r}$$

$$\therefore \quad \frac{0.8}{100} V_r = |1.008\,Q - Q'| \cdot \frac{X}{1.008 V_r}$$

$$\therefore \quad X = \frac{0.8}{100} \times 1.008 V_r{}^2 \cdot \frac{1}{|1.008\,Q - Q'|}$$

10 MVA 基準の単位法で考えて

$$Q = \frac{3\,890 \times 10^3}{10 \times 10^6} = 0.389$$

$$Q' = \frac{(3\,890 + 1\,000) \times 10^3}{10 \times 10^6} = 0.489$$

$$\therefore \quad \frac{1}{|1.008 \times 0.389 - 0.489|} = \frac{1}{0.097}$$

$$\therefore \quad X = \frac{0.8}{100} \times 1.008 \times (1)^2 \cdot \frac{1}{0.097} = 0.083$$

（別解）百分率インピーダンスについて，深く理解できていると以下のように考えることもできる．

「1 000 kVA ＝ 1 MVA ベースで 0.8 ％ の電圧降下を生じさせる，10 MVA ベースでの %X はいくつか？」というように問題を言い換えることができれば，ほぼ暗算で概略値を得ることが可能になる．

$$0.8 : 1 = \%X : 10$$

$$\therefore \quad \%X = 0.8 \times 10 = 8\,\%$$

本問や章末練習問題 19 はどちらも厳密な解答を得るには相当骨がおれる難問であるが，詳細解答と別解を用意したので，実力養成に役立ててほしい．

ループ式線路

[★★★]

1 解き方

図8·16（a）のように，線路がループ（環状）になった線路の計算は，次の要領で解くことができる．

① いずれかの区間の電流の大きさと向きを仮定する．

② 仮定した電流をもとに，各区間の電流の大きさと向きを決める．

③ 電圧降下の式をつくり，それを解いて仮定した電流を求める．

④ 各区間の電流を求め，電圧降下や電力損失などを求める．

この場合，仮定した電流がマイナスになれば，仮定と反対向きに流れることを意味するので，それに基づいて電流の向きを修正する．

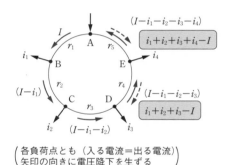

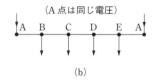

$$\left(\begin{array}{l}\text{各負荷点とも（入る電流＝出る電流）}\\\text{矢印の向きに電圧降下を生ずる}\end{array}\right)$$

(a)

(b)

●図8·16

2 電流の大きさと向き

図8·16（a）で，点Aから点Bに向かう電流をIと仮定する（どこでもよい）．各区間の電流の大きさと向きは，各点において**キルヒホッフの法則**（**1点に流入する電流の和と流出する和は等しい**）が成り立つので，図8·16（b）のようになる．

ループ式線路の問題の場合，問題を解きながら理解する方がやさしく感じられるため，次の問題を通して理解してほしい．

問題㉒ ✓ ✓ ✓ H3 B-23

図のような A 点から供給する単相 2 線式の配電線路の (a) BC 間の電流〔A〕および (b) CD 間の電流〔A〕は，それぞれいくらか．正しい値を次のうちから選べ．ただし，各負荷の力率を 100 ％ とし，線路の各部分の 1 線当たりの抵抗は図示のとおりで，リアクタンスは無視するものとする．

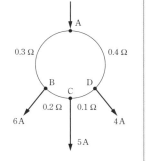

(a) (1) 2.3　(2) 3.1　(3) 5.0　(4) 8.3
　　(5) 10.3
(b) (1) 2.7　(2) 1.9　(3) 10.0　(4) 6.7
　　(5) 5.3

 キルヒホッフの法則をプラス・マイナスの符号に留意して適用する．

解説 給電点 A から B 方向に向かう電流を I〔A〕とし，キルヒホッフの法則からBC，CD，DA 各区間の電流分布を定めると解図 1 のようになる．

AB，BC，CD，DA 各区間の電圧降下の合計は，A 点から出発し A に戻ってくるわけであるからゼロとなる．すなわち

$$0.3I+0.2(I-6)+0.1(I-6-5)+0.4(I-6-5-4)=0$$
$$(0.3+0.2+0.1+0.4)I=1.2+1.1+6 \quad \therefore \quad I=\mathbf{8.3\,A}$$

よって，BC 間の電流 I_{BC} は，$I_{BC}=I-6=8.3-6=2.3\,A$

CD 間の電流 I_{CD} は，$I_{CD}=I-6-5=8.3-11=\mathbf{-2.7\,A}$

同様に，DA 間の電流 I_{DA} は，$I_{DA}=I-6-5-4=-6.7\,A$

したがって，電流分布は解図 2 のようになる．

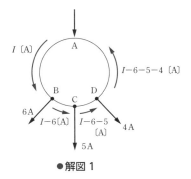

●解図 1

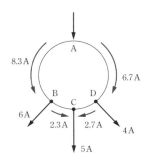

●解図 2

解答 ▶ (a)-(1)，(b)-(1)

Chapter 8

問題㉓ ✓ ✓ ✓ R2 B-17

図のような系統構成の三相3線式配電線路があり，開閉器Sは開いた状態にある．各配電線のB点，C点，D点には図のとおり負荷が接続されており，各点の負荷電流はB点40A，C点30A，D点60A一定とし，各負荷の力率は100％とする．各区間のこう長はA-B間1.5km，B-S（開閉器）間1.0km，S（開閉器）-C間0.5km，C-D間1.5km，D-A間2.0kmである．ただし，電線1線当たりの抵抗は0.2Ω/kmとし，リアクタンスは無視するものとして，次の(a)および（b）の問に答えよ．

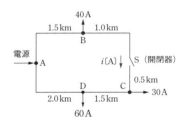

(a) 電源A点から見たC点の電圧降下の値〔V〕として，最も近いものを次の(1)～(5)のうちから一つ選べ．ただし，電圧は相間電圧とする．

(1) 41.6 (2) 45.0 (3) 57.2 (4) 77.9 (5) 90.0

(b) 開閉器Sを投入した場合，開閉器Sを流れる電流 i の値〔A〕として，最も近いものを次の（1）～（5）のうちから一つ選べ．

(1) 20.0 (2) 25.4 (3) 27.5 (4) 43.8 (5) 65.4

 キルヒホッフの法則を適用するときは，電流の向きを仮定して解く．

解説 （a）開閉器Sが開いた状態の系統構成は，解図1のようになる．

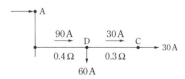

●解図1 開閉器Sが開いた状態

電源 A 点から見た C 点の電圧降下 V_{AC}〔V〕は

$$V_{AC} = V_{AD} + V_{DC} \quad\text{……………………………………………………………} ①$$

ここで，この問題の三相 3 線式の電圧降下 V〔V〕は力率 $\cos\theta = 1$，リアクタンス $X = 0\,\Omega$ であるから，次式で表される．

$$V = \sqrt{3}\,I(R\cos\theta + X\sin\theta)$$
$$= \sqrt{3}\,IR \quad\text{………………………………………………………………} ②$$

式 ① の V_{AD}，V_{DC} に式 ② の値を代入すると

$$V_{AC} = V_{AD} + V_{DC} = \sqrt{3}\times 90\times 0.4 + \sqrt{3}\times 30\times 0.3$$
$$= 77.94 \fallingdotseq \mathbf{77.9\,V}$$

（b）開閉器 S を投入した状態の系統構成は，解図 2 のようになる．

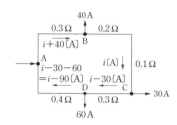

● 解図 2　開閉器 S を投入した状態

キルヒホッフの法則より，A 点から右回りの向きにループを一巡したときの電圧降下はゼロであるから

$$V_{AB} + V_{BC} + V_{CD} + V_{DA} = 0 \quad\text{……………………………………………} ③$$

式 ③ に解図 2 の数値を代入すると

$$(i+40)\times 0.3 + i\times 0.3 + (i-30)\times 0.3 + (i-90)\times 0.4 = 0$$
$$(0.3+0.3+0.3+0.4)i + (12-9-36) = 0$$
$$1.3i = 33$$
$$\therefore\quad i = 25.38 \fallingdotseq \mathbf{25.4\,A}$$

解答 ▶ （a）-（4），（b）-（2）

問題㉔　✓　✓　✓　　　　　　　　　　　　　　　　　　H12　B-12

　図の単線結線図に示す単相 2 線式の回路がある．供給点 K における線間電圧 V_k は 105 V，負荷点 L，M，N には，それぞれ電流値が 40 A，50 A，10 A で，ともに力率 100 % の負荷が接続されている．回路の 1 線当たりの抵抗は KL 間が 0.1 Ω，LN 間が 0.05 Ω，KM 間が 0.05 Ω，MN 間が 0.1 Ω であり，線路のリアクタンスは無視するものとして，次の（a）および（b）に答えよ．

Chapter
8

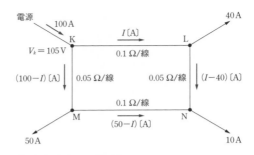

(a) 供給点 K と負荷点 L 間に流れる電流 I 〔A〕の値として，正しいのは次のうちどれか.

　　(1) 30　　(2) 40　　(3) 50　　(4) 60　　(5) 100

(b) 負荷点 N の電圧〔V〕の値として，正しいのは次のうちどれか.

　　(1) 97　　(2) 98　　(3) 99　　(4) 100　　(5) 101

プラス・マイナスの符号に留意してキルヒホッフの法則を適用する. 一巡する
式を左辺に書き，右辺はゼロとする.

　　(a) キルヒホッフの法則より

$$0.1I + 0.05(I-40) - 0.1(50-I) - 0.05(100-I) = 0$$

$$\therefore \quad (0.1+0.05+0.1+0.05)I = 0.05 \times 40 + 0.1 \times 50 + 0.05 \times 100$$

$$\therefore \quad 0.3I = 12 \quad \therefore \quad I = \mathbf{40A}$$

　　(b) $V = V_K - 2\{0.1I + 0.05 \times (I-40)\}$

$$= 105 - 2 \times 0.1 \times 40 = \mathbf{97\,V}$$

解答 ▶ (a) - (2)，(b) - (1)

問題㉕　✓✓✓　　　　　　　　　　　　　　　　　　　　H23　A-9

　　一次電圧 6 400 V，二次電圧 210 V/105 V の柱上変圧器がある. 図のような単
相 3 線式配電線路において三つの無誘導負荷が接続されている. 負荷 1 の電流
は 50 A，負荷 2 の電流は 60 A，負荷 3 の電流は 40 A である. L_1 と N 間の電
圧 V_a〔V〕，L_2 と N 間の電圧 V_b〔V〕，および変圧器の一次電流 I_1〔A〕の値の
組合せとして，正しいものを次の (1) ～ (5) のうちから一つ選べ. ただし，変
圧器から低圧負荷までの電線 1 線当たりの抵抗を 0.08 Ω とし，変圧器の励磁電
流，インピーダンス，低圧配電線のリアクタンス，および C 点からの負荷側線
路のインピーダンスは考えないものとする.

	V_a [V]	V_b [V]	I_1 [A]
(1)	98.6	96.2	3.12
(2)	97.0	97.8	3.28
(3)	97.0	97.8	2.95
(4)	96.2	98.6	3.12
(5)	98.6	96.2	3.28

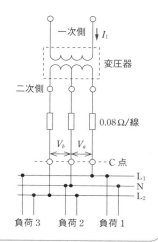

 無誘導負荷は，力率 1.0 の負荷である．変圧器の損失はないから一次側，二次側の電力で下式が成り立つ．

$$P_1 = P_2 \text{ すなわち } I_1 V_1 = I_2 V_2$$

計算はキルヒホッフの法則を用いればよい．

 無誘導負荷は $\cos\theta = 1.0$，題意を図にすると解図 1 のようになる．

キルヒホッフの法則より

$$\left.\begin{array}{l} 105 = R \times (50 + 40) + V_a + R \times (50 - 60) \\ 105 = R \times (60 - 50) + V_b + R \times (60 + 40) \end{array}\right\}$$

$R = 0.08$ なので

$$\left.\begin{array}{l} 105 = 0.08 \times 90 + V_a + 0.08 \times (-10) \\ 105 = 0.08 \times 10 + V_b + 0.08 \times 100 \end{array}\right\}$$

$$\left.\begin{array}{l} 105 = 6.4 + V_a \\ 105 = 8.8 + V_b \end{array}\right\}$$

$$\left.\begin{array}{l} \therefore \quad V_a = \mathbf{98.6\,V} \\ V_b = \mathbf{96.2\,V} \end{array}\right\}$$

変圧器の一次側入力＝二次側出力なので

$$P_1 = P_{2a} + P_{2b}$$

ここで

$$P_1 = I_1 V_1 = 6\,400 I_1$$

$$P_{2a} = 105 \times (50 + 40) = 105 \times 90$$

$$P_{2b} = 105 \times (60 + 40) = 105 \times 100$$

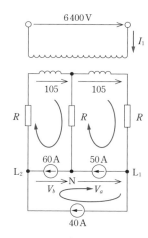

● 解図 1

$$\therefore \quad 6\,400I_1 = 105 \times 90 + 105 \times 100 = 105 \times 190$$

$$\therefore \quad I_1 = \frac{105 \times 190}{6\,400} = \mathbf{3.12\,A}$$

解答 ▶ (1)

補足 解図2のような平等分布負荷の電力損失は，p.327の電圧降下の際に考えたように

平均電流 $I_e = \dfrac{I}{2}$ を用いて $I_e^2 R = \dfrac{I^2 R}{4}$ としてもうまくいかない．正確に求めるには，

次のように積分を用いることになる．

そのため，電験三種の試験で平等分布負荷について問われるのは，電圧降下についてである．

微小区間 dx 〔km〕における電線1条当たりの損失電力 dP_{L1} 〔W〕は

$$dP_{L1} = (rdx)\{i(x)\}^2 = r \cdot \frac{I^2}{L^2}(L-x)^2 dx$$

$$\therefore \quad P_{L1} = \int_0^L dP_{L1} = r \cdot \frac{I^2}{L^2} \int_0^L (L-x)^2 dx$$

電線3条分の P_{L3} は

$$P_{L3} = 3P_{L1} = 3\int_0^L dP_{L1} = 3r \cdot \frac{I^2}{L^2} \int_0^L (L-x)^2 dx$$

$$= 3r \cdot \frac{I^2}{L^2} \int_0^L (L^2 - 2Lx + x^2) dx$$

$$= 3r \cdot \frac{I^2}{L^2} \left[L^2 x - Lx^2 + \frac{x^3}{3} \right]_0^L$$

$$= 3r \cdot \frac{I^2}{L^2} \cdot \frac{L^3}{3} = r \cdot L \cdot I^2 = RI^2 \quad \cdots\cdots\cdots\cdots\cdots\cdots\cdots\cdots\cdots① $$

一方，末端に負荷が集中している場合の損失 P_L は，3条分あわせて

$$P_L = 3RI^2 \quad \cdots\cdots\cdots\cdots\cdots② $$

式①と式②より，$\dfrac{P_{L3}}{P_L} = \dfrac{1}{3}$

すなわち，平等分布負荷の電力損失は，全負

荷が全長の $\dfrac{1}{3}$ のところに集中したと考えた場

合に等しくなる．

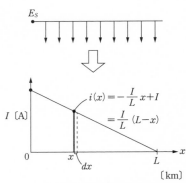

1km当たりの線路抵抗 r 〔Ω/km〕
$rL = R$ 〔Ω〕

●解図2

8-6

単相3線式

[★★★]

1 特 徴

単相2線式に比較して次の特徴がある．(8-9参照)

【1】長 所

① 電圧降下・電力損失が少ない．とくに平衡負荷の場合は電圧降下・電力損失とも 1/4 になる．

② 配電電力が等しい場合，所要電線量が少なくてすむ．

③ 200V負荷（単相）の使用ができる．

④ 配電容量が大きい．

【2】短 所

① 負荷の不平衡によって，負荷電圧が不平衡となる．

② 中性線が断線すると，負荷の不平衡の程度により，大きな電圧の不平衡（軽負荷側の電圧が高くなる）が生じる．したがって，**中性線には自動遮断器を入れてはならない**．

③ 中性線と外線が短絡すると，短絡しない側の負荷電圧が異常上昇する．

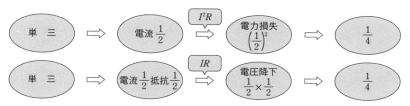

●図8・17 単相2線式との比較（平衡負荷の場合）

2 バランサ

巻数比1の一種の単巻変圧器で，負荷の不平衡の程度に応じて，主に線路の末端に取り付け，電圧の平衡作用を行う．また，中性線の断線，中性線と外線の短絡などによる異常電圧の抑制（巻数比が1であるから負荷電圧は変わらない）にも役立つ．

Chapter
8

3 単相3線式の計算

◢1◣ バランサのない場合

単相3線式は，100 V 負荷に対する供給方式としては最も多く利用されているもので，図 8・18 に示すように，中性線と外線間に 100 V 負荷を接続する．この方式では，柱上変圧器の低圧（二次）側電圧は，負荷の変動があっても同じになるように変圧器をつくってある（したがって，図ではいずれも E としてある）．

単相3線式の計算では，各線に流れる電流の向きと大きさを知ることが先決である．

> **Point** バランサなしの場合
> ・各線の電流の向きと大きさを決める．
> ・負荷電流は同じ向きに，中性線には負荷電流の差が流れる．
> ・中性線の電圧は，軽負荷側には上昇，重負荷側には降下に働く．

負荷電流は，図 8・19 に示すように同じ向き（i_1，i_2 とも上から下へ）に流れる．

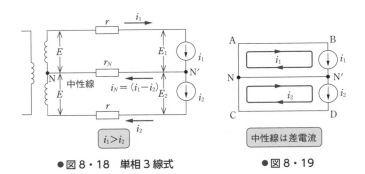

●図 8・18　単相3線式　　　　●図 8・19

それぞれの負荷電流は，図 8・19 に示すように，それぞれ接続された電圧のかかった回路（i_1 は A→B→N′→N→A，i_2 は N→N′→D→C→N）のみに流れる．したがって，**中性線には負荷電流の差（力率が異なる場合はベクトル差）だけの電流が流れる**ことになる．その向きは，N′ 点にキルヒホッフの法則を考えればわかるとおり（入る電流 i_1＝出る電流 i_N＋i_2，ゆえに i_N＝i_1－i_2），i_1＞i_2 のときは（i_1－i_2）が N′ から N の向きに，i_1＜i_2 のときは（i_2－i_1）が N から N′ に，また，i_1＝i_2（平衡負荷という）のときは 0 となる（負荷電流は両外線電流）．

変圧器の電圧は同じ向き（下から上）であるから，負荷電圧 E_1, E_2 は

$$\left.\begin{array}{l} E_1 = E - i_1 r - (i_1 - i_2)r_N \\ E_2 = E - i_2 r + (i_1 - i_2)r_N \end{array}\right\} (i_1 > i_2 \text{ のとき}) \tag{8・31}$$

$$\left.\begin{array}{l} E_1 = E - i_1 r + (i_2 - i_1)r_N \\ E_2 = E - i_2 r - (i_2 - i_1)r_N \end{array}\right\} (i_1 < i_2 \text{ のとき}) \tag{8・32}$$

から求める．ここで注意することは中性線の電圧降下で，式（8・31）の場合は，E_1 の回路については右回りに電流が流れているので電圧降下となるが，E_2 の回路については中性線の電流は逆に左回りになっているので電圧上昇（プラス）となることである．式（8・32）の場合も同様で，一方には電圧降下，他方には電圧上昇となる．

たとえば，図8・18で，$E = 105\,\text{V}$, $i_1 = 30\,\text{A}$, $i_2 = 50\,\text{A}$, $r = 0.1\,\Omega$, $r_N = 0.2\,\Omega$，力率を1.0とすると図8・20のようになり，負荷電圧 E_1, E_2 は式（8・32）から

$$E_1 = E - i_1 r + (i_2 - i_1)r_N$$
$$\quad = 105 - 30 \times 0.1 + (50 - 30) \times 0.2 = 106\,\text{V}$$
$$E_2 = E - i_2 r - (i_2 - i_1)r_N$$
$$\quad = 105 - 50 \times 0.1 - (50 - 30) \times 0.2 = 96\,\text{V}$$

このように，負荷が小さいほうの電圧は電源電圧よりも高くなることがある．

【2】 バランサのある場合

バランサ電流は負荷電流と異なって，図8・21のように，**大きさが等しく**（巻数比1であるから）**向きは相互に反対である**．その向きは，線電流を平衡させる（両外線の電流を等しくする）ように流れるので，$i_1 > i_2$ のときは図8・21の実線の矢印の向きに，$i_1 < i_2$ のときは破線の矢印の向きに流れる．また，バラン

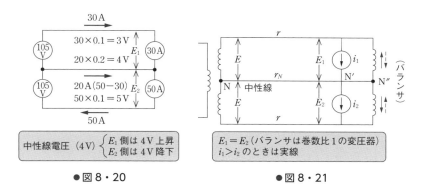

中性線電圧（4V）$\left\{\begin{array}{l} E_1 \text{ 側は 4 V 上昇} \\ E_2 \text{ 側は 4 V 降下} \end{array}\right.$

●図8・20

$E_1 = E_2$（バランサは巻数比1の変圧器）
$i_1 > i_2$ のときは実線

●図8・21

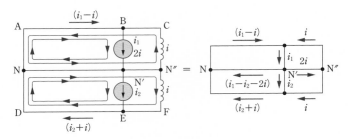

●図8・22

サ電流は図 8·22 のように，上側の回路について C→B→A→N→N′→N″
→C，下側の回路については F→E→D→N→N′→N″→F と流れる（負荷へ
は流れない）ので，各線の電流分布は図 8·19 のようになる．**バランサ電流は両
外線の電流を等しくするように流れる**ので，大きいほうの線電流を減少させ，小
さいほうの線電流を増加させるように流れる（逆に仮定するとマイナスになるの
で，そのときに修正してもよい）．

また，同図のように 1 か所に集中した負荷の場合は，次の計算結果からもわ
かるとおり，**バランサ電流はバランサがない場合の中性線電流の半分**となる．な
お，**バランサを取り付けた場合の負荷電圧 E_1 と E_2 は等しい**（バランサは巻数
比 1 の変圧器であるため）．

バランサを取り付けた場合は，電流分布を仮定し，バランサ電流を求め，それ
から電流分布を求める．その結果から負荷電圧を求める．

図 8·21 の $i_1 > i_2$ の場合について，E_1 と E_2 を求めてみる．電流分布は図 8·
22 のとおりなので

$$E_1 = E - r(i_1 - i) - r_N(i_1 - i_2 - 2i) \tag{8・33}$$

$$E_2 = E - r(i_2 + i) + r_N(i_1 - i_2 - 2i) \tag{8・34}$$

ここで $E_1 = E_2$ なので

$$E - r(i_1 - i) - r_N(i_1 - i_2 - 2i) = E - r(i_2 + i) + r_N(i_1 - i_2 - 2i)$$

かっこを外して，i を含む項を左辺へ，その他を右辺へ集めると

$$E - ri_1 + ri - r_Ni_1 + r_Ni_2 + 2r_Ni = E - ri_2 - ri + r_Ni_1 - r_Ni_2 - 2r_Ni$$

$$ri + 4r_Ni + ri = ri_1 + r_Ni_1 - r_Ni_2 - ri_2 + r_Ni_1 - r_Ni_2$$

$$2i(r + 2r_N) = i_1(r + 2r_N) - i_2(r + 2r_N)$$

両辺を共通な $(r + 2r_N)$ で割ると

$$2i = i_1 - i_2$$

$$\therefore \quad i = \frac{i_1 - i_2}{2} \tag{8・35}$$

つまり，バランサ電流 i は，バランサのない場合の中性線電流の半分となる．この i を E_1 または E_2 の式へ代入すれば E_1 および E_2 が求まる．

> 👆 **Point** バランサありの場合
> ・バランサ電流は，大きさが等しく，向きは相互に逆向きである．
> ・バランサ電流は，バランサなしの中性線電流の半分である．
> ・バランサを付けると負荷電圧は等しくなる．
> 　いずれの場合も電流分布はキルヒホッフの法則を用いる．

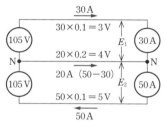

$E_1 = 105 - 30 \times 0.1 + 20 \times 0.2 = 106\,\mathrm{V}$
$E_2 = 105 - 50 \times 0.1 - 20 \times 0.2 = 96\,\mathrm{V}$

● 図 8・23　バランサなし

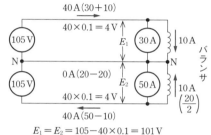

$E_1 = E_2 = 105 - 40 \times 0.1 = 101\,\mathrm{V}$

● 図 8・24　バランサあり

【3】 力率の異なる負荷

これまでは負荷力率が等しい場合について述べてきたが，力率が異なる場合は，次のような方法で求める．

① **複素数表示による方法**　　電流を複素数で表し，各分岐点でキルヒホッフの法則を利用して求める．電流は遅れ負荷の場合は $I_1 = i_1 - ji_2$，$I_2 = i_3 - ji_4$ で表されるとすれば，中性線電流 I_N は $I_N = I_1 - I_2 = (i_1 - i_3) + j(-i_2 + i_4)$，大きさは

$$I_N = \sqrt{(i_1 - i_3)^2 + (-i_2 + i_4)^2}$$

から求める．200 V 側にも負荷 (I_3) がある場合は，線電流は上側については $I = I_1 + I_3$，下側については $I = I_2 + I_3$ から求める．

② **余弦法則を利用する方法**　　図 8・25 に示すような場合は，三角関数の余

弦定理により

$$I_N = \sqrt{I_1{}^2 + I_2{}^2 - 2I_1 I_2 \cos\theta}$$

この式から，各電流がわかれば力率を求めることができる．なお，力率角が60°や30°といった簡単な場合は，ベクトル図からも求まる．

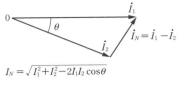

●図8・25

③　**負荷電圧**　　電圧降下は $IR\cos\theta = R\,(I\cos\theta)$ であるから，各負荷電流を有効分電流に置き換えて求めるか，重ね合せの定理を使って求める．

問題26 ✓ ✓ ✓ 　　　　　　　　　　　　　　　　　　　　R3　A-12

単相3線式配電方式は，1線の中性線と，中性線から見て互いに逆位相の電圧である2線の電圧線との3線で供給する方式であり，主に低圧配電線路に用いられる．100/200 V 単相3線式配電方式に関する記述として，誤っているものを次の (1) ～ (5) のうちから一つ選べ．

(1) 電線1線当たりの抵抗が等しい場合，中性線と各電圧線の間に負荷を分散させることにより，単相2線式と比べて配電線の電圧降下を小さくすることができる．

(2) 中性線と各電圧線の間に接続する各負荷の容量が不平衡な状態で中性線が切断されると，容量が大きい側の負荷にかかる電圧は低下し，反対に容量が小さい側の負荷にかかる電圧は高くなる．

(3) 中性線と各電圧線の間に接続する各負荷の容量が不平衡であると，平衡している場合に比べて電力損失が増加する．

(4) 単相 100 V および単相 200 V の2種類の負荷に同時に供給することができる．

(5) 許容電流の大きさが等しい電線を使用した場合，電線1線当たりの供給可能な電力は，単相2線式よりも小さい．

　単相3線式（解図1）の電線1線当たりの供給可能な電力 P_3〔W〕は

$$P_3 = \frac{2VI}{3} \ \text{〔W〕} \cdots\cdots\cdots\cdots\cdots\cdots\cdots\cdots ①$$

一方，単相2線式（解図2）の電線1線当たりの供給可能な電力 P_2〔W〕は

$$P_2 = \frac{VI}{2} \ \text{〔W〕} \cdots\cdots\cdots\cdots\cdots\cdots\cdots\cdots\cdots ②$$

式①と式②より，$P_3 > P_2$ となることから，単相3線式の方が，電線1線当たりの供給可能な電力が大きい．

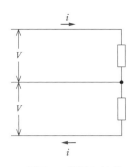 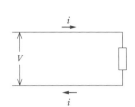

●解図1 単相3線式　　　●解図2 単相2線式

解答 ▶ （5）

問題27 ✓ ✓ ✓ H16 B-17

　図のように，電圧線および中性線の抵抗がそれぞれ 0.1Ω および 0.2Ω の 100/200 V 単相3線式配電線路に，力率が 100 % で電流がそれぞれ 60 A および 40 A の二つの負荷が接続されている．この配電線路にバランサを接続

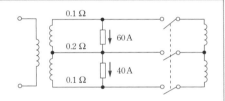

した場合について，次の (a) および (b) に答えよ．ただし，負荷電流は一定とし，線路抵抗以外のインピーダンスは無視するものとする．

(a) バランサに流れる電流〔A〕の値として，正しいのは次のうちどれか．

　　(1) 5　　　(2) 7　　　(3) 10　　　(4) 15　　　(5) 20

(b) バランサを接続したことによる線路損失の減少量〔W〕の値として，正しいのは次のうちどれか．

　　(1) 50　　　(2) 75　　　(3) 85　　　(4) 100　　　(5) 110

 バランサ電流は大きさが等しく，向きが反対である．バランサ電流の大きさは，バランサがないときの中性線電流の半分 $= \dfrac{1}{2} \times$（両負荷電流の差）である．

 バランサには，両負荷電流の差の 1/2 が互いに反対方向に分流することから，バランサ電流は

$$\frac{60-40}{2} = 10\text{A}$$

これにより，解図のように電流分布が決まる．したがって，バランサがない場合の線路損失 w_1 は

$$w_1 = 60^2 \times 0.1 + (60-40)^2 \times 0.2 + 40^2 \times 0.1 = 600\,\mathrm{W}$$

バランサがある場合の線路損失 w_2 は

$$w_2 = 50^2 \times 0.1 + 50^2 \times 0.1 = 500\,\mathrm{W}$$

$$\therefore \quad w_1 - w_2 = 600 - 500 = \mathbf{100\,W}$$

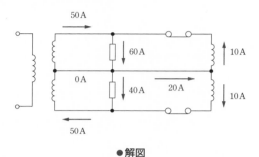

●解図

解答 ▶ **(a)‑(3)，(b)‑(4)**

問題❷⑧ ✓ ✓ ✓ H5 B‑24

図のような単相3線式配電線の aA 間および bB 間の電流 I_{aA}〔A〕および I_{bB}〔A〕は，それぞれいくらか．正しい値を組み合わせたものを次のうちから選べ．

	I_{aA}	I_{bB}
(1)	29.6	2.3
(2)	29.6	1.9
(3)	30	0
(4)	30.5	1.9
(5)	30.5	2.3

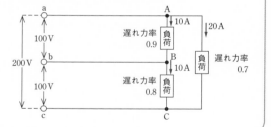

 I〔A〕，遅れ力率 $\cos\theta$ の電流のベクトル表示は

$$\dot{I} = I(\cos\theta - j\sin\theta) = I(\cos\theta - j\sqrt{1-\cos^2\theta})$$

 $\dot{I}_{AB} = 10(0.9 - j\sqrt{1-0.9^2}) = 9 - j4.4$

$\dot{I}_{BC} = 10(0.8 - j\sqrt{1-0.8^2}) = 8 - j6$

$\dot{I}_{AC} = 20(0.7 - j\sqrt{1-0.7^2}) = 14 - j14.3$

$\therefore \quad \dot{I}_{aA} = \dot{I}_{AB} + \dot{I}_{AC} = (9 - j4.4) + (14 - j14.3) = 23 - j18.7$

$\therefore \quad I_{aA} = |\dot{I}_{aA}| = \sqrt{23^2 + 18.7^2} = \mathbf{29.6\,A}$

また

$$\dot{I}_{bB} = \dot{I}_{AB} - \dot{I}_{BC} = (9-j4.4) - (8-j6) = 1+j1.6$$
$$\therefore \quad I_{bB} = |\dot{I}_{bB}| = \sqrt{1^2 + 1.6^2} = \mathbf{1.9\,A}$$

以上により，電流値の分布は解図のようになる．

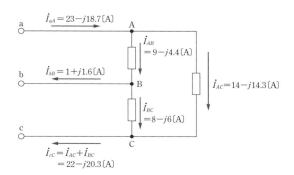

●解図

解答 ▶ (2)

問題29 ✓ ✓ ✓   H19 B-17

図のような単相3線式配電線路がある．系統の中間点に図のとおり負荷が接続されており，末端のAC間に太陽光発電設備が逆変換装置を介して接続されている．各部の電圧および電流が図に示された値であるとき，次の（a）および（b）に答えよ．ただし，図示していないインピーダンスは無視するとともに，線路のインピーダンスは抵抗であり，負荷の力率は1，太陽光発電設備は発電出力電流（交流側）15 A，力率1で一定とする．

(a) 図中の回路の空白箇所（ア），（イ）および（ウ）に流れる電流〔A〕の値として，正しいものを組み合わせたのは次のうちどれか．

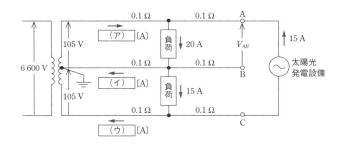

	(ア)	(イ)	(ウ)
(1)	5	0	15
(2)	5	5	0
(3)	15	0	15
(4)	20	5	0
(5)	20	5	15

(b) 図中 AB 間の端子電圧 V_{AB} 〔V〕の値として，正しいのは次のうちどれか.

(1) 104.0　　(2) 104.5　　(3) 105.0　　(4) 105.5　　(5) 106.0

すべての力率が 1 であることを用いてキルヒホッフの法則を適用する.

(a) 問題図より，キルヒホッフの法則から

$I_ア + 15 = 20$　　∴　$I_ア = \mathbf{5\,A}$

$20 - I_イ = 15$　　∴　$I_イ = \mathbf{5\,A}$

$15 - I_ウ = 15$　　∴　$I_ウ = \mathbf{0\,A}$

(b) $V_{AB} = V_{BD} + V_L + V_{EA} = V_L + 0.1 \times 15$　$(\because V_{BD} = 0)$

$105 = I_ア \times 0.1 + V_L + I_イ \times 0.1 = 5 \times 0.1 + V_L + 5 \times 0.1 = V_L + 1$

∴　$V_L = 104$

∴　$V_{AB} = 104 + 0.1 \times 15 = \mathbf{105.5\,V}$

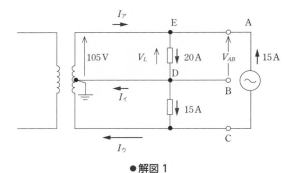

● 解図 1

解答 ▶ (a) - (2)，(b) - (4)

a−b−c，a−c−b の相順の考え方

基本的事項の記憶の際，機械的な暗記に頼るだけではなく少し理屈を加えて憶えておくとより記憶が強固となることがある．ここでは，相順について，情報を追加する．

*a−b−c 相順とは，a よりb が（120°）遅れ，さらにb よりc が（120°）遅れの順で，時計回りに a−b−c の順にあること．

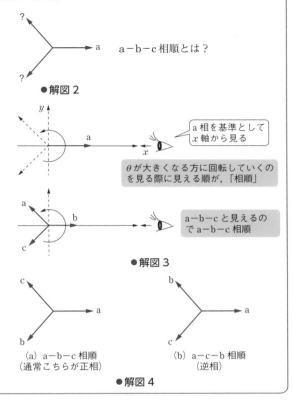

a−b−c 相順とは？

●解図2

a 相を基準として x 軸から見る

θ が大きくなる方に回転していくのを見る際に見える順が，「相順」

a−b−c と見えるので a−b−c 相順

●解図3

（a）a−b−c 相順
（通常こちらが正相）

（b）a−c−b 相順
（逆相）

●解図4

電灯動力共用方式

[★★★]

　低圧で電力を供給する場合，一般に 100 V 負荷に対しては単相 3 線式で，三相 200 V 負荷に対しては単相変圧器 2 台を ∨ 結線して供給される．電灯動力共用方式は三相 4 線式の一種で，図 8・26 のように両者を共用して供給する方式で，共用変圧器 ab には電灯と動力の電流が加わって流れ，動力専用変圧器 bc には動力電流が流れる．したがって，通常は共用変圧器のほうが容量が大きい．電灯と動力を別々に供給する場合に比べて次の特徴がある．

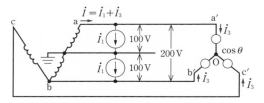

●図 8・26　電灯動力共用方式

1　長　　所

① 変圧器台数は 3 台（∨ 結線 2 台，電灯用 1 台）が 2 台に，低圧線も 6 条が 4 条で供給でき，設備（装柱）が合理化できる（図 8・27）．
② 同様な理由で装柱も簡単になり，変圧器事故などが減少する．
③ 共用側の変圧器は電灯と動力の合成負荷がかかるので，稼働率が向上する．

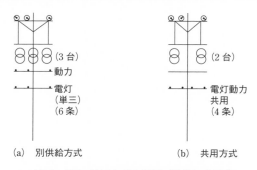

●図 8・27　共用方式の設備（装柱）合理化

④　電灯は自動的に単相3線式となるので，電圧降下が減少する.

2　短　　所

① 変圧器および低圧線が共用となるものがあるので，電動機の始動電流など
による照明のちらつき（フリッカ）が問題となることがある.
② 各線の電圧降下が異なるので，動力回路の電圧が不平衡となる.

以上の短所は，実用上あまり問題とはならないので，電灯動力共用方式は電灯
と電力が混在する地域で一般的に行われている.

3　変圧器容量などの求め方

図8・26で，共用相変圧器（ab）および共用線aa′，bb′には単相および三相
負荷のベクトル和の電流が，専用変圧器（bc）および専用線cc′には三相負荷電
流が，中性線には単相負荷の差電流がそれぞれ流れる．単相負荷が平衡負荷（中
性線電流はゼロ）で力率が100％（V_{ab}と同相となる），丫結線の動力負荷が遅
れ力率$\cos\theta$で相回転がa′-c′-b′の場合は，ベクトル図は図8・28のとおりであ
る．ここで，$\theta = 30°$（相電圧に対して30°遅れ）の場合はI_1とI_3は同相となる
ので，I_1とI_3の和は単なる算術和となる（図8・29）.

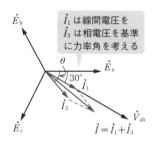

●図8・28　単相・三相の力率角の違い

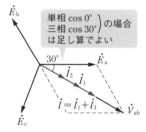

●図8・29　単純な足し算となる場合

単相力率100％，三相力率$\cos 30°$のときは，負荷電流は算術和.

このことから，変圧器容量は次式から求まる.

共用相変圧器容量 $= VI = V\,(I_1 + I_3)$　〔V・A〕

専用相変圧器容量 $= VI = VI_3$　〔V・A〕

ここで，$I_1 = P_1/V$〔A〕，$I_3 = P_3/\sqrt{3}\,V\cos\theta$〔A〕，$V$：線間電圧〔V〕

$P_1,\ P_3$：単相，三相負荷〔W〕

Chapter
8

1台の変圧器にかかる三相負荷は $P_3/\sqrt{3}$ （8-8 節変圧器の三相接続参照）．
変圧器容量が決まれば，負荷は，VI_1 または $\sqrt{3}\,VI_3\cos\theta$ から求まる．

問題30 ✔✔✔

図のように，単相変圧器 2 台による電灯動力共用の三相 4 線式低圧配電線に，
遅れ力率 $\cos 30°$，30 kW の三相負荷 1 個と力率 100 %，10 kW の単相負荷 2 個
が接続されている．これに供給する （a）共用変圧器および （b）専用変圧器の
容量〔kV·A〕は，それぞれいくら以上でなければならないか．正しい値を次の
うちから選べ．ただし，相回転は，a′–c′–b′ とする．
(a) (1) 25　　(2) 30　　(3) 35　　(4) 40　　(5) 45
(b) (1) 15　　(2) 20　　(3) 25　　(4) 30　　(5) 35

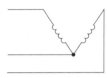
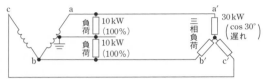

解説 単相，三相負荷電流は同位相，電圧を V〔V〕とすると

$$I_1 = \frac{20}{V}\ \text{〔kA〕} \qquad I_3 = \frac{30}{\sqrt{3}\,V\cos 30°} = \frac{20}{V}\ \text{〔kA〕}$$

$$\text{共用変圧器容量} = V(I_1 + I_3) = V\left(\frac{20}{V} + \frac{20}{V}\right) = \mathbf{40\,kV \cdot A}$$

$$\text{専用変圧器容量} = VI_3 = \mathbf{20\,kV \cdot A}$$

解答 ▶ (a)–(4)，(b)–(2)

問題31 ✔✔✔

電灯動力共用方式に関する次の記述について，誤っているのはどれか．
(1) 変圧器の稼働率が向上する．
(2) 装柱が簡素化され，事故が減少する．
(3) 電動機の始動電流による照明のちらつきが減少する．
(4) 動力回路の電圧が不平衡となる．
(5) 電灯は自動的に単相 3 線式となる．

解説 変圧器および低圧線が共用となるので，動力側電流の大きな変動の影響を電灯
側でも受けやすくなる．

解答 ▶ (3)

問題32 ☑ ☑ ☑ H21 A-12

配電で使われる変圧器に関する記述として，誤っているのは次のうちどれか．図を参考にして答えよ．

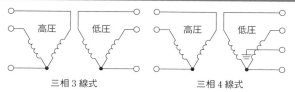

三相3線式　　　　三相4線式

(1) 柱上に設置される変圧器の容量は，50 kV・A 以下の比較的小型のものが多い．

(2) 柱上に設置される三相3線式の変圧器は，一般的に同一容量の単相変圧器の ∨ 結線を採用しており，出力は △ 結線の $1/\sqrt{3}$ 倍となる．また，∨ 結線変圧器の利用率は $\sqrt{3}/2$ となる．

(3) 三相4線式（∨ 結線）の変圧器容量の選定は，単相と三相の負荷割合やその負荷曲線および電力損失を考慮して決定するので，同一容量の単相変圧器を組み合わせることが多い．

(4) 配電線路の運用状況や設備実態を把握するため，変圧器二次側の電圧，電流および接地抵抗の測定を実施している．

(5) 地上設置形の変圧器は，開閉器，保護装置を内蔵し金属製のケースに納めたもので，地中配電線供給エリアで使用される．

 （3）の三相4線式（∨ 結線）は，我が国において電灯需要と動力需要が混在する場合，一般的に行われている．

単相変圧器2台を組み合わせているが，単相と三相負荷の割合などを考慮するため，通常2台の変圧器は異容量の組合せとする． **解答 ▶ (3)**

補足 図 8・28 の描き方は以下のとおり．

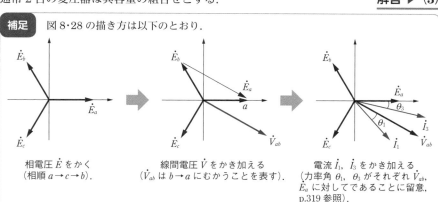

相電圧 $\dot{E}$ をかく（相順 $a \to c \to b$）．

線間電圧 $\dot{V}$ をかき加える（$\dot{V}_{ab}$ は $b \to a$ にむかうことを表す）．

電流 $\dot{I}_1$，$\dot{I}_3$ をかき加える．（力率角 θ_1，θ_3 がそれぞれ $\dot{V}_{ab}$，$\dot{E}_a$ に対してであることに留意，p.319 参照）．

● 解図

Chapter

8

変圧器の三相接続

[★★★]

三相 200 V の負荷に電力を供給するには，三相変圧器による方法と，単相変圧器による三相接続がある．単相変圧器による方法は，図 8·30 のように，2 台で ∨ 結線または 3 台で △ 結線する．しかし，架空配電線路では装柱上，変圧器台数は少ないほどよいので，∨ 結線とすることが多い．

これらの結線を電気的に表したものが図 8·33 で，各接続方法とも各変圧器端子間には線間電圧がかかる．∨ 結線の場合，図 8·31 に示すように，一次側に $\dot{V}_{AB}$，$\dot{V}_{BC}$，$\dot{V}_{CA}$ の三相平衡電圧が加わると，二次側には，$\dot{V}_{AB}$，$\dot{V}_{BC}$ と同相の $\dot{V}_{ab}$，$\dot{V}_{bc}$ が発生する．このとき $\dot{V}_{ca}$ は

$$\dot{V}_{ca} = -\dot{V}_{ab} - \dot{V}_{bc}$$

となるので，図 8·32 のベクトル図に示すように，△ 結線の場合と同様に ∨ 結線の場合も三相平衡電圧となる．したがって，負荷が三相平衡負荷の場合は三相平衡電流が流れる．△ 結線の場合，線電流 I は，120° 位相差のある変圧器巻線電流 $I_{\triangle}$ のベクトル和となるので，変圧器巻線電流と線電流の関係は $I = \sqrt{3}\,I_{\triangle}$ となる．

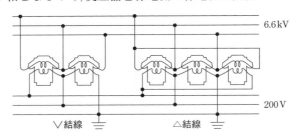

6.6 kV

200 V

∨結線   △結線

●図 8・30　単相変圧器による三相接続

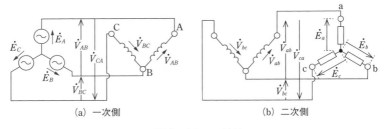

(a) 一次側　　　　　　　(b) 二次側

●図 8・31　∨ 結線

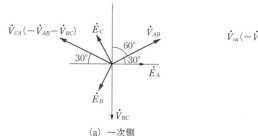
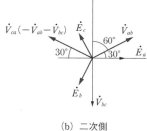

（a）一次側　　　　　　　　　　（b）二次側

●図8・32　V結線のベクトル図（p.375の解図参照）

1 変圧器出力

1 V 結 線

図8・33（a）に示すように，V結線の三相出力 $P_\vee = \sqrt{3}\, VI \times 10^{-3}$ [kV・A] で，線電流 $I = I_\vee$ であるから

$$P_\vee = \sqrt{3}\, VI \times 10^{-3} = \sqrt{3}\,(VI_\vee \times 10^{-3})\ \text{[kV・A]} \qquad (8・36)$$

ここで，変圧器1台の容量を P [kV・A] とすれば，$I_\vee$ が変圧器の定格電流に等しいとき，$P = VI_\vee \times 10^{-3}$ となるので

$$P_\vee = \sqrt{3}\,(VI_\vee \times 10^{-3}) = \sqrt{3}\, P\ \text{[kV・A]} \qquad (8・37)$$

この場合，三相出力は変圧器1台の容量の $\sqrt{3}$ 倍となり，設備容量は $2P$[kV・A] であるから，利用率は

$$利用率 = \frac{\sqrt{3}\, P}{2P} = 0.866 = 86.6\,\% \qquad (8・38)$$

すなわち，86.6 % となる．

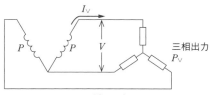
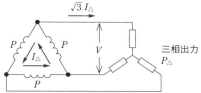

$P = VI_\vee \times 10^{-3}\text{[kV・A]}$
$P_\vee = \sqrt{3}\, VI \times 10^{-3}\text{[kV・A]}$
　　$= \sqrt{3}\, P\text{[kV・A]}$

（a）V結線（二次側）

$P = VI_\triangle \times 10^{-3}\text{[kV・A]}$
$P_\triangle = \sqrt{3}\, VI \times 10^{-3}\text{[kV・A]}$
　　$= \sqrt{3}\, V(\sqrt{3}\, I_\triangle) = 3VI_\triangle = 3P\text{[kV・A]}$

（b）△結線（二次側）

●図8・33　V結線と△結線の比較

Chapter

8

◀2▶ △ 結 線

単相変圧器 3 台を △ 結線して供給する方法は，1 台の変圧器が故障しても残る 2 台で ∨ 結線に接続替えして負荷に供給できる．

図 8・33 (b) に示すように，△ 結線の三相出力 $P_△ = \sqrt{3}\,VI \times 10^{-3}$ 〔kV·A〕で，線電流 $I = \sqrt{3}\,I_△$ であるから

$$P_△ = \sqrt{3}\,VI \times 10^{-3} = \sqrt{3}\,V(\sqrt{3}\,I_△) \times 10^{-3} = 3(VI_△ \times 10^{-3})\,〔\text{kV·A}〕 \quad (8・39)$$

ここで，変圧器 1 台の容量を P 〔kV·A〕とすれば，$I_△$ が変圧器の定格電流に等しいとき，$P = VI_△ \times 10^{-3}$ なるので

$$P_△ = 3(VI_△ \times 10^{-3}) = 3P\,〔\text{kV·A}〕 \quad (8・40)$$

となる．

この場合，三相出力，設備容量とも $3P$ 〔kV·A〕であるから，利用率は 100% である．

△ 結線の運転中に 1 台の変圧器が故障し，残り 2 台の ∨ 結線で供給する場合，出力は $\sqrt{3}\,P$ となるため，出力は故障前に比べ

$$\frac{\sqrt{3}\,P}{3P} ≒ 0.577 = 57.7\,\% \quad (8・41)$$

に減少する．

2 変圧器の銅損

△ 結線から ∨ 結線に結線変更した場合，銅損はどのようになるであろうか．

変圧器 1 台の銅損を，△ 結線の場合 $w_△$，∨ 結線の場合 $w_∨$，変圧器巻線の抵抗を r とすれば，銅損は電流の 2 乗に比例するので，$w_△ = I_△^2 r$，3 台で $3w_△ =$

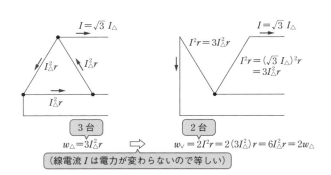

●図 8・34

$3I_\triangle^2 r$. これを V 結線にすると，電流は $\sqrt{3}\,I_\triangle$ となるので

$$w_V = I_V^2 r = (\sqrt{3}\,I_\triangle)^2 r = 3I_\triangle^2 r = 3w_\triangle$$

2 台で $2w_V = 6w_\triangle = 2(3w_\triangle)$，つまり，△ **結線を V 結線にすると銅損は 2 倍になる**（図 8・34）.

3 利用率などの関係

以上の関係をまとめると表 8・2 のとおりとなる.

●表 8・2

項　目	△ 結線	V 結線
変圧器電流〔A〕	$I_\triangle = \dfrac{P \times 10^3}{E}$	$I_V = \dfrac{P \times 10^3}{E}$
線　電　流〔A〕	$I = \sqrt{3}\,I_\triangle$	$I = I_V$
三相出力〔kV·A〕	$3P$	$\sqrt{3}\,P$
設備容量〔kV·A〕	$3P$	$2P$
利　用　率〔%〕	100	86.6

問題33 ✓ ✓ ✓

　単相変圧器 2 台による V 結線変圧器の（ア）利用率〔%〕および，（イ）単相変圧器 3 台で全負荷運転中の △ 結線変圧器を 1 台休止し，V 結線としたとき送りうる電力の △ 結線に対する割合〔%〕の組合せとして，正しいものは次のうちどれか.

(1)（ア）50　（イ）75　　　(2)（ア）65　（イ）58

(3)（ア）75　（イ）87　　　(4)（ア）87　（イ）58

(5)（ア）58　（イ）87

解答 ▶ (4)

問題34 ✓ ✓ ✓

　単相変圧器 3 台による △ 結線において，1 台を休止し，同一電力を V 結線で送るものとすれば，変圧器の銅損は何倍になるか. 正しい値を次のうちから選べ.

(1) 0.67　　(2) 1.0　　(3) 2.0　　(4) 2.7　　(5) 3.0

解説 図 8・34 参照.

解答 ▶ (3)

Chapter
8

問題㉟　✔✔✔　　　　　　　　　　　　　　　　　H19　B-16

2台の単相変圧器（容量 75 kV·A の T_1 および容量 50 kV·A の T_2）を ∨ 結線に接続し，図のように三相平衡負荷 45 kW（力率角 進み $\dfrac{\pi}{6}$〔rad〕）と単相負荷 P（力率 = 1）に電力を供給している．これについて，次の（a）および（b）に答えよ．ただし，相順は a，b，c とし，図示していないインピーダンスは無視するものとする．

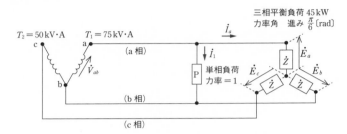

(a) 問題の図において，$\dot{E}_a$ を基準とし，$\dot{V}_{ab}$，，$\dot{I}_a$，$\dot{I}_1$ の大きさと位相関係を表す図として，正しいのは次のうちどれか．ただし，$|\dot{I}_a| > |\dot{I}_1|$ とする．

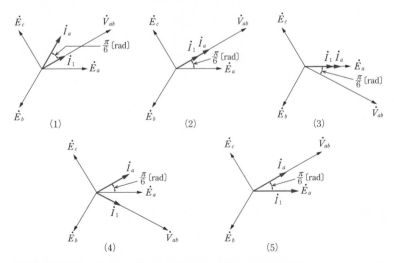

(b) 単相変圧器 T_1 が過負荷にならない範囲で，単相負荷 P（力率 = 1）がとりうる最大電力〔kW〕の値として，正しいのは次のうちどれか．
(1) 23　　(2) 36　　(3) 45　　(4) 49　　(5) 58

(a) 図 8·72 参照. $\dot{V}_{ab}$ は $\dot{E}_a$ よりも $\dfrac{\pi}{6}$（30°）位相が進みであり，$\dot{I}_1$ は $\dot{V}_{ab}$

と同位相である．また $\dot{I}_a$ は $\dot{E}_a$ よりも $\dfrac{\pi}{6}$（30°）位相が進みとなる．

(b) T$_1$ に流れる電流は I_a+I_1（$\dot{I}_a$ と $\dot{I}_1$ は同位相なので，和は算術和で求まる）

$$I_a = \frac{45\times10^3}{\sqrt{3}\,V\cos\dfrac{\pi}{6}} = \frac{45\times10^3}{\sqrt{3}\,V\cdot\dfrac{\sqrt{3}}{2}} = \frac{30\times10^3}{V}, \quad I_1 = \frac{P}{V}$$

T$_1$ が過負荷にならないためには

$$(I_a+I_1)V = 30\times10^3+P \leqq 75\times10^3 \qquad \therefore \quad P \leqq 45\times10^3\,\text{W}$$

解答 ▶ (a)‒(2)，(b)‒(3)

問題36 ✓ ✓ ✓　　　　　　　　　　　　　　　R4　A-12

次の文章は，配電線路に用いられる柱上変圧器に関する記述である．

柱上に設置される変圧器としては，容量 （ア） のものが多く使用されている．

鉄心には，けい素鋼板が多く使用されているが，（イ） のために鉄心にアモルファス金属材料を用いた変圧器も使用されている．

また，変圧器保護のために，（ウ） を柱上変圧器に内蔵したものも使用されている．

三相 3 線式 200 V に供給するときの結線には，△ 結線と ∨ 結線がある．∨ 結線は単相変圧器 2 台によって構成できるため，△ 結線よりも変圧器の電柱への設置が簡素化できるが，同一容量の単相変圧器 2 台を使用して三相平衡負荷に供給している場合，同一容量の単相変圧器 3 台を使用した △ 結線と比較して，出力は （エ） 倍となる．

上記の記述中の空白箇所（ア）〜（エ）に当てはまる組合せとして，正しいものを次の（1）〜（5）のうちから一つ選べ．

	（ア）	（イ）	（ウ）	（エ）
(1)	$10\sim100\,\text{kV·A}$	小型化	漏電遮断器	$1/\sqrt{3}$
(2)	$10\sim30\,\text{MV·A}$	低損失化	漏電遮断器	$\sqrt{3}/2$
(3)	$10\sim30\,\text{MV·A}$	低損失化	避雷器	$\sqrt{3}/2$
(4)	$10\sim100\,\text{kV·A}$	低損失化	避雷器	$1/\sqrt{3}$
(5)	$10\sim100\,\text{kV·A}$	小型化	避雷器	$\sqrt{3}/2$

 変圧器 1 台の容量が P〔kV·A〕の場合，△ 結線の出力は $3P$〔kV·A〕，∨ 結線の出力は $\sqrt{3}\,P$〔kV·A〕となる（表 8·2 参照）．

解答 ▶ (4)

各種電気方式の比較

[★★★]

　方式比較では，与えられた条件以外はすべて一定とし，与えられた条件から手をつけていく求め方が重要である．

1 送 電 電 力

　線電流 I［A］，負荷力率 $\cos\theta$ を一定とした場合，電線 1 線当たりの送電電力 P［W］の比較は次のとおりである．1 線当たりの送電電力は，送電電力を電線条数（中性線も含める）で除せば求まる．

　電流 1 線当たりの電流を I とすればそれぞれの送電電力は，単相 2 線式 $P_1 = VI\cos\theta$，単相 3 線式は平衡負荷と考え，中性線には電流が流れないので，$2V$ の単相 2 線式と考えればよく，$P_2 = 2VI\cos\theta$，三相 3 線式 $P_3 = \sqrt{3}\,VI\cos\theta$，三相 4 線式 $P_4 = \sqrt{3}\times$線間電圧$\times I\cos\theta = \sqrt{3}\,(\sqrt{3}\,V)\,I\cos\theta = 3VI\cos\theta$，これらをそれぞれの方式の電線条数で割ったものが，1 線当たりの送電電力となる．それぞれの方式の 1 線当たりの送電電力を，単相 2 線式に対する比率で表すと次のとおりである．（表 8・3 参照）

$$\frac{単相3線}{単相2線} = \frac{2VI\cos\theta/3}{VI\cos\theta/2} = \frac{4}{3} = 1.33\,（133\,\%）$$

$$\frac{三相3線}{単相2線} = \frac{\sqrt{3}\,VI\cos\theta/3}{VI\cos\theta/2} = \frac{2\sqrt{3}}{3} = 1.15\,（115\,\%）$$

$$\frac{三相4線}{単相2線} = \frac{3VI\cos\theta/4}{VI\cos\theta/2} = \frac{6}{4} = 1.5\,（150\,\%）$$

● 表 8・3　電線 1 線当たりの送電電力

配電方式	送電電力 P	1 線当たりの送電電力	単相 2 線式に対する比率〔%〕
単相 2 線式	$VI\cos\theta$	$VI\cos\theta/2$	100
単相 3 線式	$2VI\cos\theta$	$2VI\cos\theta/3$	133
三相 3 線式	$\sqrt{3}\,VI\cos\theta$	$\sqrt{3}\,VI\cos\theta/3$	115
三相 4 線式	$3VI\cos\theta$	$3VI\cos\theta/4$	150

（注）　V, I, $\cos\theta$ は一定．

2 電力損失

電力 P 〔W〕, 力率 $\cos\theta$, こう長を一定とし, 同じ太さ（断面積）の電線を使用する（したがって, 1線当たりの抵抗が R 〔Ω〕で等しい）場合, 電力損失の比較は, 次のとおりである.

電力損失は, 1線当たり I^2R で, R が一定であるから, 仮定の条件（電力一定）から電流を求めることを考える.

$$P = VI_1\cos\theta \qquad \therefore \quad I_1 = \frac{P}{V\cos\theta}$$

$$P = 2VI_2\cos\theta \qquad \therefore \quad I_2 = \frac{P}{2V\cos\theta} = \frac{1}{2}I_1$$

$$P = \sqrt{3}\,VI_3\cos\theta \qquad \therefore \quad I_3 = \frac{P}{\sqrt{3}\,V\cos\theta} = \frac{1}{\sqrt{3}}I_1$$

$$P = 3VI_4\cos\theta \qquad \therefore \quad I_4 = \frac{P}{3V\cos\theta} = \frac{1}{3}I_1$$

☞**Point** 電力一定 $\quad I_2 = \dfrac{1}{2}I_1, \quad I_3 = \dfrac{1}{\sqrt{3}}I_1, \quad I_4 = \dfrac{1}{3}I_1$

単相3線式および三相4線式は, 平衡負荷（電圧線の各線の電流が等しい）として中性線には電流が流れず, したがって電力損失もないので, 電力損失は単相2線式と単相3線式は2線分, その他は3線分となる. 電力損失 w は

$$w_1 = 2I_1^2R \qquad w_2 = 2I_2^2R \qquad w_3 = 3I_3^2R \qquad w_4 = 3I_4^2R$$

で, これを単相2線式に対する比率で表すと, 次のとおりである（表8・4参照）.

$$\frac{w_2}{w_1} = \frac{2I_2^2R}{2I_1^2R} = \frac{I_2^2}{I_1^2} = \frac{\left(\frac{1}{2}I_1\right)^2}{I_1^2} = \frac{1}{4} \ (25\,\%)$$

$$\frac{w_3}{w_1} = \frac{3I_3^2R}{2I_1^2R} = \frac{3\times\left(\frac{1}{\sqrt{3}}I_1\right)^2}{2I_1^2} = \frac{1}{2} \ (50\,\%)$$

$$\frac{w_4}{w_1} = \frac{3I_4^2R}{2I_1^2R} = \frac{3\times\left(\frac{1}{3}I_1\right)^2}{2I_1^2} = \frac{1}{6} \ (17\,\%)$$

Chapter **8**

●表 8・4 電力損失比較

方 式	電 流 I	電流比較	電力損失 w	単相2線式に対する比率〔%〕
単相2線式	$I_1 = \dfrac{P}{V\cos\theta}$	$I_1 = I_1$	$w_1 = 2I_1{}^2R = w_1$	100
単相3線式	$I_2 = \dfrac{P}{2V\cos\theta}$	$I_2 = \dfrac{1}{2}I_1$	$w_2 = 2I_2{}^2R = \dfrac{1}{4}w_1$	25
三相3線式	$I_3 = \dfrac{P}{\sqrt{3}\,V\cos\theta}$	$I_3 = \dfrac{1}{\sqrt{3}}I_1$	$w_3 = 3I_3{}^2R = \dfrac{1}{2}w_1$	50
三相4線式	$I_4 = \dfrac{P}{3V\cos\theta}$	$I_4 = \dfrac{1}{3}I_1$	$w_4 = 3I_4{}^2R = \dfrac{1}{6}w_1$	17

(注) P, V, $\cos\theta$, こう長, 電線の太さは一定.

3 電 線 量

　電力 P, 力率 $\cos\theta$, こう長 l, 比重 σ, 電力損失 w を一定, 中性線には外線と同じ太さの電線を使う場合, 電線量の比較は, 次のとおりである. 各方式の1線当たりの電線抵抗を $R_1 \sim R_4$, 断面積を $S_1 \sim S_4$ とすれば電線量 Q は, $Q = n\sigma S l$ で, σl は一定, 条数 n はわかっているので断面積 S を求めることを考える. S は R に反比例するので R が求まればよく, R は $w = I^2R$ から求まる. この I に電力損失で求めた電流の関係を入れればよい.

> 👉 **Point** $w \Rightarrow I^2R \Rightarrow R \Rightarrow S \Rightarrow Q \ (n\sigma Sl)$

$$w = w_1 = 2I_1{}^2R_1$$

$$w = w_2 = 2I_2{}^2R_2 = 2\left(\frac{1}{2}I_1\right)^2R_2 = \frac{1}{2}I_1{}^2R_2 = 2I_1{}^2R_1 \qquad \therefore \ \frac{R_1}{R_2} = \frac{1}{4}$$

$$w = w_3 = 3I_3{}^2R_3 = 3\left(\frac{1}{\sqrt{3}}I_1\right)^2R_3 = I_1{}^2R_3 = 2I_1{}^2R_1 \qquad \therefore \ \frac{R_1}{R_3} = \frac{1}{2}$$

$$w = w_4 = 3I_4{}^2R_4 = 3\left(\frac{1}{3}I_1\right)^2R_4 = \frac{1}{3}I_1{}^2R_4 = 2I_1{}^2R_1 \qquad \therefore \ \frac{R_1}{R_4} = \frac{1}{6}$$

　電線量 Q は（比重×断面積×こう長×条数）で, S は R に反比例（$S = \rho l/R$）するので, 電線量 Q は

$$Q_1 = 2\sigma lS_1 = 2KS_1 \qquad (K = \sigma l)$$

$$Q_2 = 3\sigma lS_2 = 3KS_2$$

$$Q_3 = 3\sigma l S_3 = 3KS_3$$
$$Q_4 = 4\sigma l S_4 = 4KS_4$$

これを単相2線式に対する比率で表すと，次のとおりである（表8・5参照）.

$$\frac{Q_2}{Q_1} = \frac{3KS_2}{2KS_1} = \frac{3}{2} \times \frac{R_1}{R_2} = \frac{3}{2} \times \frac{1}{4} = \frac{3}{8} = 0.375 \ (37.5\%)$$

$$\frac{Q_3}{Q_1} = \frac{3KS_3}{2KS_1} = \frac{3}{2} \times \frac{R_1}{R_3} = \frac{3}{2} \times \frac{1}{2} = \frac{3}{4} = 0.75 \ (75\%)$$

$$\frac{Q_4}{Q_1} = \frac{4KS_4}{2KS_1} = \frac{4}{2} \times \frac{R_1}{R_4} = \frac{4}{2} \times \frac{1}{6} = \frac{1}{3} = 0.333 \ (33.3\%)$$

●表8・5　電線量比較

方　式	電線抵抗比較	電線量	単相2線式に対する比率〔%〕
単相2線式	$R_1 = R_1$	$2\sigma l S_1 = 2KS_1$	100
単相3線式	$\dfrac{R_1}{R_2} = \dfrac{1}{4}$	$3\sigma l S_2 = 3KS_2$	37.5
三相3線式	$\dfrac{R_1}{R_3} = \dfrac{1}{2}$	$3\sigma l S_3 = 3KS_3$	75
三相4線式	$\dfrac{R_1}{R_4} = \dfrac{1}{6}$	$4\sigma l S_4 = 4KS_4$	33.3

（注）σ：比重，S：断面積，K：σl，l：こう長，中性線は外線と同じ太さ（S, $\cos\theta$, l, σ, w は一定）.

材質が同じ（σ が同じ）ときは体積で比較してよい（図8・35）.

なお，実際には中性線には外線電流のベクトル差が流れるので，他の線より電流は小さい．このため，中性線の太さを他の線より細くすることがある．中性線の太さを外線の 1/2 にすると，$Q_2 = 2.5S_2$，$Q_4 = 3.5S_4$ となり，単相2線式に対する比率は，37.5→31.25%，33.3→29.2% になる.

●図8・35

問題37 ✓ ✓ ✓ H17 A-7

送配電方式として広く採用されている交流三相方式に関する記述として，誤っているのは次のうちどれか．

(1) 三相回路が平衡している場合，三相交流全体の瞬時電力は時間に無関係な一定値となり，単相交流の場合のように脈動しないという利点がある．

(2) 同一材料の電線を使用して，同じ線間電圧で同じ電力を同じ距離に，同じ損失で送電する場合に必要な電線の総重量は，三相3線式でも単相2線式と同等である．

(3) 電源側を Ｙ 結線としたうえで，中性線を施設して三相4線式とすると，線間電圧と相電圧の両方を容易に取り出して利用できるようになる．

(4) 発電機では，同じ出力ならば，単相の場合に比べるとより小形に設計できて効率がよい．

(5) 回転磁界が容易に得られるため，動力源として三相誘導電動機の活用に便利である．

解説 (2) 以外は正しい．(2) では，三相3線式では単相2線式の 3/4 = 75 % である（表8・5参照）．

解答 ▶ (2)

問題38 ✓ ✓ ✓ H2 A-2

送電電力，力率，送電距離，送電損失および線間電圧がそれぞれ等しいとき，三相3線式送電線による場合は，単相2線式送電線による場合に比べて，使用する電線の銅量の比はどのような値になるか．正しい値を次のうちから選べ．

(1) 1 　　(2) 2/3 　　(3) 3/2 　　(4) 3/4 　　(5) 4/3

解説 $P = VI_1 = \sqrt{3}\,VI_3$ 　　 $I_3/I_1 = 1/\sqrt{3}$ 　　 $w = 2I_1^2 R_1 = 3I_3^2 R_3 = I_1^2 R_3$

$R_1/R_3 = S_3/S_1 = 1/2$ 　　 $Q_3/Q_1 = 3S_3/2S_1 = (3/2)(1/2) = \mathbf{3/4}$

解答 ▶ (4)

問題39 ✓ ✓ ✓ H12 A-1

一つの送電線路において，同一負荷に対して電力を供給する場合，送電電圧を2倍にすると，送電線路の抵抗損はもとの電圧のときに比べて何倍になるか，その倍率として，正しいのは次のうちどれか．ただし，線路定数は不変とする．

(1) 4倍 　　(2) 2倍 　　(3) 等倍 　　(4) 1/2倍 　　(5) 1/4倍

$P = \sqrt{3}\,IV\cos\theta$ より $I = P/\sqrt{3}\,V\cos\theta$

送電線路の抵抗損は $w = 3I^2R = 3(P/\sqrt{3}\,V\cos\theta)^2 R = (P^2/V^2\cos^2\theta)\,R$

よって，送電電圧を 2 倍にすると抵抗損は $(1/2)^2 = 1/4$ 倍となる．

解答 ▶ (5)

問題40 ☑ ☑ ☑ H12 A-10

単相 100 V の集中負荷に電力を供給するとき，100 V 単相 2 線式，100/200 V 単相 3 線式，100 V 三相 3 線式で供給する場合，三相 3 線式の線路抵抗損を 1 としたときの各供給方式の線路抵抗損の比として，正しいものを組み合わせたのは次のうちどれか．ただし，3 線式の場合，負荷は図のように線間に均等分割されるものとし，負荷の総容量，配電距離及び電線の材料・太さはすべて同一とする．

	単相 2 線式	単相 3 線式	三相 3 線式
(1)	2	1/2	1
(2)	2	3/4	1
(3)	3	3/2	1
(4)	$\sqrt{3}$	$\sqrt{3}/2$	1
(5)	3	3/4	1

単相 2 線式　　　単相 3 線式　　　三相 3 線式

線路損失の算出では条数に留意のこと．特に単相 3 線式の場合の中性線に留意が必要である．なぜならば，平衡状態では中性線電流はゼロであるため．

 問題図におけるそれぞれの供給方式の線間電圧を V，線路電流を I_1, I_2, I_3 とする．1 線当たりの抵抗を R とすると，線路抵抗損 P_1, P_2, P_3 は

$$P_1 = 2I_1^2R = 2\left(\frac{P_L}{V}\right)^2 R = 2\cdot\frac{P_L^2R}{V^2} \quad\cdots\cdots\cdots\cdots ①$$

$P_2 = 2I_2^2R$（中性線電流 $= 0$ なので，抵抗損は両外線のみで発生）

$$= 2\left(\frac{\dfrac{P_L}{2}}{V}\right)^2 R = \frac{1}{2}\cdot\frac{P_L^2R}{V^2} \quad\cdots\cdots\cdots\cdots ②$$

$$P_3 = 3I_3^2R = 3\left(\frac{P_L}{\sqrt{3}\,V}\right)^2 R = \frac{P_L^2R}{V^2} \quad\cdots\cdots\cdots\cdots ③$$

式 ①，②，③ より $P_1 : P_2 : P_3 = 2 : \dfrac{1}{2} : 1$

解答 ▶ (1)

Chapter
8

練習問題

■ 1 (H4 A-1)

図のような単相等価回路で表すことができる三相3線式1回線の短距離送電線がある．送受電端間の電圧降下 $(E_s - E_r)$ を表す近似式として，正しいのは次のうちどれか．ただし，送電端の電圧および受電端の電圧と電流の間の位相角をそれぞれ遅れの θ_s および θ_r とする．

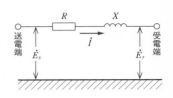

(1) $I\ (R\cos\theta_r + X\sin\theta_r)$ (2) $I\ (R\sin\theta_r + X\cos\theta_r)$

(3) $I\ (R\cos\theta_s - X\sin\theta_s)$ (4) $I\ (R\sin\theta_s - X\cos\theta_s)$

(5) $I\ (R\cos\theta_r + X\sin\theta_s)$

■ 2 (H5 B-23)

6 600/200 V の三相変圧器から供給される遅れ力率 0.866，6 kW の三相負荷がある．変圧器出力端子電圧が 206 V であるとき，負荷側端子電圧を 200 V 以上とするためには，電線1条の抵抗値を何 Ω 以下とする必要があるか．正しい値を次のうちから選べ．ただし，低圧配線のリアクタンスは無視するものとする．

(1) 0.1   (2) 0.15   (3) 0.2   (4) 0.3   (5) 0.35

■ 3 (R4 B-17)

三相3線式1回線の専用配電線がある．変電所の送り出し電圧が 6 600 V，末端にある負荷の端子電圧が 6 450 V，力率が遅れの 70 % であるとき，次の (a) および (b) に答えよ．ただし，電線1線当たりの抵抗は 0.45 Ω/km，リアクタンスは 0.35 Ω/km，線路のこう長は 5 km とする．

(a) この負荷に供給される電力 W_1 〔kW〕の値として，最も近いのは次のうちどれか．

(1) 180   (2) 200   (3) 220   (4) 240   (5) 260

(b) 負荷が遅れ力率 80 %，W_2〔kW〕に変化したが線路損失は変わらなかった．W_2〔kW〕の値として，最も近いのは次のうちどれか．

(1) 254   (2) 274   (3) 294   (4) 314   (5) 334

■ 4 (R1 B-16)

送電線のフェランチ現象に関する問である．三相3線式1回線送電線の一相が図の π 形等価回路で表され，送電線路のインピーダンス $jX = j200\,\Omega$，アドミタンス $jB = j0.800\,\mathrm{mS}$ とし，送電端の線間電圧が 66.0 kV であり，受電端が無負荷のとき，次の (a) および (b) の問に答えよ．

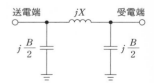

(a) 受電端の線間電圧の値〔kV〕として，最も近いものを次の (1) ～ (5) のうちから一つ選べ．

(1) 66.0　(2) 71.7　(3) 78.6　(4) 114　(5) 132

(b) 1 線当たりの送電端電流の値〔A〕として，最も近いものを次の (1) ～ (5) の
うちから一つ選べ.

(1) 15.2　(2) 16.6　(3) 28.7　(4) 31.8　(5) 55.1

■ 5　(H1　B-22)

負荷が線路全体にわたり平等分布している三相 3 線式 1 回線の高圧架空配電線路が
ある. 各条件が次のとおり与えられた場合の線路末端までの電圧降下〔V〕として，正
しいのは次のうちどれか.

（条件）　線路の 1 線当たりの抵抗 0.30 Ω/km, 線路の 1 線当たりのインダクタンス（作
用インダクタンス）1.1 mH/km，線路こう長 1 km，送電端負荷電流 150 A，周波数
60 Hz，力率遅れ 90 ％

(1) 34.2　　(2) 58.6　　(3) 63.8　　(4) 68.2　　(5) 117

■ 6　(H15　B-17)

図のような単相 2 線式配電線路で, K, L,
M，N の 4 地点の負荷に電力を供給して
いる. 電線の種類，太さは全区間同一で,
電線の抵抗は 1 km 当たり 0.48 Ω，負荷の
力率はいずれも 100 ％ として，次の (a)
および (b) に答えよ. ただし，線路リア
クタンスは無視するものとする.

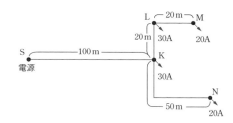

(a) 電源 S 点からの電圧降下が最も大
きい地点での電圧降下〔V〕の値として，最も近いのは次のうちどれか.

(1) 2.7　　(2) 9.6　　(3) 10.5　　(4) 10.9　　(5) 21.5

(b) L 地点の負荷が増加して 50 A になったとき，電圧降下の最も大きい地点での電
圧降下が，前の値より大きくならないように SK 間の電線を張り替えることと
した. SK 間の新しい電線の 1 km 当たりの抵抗〔Ω〕の最大値として，最も近
いのは次のうちどれか.

(1) 0.28　　(2) 0.34　　(3) 0.38　　(4) 0.42　　(5) 0.46

■ 7　(H4　A-11)

静電容量 1 μF の電力用コンデンサ 3 台を Ｙ 接続し，中性点を接地する. これを電
圧 60 kV，50 Hz の三相交流電源に接続したときの無効電力〔kvar〕の供給はいくらか.
正しい値を次のうちから選べ.

(1) 565　　(2) 1 130　　(3) 1 695　　(4) 2 260　　(5) 3 390

Chapter

8

■ 8 (R2 B-16)

　こう長 25 km の三相 3 線式 2 回線送電線路に，受電端電圧が 22 kV，遅れ力率 0.9 の三相平衡負荷 5 000 kW が接続されている．次の (a) および (b) の問に答えよ．ただし，送電線は 2 回線運用しており，与えられた条件以外は無視するものとする．

　　(a) 送電線 1 線当たりの電流の値〔A〕として，最も近いものを次の (1) ～ (5) のうちから一つ選べ．ただし，送電線は単導体方式とする．

　　　　(1) 42.1　　(2) 65.6　　(3) 72.9　　(4) 126.3　　(5) 145.8

　　(b) 送電損失を三相平衡負荷に対し 5 % 以下にするための送電線 1 線の最小断面積の値〔mm²〕として，最も近いものを次の (1) ～ (5) のうちから一つ選べ．ただし，使用電線は，断面積 1 mm²，長さ 1 m 当たりの抵抗を 1/35 Ω とする．

　　　　(1) 31　　(2) 46　　(3) 74　　(4) 92　　(5) 183

■ 9 (H21 A-10)

　こう長 2 km の交流三相 3 線式の高圧配電線路があり，その端末に受電電圧 6 500 V，遅れ力率 80 % で消費電力 400 kW の三相負荷が接続されている．いま，この三相負荷を力率 100 % で消費電力 400 kW のものに切り替えたうえで，受電電圧を 6 500 V に保つ．高圧配電線路での電圧降下は，三相負荷を切り替える前と比べて何倍になるか，最も近いのは次のうちどれか．ただし，高圧配電線路の 1 線当たりの線路定数は，抵抗が 0.3 Ω/km，誘導性リアクタンスが 0.4 Ω/km とする．また，送電端電圧と受電端電圧との相差角は小さいものとする．

　　(1) 1.6　　(2) 1.3　　(3) 0.8　　(4) 0.6　　(5) 0.5

■ 10 (H17 B-17)

　図の単線結線図に示す単相 2 線式 1 回線の配電線路がある．供給点 A における線間電圧 V_A は 105 V，負荷点 K，L，M，N にはそれぞれ電流値が 30 A，10 A，40 A，20 A でともに力率 100 % の負荷が接続されている．回路 1 線当たりの抵抗は AK 間が 0.05 Ω，KL 間が 0.04 Ω，LM 間が 0.07 Ω，MN 間が 0.05 Ω，NA 間が 0.04 Ω であり，線路のリアクタンスは無視するものとして，次の (a) および (b) に答えよ．

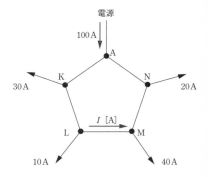

　　(a) 負荷点 L と負荷点 M 間に流れる電流 I〔A〕の値として，正しいのは次のうちどれか．

　　　　(1) 4　　(2) 6　　(3) 8
　　　　(4) 10　　(5) 12

　　(b) 負荷点 M の電圧〔V〕の値として，最も近いのは次のうちどれか．

　　　　(1) 95.8　　(2) 97.6　　(3) 99.5　　(4) 101.3　　(5) 103.2

■ **11** (H1 B-24)

　図のような単相 3 線式配電線において，ab 間および bc 間の負荷電流は，それぞれ 10 A（力率 100 ％）および 10 A（力率遅れの cos φ）で，中性線の電流は 4 A である．この場合，cos φ の値〔%〕として，正しいのは次のうちどれか．

　(1) 84　　(2) 86　　(3) 88　　(4) 90　　(5) 92

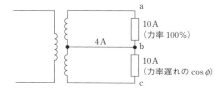

■ **12** (H30 A-8)

　図のように，単相の変圧器 3 台を一次側，二次側ともに △ 結線し，三相対称電源とみなせる配電系統に接続した．変圧器の一次側の定格電圧は 6 600 V，二次側の定格電圧は 210 V である．二次側に三相平衡負荷を接続したときに，一次側の線電流 20 A，二次側の線間電圧 200 V であった．負荷に供給されている電力〔kW〕として，最も近いものを次の (1) ～ (5) のうちから一つ選べ．ただし，負荷の力率は 0.8 とする．なお，変圧器は理想変圧器とみなすことができ，線路のインピーダンスは無視することができる．

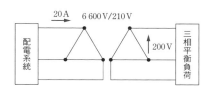

　(1) 58　　(2) 101　　(3) 174　　(4) 218　　(5) 302

■ **13** (H7 B-12)

　定格容量 50 kV・A の単相変圧器を 3 台用いて，△-△ 結線として負荷に電気を供給していたが，変圧器が 1 台故障したので故障変圧器を撤去し，∨ 結線で三相負荷に供給するとき，何 kV・A まで負荷を制限しなければならないか．正しい値を次のうちから選べ．

　(1) 8.7　　(2) 43.3　　(3) 50　　(4) 86.6　　(5) 100

Chapter
8

■ **14** (H1　B-23)

図のように，容量 10 kV・A の単相変圧器 3 台を △-△ 結線している回路に，力率 100 ％，6 kW の単相負荷が接続されている．この回路に力率 100 ％ の三相平衡負荷を何 kW まで接続することができるか．正しい値を次のうちから選べ．

(1) 9　　(2) 12　　(3) 15　　(4) 18　　(5) 21

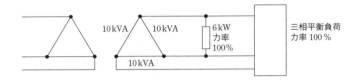

■ **15** (H1　A-14)

合計容量が同一の負荷に，種類，太さおよび長さが同一の電線で供給する場合，100/200 V 単相 3 線式では，100 V 単相 2 線式に比べ，次の (a) 100 V 負荷に対する電圧降下，および (b) 電力損失，の値がそれぞれ何倍になるか．正しい値を (1) から (5) までのうちから選べ．ただし，単相 3 線式の場合，中性線と各電圧線間の負荷は同一である（平衡している）ものとする．

(a)　(1) 1　　(2) $\frac{1}{2}$　　(3) $\frac{1}{4}$　　(4) $\frac{1}{8}$　　(5) $\frac{1}{16}$

(b)　(1) 1　　(2) $\frac{1}{2}$　　(3) $\frac{1}{4}$　　(4) $\frac{1}{6}$　　(5) $\frac{1}{8}$

■ **16** (H11　A-12)

図のような単相 3 線式の低圧配電線路において，負荷電流 I_a と I_b の比が 1：2 である場合の二次側線路損失〔kW〕の値として，正しいのは次のうちどれか．ただし，変圧器の一次電圧は 6 300 V，一次電流は 3 A，二次電圧は 105/210 V，電線 1 線当たりの抵抗は 0.1 Ω，各負荷は無誘導負荷とし，その他の定数は無視するものとする．

(1) 0.72　　(2) 1.44　　(3) 1.80　　(4) 2.16　　(5) 2.88

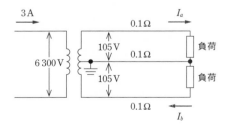

■ **17** (H27 B-16)

図は，三相 3 線式変電設備を単線図で表したものである．現在，この変電設備は，a 点から 3 800 kV·A，遅れ力率 0.9 の負荷 A と，b 点から 2 000 kW，遅れ力率 0.85 の負荷 B に電力を供給している．b 点の線間電圧の測定値が 22 000 V であるとき，次の (a) および (b) の問に答えよ．なお，f 点と a 点の間は 400 m，a 点と b 点の間は 800 m で，電線 1 条当たりの抵抗とリアクタンスは 1 km 当たり 0.24 Ω と 0.18 Ω とする．また，負荷は平衡三相負荷とする．

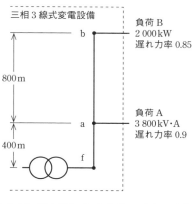

(a) 負荷 A と負荷 B で消費される無効電力の合計値〔kvar〕として，最も近いものを次の (1) ～ (5) のうちから一つ選べ．

 (1) 2 710 (2) 2 900
 (3) 3 080 (4) 4 880
 (5) 5 120

(b) f–b 間の線間電圧の電圧降下 V_{fb} の値〔V〕として，最も近いものを次の (1) ～ (5) のうちから一つ選べ．ただし，送電端電圧と受電端電圧との相差角が小さいとして得られる近似式を用いて解答すること．

 (1) 23 (2) 33 (3) 59 (4) 81 (5) 101

■ **18** (H27 B-17)

図に示すように，線路インピーダンスが異なる A，B 回線で構成される 154 kV 系統があったとする．A 回線側にリアクタンス 5 ％の直列コンデンサが設置されているとき，次の (a) および (b) の問に答えよ．なお，系統の基準容量は，10 MV·A とする．

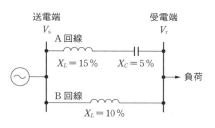

送電端と受電端の電圧位相差 δ

(a) 図に示す系統の合成線路インピーダンスの値〔％〕として，最も近いものを次の (1) ～ (5) のうちから一つ選べ．

 (1) 3.3 (2) 5.0 (3) 6.0
 (4) 20.0 (5) 30.0

(b) 送電端と受電端の電圧位相差 δ が 30 度であるとき，この系統での送電電力 P の値〔MW〕として，最も近いものを次の (1) ～ (5) のうちから一つ選べ．ただし，送電端電圧 V_s，受電端電圧 V_r は，それぞれ 154 kV とする．

 (1) 17 (2) 25 (3) 83 (4) 100 (5) 152

Chapter

8

393

■ 19 (H25 B-16)

図のように，特別高圧三相 3 線式 1 回線の専用架空送電線路で受電している需要家がある．需要家の負荷は，40 MW，力率が遅れ 0.87 で，需要家の受電端電圧は 66 kVである．ただし，需要家から電源側をみた電源と専用架空送電線路を含めた百分率インピーダンスは，基準容量 10 MV·A 当たり 6.0 % とし，抵抗はリアクタンスに比べ非常に小さいものとする．その他の定数や条件は無視する．次の（a）および（b）の問に答えよ．

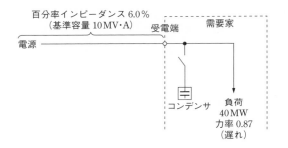

(a) 需要家が受電端において，力率 1 の受電になるために必要なコンデンサ総容量〔Mvar〕の値として，最も近いものを次の（1）〜（5）のうちから一つ選べ．ただし，受電端電圧は変化しないものとする．

　(1) 9.7　　(2) 19.7　　(3) 22.7　　(4) 34.8　　(5) 81.1

(b) 需要家のコンデンサが開閉動作を伴うとき，受電端の電圧変動率を 2.0 % 以内にするために必要なコンデンサ単機容量〔Mvar〕の最大値として，最も近いものを次の（1）〜（5）のうちから一つ選べ．

　(1) 0.46　　(2) 1.9　　(3) 3.3　　(4) 4.3　　(5) 5.7

Chapter 9

短絡地絡故障計算

学習のポイント

　計算問題に関しては，平常時の計算問題は Chapter 8 に記し，異常時の計算問題として短絡地絡故障計算をこの Chapter 9 に記す．

　特に，短絡故障計算は，最近頻繁に出題されるとともに，百分率インピーダンスを求める問題も A 問題として出題されている．理解が十分ならば容易に正答できるはずであるが，百分率インピーダンスについての理解が不十分であると手が出ないこともありうる．百分率インピーダンスを十分に理解する基本もオームの法則 $R = E/I$ であり，これが理解できれば短絡計算は容易なものとなる．

　章末の練習問題 5 はぜひ力試しに取り組んでもらいたい．解答には複数のアプローチを示したので参考にしてほしい．とくに（b）の別解 2 には実務屋としての概略値算出の考え方を示したので，時間制限のある試験の際などに活用されたい．

　地絡故障は中性点接地方式と密接な関係があり，地絡故障時の誘導障害も関連して理解しておく必要がある．したがって，Chapter 7 の誘導障害や中性点接地方式と併せて学習すればさらに効果があがる．

短絡故障計算

[★★★]

　短絡は，短絡点でインピーダンスがゼロで電線が接触することで，短絡すると，電流を制限するものは線路や電源変圧器などのインピーダンス（短絡インピーダンス）のみで，これらは非常に小さな値である．したがって，$I = E/Z$ で Z が小さいので，I は非常に大きくなる．

　短絡電流の計算方法は，オーム法と百分率インピーダンス法がある．

1 オ ー ム 法

　オーム法は，オームの法則により，電圧とインピーダンスから短絡電流を求める方法である．

【1】単 相 回 路

　電圧を E 〔V〕，故障点までのそれぞれ往復分の抵抗を R 〔Ω〕，リアクタンスを X 〔Ω〕，インピーダンスを Z 〔Ω〕とすると，短絡電流 I_s は

$$I_s = \frac{E}{Z} = \frac{E}{\sqrt{R^2 + X^2}} \ \text{〔A〕} \tag{9・1}$$

　もちろん，Z が抵抗だけであれば $I_s = E/R$ となる（図 9・1）．

　たとえば，図 9・2 で電圧が 200 V，変圧器のインピーダンスが 0.08 Ω のとき，変圧器端子で短絡すると，$I_s = 200/0.08 = 2\,500\,\text{A}$ となる．

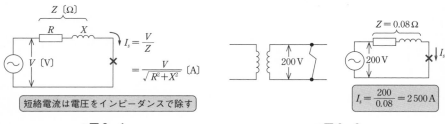

●図 9・1　　　　　　　　　　　●図 9・2

【2】三 相 回 路

　図 9・3（a）のような三相短絡は，図 9・3（b）のように平衡した三相回路であるから，中性線を接続してもこれには電流が流れない（各相の I_s の和が流れるが，

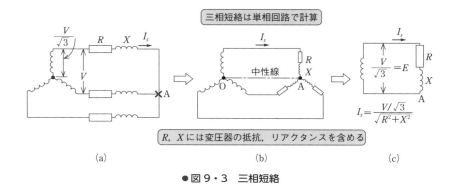

三相短絡は単相回路で計算

中性線

R, Xには変圧器の抵抗，リアクタンスを含める

(a)　　　　　　　　　　　(b)　　　　　　　　　　　(c)

●図 9・3　三相短絡

相互に 120° の位相があるので，ベクトル和はゼロとなる）．したがって，図 9・3（c）のような単相回路について考えればよいので，短絡電流 I_s は

$$I_s = \frac{V/\sqrt{3}}{Z} = \frac{V/\sqrt{3}}{\sqrt{R^2+X^2}} = \frac{E}{\sqrt{R^2+X^2}} \ \text{[A]} \tag{9・2}$$

となる（電圧は相電圧を使うことが必要）．電源が △ 結線の場合でも，△ を Y に直して考えれば同じである．

Point 三相短絡は単相回路で考える．電圧は相電圧を使用．

図 9・4 のような三相回路の線間短絡電流は，三相短絡電流に比し，電圧は $\sqrt{3}$ 倍（線間電圧）になるが，インピーダンスが 2 倍（往復回路）になるので，**三相短絡電流の** $\sqrt{3}/2 = 0.866$ 倍，86.6％ になる．

線間短絡は電圧は $\sqrt{3}$ 倍になるが，Z が 2 倍になるので，I_{s1} は I_{s3} の $\dfrac{\sqrt{3}}{2} = 0.866$ 倍になる

注）通常，三線地絡は三相短絡　二線地絡は線間（二相）短絡 と考える

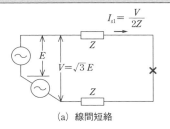

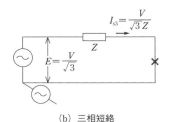

(a) 線間短絡　　　　　　　　　(b) 三相短絡

●図 9・4

2　百分率インピーダンス法

◆1◆ 記号の定義と記憶すべき関係式

まず，記号を次のように定義する．

S_{BASE}：基準容量（皮相電力．単純に，電圧と電流を掛け合わせたもの）

I_{BASE}：基準電流（定格電流）

E_{BASE}：基準相電圧

V_{BASE}：基準線間電圧（定格電圧）

Z_{BASE}：基準インピーダンス

百分率インピーダンス（%Z）は，この Z_{BASE} に対し，当該のインピーダンス（短絡インピーダンス）Z が何 % に相当するかを示す量である．

百分率インピーダンス（%Z）は，次式で与えられる．

$$\%Z = \frac{Z}{Z_{\mathrm{BASE}}} \times 100 \tag{9・3}$$

$$Z_{\mathrm{BASE}} = \frac{V_{\mathrm{BASE}}{}^2}{S_{\mathrm{BASE}}} \tag{9・4}$$

百分率インピーダンス（%Z）が与えられた際の三相短絡電流 I_{3s} は，次式で与えられる（次項参照）．

$$I_{3s} = \frac{100}{\%Z} I_{\mathrm{BASE}} \tag{9・5}$$

三相短絡容量 S_s は，$S_s = \sqrt{3}\, V_{\mathrm{BASE}} I_{3s}$ であるから，S_{BASE} を用いて表すと次式で与えられる．

$$S_s = \sqrt{3}\, V_{\mathrm{BASE}} I_{3s} = \sqrt{3}\, V_{\mathrm{BASE}} \frac{100}{\%Z} I_{\mathrm{BASE}}$$

$$= \frac{100}{\%Z} S_{\mathrm{BASE}} \tag{9・6}$$

◆2◆ 関係式の算出

どのようにして上式が与えられるのか，とくに三相回路について，もう少し詳しく考えてみる．

上記の各記号の間には，次の関係が成立している．

まず，皮相電力 S_{BASE} は，単相の皮相電力（$I_{\mathrm{BASE}} E_{\mathrm{BASE}}$）が三つ合わさったものなので

$$V_{\mathrm{BASE}} = \sqrt{3}\,E_{\mathrm{BASE}} \tag{9・7}$$

$$S_{\mathrm{BASE}} = 3I_{\mathrm{BASE}}E_{\mathrm{BASE}}$$

$$= \sqrt{3}\,I_{\mathrm{BASE}}V_{\mathrm{BASE}} \quad (\because \quad V_{\mathrm{BASE}} = \sqrt{3}\,E_{\mathrm{BASE}}) \tag{9・8}$$

次に，オームの法則より

$$Z_{\mathrm{BASE}} = \frac{E_{\mathrm{BASE}}}{I_{\mathrm{BASE}}} \tag{9・9}$$

$$\left(\text{三相回路の場合，}Z_{\mathrm{BASE}} = \frac{V_{\mathrm{BASE}}}{I_{\mathrm{BASE}}} \text{とはならない点に注意}\right)$$

通常，百分率インピーダンス（%Z）を問題にする際には，系統の基準容量 S_{BASE} と基準線間電圧 V_{BASE} が与えられることが多いため，式（9・9）の Z_{BASE} を S_{BASE} と V_{BASE} で表すことを考える．式（9・7）と式（9・8）の関係式を用いて，以下のような式変形を行う．

$$Z_{\mathrm{BASE}} = \frac{E_{\mathrm{BASE}}}{I_{\mathrm{BASE}}} = \frac{3E_{\mathrm{BASE}}E_{\mathrm{BASE}}}{3E_{\mathrm{BASE}}I_{\mathrm{BASE}}} \quad (\text{分母・分子に }3E_{\mathrm{BASE}}\text{ を掛けた})$$

$$= \frac{(\sqrt{3}\,E_{\mathrm{BASE}})^2}{S_{\mathrm{BASE}}} = \frac{V_{\mathrm{BASE}}{}^2}{S_{\mathrm{BASE}}} \tag{9・10}$$

これで，関係式 $Z_{\mathrm{BASE}} = V_{\mathrm{BASE}}{}^2/S_{\mathrm{BASE}}$ が算出できた．この式は記憶しておくべき式であるが，自分で導き出せるようにしておいてほしい．

【3】 百分率インピーダンス（%Z）の算出

ここで与えられた Z〔Ω〕を百分率インピーダンス（%Z）に直すといくつになるかは，Z〔Ω〕が Z_{BASE}〔Ω〕の何%に相当するか計算すればよいので，次のように求められる．

$$\%Z = \frac{Z}{Z_{\mathrm{BASE}}} \times 100 \tag{9・11}$$

これをまとめて書くと

$$\%Z = \frac{Z}{Z_{\mathrm{BASE}}} \times 100 = \frac{Z}{\left(\dfrac{V_{\mathrm{BASE}}{}^2}{S_{\mathrm{BASE}}}\right)} \times 100 = \frac{100ZS_{\mathrm{BASE}}}{V_{\mathrm{BASE}}{}^2} \tag{9・12}$$

となる．この式は式（9・3）と式（9・4）から簡単に導き出せるので，記憶の必要はない．

3　短絡電流の求め方

与えられた Z が Z_{BASE}（基準インピーダンス）の何 % かを示すものが百分率インピーダンス（%Z）であったように，百分率インピーダンス（%Z）を用いて三相短絡電流を求める際の考え方は，三相短絡電流 I_{3s} が基準電流 I_{BASE} の何 % であるかを求めることである.

短絡が発生した際，故障相の相電圧が基準電圧 E_{BASE} であったとして，三相短絡電流 I_{3s} は，オームの法則より

$$I_{3s} = \frac{E_{\mathrm{BASE}}}{Z}$$

ここで，式（9·11）から，%Z $= Z/Z_{\mathrm{BASE}} \times 100$ なので

$$Z = \frac{\%Z}{100} Z_{\mathrm{BASE}} = \frac{\%Z}{100} \cdot \frac{E_{\mathrm{BASE}}}{I_{\mathrm{BASE}}}$$

$$\therefore \quad I_{3s} = \frac{E_{\mathrm{BASE}}}{Z} = \frac{E_{\mathrm{BASE}}}{\dfrac{\%Z}{100} \cdot \dfrac{E_{\mathrm{BASE}}}{I_{\mathrm{BASE}}}} = \frac{100}{\%Z} I_{\mathrm{BASE}} \tag{9·13}$$

すなわち，100 を %Z で割ると，三相短絡電流が基準電流 I_{BASE} の何倍であるかが直ちに算出できる.

たとえば，%Z $= 5$ % の場合，100 % の電圧を加えると

$$I_{3s} = \frac{100}{5} I_{\mathrm{BASE}} = 20 I_{\mathrm{BASE}}$$

つまり，基準電流の 20 倍の電流が流れることになる.

I_{BASE} を以下のように S_{BASE}, V_{BASE} で表す.

関係式（9·8）から，$S_{\mathrm{BASE}} = \sqrt{3}\, I_{\mathrm{BASE}} V_{\mathrm{BASE}}$ なので $\boldsymbol{I_{\mathrm{BASE}} = S_{\mathrm{BASE}}/\sqrt{3}\, V_{\mathrm{BASE}}}$.

したがって，三相短絡容量 S_{3s} は

$$S_{3s} = \sqrt{3}\, I_{3s} V_{\mathrm{BASE}} = \sqrt{3} \left(\frac{100}{\%Z} I_{\mathrm{BASE}} \right) V_{\mathrm{BASE}}$$

$$= \sqrt{3} \left(\frac{100}{\%Z} \cdot \frac{S_{\mathrm{BASE}}}{\sqrt{3}\, V_{\mathrm{BASE}}} \right) V_{\mathrm{BASE}} = \frac{100}{\%Z} S_{\mathrm{BASE}} \tag{9·14}$$

三相回路の線間短絡電流 I_{2s} は，図9·4 に示したとおり，三相短絡電流の $\sqrt{3}/2$ 倍であるから

$$I_{2s} = \frac{\sqrt{3}}{2} I_{3s} \tag{9·15}$$

4 百分率インピーダンス（%Z）の直並列

インピーダンスの直並列と同じであるが，同じ基準容量に統一換算してから計算を行う必要がある．百分率インピーダンス（%Z）は次に示すように容量に比例するので，たとえば $20\,\mathrm{kV \cdot A}$ で 3% であれば，$50\,\mathrm{kV \cdot A}$ に換算すると 2.5 倍の 7.5%（$3\% \times 50\,\mathrm{kV \cdot A}/20\,\mathrm{kV \cdot A} = 3 \times 2.5 = 7.5\%$）となる．

百分率インピーダンスは，電圧の異なる線路の場合においてもそのまま単純に加え合わせることができる．

Point 同じ基準容量に統一換算してから計算（%Z は容量に比例）

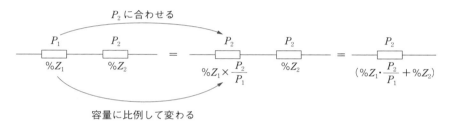

●図9・5

これについては，次のように考えることもできる．

$S_{1\mathrm{BASE}}$ で %Z_1 である Z は，式（9・12）%$Z = 100ZS_{1\mathrm{BASE}}/V_{\mathrm{BASE}}^2$ から

$$Z = \frac{\%Z_1 V_{\mathrm{BASE}}^2}{100 S_{1\mathrm{BASE}}}$$

これを $S_{2\mathrm{BASE}}$ に換算したとき，%Z_2 であるとすると

$$Z = \frac{\%Z_2 V_{\mathrm{BASE}}^2}{100 S_{2\mathrm{BASE}}}$$

したがって，もともとのオーム値である Z は，$S_{1\mathrm{BASE}}$ と $S_{2\mathrm{BASE}}$ のどちらを基準にしても不変なので

$$\frac{\%Z_1 V_{\mathrm{BASE}}^2}{100 S_{1\mathrm{BASE}}} = \frac{\%Z_2 V_{\mathrm{BASE}}^2}{100 S_{2\mathrm{BASE}}}$$

$$\therefore \quad \%Z_2 = \frac{S_{2\mathrm{BASE}}}{S_{1\mathrm{BASE}}} \%Z_1 = \frac{50\,\mathrm{kV \cdot A}}{20\,\mathrm{kV \cdot A}} \times 3\% = 7.5\%$$

5　電圧の異なる線路の場合のオーム法

　図 9·6 のように，電圧が異なる線路のインピーダンスは，百分率インピーダンスと異なりそのままで加え合わせることはできない（図中の r，x は低圧（V_2）側からみた値）．このため，図 9·7 のように，同じ電圧側へ換算する必要がある．変圧比を n とすると，換算の方法は次のとおりである（この面倒な換算をしなくてよいのが百分率インピーダンス法の便利さである）．

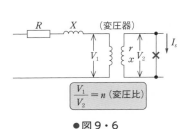

●図 9·6

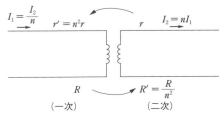

●図 9·7　電流・インピーダンスの換算のまとめ

1　高圧側から低圧側へ移す場合（小さくなる）

　高圧側の抵抗 R およびリアクタンス X を低圧側に移した値を，それぞれ R'，X' とすると

$$R' = \frac{R}{n^2} \qquad X' = \frac{X}{n^2}$$

たとえば，$n = 6\,300/210 = 30$，$R = 1\,\Omega$，$X = 2\,\Omega$ とすれば

$$R' = \frac{1}{30^2} = 1.11 \times 10^{-3}\,\Omega \qquad X' = \frac{2}{30^2} = 2.22 \times 10^{-3}\,\Omega$$

2　低圧側から高圧側へ移す場合（大きくなる）

　低圧側の抵抗 r およびリアクタンス x を高圧側に移した値を，それぞれ r'，x' とすると

$$r' = n^2 r \qquad x' = n^2 x$$

たとえば，$r = 1.11 \times 10^{-3}\,\Omega$，$x = 2.22 \times 10^{-3}\,\Omega$，$n = 30$ とすれば

$$r' = 30^2 \times 1.11 \times 10^{-3} = 0.999\,\Omega \qquad x' = 30^2 \times 2.22 \times 10^{-3} = 1.998\,\Omega$$

　（1），（2）を比べれば $r' = R = 1\,\Omega$，$x' = X = 2\,\Omega$ となるべきであるが，r，x を端数処理してあるので多少の違いが出たものである．

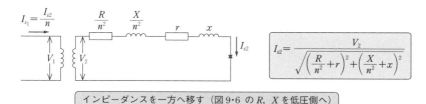

インピーダンスを一方へ移す（図 9·6 の R, X を低圧側へ）

●図 9·8

◤3◢ 短 絡 電 流

　低圧側に換算すると，R および X はそれぞれ R/n^2, X/n^2 となるので，インピーダンスは $\sqrt{(R/n^2+r)^2+(X/n^2+x)^2}$．したがって，短絡電流 I_{s2} は図 9·8 のように

$$I_{s2} = \frac{V_2}{\sqrt{(R/n^2+r)^2+(X/n^2+x)^2}} \ \text{[A]}$$

　高圧側の短絡電流は，I_{s2} を変圧比で除して I_{s2}/n から求まる．高圧側のみの短絡電流を求める場合は，最初から r, x を高圧側へ換算すればよい．その場合は

$$I_{s1} = \frac{V_1}{\sqrt{(R+n^2r)^2+(X+n^2x)^2}} \ \text{[A]} \tag{9·16}$$

I_{s1} と I_{s2} の間には，$I_{s1}=I_{s2}/n$, $I_{s2}=nI_{s1}$ の関係がある．

6 　単位法について

　電気的諸量を基準値に対するパーセントではなく，基準値を 1 としてそれに対する比率で表す方法を「単位法」「パーユニット法」「p.u. 法」という．

　%Z を単位法に換算すると，1 p.u. が 100 % なので

$$Z\text{[p.u.]} = \frac{\%Z}{100}$$

となる（例：%$Z=20$ % なら $\dfrac{20}{100}=0.2$ p.u.）．

　単位法と百分率インピーダンス法は，本質的には同じであるが，単位法で表された二つの数量の積は，そのまま表示された数値になるのに対し，百分率インピーダンス法では 100 で割らなければならない．

　すなわち，単位法では

$$P\text{[p.u.]} = V\text{[p.u.]} \cdot I\text{[p.u.]}$$

と 10^2 の係数で考える必要がないのに対し，百分率インピーダンス法では

$$P[\%] = \frac{V[\%]}{100} \cdot \frac{I[\%]}{100} \times 100$$

となり，計算が煩雑になるため，同期機を含む回路計算や複雑な連系系統などでは単位法が多く用いられている．

ただし，変圧器などの機器の銘板表記は百分率インピーダンスであること，また，電力系統における km 当たりのインピーダンス値などは単位法で表すと非常に小さな数値となる場合も多く，そのようなときは転記などのミスを少なくするため，百分率インピーダンスの値をよく使い，故障計算では百分率インピーダンス法がしばしば用いられる．

7　短絡電流抑制対策

短絡電流の抑制対策として以下に主なものをあげる．
① 発変電所の母線分割運用やループ系統から放射状系統への変更
② 高インピーダンス機器の採用
③ 限流リアクトルの設置
④ 直流連系の採用
⑤ 上位電圧系統導入による下位電圧系統の分割

問題❶ ✓✓✓　　　　　　　　　　　　　　　　　　H5　A-2

　　線間電圧 77 kV の送電系統において基準容量を 10 MV·A としたとき，100 Ω の抵抗の百分率インピーダンス（%Z）の値として，正しいのは次のうちどれか．
　　(1) 8.25　　(2) 10.31　　(3) 12.68　　(4) 14.53　　(5) 16.87

　　オームの法則である $Z_{\text{BASE}} = \dfrac{E_{\text{BASE}}}{I_{\text{BASE}}}$ から必要な式を導出できることが大事である．

解説
$$Z_{\text{BASE}} = \frac{E_{\text{BASE}}}{I_{\text{BASE}}} = \frac{3E_{\text{BASE}}{}^2}{3E_{\text{BASE}}I_{\text{BASE}}} = \frac{(\sqrt{3}\,E_{\text{BASE}})^2}{S_{\text{BASE}}}$$

$$= \frac{V_{\text{BASE}}{}^2}{S_{\text{BASE}}} = \frac{(77 \times 10^3)^2}{10 \times 10^6} = 592.9\,\Omega$$

$$\therefore \quad \%Z = \frac{Z}{Z_{\text{BASE}}} \times 100 = \frac{100}{592.9} \times 100 = \mathbf{16.87\,\%}$$

解答 ▶ (5)

問題2 ☑ ☑ ☑ H3 A-11

66 kV 1 回線送電線路の 1 線のインピーダンスが 11Ω，電流が 300 A のとき，百分率インピーダンス（%Z）の値として，正しいのは次のうちどれか．

(1) 2.17　　(2) 4.33　　(3) 5.00　　(4) 8.66　　(5) 15.0

$\%Z = \dfrac{Z}{Z_{\mathrm{BASE}}} \times 100$ を用いる．

解説 $Z_{\mathrm{BASE}} = \dfrac{E_{\mathrm{BASE}}}{I_{\mathrm{BASE}}} = \dfrac{(V_{\mathrm{BASE}}/\sqrt{3})}{I_{\mathrm{BASE}}} = \dfrac{V_{\mathrm{BASE}}}{\sqrt{3}\,I_{\mathrm{BASE}}} = \dfrac{66 \times 10^3}{\sqrt{3} \times 300} = 127.0\,\Omega$

∴　$\%Z = \dfrac{Z}{Z_{\mathrm{BASE}}} \times 100 = \dfrac{11}{127.0} \times 100 = \mathbf{8.66\,\%}$

解答 ▶ (4)

問題3 ☑ ☑ ☑ H15 A-10

線間電圧 V 〔V〕の三相 3 線式送電線で，負荷端から電源側をみた百分率インピーダンスを %Z とするとき，負荷端での三相短絡電流〔A〕を表す式として，正しいのは次のうちどれか．ただし，基準容量は P_n 〔V·A〕とする．

(1) $\dfrac{P_n}{\sqrt{3}\,V} \times \dfrac{100}{\%Z}$　　(2) $\dfrac{P_n}{3\,V} \times \dfrac{100}{\%Z}$　　(3) $\dfrac{P_n}{3\,V} \times \dfrac{\%Z}{100}$

(4) $\dfrac{P_n}{\sqrt{3}\,V} \times \dfrac{\%Z}{100}$　　(5) $\dfrac{P_n}{V} \times \dfrac{100}{\%Z}$

解説 式（9·13）より

$$I_{3s} = \frac{100}{\%Z} I_{\mathrm{BASE}}$$

$S_{\mathrm{BASE}} = \sqrt{3}\,I_{\mathrm{BASE}} V_{\mathrm{BASE}}$ より

$$I_{\mathrm{BASE}} = \frac{S_{\mathrm{BASE}}}{\sqrt{3}\,V_{\mathrm{BASE}}} = \frac{P_n}{\sqrt{3}\,V}$$ （題意より，$S_{\mathrm{BASE}} = P_n$，$V_{\mathrm{BASE}} = V$）

∴　$I_{3s} = \dfrac{P_n}{\sqrt{3}\,V} \cdot \dfrac{100}{\%Z}$

解答 ▶ (1)

問題4 ☑ ☑ ☑ H10 A-12

図のような送電系統の F 点において，三相短絡を生じたとき，F 点における短絡電流〔A〕の値として，正しいのは次のうちどれか．ただし，発電機の容量

は 10 000 kV・A，出力電圧は 11 kV，リアクタンスは自己容量ベースで 25 ％ である．また，変圧器容量は 10 000 kV・A，変圧比は 11 kV/33 kV，リアクタンスは自己容量ベースで 5 ％，送電線 TF 間のリアクタンスは 10 000 kV・A ベースで 10 ％ とする．

発電機　変圧器
T　10 %　F
10 000 kV・A　10 000 kV・A
25 %　5 %

　(1) 85　　(2) 194　　(3) 235　　(4) 337　　(5) 438

解説　与えられた百分率インピーダンスは，すべて 10 000 kV・A で統一されているので，求める短絡電流 I_F は

$$I_F = \frac{100}{25+5+10} \cdot I_{\text{BASE}} = 2.5 I_{\text{BASE}}$$

ここで，$I_{\text{BASE}} = \dfrac{S_{\text{BASE}}}{\sqrt{3}\,V_{\text{BASE}}} = \dfrac{10\,000 \times 10^3}{\sqrt{3} \times 33 \times 10^3} = 175\,\text{A}$

∴　$I_F = 2.5 \times 175 = 437.5 ≒ \mathbf{438\,A}$

解答 ▶ (5)

問題5 ☑ ☑ ☑

　一次側 6 600 V，二次側 200 V の三相電路で容量 50 kV・A，百分率インピーダンス 5 ％ の変圧器 2 台を ∨ 結線にしたとき，図のように低圧側 2 線間が短絡した場合の低圧側の短絡電流〔A〕はいくらか．正しい値を次のうちから選べ．

　(1) 1 200　　(2) 1 500　　(3) 1 800　　(4) 2 000　　(5) 2 500

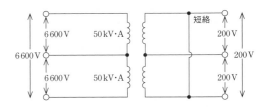

解説　∨ 結線の場合の例．外線間で短絡しているので，解図のように 2 台の単相変圧器のインピーダンスが直列になるので，合成百分率インピーダンスは $2 \cdot \%Z$

基準電流 $I_{\text{BASE}} = \dfrac{50 \times 10^3}{200} = 250\,\text{A}$

よって，短絡電流 I_s は

$$I_s = \frac{100}{2 \cdot \%Z} I_{\text{BASE}} = \frac{100}{2 \times 5} \times 250 = \mathbf{2\,500\,A}$$

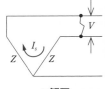

●解図

> **☞Point** V結線は 2 台の単相変圧器からなり，与えられている容量は単相変圧器のもの
> であり，かつ，定格電圧も線間電圧で与えられているため，$S_{\text{BASE}} = V_{\text{BASE}} \cdot I_{\text{BASE}}$
> である（$S_{\text{BASE}} = \sqrt{3}\, V_{\text{BASE}} I_{\text{BASE}}$ ではない，**補足** 参照）．

解答 ▶ （5）

補足 問題 5 の ∨ 結線された 2 台の変圧器をセットとして考えて，三相変圧器 1 台と考えた場合，銘板の定格容量はいくつになるだろうか．
式（8・37）と式（8・38）より

$$S_{\text{BASE}} = 86.6\,\text{kVA} \quad \left(= 2 \times 50 \times \frac{\sqrt{3}}{2} = 50 \times \sqrt{3} \right)$$

となる．
この場合，三相変圧器と考えているので，三相の基本式 $S_{\text{BASE}} = \sqrt{3}\, I_{\text{BASE}} V_{\text{BASE}}$ より

$$I_{\text{BASE}} = \frac{S_{\text{BASE}}}{\sqrt{3}\, V_{\text{BASE}}} = \frac{86.6 \times 10^3}{\sqrt{3} \times 200} = 250\,\text{A}$$

と求めることもできる．
ただし，∨ 結線の場合は解答のように単相変圧器 2 台として考えるのが一般的である．

補足 二次側の基準インピーダンス Z_{2BASE} は

$$Z_{\text{2BASE}} = \frac{V_{\text{2BASE}}{}^2}{S_{\text{BASE}}} = \frac{200^2}{50 \times 10^3} = 0.8\,\Omega$$

この変圧器 1 台の二次側換算のインピーダンスは

$$Z_2 = \frac{5}{100} Z_{\text{2BASE}} = 0.04\,\Omega$$

よって，求める短絡電流 I_{2s} は

$$I_{2s} = \frac{V_2}{2Z_2} = \frac{200}{2 \times 0.04} = 2\,500\,\text{A}$$

このとき，一次側の短絡電流 I_{1s} を求めると

$$I_{1s} = \frac{200}{6\,600} I_{2s} = \frac{200}{6\,600} \times 2\,500 = 75.76\,\text{A}$$

また，一次側の基準インピーダンス Z_{1BASE} は

$$Z_{\text{1BASE}} = \frac{V_{\text{1BASE}}{}^2}{S_{\text{BASE}}} = \frac{6\,600^2}{50 \times 10^3} = 871.2\,\Omega$$

よって，一次側換算のインピーダンスを求めると

$$Z_1 = \frac{5}{100} Z_{\text{1BASE}} = 43.56\,\Omega$$

したがって，一次側の短絡電流 I_{1s} を計算すると

$$I_{1s} = \frac{V_1}{2Z_1} = \frac{6\,600}{2 \times 43.56} = 75.76\,\text{A}$$

となる．すなわちオーム法で求めた値と，百分率インピーダンス法で求めた値は一致する．

問題6

図のような $66\,\text{kV}/6.6\,\text{kV}$, $20\,000\,\text{kV·}$
A の三相変圧器のある配電用変電所から引
き出された，こう長 $3\,\text{km}$ の三相 3 線式 1
回線の配電線路がある．この配電線路の末

電源　　　　変圧器
（G）　　　　　　　　　　配電線路
　　　　　　　　　　　　　　　$3\,\text{km}$

端の三相短絡電流値〔A〕として，正しいのは次のうちどれか．ただし，変圧器
のリアクタンスは配電線路 1 相当たり $0.4\,\Omega$，配電線路の電線 1 条当たりの抵抗
およびリアクタンスはいずれも $0.3\,\Omega/\text{km}$ とし，その他の定数は無視する．また，
短絡時前の配電線の線間電圧は $6.6\,\text{kV}$ とする．

(1) $1\,730$　　(2) $2\,410$　　(3) $3\,000$　　(4) $5\,000$　　(5) $7\,230$

解説　電線 1 条当たりの抵抗とリアクタンスをそれぞれ R〔Ω〕，X〔Ω〕とすると
$$R = X = 0.3\,\Omega/\text{km} \times 3\,\text{km} = 0.9\,\Omega$$

回路の全インピーダンス Z は，変圧器 1 相分のリアクタンス X_T〔Ω〕を加え
$$\dot{Z} = R + j(X_T + X) = 0.9 + j(0.4 + 0.9) = 0.9 + j1.3\ [\Omega]$$

したがって，短絡電流 I_s は
$$I_s = \frac{E}{|\dot{Z}|} = \frac{V/\sqrt{3}}{\sqrt{R^2 + (X_T + X)^2}}$$
$$= \frac{6.6 \times 10^3 / \sqrt{3}}{\sqrt{0.9^2 + 1.3^2}} = \boldsymbol{2410\,\text{A}}$$

解答 ▶ (2)

問題7

図のように，変電所から $6\,\text{km}$ の箇所にお
いて $6\,\text{kV}$ 配電線路に接続する定格容量
$10\,\text{kV·A}$ の単相柱上変圧器がある．この変
圧器の低圧側の端子付近で短絡を生じたとき

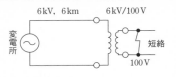

$6\,\text{kV},\ 6\,\text{km}$　　　$6\,\text{kV}/100\,\text{V}$
変電所　　　　　　　　　　　短絡
　　　　　　　　　　　　　$100\,\text{V}$

の低圧側の短絡電流〔A〕として，正しい値を次のうちから選べ．ただし，$6\,\text{kV}$
配電線路の電線 1 条当たりの抵抗およびリアクタンスは，それぞれ $0.8\,\Omega/\text{km}$ お
よび $0.3\,\Omega/\text{km}$，変圧器は $6\,\text{kV}/100\,\text{V}$，その百分率抵抗およびリアクタンスは定
格容量基準でそれぞれ $1.7\,\%$ および $2.5\,\%$ とし，その他インピーダンスは無視す
るものとする．また，短絡前の低圧側の端子電圧は $100\,\text{V}$ とする．

(1) $1\,820$　　(2) $2\,060$　　(3) $2\,430$　　(4) $2\,850$　　(5) $3\,070$

配電線路往復の抵抗 R およびリアクタンス X は（単相回路の場合，往復線路
のインピーダンスを考えるので）

$$R = 0.8 \times 6 \times 2 = 9.6\,\Omega \qquad X = 0.3 \times 6 \times 2 = 3.6\,\Omega$$

6 kV 側に換算した変圧器の抵抗 R_T およびリアクタンス X_T は

$$R_T = \frac{6\,000^2 \times 1.7}{100 \times 10 \times 10^3} = 61.2\,\Omega \qquad X_T = 90\,\Omega$$

高圧側に換算した短絡電流 I_{s1} は（解図参照）

$$I_{s1} = \frac{6\,000}{\sqrt{(9.6+61.2)^2 + (3.6+90)^2}} = 51.12\,\mathrm{A}$$

したがって，低圧側の短絡電流 I_{s2} は

$$I_{s2} = 51.12 \times \frac{6\,000}{100} = 3\,067 \fallingdotseq \mathbf{3\,070\,A}$$

R, X, R_T, X_T を低圧側に換算して短絡電流を求めてもよい．その場合は $R' = R/60^2 = 2.67 \times 10^{-3}\,\Omega, X' = 1 \times 10^{-3}\,\Omega, R_T' = 17 \times 10^{-3}\,\Omega, X_T' = 25 \times 10^{-3}\,\Omega, V_2 = 100\,\mathrm{V}$ となる．

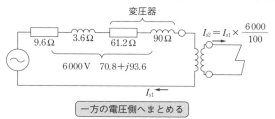

● 解図

解答 ▶ （5）

問題8 ✓ ✓ ✓

　配電用変電所の三相変圧器が軽負荷のとき，母線につながれた高圧配電線の一つが，変電所から 2 km の地点で三相短絡を生じた．短絡前に 6.9 kV に保たれていた母線電圧〔V〕は，この瞬間いくらに下がるか．ただし，高圧側からみた変圧器の 1 相当たりのインピーダンスは $j0.36\,\Omega$，事故幹線の 1 線当たりのインピーダンスは $(0.35+j0.37)$〔Ω/km〕とし，その他のインピーダンスは無視するものとする．

　(1) 3 810　　(2) 3 980　　(3) 4 230　　(4) 4 980　　(5) 5 400

 $R = 2 \times 0.35 = 0.7\,\Omega,\ X = 0.36 + 2 \times 0.37 = 0.36 + 0.74 = 1.1\,\Omega,$

$$Z = \sqrt{0.7^2 + 1.1^2} = 1.3\,\Omega,\ I_s = \frac{\dfrac{6\,900}{\sqrt{3}}}{1.3} = 3\,064\,\mathrm{A},\ 母線電圧は I_s と母線から$$

短絡点までのインピーダンスの積の $\sqrt{3}$ 倍（線間電圧にする）で

$$V_s = \sqrt{3} \times 3\,064 \times \sqrt{0.7^2 + 0.74^2} = 5\,405 \fallingdotseq \mathbf{5\,400\,V}$$

解答 ▶ (5)

問題9 ✓ ✓ ✓ H16 A-16

　図のように，定格電圧 66 kV の電源から三相変圧器を介して二次側に遮断器が接続された系統がある．この三相変圧器は定格容量 10 MV・A，変圧比 66/6.6 kV，百分率インピーダンスが自己容量基準で 7.5 % である．変圧器一次側から電源側をみた百分率インピーダンスを基準容量 100 MV・A で 5 % とするとき，次の (a) および (b) に答えよ．

(a) 基準容量を 10 MV・A として，変圧器二次側から電源側をみた百分率インピーダンス〔%〕の値として，正しいのは次のうちどれか．

　(1) 2.5　　(2) 5.0　　(3) 7.0　　(4) 8.0　　(5) 12.5

(b) 図の A 点で三相短絡事故が発生したとき，事故電流を遮断できる遮断器の定格遮断電流〔kA〕の最小値として，正しいのは次のうちどれか．ただし，変圧器二次側から A 点までのインピーダンスは無視するものとする．

　(1) 8　　(2) 12.5　　(3) 16　　(4) 20　　(5) 25

基準容量の換算統一を忘れずに行うこと．

$$\%Z_1 : \%Z_2 = S_{1\text{BASE}} : S_{2\text{BASE}}$$

$$\therefore \quad \%Z_2 \cdot S_{1\text{BASE}} = S_{2\text{BASE}} \cdot \%Z_1$$

$$\therefore \quad \%Z_2 = \frac{S_{2\text{BASE}}}{S_{1\text{BASE}}} \cdot \%Z_1$$

解説 (a) $\%Z = \dfrac{Z}{Z_{\text{BASE}}} \times 100$, $Z_{\text{BASE}} = \dfrac{E_{\text{BASE}}}{I_{\text{BASE}}} = \dfrac{V_{\text{BASE}}^2}{S_{\text{BASE}}}$ （式 (9・10) より）

$$\therefore \quad \%Z = \frac{Z}{\left(\dfrac{V_{\text{BASE}}^2}{S_{\text{BASE}}}\right)} \times 100 = \frac{S_{\text{BASE}}}{V_{\text{BASE}}^2} \cdot Z \times 100$$

　$V_{\text{BASE}} = V$ なので，$\%Z$ は S_{BASE} に比例する．よって，基準容量 100 MV・A で 5 % の百分率インピーダンスを基準容量 10 MV・A に換算すると

$$5\,\% \times \frac{10}{100} = 0.5\,\%$$

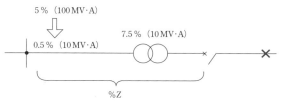

● 解図

したがって，求める %Z は

$$\%Z = 0.5 + 7.5 = \mathbf{8.0\,\%}$$

(b) $I_{3s} = \dfrac{100}{\%Z} \times I_{\mathrm{BASE}}$, $I_{\mathrm{BASE}} = \dfrac{S_{\mathrm{BASE}}}{\sqrt{3}\,V_{\mathrm{BASE}}} = \dfrac{10 \times 10^{6}}{\sqrt{3} \times 6.6 \times 10^{3}} = 874.77\,\mathrm{A}$

$$I_{3s} = \frac{100}{8.0} \times 874.77 = 10\,934.6\,\mathrm{A} = 10.935\,\mathrm{kA}$$

よって求める定格遮断電流の最小値は，I_{3s} のすぐ上の **12.5 kA** となる．

解答 ▶ (a)‑(4)，(b)‑(2)

問題⑩ ☑ ☑ ☑　　　　　　　　　　　　　　　　　　H18　A‑17

　図のような系統において，遮断器の設置場所からみた百分率インピーダンスとして，正しいのは次のうちどれか．

(1) 6　　　(2) 9　　　(3) 12　　　(4) 14　　　(5) 16

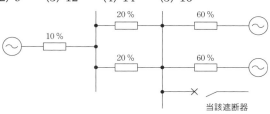

当該遮断器

解説　与えられた系統の百分率インピーダンスを合成整理すると解図のように，20 % と 30 % のインピーダンスが並列接続されたものになるので，求める CB 設置点からみた合成百分率インピーダンス，%Z は

$$\%Z = \frac{20 \times 30}{20 + 30} = \frac{600}{50} = \mathbf{12\,\%}$$

となる．

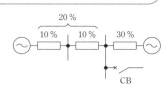

● 解図

解答 ▶ (3)

地絡故障計算

[★★]

　地絡とは，線路が断線や樹木接触などにより大地とつながることで，これによって大地に電流(地絡電流)が流れることである．地絡電流は接地方式によって異なる．

1 接地式

　送電線路の中性点は，抵抗などを通じて接地するのが一般的である．図9・9のような，中性点を抵抗 R 〔Ω〕で接地した線路の一線地絡電流は，対地静電容量を考えない場合は

$$I_g = \frac{V/\sqrt{3}}{R+R_g} \ \text{〔A〕} \tag{9・17}$$

として求まる．

　なお，消弧リアクトル式については，7-5 節中性点接地方式の ③ 消弧リアクトルのインダクタンスの項を参照．

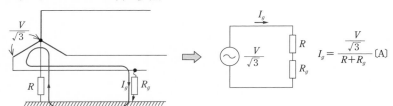

$$I_g = \frac{\dfrac{V}{\sqrt{3}}}{R+R_g}\text{〔A〕}$$

●図9・9

2 非接地式

　高圧配電線路はこの方式で，一線地絡事故が発生すると，対地静電容量を通じて，図9・10に示すように，地絡点に地絡電流 I_g が流れる．

　このときの I_g は，テブナンの定理により次のように求めることができる．

　テブナンの定理は，「どのような複雑な回路であっても，図9・11（b）の一点鎖線で囲まれた部分に示すような内部インピーダンス Z

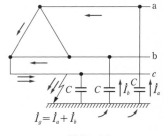

$$\dot{I}_g = \dot{I}_a + \dot{I}_b$$

●図9・10

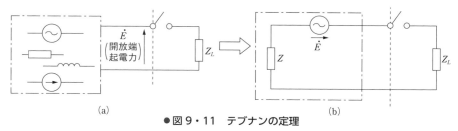

(a)　　　　　　　　　　　　　　　　　(b)

●図9・11　テブナンの定理

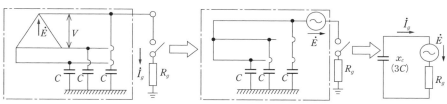

●図9・12

をもつ単一の電源回路に変換できる」と解釈できる．ここで，内部インピーダンス Z を求める際，**一点鎖線部内にある電圧源については短絡し除去して考える**．

図9・12の地絡故障発生時の等価回路にテブナンの定理を適用する．

一点鎖線部内の内部インピーダンスは電源をすべて短絡した場合の3線一括の容量リアクタンスとなる．3線一括の容量リアクタンスを x_c 〔Ω〕とすると

$$x_c = \frac{1}{\omega(3C)} = \frac{1}{3\omega C} \;\;〔Ω〕\;\;\;(\omega = 2\pi f,\; f : 周波数)$$

また，開放端起電力は，地絡発生前の対地電圧であるので

$$E = \frac{V}{\sqrt{3}}\;〔V〕$$

となり，I_g は対地電圧 E 〔V〕を地絡抵抗 R_g 〔Ω〕と x_c 〔Ω〕の直列インピーダンスで割ることにより求められる．すなわち

$$I_g = \frac{E}{\sqrt{R_g{}^2 + x_c{}^2}} = \frac{E}{\sqrt{R_g{}^2 + \left(\dfrac{1}{3\omega C}\right)^2}}\;〔A〕 \tag{9・18}$$

とくに $R_g = 0$（完全地絡）の場合は

$$I_g = \frac{E}{\sqrt{\left(\dfrac{1}{3\omega C}\right)^2}} = 3\omega C E\;〔A〕 \tag{9・19}$$

または，$E = \dfrac{V}{\sqrt{3}}$ より式（9・19）は次のようにもかける．

$$I_g = 3\omega CE = 3\omega C \cdot \dfrac{V}{\sqrt{3}} = \sqrt{3}\,\omega CV \tag{9・20}$$

> **参考**　**ベクトル図による I_g の求め方と等価回路の考え方**
>
> 　一線地絡電流を求める等価回路が図 9・12 でよいことは，次のように考えることもできる（図 9・13 は図 9・12 で $R_g = 0$（完全地絡）の場合である）．
>
>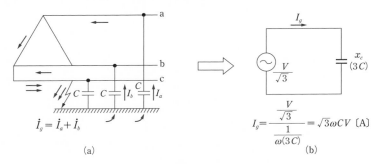
>
> ●図 9・13
>
> 　図 9・13（a）のように c 相で一線地絡が起きると，c 相の対地静電容量は短絡されるので，地絡電流 $\dot{I}_g$ は，a，b 相の対地電圧によって流れる $\dot{I}_a$，$\dot{I}_b$ の和 $\dot{I}_g = \dot{I}_a + \dot{I}_b$ となる．図 9・14 のように c 相の地絡によって，a 相の対地電圧 $\dot{E}_a$ は $\overrightarrow{\mathrm{ca}}$（線間電圧 $\dot{V}_{ac}$）となり，この電圧によってこれより 90° 進んだ $\dot{I}_a$ が流れる．同様に b 相電圧は $\overrightarrow{\mathrm{cb}}$ となり，これより 90° 進んだ $\dot{I}_b$ が流れる．これらのベクトル和 $\dot{I}_g$ の大きさは $\dot{I}_a$（または $\dot{I}_b$）の大きさの $\sqrt{3}$ 倍である．1 線当たりの容量リアクタンスを x〔Ω〕とすれば，$x = 1/\omega C$ で
>
> $$I_g = \sqrt{3}\,I_a = \sqrt{3} \times \dfrac{V}{x} = \dfrac{\sqrt{3}\,V}{1/\omega C} = \sqrt{3}\,\omega CV$$
>
> となり，式（9・20）と一致する．
>
>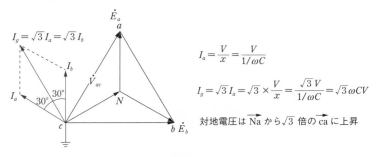
>
> ●図 9・14

3　高圧需要家用地絡保護装置の不必要動作

　高圧配電線に一線地絡事故が発生すると，配電線路の対地静電容量を通じて，図 9·15 に示すように地絡点に地絡電流が流れる．この場合，図 9·16 に示すように高圧需要家構内の対地静電容量 C_2（3 線一括）を通じても I_{g2} という地絡電流が供給される．このとき，I_{g2} の大きさが構内に設けた地絡継電器の動作設定電流を超えると，需要家の継電器が動作し，遮断器で遮断されることになる．これは，需要家構内に事故はないので，需要家にとっては不必要な遮断器の動作であり，これを地絡保護装置の**不必要動作**という．

　構内の地絡電流 I_{g2} は，構内の全対地静電容量を C_2〔F〕，線間電圧を V〔V〕とすれば，図 9·16 から

$$I_{g2} = \frac{V}{\sqrt{3}} \div \frac{1}{\omega C_2} = \frac{\omega C_2 V}{\sqrt{3}} \ \text{[A]} \tag{9·21}$$

で計算できる．

　I_{g2} は，構内で静電容量の大きい電力ケーブルを使用する場合以外は問題となることはない．したがって，電力ケーブルを使用する場合は，あらかじめ不必要動作するかどうかを検討して，そのおそれがある場合は，地絡継電器の動作電流を I_{g2} より大きくするなどの対策をとることが必要である．

構外事故であるから需要家 CB は遮断動作は不要であるが，I_{g2} が大きい（C_2 が大）と動作（不必要動作）することがある

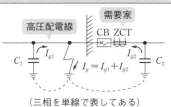

●図 9・15　不必要動作

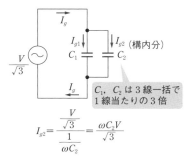

$$I_{g2} = \frac{\dfrac{V}{\sqrt{3}}}{\dfrac{1}{\omega C_2}} = \frac{\omega C_2 V}{\sqrt{3}}$$

V：線間電圧

●図 9・16　一線地絡回路

問題⓫　✓　✓　✓

　1 線当たりの静電容量を $0.02\,\mu\text{F/km}$，こう長 $50\,\text{km}$，$60\,\text{Hz}$，$6.6\,\text{kV}$ の三相 3 線式線路の一線地絡電流〔A〕として，正しいものはどれか．

　　(1) 2.5　　　(2) 2.7　　　(3) 3.9　　　(4) 4.3　　　(5) 4.5

$I_g = \sqrt{3}\,\omega CV = \sqrt{3}\,(2\pi f)\,CV$ を用いる.

$$\sqrt{3} \times 2\pi \times 60 \times 50 \times 0.02 \times 10^{-6} \times 6\,600 \fallingdotseq \mathbf{4.3\,A}$$

解答 ▶ (4)

問題⑫　✓✓✓

　高圧需要家内に設置された非方向性の地絡継電器が, 200 mA タップで整定されている. 供給配線で一線地絡事故（地絡抵抗 = 0 Ω）が生じたとき, この地絡継電器が不必要動作（配電線の事故で動作すること）しないためには, 需要家内のケーブルのこう長は何 m 未満でなければならないか, 正しい値を次のうちから選べ. ただし, 受電電圧は 6 600 V, 周波数は 60 Hz で, また, 需要家内ケーブルは 38 mm^2 の CV ケーブルで, 3 心一括の静電容量は 0.99 μF/km とし, なお, その他のインピーダンスは無視するものとする.

　(1) 110　　(2) 120　　(3) 130　　(4) 140　　(5) 150

 式（9・20）において, 3 線一括の対地静電容量を C とすると, $3C \rightarrow C$ と置き直すことから $C \rightarrow 1/3C$ となる.

$$I_g = 3\omega CE = \sqrt{3}\,\omega CV$$

なので

$$I_g = \omega CE = \sqrt{3}\,\omega\frac{1}{3}CV = \frac{1}{\sqrt{3}}\omega CV = \frac{2\pi fCV}{\sqrt{3}}$$

解説 非方向性地絡継電器は, 電流の向きに関係なく, 大きさだけで動作する. 高圧需要家では故障配線を選択する必要がないので, 一般に使用されている.

　地絡継電器が不必要動作しないためには, 需要家内のケーブルによる地絡電流が地絡継電器の整定値以内であればよい. CV ケーブルの 3 線一括の対地静電容量を C〔F〕, 線間電圧を V〔V〕とすれば, 地絡電流 I は式（9・20）から

$$I = \frac{V/\sqrt{3}}{1/2\pi fC} = \frac{2\pi fCV}{\sqrt{3}}\ \text{〔A〕}$$

ここで, $I = 200\,\text{mA} = 200 \times 10^{-3}\,\text{A}$, $f = 60\,\text{Hz}$（周波数）, $V = 6\,600\,\text{V}$ であるから

$$200 \times 10^{-3} = (2\pi \times 60 \times C \times 6\,600)/\sqrt{3}$$

$$\therefore\ C = 0.139 \times 10^{-6}\,\text{F} = 0.139\,\mu\text{F}$$

対地静電容量は 1 km 当たり 0.99 μF であるから, 求めるこう長 l は

$$l = 0.139 \div 0.99 = 0.1404\,\text{km} = \mathbf{140\,m}$$

解答 ▶ (4)

練習問題

■ 1 (H20 A-8)

一次電圧 66 kV，二次電圧 6.6 kV，容量 80 MV・A の三相変圧器がある．一次側に換算した誘導性リアクタンスの値が 4.5 Ω のとき，百分率リアクタンスの値〔%〕として，最も近いのは次のうちどれか．

(1) 2.8 　(2) 4.8 　(3) 8.3 　(4) 14.3 　(5) 24.8

■ 2 (H21 B-16)

百分率インピーダンス法により三相 3 線式送電線の三相短絡電流を求める場合の計算式として，正しいのは次のうちどれか．ただし S_{BASE} は基準容量〔VA〕，E_{BASE} は基準相電圧〔V〕，%Z は事故点から電源までの百分率インピーダンス〔%〕とする．

(1) $\dfrac{S_{\mathrm{BASE}}}{\sqrt{3}\,E_{\mathrm{BASE}}}\times\dfrac{100}{\%Z}$ 　(2) $\dfrac{S_{\mathrm{BASE}}}{3E_{\mathrm{BASE}}}\times\dfrac{100}{\%Z}$ 　(3) $\dfrac{S_{\mathrm{BASE}}}{E_{\mathrm{BASE}}}\times\dfrac{100}{\%Z}$

(4) $\dfrac{S_{\mathrm{BASE}}}{3E_{\mathrm{BASE}}}\times\dfrac{\%Z}{100}$ 　(5) $\dfrac{3S_{\mathrm{BASE}}}{E_{\mathrm{BASE}}}\times\dfrac{100}{\%Z}$

■ 3 (H21 B-16)

図のような交流三相 3 線式の系統がある．各系統の基準容量と基準容量をベースにした百分率インピーダンスが図に示された値であるとき，次の (a) および (b) に答えよ．

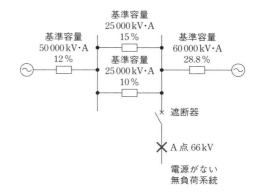

(a) 系統全体の基準容量を 50 000 kV・A に統一した場合，遮断器の設置場所からみた合成百分率インピーダンス〔%〕の値として，正しいのは次のうちどれか．

(1) 4.8 　(2) 12 　(3) 22 　(4) 30 　(5) 48

(b) 遮断器の投入後，A 点で三相短絡事故が発生した．三相短絡電流〔A〕の値として，最も近いのは次のうちどれか．ただし，線間電圧は 66 kV とし，遮断器から A 点までのインピーダンスは無視するものとする．

(1) 842 　(2) 911 　(3) 1 458 　(4) 2 104 　(5) 3 645

■ 4

図のような系統において，F 点で三相短絡事故が発生した場合，変圧器の一次側（15 kV 側）の短絡電流の大きさ〔A〕として，正しいのは次のうちどれか．

(1) 83 　(2) 144 　(3) 192 　(4) 250 　(5) 300

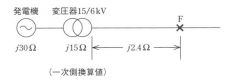

（一次側換算値）

■ **5**　(H23　B-16)

変電所に設置された一次電圧 66 kV，二次電圧 22 kV，容量 50 MV・A の三相変圧器に，22 kV の無負荷の線路が接続されている．その線路が，変電所から負荷側 500 m の地点で三相短絡を生じた．三相変圧器の結線は，一次側と二次側が Ｙ-Ｙ 結線となっている．ただし，一次側からみた変圧器の 1 相当たりの抵抗は 0.018Ω，リアクタンスは 8.73 Ω，故障が発生した線路の 1 線当たりのインピーダンスは (0.20+j0.48)〔Ω/km〕とし，変圧器一次電圧側の線路インピーダンスおよびその他の値は無視するものとする．次の (a) および (b) の問に答えよ．

- (a)　短絡電流〔kA〕の値として，最も近いものを次の (1) 〜 (5) のうちから一つ選べ．
  - (1)　0.83　　　(2)　1.30　　　(3)　1.42　　　(4)　4.00　　　(5)　10.5
- (b)　短絡前に，22 kV に保たれていた三相変圧器の母線の線間電圧は，三相短絡故障したとき，何〔kV〕に低下するか．電圧〔kV〕の値として，最も近いものを次の (1) 〜 (5) のうちから一つ選べ．
  - (1)　2.72　　　(2)　4.71　　　(3)　10.1　　　(4)　14.2　　　(5)　17.3

■ **6**　(H4　B-16，R4　B-16)

定格容量 80 MV・A，一次側定格電圧 33 kV，二次側定格電圧 11 kV，百分率インピーダンス 18.3％（定格容量ベース）の三相変圧器 T_A がある．三相変圧器 T_A の一次側は 33 kV の電源に接続され，二次側は負荷のみが接続されている．電源の百分率内部インピーダンスは 1.5％（系統基準容量 80 MV・A ベース）とする．なお，抵抗分およびその他の定数は無視する．次の (a) および (b) に答えよ．

- (a)　将来の負荷変動等は考えないものとすると，変圧器 T_A の二次側に設置する遮断器の定格遮断電流の値〔kA〕として，最も適切なものは次のうちどれか．
  - (1)　5　　　(2)　8　　　(3)　12.5　　　(4)　20　　　(5)　25
- (b)　定格容量 50 MV・A，百分率インピーダンスが 12.0％ の三相変圧器 T_B を三相変圧器 T_A と並列に接続した．40 MW の負荷をかけて運転した場合，三相変圧器 T_A の負荷分担〔MW〕の値として，正しいのは次のうちどれか．ただし，三相変圧器群 T_A と T_B にはこの負荷のみが接続されているものとし，抵抗分およびその他の定数は無視する．
  - (1)　15.8　　　(2)　19.5　　　(3)　20.5　　　(4)　24.2　　　(5)　24.6

■ **7**　(H14　B-12)

容量 50 kVA，一次側および二次側の定格電圧がそれぞれ 3.64 kV および 200 V，短

絡インピーダンス（百分率インピーダンス降下）5％の単相変圧器3台を，図 9・29 のように一次側 $\curlyvee$，二次側 $\triangle$ に結線している．この変圧器群の一次側に 6.3 kV の三相交流電源を接続して，二次側に接続された 120 kW の平衡した三相抵抗負荷に電力を供給しているとき，次の（a）および（b）に答えよ．ただし，変圧器の損失は無視するものとする．

(a) この単相変圧器の一次側巻線に流れている電流〔A〕の値として，最も近いのは次のうちどれか．

　(1) 6.3　　(2) 11　　(3) 19　　(4) 33　　(5) 200

(b) 負荷が接続されている端子で三相短絡が発生したとき，短絡点に流れる短絡電流〔kA〕の値として，最も近いのは次のうちどれか．

　(1) 2.9　　(2) 5.0　　(3) 7.1　　(4) 8.7　　(5) 15

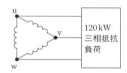

■ **8**　(H2 A-15)

三相高圧配電線に図のように接続された2台の変圧器の低圧側端子付近で，a，c 線間の短絡事故が発生した．このときの低圧側の短絡電流の値を次のうちから選べ．ただし，各変圧器の低圧側からみた内部インピーダンスは Z とする．

(1) $\dfrac{V_2}{2Z}$　　(2) $\dfrac{V_2}{\sqrt{3}\,Z}$　　(3) $\dfrac{V_2}{Z}$

(4) $\dfrac{\sqrt{3}\,V_2}{Z}$　　(5) $\dfrac{2V_2}{Z}$

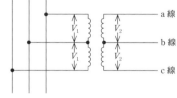

■ **9**　(H18 A-17)

高圧受電設備のフィーダで短絡事故が発生し，CT の一次側に短絡電流 1 200 A が流れた．CT の変流比が 300/5 A のとき，OCR は何秒で動作するか．正しい値を次のうちから選べ．

ただし，OCR の電流タップは 4 A，レバーは 2 に整定されているものとし，OCR のレバー 10 における限時特性は，図のとおりとする．

　(1) 0.6　　(2) 0.8　　(3) 1.0

　(4) 1.2　　(5) 1.4

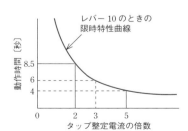

■ 10 (H18 A-17)

図1のような系統において，昇圧用変圧器の容量は 30 MV·A，変圧比は 11 kV/33 kV，百分率インピーダンスは自己容量基準で 7.8 ％，計器用変流器 (CT) の変流比は 400 A/5 A である．系統の点 F において，三相短絡事故が発生し，1 800 A の短絡電流が流れたとき，次の (a) および (b) に答えよ．ただし，CT の磁気飽和は考慮しないものとする．

●図1

(a) 系統の基準容量を 10 MV·A としたとき，事故点 F から電源側をみた百分率インピーダンス 〔％〕の値として，最も近いのは次のうちどれか．

(1) 5.6　　(2) 9.7　　(3) 12.3　　(4) 29.2　　(5) 37.0

(b) 過電流継電器 (OCR) を 0.09 s で動作させるには，OCR の電流タップ値を何アンペアの位置に整定すればよいか，正しい値を次のうちから選べ．ただし，OCR のタイムレバー位置は 3 に整定されており，タイムレバー位置 10 における限時特性は図2のとおりである．

(1) 3.0 A　　(2) 3.5 A　　(3) 4.0 A
(4) 4.5 A　　(5) 5.0 A

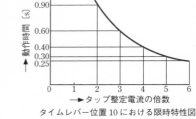

タイムレバー位置 10 における限時特性図

●図2

■ 11 (H4 B-24)

高圧需要家が非方向性地絡継電装置により地絡保護をしようとする場合，配電線路側の一線地絡事故により不必要動作しないようにするためには，地絡継電装置の動作電流を少なくとも何 〔mA〕以上に整定しなければならないか．正しい値を次のうちから選べ．ただし，受電電圧は 6 600 V，周波数は 50 Hz で，需要家構内には 3 心一括の静電容量が 0.99 μF/km の高圧ケーブルが 100 m 布設されているものとし，その他のインピーダンスは無視するものとする．

(1) 100　　(2) 200　　(3) 300　　(4) 400　　(5) 600

Chapter

10

地中電線路

学習のポイント

　地中電線路は，電力系統の中で重要な役割を果たしているもので，今後も毎年数問出題されることが予想される分野である．

　地中電線路は主として電力ケーブルと，電力ケーブルを収容する管路から構成されている．したがって，出題内容も比較的範囲は限られている．とくに，布設方法に関する問題は繰り返し出題されており，最も重要である．したがって，直接埋設式，管路式および暗きょ式のそれぞれの布設方法の内容や得失などについて十分な理解が必要である．

　電力ケーブルについては，ケーブルの種類と特徴，とくに CV ケーブルについて性能をつかむとともに，誘電体損・シース損といったケーブル特有の損失に関すること，増大する需要に対する送電容量増大対策の一つとして，ケーブルを強制冷却させて許容電流を上げる方策がとられていることなども併せて理解が必要である．

　以上のほか，地中電線路は架空電線路と異なり，目視によって不良箇所を発見することは困難であり，そのため独特の故障点探査法が考案されていること，地中電線路の特徴なども重要である．

地中電線路の構成と特徴

[★★]

　地中電線路は，電力ケーブルを地中に埋設して電力を供給する方式である．したがって，図 10・1 に示すように，**電力ケーブル**，電力ケーブルを収める**管路**，電力ケーブルの布設や接続作業を行う**人孔**（マンホール），**終端接続部**などから構成されている．このほか，OF ケーブルのように内部が絶縁油で満たされている電力ケーブルを使用する場合は，負荷変動による温度変化に伴う油の増減や油圧を一定に保つために給油設備などが必要である．

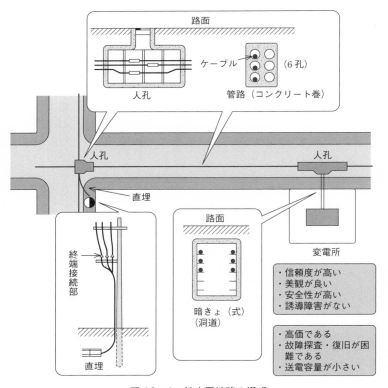

●図 10・1　地中電線路の構成

1 地中電線路の特徴

◀1▶ 長 所 ▶

① 雷や風水害などの自然災害，他物接触などによる事故が少ないので，供給信頼度が高い．

② 都市美観を損なうことがない．

③ 露出充電部分が少ないので，保安上の危険が少ない．

④ 通信線に対する誘導障害がない．

◀2▶ 短 所 ▶

① 建設費が著しく高い．

② 故障箇所の発見や復旧が困難．

③ 同じ太さの導体では架空電線路に比べ送電容量が小さい．

2 地中電線路の施設場所

保安上，法規の制約，地域環境，経済性などを考慮し，次の箇所に施設される．

① 回線数の多い配電用変電所の引出口

② 需要密度の高い区域の配電線

③ 美観を重視する場所や条例などによって架空線が禁止される場所

④ 幅員の大きな道路，高速道路，鉄道などの横断箇所

⑤ 高層建築物の電気室への供給

⑥ 特別高圧架空電線と高圧配電線などが交差する場合で，架空線では規定の隔離が得られない場合

⑦ 離島への供給

問題1 ☑ ☑ ☑

高圧以上の地中電線路に関係のないものはどれか．

(1) 管路　　(2) 人孔　　(3) 給油設備　　(4) VA ケーブル　　(5) トラフ

 VVF ケーブルは地域により VA ケーブルや F ケーブルとも呼ばれ屋内配線に使用される．

解答 ▶ (4)

問題2 ///// ✓ ✓ ✓ R2　A-11

　我が国における架空送電線路と比較した地中送電線路の特徴に関する記述として，誤っているものを次の（1）～（5）のうちから一つ選べ．
（1）地中送電線路は，同じ送電容量の架空送電線路と比較して建設費が高いが，都市部においては保安や景観などの点から地中送電線路が採用される傾向にある．
（2）地中送電線路は，架空送電線路と比較して気象現象に起因した事故が少なく，近傍の通信線に与える静電誘導，電磁誘導の影響も少ない．
（3）地中送電線路は，同じ送電電圧の架空送電線路と比較して，作用インダクタンスは小さく，作用静電容量が大きいため，充電電流が大きくなる．
（4）地中送電線路の電力損失では，誘電体損とシース損を考慮するが，コロナ損は考慮しない．一方，架空送電線路の電力損失では，コロナ損を考慮するが，誘電体損とシース損は考慮しない．
（5）絶縁破壊事故が発生した場合，架空送電線路では自然に絶縁回復することは稀であるが，地中送電線路では自然に絶縁回復して再送電できる場合が多い．

解答 ▶ （5）

問題3 ///// ✓ ✓ ✓ R1　A-11

　我が国の電力ケーブルの布設方式に関する記述として，誤っているものを次の（1）～（5）のうちから一つ選べ．
（1）直接埋設式には，掘削した地面の溝に，コンクリート製トラフなどの防護物を敷き並べて，防護物内に電力ケーブルを引き入れてから埋設する方式がある．
（2）管路式には，あらかじめ管路及びマンホールを埋設しておき，電力ケーブルをマンホールから管路に引き入れ，マンホール内で電力ケーブルを接続して布設する方式がある．
（3）暗きょ式には，地中に洞道を構築し，床上や棚上あるいはトラフ内に電力ケーブルを引き入れて布設する方式がある．電力，電話，ガス，上下水道などの地下埋設物を共同で収容するための共同溝に電力ケーブルを布設する方式も暗きょ式に含まれる．
（4）直接埋設式は，管路式，暗きょ式と比較して，工事期間が短く，工事費が安い．そのため，将来的な電力ケーブルの増設を計画しやすく，ケーブル線路内での事故発生に対して復旧が容易である．

(5) 管路式，暗きょ式は，直接埋設式と比較して，電力ケーブル条数が多い場合に適している．一方，管路式では，電力ケーブルを多条数布設すると送電容量が著しく低下する場合があり，その場合には電力ケーブルの熱放散が良好な暗きょ式が採用される．

解説 直接埋設式は，ケーブルの布設の都度地面を掘削する必要があるため，布設条数が少なく，増設の見込みが少ない場合に採用される．また，保守や点検にも不便で，事故発生時の復旧も容易ではない．

解答 ▶ (4)

問題4 ✓ ✓ ✓　　　　　　　　　　　　　　　　H27　A-11

次の文章は，地中配電線路の得失に関する記述である．

地中配電線路は，架空配電線路と比較して，　(ア)　が良くなる，台風等の自然災害発生時において　(イ)　による事故が少ない等の利点がある．

一方で，架空配電線路と比較して，地中配電線路は高額の建設費用を必要とするほか，掘削工事を要することから需要増加に対する　(ウ)　が容易ではなく，またケーブルの対地静電容量による　(エ)　の影響が大きい等の欠点がある．

上記の記述中の空白箇所（ア），（イ），（ウ）および（エ）に当てはまる組合せとして，正しいものを次の (1) ～ (5) のうちから一つ選べ．

	(ア)	(イ)	(ウ)	(エ)
(1)	都市の景観	他物接触	設備増強	フェランチ効果
(2)	都市の景観	操業者過失	保護協調	フェランチ効果
(3)	需要率	他物接触	保護協調	電圧降下
(4)	都市の景観	他物接触	設備増強	電圧降下
(5)	需要率	操業者過失	設備増強	フェランチ効果

解説 ケーブルの対地静電容量が大きいため，**フェランチ効果**が大きい．

解答 ▶ (1)

ケーブルの種類と特性

[★★★]

1 ケーブルの種類

　電力ケーブルは，構造から分類すると，ソリッド形（内部に油やガスの通路のないもの）ケーブルと圧力形ケーブルに大別され，絶縁材料から分類すれば，紙ケーブル，合成ゴムケーブルおよび合成樹脂ケーブルに分けることができる．このうち，ベルトケーブル，Hケーブル，SLケーブルおよびBNケーブルは新たには使用されることはなく，現在は**CVケーブルとOFケーブルが中心**である．これらの概要を示すと次のとおりである．

$$
\text{ケーブル}
\begin{cases}
\begin{array}{l}
\text{合成ゴムケーブル（BNケーブル）} \\
\text{合成樹脂ケーブル（CVケーブル，EVケーブル）}
\end{array} \left.\begin{array}{l}\\\\\end{array}\right\}\text{ソリッド形} \\
\text{紙ケーブル}
\begin{cases}
\text{ベルトケーブル，Hケーブル，SLケーブル} \\
\textbf{OFケーブル} \\
\text{パイプ形ケーブル}
\begin{cases}
\text{ガス圧ケーブル} \\
\text{油圧ケーブル（POFケーブル）}
\end{cases}
\end{cases}
\left.\begin{array}{l}\\\\\\\\\end{array}\right\}\text{圧力形}
\end{cases}
$$

【1】 ベルトケーブル

　導体上に絶縁紙を巻き，単心は1条，3心は3条，介在物とともに円形により合わせ，さらに絶縁紙（これをベルトという）を巻いたうえ，コンパウンドを含浸して鉛被を施す．鉛被を保護するため必要に応じ外装を施すが，外装の種類によって鉛被ケーブル（外装が鉛被のみ），ジュート巻ケーブル（外装がジュート），外装ケーブル（外装が鋼帯または鉄線）などがある．

【2】 Hケーブル

　ベルトケーブルの特性を良くするため，導体に絶縁紙を巻いた線の外周に金属化紙または銅テープの遮へいを施したものである．

【3】 SLケーブル

　Hケーブルの金属化紙の代わりに鉛被を施したもので，22～33kV級に多く用いられてきた（図10・2 (a)）．

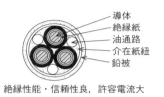

（a）SL ケーブル

一括シース形　　　トリプレックス（単心 3 個より）形

（b）CV ケーブル（77 kV 以下で最も一般的）

絶縁性能・信頼性良，許容電流大

（c）OF ケーブル　　　（d）パイプ形油圧ケーブル（POF ケーブル）

●図 10・2　各種ケーブルの例

〖4〗 油入（OF）ケーブル

　大気圧以上の圧力をもった粘度の低い鉱油を用いて空げきの発生を防ぎ，絶縁耐力の強化を図ったもので，許容電流も大きく，漏油した場合でも警報装置により絶縁被壊する前に発見・処置できるなど**信頼性も高いが**，**給油設備などが必要**である（図 10・2（c））.

〖5〗 パイプ形ケーブル

　ケーブル線心 3 条を鋼管に収め，高圧のガスまたは油を圧入したもので，66 kV 以上に使用されている．パイプ形ケーブルには，窒素ガスを圧入したガス圧ケーブルと，絶縁油を圧入した油圧ケーブル（POF ケーブル）がある（図10・2（d））．POF ケーブルは最も絶縁特性に優れ，鋼管との摩擦が小さく長スパンの引入れが可能であるうえ，絶縁油の循環冷却により送電容量の増大が可能.

〖6〗 合成ゴムケーブル

　絶縁物にブチルゴム，保護被覆にクロロプレンを使用したケーブル（BN ケーブル）であるが，あまり使われなくなった.

〖7〗 合成樹脂ケーブル

　絶縁物にポリエチレン，保護被覆にビニルまたはクロロプレンを用いたケーブルで，熱特性の良い**架橋ポリエチレンを用いた架橋ポリエチレン絶縁ビニルシー**

スケーブル（CV ケーブル）が最も一般的である（図 10・2（b））．CV ケーブルの特徴は次のとおりである．

① 軽く**作業性が良く，絶縁性能も良い．**

② **絶縁物比誘電率が小さく，誘電体損失や充電電流が小さい．**

③ 導体の**許容温度が最も高く，許容電流が大きい．**

④ 給油装置などの**付属設備が不要**である．

⑤ **高低差の大きいところでも使用できる**（油浸紙ケーブルは，高低差が大きいと油が移動し，立上り部分で油が抜けやすい）．

⑥ **水トリー現象**がみられる（水トリーは課電された状態で進展し，絶縁を劣化させる）．

このように使用範囲が広く，154 kV 以下で多く使用されており，超高圧でも使用実績がある．

CV ケーブルのうち，単心ケーブル 3 条をより合わせた構造の CV ケーブル（**トリプレックス形ケーブル，CVT**）は，3 心共通シース形に比べて放熱性が良く，許容電流が 10 ％ 程度大きいうえ，軽く作業性が良く，熱伸縮の吸収が容易で，人孔寸法の縮小が可能である．なお，図 10・2 に示す CV ケーブルの導体と絶縁体，絶縁体と遮へい銅テープの間に入れる**半導電層**は，表面を平滑にしエアギャップをなくして**絶縁性能を安定にする**もので，**遮へい銅テープ**は絶縁体の電圧分担を均等化するとともに，**地絡電流の通路**となる．

このほか，ケーブルの保護層とダクトを兼ねた硬質ポリエチレンパイプの中にケーブル心線を入

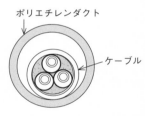

ポリエチレンダクト

ケーブル

●図 10・3　CD ケーブル

●表 10・1　電圧別使用区分

分　類	種　類	使用電圧〔kV〕
ソリッド形	合成ゴムケーブル	33 以下
	合成樹脂ケーブル	154 以下
	ベルトケーブル	11 以下
	H ケーブル	33 以下
	SL ケーブル	33 以下
圧　力　形	OF ケーブル	66 以上
	パイプ形ガス圧ケーブル	66 以上
	パイプ形油圧ケーブル	66 以上

れた構造の **CD ケーブル** が，住宅地地中配電用に一部使用されている．このケーブルはトラフなしで直接埋設できる（図 10·3）．また，低圧用のケーブルとして使用する **VV ケーブル** は，絶縁体，シースともビニルで，丸形と平形がある．

これらのケーブルの主として使用される電圧の区分を表 10·1 に示す．

2 電力ケーブルの損失，許容電流，許容電流増大対策

◀1▶ 電力ケーブルの損失 ▶

ケーブルの温度上昇をきたす原因である損失には，導体内に発生する **抵抗損** のほか，絶縁体（誘電体ともいう）内に発生する **誘電体損** と鉛被などの金属シースに発生する **シース損**（シース回路損，シース渦電流損）がある．

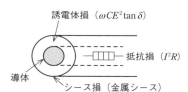

●図 10·4 ケーブルの損失

誘電体損は，絶縁体に紙，ブチルゴム，ポリエチレンなどの誘電体を使用するために発生するもの，**シース損** は，ケーブルの鉛被などの金属シースに誘導する電圧によって流れる電流によるもので，**単心ケーブルを管路に 1 本ずつ入れて三相回路に使用する場合は相当の損失になる**（図 10·4）．**クロスボンド接地方式** を採用すると，シース回路損の低減に効果がある（図 10·6）．（p.431 **参考** および p.514 図 13·8 参照）

◀2▶ 許 容 電 流 ▶

許容電流は，ケーブルの温度上昇，土壌の熱抵抗・温度，布設方式，ケーブル条数などによって決まる． ケーブルの許容電流および導体の最高許容温度を示せば，式（10·1）および表 10·2 のとおりで，許容温度はポリエチレンケーブルが **90℃ で最高** である．

$$I = \sqrt{\frac{T_1 - T_2 - T_d}{nrR_{th}}} \ \text{[A]} \tag{10·1}$$

●表 10·2 導体最高許容温度〔℃〕

種 別	常 時	短時間	瞬 時
ベルト，H・SL ケーブル	70	85	220
ポリエチレンケーブル	90	105	230
ブチルゴムケーブル	80	90	230
OF ケーブル	80	90	150
パイプ形 OF ケーブル	80	90	150

ここに，I：許容電流，T_1：最高許容温度〔℃〕，T_2：大地の基底温度〔℃〕，

T_d：誘電体損（$\omega CE^2 \tan\delta$）に基づく温度上昇〔℃〕，n：心線数，

r：導体抵抗〔Ω/cm〕，R_{th}：全熱抵抗〔℃・cm/W〕

なお，管路式では，放熱の関係で，中心のケーブルほど許容電流が小さく，周辺にいくほど大きくなる．

■【3】 許容電流増大対策 ■

電力ケーブルの許容電流は温度上昇によって決まる．したがって，許容電流を増大させるためには，発生する熱の除去，損失の低減，耐熱性の向上，などの方法を考える．

発生する熱を除去する方法として，ケーブルを**強制冷却**させる方法がある．この方法には，大別して**外部冷却方式**と**内部冷却方式**とがある．外部冷却方式は，図 10・5 に示すようにケーブルを外部から冷却するもので，管路式の管路を利用して冷却水を循環させるもの（**直接水冷方式**），冷却水通路を別に設け

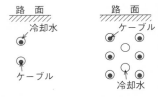

(a) 直接水冷方式 (b) 間接水冷方式

●図 10・5 外部冷却方式

て間接的に冷却するもの（**間接水冷方式**）などがある．内部冷却方式は，ケーブルの内部に冷却媒体を通す方式で，油入ケーブルの絶縁油を循環冷却させるもの，水を冷却媒体とするものなどがある．管路を利用する場合は，循環水圧力に耐え，かつ，漏水が生じないように施設しなければならない．

損失を低減する方法として，導体の大サイズ化，絶縁材料として比誘電率の小さいポリエチレンの使用などがある．**誘電体損は $2\pi fCE^2 \tan\delta$ で表され**，静電容量 C に比例する（p.447 **補足** 参照）．静電容量は後述の式 (10・2) に示すとおり絶縁物の比誘電率 ε_s に比例する．したがって，ε_s の小さいポリエチレンケーブルが誘電体損の点からも有利である．

また，絶縁材料の改良による耐熱性の向上などの方法もある．

以上をまとめると，**許容電流を大きくするための方策**には，**導体の大サイズ化，強制冷却の採用，絶縁材料の改良による耐熱性の向上および誘電損の低減**などがある．

参考 **クロスボンド接地方式**

　シースの接地区間Ⓐ～Ⓑに絶縁接続箱を設置し，シース絶縁したうえで，各区間を図10·6のように接続する．このときⒶのa相の電圧を接続に沿って追うと

$$\text{Ⓐ点のa相}: \dot{v}_{Ⓐ～Ⓑ} = \dot{v}_a + \dot{v}_b + \dot{v}_c = 0$$

　同様にして，b相，c相も，

$$\dot{v}_b + \dot{v}_c + \dot{v}_a = 0$$
$$\dot{v}_c + \dot{v}_a + \dot{v}_b = 0$$

すなわち，Ⓐ～Ⓑ間の直列合成電圧は3相とも0となり，シース電流は流れない．

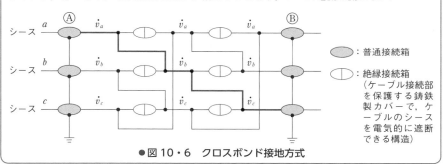

●図10·6　クロスボンド接地方式

3 ケーブルの特性と充電電流

【1】 ケーブルの特性

① **抵　抗**　断面積の大きい導体は，**表皮効果**によって抵抗が増加する．このような場合は，抵抗増大を緩和するため，**分割圧縮導体**を採用する．（p.438 参考 参照）

② **インダクタンス**　線間距離が架空線に比べて格段に小さいので，**誘導リアクタンスは架空線に比べて小さい**．

③ **静電容量**　線間距離が架空線に比べて格段に小さいこと，比誘電率（架空線は1）が大きいので，**静電容量は架空線に比べて非常に大きい**（式（10·2）参照）．

　電力ケーブルの静電容量 C は次式で与えられる．

$$C = \frac{0.0241\varepsilon_s}{\log_{10}(d_2/d_1)} \ [\mu\text{F/km}] \tag{10·2}$$

ここに，ε_s：絶縁物の比誘電率，d_1, d_2：それぞれ導体・絶縁体外径〔mm〕
式（10·2）で，ε_s は架空線では1であるが，ケーブルの場合，油浸紙（3.4～3.9），ポリエチレン（2.3），ブチルゴム（4.0）を使用しているので，静

電容量はそれだけでも 2.3 ~ 4.0 倍大きく，架空線の 20 ~ 25 倍という例もある．

◖2◗ 充電電流，充電容量

図 10·7 で，ケーブル 1 線当たりの静電容量が C 〔F〕で，容量リアクタンスが x_c 〔Ω〕のケーブルに周波数 f 〔Hz〕，V 〔V〕の電圧を加えると，負荷に無関係に次式の充電電流 I_c が流れる．ケーブルを充電するには式 (10·4) の電源容量が必要である．

$$I_c = \frac{V}{\sqrt{3}} \div x_c = \frac{V}{\sqrt{3}} \div \frac{1}{2\pi fC} = \frac{2\pi fCV}{\sqrt{3}} \tag{10・3}$$

$$\therefore \quad I_c = \omega CE \text{ 〔A〕} \left(\omega = 2\pi f, \ E = \frac{V}{\sqrt{3}} \right) \tag{10・3'}$$

充電容量 P_c は

$$P_c = \sqrt{3}\, VI_c \times 10^{-3} = 2\pi fCV^2 \times 10^{-3} \text{〔kV·A〕} \tag{10・4}$$

で，高電圧になるほど充電容量の影響で有効送電容量が減少し，有効送電容量がゼロ（充電電流のみで許容電流になる）となる限界距離が短くなる．ケーブルの**耐圧試験を直流で行うのは**，直流は $f = 0$ であるから $I_c = P_c = 0$ となり，**試験用電源の容量が小さくてすむ**ためである．

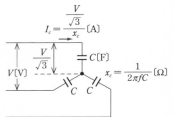

●図 10·7　ケーブルの充電電流

◖3◗ 作用静電容量

1 線当たりの静電容量を**作用静電容量**という．図 10·8 のように，**導体と対地間の静電容量を C_0，導体間の静電容量を C_m** とすると，△ の C_m を Y にすると $3C_m$ となる．Y の中性点は零電位となるので並列と考えて，図から，**1 線当たりの静電容量（作用静電容量）C は，$C = C_0 + 3C_m$** となる．ただし，最近のケーブルは，各線心ごとに遮へい，接地しているので，この場合は線間静電容量は考えなくてよい場合がある．

👉 **Point**

作用静電容量 $C = C_0 + 3C_m$

測定によって作用静電容量を求める方法には，次の方法がある．

3 線一括対地間の静電容量を C_1，2 線接地と残りの 1 線との間の静電容量を C_2 とすると，$C_1 = 3C_0$，$C_2 = C_0 + 2C_m$ であるので，両式から C_0 と C_m を求め，作用静電容量 $C = C_0 + 3C_m$ の式へ代入する（問題 9 参照）．

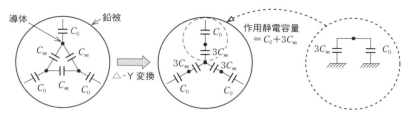

●図 10・8　作用静電容量

4 新形ケーブル

　電力ケーブルの送電容量を増大させる方法には，高電圧化と電流容量増大の方法が考えられる．電流容量を増大させるには，在来ケーブルの改良を行うものと，新形ケーブルの開発がある．新形ケーブルで実用化もしくは研究開発が行われているものに，直流ケーブル，管路気中ケーブル，極低温ケーブル，超電導ケーブルなどがある．

1 管路気中ケーブル（ガス絶縁スペーサケーブル）

　導体としてパイプ（アルミまたは銅）を使用し，これを絶縁スペーサ（エポキシ樹脂）で金属シース（鋼管，アルミ管など）内に支持し，絶縁性の優れた SF_6（六ふっ化硫黄ガス）を充てんする．充電電流が小さく（$\varepsilon_s \fallingdotseq 1$ であるので静電容量が小さい），誘導体損が無視できるほど小さい．

2 極低温ケーブル

　導体を $20 \sim 80\,\mathrm{K}$（$0\,\mathrm{K} \fallingdotseq -273\,℃$）の極低温に冷却し，導体抵抗を下げることによって大電流を送電しようとするものである．

3 超電導ケーブル

　超電導（絶対零度近くで抵抗がなくなる現象）を利用し，液体ヘリウムか液体窒素で，導体温度を $4 \sim 5\,\mathrm{K}$ まで下げ抵抗をゼロに近づけるものである．抵抗がほとんどないので，抵抗損による発熱はなく，大電流を流すことができる．導体材料にはニオブ，ニオブチタンなどの超電導材料を使う．

問題5 ✓ ✓ ✓　　　　　　　　　　　　　　　　　　　H19 A-11

　CVT ケーブルは，3 心共通シース型 CV ケーブルと比べて　(ア)　が大きくなるため，　(イ)　を大きくとることができる．また，　(ウ)　の吸収が容易であり，　(エ)　やすいため，接続箇所のマンホールの設計寸法を縮小化できる．

上記の記述中の空白箇所（ア），（イ），（ウ）および（エ）に当てはまる語句として，正しいものを組み合わせたのは次のうちどれか．

	（ア）	（イ）	（ウ）	（エ）
(1)	熱抵抗	最高許容温度	発生熱量	曲げ
(2)	熱放散	許容電流	熱伸縮	曲げ
(3)	熱抵抗	許容電流	熱伸縮	伸ばし
(4)	熱放散	最高許容温度	発生熱量	伸ばし
(5)	熱放散	最高許容温度	熱伸縮	伸ばし

解答 ▶ （2）

問題6 ✓ ✓ ✓　　　　　　　　　　　　　　　　　　S59　A-19

次に示す各種の損失のうち，ケーブルの許容電流の決定要因と直接関係のないものはどれか．

(1) 抵抗損　　(2) シース損　　(3) 誘電損　　(4) 渦電流損　　(5) 漂遊負荷損

解説 許容電流に関連するのは，抵抗損，誘電体損（誘電損），シース損である．シース損には，線路に沿って流れる電流によるシース回路損と金属シース内に発生する渦電流損がある．それ以外に相当する漂遊負荷損は，許容電流に直接関係しない．（p.438 **参考** 参照）

解答 ▶ （5）

問題7 ✓ ✓ ✓　　　　　　　　　　　　　　　　　　H17　A-11

今日我が国で主に使用されている電力ケーブルは，紙と油を絶縁体に使用するOF ケーブルと，　（ア）　を絶縁体に使用する CV ケーブルである．

OF ケーブルにおいては，充てんされた絶縁油を加圧することにより，　（イ）　の発生を防ぎ絶縁耐力の向上を図っている．このために，給油設備の設置が必要である．

一方，CV ケーブルは絶縁体の誘電正接，比誘電率が OF ケーブルよりも小さいために，誘電損や　（ウ）　が小さい．また，絶縁体の最高許容温度は OF ケーブルよりも高いため，導体断面積が同じ場合，　（エ）　は OF ケーブルよりも大きくすることができる．

上記の記述中の空白箇所（ア），（イ），（ウ）および（エ）に記入する語句として，正しいものを組み合わせたのは次のうちどれか．

	(ア)	(イ)	(ウ)	(エ)
(1)	架橋ポリエチレン	熱	充電電流	電流容量
(2)	ブチルゴム	ボイド	抵抗損	電流容量
(3)	ブチルゴム	熱	抵抗損	使用電圧
(4)	架橋ポリエチレン	ボイド	充電電流	電流容量
(5)	架橋ポリエチレン	ボイド	抵抗損	使用電圧

解答 ▶ (4)

Chapter 10

問題8 ☑ ☑ ☑ S52 A-3

電力ケーブルに生じる損失には，導体内に発生する　(ア)　，絶縁体内に発生する　(イ)　，シースに発生する　(ウ)　などがある．　(イ)　があるために，ケーブルに電圧を印加した際の充電電流にはわずかではあるが　(エ)　が含まれる．

上記の記述中の空白箇所（ア），（イ），（ウ）および（エ）に記入する字句として，正しいものを組み合わせたのは次のうちどれか．

	(ア)	(イ)	(ウ)	(エ)
(1)	コロナ損	渦電流損	鉄損	無効分
(2)	抵抗損	誘電損	コロナ損	無効分
(3)	コロナ損	渦電流損	鉄損	有効分
(4)	抵抗損	誘電損	シース損	有効分
(5)	コロナ損	渦電流損	シース損	無効分

解答 ▶ (4)

問題9 ☑ ☑ ☑ S62 B-21

三相3線式1回線の送電線路がある．いま，受電端を開放した状態で，3線を一括して大地との静電容量を測定したところ，C_1〔F〕であった．次に2線を接地した状態で，残りの1線と大地との静電容量を測定したところ，C_2〔F〕であった．作用静電容量の値〔F〕として，正しいのは次のうちどれか．

(1) $C_1 + \dfrac{3}{2} C_2$　　(2) $\dfrac{1}{2}(8 C_1 + 3 C_2)$　　(3) $\dfrac{1}{3}(C_1 + 3 C_2)$

(4) $\dfrac{1}{6}(2 C_1 + 9 C_2)$　　(5) $\dfrac{1}{6}(9 C_2 - C_1)$

作用静電容量 $C = C_0 + 3C_m$ である．題意より，$C_1 = 3C_0$，$C_2 = C_0 + 2C_m$ であり，この3式を連立して解けばよい．

解説　$C_1 = 3C_0$　　∴　$C_0 = C_1/3$，$C_2 = C_0 + 2C_m$

　　　　∴　$C_m = (C_2 - C_0)/2$

これに $C_0 = C_1/3$ を代入すると，$C_m = (3C_2 - C_1)/6$

作用静電容量 $C = C_0 + 3C_m = \dfrac{1}{6}(9C_2 - C_1)$

解答 ▶ (5)

問題10 ✓✓✓　　　　　　　　　　S56 A-1

　電圧 33 000 V，周波数 60 Hz，こう長 7 km，1回線の三相地中送電線路がある．これの　(ア)　三相無負荷充電電流〔A〕ならびに充電容量　(イ)　〔kV·A〕の組合せのうち，正しいものを次のうちから選べ．ただし，ケーブルの心線1線当たりの静電容量を $0.4\,\mu\mathrm{F/km}$ とする．

(1) (ア)　9　(イ)　　550　　　(2) (ア)　17　(イ)　　950

(3) (ア)　20　(イ)　1 150　　　(4) (ア)　29　(イ)　1 450

(5) (ア)　42　(イ)　2 350

$I_C = \dfrac{E}{X_C}$，$E = \dfrac{V}{\sqrt{3}}$，$X_C = \dfrac{1}{\omega C} = \dfrac{1}{2\pi fC}$ を用いる．

解説　線間電圧を V〔V〕，ケーブル1線当たりの静電容量を C〔F〕，周波数を f〔Hz〕とすれば

$C = 0.4 \times 10^{-6} \times 7 = 2.8 \times 10^{-6}\,\mathrm{F}$

三相無負荷充電電流 I_C および三相充電容量 P_C は

$$I_C = \dfrac{V/\sqrt{3}}{\dfrac{1}{2\pi fC}} = 2\pi fC \times \dfrac{V}{\sqrt{3}} = 2\pi \times 60 \times 2.8 \times 10^{-6} \times \dfrac{33\,000}{\sqrt{3}} \fallingdotseq \mathbf{20\,A}$$

$$P_C = \sqrt{3}\,VI_C = \sqrt{3} \times 33\,000 \times 20.1 \fallingdotseq 1\,149 \times 10^3\,\mathrm{V·A} \fallingdotseq \mathbf{1\,150\,kV·A}$$

解答 ▶ (3)

問題11 ✓✓✓　　　　　　　　　　H16 A-12

　電力ケーブルの損失に該当しないものは次のうちどれか．

(1) 誘電体損　　(2) シース損　　(3) 鉛被損　　(4) 抵抗損　　(5) 鉄損

鉄損は，鉄心をもつ変圧器などで発生する損失である．

解答 ▶ (5)

電圧 33 kV，周波数 60 Hz，こう長 2 km の交流三相 3 線式地中電線路がある．ケーブルの心線 1 線当たりの静電容量が 0.24 μF/km，誘電正接が 0.03 % であるとき，このケーブルの心線 3 線合計の誘電体損〔W〕の値として，最も近いのは次のうちどれか．

(1) 9.4　　　(2) 19.7　　　(3) 29.5　　　(4) 59.1　　　(5) 177

 1 線分（単相分）誘電体損 P は $P = 2\pi f C E^2 \tan\delta$ となる．求めるのは 3 線合計なので $3 \times P$ である．

 ケーブルに相電圧 E が加わったとき，ケーブルの静電容量 C 分と抵抗 R 分に応じて流れる電流は，解図のようになる．

このとき

$$\tan\delta = \frac{I_R}{I_C} \quad \therefore \quad I_R = I_C \tan\delta$$

誘電体損 W_L は

$$W_L = EI_R = EI_C \tan\delta$$

ここで，$I_C = \omega CE = 2\pi f C E$ より

$$W_L = 2\pi f C E^2 \tan\delta$$

$$= 2\pi \times 60 \times 0.24 \times 10^{-6} \times 2 \times \left(\frac{33 \times 10^3}{\sqrt{3}}\right)^2 \times \frac{0.03}{100}$$

$$\fallingdotseq 19.7\,\text{W}$$

求めるのは，3 線合計なので

$$3 \times 19.7 = \mathbf{59.1\,W}$$

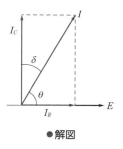

●解図

解答 ▶ (4)

電力ケーブルの分割圧縮導体に最も関係のあるものはどれか．
(1) 抵抗　　　　(2) インダクタンス　　　(3) キャパシタンス
(4) リーカンス　　(5) サセプタンス

解説 断面積のとくに大きな導体は，表皮効果による抵抗の増大の影響を考慮して一本の太い導体ではなく，分割された細い導体をあわせた，**分割圧縮導体**が使用される．実際の試験では，リーカンスやサセプタンスを知らなくても分割圧縮導体の目的が表皮効果による抵抗増大を抑えることだと正確に理解していれば，正答を得ることができる．

解答 ▶ (1)

参考 **地中電線の損失に関する留意事項**

抵抗損：交流抵抗＞直流抵抗（∵表皮効果，近接効果）
（低減策：導体断面積の大サイズ化，分割圧縮導体・素線絶縁導体の採用）

誘電体損：電圧と同相の有効分電流 I_R により発生．絶縁体が劣化すると大きくなる．

シース損───**シース回路損**：線路の長手方向に流れる電流で発生（単心ケーブルで顕著）
（低減策：クロスボンド接地方式）

───**渦電流損**：金属シース内に発生
（低減策：導電率の低い金属シース材の採用）
（p.514 図 13・8 参照）

ケーブルの布設方法

[★★]

1 直接埋設（直埋）式

　図 10･9 のように地面を溝状に掘り，コンクリートトラフなどの防護物内にケーブルを布設する方法で，ケーブルまでの深さを土冠（どかむり）と呼び，**一般の場所は 60 cm 以上，重量物の圧力を受ける恐れのある場所は 1.2 m 以上としなければならない**．ただし，使用するケーブルの種類，施設条件などを考慮し，これに加わる圧力に耐えるよう施設する場合はこの限りではない．

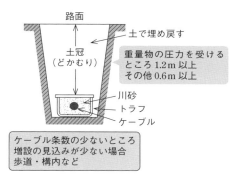

路面
土冠（どかむり）
土で埋め戻す
重量物の圧力を受けるところ 1.2 m 以上
その他 0.6 m 以上
川砂
トラフ
ケーブル

ケーブル条数の少ないところ
増設の見込みが少ない場合
歩道・構内など

●図 10・9　直接埋設式

　直接埋設式は，ケーブル布設のつど地面を掘削する必要があるので，布設条数が少なく，増設の見込みの少ない場合で，歩道や構内などの硬質舗装でないところ，線路の重要度の低い場合などに採用される．

　この方式の特徴は，管路式に比べて工事費が安価なうえ，ケーブルの熱放散が良く，したがって許容電流が大きく，ケーブルの途中接続が可能であるから，ケーブルの融通性があり，多少の屈曲部は布設に支障がなく，工事期間が短いなどの長所がある．一方で，ケーブルの損傷を受けやすく，ケーブルの引替え，増設が困難，保守点検が不便などの短所がある．

2 管 路 式

　図 10･10 に示すように，数孔から十数孔のダクトをもったコンクリート管路などをつくり，これにケーブルを引き入れる方式で，適当な間隔に人孔（マンホール）を設け，ケーブルの引入れ，撤去，接続は人孔の中で行う．

　この方式は，ケーブル条数の多い幹線や，増設が予想される場合，硬質舗装で交通量などから将来掘削ができない場所に用いられる．

特徴は，直接埋設式に比べ，ケーブルの引替え，増設が容易（予備孔がある場合），故障復旧が比較的容易，ケーブルに損傷を受けにくい，保守点検に便利などの長所があるが，工事費が高く，工事期間が長く，条数が多いとケーブルの許容電流が小さく，ケーブルの融通性が少なく（人孔間隔単位となる），伸縮や振動によるケーブル金属シースの疲労，管路の湾曲が制限されるなどの短所がある．この方式では，コンクリートの硬化時間の関係で，埋め戻すまでに長時間を要する．この欠点を改善するために，図 10·11 のように工場で製作し，現場に運んで次々に接続していく方法などがとられている．人孔についても，工場で分割して製作し，現場で組み立てる方法もとられている．

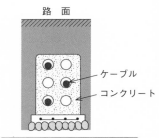

ケーブル条数の多い幹線
増設が予想される硬質舗装道路
交通量の多い道路

●図 10·10　管路式（6 孔の例）

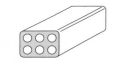

●図 10·11　プレハブ管路

3 暗きょ式

図 10·12 に示すように，適当な深さに設けられたコンクリート造の暗きょ（洞道）の中に，支持金具などでケーブルを支持する方法で，発変電所の構内などケーブル条数のとくに多い箇所，いくつかの企業の埋設物が入り組む場合，トンネル式により施工する必要がある場合などに利用される．**共同溝もこれに含まれる**．

この方式の特徴は，換気設備が設けられるので熱放散が良く，したがって許容電流が大きく，多条数布設に便利であるなどの長所があるが，工事費が非常に高くつき，工事期間が長いなどの短所がある．ケーブルに耐熱措置を施すか，自動消化設備が必要である．

各種布設方式の損失をまとめると，表 10·3 のとおりである．

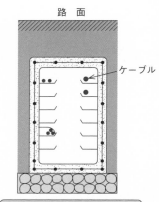

発変電所構内など特にケーブル
条数の多いところ（共同溝も）

●図 10·12　暗きょ（洞道）式

●表10・3　各種布設方式の得失

布設方式	長　所	短　所
直接埋設式	・工事費が安い ・熱放散が良く，許容電流が大きい ・ケーブルの融通性がある ・工事期間が短い	・外傷を受けやすい ・ケーブルの引替えや増設が困難 ・保守点検が不便
管路式	・ケーブルの引替え，増設が容易 　（予備孔がある場合） ・外傷を受けにくい ・故障復旧が比較的容易 ・保守点検が便利	・工事費が高い ・許容電流が小さい ・ケーブルの融通性が小さい ・工事期間が長い ・伸縮，振動によるシースの疲労
暗きょ式	・熱放散が良く，許容電流が大きい ・多条数布設に便利	・工事費が非常に高い ・工事期間が長い

4 共 同 溝

　同じ道路に電力，電話，ガス，上下水道などの地中工作物を施設する場合，共同の地下溝をつくってこれに施設し，企業ごとに繰り返し道路を掘削することや，地下工作物が錯そうすることを避け，建設費の節減を図るもので暗きょ式に分類される．図10・13はこれの概要を示したものである．

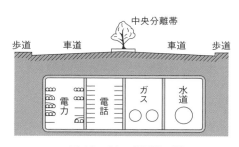

●図10・13　共同溝の例

問題⑭ ✓ ✓ ✓

電力ケーブルの布設方式と特徴の組合せで，適切でないものはどれか．
　(1) 直埋式・工期が短い　　　　　(2) 直埋式・許容電流小
　(3) 管路式・ケーブルの引替え容易　(4) 管路式・増設容易
　(5) 暗きょ式・多条数布設可能

解説　直埋式はケーブルの熱放散が良く，許容電流が大きい．

解答 ▶ (2)

故障点の探査

[★★★]

　ケーブルの事故が起きた際，管路式であればマンホール間のケーブルを引き替える必要があり，直接埋設式であれば掘削部分をできるだけ少なくするためにも，故障点の位置はできるだけ正確につかまなければならない．しかし，架空線と違って，ケーブルの故障点は，巡視などの目視によって探し出すことはあまり期待できないので，**マーレーループ法**，**パルスレーダ法**，**静電容量測定法**，**探りコイルによる方法**などによって探査する．

　地中配電線路の故障原因のうち，最も多いのは水道やガス工事などの際に発生する過失によるケーブルの外傷である．

1 マーレーループ法

　図 10·14 は，一線地絡の例を示したものである．この方法は，ブリッジ回路を用いて故障点までの抵抗を測定し，その値から故障点までの距離を算出する方法で，**地絡故障点の探査**に広く用いられている．

　同図で，ケーブルの長さを L〔m〕，故障線に接続されたブリッジ端子までのすべり線の読みを a，故障点までの長さを x〔m〕とすると，ブリッジは全目盛が 1000 で，ブリッジの平衡条件（対辺の抵抗の積は等しい）から，次式で故障点までの長さを求めることができる．

> **Point**
>
> 故障芯線が断線しておらず，健全な芯線かまたは健全な並行回路が必要．

$$x(1000-a)=a(2L-x) \quad 1000x-ax=2aL-ax \quad 1000x=2aL$$

$$x=\frac{2aL}{1000} \ \text{〔m〕} \tag{10·5}$$

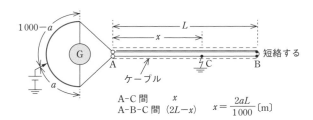

A-C 間 x
A-B-C 間 $(2L-x)$ 　$x=\dfrac{2aL}{1000}$〔m〕

●図 10·14　マーレーループ法

2 パルスレーダ法

図 10・15 に示すように，故障線の一端からパルスを送り込み，故障点から反射され返ってくる時間から，故障点までの距離を知る方法である．

パルスがケーブル中を伝わる速度（伝搬速度）を v 〔m/μs〕，パルスを送り出してから反射して返ってくるまでの時間を t 〔μs〕とすると，t は故障点までの往復時間であるから，故障点までの時間は $t/2$ 〔μs〕，故障点までの距離 x は次式で求めることができる．

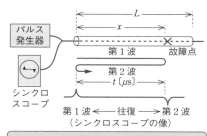

往復時間が t であるから片道 $\dfrac{t}{2}$〔μs〕と
伝搬速度 v〔m/μs〕の積が故障点までの距離 x

●図 10・15　パルスレーダ法

$$x = \frac{vt}{2} \text{〔m〕} \tag{10・6}$$

なお，v はおよそ $120 \sim 250\,\text{m}/\mu\text{s}$ 程度である（p.454 **参考**）．パルスレーダ法は**地絡・断線事故の双方に適用可能**である．

3 静電容量測定法

この方法は**断線事故に適用**するもので，図 10・16 に示すように，故障相と健全相の静電容量の比から，故障点までの距離を求める方法である．静電容量は距離に比例するので，一線断線の場合は次式で求めることができる．

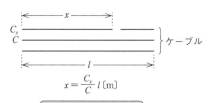

$$x = \frac{C_x}{C}\,l\,\text{〔m〕}$$

静電容量は距離に比例

$$x = \frac{C_x}{C}\,l\,\text{〔m〕} \tag{10・7}$$

●図 10・16　静電容量測定法

4 探りコイルによる方法

故障線と大地間，あるいは短絡した 2 線間に断続電流を送り，ケーブルの布設された地上を探りコイルと受話器をもって信号音を受信して歩き，信号音が故障点を境として変化することから故障点を知る方法である．

5 絶縁劣化測定法

ケーブルの絶縁劣化の判定は，いくつかの測定結果や，経年変化などを総合的に検討して判定する必要がある．

【1】 直流漏れ電流測定（直流高電圧法）

直流高電圧を加え，短時間で減衰する変位電流や吸収電流および時間的に変化しない漏れ電流の大きさ，変化などから絶縁状態を推定する．絶縁物が劣化すると漏れ電流が増加する．極端に劣化が進むと，電流値が増大したり，キックが発生したりする（p.453 **参考** 参照）．

【2】 部分放電法（コロナ法）

高電圧を加え，**部分放電（コロナ）**の有無，放電開始電圧，放電電荷量，発生頻度などから絶縁状態を推定する．

【3】 そ の 他

直流分法，誘電正接（tan δ），絶縁油調査（OF，POF ケーブル），絶縁ガス調査（ガス絶縁ケーブル）などがある．

問題15 ✓✓✓　　　　　　　　　　　　　　　　　　　　H20 A-11

地中電線路の絶縁劣化診断方法として，関係ないものは次のうちどれか．
- (1) 直流漏れ電流法
- (2) 誘電正接法
- (3) 絶縁抵抗法
- (4) マーレーループ法
- (5) 絶縁油中ガス分析法

 マーレーループ法は故障点探査の方法であり，絶縁診断に直接関係はない．

解答 ▶ (4)

問題16 ✓✓✓

電力ケーブル故障点標定法のうち，抵抗測定による方法はどれか．
- (1) パルス法
- (2) マーレーループ法
- (3) 探りコイル法
- (4) 静電容量法
- (5) ウインブリッジ法

解答 ▶ (2)

問題⑰ ✓ ✓ ✓ H23 A-11

次の文章は，マーレーループ法に関する記述である．

マーレーループ法はケーブル線路の故障点位置を標定するための方法である．この基本原理は （ア） ブリッジに基づいている．図に示すように，ケーブル A の一箇所においてその導体と遮へい層の間に地絡故障を生じているとする．この場合に故障点の位置標定を行うためには，マーレーループ装置を接続する箇所の逆側端部において，絶縁破壊を起こしたケーブル A と，これに並行する絶縁破壊を起こしていないケーブル B の （イ） どうしを接続して，ブリッジの平衡条件を求める．ケーブル線路長を L，マーレーループ装置を接続した端部側から故障点までの距離を x，ブリッジの全目盛を 1000，ブリッジが平衡したときのケーブル A に接続されたブリッジ端子までの目盛の読みを a としたときに，故障点までの距離 x は （ウ） で示される．

なお，この原理上，故障点の地絡抵抗が （エ） ことがよい位置標定精度を得るうえで必要である．

ただし，ケーブル A，B は同一仕様，かつ，同一長とし，また，マーレーループ装置とケーブルの接続線，およびケーブルどうしの接続線のインピーダンスは無視するものとする．

上記の記述中の空白箇所（ア），（イ），（ウ）および（エ）に当てはまる組合せとして，正しいものを次の（1）〜（5）のうちから一つ選べ．

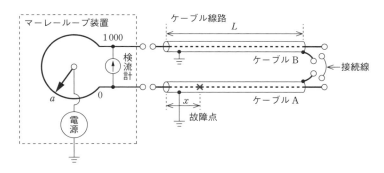

	（ア）	（イ）	（ウ）	（エ）
(1)	シェーリング	導体	$2L - \dfrac{aL}{500}$	十分高い
(2)	ホイートストン	導体	$\dfrac{aL}{500}$	十分低い

(3)	ホイートストン	遮へい層	$\dfrac{aL}{500}$	十分低い
(4)	シェーリング	遮へい層	$2L - \dfrac{aL}{500}$	十分高い
(5)	ホイートストン	導体	$\dfrac{aL}{500}$	十分高い

解説 導体の単位長さ当たりの抵抗を $r\,[\Omega/\mathrm{m}]$ とすると，題意より解図のようになる．
ブリッジの平衡条件より

$$rx(1000-a)=ar(2L-x) \qquad \therefore \quad 1000x=2aL$$

$$\therefore \quad x=aL/500$$

Point この方法は R_g が大きいと精度が悪くなる．

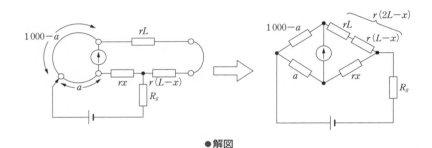

●解図

解答 ▶ (2)

問題⓲ ✓ ✓ ✓ 　　　　　　　　　　　　　　　　　類 H9　A-8

　　ケーブルの 1 線断線事故の故障点までの距離を静電容量測定法で求める場合，
健全相の静電容量が C，故障点までの静電容量が C_x，ケーブルこう長が l のとき，
故障点までの距離を表す式として，正しいのは次のうちどれか．

　(1) $\dfrac{C}{C_x}l$　　(2) $\dfrac{2C_x}{C}l$　　(3) $\dfrac{C_x}{C}l$　　(4) $\dfrac{C_x}{2C}Cl$　　(5) CC_xl

 式 (10·7) 参照のこと．

解答 ▶ (3)

問題19 R4上 A-11

　地中送電線路の故障点位置標定に関する記述として，誤っているものを次の
(1) ～ (5) のうちから一つ選べ.
　(1) 故障点位置標定は，地中送電線路で地絡事故や断線事故が発生した際に，
　　　事故点の位置を標定して地中送電線路を迅速に復旧させるために必要とな
　　　る.
　(2) パルスレーダ法は，健全相のケーブルと故障点でのサージインピーダンス
　　　の違いを利用して，故障相のケーブルの一端からパルス電圧を入力してか
　　　ら故障点でパルス電圧が反射して戻ってくるまでの時間を計測し，ケーブ
　　　ル中のパルス電圧の伝搬速度を用いて故障点を標定する方法である.
　(3) 静電容量測定法は，ケーブルの静電容量と長さが比例することを利用し，
　　　健全相と故障相のそれぞれのケーブルの静電容量の測定結果とケーブルの
　　　こう長から故障点を標定する方法である.
　(4) マーレーループ法は，並行する健全相と故障相の2本のケーブルに対して
　　　電気抵抗計測に使われるブリッジ回路を構成し，ブリッジ回路の平衡条件
　　　とケーブルのこう長から故障点を標定する方法である.
　(5) 測定原理から，地絡事故にはパルスレーダ法とマーレーループ法が適用で
　　　き，断線事故には静電容量測定法とマーレーループ法が適用できる.

解説 マーレーループ法は地絡事故に適用される. また，静電容量測定法は断線事故
に，パルスレーダ法は地絡事故と断線事故の双方に適用することができる.

解答 ▶ (5)

補足 誘電体損 $2\pi f C E^2 \tan\delta$ の導き方（p.430参照）
　　絶縁材料は，図10・17の等価回路およびベクトル図のように表される. 等価回路
において，電圧 E を加えると同相の電流 I_R がわずかに流れる. これにより生じるのが誘電
体損 W_d である.
$$W_d = R \cdot I_R^2 = E \cdot I_R$$
ここで，$I_R = I_C \tan\delta$，$I_C = \omega C E$ であるから
∴ $W_d = E \cdot (I_C \tan\delta)$
　　　$= E \cdot (\omega C E \tan\delta)$
　　　$= \omega C E^2 \tan\delta$
　　　$= 2\pi f C E^2 \tan\delta$

(注) $\dot{I}_C$, I_C などの使い分けは p.319 に記したようにベクトルとスカラー値の違いによる.

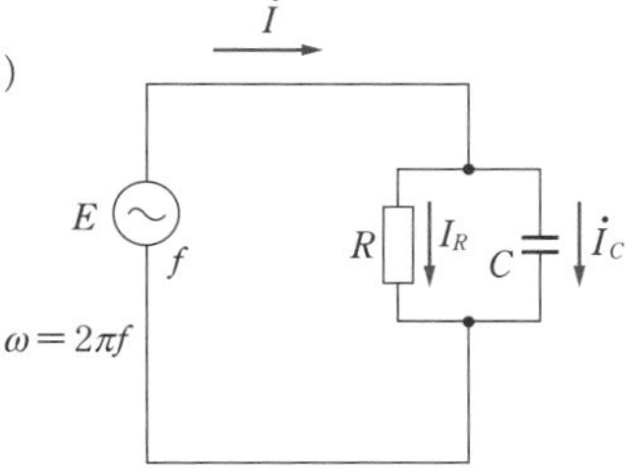

(a) 等価回路 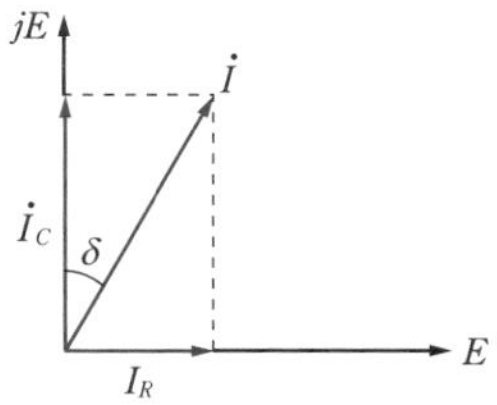　　(b) ベクトル図

●図10・17

447

練習問題

■ **1** (H1 A-18)

CV ケーブルに発生する水トリーに関する次の記述のうち，誤っているのはどれか．

(1) 絶縁破壊電圧が低下する．

(2) ケーブル製法上の水トリー対策には，絶縁体内の含水率や不純物を低減する乾式架橋方式がある．

(3) 交流課電中の直流分を検出することによって，水トリーの発生を検出する方法がある．

(4) 課電しない状態でも，ケーブル内に水がはいると水トリーは進展する．

(5) ボウタイトリーは，水トリーの一種である．

■ **2** (H2 A-17)

CV ケーブルと OF ケーブルとを比較した次の記述のうち，誤っているのはどれか．

(1) CV ケーブルのほうが保守が容易である．

(2) CV ケーブルのほうが誘電正接（$\tan \delta$）が小さい．

(3) 高低差のある場所に布設する場合には，CV ケーブルのほうが有利である．

(4) CV ケーブルのほうが誘電率が大きい．

(5) CV ケーブルでも，水トリー対策として金属シースを設けることがある．

■ **3** (H3 A-17)

CV ケーブルや CVT ケーブルに関する次の記述のうち，誤っているのはどれか．

(1) 絶縁体に架橋ポリエチレンを用いている．

(2) CVT ケーブルは，単心 3 本を介在物と一緒に円形により合わせた上に，一括してビニル外装を施したものである．

(3) 耐熱性に優れている．

(4) 耐薬品性に優れている．

(5) 軽量で取扱い性が良い．

■ **4** (H14 A-7)

CV ケーブルに関する記述として，誤っているのは次のうちどれか．

(1) CV ケーブルは，給油設備が不要のため，保守性に優れている．

(2) 3 心の CV ケーブルは，CVT ケーブルに比べて接続作業性が悪い．

(3) CV ケーブルの絶縁体には，塩化ビニル樹脂が使用されている．

(4) CV ケーブルは，OF ケーブルに比べて許容最高温度が高い．

(5) CV ケーブルは，OF ケーブルに比べて絶縁体の比誘電率が小さい．

■ **5** (H6 A-9)

ケーブルでは，導体が互いに接近して平行に置かれる．これらの導体に交流を流した場合，電流の向きが反対なら ☐ （ア） ☐ 力が働き，電流の向きが同じなら ☐ （イ） ☐ 力が働くので，導体内の電流が偏るから，電流密度は ☐ （ウ） ☐ となる．したがって，導

体の抵抗が ［（エ）］ する．このような現象を ［（オ）］ 効果という．

上記の記述中の空白箇所（ア），（イ），（ウ），（エ）および（オ）に記入する字句として，正しいものを組み合わせたのは次のうちどれか．

	（ア）	（イ）	（ウ）	（エ）	（オ）
(1)	吸引	反発	不均一	減少	表皮
(2)	反発	吸引	不均一	増加	近接
(3)	反発	吸引	不均一	増加	表皮
(4)	反発	吸引	均一	減少	近接
(5)	吸引	反発	均一	増加	表皮

■ 6 (H6 A-9)

6.6 kV ケーブルの絶縁体に架橋ポリエチレンを用いる場合，単心ケーブル 3 条をより合わせて用いると，3 心 ［（ア）］ のケーブルより ［（イ）］ が小さくなるので，［（ウ）］ 容量を大きくできる．また，［（エ）］ やすく，端末処理が容易となる．

上記の記述中の空白箇所（ア），（イ），（ウ）および（エ）に記入する字句として，正しいものを組み合わせたのは次のうちどれか．

	（ア）	（イ）	（ウ）	（エ）
(1)	共通	抵抗	静電	伸ばし
(2)	共通シース	熱抵抗	電流	曲げ
(3)	共通	インダクタンス	電流	伸ばし
(4)	共通シース	抵抗	静電	伸ばし
(5)	共通	熱抵抗	静電	曲げ

■ 7 (H13 A-8)

地中送配電線の主な布設方式である直接埋設式，管路式および暗きょ式について，各方式の特徴に関する記述として，誤っているのは次のうちどれか．

(1) 直接埋設式は，他の方式と比較して工事費が少なく，工事期間が短い．

(2) 管路式は，直接埋設式と比較してケーブル外傷事故の危険性が少なく，ケーブルの増設や撤去に便利である．

(3) 管路式は，他の方式と比較して熱放散が良く，ケーブル条数が増加しても送電容量の制限を受けにくい．

(4) 暗きょ式は，他の方式と比較して工事費が多大であり，工事期間が長い．

(5) 暗きょ式は，他の方式と比較してケーブルの保守点検作業が容易であり，多条数の布設に適している．

■ 8 (H4 A-19)

一般的に用いられる地中ケーブルの布設方法には，［（ア）］ 式，［（イ）］ 式および ［（ウ）］ 式がある．このうち，［（ア）］ 式は埋設条数の少ない本線部分や引込線部分などで用いられ，また，［（イ）］ 式には変電所の引出しなどでケーブル条数の多い場所に使用する洞道などがある．

上記の記述中の空白箇所（ア），（イ）および（ウ）に記入する字句として，正しいものを組み合わせたのは次のうちどれか.

	（ア）	（イ）	（ウ）
(1)	直埋	暗きょ	管路
(2)	直埋	管路	暗きょ
(3)	管路	直埋	暗きょ
(4)	暗きょ	管路	直埋
(5)	暗きょ	直埋	管路

■ 9 (H10 A-8)

地中送電線路の線路定数に関する記述のうち，誤っているのは次のうちどれか.

(1) 架空送電線路の場合と同様，一般に，導体抵抗，インダクタンス，静電容量を考える.

(2) 交流の場合の導体の実効抵抗は，表皮効果および近接効果のため直流に比べて小さくなる.

(3) 導体抵抗は，温度上昇とともに大きくなる.

(4) インダクタンスは，架空送電線路に比べて小さい.

(5) 静電容量は，架空送電線路に比べてかなり大きい.

■ 10 (H11 A-8)

次の記述は，地中送電線路のケーブルに発生するシース電圧，シース電流およびシース損に関するものである. 誤っているのは次のうちどれか.

(1) 常時シース電圧およびシース損を低減する目的で，クロスボンド方式が一般的に用いられている.

(2) シース損には，線路の長手方向に流れる電流によって発生するシース回路損と，金属シース内に発生する渦電流損とがある.

(3) 三相回路に 3 心ケーブルを用いると，各相の導体が接近しているので，大きなシース電圧が発生する.

(4) 送電電流が増加すると，シース損も増加する.

(5) 架空送電線と地中送電線が接続している系統において，架空送電線から地中送電線に雷サージが侵入した場合，金属シースにもサージ電流が発生する.

■ 11 (R3 A-11)

地中送電線路に使用される電力ケーブルの許容電流に関する記述として，誤っているものを次の（1）～（5）のうちから一つ選べ.

(1) 電力ケーブルの絶縁体やシースの熱抵抗，電力ケーブル周囲の熱抵抗といった各部の熱抵抗を小さくすることにより，ケーブル導体の発熱に対する導体温度上昇量を低減することができるため，許容電流を大きくすることができる.

(2) 表皮効果が大きいケーブル導体を採用することにより，導体表面側での電流を流れやすくして導体全体での電気抵抗を低減することができるため，許容電流を大きくすることができる.

(3) 誘電率, 誘電正接の小さい絶縁体を採用することにより, 絶縁体での発熱の影響を抑制することができるため, 許容電流を大きくすることができる.

(4) 電気抵抗率の高い金属シース材を採用することにより, 金属シースに流れる電流による発熱の影響を低減することができるため, 許容電流を大きくすることができる.

(5) 電力ケーブルの布設条数 (回線数) を少なくすることにより, 電力ケーブル相互間の発熱の影響を低減することができるため, 1 条当たりの許容電流を大きくすることができる.

■ 12 (H4 A-20)

地中配電線に関する次の記述のうち, 誤っているものはどれか.

(1) ケーブル系統では, 架空電線路の場合に比べ静電容量が小さくなり, 充電電流が小さくなる.

(2) ケーブルの許容電流は, 条数が増えるほど小さくなる.

(3) 電気的故障は, 地絡事故が大部分で短絡事故は少ない.

(4) ケーブルには, 一般に CV ケーブルが用いられるようになってきた.

(5) 従来の CV ケーブルには浸水劣化 (水トリー劣化) がみられたが, 最近では, シース外部からの透水を防止する遮水性能を付加したものが開発されている.

■ 13 (H1 A-17)

ケーブルの送電容量に関する次の記述のうち, 誤っているものはどれか.

(1) 気中布設のほうが地中布設よりも送電容量は大きい.

(2) 多条数であればあるほど, 1 条当たりの送電容量は小さくなる.

(3) 土壌熱抵抗が小さいほど, 送電容量は小さくなる.

(4) ケーブル間隔を大きくとるほど, 送電容量は大きくなる.

(5) 回路損失が大きいほど, 送電容量は小さくなる.

■ 14

ケーブルの絶縁耐力試験を直流で行う理由として, 正しいのは次のうちどれか.

(1) 絶縁破壊時の被害が小さくてすむ.

(2) 絶縁耐力は直流のほうが高い.

(3) 地中埋設の結果生ずる電食作用を考慮する必要がある.

(4) 試験用電源の容量が小さくてすむ.

(5) ケーブルの誘電体損失がない.

■ 15 (H3 A-20)

我が国の地中配電線路の事故原因のうち, 最も多いのは次のうちどれか.

(1) 設備不備　　(2) 保守不備　　　　(3) 故意・過失

(4) 自然現象　　(5) 樹木・鳥獣の接触

■ 16 (H6 A-12)

1 相当たりの静電容量が $0.42\,\mu F/km$ のケーブルを, こう長 6 km, 三相 3 線式 1 回

線の地中線に使用し，77 kV，60 Hz の電圧を印加したときの無負荷充電容量〔kV・A〕
はいくらか．正しい値を次のうちから選べ．

(1) 890　　(2) 1 880　　(3) 3 250　　(4) 5 630　　(5) 9 750

■ 17

66 kV，50 Hz の三相 3 線式で使用した場合，誘電損が 1 800 W となるケーブルがあ
る．これを 22 kV，60 Hz の三相 3 線式で使用した場合，誘電損〔W〕はいくらとなる
か．正しい値を次のうちから選べ．

(1) 240　　(2) 600　　(3) 720　　(4) 1 200　　(5) 1 800

■ 18 (H8 A-8)

地中送電線の故障点を標定する測定法として，誤っているのは次のうちどれか．

(1) 交流ブリッジ法　　(2) マーレーループ法　　(3) 静電容量法

(4) 部分放電測定法　　(5) パルスレーダ法

■ 19

長さが L であるケーブルの始端から x だけ離れた地点 F で地絡事故が生じたので，
残りの健全なケーブルと終端で短絡し，マーレーループ法で故障点までの距離 x を求
めようとする．1 000 目盛のしゅう動抵抗上の P 点で検流計 G の振れがゼロを示し，P
点の目盛が a であったとすれば，x は

$$x = \boxed{}$$

として求められる．

上記の記述中の空白箇所に記入する式として，正しいのは次のうちどれか．

(1) $\dfrac{2L(1\,000-a)}{1\,000}$　　(2) $L+\sqrt{L^2-(1\,000-a)\,a}$　　(3) $\dfrac{1\,000}{2La}$

(4) $500+(L-a)$　　(5) $\dfrac{2La}{1\,000}$

■ 20

パルスによるケーブルの故障点標定によれば，故障点までの距離〔l〕は次式で与え
られる．

$$l = \frac{vt}{2}\ \text{〔m〕}$$

ケーブル内のパルスの伝搬速度が 160 m/μs，パルスを送り出してから反射して返っ
てくるまでの時間が 3 μs であった．故障点までの距離〔m〕として，正しい値を次の
うちから選べ．

(1) 120　　(2) 180　　(3) 240　　(4) 360　　(5) 480

■ 21 (H29 A-16)

図に示すように，対地静電容量 C_e〔F〕，線間静電容量 C_m〔F〕からなる定格電圧 V〔V〕
の三相 1 回線のケーブルがある．

今，受電端を開放した状態で，送電端で三つの心線を一括してこれと大地間に定格電

圧 V〔V〕の $\dfrac{1}{\sqrt{3}}$ 倍の交流電圧を加えて充電すると

全充電電流は 90 A であった.

　次に，二つの心線の受電端・送電端を接地し，受電端を開放した残りの心線と大地間に定格電圧 V〔V〕

の $\dfrac{1}{\sqrt{3}}$ 倍の交流電圧を送電端に加えて充電するとこ

の心線に流れる充電電流は 45 A であった.

　次の（a）および（b）の問に答えよ.

　ただし，ケーブルの鉛被は接地されているとする.　また，各心線の抵抗とインダクタンスは無視するものとする.　なお，定格電圧および交流電圧の周波数は，一定の商用周波数とする.

(a) 対地静電容量 C_e〔F〕と線間静電容量 C_m〔F〕の比 C_e/C_m として，最も近いものを次の（1）～（5）のうちから一つ選べ.

　　(1)　0.5　　(2)　1.0　　(3)　1.5　　(4)　2.0　　(5)　4.0

(b) このケーブルの受電端をすべて開放して定格の三相電圧を送電端に加えたときに 1 線に流れる充電電流の値〔A〕として，最も近いものを次の（1）～（5）のうちから一つ選べ.

　　(1)　52.5　　(2)　75　　(3)　105　　(4)　120　　(5)　135

参考　**直流漏れ電流測定**（p.444）

　直流電圧を加え，短時間で減衰する**変位電流**や**吸収電流**および時間的に変化しない**漏れ電流**の大きさ・変化などから絶縁状態を推定する.

　絶縁物が劣化すると，漏れ電流が増加する.　極端に劣化が進むと各電流値が増大したり，キックが発生したりする.

　ケーブルは静電容量が大きいため，交流で試験すると非常に大容量の試験装置を必要とするので，試験用電源の容量が少なくてすむ直流で絶縁耐力試験を行うことが認められている.

　直流での**試験電圧**は所要の交流試験電圧の **2倍**である.

（注）充電電流は，交流電圧印加時にケーブルの静電容量を常時流れる電流で，絶縁劣化測定法（故障判定・予知法）とは無関係である.

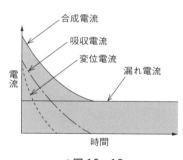

●図 10・18

参考 **パルスのケーブル中の伝搬速度** (p.443)

$$v = \frac{c}{\sqrt{\varepsilon_s \mu_s}} = \frac{1}{\sqrt{LC}} \ [\mathrm{m/\mu s}] \ (単位について下記 \boxed{補足} 参照)$$

で与えられ，$\varepsilon_s = 1.5 \sim 6$ 程度，$\mu_s \fallingdotseq 1$ として，$v = 120 \sim 250 \ [\mathrm{m/\mu s}]$ 程度．

ここで，

ε_s：ケーブルの比誘電率

μ_s：ケーブルの比透磁率

c：光速度 $(3.0 \times 10^8 \mathrm{m/s} = 300 \mathrm{m/\mu s})$

L：ケーブルの単位長あたりの1線分インダクタンス $[\mathrm{mH/km}]$

C：ケーブルの単位長あたりの1線分静電容量 $[\mathrm{\mu F/km}]$

補足 $\dfrac{1}{\sqrt{LC}}$ の単位は Hz? 速度 m/s?

$v = \dfrac{1}{\sqrt{LC}} \ [\mathrm{m/\mu s}]$，$f = \dfrac{1}{2\pi\sqrt{LC}} \ [\mathrm{Hz} = 1/\mathrm{s}]$ というように，2π という無次元の数字の

違いだけで，$\dfrac{1}{\sqrt{LC}}$ の単位が速さ $[\mathrm{m/s}]$ になったり，$[1/\mathrm{s}]$ になったりするのであろうか？

L が $[\mathrm{H}:ヘンリー]$，C が $[\mathrm{F}:ファラッド]$ で与えられたとき，$\dfrac{1}{\sqrt{LC}}$ の単位は $[1/\mathrm{s}]$

である．すなわち

$$\frac{1}{\sqrt{[\mathrm{H}][\mathrm{F}]}} = \frac{1}{[\mathrm{s}]} \qquad \therefore \ [\mathrm{H}][\mathrm{F}] = [\mathrm{s}^2] \qquad (※)$$

これが単位長で与えられたとき，すなわち L が $[\mathrm{H/m}]$，C が $[\mathrm{F/m}]$ で与えられたとき，

$\dfrac{1}{\sqrt{LC}}$ の単位は

$$\left[\frac{\mathrm{H}}{\mathrm{m}} \cdot \frac{\mathrm{F}}{\mathrm{m}}\right] = \left[\frac{\mathrm{HF}}{\mathrm{m}^2}\right] = \left[\frac{\mathrm{s}^2}{\mathrm{m}^2}\right] より \left[\frac{\mathrm{s}}{\mathrm{m}}\right]$$

よって，L と C の単位が長さ当たりで与えられていると，$\dfrac{1}{\sqrt{LC}}$ の単位は速度となる．

(※) の導き方の一例

$$V = -L\frac{dI}{dt}, \ Q = CV より$$

$$\frac{dQ}{dt} = I = C\frac{dV}{dt} \quad \therefore \ L = -\frac{V}{\dfrac{dI}{dt}}, \ C = \frac{I}{\dfrac{dV}{dt}}$$

より，L と C の単位はそれぞれ $\left[\dfrac{V}{\dfrac{A}{s}}\right] = \left[\dfrac{V \cdot s}{A}\right]$，$\left[\dfrac{A}{\dfrac{V}{s}}\right] = \left[\dfrac{A \cdot s}{V}\right]$ となる．

よって，LC の単位は，$\left[\dfrac{V \cdot s}{A}\right] \times \left[\dfrac{A \cdot s}{V}\right] = [\mathrm{s}^2]$ すなわち $[\mathrm{H}][\mathrm{F}] = [\mathrm{s}^2]$ となる．

機械的特性

学習のポイント

　機械的特性では，電線のたるみと電線実長，支線の計算が主である．

　電線のたるみと実長については，それぞれの公式，

$$D = \frac{WS^2}{8T} \qquad L = S + \frac{8D^2}{3S}$$

を確実に覚えておけば，大方の問題は容易に解けるはずである．

　電線は温度の変化により伸縮し，たるみも変わるため，温度とたるみの関係についても理解しておく必要がある．

　支持物には風圧荷重や電線自重，電線の不平均張力など，さまざまな荷重がかかる．支線はこれらの荷重に対し，倒れたり，折損したりしないように支持物の補強に用いられる．支線の計算では，まず，電線の取付け点にかかる荷重を求め，それに対して支線張力の水平分力がこれにつり合う支線を取り付ければよい．すなわち，支線の問題は $P = T \sin \theta$ の公式が基礎となる．

電線のたるみ

[★★★]

1 たるみ（弛度）

　架空電線を支持物に取り付けると，支持物間で電線がたるむ．図 11・1 のように，取付け点に高低差のない場合の架空線のたるみは中央が最大で，そのときのたるみ D は次式で与えられる（p.458 参照）．

$$D = \frac{WS^2}{8T} \ [\text{m}] \qquad (11 \cdot 1)$$

ここに，W：電線 1 m 当たりの荷重
〔N/m〕，S：径間〔m〕，T：
電線の水平張力（≒支持点
の最大張力）〔N〕

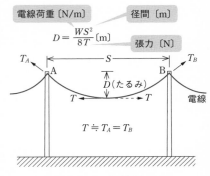

●図 11・1　電線のたるみ

　この式で，W は 1 m 当たりの電線荷重であるが，これは次のものからなっている．電線自重を w，風圧荷重を w_w，氷雪重量を w_i，氷雪の付着したときの風圧荷重を w_{iw} とすれば，w および w_i は垂直方向に，その他は水平方向に作用する．したがって，電線は図 11・2 のように鉛直線に対して θ の方向に振れる．これらは，風やその他によって次のように変わる．

　① 無風・無氷雪　　　$W = w$　　　$\theta = 0$

　② 有風・無氷雪　　　$W = \sqrt{w^2 + w_w{}^2}$　　　$\theta = \tan^{-1} \dfrac{w_w}{w}$

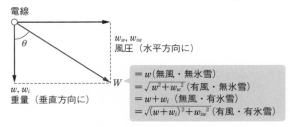

●図 11・2　電線荷重

③　無風・有氷雪　　　$W = w + w_i$　　　$\theta = 0$

④　有風・有氷雪　　　$W = \sqrt{(w + w_i)^2 + w_{iw}^2}$　　　$\theta = \tan^{-1}\{w_{iw}/(w + w_i)\}$

（注）　1 m 当たりの電線自重を W〔kg/m〕とすると，電線自重による 1 m 当たりの荷重 w〔N/m〕は重力加速度 $g = 9.8$〔m/s²〕をかけて，$w = gW = 9.8W$〔N/m〕となる．

なお，T は電線の許容引張荷重（引張荷重÷安全率）以下とする必要がある．**電線の安全率は，硬銅線および耐熱銅合金線で 2.2，その他（アルミ線，鋼心アルミより線など）は 2.5 とする．**

たるみは径間の 2 乗に比例し，張力に反比例する．

なお，取付け点の高さが異なる場合でも，径間の中間（S/2）地点のたるみ（斜めたるみ）は式（11・1）で求まる．

風圧を考える場合の電線断面積は，（直径×長さ）の長方形になる．1 m 当たりの風圧は，これに単位面積当たりの風圧を乗ずればよい．7/2.6 mm（38 mm²）の電線は，直径 2.6×10^{-3} m の素線が 3 本並ぶ（図 11・3）ので，直径はこの 3 倍，すなわち $2.6 \times 10^{-3} \times 3$ m で，1 m 当たりの面積は $2.6 \times 10^{-3} \times 3$ m² となる．したがって，1 m²

直径 2.6 mm

$2.6 \times 10^{-3} \times 3$ m
7/2.6〔38 mm²〕
（7 本より）

● 図 11・3

当たり 980 N の甲種風圧の場合は $2.6 \times 10^{-3} \times 3 \times 980 = 7.644$ N となる．これが w_w である．なお，**19 本よりの直径は，素線直径×5** となる．

（注）　1 N/m² = 1 Pa（Pa：パスカル）

2　電 線 実 長

架線状態における電線の実際の長さ（実長）L は，次式で与えられる．すなわち，実長は径間長より $8D^2/3S$ だけ大きく，これは S に対して 0.2 ~ 0.3 % 程度である（p.458 参考 参照）．

$$L = S + \frac{8D^2}{3S} \ \text{〔m〕} \tag{11・2}$$

たるみを調整するには，この式から実長を調整すればよい．

◀1▶ 径間の変化とたるみ ▶

電線の取付け点が外れた場合のように，径間が変化した場合のたるみは，W の変化はないので，次のとおりである．

①　張力が変化しない場合　　式（11・1）から径間 S の 2 乗に比例して変化する．

②　張力が変化する場合　　T と S が変化するので，式（11・1）は利用できない．この場合は式（11・2）で，実長 L と径間 S の変化前後の式から求める．

参考　**電線弛度と実長の導き方**

もう一つ微積分による導出例を示す.

図 11·4 より

$$\frac{dy}{dx} = \frac{Wl}{T} \quad\text{.........................①}$$

$D \ll S$ として θ が小さいとき，$l \fallingdotseq x$ となるので

$$\frac{dy}{dx} = \frac{Wx}{T} \quad\text{.........................②}$$

式 ① を解くと，懸垂（カテナリー）曲線の式が得られる.
式 ② を解くと，放物線の式が得られる. なお，よく知られた事実であるが，近似ではなく式 ② にぴったり合致するのが床板の重量の大きい吊り橋のケーブルである.

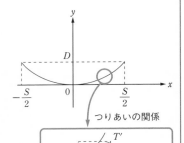

● 図 11·4

ここでは放物線近似で十分なので，② を積分すると

$$y = \frac{1}{2}\left(\frac{W}{T}\right)x^2 \quad (x = 0 \text{ のとき } y = 0 \text{ なので積分定数は } 0)$$

$x = S/2$ のとき $y = D$ なので

$$D = \frac{1}{2}\left(\frac{W}{T}\right)\left(\frac{S}{2}\right)^2 = \frac{WS^2}{8T}$$
　弛度（たるみ）の公式（11·1）

次に電線実長 L を求める.

$$L = \int_{-S/2}^{S/2} \sqrt{1 + \left(\frac{dy}{dx}\right)^2} \cdot dx = 2\int_0^{S/2} \sqrt{1 + \left(\frac{Wx}{T}\right)^2}\, dx$$

いま $D \ll S$ として，θ が小さいと考えているので $(Wx/T)^2 \ll 1$
このとき近似式 $(1+x)^n \fallingdotseq 1 + nx$ を用い

$$\sqrt{1 + \left(\frac{Wx}{T}\right)^2} = \left\{1 + \left(\frac{Wx}{T}\right)^2\right\}^{1/2} \fallingdotseq 1 + \frac{1}{2}\left(\frac{Wx}{T}\right)^2$$

$$\therefore \quad L = 2\int_0^{S/2}\left\{1 + \frac{1}{2}\left(\frac{Wx}{T}\right)^2\right\}dx = 2\left[x + \frac{1}{6}\left(\frac{W}{T}\right)^2 x^3\right]_0^{S/2}$$

$$= 2\left[\frac{S}{2} + \frac{1}{6}\left(\frac{W}{T}\right)^2\left(\frac{S}{2}\right)^3\right] = S + \frac{1}{24}\left(\frac{W}{T}\right)^2 S^3$$

ここで，$D = WS^2/8T$ より，$T = WS^2/8D$ を代入して

$$L = S + \frac{1}{24}W^2\left(\frac{8D}{WS^2}\right)^2 S^3 = S + \frac{8D^2}{3S}$$
　電線実長の式（11·2）

3 温度変化とたるみ

電線は，日射，気温，電流の増加などにより温度が上昇すると膨張して伸びる（図11·5）．電線の温度上昇を t〔℃〕，線膨張係数を α とすれば，次式で示すように電線実長は L_1 から L_2 に変化する．

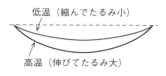

低温（縮んでたるみ小）

高温（伸びてたるみ大）

●図11·5

$$L_2 = L_1(1+\alpha t) = L_1 + \alpha t L_1 \fallingdotseq L_1 + \alpha t S \tag{11·3}$$

温度上昇前後のたるみをそれぞれ D_1，D_2〔m〕とすれば

$$L_1 = S + \frac{8D_1{}^2}{3S} \qquad L_2 = S + \frac{8D_2{}^2}{3S} \tag{11·4}$$

式（11·4）を式（11·3）に代入すると

$$S + \frac{8D_2{}^2}{3S} = S + \frac{8D_1{}^2}{3S} + \alpha t S \qquad \frac{8D_2{}^2}{3S} = \frac{8D_1{}^2}{3S} + \alpha t S$$

両辺を 8/3S で除すと

$$D_2{}^2 = D_1{}^2 + \frac{3}{8}\alpha t S^2$$

$$\therefore \quad D_2 = \sqrt{D_1{}^2 + \frac{3}{8}\alpha t S^2} \ \text{〔m〕} \tag{11·5}$$

この式から，温度が変化した場合のたるみを求めることができる．

問題❶　　　✓ ✓ ✓　　　H18　A-14

　両端の高さが同じで径間距離 250 m の架空電線路があり，電線 1 m 当たりの重量は 20.0 N で，風圧荷重はないものとする．

　いま，水平引張荷重が 40.0 kN の状態で架橋されているとき，たるみ D〔m〕の値として，最も近いのは次のうちどれか．

(1) 2.1　　(2) 3.9　　(3) 6.3　　(4) 8.5　　(5) 10.4

$D = \dfrac{WS^2}{8T}$ を用いる．

 式（11·1）より

$$D = \frac{WS^2}{8T} = \frac{20.0 \times 250^2}{8 \times 40.0 \times 10^3} = \boldsymbol{3.90\,\text{m}}$$

解答 ▶ (2)

問題2 ✓ ✓ ✓　　　　　　　　　　　　　　　　　　H10　A-6

図のように高低差のない支持点 A，B で径間長 S の架空送電線において，架線の水平張力 T を調整してたるみ D を 10% 小さくし，電線地上高を高くしたい．この場合の水平張力の値として，正しいのは次のうちどれか．ただし，両側の鉄塔は十分な強度があるものとする．

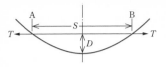

(1) $0.9^2 T$　　(2) $0.9 T$　　(3) $\dfrac{T}{\sqrt{0.9}}$　　(4) $\dfrac{T}{0.9}$　　(5) $\dfrac{T}{0.9^2}$

 調整後を T'，D' とすると

$$T' = \frac{WS^2}{8D'} = \frac{WS^2}{8 \times (0.9D)} = \frac{1}{0.9} \times \frac{WS^2}{8D} = \frac{T}{0.9}$$

解答 ▶ (4)

問題3 ✓ ✓ ✓　　　　　　　　　　　　　　　　　　H1　A-11

図のように，配線電路の 3 径間にわたる架線工事中の状態で，P 点で電線を引く張力 T〔N〕を表す式として，正しいのは次のうちどれか．ただし，（ア）～（エ）を条件とする．

（ア）電線路は直線路で，径間はすべて同一で S〔m〕とする．
（イ）柱上の電線支持位置の高さは，すべて同じとする．
（ウ）たるみは D〔m〕で，すべて同じとする．
（エ）風圧荷重と電線重量とを合成した合成荷重を W〔N/m〕とする．

(1) $\dfrac{WS^2}{8D}$　　(2) $\dfrac{WS}{8D^2}$　　(3) $\dfrac{3WS^2}{8D}$　　(4) $\dfrac{3WS^2}{8D^2}$　　(5) $\dfrac{3WD^2}{8S}$

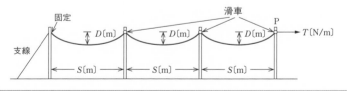

 左側 2 径間では，電線が滑車の上を自由に滑動できる状態で，すべりを生じず安定していることから，電柱箇所で左右の水平張力が平衡している．したがって右側の 1 径間のみを考えればよく

$$D = \frac{WS^2}{8T} \quad \text{より} \quad T = \frac{WS^2}{8D}$$

解答 ▶ (1)

問題4 ✓ ✓ ✓

径間 100 m の架空電線路がある．電線 1 m 当たりの自重は 0.3 kg，風圧荷重は 7.84 N，引張荷重は 14 700 N，安全率は 4 とするとき，たるみ (a)〔m〕および実長 (b)〔m〕で正しいものはどれか．

(a) たるみ〔m〕

(1) 1.55　　(2) 2.05　　(3) 2.35　　(4) 2.85　　(5) 3.05

(b) 実長〔m〕

(1) 100.22　　(2) 100.55　　(3) 100.75　　(4) 101.55　　(5) 102.05

総電線荷重 $W = \sqrt{w^2 + w_w^2}$，$D = \dfrac{WS^2}{8T}$，$L = S + \dfrac{8D^2}{3S}$ を用いる．

 (a) 電線 1 m 当たりの自重による荷重は $0.3 \, \text{kg/m} \times 9.8 \, \text{m/s}^2 = 2.94 \, \text{N/m}$

総電線荷重 W は

$$W = \sqrt{2.94^2 + 7.84^2} = 8.373 \, \text{N/m}$$

$$\therefore \quad D = \frac{WS^2}{8T} = \frac{8.373 \times 100^2}{8 \times \dfrac{14\,700}{4}} = \boldsymbol{2.85 \, \text{m}}$$

(b) $L = S + \dfrac{8D^2}{3S} = 100 + \dfrac{8 \times 2.85^2}{3 \times 100} = \boldsymbol{100.22 \, \text{m}}$

解答 ▶ (a)-(4)，(b)-(1)

問題5 ✓ ✓ ✓

直径 2 mm の素線 19 本をより合わせた (19/2.0) OC 電線（絶縁厚さ 2.5 mm）の 1 m 当たりの風圧荷重は何 N か．ただし，風圧を 980 Pa とする．

(1) 9.8　　(2) 11.8　　(3) 14.7　　(4) 16.7　　(5) 18.6

 $1 \, \text{Pa} = 1 \, \text{N/m}^2$，19 本よりの直径は，素線直径×5 なので，$2 \times 5 = 10 \, \text{mm}$．絶縁厚さ 2.5 mm なので，電線の直径は，$10 \, \text{mm} + 2.5 \, \text{mm} \times 2 = 15 \, \text{mm} = 0.015 \, \text{m}$

$$0.015 \, \text{m} \times 1 \, \text{m} \times 980 \, \text{N/m}^2 = \boldsymbol{14.7 \, \text{N}}$$

解答 ▶ (3)

問題6　✓ ✓ ✓

　径間 300 m で，たるみは 9 m であった．たるみを 10 m に増加させるために，径間に送り込む電線の長さ〔cm〕として，正しい値は次のうちどれか．

(1) 17　　(2) 35　　(3) 52　　(4) 73　　(5) 95

解説　$L_1 = S + \dfrac{8D^2}{3S} = 300 + \dfrac{8 \times 9^2}{3 \times 300} = 300.72\,\text{m}$

$L_2 = 300 + \dfrac{8 \times 10^2}{3 \times 300} = 300.89\,\text{m}$

$L_2 - L_1 = 300.89 - 300.72 = 0.17\,\text{m} = \mathbf{17\,cm}$

解答 ▶ (1)

問題7　✓ ✓ ✓　　　　　　　　　　　　　　　　　　　R3　A-16

　支持点の高さが同じで径間距離 150 m の架空電線路がある．電線の質量による荷重が 20 N/m，線膨張係数は 1℃につき 0.000018 である．電線の導体温度が −10℃のとき，たるみは 3.5 m であった．次の (a) および (b) の問に答えよ．ただし，張力による電線の伸縮はないものとし，その他の条件は無視するものとする．

(a) 電線の導体温度が 35℃のとき，電線の支持点間の実長の値〔m〕として，最も近いものを次の (1) 〜 (5) のうちから一つ選べ．

　　(1) 150.18　　(2) 150.23　　(3) 150.29　　(4) 150.34　　(5) 151.43

(b) (a) と同じ条件のとき，電線の支持点間の最低点における水平張力の値〔N〕として，最も近いものを次の (1) 〜 (5) のうちから一つ選べ．

　　(1) 6272　　(2) 12 863　　(3) 13 927　　(4) 15 638　　(5) 17 678

$L_{35} = L_{-10} \times (1 + \alpha t) = L_{-10}[1 + \alpha\{35 - (-10)\}]$ を用いる

解説　(a) 電線の実長 L〔m〕は，径間距離 S〔m〕とたるみ D〔m〕により，次式で表される．

$$L = S + \frac{8D^2}{3S} \quad\text{··· ①}$$

まず，導体温度 $t = -10$℃のとき，たるみ $D_1 = 3.5$ m より，このときの電線の実長 L_{-10}〔m〕を求める．

$$L_{-10} = 150 + \frac{8 \times 3.5^2}{3 \times 150} \fallingdotseq 150.218\,\text{m}$$

導体温度と電線実長の関係より，導体温度 $t_2 = 35\,℃$ のときの実長 $L_{35}\,[\mathrm{m}]$ を求める．

$$L_{35} = L_{-10}\{1 + a(t_{35} - t_{-10})\}\,[\mathrm{m}] \quad \text{②}$$
$$= 150.218[1 + 0.000018\{35 - (-10)\}]$$
$$= 150.3396 \fallingdotseq \mathbf{150.34\,m}$$

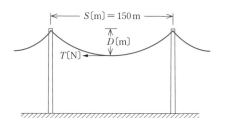

導体温度 $t\,[℃]$	$-10\,℃$	$35\,℃$
たるみ $D\,[\mathrm{m}]$	3.5 m	D_{35}
実長 $L\,[\mathrm{m}]$	L_{-10}	L_{35}

（b）電線のたるみ $D\,[\mathrm{m}]$ と水平張力 $T\,[\mathrm{N}]$ の関係は

$$D = \frac{WS^2}{8T} \quad \text{③}$$

$$\therefore\quad T = \frac{WS^2}{8D}\,[\mathrm{N}] \quad \text{④}$$

ここで，式 ① より，導体温度が $35\,℃$ のときのたるみ $D_{35}\,[\mathrm{m}]$ を求めると

$$D_{35} = \sqrt{\frac{3S(L_{35}-S)}{8}} = \sqrt{\frac{3 \times 150 \times (150.3396 - 150)}{8}} \fallingdotseq 4.373\,\mathrm{m}$$

よって，式 ④ に $D_{35} = 4.373\,\mathrm{m}$ を代入すると

$$T_{35} = \frac{20 \times 150^2}{8 \times 4.373} \fallingdotseq \mathbf{12\,863\,N}$$

解答 ▶ (a)-(4)，(b)-(2)

支　　　線

[★★]

1 支持物に加わる荷重

支持物に加わる荷重には,垂直荷重,水平縦荷重および水平横荷重の3種類がある.

【1】 垂直荷重

支持物の自重, 電線その他の架渉線 (架空地線など) の重量, 電線張力の垂直分力, 付着した氷雪, がいし, 腕金など付属品の重量など.

【2】 水平縦荷重

線路方向の荷重で, 支持物への風圧, 電線その他の架渉線の不平均張力など.

【3】 水平横荷重

線路と直角方向の荷重で, 支持物, 電線その他の架渉線の風圧, 電線路の水平角による電線張力の水平分力, 断線によるねじり力など.

これらの概要を示すと図11・6のとおりである.

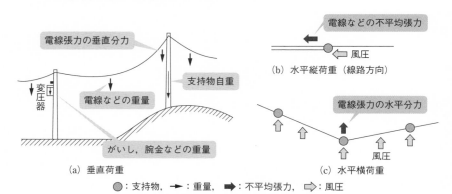

●図11・6　支持物に加わる荷重

2 支線の役目と取付箇所

支線は, これらの荷重の一部を分担し, 支持物の倒壊や傾斜などを防止するのが役目である. このため, 次のような箇所に取り付ける.

①　電線を引き留める箇所

②　両側の架線条数に差のあるような不平均張力のある箇所

③　線路が曲がっている箇所

④　直線路で線路を補強する箇所

3 種　　類

支線には，普通（地）支線，水平支線，共同（柱間）支線，Y支線，弓支線などがある（図11·7）.

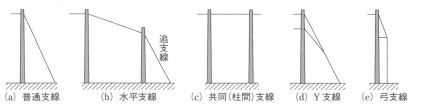

●図 11・7　支線の種類

4 支線の計算方法

1 一　般　式

図11·8で，電線の水平張力 P 〔N〕を支線張力 T で支える場合，oabc は平行四辺形であるから，bc が P とつり合う.支線と支持物とのなす角を θ とすれば，$\overline{bc} = T \sin\theta$，これが P と等しい.したがって

$$P = T \sin\theta$$

$$\therefore \quad T = \frac{P}{\sin\theta} \ \text{〔N〕} \tag{11·6}$$

支線の根開きを L 〔m〕，支線の取付高さを h 〔m〕とすれば

$$\overline{oe} = \sqrt{h^2 + L^2} \qquad \sin\theta = \frac{\overline{de}}{\overline{oe}} = \frac{L}{\sqrt{h^2 + L^2}}$$

●図 11・8

これを式（11·6）に代入すると

$$T = \frac{P}{\sin\theta} = \frac{P\sqrt{h^2 + L^2}}{L} \ \text{〔N〕} \tag{11·7}$$

たとえば，式（11·7）で，$P = 5\,880\,\text{N}$，$h = 8\,\text{m}$，$L = 6\,\text{m}$ とすれば

$$T = \frac{5\,880\sqrt{8^2+6^2}}{6} = 9\,800\,\text{N}$$

【2】 取付け点が異なる場合

支線は荷重点に取り付けるのが理想的である．しかし，実際には難しく，図 11·9 のように取付け点が異なっていることが多い．このような場合は，水平張力 P とその高さ h との積 Ph と，支線張力 T の水平分力 $T\sin\theta$ とその取付け点の高さ H との積 $HT\sin\theta$ が等しいとして求める．すなわち

$$Ph = HT\sin\theta \qquad \therefore \quad T = \frac{Ph}{H\sin\theta}$$

ここで，$\sin\theta = L/\sqrt{H^2+L^2}$ であるから

$$T = \frac{Ph}{H} \times \frac{\sqrt{H^2+L^2}}{L} = \frac{Ph\sqrt{H^2+L^2}}{HL} \ \text{[N]} \tag{11 · 8}$$

なお，図 11·10 のように取付点が 2 点の場合も同様に

$$P_1h_1 + P_2h_2 = TH\sin\theta$$

$$\therefore \quad T = \frac{(P_1h_1+P_2h_2)\sqrt{H^2+L^2}}{HL} \ \text{[N]} \tag{11 · 9}$$

ここで，$P_1 = 4\,900\,\text{N}$，$P_2 = 6\,860\,\text{N}$，$h_1 = 8.5\,\text{m}$，$h_2 = 7.5\,\text{m}$，$H = 8\,\text{m}$，$L = 6\,\text{m}$ として計算すると $T \fallingdotseq 19\,396\,\text{N}$ となる．一方 $P_1 + P_2$ が H の高さに取り付けられているものと考えて，式 (11·6) から計算すると $19\,600\,\text{N}$ となり，両者間に大きな差はない．

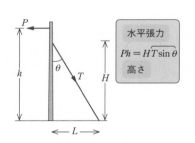

●図 11·9　取付け点が異なる場合（1 点）　　●図 11·10　取付け点が異なる場合（2 点）

【3】 曲線路の支線

図 11·11 のように両径間に張力の差があり，しかも曲線路の場合は，P_1 と P_2 の合成荷重の oa の大きさの水平横荷重が支持物に作用する．P_1 と P_2 の合成は，

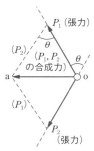

P_1, P_2 の合成張力を求め
式 (11・6) により
$P_1 = P_2$, $\theta = 60°$ なら
$\overline{\mathrm{oa}} = P_1 = P_2$
$\overline{\mathrm{oa}} = \sqrt{P_1{}^2 + P_2{}^2 - 2P_1P_2\cos\theta}$

●図 11・11　曲線路

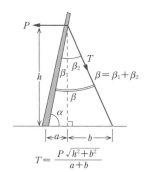

$T = \dfrac{P\sqrt{h^2+b^2}}{a+b}$

(a)

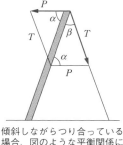

傾斜しながらつり合っている
場合，図のような平衡関係に
あるから正弦定理より
$\dfrac{T}{\sin\alpha} = \dfrac{P}{\sin\beta}$ が成り立つ．

(b)

●図 11・12　傾斜支持物

これらを 2 辺とする平行四辺形をつくり，その対角線 oa を求めると，$\overline{\mathrm{oa}}$ が合成力となり，これを補強する支線が必要となる．この大きさは，三角関数の余弦定理から

$$\overline{\mathrm{oa}} = \sqrt{P_1{}^2 + P_2{}^2 - 2P_1P_2\cos\theta} \qquad (11 \cdot 10)$$

で求めることができる．この式で $P_1 = P_2 = P$，$\theta = 60°$ とすれば，$\cos 60° = 1/2$ であるから $\overline{\mathrm{oa}} = P$ となる．もっとも，難しい計算をしなくても，$\triangle \mathrm{oa}P_1$ は正三角形となることからもわかる．この $\overline{\mathrm{oa}}$ の値を式 (11・10) の P とおく．

なお，図 11・12 のように支持物が傾斜している場合は次のように求める．

正弦定理から

$$\frac{T}{\sin\alpha} = \frac{P}{\sin\beta} \qquad \therefore \quad T = \frac{\sin\alpha}{\sin\beta}P \qquad (11 \cdot 11)$$

$$\sin\alpha = \frac{h}{\sqrt{h^2+a^2}}$$

$$\sin\beta = \sin(\beta_1 + \beta_2) = \sin\beta_1\cos\beta_2 + \cos\beta_1\sin\beta_2$$

$$= \frac{a}{\sqrt{h^2+a^2}} \cdot \frac{h}{\sqrt{h^2+b^2}} + \frac{h}{\sqrt{h^2+a^2}} \cdot \frac{b}{\sqrt{h^2+b^2}} = \frac{h(a+b)}{\sqrt{h^2+a^2}\sqrt{h^2+b^2}}$$

$$\therefore \quad T = \frac{h}{\sqrt{h^2+a^2}} \cdot \frac{\sqrt{h^2+a^2}\sqrt{h^2+b^2}}{h(a+b)}P = \frac{\sqrt{h^2+b^2}}{a+b}P$$

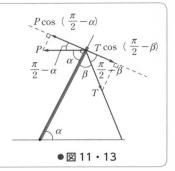

補足　式 (11·11) の別法による求め方
　　　図 11·13 より，傾斜支持物のつり合いは

$$P \cos\left(\frac{\pi}{2}-\alpha\right) = T \cos\left(\frac{\pi}{2}-\beta\right)$$

$$\cos\left(\frac{\pi}{2}-\theta\right) = \sin\theta \ \text{なので}$$

$$P \sin\alpha = T \sin\beta \qquad \therefore \quad T = \frac{\sin\alpha}{\sin\beta}P$$

●図 11·13

5　支線条数の求め方

　支線に加わる張力 T が求まると，支線 1 条当たりの引張荷重（支線が切れるときの荷重）を t 〔N〕，安全率を F とすれば，支線 1 条当たりの許容引張荷重は t/F となる．これを n 条より合わせて使用するので，より合わせた支線の許容引張荷重は nt/F となり，これが T と等しくなる．したがって

$$T = \frac{nt}{F} \qquad \therefore \quad n = \frac{TF}{t} \ \text{〔条〕} \tag{11·12}$$

　計算結果は，小数点以下は切り上げて整数条とする（図 11·14）．
　なお，以上は支線が全荷重を分担するものとしての計算であるが，支持物が，たとえば，荷重の 1/2 を分担するとすれば，必要な支線は上記の 1/2 でよい．

$$n = \frac{TF}{t} \ \text{〔条〕}$$

（端数切上げ）

T：支線に加わる張力
F：安全率
t：支線 1 条当たりの引張荷重

●図 11·14　支線条数 (n)

　支線の安全率は一般的には 2.5 以上であるが，高圧配電線路に取り付ける支線は 1.5 でよい．
　また，t が 1 条当たりの N でなく，$1\,mm^2$ 当たりの N で与えられた場合は，支線 1 条の断面積 〔mm^2〕 を求め，これと $1\,mm^2$ 当たりの N との積から t を求める．たとえば，直径 2.3 mm の亜鉛めっき鋼線（引張強さ $1225\,N/mm^2$）の 1 条当たりの引張強さは，断面積が $S = \pi r^2 = \pi \times (2.3/2)^2 = 4.15\,mm^2$ であるから，引張強さは $1225 \times 4.15 \fallingdotseq 5084\,N$ となる．

問題8 ✓ ✓ ✓

図のような電柱の地上 10 m の位置に，水平張力 4 900 N で電線が架線されている．支線の安全率を 2 とするとき，支線は最低何 N の張力に耐えられる設計とする必要があるか．次のうちから正しいものを選べ．

(1) $2450\sqrt{5}$ 　　(2) $4900\sqrt{3}$
(3) $4900\sqrt{5}$ 　　(4) $9800\sqrt{3}$
(5) $9800\sqrt{5}$

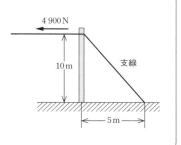

解説 解図のような力のつり合いを考えると

$$P = T\sin\theta \quad \therefore \quad T = \frac{P}{\sin\theta}$$

支線の安全率を 2 とすると，使用する支線の耐えうる張力 T_0 は

$$T_0 = 2T = \frac{2P}{\sin\theta}$$

ここで，$\sin\theta = \dfrac{5}{\sqrt{10^2+5^2}} = \dfrac{1}{\sqrt{5}}$

$$\therefore \quad T_0 = \frac{2P}{\sin\theta} = \frac{2\times4900}{1/\sqrt{5}} = \boldsymbol{9\,800\sqrt{5}}\ \textbf{N}$$

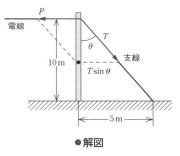

●解図

解答 ▶ (5)

問題9 ✓ ✓ ✓

図のように支線を用いて，電柱に加わる水平張力を支えようとする．引張荷重 4 312 N の支線 7 条を用いるものとすれば，これによって支えることができる水平張力〔N〕として，正しい値を次のうちから選べ．ただし，支線の安全率は 2.5 とする．

(1) 6 080 　　(2) 7 200 　　(3) 9 600 　　(4) 10 880
(5) 12 050

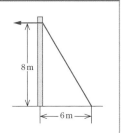

解説 式 (11・12) より，$T = nt/F = 7\times4312\div2.5 = 12\,074\,\text{N}$
$\sin\theta = 6/\sqrt{8^2+6^2} = 0.6$
式 (11・6) より，$P = T\sin\theta = 12\,074\times0.6 = \boldsymbol{7\,244\,\textbf{N}}$

解答 ▶ (2)

練習問題

■ 1

直径 10 mm, 自重 0.5 kg/m の電線の周囲に, 厚さ 6 mm, 比重 0.9 の氷雪が付着した. これに, 垂直投影面積 1 m² 当たり 490 N の風圧が作用すると, 1 m 当たりの (ア) 風圧荷重 〔N〕 および (イ) 電線荷重 〔N〕 として, 正しい値を組み合わせたものはどれか.

(1) (ア) 7.8 (イ) 11.8 (2) (ア) 10.8 (イ) 13.2

(3) (ア) 13.7 (イ) 14.5 (4) (ア) 16.7 (イ) 15.9

(5) (ア) 19.6 (イ) 18.3

■ 2

支持物に加わる荷重は, （ア）荷重, （イ）荷重および （ウ）荷重に大別される. （ア）荷重は支持物などの重量による荷重であり, 一方の径間で断線が起こった場合は （イ）荷重が, 電線路に水平角度がある場合は （ウ）荷重がそれぞれ生ずる.

上記の記述中の空白箇所 （ア）, （イ）および（ウ）に記入する字句として, 正しいものを組み合わせたのは次のうちどれか.

	(ア)	(イ)	(ウ)
(1)	垂直	水平横	水平縦
(2)	水平縦	水平横	垂直
(3)	水平縦	垂直	水平縦
(4)	垂直	水平縦	水平横
(5)	水平縦	垂直	水平横

■ 3 (H5 A-9)

架空送電線に関する次の記述のうち, 誤っているのはどれか.

(1) 夏季高温時には, 電流容量が減少する.

(2) 一定送電電流に対し, 夏季高温時には電線のたるみが増大する.

(3) 一定送電電流に対し, 冬季寒冷時には電線の実長が短くなる.

(4) 一定送電電流に対し, 夏季高温時には電線の実長が長くなる.

(5) 一定送電電流に対し, 冬季寒冷時には電線張力が減少する.

■ 4 (H5 A-7)

架空送電線の設計において, 機械的強度を決める場合に, 関係のないものは次のうちどれか.

(1) 塩害　　　　　(2) 電線の重量　　　　　(3) 電線に加わる風圧

(4) 電線の着氷雪の重量　　　(5) 両支持点の高低差

■ 5

図のような引留（角度）柱の支線に加
わる張力として，正しいのは次のうちど
れか．

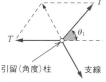

(a) 上方向から見たところ　　(b) 横方向から見たところ

(1) $\dfrac{2T\sin\theta_1/2}{\sin\theta_2}$　　(2) $\dfrac{2T\cos\theta_1}{\sin\theta_2}$

(3) $\dfrac{2T\cos\theta 1/2}{\sin\theta_2}$　　(4) $\dfrac{2T\sin\theta_1}{\sin\theta_2}$

(5) $2T\cos\theta_1\cdot\sin\theta_2$

■ 6

架空送電線を 200 m の径間に架設したところ，たるみは 5 m であった．たるみを
6 m にするためには，電線をいくら〔cm〕送り込めばよいか．

(1) 15　　(2) 20　　(3) 25　　(4) 30　　(5) 35

■ 7　(H2 A-11)

図のような配電線の角度柱において，電線張力の合成荷重
を電柱と水平支線が 1/2 ずつ分担している場合，水平支線の
張力として，正しいのは次のうちどれか．

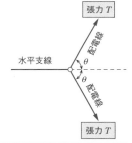

(1) $T\cos\theta$　　(2) $T\sin\theta$　　(3) $2T\cos\theta$

(4) $2T\sec\theta$　　(5) $\dfrac{1}{2}T\cos\theta$

■ 8

径間 200 m，電線 1 m 当たりの重量を 0.8 kg，風圧荷重はなく，電線は引張荷重
39 200 N，安全率を 4 として，(a) たるみ〔m〕および (b) 電線実長〔m〕はいくらか．
正しい値を組み合わせたものを，次のうちから選べ．

(a) (1) 3.5　　(2) 4.0　　(3) 4.5　　(4) 5.0　　(5) 5.5

(b) (1) 200.11　(2) 200.21　(3) 200.31　(4) 200.51　(5) 200.71

■ 9

径間 100 m，引張荷重 23 520 N の架空電線（硬銅）路があり，1 m 当たりの電線重
量は 1 kg である．最低温度 0℃ において電線の許容引張荷重（安全率を 2.2 とする）
になるように架設するものとする．いま，30℃ において架設するものとすれば，たる
み〔m〕はいくらにすればよいか．正しい値を次のうちから選べ．ただし，電線の温度
による線膨張係数は 1℃ につき 17×10^{-6} とし，張力による電線の伸縮は無視する．

(1) 1.62　　(2) 1.68　　(3) 1.72　　(4) 1.80　　(5) 1.87

■ 10

図に示す，各径間が相等しい直線の配電線路が
ある．1本の電柱で電線支持バインド線が外れ，
電線が垂下した場合のたるみはどう変化するか．

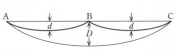

正しい値を次のうちから選べ．ただし，各電線の支持点は同一高さとし，張力による電
線の長さの変化はないものとする．

(1) $2d$ (2) $2.5d$ (3) $3d$ (4) $3.5d$ (5) $4d$

■ 11

直径 5 mm の硬銅線に厚さ 2 mm の絶縁を施した絶縁電線（重量 220 kg/km，引張
荷重 8 000 N）を，径間 50 m，風圧を受けた状態におけるたるみ 80 cm で架設した場
合の電線の安全率はいくらか．正しい値を次のうちから選べ．ただし，風圧荷重は
980 Pa（980 N/m^2）とする．

(1) 2.26 (2) 2.50 (3) 2.71 (4) 3.02 (5) 3.51

■ 12

図において，電線の水平張力が P 〔N〕である場合，支線の張力〔N〕として，正し
いのは次のうちどれか．

(1) $P\dfrac{\sin\alpha}{\sin\beta}$ (2) $P\dfrac{\sin\beta}{\sin\alpha}$ (3) $P\dfrac{\sin\beta}{\cos\alpha}$

(4) $P\dfrac{\cos\alpha}{\cos\beta}$ (5) $P\dfrac{\cos\beta}{\cos\alpha}$

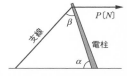

■ 13

温度変化によるたるみは次式で与えられる．

$$D_2 = \sqrt{D_1{}^2 + \frac{3}{8}S^2at}\ \text{〔m〕}$$

40℃ におけるたるみが 5.44 m であった．線膨張係数を 1℃ 当たり 17×10^{-6}，径間
を 200 m とすれば，0℃ におけるたるみ〔m〕はいくらか．正しい値を次のうちから
選べ．

(1) 4.12 (2) 4.40 (3) 4.61 (4) 4.93 (5) 5.01

■ **14** (H10 A-7)

送電線に加わる荷重と電線質量による荷重との比（負荷係数）は，被氷雪を考慮した場合，正しいのは次のうちどれか．ただし，W_w，W_v および W_i は，次の荷重を表すものとする．

W_w：電線質量による荷重〔N/m〕，W_v：風圧荷重〔N/m〕，W_i：被氷雪質量による荷重〔N/m〕

(1) $\dfrac{W_v{}^2 + W_w{}^2 + W_i{}^2}{W_w{}^2}$ (2) $\dfrac{\sqrt{W_v{}^2 + W_w + W_i}}{W_w}$ (3) $\dfrac{\sqrt{W_v{}^2 + W_w{}^2 + W_i{}^2}}{W_w}$

(4) $\dfrac{\sqrt{(W_v + W_w)^2 + W_i{}^2}}{W_w}$ (5) $\dfrac{\sqrt{W_v{}^2 + (W_w + W_i)^2}}{W_w}$

■ **15** (H25 A-9)

図のように，架線の水平張力 T〔N〕を支線と追支線で，支持物と支線柱を介して受けている．支持物の固定点 C の高さを h_1〔m〕，支線柱の固定点 D の高さを h_2〔m〕とする．また，支持物と支線柱間の距離 AB を l_1〔m〕，支線柱と追支線地上固定点 E との根開き BE を l_2〔m〕とする．

支持物及び支線柱が受ける水平方向の力は，それぞれ平衡しているという条件で，追支線にかかる張力 T_2〔N〕を表した式として，正しいものを次の (1)〜(5) のうちから一つ選べ．ただし，支線，追支線の自重および提示していない条件は無視する．

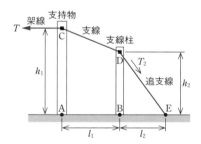

(1) $\dfrac{T\sqrt{h_2{}^2 + l_2{}^2}}{l_2}$ (2) $\dfrac{Tl_2}{\sqrt{h_2{}^2 + l_2{}^2}}$ (3) $\dfrac{T\sqrt{h_2{}^2 + l_2{}^2}}{\sqrt{(h_1 - h_2)^2 + l_1{}^2}}$

(4) $\dfrac{T\sqrt{(h_1 - h_2)^2 + l_1{}^2}}{\sqrt{h_2{}^2 + l_2{}^2}}$ (5) $\dfrac{Th_2\sqrt{(h_1 - h_2)^2 + l_1{}^2}}{(h_1 - h_2)\sqrt{h_2{}^2 + l_2{}^2}}$

Chapter

12

管理および保護

学習のポイント

　電線路の保護に関しては，電力系統に短絡や地絡の事故が発生した場合に備える保護継電器や保護装置に関する問題が頻出しているため，繰り返し学習されたい．この Chapter の内容に Chapter8，Chapter9 で述べる電気的特性や短絡地絡故障の計算問題の理解が加われば，より十分な理解が可能となる．

　また，電圧調整に関しては，電力系統の受電端電圧を適正に維持するための電圧調整方式に関する知識問題が多い．Chapter5 で述べた調相設備とあわせて各装置の機能を理解しながら学習することが大切である．

電　圧　調　整
[★★]

1 供給電圧の影響と維持基準

　電灯や電気機器は，供給電圧が定格電圧から変化すると，光束，寿命，トルクなどが影響を受ける．たとえば電圧が1%増減すると，光束は白熱電球では3~4%，蛍光灯では1~2%程度増減する．白熱電球は，電圧が上昇すると寿命が著しく短くなり，低下すると長くなる．蛍光灯は上昇しても，低下しても寿命が短くなり，90V以下になると点灯が困難になる．また，誘導電動機のトルクは電圧の2乗に比例するので，トルクやすべりが影響を受ける．したがって，供給電圧は定格電圧に維持することが望ましいが，困難である．需要家で使用される機器は，電動機については±10%，100V機器では±6%程度の電圧変動では実用上支障はないとみてよいので，電気事業法ならびに同施行規則によって，需要家の供給電圧は次の範囲に維持することになっている．

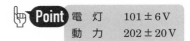

電　灯	$101 \pm 6\,V$
動　力	$202 \pm 20\,V$

2 電圧調整方式

【1】配電用変電所

　負荷時タップ切換変圧器（LRT，タップ切換装置を変圧器に組み込んだもの）または**負荷時電圧調整器**（LRA）によって，高圧配電線の送出電圧を，あらかじめ決められた電圧に保持する．調整は，高圧側の母線電圧を一括して調整する方式と，高圧配電線ごとに調整する方式があるが，母線電圧を一括して調整する方式が，調整器台数や設置場所が少なくてすみ，安価で一般的に用いられている．

　また，送出電圧を保持するための制御方式には，あらかじめ，時刻別の送出電圧を決めておき，タイムリレーで切り換えるタイムスケジュール方式，電圧継電器に系統内の一定点までの線路インピーダンスに比例したインピーダンスを挿入し，その点の電圧を一定に保つ**LDC**（**線路電圧降下補償器**）**方式**，および両者の併用方式がある．

【2】 高圧配電線路

高圧配電線路の電圧降下が比較的大きく，柱上変圧器のタップ調整のみで対処できない場合は，高圧配電線路の途中に調整装置として，**昇圧器**や**電力用コンデンサ**を設ける．

① **昇圧器**　　固定式（昇圧電圧が一定のもの）と自動式があるが，電圧調整には三相の自動電圧調整器が一般的である．これに使われる**線路用自動電圧調整器（SVR）**は，単巻変圧器に多段式の切換タップを設け，これを LDC 方式で負荷に応じて自動的にタップを切り換えて電圧調整を行うものが多い．

② **開閉器付電力用コンデンサ**　　電力用コンデンサを線路に並列に入れると，力率が改善されて電流が減少し，電圧降下が減少する．しかし，電力用コンデンサを線路に入れたままにしておくと，軽負荷時にフェランチ効果によって需要家の電圧が高くなりすぎる傾向にあるので，開閉器を取り付けて，軽負荷時にはコンデンサを自動的に線路から開放するようにしている．

【3】 柱上変圧器のタップ調整

柱上変圧器の二次側電圧は 105 V および 210 V で一定である（図 12・1）．一次側は，定格電圧を中心にして 5 個程度のタップ電圧をもっている．二次側電圧は，100 V 結線の場合，次式で与えられる．

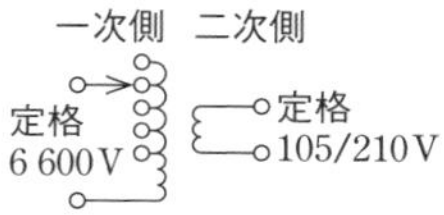

一次側　二次側

定格　　　定格
6 600 V　　105/210 V

● 図 12・1

$$二次側電圧 = 受電点電圧 \times \frac{105}{タップ電圧} \quad [\text{V}] \qquad (12・1)$$

この式は，変圧器内部の電圧降下を無視した場合であるが，内部電圧降下は全負荷時 2～3 V 程度である．したがって，受電点電圧に応じてタップ電圧を適当に選定すれば，後述の図 12・3 に示すように，二次側電圧を一定の範囲に保つことができる（二次側電圧を上げるときは，より低いタップ電圧を選ぶ）．最近では，高圧線の電圧降下を少なくして，タップを 1 種類とすることも行われている．

【4】 低圧配電線路

低圧配電線路には通常，電圧調整器は取り付けないが，電圧降下の大きい低圧線や引込線などの改修工事が完了するまでの一時的な措置のため取り付けることがある．

【5】 直列コンデンサ

高圧配電線路に直列にコンデンサを入れる（力率改善用コンデンサは並列）と，

線路の誘導リアクタンスを x_L，直列コンデンサの容量リアクタンスを x_C とすれば，線路の合成リアクタンスは (x_L-x_C) に減少するので，電圧降下も減少し，負荷に即応して電圧調整が可能であり，フリッカなどの電圧変動防止対策上からも有効である．しかし，技術的な問題などから，特殊な場合以外には用いられていない．

👉 **Point** 配電用電圧調整機器の一覧

配電用変電所	負荷時タップ切換変圧器（LRT）
	負荷時電圧調整器（LRA）
高圧配電線路	線路用自動電圧調整器（SVR）
	開閉器付電力用コンデンサ
	（直列コンデンサ）
柱上変圧器	タップ調整（選定）

3 電圧降下軽減

　図 12・2 は，配電用変電所以下の電圧調整の概要を示したもので，図 12・3 は，重負荷時と軽負荷時には，変電所の送出電圧（図では低圧側に換算してある）を変えないと需要家電圧を 95 ～ 107 V の範囲に収めることができないことを示したものである．したがって，**変電所の母線電圧は，一般に重負荷時に高く，軽負荷時に低く制御する．**

　以上は，負荷変動に伴う電圧変動を調整する方法であるが，このような電圧調整を行っても，高圧配電線や低圧配電線などの電圧降下が大きすぎると，調整装

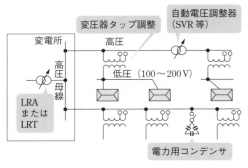

●図 12・2　電圧調整

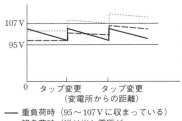

●図 12・3　変電所引出口電圧調整

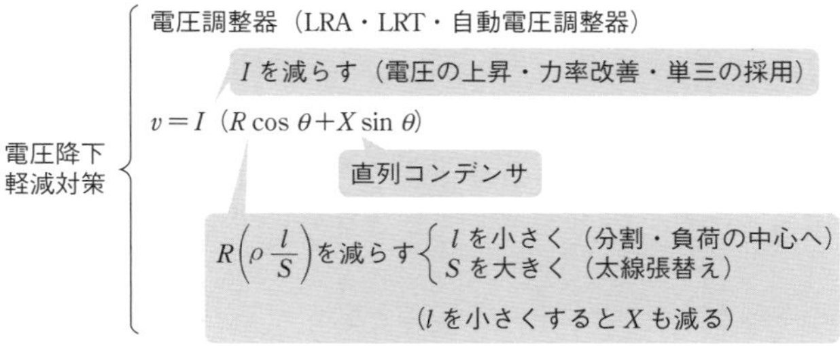

電圧降下
軽減対策

電圧調整器（LRA・LRT・自動電圧調整器）

I を減らす（電圧の上昇・力率改善・単三の採用）

$v = I\,(R\cos\theta + X\sin\theta)$

直列コンデンサ

$R\left(\rho\dfrac{l}{S}\right)$ を減らす $\begin{cases} l \text{ を小さく（分割・負荷の中心へ）} \\ S \text{ を大きく（太線張替え）} \end{cases}$

（l を小さくすると X も減る）

●図 12・4　電圧降下軽減対策

置だけでは維持基準に収まらないことがある．このため，高圧配電線，低圧配電線，引込線などに，それぞれ電圧降下値の限度（**電圧降下配分**）を決め，それぞれの設備が限度内となるよう，必要に応じて電圧降下軽減対策をとる（図 12・4）．

電圧降下は $I\,(R\cos\theta + X\sin\theta)$ で表されることから，電圧降下を小さくするには，I，R，X を減少させればよく，**電圧の格上げ**，**電線張替え**（太線化），**分割**，**変圧器の位置適正化**（**負荷の中心へ**），**力率改善**などを行う．

> **補足**　従来，特に配電系統における電圧調整業務は電圧「降下」対策が主眼であったが，近年の太陽光発電等の急速な普及により，電圧「上昇」対策のための考慮が必要となった．太線化等の電圧降下軽減対策は，実質的に電圧上昇対策も兼ねているが，加えて，分散型電源から系統側への逆潮流を制御するために，従来単一方向潮流対応のみであった電圧調整器（SVR 等）に加え双方向対応型電圧調整器を開発したり，無効電力制御のため SVC 等を適用するなどの対策が必要となっている．
>
> 　将来的には，蓄電池（バッテリー）等の設置・制御等も含めた，きめ細かな系統監視・制御システムを備えたいわゆる**スマート・グリッド**へ発展していくことが期待される．（p.162 **参考**参照）

4　フリッカ

アーク炉や溶接機など，急激に変動する負荷による電圧変動により，照明の明るさにちらつきが生ずる．これが**フリッカ**である．フリッカの抑制対策としては，**電源インピーダンスの低減**（電線の太線化），**専用配電線・専用変圧器での供給**などによるが，運転条件の改善や力率改善などの方法もある．

5　無効電力調整装置

送電系統では無効電力を調整して電圧調整を行う．調整装置には**電力用コンデ**

ンサ（進み無効電力），**分路リアクトル**（遅れ無効電力），**同期調相機・発電機**，
静止形無効電力補償装置（SVC）（いずれも，進・遅無効電力調整を行う）がある．

問題1 ✓ ✓ ✓

　　低圧需要家の供給電圧を適切に維持するための記述について，誤っているのは
どれか．
　(1) 変電所から遠く離れるほど電圧は低下する．
　(2) 深夜時などには需要家電圧は低下する傾向がある．
　(3) 柱上変圧器のタップ選定を適正にする．
　(4) 変電所の送出電圧は，ピーク負荷時は高くする．
　(5) 変電所の送出電圧は，深夜時に低くする．

 深夜は軽負荷となりフェランチ現象により電圧は上昇傾向にある．

解答 ▶ (2)

問題2 ✓ ✓ ✓ 　　　　　　　　　　　　　　　　　　　H11　A-9

　　配電線の電圧調整は，需要家の受電端電圧を適正に維持するため，配電用変電
所の二次側母線電圧を，一般に重負荷時には ┃ (ア) ┃，軽負荷時には ┃ (イ) ┃
調整する方式が適用されている．しかし，深夜などの軽負荷時は，配電線末端電
圧が送電端電圧より高くなる現象があり，これを ┃ (ウ) ┃ 効果という．この傾
向は，配電線こう長が長く，配電線端末に高圧負荷が多く接続されている場合に
現れやすい．この対策の一つとして，配電線端末に接続されている高圧負荷の
┃ (エ) ┃ は，深夜などにおいては開放することが望ましい．

　　上記の記述中の空白箇所（ア），（イ），（ウ）および（エ）に記入する字句とし
て，正しいものを組み合わせたのは次のうちどれか．

	（ア）	（イ）	（ウ）	（エ）
(1)	高く	低く	表皮	分路リアクトル
(2)	高く	低く	フェランチ	電力用コンデンサ
(3)	低く	高く	表皮	電力用コンデンサ
(4)	低く	高く	フェランチ	分路リアクトル
(5)	高く	低く	表皮	電力用コンデンサ

解答 ▶ (2)

問題3 ✓✓✓ H18　A-5

　交流送配電系統では，負荷が変動しても受電端電圧値をほぼ一定に保つために，変電所等に力率を調整する設備を設置している．この装置を調相設備という．

　調相設備には，　(ア)　，　(イ)　，同期調相機等がある．　(ウ)　には　(ア)　により調相設備に進相負荷をとらせ，　(エ)　には　(イ)　により遅相負荷をとらせて，受電端電圧を調整する．同期調相機は界磁電流を調整することにより，上記いずれの調整も可能である．

　上記の記述中の空白箇所（ア），（イ），（ウ）および（エ）に当てはまる語句として，正しいものを組み合わせたのは次のうちどれか．

	(ア)	(イ)	(ウ)	(エ)
(1)	電力用コンデンサ	分路リアクトル	重負荷時	軽負荷時
(2)	電力用コンデンサ	分路リアクトル	軽負荷時	重負荷時
(3)	直列リアクトル	電力用コンデンサ	重負荷時	軽負荷時
(4)	分路リアクトル	電力用コンデンサ	軽負荷時	重負荷時
(5)	電力用コンデンサ	直列リアクトル	重負荷時	軽負荷時

解答 ▶ (1)

問題4 ✓✓✓ H16　A-8

　一般に電力系統では，受電端電圧を一定に保つため，調相設備を負荷と　(ア)　に接続して無効電力の調整を行っている．

　電力用コンデンサは力率を　(イ)　ために用いられ，分路リアクトルは力率を　(ウ)　ために用いられる．

　同期調相機は，その　(エ)　を加減することによって，進みまたは遅れの無効電力を連続的に調整することができる．

　静止形無効電力補償装置は，　(オ)　でリアクトルに流れる電流を調整することにより，無効電力を高速に制御することができる．

　上記の記述中の空白箇所（ア），（イ），（ウ），（エ）および（オ）に記入する語句として，正しいものを組み合わせたのは次のうちどれか．

	(ア)	(イ)	(ウ)	(エ)	(オ)
(1)	並列	進める	遅らせる	界磁電流	半導体スイッチ
(2)	直列	遅らせる	進める	電機子電流	半導体整流装置
(3)	並列	遅らせる	進める	界磁電流	半導体スイッチ
(4)	直列	進める	遅らせる	電機子電流	半導体整流装置
(5)	並列	遅らせる	進める	電機子電流	半導体スイッチ

解答 ▶（1）

問題5 ✓ ✓ ✓

次の文章は，調相設備に関する記述である．

送電線路の送・受電端電圧の変動が少ないことは，需要家ばかりでなく，機器への影響や電線路にも好都合である．負荷変動に対応して力率を調整し，電圧値を一定に保つため，調相設備を負荷と　（ア）　に接続する．

調相設備には，電流の位相を進めるために使われる　（イ）　，電流の位相を遅らせるために使われる　（ウ）　，また，両方の調整が可能な　（エ）　や近年ではリアクトルやコンデンサの容量をパワーエレクトロニクスを用いて制御する　（オ）　装置もある．

上記の記述中の空白箇所（ア），（イ），（ウ），（エ）および（オ）に当てはまる組合せとして，正しいものを次の（1）〜（5）のうちから一つ選べ．

	（ア）	（イ）	（ウ）	（エ）	（オ）
(1)	並列	電力用コンデンサ	分路リアクトル	同期調相機	静止形無効電力補償
(2)	並列	直列リアクトル	電力用コンデンサ	界磁調整器	PWM 制御
(3)	直列	電力用コンデンサ	直列リアクトル	同期調相機	静止形無効電力補償
(4)	直列	直列リアクトル	分路リアクトル	界磁調整器	PWM 制御
(5)	直列	分路リアクトル	直列リアクトル	同期調相器	PWM 制御

解答 ▶（1）

問題6 ✓ ✓ ✓

受変電設備や送配電設備に設置されるリアクトルに関する記述として，誤っているものを次の（1）〜（5）のうちから一つ選べ．

(1) 分路リアクトルは，電力系統から遅れ無効電力を吸収し，系統の電圧調整を行うために設置される．母線や変圧器の二次側・三次側に接続し，負荷変動に応じて投入したり切り離したりして使用される．

(2) 限流リアクトルは，系統故障時の故障電流を抑制するために用いられる．保護すべき機器と直列に接続する．

(3) 電力用コンデンサに用いられる直列リアクトルは，コンデンサ回路投入時の突入電流を抑制し，コンデンサによる高調波障害の拡大を防ぐことで，電圧波形のひずみを改善するために設ける．コンデンサと直列に接続し，回路に並列に設置する．

(4) 消弧リアクトルは，三相電力系統において送電線路にアーク地絡を生じた

場合，進相電流を補償し，アークを消滅させ，送電を継続するために用いられる．三相変圧器の中性点と大地間に接続する．

(5) 補償リアクトル接地方式は，66 kV から 154 kV の架空送電線において，対地静電容量によって発生する地絡故障時の充電電流による通信機器への影響を抑制するために用いられる．中性点接地抵抗器と直列に補償リアクトルを接続する．

 補償リアクトルは，中性点接地抵抗と並列に接続する．対地充電電流の増大対策であり，主として静電容量の大きいケーブル系統に適用される．(p.226 参照)

解答 ▶ (5)

次の文章は，配電線路の電圧調整に関する記述である．誤っているものを次の (1) ～ (5) のうちから一つ選べ．

(1) 太陽電池発電設備を系統連系させたときの逆潮流による配電線路の電圧上昇を抑制するため，パワーコンディショナには，電圧調整機能を持たせているものがある．

(2) 配電用変電所においては，高圧配電線路の電圧調整のため，負荷時電圧調整器（LRA）や負荷時タップ切換装置付変圧器（LRT）などが用いられる．

(3) 低圧配電線路の力率改善をより効果的に実施するためには，低圧配電線路ごとに電力用コンデンサを接続することに比べて，より上流である高圧配電線路に電力用コンデンサを接続した方がよい．

(4) 高負荷により配電線路の電圧降下が大きい場合，電線を太くすることで電圧降下を抑えることができる．

(5) 電圧調整には，高圧自動電圧調整器（SVR）のように電圧を直接調整するもののほか，電力用コンデンサや分路リアクトル，静止形無効電力補償装置（SVC）などのように線路の無効電力潮流を変化させて行うものもある．

 力率改善用コンデンサは負荷の近く，すなわち，線路の下流に設置するのが効果的である．（注） 分散型電源の系統連系に伴う課題については，p.162 を参照のこと．

解答 ▶ (3)

電線路の保護

[★★★]

　停電をできるだけ少なくすることは，電力供給上最も重要なことである．このため，送電線路には**架空地線**，**アークホーン**，**中性点接地装置**，**保護継電器**などの保護装置が施設されている．これらの保護装置のうち，事故が発生すれば直ちにそれを選択し，故障区間を迅速に遮断するために設けられたものが**保護継電器**で，これを利用した保護方式が保護継電方式である．

1 保護継電方式の具備条件

①　迅速確実な選択遮断

②　故障範囲の局限化，健全部分への波及防止

③　適切な動作時限をもつとともに，後備保護能力をもつこと．

④　系統変更などに際しても不完全とならないこと．

　後備保護とは，主となる遮断器や保護継電器などの故障によって事故除去ができない場合，別の遮断器で事故除去を行うものである．

　いずれの場合も事故は保護継電器で検出し，遮断器で遮断する（図12·5）．

2 送電線路の保護継電方式

【1】過電流継電方式

　図12·6に示すように，故障電流が整定値を超えると動作するもので，故障区間の除去は動作時限に差を設けて（末端にいくほど早く動作）選択遮断する．同図では，BC間で地絡事故が発生した場合を示しており，遮断器Bが先に動作するので，B以降が停止する．この方式は放射状線路に適用できるが，系統が複雑になると時限整定が困難となる．

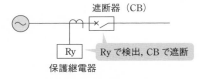

●図12·5　保護継電方式

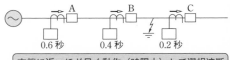

末端に近いほど早く動作（時限小）して選択遮断

●図12·6　過電流継電方式

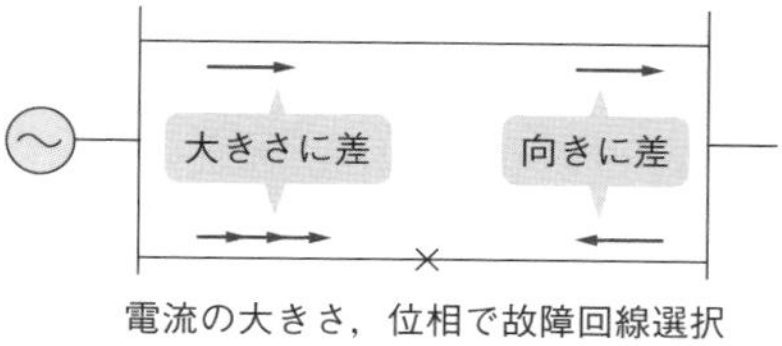

●図 12・7　回線選択継電方式

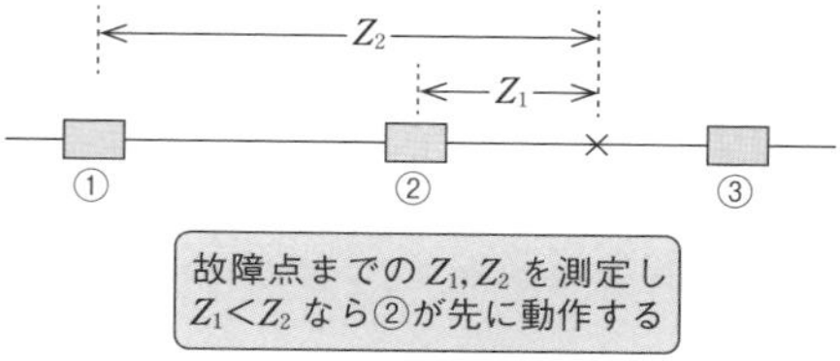

●図 12・8　距離継電方式

故障点までの Z_1, Z_2 を測定し $Z_1 < Z_2$ なら②が先に動作する

【2】 回線選択継電方式

並行 2 回線送電線路で，故障時に両回線間の電流の大きさ，位相に差ができることから，故障回線を選択遮断させる（図 12・7）．

【3】 距離継電方式

故障時の電圧・電流から，故障点までのインピーダンスを測定し，これが設定値より小さければ動作するようになっており，故障点に最も近い継電器が先に動作する（図 12・8）．

【4】 パイロット継電方式

保護区間のどこに故障が発生しても，その**両端で同時**に，しかも**高速度で除去**する．この方式には，表示線継電方式，搬送継電方式，マイクロ波搬送継電方式がある（図 12・9）．

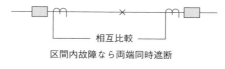

相互比較

区間内故障なら両端同時遮断

●図 12・9　パイロット継電方式

3　再閉路方式

架空送電線路に発生する故障の大部分は，がいしのフラッシオーバなど一過性のものであるか，故障時に直ちに故障区間を選択遮断し，一定の時間後，遮断器を再投入すれば送電を継続できる場合が多い．これを**再閉路**といい，**単相再閉路**（一線地絡時に地絡相のみを遮断，再閉路），**三相再閉路**（三相とも同時遮断，再閉路）および**多相再閉路**（相数を限定しない）がある．

配電線路でも三相再閉路が行われるが，再閉路までの時間は，送電線路に比べれば 1 分程度で長い．

4 配電線路の保護

【1】配電用変電所

① **過電流事故** 高圧配電線路に過負荷または短絡が生じると，変電所に設けた過電流継電器（OCR）で検出し，遮断器で遮断する．

② **地絡事故** 地絡方向継電器（DGR）で検出し，遮断器で遮断する．

③ **故障回路の選択** 高圧配電線路の事故は，過電流事故であれば電流の大きさだけで事故配電線を選択できる（短絡電流は，常時電流より通常1桁以上大きい）が，地絡事故の場合は非接地式のため地絡電流が小さい（数A〜十数A）ので，電流の大きさのみでは選択できない．このため，図12・10に示すように，変電所母線に接続された接地変圧器の二次側開放端に現れる電圧（零相電圧といい，常時はゼロ）と，各高圧配電線に取り付けたZCT（零相変流器）から得られる電流（零相電流）を地絡方向継電器に加える．そうすると，地絡時に継電器に流れる零相電流は，故障配電線と健全配電線とは図12・11に示すように逆位相であることから，故障配電線を選択できる．接地変圧器はGPT，GVTまたはEVTともいい，一次側は丫結線，中性点直接接地，二次側は開放三角形（オープンデルタまたはブロークンデルタ）結線である．開放端には抵抗を挿入する（p.496 参考 参照）．

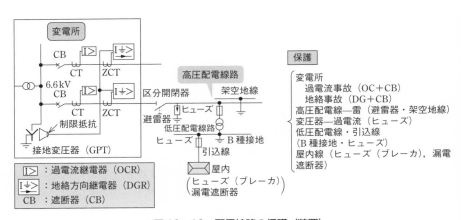

● 図 12・10 配電線路の保護（装置）

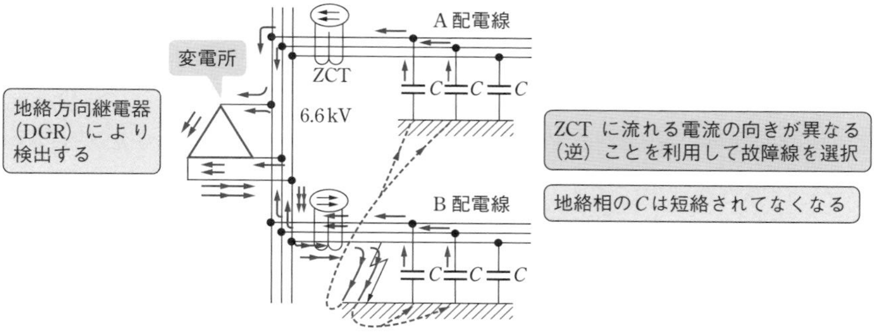

変電所

地絡方向継電器（DGR）により検出する

ZCT

6.6 kV

A 配電線

ZCT に流れる電流の向きが異なる（逆）ことを利用して故障線を選択

地絡相の C は短絡されてなくなる

B 配電線

●図 12・11　地絡電流の流れ方

■【2】高圧配電線路■

① **区分開閉器**　局部的に線路を停電させたり，故障操作や負荷の切替えなどに使用するため，適当な箇所に区分開閉器を取り付ける．

架空電線路では**油入開閉器は使用できない**ので，気中開閉器や真空開閉器，最近ではガス開閉器などが用いられている．

② **避雷器および架空地線**　機器やケーブルなどを雷害から保護するため，避雷器および架空地線が使用されている．

■【3】柱上変圧器■

① **ヒューズ**　過負荷または短絡事故から変圧器または低圧線を保護するため，高圧側に設けた**高圧カットアウト（PC：プライマリカットアウト**など）にヒューズを取り付ける．なお，低圧側にもヒューズを取り付けることがある．

■【4】B 種接地工事■

高低圧線の混触に伴う低圧線の電位上昇による危険防止のため，柱上変圧器の中性点または低圧側の 1 線に B 種接地工事を施す．

■【5】引　込　線■

引込線を過負荷または短絡から保護するため，低圧線からの分岐点に電線ヒューズ（ケッチヒューズ）などを取り付ける．

■【6】屋　内　配　線■

屋内配線の過電流保護には，ヒューズまたは配線用遮断器（ノーヒューズブレーカ）が使用されている．漏電などの地絡保護は，必要に応じて取り付けられた D 種接地によっていたが，十分といえない場合があり，最近では漏電遮断器を

Chapter 12

取り付け，地絡時に積極的に回路を遮断する方法がとられる．

【7】 保 護 協 調

事故の波及拡大を防ぎ，健全回路の不必要な遮断を避けるためには，保護装置相互間に協調が図られていなければならない．配電系統では，高圧需要家構内事故の際は，需要家の遮断器が先に動作するなど，末端の遮断器ほど早く動作するようにしておく．また，配電線の地絡事故の際，需要家の非方向地絡継電器が不必要動作しないようにする．

5　故障区間自動区分装置

高圧配電線路は，保守を十分に行い，事故の未然防止を図っているが，事故が起きた場合は事故区間を局限化して切り離し，健全区間は速やかに送電する．この目的に使用するものが**故障区間自動区分（分離）装置**で，配電線路を適当な区間に区分し，故障時に故障区間を最寄りの自動開閉器で切り離し，故障区間以外の送電を速やかに行うものである．

この制御方式には，**時限協調による順送式**，および，制御信号を使用する**信号方式**があり，前者が多く用いられる．

順送式は，図 12・12 に示すように，線路を適当な区間（この例では 4 区間）に区分し，各区分点に自動開閉器および制御器を取り付ける．配電線に故障が発生すると，変電所 CB（遮断器）で再閉路，再々閉路を行うことによって自動開閉器を順次投入し，故障区間直前の自動開閉器（図の例では S_{III}）まで自動的に送電し完了する．一方，変電所に取り付けた指示計によって故障区間を知ることができる．

なお，第 1 区間に事故が発生すると全停となるが，市街地の高圧配電線は相互にループ化（ループ配電）されているものが多いので，ループ点から逆に送電することによって，故障区間を除いて送電できるようになっている．

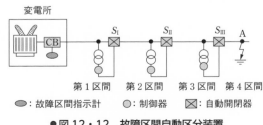

●図 12・12　故障区間自動区分装置

次の a〜d は配電設備や屋内設備における特徴に関する記述で, 誤っているものが二つある. それらの組合せは次のうちどれか.

a. 配電用変電所において, 過電流および地絡保護のために設置されているのは, 継電器, 遮断器及び断路器である.

b. 高圧配電線は大部分, 中性点が非接地方式の放射状系統が多い. そのため経済的で簡便な保護方式が適用できる.

c. 架空低圧引込線には引込用ビニル絶縁電線 (DV 電線) が用いられ, 地絡保護を主目的にヒューズが取り付けてある.

d. 低圧受電設備の地絡保護装置として, 電路の零相電流を検出し遮断する漏電遮断器が一般的に取り付けられている.

(1) a と b   (2) a と c   (3) b と c   (4) b と d   (5) c と d

 a. 断路器ではなく遮断器, c. ヒューズは過負荷または短絡保護のためである.

解答 ▶ (2)

Chapter
12

高圧配電線の地絡回線の選択に関する記述について, 誤っているのは次のうちどれか.

(1) 地絡継電器には電力継電器が用いられる.

(2) 配電用変圧器の二次側が △ 結線の場合は, 中性点を接地できないので, 別に接地変圧器を設ける.

(3) 接地変圧器の一次側は Y 結線として直接接地し, 二次側は開放三角形とし, 開放端にリアクトルを入れ, 零相電圧を取り出す.

(4) 高圧配電線ごとに ZCT を設け, 継電器に零相電流を加える.

(5) 零相電流は健全回線と逆位相であることから, 地絡回線を選択する.

 (3) リアクトルではなく抵抗を入れる.

解答 ▶ (3)

問題⑩ ☑ ☑ ☑ H3 A-14

多回線引出しの非接地方式の高圧配電線における一線地絡故障時には，零相電圧および零相電流が発生する．この故障配電線を選択して遮断するため，零相電圧を検出する　(ア)　継電器と零相電流の大きさ，向きを検出する　(イ)　継電器が用いられている．この方式は，故障配電線では零相電流の方向が健全配電線と異なり，　(ウ)　側から　(エ)　側に流れることを利用し，故障配電線を選択している．

上記の記述中の空白箇所（ア），（イ），（ウ）および（エ）に記入する字句として，正しいものを組み合わせたのは次のうちどれか．

	(ア)	(イ)	(ウ)	(エ)
(1)	地絡過電圧	地絡方向	電源	負荷
(2)	地絡過電圧	地絡方向	負荷	電源
(3)	地絡方向	過電流	電源	負荷
(4)	地絡方向	地絡過電圧	負荷	電源
(5)	地絡方向	過電流	負荷	電源

解答 ▶ (1)

問題⑪ ☑ ☑ ☑ H15 A-6

配電用変電所における 6.6 kV 非接地方式配電線の一般的な保護に関する記述として，誤っているのは次のうちどれか．
(1) 短絡事故の保護のため，各配電線に過電流継電器が設置される．
(2) 地絡事故の保護のため，各配電線に地絡方向継電器が設置される．
(3) 地絡事故の検出のため，6.6 kV 母線には地絡過電圧継電器が設置される．
(4) 配電線の事故時には，配電線引出口遮断器は，事故遮断して一定時間（通常 1 分）の後に再閉路継電器により自動再閉路される．
(5) 主要変圧器の二次側を遮断させる過電流継電器の動作時限は，各配電線を遮断させる過電流継電器の動作時限より短く設定される．

(5) 末端ほど動作時限を短く設定し，影響範囲を局限化する．

解答 ▶ (5)

問題12 ☑ ☑ ☑

電線保護継電器のうち，故障点までのインピーダンスによって動作する継電器として，正しいのは次のうちどれか．

(1) 距離継電器　　(2) 差動継電器　　(3) 過電流継電器

(4) 過電圧継電器　(5) 位相比較継電器

解答 ▶ (1)

問題13 ☑ ☑ ☑　　　　　　　　　　　　　　　　　　R3　A-13

次の文章は，我が国の高低圧配電系統における保護に関する記述である．

6.6 kV 高圧配電線に短絡や地絡などの事故が生じたとき，直ちに事故の発生した高圧配電線を切り離すために，　(ア)　と保護継電器が配電用変電所の高圧配電線引出口に設置されている．

樹枝状方式の高圧配電線で事故が生じた場合，事故が発生した箇所の変電所側直近及び変電所から離れた側の　(イ)　開閉器を開放することにより，事故が発生した箇所を高圧配電線系統から切り離す．

柱上変圧器には，変圧器内部及び低圧配電系統内での短絡事故による過電流保護のために高圧カットアウトが設けられているほか，落雷などによる外部異常電圧から保護するために，避雷器を変圧器に対して　(ウ)　に設置する．

　(エ)　は低圧配電線から低圧引込線への接続点などに設けられ，低圧引込線で生じた短絡事故などを保護している．

上記の記述中の空白箇所（ア）〜（エ）に当てはまる組合せとして，正しいものを次の (1) 〜 (5) のうちから一つ選べ．

	(ア)	(イ)	(ウ)	(エ)
(1)	高圧ヒューズ	区分	直列	配線用遮断器
(2)	遮断器	区分	並列	ケッチヒューズ（電線ヒューズ）
(3)	遮断器	区分	直列	配線用遮断器
(4)	高圧ヒューズ	連系	並列	ケッチヒューズ（電線ヒューズ）
(5)	遮断器	連系	直列	ケッチヒューズ（電線ヒューズ）

解答 ▶ (2)

Chapter
12

問題⑭ ☑ ☑ ☑　　　　　　　　　　　　　　　　R4上　A-7, H16　A-7

図に示す過電流継電器の各種限時特性（ア）～（エ）に対する名称の組合せとして，正しいものを次の（1）～（5）のうちから一つ選べ．

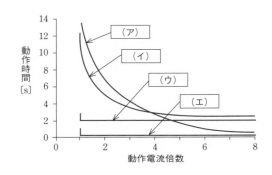

	（ア）	（イ）	（ウ）	（エ）
(1)	反限時特性	反限時定限時特性	定限時特性	瞬時特性
(2)	反限時定限時特性	反限時特性	定限時特性	瞬時特性
(3)	反限時特性	定限時特性	瞬時特性	反限時定限時特性
(4)	定限時特性	反限時定限時特性	反限時特性	瞬時特性
(5)	反限時定限時特性	反限時特性	瞬時特性	定限時特性

解答 ▶ （1）

問題⑮ ☑ ☑ ☑　　　　　　　　　　　　　　　　　　　　H25　A-12

次の文章は，配電線の保護方式に関する記述である．

高圧配電線路に短絡故障または地絡故障が発生すると，配電用変電所に設置された　（ア）　により故障を検出して，遮断器にて送電を停止する．

この際，配電線路に設置された区分用開閉器は　（イ）　する．その後に配電用変電所からの送電を再開すると，配電線路に設置された区分用開閉器は電源側からの送電を検出し，一定時間後に動作する．その結果，電源側から順番に区分用開閉器は　（ウ）　される．

また，配電線路の故障が継続している場合は，故障区間直前の区分用開閉器が動作した直後に，配電用変電所に設置された　（ア）　により故障を検出して，遮断器にて送電を再度停止する．

この送電再開から送電を再度停止するまでの時間を計測することにより，配電

線路の故障区間を判別することができ，この方式は ［ （エ） ］ と呼ばれている．

例えば，区分用開閉器の動作時限が 7 秒の場合，配電用変電所にて送電を再開した後，22 秒前後に故障検出により送電を再度停止したときは，図の配電線の ［ （オ） ］ の区間が故障区間であると判断される．

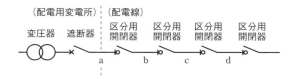

上記の記述中の空白箇所（ア），（イ），（ウ），（エ）および（オ）に当てはまる組合せとして，正しいものを次の（1）～（5）のうちから一つ選べ．

	（ア）	（イ）	（ウ）	（エ）	（オ）
(1)	保護継電器	開放	投入	区間順送方式	c
(2)	避雷器	開放	投入	時限順送方式	d
(3)	保護継電器	開放	投入	時限順送方式	d
(4)	避雷器	投入	開放	区間順送方式	c
(5)	保護継電器	投入	開放	時限順送方式	c

解説 22 秒前後に故障検出した場合は，d の区間が課電されて 1 秒後であることから d の区間を故障区間と判定する．この方式を再閉路時限順送方式という．

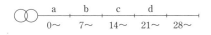

●解図

解答 ▶ （3）

キュービクル式受電設備

[★★]

　キュービクル式受電設備は，変圧器，遮断器，開閉器，**計器用変圧器（PT または VT），計器用変流器（CT）**およびこれらの付属品などを，接地した金属箱に収めた高圧受電設備である．**専用の受電室が不要で，所要床面積が少なくてすみ，保守が容易で**，充電部分がすべて密閉されているので**安全で信頼度が高い**，などの特長があり，比較的小規模の高圧需要家に用いられている．配線および機器の接続例を図 12·13 に示す．

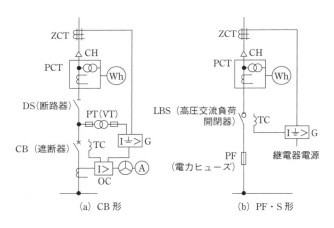

形　式	CB 形	PF・S 形
受電設備容量	2 000 kV·A 以下	300 kV·A 以下
特　徴	負荷電流は CB で開閉し，また事故電流（短絡・過負荷・地絡など）も CB で遮断する	負荷電流は LBS で開閉し，事故電流（短絡電流）は PF で遮断する

●図 12·13　配線および機器の接続例

1 遮断器形（CB 形）

　主遮断装置として**遮断器（CB）**を用いる形式のもので，**短絡電流の遮断および負荷電流の開閉を CB で行う**．

◣2▶ 高圧限流ヒューズ，高圧交流負荷開閉器形（PF・S形）

主遮断装置として**高圧限流ヒューズ（PF）**
と**高圧交流負荷開閉器（LBS）**を組み合わせ
て用いる形式のもので，**短絡電流はPFで遮断，
負荷電流はLBSで開閉**するもの.

主遮断装置は，受電点の短絡電流以上の遮断
電流値をもつものが必要である. このほか，過
電流継電器や地絡継電装置（地絡保護装置のあ

●図 12・14 キュービクル外観例

るもの）と組み合わせて，短絡・地絡保護を行う. なお，電源側への波及事故防
止には地絡保護装置が必要である. 地絡保護装置はキュービクル自体に設ける場
合と，需要家の分岐点の開閉器に設ける場合があり，図 12・13 の例は前者につ
いてのものである.

主遮断装置は，電気事業者の変電所の保護装置との動作協調が十分保たれ（事
故の場合は需要家内の保護装置が先に動作），電源側への波及を防止できるよう
にしておかなければならない. このことは需要家内部についても同じで，短絡事
故の場合は，負荷側にある**配線用遮断器（MCB）**が最も早く，最後にCBまた
はPFが動作する. つまり，末端ほど早く動作するようにしておく.

問題16 ✓✓✓　　　　　　　　　　　　　　　　　　　　H3　A-15

受電設備に関する次の記述のうち，誤っているのはどれか.
(1) 高圧受電設備の主遮断装置は，電路に過電流を生じたときに自動的に電路
を遮断する能力を有するものでなければならない.
(2) 高圧受電設備の主遮断装置は，電気事業者の変電所の保護装置との動作協
調が保たれていなければならない.
(3) CB形受電方式は，主遮断装置として高圧交流遮断器を用い，過電流継電
器，地絡継電器などと組み合わせることによって受電設備を保護する.
(4) PF・S形受電方式では，限流ヒューズと高圧カットアウトの組合せによっ
て受電設備を保護する.
(5) 電力ヒューズは，限流形と非限流形の2種類がある. 限流形は，短絡時の
限流効果を有する反面，一般には小電流遮断性能が劣る.

解説 (4) PF・SのSは開閉器（高圧カットアウトではない），PFはパワーヒューズ.

解答 ▶ (4)

補足	●表 12・1　計器用変成器	
種　類	計器用変圧器（VT）	計器用変流器（CT）
機　能	高電圧回路の電圧を計器・継電器に必要な扱いやすい低電圧に変換（例 6 600 V/110 V 等）．従来 PT とも呼ばれていた．	大電流回路の電流を計器・継電器に必要な小電流に変換（例えば 150/5 の CT 比は，150 ： 5 を表す）． （1次側）（2次側）
回路接続		
特　性	$変圧比 = \dfrac{v_1}{v_2} = \dfrac{n_1}{n_2}$	$変流比 = \dfrac{i_1}{i_2} = \dfrac{n_2}{n_1}$

VT（Voltage Transformer），CT（Current Transformer），PT（Potential Transformer）

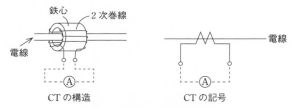

●図 12・15　CT（貫過型）

〈留意点〉

VT の二次側端子を短絡してはならない．

　　二次端子が短絡する状態になると，端子間に大電流が流れ，過熱・焼損事故につながる．

CT の二次側端子を開放してはならない．

　　二次側開放の状態で一次電流を流すと，鉄心が磁気飽和して二次側に高電圧が発生し，絶縁破壊・焼損事故につながる．

参考　**零相電流・零相電圧**

零相電流 $\dot{I}_0$ は，三相の各相電流を $\dot{I}_a$，$\dot{I}_b$，$\dot{I}_c$ とすると，

$$\dot{I}_0 = \frac{1}{3}(\dot{I}_a + \dot{I}_b + \dot{I}_c)$$

零相電圧 $\dot{V}_0$ は，三相の各相対地電圧を $\dot{E}_a$，$\dot{E}_b$，$\dot{E}_c$ とすると，

$$\dot{V}_0 = \frac{1}{3}(\dot{E}_a + \dot{E}_b + \dot{E}_c)$$

それぞれ，平衡三相回路では，$\dot{I}_0 = 0$，$\dot{V}_0 = 0$ であるが，1 線地絡故障などの不平衡故障が発生した場合は，ゼロではない値が発生するので，$\dot{I}_0$ は ZCT，$\dot{V}_0$ は EVT などで検出する．**中性点非接地式**の単純な線路の場合，9-2 節に示したように

$$I_g = 3\omega CE = \sqrt{3}\,\omega CV$$

であり，$I_g = 3I_0$ の関係がある．

練習問題

■ 1

需要家の供給電圧は，標準電圧 100 V については 101±　(ア)　V，同 200 V については 202±　(イ)　V に維持するように規定されている．

上記の記述中の空白箇所（ア）および（イ）に記入する数値として，正しいものは次のうちどれか．

| (ア) | (1) 2 | (2) 3 | (3) 4 | (4) 5 | (5) 6 |
| (イ) | (1) 12 | (2) 14 | (3) 16 | (4) 18 | (5) 20 |

■ 2

次の記述のうち，配電線の電圧改善に一般的に効果の少ないのはどれか．

(1) 直列コンデンサを設置する．　　　(2) 並列コンデンサを設置する．

(3) 電圧調整器を設置する．　　　　(4) 変圧器を大容量のものに取り替える．

(5) 電線を太い電線に張り替える．

■ 3 (H23 A-13)

配電線路の電圧調整に関する記述として，誤っているものを次の (1)〜(5) のうちから一つ選べ．

(1) 配電線のこう長が長くて負荷の端子電圧が低くなる場合，配電線路に昇圧器を設置することは電圧調整に効果がある．

(2) 電力用コンデンサを配電線路に設置して，力率を改善することは電圧調整に効果がある．

(3) 変電所では，負荷時電圧調整器・負荷時タップ切換変圧器等を設置することにより電圧を調整している．

(4) 配電線の電圧降下が大きい場合は，電線を太い電線に張り替えたり，隣接する配電線との開閉器操作により，配電系統を変更することは電圧調整に効果がある．

(5) 低圧配電線における電圧調整に関して，柱上変圧器のタップ位置を変更することは効果があるが，柱上変圧器の設置地点を変更することは効果がない．

■ 4 (H4 A-16)

配電線路の電圧調整に関係のないものは，次のうちどれか．

(1) 負荷時タップ切換変圧器　　(2) 自動昇圧器　　　(3) 電力用コンデンサ

(4) 柱上変圧器のタップ　　　　(5) 消弧リアクトル

Chapter
12

■ **5** （H20　A-13）

次の文章は，配電線路の電圧調整に関する記述である．

配電線路より電力供給している需要家への供給電圧を適正範囲に維持するため，配電用変電所では，一般に ［　（ア）　］ によって，負荷変動に応じて高圧配電線路への送出電圧を調整している．高圧配電線路においては，一般的に線路の末端になるほど電圧が低くなるため，高圧配電線路の電圧降下に応じ，柱上変圧器の ［　（イ）　］ によって二次側の電圧調整を行っていることが多い．また，高圧配電線路の距離が長い場合など，［　（イ）　］ によっても電圧降下を許容範囲に抑えることができない場合は，［　（ウ）　］ や，開閉器付電力用コンデンサ等を高圧配電線路の途中に施設することがある．さらに，電線の ［　（エ）　］ によって電圧降下そのものを軽減する対策をとることもある．

上記の記述中の空白箇所（ア），（イ），（ウ）および（エ）に当てはまる語句として，正しいものを組み合わせたのは次のうちどれか．

	（ア）	（イ）	（ウ）	（エ）
(1)	配電用自動電圧調整器	タップ調整	負荷時タップ切換変圧器	太線化
(2)	配電用自動電圧調整器	取替	負荷時タップ切換変圧器	細線化
(3)	負荷時タップ切換変圧器	タップ調整	配電用自動電圧調整器	細線化
(4)	負荷時タップ切換変圧器	タップ調整	配電用自動電圧調整器	太線化
(5)	負荷時タップ切換変圧器	取替	配電用自動電圧調整器	太線化

■ **6** （H5　A-16）

配電線におけるフリッカ対策として，適当でないものは次のうちどれか．
- (1) フリッカの原因となる機器が接続される配電線を専用線とする．
- (2) 低圧幹線にバンキング方式を採用する．
- (3) 直列コンデンサを設置する．
- (4) 電線を太いものに張り替える．
- (5) 線路用自動電圧調整器を取り付ける．

■ **7**

直列コンデンサを設置した送電線路に関する次の記述のうち，誤っているのはどれか．
- (1) 長距離送電が可能である．
- (2) 短絡電流が減少する．
- (3) 送電電力が増大する．
- (4) 安定度が向上する．
- (5) 送電線のリアクタンスとあいまって，共振現象を発生する危険性がある．

■ 8 (H3 A-7)

電力系統の電圧低下防止に有効な機器として，誤っているのは次のうちどれか.

(1) 負荷時タップ切換変圧器

(2) 分路リアクトル

(3) 静止形無効電力補償装置（SVC）

(4) 同期調相機

(5) 同期発電機

■ 9 (H3 A-8)

電力系統に設置する調相設備の目的に関する次の記述のうち誤っているのはどれか.

(1) 無効電力潮流を改善する.

(2) 送電損失を軽減する.

(3) 送電容量を確保する.

(4) 系統電圧を適正に維持する.

(5) 高調波による波形ひずみを改善する.

■ 10

柱上変圧器の一次側の保安装置として，正しいのは次のうちどれか.

(1) 気中開閉器

(2) 断路器

(3) ケッチホルダ

(4) 油入開閉器

(5) プライマリカットアウト

■ 11

配電線路の故障区間分離方式の制御方式として，一般に使用されている方式は次のうちどれか.

(1) 直流式 　　(2) 順送式 　　(3) 高周波式 　　(4) ひずみ波式 　　(5) 直送式

■ 12

配電系統（屋内配線を含む）の保護についての記述のうち，誤っているのは次のうちどれか.

(1) 保護には過電流保護と地絡保護がある.

(2) 過電流保護は，さらに短絡保護と過負荷保護に分けられる.

(3) 地絡保護の目的は，感電，火災，アーク事故の防止である.

(4) 地絡保護は接地工事によるのが基本である.

(5) 最近は地絡保護は，漏電警報器によって電路を積極的に遮断する方法もとられるようになっている.

Chapter
12

■ 13 (H4 A-12)

図は，配電線の時限順送式故障区間分離方式の説明図である．各無電圧引外し式開閉器は，それが充電されてから一定時間（X）経過後に閉動作し，無電圧になると開動作する．ただし，閉動作後一定時間（Y，$X > Y$）の間に無電圧になったときは，再度充電されても閉動作しない．こ

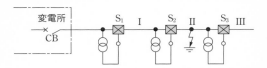

▨：無電圧引外し式開閉器
○：時限式制御装置
⊖：操作電源用変圧器

の場合において，区間 II で永久地絡事故が発生した直後からの遮断器（CB）および開閉器（S_1，S_2，S_3）の開閉の順序として，正しいのは次のうちどれか．

(1) CB 開→CB 閉→S_2 開

(2) CB 開→S_1，S_2 開→S_1 閉→CB 閉

(3) CB 開→S_1，S_2，S_3 開→CB 閉→S_1 閉

(4) CB 開→S_1，S_2，S_3 開→CB 閉→S_1 閉→S_2 閉→CB 開→S_1，S_2 開→CB 閉→S_1 閉

(5) CB 開→S_1，S_2，S_3 開→CB 閉→S_1 閉→S_2 閉→S_3 閉→CB 開→S_1，S_2，S_3 開→CB 閉→S_1 閉

■ 14 (H6 A-8)

高低圧配電線路（屋内配線を含む）に設置する次の保護装置のうち，地絡または過電流保護の機能を有しないものはどれか．

(1) 変電所の引出口に設置する自動遮断器

(2) 柱上変圧器の一次側に設置するプライマリーカットアウト

(3) 柱上変圧器の二次側に施す B 種接地工事

(4) 高圧需要家の引込線に設置する地絡継電装置付高圧交流負荷開閉器（G 付 PAS）

(5) 低圧需要家の分電盤内に設置する漏電遮断器

■ 15 (H5 A-11)

配電線路の保護方式についての次の記述のうち，誤っているのはどれか．

(1) 中性点非接地系統の地絡故障保護には，地絡過電流継電器を用いる．

(2) 短絡故障保護には，過電流継電器を用いる．

(3) 中性点低抵抗接地系統の地絡故障保護には，地絡過電流継電器が使用されている．

(4) 架空配電線の事故は瞬時的な事故が多いので，再閉路方式が有効である．

(5) ケーブル部分で発生しやすい間欠アーク地絡では，電流や電圧に波形ひずみを生じ，継電器の誤不動作の原因となることがある．

■ 16 (H22 A-12)

配電線路の開閉器類に関する記述として，誤っているのは次のうちどれか．

(1) 配電線路用の開閉器は，主に配電線路の事故時の事故区間を切り離すためと，作業時の作業区間を区分するために使用される．

(2) 柱上開閉器は，気中形と真空形が一般に使用されている．操作方法は，手動操作による手動式と制御器による自動式がある．

(3) 高圧配電方式には，放射状方式（樹枝状方式），ループ方式（環状方式）などがある．ループ方式は結合開閉器を設置して線路を構成するので，放射状方式よりも建設費は高くなるものの，高い信頼度が得られるため負荷密度の高い地域に用いられる．

(4) 高圧カットアウトは，柱上変圧器の一次側の開閉器として使用される．その内蔵の高圧ヒューズは変圧器の過負荷時や内部短絡故障時，雷サージなどの短時間大電流の通過時に直ちに溶断する．

(5) 地中配電系統で使用するパッドマウント変圧器は，変圧器と共に開閉器などの機器が収納されている．

■ 17 (H22 A-13)

配電設備に関する記述の正誤を解答群では「正：正しい文章」または「誤：誤っている文章」と書き表している．正・誤の組合せとして，正しいのは次のうちどれか．

a. ∨結線は，単相変圧器 2 台によって構成し，△結線と同じ電圧を変圧することができる．一方，△結線と比較して変圧器の利用率は $\dfrac{\sqrt{3}}{2}$ となり出力は $\dfrac{\sqrt{3}}{3}$ 倍になる．

b. 長距離で負荷密度の比較的高い商店街のアーケードでは，上部空間を利用し変圧器を設置する場合や，アーケードの支持物上部に架空配電線を施設する場合がある．

c. 架空配電線と電話線，信号線などを，同一支持物に施設することを共架といい，全体的な支持物の本数が少なくなるので，交通の支障を少なくすることができ，電力線と通信線の離隔距離が緩和され，混触や誘導障害が少なくなる．

d. ケーブル布設の管路式は，トンネル状構造物の側面の受け棚にケーブルを布設する方式である．特に変電所の引き出しなどケーブル条数が多い箇所には共同溝を利用する．

	a.	b.	c.	d.
(1)	正	誤	正	正
(2)	誤	正	正	誤
(3)	正	正	誤	誤
(4)	誤	正	誤	誤
(5)	誤	誤	正	正

Chapter

13

電気材料

電気材料について，最近の出題傾向を分析すると次のとおりである．

(1) 出題形式でみると，正誤問題が主であり，計算問題はない．

(2) 出題内容についてみると，

① 電気主要材料の特性や用途

② とくに絶縁種別と許容最高温度

などである．それほど出題頻度はないが，過去から A 問題として多く出題されている．

このため，この Chapter では次の事項を学習のポイントとした．

〈1〉 電気主要材料に要求される性質と性能の理解

〈2〉 電気主要材料の名称と用途に関する基本知識の習得

〈3〉 絶縁材料の耐熱区分と材料の劣化原因についての知識の習得

絶 縁 材 料

[★★★]

1 絶縁材料として必要な性質

電気機器に使用される絶縁物に要求される主な性質は，次のとおりである.

① **絶縁抵抗**や**絶縁耐力**が高いこと.

② 絶縁材料内部の**電気的損失**が少ないこと.

③ **使用温度**に十分耐えること.

④ **機械的性質**や**加工性**が優れていること.

⑤ **耐コロナ性**や**耐アーク性**が優れていること.

⑥ 吸湿性がなく，化学的に**安定**であること.

⑦ **比熱**や**熱伝導度**の大きいこと.

⑧ 液体絶縁材料の場合は，**引火点**が高く，**凝固点**が低いこと.

⑨ 気体絶縁材料の場合は，**不燃性**で，かつ人体に無害であり，液化温度が低いこと.

⑩ 価格が安いこと.

2 気体絶縁材料

絶縁気体としては，**六ふっ化硫黄（SF_6）**が最も利用されている．SF_6 は，圧縮すると絶縁破壊電圧が著しく上昇し，かつ無色，無臭，無害で化学的にも安定している．その用途は，**遮断器**，**ガス絶縁開閉装置（GIS）**，**ガス絶縁母線（GIB）**などがある.

3 液体絶縁材料

絶縁液体は植物油，鉱物油，合成油に大別される．植物油は塗料，ワニス，コンパウンドなどに使用され，鉱物油は絶縁油として油入コンデンサ，油入ケーブル，油入変圧器などに使用されている.

絶縁油は一般に 50 kV/mm 程度の絶縁破壊電圧であり，空気（3 kV/mm）に比べて非常に大きい．しかし，絶縁油は図 13·1 のように温度や不純物によって大きく影響を受ける.

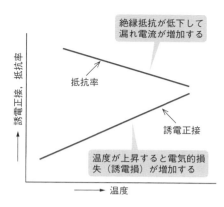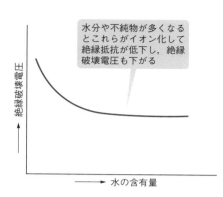

●図 13・1　絶縁油の性能変化

　鉱物油の引火点は 140℃ 程度であり，アークなどの原因によって引火し，火災となる危険性があるところでは合成油が使用される．ケーブルやコンデンサ用の油として重合炭化水素油，車両変圧器油としてシリコーン油が採用される．

4　固体絶縁材料

　固体絶縁材料は**天然無機物**（雲母，石綿，水晶など），**天然有機物**（繊維，布，紙，パラフィン，ゴムなど），**合成無機物**（ガラス，磁器など），**合成有機物**（プラスチック，合成ゴムなど）に分類される．

5　絶縁材料の劣化原因

【1】 熱 的 要 因

　膨張や収縮による機械的ひずみの発生や，微小空げきを生ずることによる**コロナ**の発生，温度上昇による化学反応などによるもの．

【2】 電気的要因

　絶縁物に過大な電圧が加わったとき表面や内部に生ずる**コロナ放電**によるもの．

【3】 機械的・化学的要因

　機械的衝撃力や摩擦力，薬剤やガス，紫外線，吸湿などによるもの．

6　許容最高温度

　絶縁材料の熱的劣化を防止するため，表 13・1 のように**許容最高温度**が決められている．

●表 13・1　絶縁材料の耐熱クラス

耐熱クラス〔℃〕	指定文字	絶縁材料の種類（例）	用途別（例）
90	Y	木綿，絹，紙などの材料で構成され，ワニス類で含浸しないもの，または油中に浸されないもの	低電圧，小形の機器
105	A	上記材料をワニス類で含浸したもの，または油中に浸したもの	一般の回転機，変圧器
120	E	エナメル線用ポリウレタン樹脂，エポキシ樹脂またはメラミン樹脂，フェノール樹脂など，セルロース充てん成形品，積層品，テレフタル酸ポリエチレンフィルム（マイラ）など	比較的大容量の機械絶縁，E 種電動機（小形誘導電動機）
130	B	マイカ，石綿，ガラス繊維などの無機材料を接着剤とともに用いたもの（有機材料が混在する場合もある）	高電圧の機器
155	F	B 種の材料をシリコーンアルキド樹脂などの接着材料とともに用いたもの	高温の場所で使用する場合，とくに小形化を図る場合，電車用モータ
180	H	B 種の材料をシリコーン樹脂または同等以上の接着材料とともに用いたもの	同上，および油を用いない高圧用機器，乾式変圧器
200	N	生マイカ，石英，ガラス，磁器またはこれらに類似の高温度に耐えるもの	とくに耐熱性，耐候性を必要とする部分
220	R		
250	—		

（注）　250℃ を超える温度は 25℃ 間隔で増し，それに対応する温度の数値で呼称する．
（注）　指定文字はクラス 180（H）のような表示も可．スペースが狭い銘板などでは，指定文字だけでも可．
（注）　JIS C 4003-1997 までは上表の（例）で示した内容を示す「絶縁材料表」が記されていたが，JIS C 4003-1998 では適切な使用経験または適切な試験によって絶縁の耐熱性を評価し，耐熱クラスを指定することとなった．また，適切な絶縁材料および絶縁システムを選択し，耐熱クラスを指定するのは，電気製品の製造業者である．
＊表 13・1 は JIS C 4003-2010 にならって整理した．

問題1 ☑ ☑ ☑

絶縁材料の基本的性質に関する記述として，誤っているのは次のうちどれか．
(1) 絶縁材料は熱的，電気的，機械的原因などにより劣化する．
(2) 気体絶縁材料は圧力により絶縁耐力が変化する．
(3) 液体絶縁材料には比熱容量，熱伝導度の小さいものが適している．
(4) 電気機器に用いられる絶縁材料は，一般には許容最高温度で区分されてお

り，日本工業規格（JIS）では指定文字 H の許容最高温度は 180℃ である．
(5) 真空は絶縁性能に優れており，遮断器などに利用される．

解説 液体絶縁材料には比熱容量・熱伝導度の大きいものが適している．これが小さいと，熱が伝わりにくく，過熱による絶縁劣化が起こりやすくなる．

解答 ▶ (3)

問題2 ☑ ☑ ☑ H21　A-14

固体絶縁材料の劣化に関する記述として，誤っているのは次のうちどれか．
(1) 膨張，収縮による機械的な繰り返しひずみの発生が，劣化の原因となる場合がある．
(2) 固体絶縁物内部の微小空げきで高電圧印加時のボイド放電が発生すると，劣化の原因となる．
(3) 水分は，CV ケーブルの水トリー劣化の主原因である．
(4) 硫黄などの化学物質は，固体絶縁材料の変質を引き起こす．
(5) 部分放電劣化は，絶縁体外表面のみに発生する．

解説 部分放電が絶縁体表面で発生，侵食が進行し，やがて電気トリーが発生して全路絶縁破壊に至る．部分放電劣化は，このプロセス全体を指す．

解答 ▶ (5)

問題3 ☑ ☑ ☑ H19　A-14

六ふっ化硫黄（SF_6）ガスに関する記述として，誤っているのは次のうちどれか．
(1) 絶縁破壊電圧が同じ圧力の空気よりも高い．
(2) 無色，無臭であり，化学的にも安定である．
(3) 温室効果ガスの一種として挙げられている．
(4) 比重が空気に比べて小さい．
(5) アークの消弧能力は空気よりも高い．

解説 (4) 六ふっ化硫黄（SF_6）の比重は空気よりも重い（5.1倍）．

解答 ▶ (4)

問題4 ☑ ☑ ☑ H17　A-14

電気絶縁材料に関する記述として，誤っているのは次のうちどれか．
(1) 六ふっ化硫黄（SF_6）ガスは，絶縁耐力が空気や窒素と比較して高く，アークを消弧する能力に優れている．
(2) 鉱油は，化学的に合成される絶縁材料である．

(3) 絶縁材料は許容最高温度により A, E, B 等の耐熱クラスに分類されている.

(4) ポリエチレン，ポリプロピレン，ポリ塩化ビニル等は熱可塑性（加熱することにより柔らかくなる性質）樹脂に分類される.

(5) 磁器材料は，一般にけい酸を主体とした無機化合物である.

解説 鉱油は絶縁油として古くから使用されており，合成ではなく石油留分から得られる．合成油としては以前，塩素化合成油（PCB）が不燃性絶縁油として用いられていたが，現在は公害問題のため使用されていない.

解答 ▶ (2)

問題5 ✓ ✓ ✓　　　　　　　　　　　　　　　H16　A-1

変圧器に使用する絶縁油に必要な性状として，誤っているのは次のうちどれか.

(1) 絶縁耐力が大きいこと.　　　(2) 引火点が高いこと.

(3) 粘度が高いこと.　　　　　　(4) 比熱が大きいこと.

(5) 化学的に安定であること.

解説 (3) 粘度が高いと熱が伝わりにくくなり，加熱による絶縁劣化が生じやすい.

解答 ▶ (3)

問題6 ✓ ✓ ✓　　　　　　　　　　　　　　　H22　A-14

絶縁油は変圧器や OF ケーブルなどに使用されており，一般に絶縁破壊電圧は大気圧の空気と比べて (ア) ，誘電正接は空気よりも (イ) ．電力用機器の絶縁油として古くから (ウ) が一般的に用いられてきたが，OF ケーブルやコンデンサでより優れた低損失性や信頼性が求められる仕様のときには (エ) が採用される場合もある.

上記の記述中の空白箇所（ア），（イ），（ウ）および（エ）に当てはまる語句として，正しいものを組み合わせたのは次のうちどれか.

	(ア)	(イ)	(ウ)	(エ)
(1)	低く	小さい	植物油	シリコーン油
(2)	高く	大きい	鉱物油	重合炭化水素油
(3)	高く	大きい	植物油	シリコーン油
(4)	低く	小さい	鉱物油	重合炭化水素油
(5)	高く	大きい	鉱物油	シリコーン油

解説 シリコーン油は，熱が加わると水素を発生しやすく吸湿性が高い．低損失性や信頼性が求められる場合は，重合炭化水素油が用いられる.

解答 ▶ (2)

磁 気 材 料

[★★]

1 磁気材料の種類と特性

〔1〕磁 心 材 料

電気機器の磁気回路を構成するもので，鉄損が少なく，かつ機器をできるだけ小形にするには，次のような性質が要求される．（p.522　6.解答参照）

① 飽和磁束密度が高いこと．

② **透磁率**が大きいこと．

③ **電気抵抗**が大きく，**保磁力**や**残留磁気**が小さいこと．

④ **機械的**に強く，加工しやすいこと．

⑤ 価格が安いこと．

電気機器の磁気回路には，**鉄系材料**と**けい素鋼**が使用される．鉄系材料は材質によって，図 13・3 のように磁化特性が異なる．けい素鋼は，鉄にけい素（Si）を加えたもので，図 13・4 のように鉄の磁性が著しく改善される．

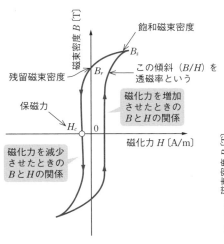

●図 13・2　磁化特性曲線
（ヒステリシス曲線（環線））
（ヒステリシスループ）（B-H 曲線）

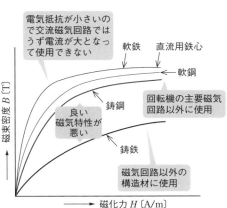

●図 13・3　鉄材料の磁化特性

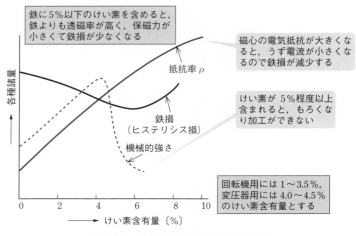

鉄に5%以下のけい素を含めると, 鉄よりも透磁率が高く, 保磁力が小さくて鉄損が少なくなる

磁心の電気抵抗が大きくなると, うず電流が小さくなるので鉄損が減少する

抵抗率 ρ

けい素が 5%程度以上含まれると, もろくなり加工ができない

鉄損
（ヒステリシス損）

機械的強さ

回転機用には 1～3.5%, 変圧器用には 4.0～4.5%のけい素含有量とする

各種諸量

0　　2　　4　　6　　8　　10

けい素含有量〔%〕

●図 13・4　けい素による鉄の磁性変化

けい素鋼は鋼板または鋼帯にするが, その製造法によって**熱間圧延けい素鋼帯**（現在はあまり用いられない）, **冷間圧延けい素鋼帯**および**方向性けい素鋼帯**に大別される. けい素鋼の材料名と特徴, 用途は表 13·2 のとおりである.

ヒステリシス損は板厚に関係ないが, **うず電流損**は板厚の 2 乗に比例する.

●表 13・2　けい素鋼の種類と特徴

材料名	特　徴	用　途
低けい素鋼帯 （小形電機用磁性鋼帯）	安価, 鉄損は多少大きい	家庭電気機器用小形電動機
冷間圧延けい素鋼帯	けい素含有量 3～5% 厚さ 0.35～0.7mm 鉄損小	回転機（けい素 3.5% 以下） 変圧器（3.5～5%）
方向性けい素鋼帯	強冷間圧延によるもので磁気特性は圧延方向が最良 けい素含有量 3～3.5% 厚さ 0.3～0.35mm 冷間圧延より鉄損小	大形タービン発電機, 電力用変圧器, 巻鉄心変圧器
薄けい素鋼帯	方向性けい素鋼帯で厚さ 0.1～0.025mm	400Hz 以上の可聴周波領域で使用する発電機, 変圧器, 磁気増幅器など

【2】永久磁石材料

電気計器などに用いられるもので, 次のような条件を必要とする.

①　**残留磁気および保磁力が大きいこと**（永久磁石材料として要求される条件

と電気機器の磁心材料として要求される条件が逆である点に注意が必要).

② 温度変化，振動，衝撃に対して**磁気特性が安定**なこと.

■【3】 特殊磁性材料

角形ヒステリシス材料，磁気ひずみ材料，および整磁材料などがあり，その特性は図 13·5 のとおりである.

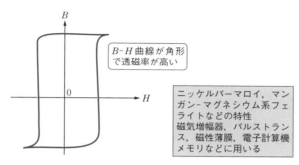

$B-H$ 曲線が角形で透磁率が高い

ニッケルパーマロイ，マンガン-マグネシウム系フェライトなどの特性
磁気増幅器，パルストランス，磁性薄膜，電子計算機メモリなどに用いる

(a) 角形ヒステリシス特性

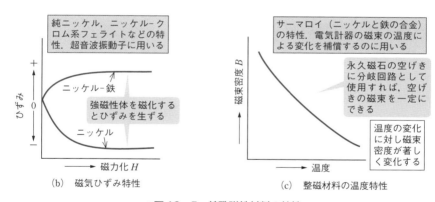

純ニッケル，ニッケル-クロム系フェライトなどの特性，超音波振動子に用いる

ニッケル-鉄

強磁性体を磁化するとひずみを生ずる

ニッケル

(b) 磁気ひずみ特性

サーマロイ（ニッケルと鉄の合金）の特性．電気計器の磁束の温度による変化を補償するのに用いる

永久磁石の空げきに分岐回路として使用すれば，空げきの磁束を一定にできる

温度の変化に対し磁束密度が著しく変化する

(c) 整磁材料の温度特性

●図 13·5 特殊磁性材料の特性

Chapter **13**

2 磁心材料と永久磁石材料との対比

発電機，電動機，変圧器ならびに電磁石などの鉄心用として使用する磁心材料と，永久磁石材料との性質を比較すると図 13·6 のとおりである.

永久磁石の**ヒステリシスループ**は，保磁力が大きく幅も広いのに対し，磁心材料のヒステリシスループは保磁力が小さくて幅が非常に狭い. 保磁力が小さいと，

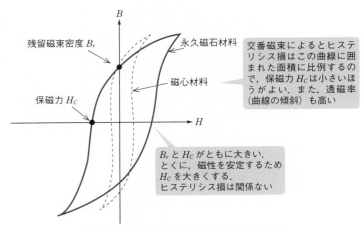

残留磁束密度 B_r

永久磁石材料

磁心材料

保磁力 H_C

交番磁束によるとヒステ
リシス損はこの曲線に囲
まれた面積に比例するの
で，保磁力 H_C は小さいほ
うがよい．また，透磁率
（曲線の傾斜）も高い

B_r と H_C がともに大きい．
とくに，磁性を安定するため
H_C を大きくする．
ヒステリシス損は関係ない

●図 13・6　鉄心材料と永久磁石材料の比較

わずかな磁化力によって大きな磁束密度を発生するので，**透磁率が大きく，ヒス
テリシス損は小さい**．

3 アモルファス合金

アモルファスとは「非結晶質」（非晶質）という意味であり，強磁性元素の鉄
などに非結晶化を容易にするボロン（B）などを加えて特殊な処理をしたもので
ある．その性質は

① **低保磁力，高透磁率特性**
② **高電気抵抗**
③ **高硬度**
④ **高耐食性**

であり，従来のけい素鋼板より**鉄損が少ない**点が特長である．硬い，薄い，もろ
いなどの点は加工技術の進歩により解決され，柱上変圧器に実用されている．

問題 7 ✓ ✓ ✓   H20 A-14

次の文章は，発電機，電動機，変圧器などの電気機器の鉄心として使用される磁心材料に関する記述である．

永久磁石材料と比較すると磁心材料の方が磁気ヒステリシス特性（B–H 特性）の保磁力の大きさは ⎡ (ア) ⎤，磁界の強さの変化により生じる磁束密度の変化は ⎡ (イ) ⎤ ので，透磁率は一般に ⎡ (ウ) ⎤．

また，同一の交番磁界のもとでは，同じ飽和磁束密度を有する磁心材料どうしでは，保磁力が小さいほど，ヒステリシス損は ⎡ (エ) ⎤．

上記の記述中の空白箇所（ア），（イ），（ウ）および（エ）に当てはまる語句として，正しいものを組み合わせたのは次のうちどれか．

	（ア）	（イ）	（ウ）	（エ）
(1)	大きく	大きい	大きい	大きい
(2)	小さく	大きい	大きい	小さい
(3)	小さく	大きい	小さい	大きい
(4)	大きく	小さい	小さい	小さい
(5)	小さく	小さい	大きい	小さい

解説 磁性材料としては，残留磁束・保磁力の小さい（エネルギー損失が小さい）ものがよく，透磁率は大きい（B–H 曲線の傾きが大きい）ほうがよい．

同じ飽和磁束密度を有する磁心材料どうしでは，保磁力が小さいほどヒステリシス損も小さくなる．また，磁心材料としては飽和磁束密度が大きいほうが優れている．

解答 ▶ (2)

問題 8 ✓ ✓ ✓   H15 A-14

アモルファス鉄心材料を使用した柱上変圧器の特徴に関する記述として，誤っているのは次のうちどれか．

(1) けい素鋼帯を使用した同容量の変圧器に比べて，鉄損が大幅に少ない．

(2) アモルファス鉄心材料は結晶構造である．

(3) アモルファス鉄心材料は高硬度で，加工性があまり良くない．

(4) アモルファス鉄心材料は比較的高価である．

(5) けい素鋼帯を使用した同容量の変圧器に比べて，磁束密度が高くできないので，大形になる．

解説 (2) アモルファスとは非結晶質のこと．

解答 ▶ (2)

Chapter 13

参考　**鉄心材料のポイント**

損失
（鉄損）

ヒステリシス損 $f \cdot B^2$（周波数・磁束密度の 2 乗に比例，鉄板の厚さに無関係）
（ヒステリシスループの面積に比例）

渦電流損 $d^2 f^2 B^2 / \rho$（板厚 d，周波数 f，磁束密度 B それぞれの 2 乗に比例，
電気抵抗率に反比例）
→鉄心の抵抗率が小さくなると渦電流損が増加.

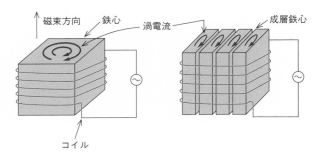

●図 13・7

　渦電流損は板厚の 2 乗に比例するため，成層間を絶縁した成層鉄心を用いることにより
大幅に低減できる（渦電流は板面を貫く方向に流れない）.

参考　**シース渦電流損**

　電力ケーブルのシースの円周方向に流れる電流により発生する損失をシース渦電流損とい
う（p.438 参考 参照）.

シース回路損（長手方向に流れる電流により発生）
低減策：クロスボンド接地方式

負荷電流

シース渦電流損（円周方向に流れる電流により発生）

●図 13・8

13-3

導 電 材 料

[★★★]

1 導 電 材 料

各種金属の体積抵抗率および比重を比較すると，図 13·9 のようになる．

抵抗率の逆数を導電率といい，標準軟銅の導電率（20℃ における抵抗率が 1/58Ω·mm²/m，比重が 8.89 のもの）を 100% として，電線材料などの導電率の比較を行う．導電率が大きいほど抵抗は小さい．**硬銅線および硬アルミ線**の導電率は，それぞれ **97%** および **61%** を標準としている．なお，導電率 C [%] と抵抗率（長さ 1 m，断面積 1 mm² 当たり）の関係は，次式で表される．

$$\rho = \frac{1}{58} \times \frac{100}{C} \ [\Omega \cdot \text{mm}^2/\text{m}] \tag{13·1}$$

また，電線に交流が流れると電流分布は一様ではなく，中心ほど流れにくく，電線の周辺（表皮）に近づくほど多く流れる．この現象を**表皮効果**といい，このため電線の抵抗が増加する．**表皮効果は，周波数が高いほど，電線の断面積が大**

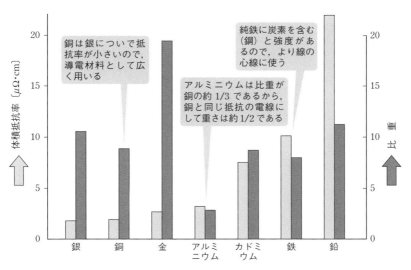

●図 13·9　各種金属の体積抵抗率と比重

きいほど，また**比透磁率が大きいほど，大きくなる**．

　導電材料として，銀は高価なため，安価な銅が使用される．銅は機械的に弱いので合金にして用いられる．

2 抵 抗 材 料

抵抗材料に必要な性質は，次のようなものである．

① **体積抵抗率**が大きいこと．

② 常温における抵抗の**温度係数**が小さいこと．

③ 銅に対する**熱起電力**が小さいこと．

④ 抵抗が安定で**経年変化**の少ないこと．

3 接 点 材 料

電気回路の開閉に用いられるもので，次のような条件が必要である．

① **消耗変形**しないこと．

② **接触抵抗**の小さいこと．

③ 接触面が**溶着**しないこと．

④ **アーク**の発生しにくいこと．

⑤ **機械的特性**の良いこと．

問題9 ✓ ✓ ✓　　　　　　　　　　　　　　　　　　　　　H24　A-14

　導電材料としてよく利用される銅に関する記述として，誤っているものを次の
(1) ～ (5) のうちから一つ選べ．
　(1) 電線の導体材料の銅は，電気銅を精製したものが用いられる．
　(2) CV ケーブルの電線の銅導体には，軟銅が一般に用いられる．
　(3) 軟銅は，硬銅を 300～600℃ で焼きなますことにより得られる．
　(4) 20℃ において，最も抵抗率の低い金属は，銅である．
　(5) 直流発電機の整流子片には，硬銅が一般に用いられる．

 (1)　電気銅（銅品位 99.99 ％）は，精製炉で鋳造された銅品位 99.4 ％ のもの
　　を使用し，電気分解により製造する．
　(2)　CV ケーブルは，軟銅線を素線とする円形より線を使用する．
　(3)　軟銅は，硬銅を 300 ~ 600℃ で焼きなまして得られる．軟銅線は，極めて軟ら
かく簡単に曲げることができる．
　(4)　導電率は，銀＞銅＞金＞アルミニウム＞鉄の順である．一般的には，銅，アル
ミ合金を使用する．
　(5)　軟銅は導電率が硬銅よりも高く，柔軟性に優れるため電線として使用される．
硬銅は，導電率はやや劣るものの，機械的強度に優れているため，機器の整流子片やブ
スバー（バスバー，銅バー）等に使用されている．

解答 ▶ (4)

問題10 ✓ ✓ ✓　　　　　　　　　　　　　　　　　　　　　H11　A-1

　次の記述は，一般的な導電材料として必要な条件に関するものである．誤って
いるのは次のうちどれか．
　(1) 導電率が大きいこと．
　(2) 比較的引張強さが大きいこと．
　(3) 線・板などに加工が容易なこと．
　(4) 耐食性に優れていること．
　(5) 線膨張率が大きいこと．

　解説　送電線などの場合，線膨張率が大きいと，電線の長さが温度変化によって著し
く伸縮し，電線のたるみと張力が大きく変化することから好ましくない．

解答 ▶ (5)

送電線路に用いられる導体に関する記述として，誤っているものを次の（1）
～（5）のうちから一つ選べ.

(1) 導体の導電率は，温度が高くなるほど小さくなる傾向があり，20℃ での標準軟銅の導電率を 100 % として比較した百分率で表される.

(2) 導体の材料特性としては，導電率や引張強さが大きく，質量や線熱膨張率が小さいことが求められる.

(3) 導体の導電率は，不純物成分が少ないほど大きくなる. また，単金属と比較して，同じ金属元素を主成分とする合金の方が，一般に導電率は小さくなるが，引張強さは大きくなる.

(4) 地中送電ケーブルの銅導体には，伸びや可とう性に優れる軟銅より線が用いられ，架空送電線の銅導体には引張強さや耐食性の優れる硬銅より線が用いられている. 一般に導電率は，軟銅よりも硬銅の方が大きい.

(5) 鋼心アルミより線は，中心に亜鉛めっき鋼より線を配置し，その周囲に硬アルミより線を配置した構造を有している. この構造は，必要な導体の電気抵抗に対して，アルミ導体を使用する方が，銅導体を使用するよりも断面積が大きくなるものの軽量にできる利点と，必要な引張強さを鋼心で補強して得ることができる利点を活用している.

解説 （3）導体の導電率は単金属より合金の方が小さい. 合金の導電率と強度は反比例の関係にある.

（4）導電率は抵抗率の逆数であり，標準軟銅の導電率を 100 % として比較され，硬銅線の導電率は 97 % を標準としている. そのため，導電率は硬銅の方が小さい.

（5）鋼心アルミより線（p.243 参照）は，軟アルミ線ではなく，硬アルミ線をより合わせたものである. 純アルミニウムは純銅と比較して導電率が 2/3 程度，比重が 1/3 程度である.

解答 ▶ （4）

半導体材料

[★]

1 半導体の一般的性質

温度や電界などの外部条件の変化によって導体となったり絶縁体となったりするものを**半導体**といい，次のような特徴をもつ．

① 電圧–電流特性が図 13・10（a）のように**非直線性**となる．

② 抵抗温度係数が図 13・10（b）のように**負特性**を示す．

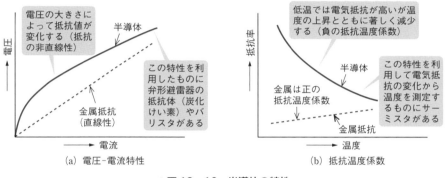

（a）電圧–電流特性 　　　　　（b）抵抗温度係数

● 図 13・10 　半導体の特性

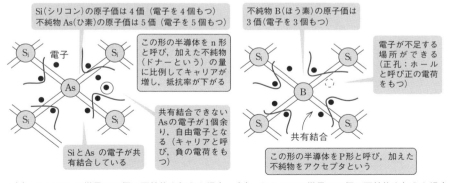

（a）シリコンに微量の 5 価の不純物を加えた場合 　（b）シリコンに微量の 3 価の不純物を加えた場合

● 図 13・11 　不純物半導体

Chapter
13

③　微量の不純物を加えると**電気抵抗**が減少する（図 13・11）.

④　**光電効果**（光導電，光電池，電界発光），**熱電効果**，**磁界効果**（磁界によって電子またはホールが移動すること），**圧力効果**（機械的圧力によって抵抗値が変わる）など．光電効果と熱電効果は，図 13・12 のように利用される.

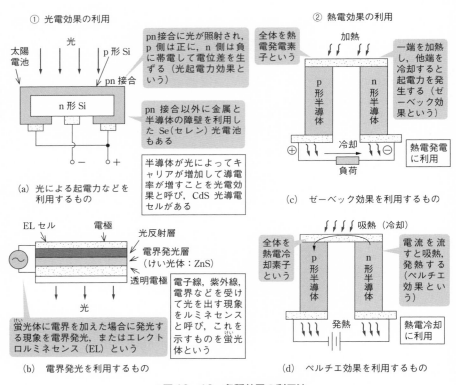

①　光電効果の利用

pn接合に光が照射され，p 側は正に，n 側は負に帯電して電位差を生ずる（光起電力効果という）

pn 接合以外に金属と半導体の障壁を利用した Se（セレン）光電池もある

半導体が光によってキャリアが増加して導電率が増すことを光電効果と呼び，CdS 光導電セルがある

（a）　光による起電力などを利用するもの

蛍光体に電界を加えた場合に発光する現象を電界発光，またはエレクトロルミネセンス（EL）という

電子線，紫外線，電界などを受けて光を出す現象をルミネセンスと呼び，これを示すものを蛍光体という

（b）　電界発光を利用するもの

②　熱電効果の利用

全体を熱電発電素子という

一端を加熱し，他端を冷却すると起電力を発生する（ゼーベック効果という）

熱電発電に利用

（c）　ゼーベック効果を利用するもの

電流を流すと吸熱，発熱する（ペルチエ効果という）

熱電冷却に利用

全体を熱電冷却素子という

（d）　ペルチエ効果を利用するもの

●図 13・12　各種効果の利用法

練習問題

■ 1

絶縁物に関する次の記述のうち，誤っているのはどれか．

(1) ほとんどの絶縁物は，温度が上昇するに従って，絶縁耐力の低下，誘電損の増大および絶縁抵抗の低下を起こす．

(2) 高周波絶縁材料には，損失低減のため誘導正接の大きい材料が使用される．

(3) 絶縁抵抗の大きい材料は，絶縁耐力も大きいとは限らない．

(4) 長時間の電圧印加によって，絶縁耐力は一般に低下するといわれている．

(5) 日光の直射，圧力や振動などによって，絶縁物が劣化することもある．

■ 2 (H17 A-14)

回転機に使用される絶縁材料として，E 種絶縁では ┌ (ア) ┐ 銅線とポリエステルフィルムを主体とした絶縁材料を使用する．また B 種絶縁ではポリエステル銅線または ┌ (イ) ┐ 銅線に ┌ (ウ) ┐ を主体とした絶縁材料を使用する．

上記の記述中の空白箇所（ア），（イ）および（ウ）に記入する字句として，正しいものを組み合わせたのは次のうちどれか．

	(ア)	(イ)	(ウ)
(1)	ポリエステル	二重綿巻	ワニスクロス
(2)	ポリエステル	二重ガラス巻	ワニスクロス
(3)	ポリエステル	二重ガラス巻	マイカ紙
(4)	二重綿巻	二重ガラス巻	ワニスクロス
(5)	ポリエステル	二重綿巻	マイカ紙

Chapter
13

■ 3 (H13 A-10)

ガス遮断器に使用されている SF_6 ガスの特性に関する記述として，誤っているのは次のうちどれか．

(1) 無色で特有の臭いがある．　　(2) 不活性，不燃性である．

(3) 比重が空気に比べて大きい．　　(4) 絶縁耐力が空気に比べて高い．

(5) 消弧能力が空気に比べて高い．

■ 4 (H9 A-10)

発電機巻線の絶縁材料に要求される性質として，不適当なものは次のうちどれか．

(1) 誘電損が小さい．　　(2) コロナの発生が少ない．

(3) 湿気を吸収しにくい．　　(4) 機械的強度が大きい．

(5) 熱の伝導率が小さい．

■ 5 (H12 A-9)

磁性材料に関する記述として，誤っているのは次のうちどれか.

(1) 鉄，ニッケル，コバルトおよびこれらの合金は強磁性体である.

(2) 強磁性体に交番磁界を加えると，中の磁区が半サイクルごとに方向を変えて，鉄損が生じる.

(3) 鉄損は，ヒステリシス損と渦電流損の和で表される.

(4) 交番磁界1サイクルのヒステリシス損は，ヒステリシス曲線で囲まれる面積に比例する.

(5) 交番磁界が強磁性体中を通過すると，磁束の周りに誘導電流が流れ，これによりヒステリシス損が発生する.

■ 6 (H7 A-10)

変圧器の鉄心材料として必要な条件を述べた次の記述のうち,誤っているのはどれか.

(1) 抵抗率が小さいこと.

(2) 比透磁率が大きいこと.

(3) 飽和磁束密度が大きいこと.

(4) 保磁力および残留磁気の値が小さいこと.

(5) 機械的に強く，加工性が良いこと.

■ 7 (H8 A-10)

機器の積層鉄心としてのけい素鋼板は，周波数と磁束密度を一定としたとき，板厚を薄くすると　(ア)　損はほとんど変わらないが　(イ)　損は　(ウ)　する. したがって，板厚を厚くすると　(エ)　は増加する.

上記の記述中の空白箇所（ア），（イ），（ウ）および（エ）に記入する字句として，正しいものを組み合わせたのは次のうちどれか.

	（ア）	（イ）	（ウ）	（エ）
(1)	ヒステリシス	渦電流	増加	鉄損
(2)	ヒステリシス	渦電流	減少	鉄損
(3)	渦電流	ヒステリシス	増加	銅損
(4)	渦電流	ヒステリシス	減少	鉄損
(5)	ヒステリシス	渦電流	増加	銅損

■ 8

電気導体として使用される硬アルミ線の導電率〔%〕として，正しいのは次のうちどれか.

(1) 50　　(2) 60　　(3) 70　　(4) 80　　(5) 90

9 (H18 A-9)

次に示す配電用機材（ア），（イ），（ウ）および（エ）とそれに関係の深い語句 (a)，(b)，(c)，(d) および (e) とを組み合わせたものとして，正しいのは次のうちどれか．

配電用機材	語 句
（ア） ギャップレス避雷器	(a) 水トリー
（イ） ガス開閉器	(b) 鉄 損
（ウ） CV ケーブル	(c) 酸化亜鉛（ZnO）
（エ） 柱上変圧器	(d) 六ふっ化硫黄（SF_6）
	(e) ギャロッピング

(1) （ア）-(c)	（イ）-(d)	（ウ）-(e)	（エ）-(a)
(2) （ア）-(c)	（イ）-(d)	（ウ）-(a)	（エ）-(e)
(3) （ア）-(c)	（イ）-(d)	（ウ）-(a)	（エ）-(b)
(4) （ア）-(d)	（イ）-(c)	（ウ）-(a)	（エ）-(b)
(5) （ア）-(d)	（イ）-(c)	（ウ）-(e)	（エ）-(a)

Chapter
13

練習問題略解

Chapter 1 水力発電

▶ 1. 解答(4)

図 1・12，図 1・13 を参照.

補足 水力発電の問題で通常扱うのは「**貯水ダム**」で，「**取水ダム**」は貯水を目的とせず，取水のために流れをせき止め，水路式発電所の水路に水を導入するために設置される．高さは低くてよい.

▶ 2. 解答(5)

本文中の計算過程では，スペースと見やすさのかね合いで，**ディメンジョン・チェック（単位チェック）**を省略しているが，実際に問題を解く際は，意識する習慣をぜひ，つけていただきたい．**計算ミス防止に効果大**である.

$$P=\rho gQH \quad \Big| \quad \frac{\mathrm{kg}}{\mathrm{m}^3}\cdot\frac{\mathrm{m}}{\mathrm{s}^2}\cdot\frac{\mathrm{m}^3}{\mathrm{s}}\cdot\mathrm{m}=\frac{\mathrm{kg\cdot m}}{\mathrm{s}^2}\cdot\frac{\mathrm{m}}{\mathrm{s}} \quad \cdots\cdots ①$$

力の単位は運動方程式 $ma=F$ より

$$F=ma \quad \Big| \quad \mathrm{N}=\mathrm{kg}\cdot\frac{\mathrm{m}}{\mathrm{s}^2}$$

仕事の単位は $\mathrm{N\cdot m=J}$ なので $\mathrm{J}=\mathrm{kg}\cdot\dfrac{\mathrm{m}}{\mathrm{s}^2}\cdot\mathrm{m}$

よって式 ① は

$$\frac{\mathrm{kg\cdot m}}{\mathrm{s}^2}\cdot\frac{\mathrm{m}}{\mathrm{s}}=\mathrm{J}\cdot\frac{1}{\mathrm{s}}=\mathrm{W}$$

▶ 3. 解答(a)-(4)，(b)-(4)

(a) 式 (1・17) より，$Q=\pi r^2\cdot v=\pi\left(\dfrac{1.2}{2}\right)^2\times5.3\fallingdotseq5.99$

(b) $P=9.8QH\eta$ で，与えられていないのは H のみである.

$$H=h+\frac{P}{\rho g}+\frac{v^2}{2g}=0+\frac{3\,000\times10^3}{1\,000\times9.8}+\frac{5.3^2}{2\times9.8}=307.55$$

$\therefore\ P=9.8\times5.99\times307.55\times0.885\fallingdotseq15\,978\,\mathrm{kW}$

▶ 4. 解答(3)

ベルヌーイの定理を断面 A，B に適用すると

$$h_A+\frac{P_A}{\rho g}+\frac{{v_A}^2}{2g}=h_B+\frac{P_B}{\rho g}+\frac{{v_B}^2}{2g} \quad \cdots\cdots ①$$

また，水圧管内の A，B では水量が同じであるため

$$\pi {r_A}^2\times v_A=\pi {r_B}^2\times v_B \quad \cdots\cdots ②$$

式 ② に問題で与えられた数値を代入すると

$$\pi\left(\frac{2.2}{2}\right)^2\times 3 = \pi\left(\frac{2}{2}\right)^2\times v_B$$

$$v_B = 3.63 \fallingdotseq 3.6\,\text{m/s}$$

式 ① に問題で与えられた数値と v_B の値を代入すると
(単位に注意 P〔Pa〕，ρ〔kg/m^3〕)

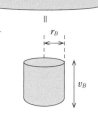

$$30+\frac{24\times 10^3}{1\,000\times 9.8}+\frac{3^2}{2\times 9.8} = 0+\frac{P_B}{1\,000\times 9.8}+\frac{3.6^2}{2\times 9.8}$$

両辺に（$1\,000\times 9.8$）をかけて

$$30\times(1\,000\times 9.8)+24\times 10^3+3^2\times 500 = P_B+3.6^2\times 500$$

$$294\,000+24\,000+4\,500 = P_B+6\,480$$

$$P_B = 316\,020\,\text{Pa} \fallingdotseq 316\,\text{kPa}$$

▶ **5.** **解答(2)**

有効落差を H〔m〕，水の噴出理論速度を v〔m/s〕とすると，問題 2 と同様に
$$v = \sqrt{2gH} = \sqrt{2\times 9.8\times 360} = 84\,\text{m/s}$$
バケットの周速は
$$0.45v = 37.8\,\text{m/s}$$

▶ **6.** **解答(1)**

キャビテーションとは，ある点の圧力がその時の水温の飽和蒸気圧以下となり，その部分の水が蒸発して生じた気泡が，周囲の水とともに流れて圧力の高い部分に達してつぶれ，その瞬間に非常に高い圧力を生じ，近くの物体に大きな衝撃を与える現象をいう．

キャビテーションが発生すると，**水車効率の低下，ランナやバケットの壊食，振動や騒音の発生**などが起こる．このキャビテーションを防止するためには，**比速度を余り大きくとらない，吸出管の高さを余り高くせず吸出管の上部に適当量の空気を入れる，ランナやバケットの表面を平滑に仕上げる**などの対策を行う．

▶ **7.** **解答(a)-(4)，(b)-(1)**

ランナの中心標高が $13\,\text{m}$ とされているが，これは吸出管で回収されるから考慮しなくてよい．

最高水位は標高 $233\,\text{m}$ で有効落差は $233-8 = 225\,\text{m}$
最低水位は標高 $152\,\text{m}$ で有効落差は $152-8 = 144\,\text{m}$
最低水位のときの流量 Q_2〔m^3/s〕とするとき，流量は落差の平方根に比例するので

$$Q_2 = Q_1\times\sqrt{\frac{H_2}{H_1}} = 10\times\sqrt{\frac{144}{225}} = 10\times\frac{12}{15} = 8\,\text{m}^3/\text{s}$$

(a) 最高水位のときの出力 P_1〔kW〕は
$$P_1 = 9.8\times 225\times 10\times 0.8 = 17\,640\,\text{kW}$$

(b) 最低水位のときの出力 P_2〔kW〕は
$$P_2 = 9.8\times 144\times 8\times 0.8 = 9\,032\,\text{kW}$$

▶ **8.** **解答(a)-(2)，(b)-(3)**

(a) 水量を V〔m³〕，流量を Q〔m³/s〕，ポンプおよび電動機効率をそれぞれ η_p，η_m とすると，揚水電力量 W〔kW·h〕は式（1·24）により

$$W = \frac{9.8QH_p}{\eta_p\eta_m}\cdot\frac{V}{3\,600Q} = \frac{9.8VH_p}{3\,600\eta_p\eta_m}\ \text{〔kW·h〕}$$

$$H_p = \frac{3\,600\eta_p\eta_m\times W}{9.8V} = \frac{3\,600\times0.85\times5\times10^6}{9.8\times15\times10^6} \fallingdotseq 104\,\text{m}$$

(b) 損失水頭 h〔m〕は全揚程の 3 % であるから $h = 104\times0.03 = 3.12\,\text{m}$，総落差を H_G〔m〕とすると発電時の有効落差は $H_G - h$ で揚水時の全揚程は $H_G + h$ である．したがって，総合効率は式（1·25）により

$$\eta = \frac{H_G - h}{H_G + h}\,\eta_m\eta_p\cdot\eta_G\eta_W\times100 = \frac{97.76}{104}\times0.90\times0.85\times100 \fallingdotseq 72\,\%$$

▶ **9.** 解答 (2)

有効落差は

$$(1\,065 - 930)\times(1 - 0.03) \fallingdotseq 131\,\text{m}$$

水車の出力は式（1·12）により

$$9.8\times75\times131\times0.89 \fallingdotseq 85\,700\,\text{kW}$$

> 限界式は問題で示されるもの！

比速度の限界は問題文で与えられた式により

$$n_s \leqq 20\,000/(131 + 20) + 40 = 172.45$$

水車の回転速度 n〔min⁻¹〕は式（1·19）を変形し

$$n = n_s\times H^{\frac{5}{4}}/P^{\frac{1}{2}} = 172.45\times\frac{131\times\sqrt{\sqrt{131}}}{\sqrt{85700}} = 261.07 \quad \text{限界値を超えないよう}$$

$$n = 261$$

同期発電機の極数 p，周波数 f〔Hz〕，回転速度 n〔min⁻¹〕の間には $n = 120f/p$ の関係があり，$n = 261\,\text{min}^{-1}$ を代入して，$P = 120f/n = (120\times60)/261 = 27.59$

P は偶数で，大きい方が限界値を下回るので，一番近い偶数を取って $P = 28$ となり，これを用いて

$$n' = 120\times\frac{60}{28} = 257\,\text{min}^{-1}$$

▶ **10.** 解答 (3)

速度調定率 R は式（1·21）に示したように

$$R = \frac{(n_2 - n_1)/n_n}{(P_1 - P_2)/P_n}\times100\,\%$$

周波数上昇後 A，B 各機の出力分担を P_A，P_B〔MW〕とする．

A 機の R_A は $0.04 = \dfrac{(n_2 - n_1)/n_n}{(250 - P_A)/250}$ B 機の R_B は $0.03 = \dfrac{(n_2 - n_1)/n_n}{(150 - P_B)/150}$

$$(250 - P_A)\times\frac{0.04}{250} = (150 - P_B)\times\frac{0.03}{150}$$

式を整理すると$-0.12P_A+0.15P_B=-7.5$，周波数上昇後 $P_A+P_B=300$ となり上式を連立方程式として P_A，P_B を求めると $P_A=194\,\text{MW}$，$P_B=106\,\text{MW}$

▶ **11.** 解答(a)‐(5)，(b)‐(1)

(a) 速度調定率を R とすると，その定義より

$$R=\frac{(n_2-n_1)/n_n}{(P_1-P_2)/P_n}\times100=\frac{(f_2-f_1)/f_n}{(P_1-P_2)/P_n}\times100$$

よって，$f_2=f_1+f_n\times\dfrac{(P_1-P_2)}{P_n}\times\dfrac{R}{100}$

$$=50+50\times\frac{1\,000-600}{1\,000}\times\frac{5}{100}=51\,\text{Hz}$$

(b) 水車発電機の周波数はタービン発電機と同じなので

$$P_2=P_1-P_n\times\frac{(f_2-f_1)}{f_n}\times\frac{100}{R}$$

$$=300\times0.8-300\times\frac{51-50}{50}\times\frac{100}{3}$$

$$=40\,\text{MW}$$

▶ **12.** 解答(2)

まず，需要端の所要電力量 W_0〔kW·h〕を求めると

$$W_0=100\,000\times365\times24\times0.6=5\,256\times10^5\,\text{kW·h}$$

水力から供給する電力量 W_1〔kW·h〕は

$$W_1=50\,000\times365\times24\times0.75=3\,285\times10^5\,\text{kW·h}$$

したがって，汽力発電所が供給しなければならない電力量 W_2〔kW·h〕は

$$W_2=W_0-W_1=5\,256\times10^5-3\,285\times10^5=1\,971\times10^5\,\text{kW·h}$$

汽力発電所の重油の消費量を x〔kl〕とすると

$$x=1\,971\times10^5\times0.24=47\,300\,\text{k}l$$

▶ **13.** 解答(3)

吸出し管は，反動水車のランナ出口から放水面までの接続管で，ランナから放出された流水の速度を減少させて流水の持つ運動エネルギーを有効に回収させる機能を持つ．衝動水車であるペルトン水車には用いられない．

▶ **14.** 解答(3)

電源のベストミックスにおいて

流込み式：ベース供給力

調整池式・貯水池式・揚水式：ピーク供給力（起動が早く，変化にすばやく対応）である．

Chapter 2 火力発電

▶ **1.** 解答(3)

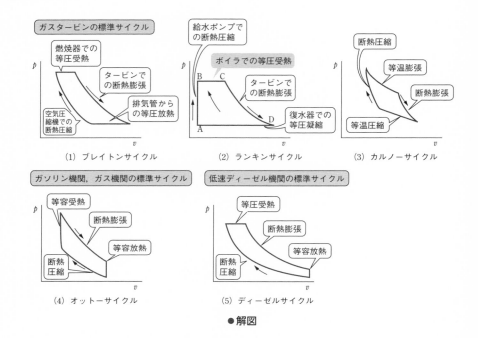

（1）ブレイトンサイクル　　（2）ランキンサイクル　　（3）カルノーサイクル

（4）オットーサイクル　　（5）ディーゼルサイクル

●解図

2-2節 ②の説明では T–s 線図を用いたが，本問では p–v（圧力–比容積）線図を用いている．解図にランキンサイクルを始めとして五つのサイクルを示した．

問題のランキンサイクルの過程は解図に示したとおりである．C→Dは断熱膨張の過程であり，断熱圧縮は誤りである（p.66補足参照）．

▶ **2.　解答(2)**

$$\eta = \frac{h_1 - h_2}{h_1 - h_3} \times 100 = \frac{3\,487 - 2\,270}{3\,487 - 138} \times 100 \fallingdotseq 36.3\,\%$$

▶ **3.　解答(a)–(4)，(b)–(3)**

(a) 重油消費量〔kg〕×重油発熱量〔kJ/kg〕×発電端熱効率
　　＝出力〔kW〕×時間〔h〕×3\,600〔kJ/kW·h〕より

$$\frac{重油消費量}{時間} = \frac{出力 \times 3\,600}{重油発熱量 \times 発電端熱効率}$$

$$= \frac{1\,000 \times 10^3 \times 3\,600}{44\,000 \times 0.41}$$

$$\fallingdotseq 200 \times 10^3\,\mathrm{kg/h} \quad \therefore \quad 200\,\mathrm{t/h}$$

(b) $C + O_2 \rightarrow CO_2$ より，炭素：二酸化炭素 ＝ 12：44
よって

1日に発生する二酸化炭素の重量〔t〕

$$= 重油消費量〔t/h〕\times 24〔h〕\times 炭素の重量比 \times \frac{二酸化炭素}{炭素}$$

$$= 200 \times 24 \times 0.85 \times \frac{44}{12} \fallingdotseq 15 \times 10^3\,t$$

▶ **4.** 解答 (3)

汽力発電所のタービン発電機と水車発電機の構造の違いは，原動機の駆動力となる蒸気と水の特性の違いによる．

蒸気は高温・高圧→回転速度を高くしたほうが高効率→高い機械的強度が必要．

そのため円筒形構造とし，直径を小さくし，軸方向に長くする．

タービン発電機は 2 極または 4 極の円筒形回転子なのに対し，水車発電機は極数が 6〜48 と多く，突極形回転子である．

回転速度は，水車発電機は一般に遅く，ほとんど $1\,000\,\mathrm{min}^{-1}$ 以下で，大容量機では $100〜500\,\mathrm{min}^{-1}$ であるのに対し，タービン発電機の回転速度は $50\,\mathrm{Hz}$ で $3\,000\,\mathrm{min}^{-1}$（2 極）または $1\,500\,\mathrm{min}^{-1}$（4 極）と高速回転である．

▶ **5.** 解答 (a)‐(3)，(b)‐(4)

(a) 発電端効率 η〔%〕は次のようになる．

$$\eta = \frac{500\,000 \times 3\,600}{105 \times 10^3 \times 44\,000} \times 100 = 39.0\,\%$$

(b) 発電端熱効率 η_p〔%〕とボイラ効率 η_B〔%〕，タービン室効率 η_T〔%〕，発電機効率 η_G との間には次の関係式がある．

$$\frac{\eta_B}{100} \times \frac{\eta_T}{100} \times \frac{\eta_G}{100} = \frac{\eta_P}{100}$$

したがって

$$\eta_B = \frac{\dfrac{\eta_P}{100}}{\dfrac{\eta_T}{100} \times \dfrac{\eta_G}{100}} \times 100$$

$$= \frac{0.39}{0.45 \times 0.99} \times 100 = 87.5\,\%$$

▶ **6.** 解答 (a)‐(4)，(b)‐(3)

(a) 復水器で放出される熱量〔kJ/s〕＝ 冷却水量〔m³/s〕× 密度〔kg/m³〕× 比熱〔kJ/(kg・K)〕× 温度上昇〔K〕より

$$放出される熱量 = 24 \times 1.02 \times 10^3 \times 4.02 \times 7$$

$$\fallingdotseq 689 \times 10^3 \qquad \therefore \quad 6.89 \times 10^5\,\mathrm{kJ/s}$$

(b) タービン室効率 $= \dfrac{タービン出力}{タービン出力＋損失}$

ここで，発電機出力 ＝ タービン出力 × 発電機効率

損失 ＝ 復水器で放出される熱量

より

$$\text{タービン室効率} = \frac{\text{発電機出力/発電機効率}}{\text{発電機出力/発電機効率＋放出熱量}}$$

$$= \frac{600/0.98}{600/0.98＋689}$$

$$≒ \frac{612}{612＋689}$$

$$≒ 0.470 \qquad ∴ \quad 47.0\%$$

▶ **7.　解答（4）**

汽力発電所において，部分負荷での熱効率の向上を図るために，タービン入口の蒸気圧力を負荷に応じて変化させる方式を**変圧運転**という．**変圧運転方式**は加減弁による絞り損失がなく，**タービンの内部効率が向上**する．

▶ **8.　解答（1）**

（1）**蒸気加減弁**は，蒸気タービン入口部に設置され，蒸気流量を制御し，タービン出力を調整するものである．ボイラ内の蒸気圧力が一定限度を超えたとき，蒸気を放出させるのは**安全弁**である．

（2）ボイラ内圧が異常変動した場合は，警報を発するとともにボイラをストップさせる．

（3）発電用火力設備技術基準では，**非常用調速機の定格を超える一定値は 111 ％ 以下**となっている．すなわち，111 ％ を超えると必ず作動しなければならない．

（4）**タービン自動停止**に至る運転異常項目は，① **タービン真空低下**，② **タービン過速度**，③ **軸受油圧低下**，④ **スラスト軸受摩耗**，⑤ **異常振動**，⑥ **発電機事故**，⑦ **ボイラ事故**などである．

（5）**比率差動継電器**（発電機差動継電器）で，**発電機固定子巻線の短絡を検出・保護**する．

Chapter 3　原子力発電

▶ **1.　解答（3）**

① 群は核燃料，② 群は制御材，③ 群は減速材，④ 群は冷却材．

▶ **2.　解答（4）**

質量欠損がエネルギーに変換されるので

$$E = mc^2$$

より，発生エネルギーは

$$E = 1×10^{-3}×0.09×10^{-2}×(3×10^8)^2$$

$$= 8.1×10^{10}\,\text{J}$$

$$= 8.1×10^7\,\text{kJ}$$

このエネルギーを石炭で発生させた時の石炭の量は

$$\frac{\text{発生エネルギー}}{\text{石炭の発熱量}} = \frac{8.1 \times 10^7}{25\,000}$$

$$= 3\,240\,\text{kg}$$

▶ **3.** 解答(4)

天然ウラン 150 t を発電電力量〔MW・h〕に換算すると

$150 \times 10^6 \times 0.007 \times 8.2 \times 10^{10} \times 0.33 / (60 \times 60 \times 10^6) \fallingdotseq 7\,893 \times 10^3\,\text{MW・h}$

電気出力 1 000 MW の発電所で運転できる日数は

$$\frac{7\,893 \times 10^3}{1\,000 \times 24} \fallingdotseq 329\,\text{日}$$

▶ **4.** 解答(4)

本文で説明した核分裂に伴う質量欠損と，原子核生成に伴う質量欠損がある．原子核は正の電荷をもつ陽子と電荷をもたない中性子とが結合したものである．原子核の質量は陽子と中性子の個々の質量の合計より小さい．この差を (も) **質量欠損**といい，結合時にはこれに相当するエネルギーが放出される．この放出されるエネルギー E〔J〕は (も)

$$E = mc^2 \text{〔J〕}$$

ただし，c は光速で $3 \times 10\,\text{m/s}$，m は欠損した質量〔kg〕である．

同様に**核分裂の際も**，より安定な（結合エネルギーの大きい）物質に分裂するため**質量の合計が小さくなる**．この質量欠損に相当するエネルギーが核分裂エネルギーとして放出される（3-1 節 ② 参照）．

▶ **5.** 解答(3)

天然ウランにおいては，核分裂を生ずる**ウラン 235 の割合は約 0.7％** である．軽水炉では，原子炉の熱出力を大きくするために，**ウラン 235 を 2〜3％ に濃縮**した燃料を利用している（自然界に存在するのはウラン，トリウムで，プルトニウムは人工的元素である）．なお，**高濃縮ウランは，トリウムを添加して高温ガス炉で利用**されている．

▶ **6.** 解答(2)

軽水炉は，減速材および冷却材に軽水を使用し，核燃料に低濃縮ウランを用いる原子炉で，加圧水型原子炉（PWR）と沸騰水型原子炉（BWR）がある．

▶ **7.** 解答(3)

原子力発電所の発電電力量は，核分裂エネルギーの 30％ なので

$$W = mc^2 \times 0.3$$
$$= 5.0 \times 10^{-3} \times 0.09 \times 10^{-2} \times (3 \times 10^8)^2 \times 0.3$$
$$= 1.215 \times 10^{11}\,\text{J}$$
$$= 1.215 \times 10^8\,\text{kJ}$$

$$\therefore \quad W = \frac{1.215 \times 10^8\,\text{〔kJ〕}}{3\,600\,\text{〔kJ/kW・h〕}}$$
$$= 33\,750\,\text{kW・h}$$

一方，揚水発電所においては

$$P = \frac{9.8QH}{\eta}$$

より，揚水の時間が t 時間として

$$W = P \times t$$

となるため

$$W = P \times t = \frac{9.8QH}{\eta} \times t$$

よって揚水量は

$$Q \times t \times 3\,600 \,[\mathrm{s}] = W \times \frac{\eta}{9.8H} \times 3\,600$$

$$= 33\,750 \times \frac{0.84}{9.8 \times 200} \times 3\,600$$

$$\fallingdotseq 5.2 \times 10^4\,\mathrm{m}^3$$

▶ 8.　解答(1)

　軽水炉は冷却材および減速材に軽水を使用し，核燃料に**低濃縮ウラン**を用いるもので，蒸気発生器を介して蒸気を発生させる**加圧水型（PWR）**と，炉心で蒸気を発生させる**沸騰水型（BWR）**がある．

　沸騰水型では，炉内温度が上昇してボイド（泡）が増えると，軽水の減速材としての効果が薄れ，熱中性子が減少し，出力が抑制される（ボイド効果）．

▶ 9.　解答(1)

　それぞれに**特有な設備**は

PWR：加圧器，蒸気発生器，一次冷却材ポンプ

BWR：再循環ポンプ

▶ 10.　解答(4)

　蒸気発生器は BWR にはない．

▶ 11.　解答(1)

　天然ウラン（鉱山）──→イエローケーキ（製練工場）──→六ふっ化ウラン（転換工場）

　　　──→ 3～5％のウラン 235（濃縮工場）──→二酸化ウラン（再転換工場）

　　　──→燃料集合体（加工工場）──→原子力発電所

▶ 12.　解答(2)

　1-6 節参考および補足を参照．

Chapter 4　再生可能エネルギー（新エネルギー）等

▶ 1.　解答(5)

　風がもつ運動エネルギー E は，空気の質量を m，速度を v とすると

$$E = \frac{1}{2}mv^2$$

ここで，空気の密度を ρ，風車の回転面積を A とすると

$$m = \rho Av$$

となるので，風車のパワー係数を C_p として

$$E = C_p \times \frac{1}{2}\rho Av \cdot v^2$$

$$= \frac{1}{2}C_p \rho Av^3$$

したがって，**風車によって取り出せるエネルギー**は，**風車の受風面積に正比例**し，**風速の 3 乗に比例**する．

▶ **2.　解答(5)**

燃料電池発電は，水素と酸素を化学反応させて電気エネルギーを発生させる方式で，騒音や振動が小さく，分散型電源として期待される．

▶ **3.　解答(4)**

二酸化炭素の排出量は，石油などの化石燃料を燃焼しない原子力発電が最も少なく，次いで，燃料が LNG で熱効率が高いコンバインドサイクル発電，その次が重油専焼火力で，石炭専焼火力が最も多い．

▶ **4.　解答(4)**

式 (4・2) $E = \frac{1}{2}G\rho Av^3$ より風速の 3 乗に比例する．

▶ **5.　解答(2)**

パワーコンディショナー（PCS）の主要な機能は，① **MPPT 制御**，② **(DC/AC) インバータ**，③ **系統連系運転制御**，④ **系統連系保護**である．

▶ **6.　解答(1)**

大量の分散型電源が系統連系された場合，逆潮流による系統電圧の上昇対策として，各種対策を講じる必要があり，その一つとして**無効電力制御**がある．電圧上昇を抑制する場合，系統側からみて遅れの無効分を大きくすればよい（遅れ力率）が，これは**発電機側からみると進相運転（進み力率）**することになり，**系統側からみると遅相運転（遅れ力率）**である．

▶ **7.　解答(5)**

鉛蓄電池の充電は機器に対するダメージがないよう，**最初は定電流均等充電**，次に**定電圧充電**とする．

▶ **8.　解答(a)‐(2)，(b)‐(3)**

太陽光発電が使われているが，解き方は通常の単相 3 線式回路の解き方と同様である．8-6 節（単相 3 線式）を学習した後に取り組めば容易である．

(a) 回路方程式は，解図・1 より

練習問題略解

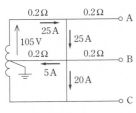

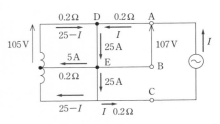

●解図・1　　　　　　　　　　　●解図・2

$$105 - 0.2 \times 25 - V_{AB} - 0.2 \times 5 = 0$$

$$\therefore \quad V_{AB} = 105 - 5 - 1 = 99\,\text{V}$$

(b) 電圧の関係式は，解図・2 より

$$105 - 0.2 \times (25 - I) - V_{DE} - 0.2 \times 5 = 0 \quad \cdots\cdots ①$$

$$107 - 0.2 \times I = V_{DE} \quad \cdots\cdots ②$$

式 ① と式 ② より

$$105 - 0.2 \times (25 - I) - (107 - 0.2 \times I) - 0.2 \times 5 = 0$$

$$\therefore \quad 0.4I = 8 \quad \therefore \quad I = 20\,\text{A}$$

Chapter **5** 変電

▶ 1.　解答(1)
　変圧器のインピーダンスが小さいときは電圧変動率は小さく，系統の安定度は良くなるが，短絡容量が増加し，重量は増し全損失は減少する．

▶ 2.　解答(4)
　避雷器は，系統に生じた雷サージや開閉サージなどの異常電圧から，変圧器をはじめとする機器が絶縁破壊しないよう異常電圧を制限する装置であり，**直撃雷の侵入は防止できない**．

▶ 3.　解答(5)
　零相変流器の二次側に電流が生じるのは三相不平衡のとき，すなわち三相短絡や三線地絡では発生せず，たとえば**一線地絡故障のような不平衡故障の際**，二次側に電流が発生する．

▶ 4.　解答(4)
　比較的低い電圧では油遮断器に代わり真空遮断器が，高い電圧では騒音防止効果もある SF_6 ガス遮断器が用いられる．

▶ 5.　解答(5)
　ガス絶縁開閉装置（GIS）は，輸送限界に近いユニットまで工場内で組み立て，試験をして現地へ輸送されるため，現地据付工事の短縮が図れる．

▶ 6.　解答(3)
　定格一次電流 $10\,000/\sqrt{3} \times 77$ を 1.8 倍し，変流比 30 で割ると 4.5 A となる．

▶ **7.** 解答(5)

　計器用変成器には，解表に示すような計器用変圧器（VT）と変流器（CT）がある．**VT では，二次側を短絡すると大きな短絡電流が流れ危険，CT では二次回路を開放すると，二次側に高電圧が発生し危険である**．

● 解表　計器用変成器

種　類	計器用変圧器（VT）	計器用変流器（CT）
回路接続		
特　　性	変圧比 $= \dfrac{v_1}{v_2} = \dfrac{n_1}{n_2}$	変流比 $= \dfrac{i_1}{i_2} = \dfrac{n_2}{n_1}$

▶ **8.** 解答(1)

　変圧器のインピーダンスを低くすると，短絡容量は大きくなる．

▶ **9.** 解答(3)

　基準容量を A 変圧器の 5 MV・A とし，B 変圧器の %z を換算すると 6.25 % となる．式 (5・2) により

$$5 = P_{ma} \times \frac{6.25}{5.5 + 6.25} \qquad \therefore \quad P_{ma} = 9.4\,\mathrm{MV \cdot A}$$

$$4 = P_{mb} \times \frac{5.5}{5.5 + 6.25} \qquad \therefore \quad P_{mb} = 8.5\,\mathrm{MV \cdot A}$$

　したがって，P_{mb} により 8.5 MV・A となる．

▶ **10.** 解答(3)

　変電所への異常電圧の侵入に対しては，**避雷器を設置して異常電圧を機器の絶縁強度以下に制限することが一般的**である．

　このような異常電圧に対する変電所の絶縁設計としては，電力系統全体の絶縁について合理的な協調を図り，安全でしかも経済的なバランスのとれた絶縁設計を行う必要がある．

▶ **11.** 解答(3)

　電流零点を有して電流遮断を行いやすい交流遮断器に比べ，直流遮断器は電流零点がなく，直流回路のインダクタンスに蓄えられたエネルギー処理が必要であるため，交流遮断器と異なった遮断方式を必要とし，容易ではない．

▶ **12.** 解答(4)

　変圧器 1 台が故障したときの状態は解図となる．

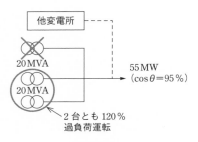

●解図

健全な変圧器 2 台は定格容量の 120 % まで過負荷運転ができるため，供給可能な電力 $P_{\max}$〔MW〕は

$$P_{\max} = S_{\text{定格}} \times \frac{120\%}{100} \times 2\,台 \times \cos\theta \ \text{〔MW〕} \quad\cdots\cdots\cdots\cdots\cdots\cdots ①$$

$$= 20 \times 1.2 \times 2 \times 0.95 = 45.6\,\text{MW}$$

総負荷は 55 MW であるため，変圧器 2 台を過負荷運転したときに不足する電力 ΔP〔MW〕は

$$\Delta P = 55 - 45.6 = 9.4\,\text{MW}$$

よって，他の変電所に切り替える電力は，故障発生前の負荷に対して

$$\frac{9.4\,\text{MW}}{55\text{MW}} \times 100 = 17.1\%$$

Chapter 6 架空送電線路と架空配電線路

▶ **1.** 解答(3)　アルミはやわらかいため傷がつきやすい.

▶ **2.** 解答(1)　可とう性とは，屈曲しやすい性質のこと.

▶ **3.** 解答(2)　電線の安全電流（許容電流）は最高許容温度により定められる.

▶ **4.** 解答(4)　アルミの方が外径が大きく，コロナの点でも有利.

▶ **5.** 解答(4)　硬銅より線は，主に 77 kV 以下の線路に使用される.

▶ **6.** 解答(5)
配電線路の電線の太さを決める際，コロナ開始電圧は考慮しない.

▶ **7.** 解答(5)
電線に交流が流れると電流分布は一様でなく，中心ほど流れにくく，電線の周辺（表皮）に近づくほど多く流れる.この現象を**表皮効果**という.表皮効果は，**周波数が高いほど，電線の断面積が大きいほど，比透磁率の大きいほど大きくなる.**

▶ **8.** 解答(3)

▶ **9.** 解答(3)　**DV 線は引込線に使用される.**

▶ **10.** 解答(1)

▶ **11.** 解答(2)　(2)はスポットネットワーク方式に対する記述である.

▶ **12.** 解答(4)　ネットワーク母線の信頼度は高くする必要がある.

▶ **13.** 解答(4)

▶ **14.** 解答(5)

▶ **15.** 解答(4)

　ネットワーク母線の事故時は，受電できなくなるため，母線の信頼度は高くする必要がある.

▶ **16.** 解答(2)

　直接接地方式は，主として 187 kV 以上の送電系統に適用する. 20 kV 級配電系統では中性点抵抗接地方式を適用する.

▶ **17.** 解答(5)

Chapter 7　架空送配電線路における各種障害とその対策

▶ **1.** 解答(3)　横揺れ防止は V 吊り.

▶ **2.** 解答(5)

　(1) コロナ振動　(2) 微風振動　(3) ギャロッピング　(4) サブスパン振動
　(5) スリートジャンプ（電線のはね上り）

▶ **3.** 解答(4)　7-1 節 ② 参照.

▶ **4.** 解答(2)　径間が長いほど発生しやすい.

▶ **5.** 解答(5)　多導体のほうが当然，複雑となる.

▶ **6.** 解答(5)　V 吊りは横揺れ防止.

▶ **7.** 解答(4)　添線式ダンパは微風振動防止.

▶ **8.** 解答(3)　抵抗接地方式は，電磁誘導障害対策.

▶ **9.** 解答(4)

▶ **10.** 解答(2)

　地絡電流の値を抑制する必要があるため，中性点の接地抵抗を大きくする.

▶ **11.** 解答(2)

▶ **12.** 解答(4)

▶ **13.** 解答(5)

　電磁誘導を抑制するためには，中性点の接地抵抗は大きくする必要がある.

▶ **14.** 解答(4)

▶ **15.** 解答(5)

▶ **16.** 解答(2)

▶ **17.** 解答(3)　健全相の対地電圧は正常時の $\sqrt{3}$ 倍の線間電圧まで上昇.

▶ **18.** 解答(4)

▶ **19.** 解答(2)　$I_g = 3\omega C_0 \dfrac{V}{\sqrt{3}} = \sqrt{3}\,\omega C_0 V$

▶ **20.** 解答(3)

練習問題略解

非接地方式 = 接地抵抗値 ∞（無限大）なので，**電磁誘導障害は少ない**.

▶ **21.** 解答(1)

B 変電所変圧器の一次側各線の**対地電位は変化するが，線間電圧は変化しないので**，線間電圧で誘起される二次側の電圧は変化しない.

▶ **22.** 解答(1)

必ず二線地絡に移行するわけではないが，可能性が高くなるということ.

▶ **23.** 解答(3)　**短絡電流は中性点接地方式には依存しない**.

▶ **24.** 解答(4)

▶ **25.** 解答(2)

例えば，同一抵抗ならば，鋼心アルミより線は，硬銅より線に比し，外径が大きいため，コロナ臨界電圧上有利となるが，直接関係しているのは外径であって，材質ではない点に注意. 式 (7·1) 参照.

▶ **26.** 解答(1)　低減することはできるが，防止はできない.

▶ **27.** 解答(3)　**ダンパは微風振動対策**.

▶ **28.** 解答(4)

絶縁電線の採用により，雷断線被害の様相が変わった経緯はあるものの（断線被害増を防ぐため，(1)〜(5) の他の対策がなされた），**絶縁電線の採用は雷害対策としては関係がない**.

▶ **29.** 解答(5)　避雷器の役割は，雷過電圧の制限・抑制である.

▶ **30.** 解答(5)　**アークホーンは雷害対策**である.

▶ **31.** 解答(4)

▶ **32.** 解答(4)

コロナ臨界電圧が影響を受けるのは，**電線表面の状態，太さ，気象条件，線間距離**など，式 (7·1) 参照.

▶ **33.** 解答(1)

電力線搬送電話（PLC）は結合コンデンサ等の結合装置で電力線に接続されている. ただし，このことを知らなくても，他の二つの基本事項を正確に組み合わせれば正答を得ることができる.

▶ **34.** 解答(1)

図 7·18 参照，避雷器の目的は，放電により過電圧を制限して電気施設の絶縁を保護することである. したがって，**避雷器の衝撃放電電圧は他の保護すべき施設の耐過電圧よりも低く設定**する必要がある.

▶ **35.** 解答(4)

無負荷変圧器には遅れ 90° の励磁電流が流れるが，これを遮断すると，真空遮断器のように消弧力が強すぎると，電流裁断現象のための過電圧が発生する.

▶ **36.** 解答(4)

▶ **37.** 解答(5)

単位長当たり静電容量の大きいケーブルを使用している．**地中電線路のほうがフェランチ現象が発生しやすい．**

▶ **38.** 解答(5)

　軽負荷時にはフェランチ現象が発生しやすく，電圧が上昇傾向になる．

▶ **39.** 解答(3)

▶ **40.** 解答(2)

　自己励磁現象のキーワードは，「負荷長距離送電線路充電」，「電機子反作用」，「小容量発電機注意」，「短絡比大有利」．

▶ **41.** 解答(1)

　コンデンサは高調波により過電流が流れ，焼損・異常音などが発生する被害機器．

Chapter 8 電気的特性

▶ **1.** 　**解答**(1)　$I(R\cos\theta_r + X\sin\theta_r)$，$\theta_s$ でなく θ_r である点を再確認すること．

▶ **2.** 　**解答**(3)

$$I = \frac{P}{\sqrt{3}\,V\cos\theta} = \frac{6\times10^3}{\sqrt{3}\times200\times0.866} = 20\,\text{A}$$

$\Delta v = \sqrt{3}\,IR\cos\theta$ から

$$R = \frac{\Delta v}{\sqrt{3}\,I\cos\theta} = \frac{206-200}{\sqrt{3}\times20\times0.866} = 0.2\,\Omega$$

▶ **3.** 　**解答**(a)-(4)　　(b)-(2)

(a)　$\Delta V = V_S - V_R = \sqrt{3}\,I(R\cos\theta + X\sin\theta)$　∴　$I = \dfrac{V_S - V_R}{\sqrt{3}\,(R\cos\theta + X\sin\theta)}$

　　$R = 0.45\,[\Omega/\text{km}]\times5\,[\text{km}] = 2.25\,\Omega$

　　$X = 0.35\,[\Omega/\text{km}]\times5\,[\text{km}] = 1.75\,\Omega$

　　$\Delta V = V_S - V_R = 6\,600 - 6\,450 = 150\,\text{V}$

　　$\sin\theta = \sqrt{1-\cos^2\theta} = \sqrt{1-0.7^2} = 0.714$

∴　$I = \dfrac{150}{\sqrt{3}\times(2.25\times0.7 + 1.75\times0.714)} = 30.66\,\text{A}$

∴　$W_1 = \sqrt{3}\,IV_R\cos\theta = \sqrt{3}\times30.66\times6\,450\times0.7 = 239.8\times10^3\,\text{W} = 239.8\,\text{kW}$

(b)　線路損失 (I^2R) が変わらないことから，電流値は変化なし．

∴　$V_S - V_R' = \sqrt{3}\,I(R\cos\theta' + X\sin\theta')$

　　　　　　　$= \sqrt{3}\times30.66\times(2.25\times0.8 + 1.75\times\sqrt{1-0.8^2})$

　　　　　　　$= 151.35$

∴　$V_R' = 6\,600 - 151.35 = 6\,448.65\,\text{V}$

∴　$W_2 = \sqrt{3}\,IV_R'\cos\theta'$

　　　　　$= \sqrt{3}\times30.66\times6\,448.65\times0.8 = 273.96\times10^3\,\text{W} = 273.96\,\text{kW}$

▶ **4.** 　**解答**(a)-(2)，(b)-(4)

(a) 解図のように，線間電圧 $\dot{V}_r$，$\dot{V}_s$，電流 $\dot{I}_{c2}$ とすると，受電端の線間電圧 $\dot{V}_r$〔kV〕は，送電端の線間電圧 $\dot{V}_s$〔kV〕から，線路インピーダンス jX の電圧降下を引けば求まるため

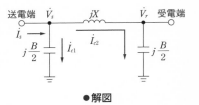

●解図

$$\frac{\dot{V}_r}{\sqrt{3}} = \frac{\dot{V}_s}{\sqrt{3}} - jX\dot{I}_{c2} \ \text{〔kV〕} \cdots\cdots① $$

また，受電端の充電電流 $\dot{I}_{c2}$〔A〕は

$$\dot{I}_{c2} = j\frac{B}{2} \cdot \frac{\dot{V}_r}{\sqrt{3}} \ \text{〔A〕} \cdots\cdots②$$

式①と式②より

$$\frac{\dot{V}_r}{\sqrt{3}} = \frac{\dot{V}_s}{\sqrt{3}} - jX\left(j\frac{B}{2} \cdot \frac{\dot{V}_r}{\sqrt{3}}\right)$$

両辺に $\sqrt{3}$ をかけて式を展開すると，$j^2 = -1$ より

$$\dot{V}_r = \dot{V}_s + \frac{XB}{2}\dot{V}_r$$

$$\dot{V}_r\underbrace{\left(1 - \frac{XB}{2}\right)}_{実数} = \dot{V}_s$$

すなわち，実数をかけても大きさが変わるだけで位相に変化はないため，$\dot{V}_r$ と $\dot{V}_s$ は同相であるから

$$|\dot{V}_r| = \frac{|\dot{V}_s|}{1 - \frac{XB}{2}} = \frac{66}{1 - \frac{200 \times 0.800 \times 10^{-3}}{2}} \fallingdotseq 71.7\,\text{kV}$$

充電電流により，受電端の電圧が送電端より上昇する（フェランチ現象）．

(b) 送電端電流 $\dot{I}_s$〔A〕は，解図に示すように

$$\dot{I}_s = \dot{I}_{c1} + \dot{I}_{c2} \ \text{〔A〕}$$

$$= j\frac{B}{2} \cdot \frac{\dot{V}_s}{\sqrt{3}} + j\frac{B}{2} \cdot \frac{\dot{V}_r}{\sqrt{3}}$$

$$= j\frac{B}{2\sqrt{3}}(\dot{V}_s + \dot{V}_r)$$

ここで，$\dot{V}_s$ と $\dot{V}_r$ は同相であるから

$$|\dot{I}_s| = \frac{B}{2\sqrt{3}}(|\dot{V}_s| + |\dot{V}_r|)$$

$$= \frac{0.800 \times 10^{-3}}{2\sqrt{3}}(66 \times 10^3 + 71.7 \times 10^3) \fallingdotseq 31.8\,\text{A}$$

▶ **5. 解答(2)**

図 8·10 の平均電流の考え方での解を示す．

$$I_e = \frac{150}{2} = 75\,\mathrm{A}$$

$$R = 0.30\,\Omega/\mathrm{km} \times 1\,\mathrm{km} = 0.30\,\Omega$$

$$X = \omega L = 2\pi f L = 2\pi \times 60 \times 1.1 \times 10^{-3}\,[\mathrm{H/km}] \times 1\,\mathrm{km} = 0.415\,\Omega$$

$$\therefore \quad \Delta V = \sqrt{3}\,I_e(R\cos\theta + X\sin\theta)$$
$$= \sqrt{3} \times 75 \times (0.30 \times 0.9 + 0.415 \times \sqrt{1-0.9^2})$$
$$= 58.6\,\mathrm{V}$$

▶ **6.** 解答 $(\mathrm{a})-(4)$, $(\mathrm{b})-(3)$

(a) 単相 2 線式で力率 100 %（$\cos\theta = 1$）なので
$$\Delta V = 2IR\cos\theta = 2IR$$

$$\Delta V_{SK} = 2I_{SK}R_{SK} = 2 \times (30+30+20+20) \times \left(0.48 \times \frac{100}{1\,000}\right) = 9.6\,\mathrm{V}$$

$$\Delta V_{KL} = 2I_{KL}R_{KL} = 2 \times (30+20) \times \left(0.48 \times \frac{20}{1\,000}\right) = 0.96\,\mathrm{V}$$

$$\Delta V_{LM} = 2I_{LM}R_{LM} = 2 \times 20 \times \left(0.48 \times \frac{20}{1\,000}\right) = 0.384\,\mathrm{V}$$

$$\Delta V_{KN} = 2I_{KN}R_{KN} = 2 \times 20 \times \left(0.48 \times \frac{50}{1\,000}\right) = 0.96\,\mathrm{V}$$

電圧降下が最大となるのは M 点で，その値は
$$\Delta V_{SK} + \Delta V_{KL} + \Delta V_{LM} = 9.6 + 0.96 + 0.384 = 10.944\,\mathrm{V}$$

(b) 求める抵抗値を R' とすると

$$\Delta V_{SK}' = 2I_{SK}'R_{SK}' = 2 \times (30+50+20+20) \times \left(R' \times \frac{100}{1\,000}\right) = 24R'\,[\mathrm{V}]$$

$$\Delta V_{KL}' = 2I_{KL}'R_{KL} = 2 \times (50+20) \times \left(0.48 \times \frac{20}{1\,000}\right) = 1.344\,\mathrm{V}$$

$$\Delta V_{LM}' = v_{LM} = 0.384\,\mathrm{V}$$

よって求める条件は
$$\Delta V_{SK}' + \Delta V_{KL}' + \Delta V_{LM}' \leqq \Delta V_{SK} + \Delta V_{KL} + \Delta V_{LM}$$
$$24R + 1.344 + 0.384 \leqq 9.6 + 0.96 + 0.384$$

$$\therefore \quad 24R \leqq 9.216$$

$$\therefore \quad R \leqq 0.384$$

▶ **7.** 解答 (2)

$$Q = \sqrt{3}\,VI_c = \sqrt{3}\,V\omega CE = \sqrt{3}\,V \cdot 2\pi f C \frac{V}{\sqrt{3}} = 2\pi f C V^2$$

$$= 2\pi \times 50 \times 1 \times 10^{-6} \times (60 \times 10^3)^2 \fallingdotseq 1\,131 \times 10^3\,\mathrm{var} = 1\,130\,\mathrm{kvar}$$

▶ **8.** 解答 $(\mathrm{a})-(3)$, $(\mathrm{b})-(4)$

(a) 解図のように，2 回線で 5 000 kW の負荷に供給しているため，1 回線当たりの

練習問題略解

負荷は 2 500 kW になる.

$P = \sqrt{3}\,VI\cos\theta$ より,送電線 1 線当たりの電流 I 〔A〕を求めると

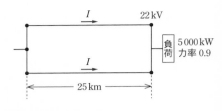

$$2\,500 = \sqrt{3} \times 22 \times I \times 0.9$$

$$I = \frac{2\,500}{\sqrt{3} \times 22 \times 0.9} \fallingdotseq 72.90\,\text{A}$$

(b) 三相 3 線式 2 回線の送電損失 P_{loss} は,電線が 6 条であるから

$$P_{\text{loss}} = 6RI^2 \quad\cdots\cdots\quad ①$$

となる.式 ① より,抵抗 R は

$$R = \frac{P_{\text{loss}}}{6I^2} = \frac{5\,000 \times 10^3 \times 0.05}{6 \times 72.9^2} \fallingdotseq 7.84\,\Omega$$

また,抵抗 R は

$$R = \rho\frac{l}{S} \quad\cdots\cdots\quad ②$$

式 ② で表されることから,送電線の断面積 S 〔m²〕は

$$S = \frac{\rho l}{R} = \frac{\dfrac{1}{35} \times 25 \times 10^3}{7.84} \fallingdotseq 91.1\,\text{m}^2$$

よって,5 % 以上とするには,直近上位の 92 m² となる.

▶ **9.** 解答 (5)

$$\Delta V = \sqrt{3}\,I\,(R\cos\theta + X\sin\theta) \quad\cdots\cdots\quad ①$$

$$I = \frac{P}{\sqrt{3}\,V\cos\theta} \quad\cdots\cdots\quad ②$$

式 ① と式 ② より

$$\Delta V = \sqrt{3}\cdot\frac{P}{\sqrt{3}\,V\cos\theta}\,(R\cos\theta + X\sin\theta)$$

$$= \frac{P}{V}\left(R + X\frac{\sin\theta}{\cos\theta}\right) \quad\cdots\cdots\quad ③$$

切り替え前後を,添字の 1,2 で表すと,P,V は変わらないため(R,X も一定)

$$\Delta V_1 = \frac{P}{V}\left(R + X\frac{\sin\theta_1}{\cos\theta_1}\right)$$

$$\Delta V_2 = \frac{P}{V}\left(R + X\frac{\sin\theta_2}{\cos\theta_2}\right)$$

$$\therefore\quad \frac{\Delta V_2}{\Delta V_1} = \frac{R + X\dfrac{\sin\theta_2}{\cos\theta_2}}{R + X\dfrac{\sin\theta_1}{\cos\theta_1}} \quad\cdots\cdots\quad ④$$

ここで

$R = 0.3 \times 2 = 0.6$

$X = 0.4 \times 2 = 0.8$

$\cos\theta_1 = 0.8, \quad \sin\theta_1 = \sqrt{1-0.8^2} = 0.6$

$\cos\theta_2 = 1.0, \quad \sin\theta_2 = 0$

よって

$$\frac{\Delta V_2}{\Delta V_1} = \frac{0.6 + 0.8 \times 0}{0.6 + 0.8 \times (0.6/0.8)} = \frac{0.6}{1.2} = 0.5$$

▶ **10.** 解答 (a) - **(3)**, (b) - **(2)**

(a) 単相2線式で，力率100％（$\cos\theta = 1$）なので

$v = 2IR\cos\theta = 2IR\cos\theta$

電流分布は解図のとおり

A→K→L→M　経路の電圧降下と

A→N→M　経路の電圧降下が等しいから

$2 \times 0.05 \times (I+40) + 2 \times 0.04 \times$

$\qquad (I+10) + 2 \times 0.07 \times I$

$\qquad = 2 \times 0.04 \times (60-I) + 2 \times 0.05 \times (40-I)$

$\therefore \quad I = \dfrac{4.4 - 2.4}{0.05 + 0.04 + 0.07 + 0.04 + 0.05} = 8\,\mathrm{A}$

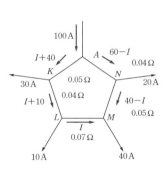

●解図

(b) 求める電圧は，A→N→M 経路で求めると

$V_\mathrm{M} = 105 - 2 \times 0.04 \times (60-8) - 2 \times 0.05 \times (40-8) = 97.64\,\mathrm{V}$

▶ **11.** 解答 **(5)**

$\dot{I}_1 = 10\,\mathrm{A} \qquad \dot{I}_2 = 10\cos\theta - j10\sin\theta = 10\cos\theta - j10\sqrt{1-\cos^2\theta}$

中性線電流 $\dot{I}_n = \dot{I}_1 - \dot{I}_2 = 10 - 10\cos\theta + j10\sqrt{1-\cos^2\theta}$

$I_n = |\dot{I}_n| = 4\,\mathrm{A}$ から

$\qquad \sqrt{(10-10\cos\theta)^2 + (10\sqrt{1-\cos^2\theta})^2} = 4$

$\therefore \quad (10-10\cos\theta)^2 + (10\sqrt{1-\cos^2\theta})^2 = 16$

$\therefore \quad \cos\theta = \dfrac{184}{200} = 0.92$

▶ **12.** 解答 **(3)**

負荷に供給されている電力 P_2〔W〕は，変圧器二次側の線間電圧 V_2〔V〕，電流 I_2〔A〕，負荷の力率 $\cos\theta$ より

$P_2 = \sqrt{3}\,V_2 I_2 \cos\theta$〔W〕 ··· ①

ここで，二次側の電流 I_2〔A〕は

$I_2 = I_1 \times \dfrac{6600}{210} = 20 \times \dfrac{6600}{210} \fallingdotseq 629\,\mathrm{A}$

よって，式①より，P_2〔kW〕は

$$P_2 = \sqrt{3} \times 200 \times 629 \times 0.8 \fallingdotseq 174 \times 10^3\,\mathrm{W} = 174\,\mathrm{kW}$$

▶ **13.** 解答 (4)

$$P_V = \sqrt{3}\,P = \sqrt{3} \times 50 \fallingdotseq 86.6\,\mathrm{kV\cdot A}$$

▶ **14.** 解答 (4)

　単相負荷のかかっている変圧器の分担電力は，**インピーダンスの逆比で単相負荷の電流が按分される**ので

$$6 \times \frac{2}{3} = 4\,\mathrm{kW}$$

●解図

　求める三相負荷電力を P_3〔kW〕とすると，三相分は平衡しているので各変圧器には $P_3/3$ ずつの分担電力がかかる．したがって，最大の負荷がかかるのは，単相負荷のかかっている変圧器で $4 + P_3/3$ がかかる．これが，変圧器容量 $10\,\mathrm{kV\cdot A}$ に収まればよいので，力率 $100\,\%$ であることを考慮すると

$$4 + \frac{P_3}{3} = 10 \qquad \therefore \quad P_3 = 18\,\mathrm{kW}$$

▶ **15.** 解答 (a)‐(3)，(b)‐(3)

$$P = 100 I_2 \cos\theta = 200 I_3 \cos\theta \qquad \therefore \quad I_3 = \frac{I_2}{2}$$

$$v_2 = 2 I_2 r \qquad v_3 = I_3 r = \frac{I_2}{2}r$$

$$\therefore \quad \frac{v_3}{v_2} = \frac{1}{4}$$

$$w_2 = 2 I_2^2 r \qquad w_3 = 2 I_3^2 r = 2\left(\frac{I_2}{2}\right)^2 r = \frac{I_2^2 r}{2}$$

$$\therefore \quad \frac{w_3}{w_2} = \frac{1}{4}$$

▶ **16.** 解答 (4)

　題意より $I_b = 2 I_a$．変圧器の一次側 $VI =$ 二次側 VI であるから

$$6\,300 \times 3 = 105 I_a + 105 \times I_b = 105 I_a + 105 \times 2 I_a = 315 I_a$$

$$\therefore \quad I_a = 60\,\mathrm{A}, \ I_b = 120\,\mathrm{A}$$

求める二次側線路損失は

$$0.1 I_a{}^2 + 0.1 (I_b - I_a)^2 + 0.1 I_b{}^2$$
$$= 0.1 \cdot 60^2 + 0.1 \cdot 60^2 + 0.1 \cdot 120^2$$
$$= 2\,160\,\mathrm{W} = 2.16\,\mathrm{kW}$$

▶ **17.** 解答 $(a)-(2)$，$(b)-(3)$

(a)

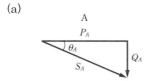

● 解図 1

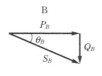

● 解図 2

$$\begin{aligned}Q_A &= S_A \sin \theta_A \\&= S_A \sqrt{1-\cos^2 \theta_A} \\&= 3\,800 \times \sqrt{1-(0.9)^2} \\&= 1\,656.4\,\mathrm{kVar}\end{aligned}$$

$$\begin{aligned}Q_B &= P_B \cdot \tan \theta_B = P_B \cdot \frac{\sin \theta_B}{\cos \theta_B} \\&= 2\,000 \times \frac{\sqrt{1-(0.85)^2}}{0.85} \\&= 1\,239.5\,\mathrm{kVar}\end{aligned}$$

$\therefore\quad Q = Q_A + Q_B = 2\,895.9\,\mathrm{kVar}$

(b) $\quad I_B = \dfrac{P_B}{\sqrt{3}\,V_b \cos \theta_B}$

$$= \frac{2000 \times 10^3}{\sqrt{3} \times 22 \times 10^3 \times 0.85} = 61.75\,\mathrm{A}$$

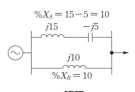

● 解図

このとき

$$\begin{aligned}\Delta V_{ab} &= \sqrt{3}\,I_B (R_{ab} \cos \theta_B + X_{ab} \sin \theta_B) \\&= \sqrt{3} \times 61.75 \times (0.192 \times 0.85 + 0.144 \\&\quad \times \sqrt{1-(0.85)^2} = 25.57\,\mathrm{V}\end{aligned}$$

$\therefore\quad V_a = V_b + \Delta V_{ab} = 22\,000 + 25.57 \fallingdotseq 22\,000\,\mathrm{V}$

として扱う（計算がラク）.

$$I_A = \frac{P_A}{\sqrt{3}\,V_a \cos \theta_A} = \frac{S_A}{\sqrt{3}\,V_a} = \frac{3800 \times 10^3}{\sqrt{3} \times 22 \times 10^3} = 99.72\,\mathrm{A}$$

I_A，I_B の位相（力率角）が異なるため，f-a 間の電圧降下は，I_A 分，I_B 分と別々に求めて，加えることにする.

$$\begin{aligned}\Delta V_{faA} &= \sqrt{3}\,I_A (R_{fa} \cos \theta_A + X_{fa} \sin \theta_A) \\&= \sqrt{3} \times 99.72 \times (0.096 \times 0.9 + 0.072 \times \sqrt{1-(0.9)^2}) = 20.346\,\mathrm{V}\end{aligned}$$

$$\begin{aligned}\Delta V_{faB} &= \sqrt{3}\,I_B (R_{fa} \cos \theta_B + X_{fa} \sin \theta_B) \\&= \sqrt{3} \times 61.75 \times (0.096 \times 0.85 + 0.072 \times \sqrt{1-(0.85)^2}) = 12.784\,\mathrm{V}\end{aligned}$$

$\therefore\quad \Delta V_{fb} = \Delta V_{faA} + \Delta V_{vaB} + \Delta V_{ab}$

$\qquad = 20.346 \times 12.784 + 25.57 = 58.7\,\mathrm{V}$

▶ **18.** 解答 $(a)-(2)$，$(b)-(4)$

(a) $\dfrac{1}{\%X} = \dfrac{1}{\%X_A} + \dfrac{1}{\%X_B} = \dfrac{1}{10} + \dfrac{1}{10} = \dfrac{1}{5}$

$\therefore\quad \%X = 5\,\%$

● 解図

(b) $X_{\text{BASE}} = \dfrac{V_{\text{BASE}}^2}{S_{\text{BASE}}} = \dfrac{(154 \times 10^3)^2}{10 \times 10^6} = 2\,371.6\,\Omega$

$\therefore\ X = 2\,371.6 \times 0.05 = 118.58\,\Omega$

$P = \dfrac{V_s V_b}{X}\sin\delta = \dfrac{(154 \times 10^3)^2}{118.58}\sin 30° = 100 \times 10^6 = 100\,\text{MW}$

▶ **19.　解答 (a)-(3)，(b)-(3)**

● 解図

(a) $Q_L = P_L \tan\theta = P_L \cdot \dfrac{\sqrt{1-\cos^2\theta}}{\cos\theta}$

$\qquad = 40 \times \dfrac{\sqrt{1-(0.87)^2}}{0.87} \fallingdotseq 22.7\,\text{MVar}$

(b) $V_s - V_r = \sqrt{3}\,I(R\cos\theta + X\sin\theta) = \dfrac{\sqrt{3}\,IV_r(R\cos\theta + X\sin\theta)}{V_r}$

$\qquad = \dfrac{(\sqrt{3}\,IV_r\cos\theta)R + (\sqrt{3}\,IV_r\sin\theta)\cdot X}{V_r} = \dfrac{P\cdot R + Q\cdot X}{V_r}$

ここで，題意より $R \ll X$ なので，$R=0$ とすると

$V_s - V_r = \dfrac{Q\cdot X}{V_r}$ ⋯⋯⋯⋯⋯⋯⋯⋯⋯⋯⋯⋯⋯⋯⋯⋯⋯⋯⋯⋯ ①

すなわち，負荷の特性によらず式 ① が成立する.

同様にして，コンデンサ開閉動作後の受電電圧を $V_r{}'$ とすると，V_s は一定ゆえ

$V_s - V_r{}' = \dfrac{Q'\cdot X}{V_r{}'}$ ⋯⋯⋯⋯⋯⋯⋯⋯⋯⋯⋯⋯⋯⋯⋯⋯⋯⋯⋯ ②

式 ①−式 ②より

$\Delta V = V_r{}' - V_r = \dfrac{Q\cdot X}{V_r} - \dfrac{Q'\cdot X}{V_r{}'}$ ⋯⋯⋯⋯⋯⋯⋯⋯⋯⋯⋯⋯ ③

(a) で，力率 1 の受電となっていることから，コンデンサ開閉動作の前では，$Q=0$ であり，式 ③ は $Q=0$ を代入して

$\Delta V = -\dfrac{Q'\cdot X}{V_r{}'}$ ⋯⋯⋯⋯⋯⋯⋯⋯⋯⋯⋯⋯⋯⋯⋯⋯⋯⋯⋯⋯⋯ ④

題意より $|\Delta V| \leqq \dfrac{2}{100}V_r$ なので

$\left| -\dfrac{Q'\cdot X}{V_r{}'} \right| \leqq \dfrac{2}{100}V_r$

$\therefore\ |Q'| \leqq \dfrac{0.02V_r\cdot V_r{}'}{X}$ ⋯⋯⋯⋯⋯⋯⋯⋯⋯⋯⋯⋯⋯⋯⋯⋯⋯⋯ ⑤

ここで，$V_r = 66 \times 10^3\,\text{V}$，$Z_{\text{BASE}} = \dfrac{V_{\text{BASE}}^2}{S_{\text{BASE}}} = \dfrac{(66 \times 10^3)^2}{10 \times 10^6} = 435.6\,\Omega$ より

$$X = \frac{6}{100} \times 435.6 = 26.136\,\Omega \quad \cdots\cdots\cdots\cdots\cdots\cdots\cdots\cdots\cdots\cdots\cdots\cdots\cdots\cdots\cdots\cdots\cdots\cdots ⑥$$

よって，式 ⑤ と式 ⑥ により，$V_r{}' = 1.02\,V_r$，$V_r{}' = 0.98\,V_r$ の両方を考えて（投入ではなく「開閉」と問題文にあるので）

$$|Q'| \le \frac{0.02 \times 1.02 \times (66 \times 10^3)^2}{26.136} = 3.4\,\text{Mvar}$$

かつ

$$|Q'| \le \frac{0.02 \times 0.98 \times (66 \times 10^3)^2}{26.136} = 3.267\,\text{Mvar}$$

$\therefore \quad Q' \le 3.267\,\text{Mvar}$

別解 1　p.353，例題 21 の解説と同様に，$V_r{}' = 1.02V_r$ なので $V_r{}' \fallingdotseq V_r$ と考えて計算を簡単にすると，式 ④ が

$$\triangle V = -\frac{Q' \cdot X}{V_r} \quad \cdots\cdots\cdots\cdots\cdots\cdots\cdots\cdots\cdots\cdots\cdots\cdots\cdots\cdots\cdots\cdots\cdots\cdots\cdots ④'$$

となり，式 ⑤ が

$$|Q'| \le \frac{0.02V_r^2}{X} \quad \cdots\cdots\cdots\cdots\cdots\cdots\cdots\cdots\cdots\cdots\cdots\cdots\cdots\cdots\cdots\cdots\cdots\cdots\cdots\cdots ⑤'$$

となる．したがって

$$|Q'| \le \frac{0.02 \times (66 \times 10^3)^2}{26.136} = 3.33\,\text{Mvar}$$

別解 2　％インピーダンス（百分率インピーダンス）の定義にしたがって，ほぼ暗算で見当をつけることも可能である．

今回の場合，$\%R = 0$，$\%X = 6$ なので，$\%Z$ の定義より，ベース容量分の無効負荷を接続・解列したときの電圧変動（電圧降下または電圧上昇）が 6 ％になるということである．

したがって，電圧変動を 6 ％の 1/3 の 2 ％にするためには，接続・解列する無効負荷の容量をベース容量の 1/3 にすればよいということになる．

つまり，求める容量は，10 MVA×(1/3) = 3.33 MVA とほぼ暗算で算出できる．

実務においては，このような概算であたりをつけることもできたうえで，解答のように詳細計算もできるというのが理想である．暗算であたりをつけておくと詳細計算が完了した時点で，検算も完了していることになり，得られた結果により自信がもてるはずである．

Chapter 9　短絡地絡故障計算

▶ **1.**　解答 (3)

$$X_{\text{BASE}} = \frac{E_{\text{BASE}}}{I_{\text{BASE}}} = \frac{V_{\text{BASE}}/\sqrt{3}}{I_{\text{BASE}}} = \frac{V_{\text{BASE}}}{\sqrt{3}\,I_{\text{BASE}}} = \frac{V_{\text{BASE}}^{2}}{\sqrt{3}\,V_{\text{BASE}}I_{\text{BASE}}}$$

$$= \frac{V_{\text{BASE}}^{2}}{S_{\text{BASE}}} = \frac{(66\times10^{3})^{2}}{80\times10^{6}} = 54.45\,\Omega$$

$$\therefore\quad \%X = \frac{x}{X_{\text{BASE}}} = \frac{4.5}{54.45}\times100 = 8.26\,\%$$

$$\fallingdotseq 8.3\,\%$$

▶ **2.　解答(2)**

$$I_{3\phi s} = \frac{100}{\%Z}I_{\text{BASE}} \qquad I_{\text{BASE}} = \frac{S_{\text{BASE}}}{3E_{\text{BASE}}}$$

$$(\because\quad S_{\text{BASE}} = 3E_{\text{BASE}}I_{\text{BASE}})$$

$$\therefore\quad I_{3\phi s} = \frac{100}{\%Z}\times\frac{S_{\text{BASE}}}{3E_{\text{BASE}}}$$

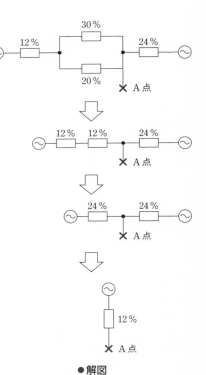

●解図

▶ **3.　解答(a) - (2)，(b) - (5)**

(a) 基準容量 50 000 kV·A に統一すると

$$15\times\frac{50\,000}{25\,000} = 30\,\%$$

$$10\times\frac{50\,000}{25\,000} = 20\,\%$$

$$28.8\times\frac{50\,000}{60\,000} = 24\,\%$$

$\dfrac{1}{30}+\dfrac{1}{20}=\dfrac{5}{60}=\dfrac{1}{12}$ なので，並列部分
の合成百分率インピーダンスは 12 % であ
り，解図のように縮約できる.

　よって，A 点からみた合成百分率インピー
ダンスは 12 % となる.

(b) $I_{\text{BASE}} = \dfrac{S_{\text{BASE}}}{\sqrt{3}\,V_{\text{BASE}}} = \dfrac{50\times10^{6}}{\sqrt{3}\times66\times10^{3}} = 437.4\,\text{A}$

$$\therefore\quad I_{3\phi s} = \frac{100}{\%Z}\times I_{\text{BASE}} = \frac{100}{12}\times437.4 = 3\,645\,\text{A}$$

▶ **4.　解答(2)**

6 kV 配電線のリアクタンスを 15 kV 側に換算すると

$$j2.4\times\left(\frac{15}{6}\right)^{2} = j15\,\Omega$$

よって，発電機から故障点までの 1 相当たりのリアクタンスは

$$j30+j15+j15 = j60\;[\Omega]$$

したがって，求める短絡電流 I_s の大きさは

$$I_s = \frac{15\,000/\sqrt{3}}{60} \fallingdotseq 144\,\text{A}$$

▶ **5.** **解答** (a) - (5)，(b) - (2)

(a) 変圧器の二次側に換算したインピーダンスは

$$r_2 = 0.018 \times \left(\frac{22}{66}\right)^2 \fallingdotseq 0.002\,\Omega$$

$$x_2 = 8.73 \times \left(\frac{22}{66}\right)^2 \fallingdotseq 0.97\,\Omega$$

$\therefore\ \dot{Z}_{T2} = 0.002 + j0.97\,\Omega$

線路のインピーダンスは

$$\dot{Z}_l = (0.20 + j0.48) \times 0.5 = 0.10 + j0.24$$

短絡点までのインピーダンスは

$$\dot{Z} = Z_{T2} + Z_l = 0.102 + j1.21$$

$\therefore\ Z = |\dot{Z}| = \sqrt{0.102^2 + 1.21^2} = 1.214\,\Omega$

三相短絡電流は

$$I_{3\phi s} = \frac{V_2/\sqrt{3}}{Z} = \frac{V_2}{\sqrt{3}\,Z} = \frac{22 \times 10^3}{\sqrt{3} \times 1.214} \fallingdotseq 10\,463\,\text{A} \fallingdotseq 10.5\,\text{kA}$$

別解 百分率インピーダンス法で求める．

変圧器の $\%\dot{Z}_T$ は，一次側で考えて

$$\%\dot{Z}_T = \frac{\dot{Z}_T}{\dot{Z}_{1\text{BASE}}} \times 100 = \frac{100\dot{Z}_T}{V_{1\text{BASE}}^2/S_{\text{BASE}}} = 100\dot{Z}_1 \cdot \frac{S_{\text{BASE}}}{V_{1\text{BASE}}^2}$$

$$= (1.8 + j873) \times \frac{50 \times 10^6}{(66 \times 10^3)^2} = 0.021 + j10.0$$

線路の $\%\dot{Z}_l$ は

$$\%\dot{Z}_l = \frac{\dot{Z}_l}{\dot{Z}_{2\text{BASE}}} \times 100 = 100\dot{Z}_l \cdot \frac{S_{\text{BASE}}}{V_{2\text{BASE}}^2}$$

$$= 100 \times (0.20 + j0.48) \times 0.5 \times \frac{50 \times 10^6}{(22 \times 10^3)^2} = 1.033 + j2.479$$

短絡点までの $\%\dot{Z}$ は

$$\%\dot{Z} = \%\dot{Z}_T + \%\dot{Z}_l = 1.054 + j12.479$$

$\therefore\ \%Z = |\%\dot{Z}| = \sqrt{1.054^2 + 12.479^2} = 12.52$

$\therefore\ I_{3\phi s} = \dfrac{100}{\%Z} \times I_{\text{BASE}}$

ここで

$$I_{\text{BASE}} = \frac{S_{\text{BASE}}}{\sqrt{3}\,V_{2\text{BASE}}} = \frac{50 \times 10^6}{\sqrt{3} \times 22 \times 10^3} = 1\,312.2\,\text{A}$$

$$\therefore \quad I_{3\phi s} = \frac{100}{12.52} \times 1\,312.2 = 10\,480\,\mathrm{A} \fallingdotseq 10.5\,\mathrm{kA}$$

(b) 短絡点での電圧はゼロだと考えて，求める相電圧は $\dot{Z}_l$ を $I_{3\phi s}$ が流れたときの電圧降下に等しいので

$$
\begin{aligned}
E' &= |\dot{Z}_l| \cdot I_{3\phi s} \\
&= \sqrt{0.10^2 + 0.24^2} \times 10.5 \times 10^3 \\
&= 2.73 \times 10^3 \,\mathrm{V}
\end{aligned}
$$

求める電圧は線間電圧なので

$$V' = \sqrt{3}\,E' = 4.73 \times 10^3 = 4.73\,\mathrm{kV} \rightarrow 4.71\,\mathrm{kV}$$

別解 1 この問題では，短絡前に 22 kV に保たれていたのは解図の母線の位置であるが，無負荷 （$I = 0$） であるから電源電圧を起点に考え，$\dot{Z}_{T2}$ に $I_{3\phi s}$ が流れて，相電圧が $\dfrac{22 \times 10^3}{\sqrt{3}}$ から低下したと考えてもよい．その場合は

$$
\begin{aligned}
E' &= \frac{22 \times 10^3}{\sqrt{3}} - |\dot{Z}_{T2}| \cdot I_{3\phi s} \\
&= \frac{22 \times 10^3}{\sqrt{3}} \\
&\quad - \sqrt{0.002^2 + 0.97^2} \times 10\,463 \\
&= 12.70 \times 10^3 - 10.15 \times 10^3 \\
&= 2.55\,\mathrm{kV}
\end{aligned}
$$

ここの線間電圧が短絡前に 22 kV に保たれていた

$\dot{I}_{3\phi s}$

$\dot{Z}_{T2}$ ── $\dot{Z}_l$ ──✕ 短絡点 電圧ゼロ

E'

$\dot{E}_s$

● 解図

$$\therefore \quad V' = \sqrt{3}\,E' = 4.42\,\mathrm{kV} \rightarrow \text{(2) の } 4.71\,\mathrm{kV} \text{ を選択する．}$$

別解 2 概略値のみの算出ならば，以下のように考えればよい．

$$|\%\dot{Z}_l| = |1.033 + j2.479| = \sqrt{1.033^2 + 2.479^2} = 2.69\,\%$$

I_{BASE} が流れたとき 22 kV の約 2.7 % 低下したので，短絡電流が流れたときは，

$$\frac{100}{\%Z} = \frac{100}{12.52} = 7.99 \text{ より } I_{\mathrm{BASE}} \text{ の約 8 倍の電流が流れ，その結果電圧低下は}$$

$$22\,\mathrm{kV} \times \frac{2.7}{100} \times 8 = 4.75\,\mathrm{kV}$$

別解 3 別解 1 と同様に，電源電圧を起点に考えた場合は

$$|\%\dot{Z}_T| = |0.021 + j10.0| = \sqrt{0.021^2 + 10.0^2} = 10\,\%$$

$$22\,\mathrm{kV} \times \frac{10}{100} \times 8 = 17.6\,\mathrm{kV}$$

22 kV から 17.6 kV 低下すると考えて，求める電圧は

$$22 - 17.6 = 4.4\,\mathrm{kV}$$

▶ **6.** 解答 (a) - (5)，(b) - (3)

(a) 題意を解図 1 に示す．

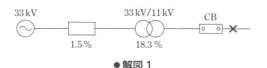

● 解図 1

CB の負荷側直近での短絡電流を遮断する能力があればよい.

$$\%Z = 1.5 + 18.3 = 19.8\,\%$$

$$I_{\mathrm{BASE}} = \frac{S_{\mathrm{BASE}}}{\sqrt{3}\,V_{\mathrm{BASE}}} = \frac{80 \times 10^6}{\sqrt{3} \times 11 \times 10^3} = 4\,199\,\mathrm{A} \fallingdotseq 4.2\,\mathrm{kA}$$

$$\therefore\quad I_{3\phi s} = \frac{100}{\%Z} \times I_{\mathrm{BASE}} = \frac{100}{19.8} \times 4.2\,\mathrm{kA} = 21.2\,\mathrm{kA}$$

CB の定格遮断容器としては, 上位の 25 kA を選択する.

(b) T_B の 80 MV・A ベースの百分率インピーダンスは

$$\%Z_B = \frac{80}{50} \times 12.0 = 19.2\,\%$$

$$P_A = \frac{\%Z_B}{\%Z_A + \%Z_B} \cdot P_L$$

$$= \frac{19.2}{18.3 + 19.2} \times 40$$

$$= 20.48 \fallingdotseq 20.5\,\mathrm{MW}$$

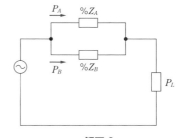

● 解図 2

▶ **7.** **解答** (a)‐(2), (b)‐(4)

$$I_1 = \frac{P}{\sqrt{3}\,V_1} = \frac{120 \times 10^3}{\sqrt{3} \times 6.3 \times 10^3} = 11.0\,\mathrm{A}$$

二次側での基準電流 $I_{2\mathrm{BASE}}$ は, バンク容量が $50 \times 3 = 150\,\mathrm{kV}$ なので

$$I_{2\mathrm{BASE}} = \frac{150 \times 10^3}{\sqrt{3} \times 200} = 433\,\mathrm{A}$$

求める短絡電流 I_s は

$$I_s = \frac{100}{\%Z_2} I_{2\mathrm{BASE}} = \frac{100}{5} \times 433 = 8\,660\,\mathrm{A}$$

▶ **8.** **解答** (1)

a, c 間の電圧は V_2, インピーダンスは $2Z$ であるから, 短絡電流 I_s は

$$I_s = \frac{V_2}{2Z}$$

▶ **9.** **解答** (2)

CT 二次電流は

$$1\,200 \times \frac{5}{300} = 20\,\mathrm{A}$$

OCR はタップ 4 A であるから，20/4 ＝ 5（倍）の電流が流れる．特性曲線から，レバー 10 のとき 4 秒で動作する．したがって，レバー 2 では

$$4 \times \frac{2}{10} = 0.8 \text{ 秒}$$

▶ **10.** 解答（**a**）-（**2**），（**b**）-（**4**）

（a）$I_{3s} = \dfrac{100}{\%Z} \times I_{\text{BASE}}$，$I_{\text{BASE}} = \dfrac{S_{\text{BASE}}}{\sqrt{3}\, V_{\text{BASE}}}$

∴ $\%Z = \dfrac{100}{I_{3s}} \times \dfrac{S_{\text{BASE}}}{\sqrt{3}\, V_{\text{BASE}}} = \dfrac{100}{1\,800} \times \dfrac{10 \times 10^6}{\sqrt{3} \times 33 \times 10^3} = 9.72\,\%$

（b）OCR をタイムレバー 3 で 0.09 s で動作させるためには，タイムレバー 10 に換算した動作時間は

$$0.09 \times \frac{10}{3} = 0.3 \text{ s}$$

点 F に短絡電流 1 800 A が流れたとき，OCR に流れる電流 I は

$$I = 1\,800 \times \frac{5}{400} = 22.5 \text{ A}$$

求める OCR の電流タップ値を I_T とすると，特性図より 0.3 s の動作時間のタップ整定電流の倍数が 5 なので

$$\frac{22.5}{I_T} = 5 \qquad \therefore \quad I_T = \frac{22.5}{5} = 4.5 \text{ A}$$

▶ **11.** 解答（**2**）

地絡電流 I_g は

$$I_g = 2\pi f C_0 \left(\frac{V}{\sqrt{3}} \right) = 2\pi \times 50 \times 0.99 \times 10^{-6} \times 0.1 \times \left(\frac{6\,600}{\sqrt{3}} \right) = 118.5 \text{ mA}$$

よって，動作電流は 200 mA 以上．

Chapter 10 地中電線路

▶ **1.** 解答（**4**）　水トリーは課電された状態で進展する．

▶ **2.** 解答（**4**）

CV ケーブルは誘電率が小さく，誘電体損失，充電電流が小さい．

▶ **3.** 解答（**2**）

（2）の記述は一括シース形．トリプレックス形は単心ケーブル 3 条をより合わせた構造．図 10・2（b）参照．

▶ **4.** 解答（**3**）　**CV ケーブルの絶縁体は架橋ポリエチレン．**

▶ **5.** 解答（**2**）

▶ **6.** 解答（**2**）

▶ **7.** 解答（**3**）

管路式は熱放散が悪く，条数が多いとケーブルの許容電流が小さくなる.

▶ **8.** 解答(1)

▶ **9.** 解答(2)

表皮効果・近接効果により，交流の実効抵抗は直流よりも大きくなる.

▶ **10.** 解答(3)

3心ケーブルの場合は，各相電流による起磁力の和は，シース上ではほとんどゼロとなり，無視できる場合が多い. シース損が問題となるのは，主として単心ケーブルを複数用いて，負荷供給を行う場合である.

▶ **11.** 解答(2)

表皮効果により，導体表面側に電流が集中し，導体全体での電気抵抗が増加するため，許容電流は小さくなる.

▶ **12.** 解答(1)　ケーブル系統では静電容量が大きくなる.

▶ **13.** 解答(3)

土壌熱抵抗が小さいと，熱が放散されやすいので，送電容量は大きくなる.

▶ **14.** 解答(4)

▶ **15.** 解答(3)

水道・ガス工事などの掘削の際に発生する故意・過失によるケーブルの外傷.

▶ **16.** 解答(4)

$$I_c = \omega CE = 2\pi f C \frac{V}{\sqrt{3}}$$

$$\therefore \quad Q_c = \sqrt{3}\,I_c V = \sqrt{3}\cdot 2\pi f C \frac{V}{\sqrt{3}} V = 2\pi f C V^2$$

$$= 2\pi \times 60 \times 0.42 \times 10^{-6} \times 6 \times (77 \times 10^3)^2$$

$$= 5\,629 \times 10^3\,\mathrm{var} = 5\,629\,\mathrm{kvar}$$

▶ **17.** 解答(1)

$$w_1 = 2\pi f_1 C E_1{}^2 \tan\delta = K f_1 E_1{}^2 \qquad w_2 = 2\pi f_2 C E_2{}^2 \tan\delta = K f_2 E_2{}^2$$

$$\therefore \quad w_2 = \frac{f_2 E_2{}^2}{f_1 E_1{}^2} w_1 = \frac{60 \times 22^2}{50 \times 66^2} \times 1\,800 = 240\,\mathrm{W}$$

▶ **18.** 解答(4)

部分放電測定法は，電気機器・ケーブル等の絶縁物中にボイド（空げき）が存在する場合の部分放電を測定することで，絶縁破壊に至る前の状態を検出するもの. 故障点標定の測定法ではない.

▶ **19.** 解答(5)

▶ **20.** 解答(3)　$160 \times 3/2 = 240$

▶ **21.** 解答(a)‐(5)，(b)‐(1)

(a) 三線一括した場合

$$I_C = \omega \cdot (3C_e) \cdot \frac{V}{\sqrt{3}} = 90\,\text{A} \quad \cdots\cdots\cdots\cdots\cdots\cdots\cdots\cdots\cdots\cdots\cdots\cdots\cdots\cdots\cdots\cdots\cdots\cdots\cdots ①$$

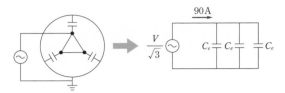

●解図 1

二線を接地した場合，解図 2 のように等価回路を考えて

$$I_C' = \omega \cdot (2C_m + C_e) \cdot \frac{V}{\sqrt{3}} = 45\,\text{A} \quad \cdots\cdots\cdots\cdots\cdots\cdots\cdots\cdots\cdots\cdots\cdots\cdots\cdots\cdots\cdots ②$$

式 ①，式 ② より

$$3C_e = 2 \times (2C_m + C_e)$$

∴ $C_e = 4C_m$

(b) 作用静電容量 $C = C_0 + 3C_m$（10-2 節 ③（3）参照）より

$$C = C_e + 3C_m$$

$$= C_e + \frac{3}{4}C_e \quad (\because \quad C_e = 4C_m \text{ より } C_m = \frac{1}{4}C_e)$$

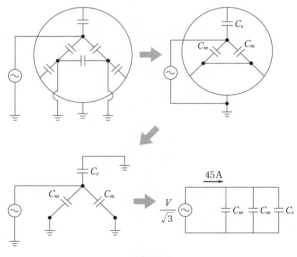

●解図 2

$$= \frac{7}{4} C_e$$

求める充電電流は

$$\omega \left(\frac{7}{4} C_e \right) \cdot \frac{V}{\sqrt{3}} = \frac{7}{4} \omega C_e \cdot \frac{V}{\sqrt{3}}$$

式 ① より

$$\omega \cdot C_e \cdot \frac{V}{\sqrt{3}} = 90 \times \frac{1}{3} = 30$$

よって

$$\frac{7}{4} \omega C_e E = \frac{7}{4} \times 30 = 52.5\,\mathrm{A}$$

Chapter 11 機械的特性

▶ **1.** 解答 (2)

解図から

(ア)　$0.022\,\mathrm{m} \times 1\,\mathrm{m} \times 490\,\mathrm{N/m^2} = 10.78\,\mathrm{N}$

(イ)　氷の重量 $= \left\{ \pi \left(\frac{0.022}{2} \right)^2 - \pi \left(\frac{0.010}{2} \right)^2 \right\}\,[\mathrm{m^2}] \times 1\,[\mathrm{m}] \times 0.9 \times 1\,000\,[\mathrm{kg/m^3}]$

$$= 0.27\,\mathrm{kg}$$

∴　$W = \sqrt{\{(0.5 + 0.27) \times 9.8\}^2 + 10.78^2} = 13.16\,\mathrm{N}$

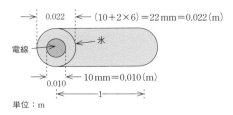

●解図

▶ **2.** 解答 (4)

▶ **3.** 解答 (5)　冬季寒冷時は電線が収縮するため電線張力は大きくなる.

▶ **4.** 解答 (1)

▶ **5.** 解答 (1)

解図の合成荷重 $2T\sin\theta_1/2$ を式 (11・6) $T = P/\sin\theta$ の P に代入し, また $\theta = \theta_2$ より,

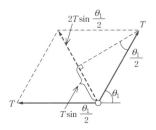

●解図

$$T = \frac{2T \sin\dfrac{\theta_1}{2}}{\sin\theta_2}$$

▶ **6.** 解答 (1)

$$L_5 = S + \frac{8D^2}{3S} = 200 + \frac{8 \times 5^2}{3 \times 200} = 200.33\,\mathrm{m}$$

$$L_6 = 200 + \frac{8 \times 6^2}{3 \times 200} = 200.48\,\mathrm{m}$$

$$200.48 - 200.33 = 0.15\,\mathrm{m} = 15\,\mathrm{cm}$$

▶ **7.** 解答 (1)

配電線の合成張力 T_0 は，$T_0 = 2T\cos\theta$ であり，これを電柱と水平支線が 1/2 ずつ分担するので，水平支線の張力 T_0 は，$T_0 = T\cos\theta$ となる.

▶ **8.** 解答 (a)-(2)，(b)-(2)

$$D = \frac{0.8 \times 9.8 \times 200^2}{8 \times 39\,200 \div 4} = 4\,\mathrm{m} \qquad L = 200 + \frac{8 \times 4^2}{3 \times 200} = 200.21\,\mathrm{m}$$

▶ **9.** 解答 (4)

0 °C において安全率が 2.2 になればよいので，0 °C におけるたるみを D_0，実長を L_0 とすると

$$D_0 = \frac{WS^2}{8T} = \frac{1 \times 9.8 \times 100^2}{8 \times 23\,520 \div 2.2} = 1.15\,\mathrm{m}$$

$$L_0 = S + \frac{8D_0{}^2}{3S} = 100 + \frac{8 \times 1.15^2}{3 \times 100} = 100.035\,\mathrm{m}$$

$$L_{30} = L_0(1 + \alpha t) = 100.035\,\{1 + 17 \times 10^{-6} \times (30 - 0)\} = 100.086\,\mathrm{m}$$

$$L_{30} = S + \frac{8D_{30}{}^2}{3S}$$

から，30 °C におけるたるみ D_{30} は

$$D_{30} = \sqrt{\frac{3S(L_{30} - S)}{8}} = \sqrt{\frac{3 \times 100 \times 0.086}{8}} \risingdotseq 1.80\,\mathrm{m}$$

$D_{30} = 1.80\,\mathrm{m}$ （$T_{30} = WS^2/8D_{30} = 6\,800\,\mathrm{N}$，安全率 $= 23\,520 \div 6\,800 = 3.5$ になっている）にしておけば，0 °C になると L_0 に縮まり，たるみも D_0 になり安全率が 2.2 になる.

▶ **10.** 解答 (1)

バインド線が外れても張力による長さの変化はないとしているので，AB＋BC と AC の実長は変わらない.

$$\overline{\mathrm{AB}} + \overline{\mathrm{BC}} = 2\left(S + \frac{8d^2}{3S}\right) = \overline{\mathrm{AC}} = 2S + \frac{8D^2}{3(2S)}$$

$$\therefore \quad \frac{2\times 8d^2}{3S} = \frac{8D^2}{3(2S)} \qquad D = 2d$$

たるみは 2 倍になる.

▶ **11.** **解答**(1)

$w = 0.22\,\mathrm{kg/m}$ （電線自重）

$w_w = (5+2\times 2)\times 10^{-3}\times 1\,\mathrm{m}^2\times 980\,\mathrm{N/m}^2 = 8.82\,\mathrm{N}$ （電線 1 m 当たりの風圧）

$W = \sqrt{(0.22\times 9.8)^2 + 8.82^2} = 9.08\,\mathrm{N/m}$

$D = WS^2/8T$ から

$$T = \frac{WS^2}{8D} = \frac{9.08\times 50^2}{8\times 0.8} = 3\,547\,\mathrm{N}$$

$F = 8\,000 \div 3\,547 = 2.26$

▶ **12.** **解答**(1)

三角関数の正弦定理から $\dfrac{P}{\sin\beta} = \dfrac{T}{\sin\alpha} \qquad \therefore \quad T = P\dfrac{\sin\alpha}{\sin\beta}$

▶ **13.** **解答**(2)

$D_1 = 5.44 \qquad S = 200 \qquad \alpha = 17\times 10^{-6} \qquad t = 0-40 = -40$

$$D_2 = \sqrt{5.44^2 + \frac{3}{8}\times 200^2\times 17\times 10^{-6}\times(-40)} = \sqrt{5.44^2 - 10.2} = 4.40\,\mathrm{m}$$

▶ **14.** **解答**(5) 　図 11・2 電線荷重参照.

▶ **15.** **解答**(1)

解図より

$\left.\begin{array}{l} T = T_1\cos\theta_1 \\ T_1\cos\theta_1 = T_2\cos\theta_2 \end{array}\right\} \quad \therefore \quad T_2\cos\theta_2 = T$

$\therefore \quad T_2 = \dfrac{T}{\cos\theta_2}$

$\cos\theta_2 = \dfrac{l_2}{\sqrt{h_2{}^2 + l_2{}^2}}$ より

$T_2 = \dfrac{\sqrt{h_2{}^2 + l_2{}^2}}{l_2}\cdot T$

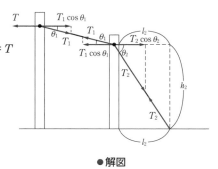

●解図

Chapter 12 　**管理および保護**

▶ **1.** **解答**(ア)‒(5)，(イ)‒(5) 　**101 ± 6V，202 ± 20V は必須.**

▶ **2.** **解答**(4) 　変圧器のインピーダンスそのものが小さい値のため効果少.

▶ **3.** **解答**(5)

(5) 以外の記述はすべて正しい.**柱上変圧器はできる限り負荷の中心点に近い箇所に設置し，電圧降下を少なくすることが望ましく，低圧配電線の計画において柱上変圧器の設置位置の検討は重要である.**

▶ **4.** 解答(5)　消弧リアクトルは，一線地絡時のアーク地絡を早く消滅させる.

▶ **5.** 解答(4)

▶ **6.** 解答(5)

線路用自動電圧調整器の動作時間ではフリッカには応答しない（できない）.

▶ **7.** 解答(2)

▶ **8.** 解答(2)

分路リアクトルは，遅れ無効電力を調整する．軽負荷時の母線電圧上昇防止に有効な対策である.

▶ **9.** 解答(5)

調相設備の目的は，無効電力を調整して電圧調整を行うこと．同時に**損失軽減，容量確保**となる.

▶ **10.** 解答(5)

▶ **11.** 解答(2)　順送式動作に関する詳細な理解を問うのが問題 13.

▶ **12.** 解答(5)

▶ **13.** 解答(4)

故障区間はⅡであり，S_2 の閉動作後 Y 時限内に CB 開による無電圧で，故障区間が特定される．したがって（3）では S_1 閉の後，S_2 閉が続くため不適，（5）では S_3 閉の後 CB 開となっていることから，故障区間がⅢとなってしまうことから不適.

 Point　実際には，間欠的な地絡故障が発生している場合，S_2 閉の後，故障を検知できずに，たまたまタイミング的に S_3 閉の後，故障を検知し，CB 開となることもある．しかし，その場合，システム上は，故障区間はⅢと認知されているため，最後の S_1 閉の後に，S_2 閉が続く．さらに，故障は区間Ⅱにあるため，最終的には，また CB 開となり，特定作業が続くことになる.

▶ **14.** 解答(3)

B 種接地は，地絡・過電流保護のためではなく，高低圧混触の結果として発生する電位上昇による危険を防止するものである.

▶ **15.** 解答(1)

非接地方式の地絡電流は小さいため，**地絡過電流継電器は用いられない**.

▶ **16.** 解答(4)

高圧カットアウトの高圧ヒューズは電動機の始動電流や雷サージにより直ちに溶断しないよう短時間大電流に対して溶断しにくい**タイムラグヒューズ**を一般に使用している.

▶ **17.** 解答(3)

a.　$P_V = \sqrt{3}\,VI$,　$P_\Delta = 3VI$　　∴　出力比 $= \dfrac{P_V}{P_\Delta} = \dfrac{\sqrt{3}}{3}$

$$S_V = 2VI, \quad S_\varDelta = 3VI \qquad \therefore \quad 利用率 = \frac{P_V/S_V}{P_\varDelta/S_\varDelta} = \frac{\sqrt{3}/2}{3/3} = \frac{\sqrt{3}}{2}$$

b.　正しい

c.　**共架の場合**，離隔距離が小さくなるため，**混触や誘導障害のおそれは増えること**になる.

d.　**トンネル状構造物の側面の受け棚にケーブル布設するのは「暗きょ式」である.**

Chapter 13 電気材料

▶ **1.**　解答(2)

高周波絶縁材料には誘電損失の低減のため，誘電正接〔$\tan \delta$〕の小さい材料を使用する.

▶ **2.**　解答(3)

E 種絶縁は，ポリエステル銅線とポリエステルやエポキシ樹脂を主体とした絶縁材料で構成され，**B 種絶縁**は，ポリエステル銅線または二重ガラス巻銅線にマイカ紙やガラス繊維などを主体とした絶縁材料で構成されている.

▶ **3.**　解答(1)　無臭である.

▶ **4.**　解答(5)

▶ **5.**　解答(5)

交番磁界が強磁性体中を通過すると，磁束の周りに誘導電流が流れるが，これにより生じるのは渦電流損である.

▶ **6.**　解答(1)

変圧器の鉄心材料として必要な条件は，次のとおりである.

(1)　**抵抗率が大きいこと**：小さければ，渦電流損が大きくなる.

(2)　**比透磁率が大きいこと**：小さな磁化電流で大きく磁化できる.

(3)　**飽和磁束密度が大きいこと**：高い磁束密度で使用でき，鉄心量が節約される.

(4)　**保磁力および残留磁気の値が小さいこと**：保磁力が小さくヒステリシス環線のスリムなほど，ヒステリシス損は小さくなる. 残留磁気の値は永久磁石では大きいことが望ましいが，変圧器の鉄心（磁心ともいう）では，小さいほど好ましい.

(5)　**機械的に強く，加工性が良いこと**：炭素含有量が少ない鉄に数 % 以下のけい素を含有させると透磁率と抵抗率とが増加し，ヒステリシス損や渦電流損を減少できるが，もろくなり，加工性を悪くするので，変圧器鉄心では，**3～5 % の含有**率とする.

▶ **7.**　解答(2)

▶ **8.**　解答(2)

▶ **9.**　解答(3)

数式索引 Index of Fomulas

Chapter ① 水力発電

$$W = P_m t = \frac{9.8QH_p}{\eta_p \eta_m} \cdot \frac{V}{3\,600\,Q} = \frac{9.8VH_p}{3\,600\,\eta_p \eta_m} \ [\text{kW·h}]$$

$$\eta = \frac{\text{発生電力量}}{\text{揚水に要した電力量}}$$

$$= \frac{9.8V(H_G-h)\eta_w \eta_g}{\dfrac{9.8V(H_G+h)}{\eta_p \eta_m}} = \frac{H_G-h}{H_G+h}\eta_w \eta_g \eta_p \eta_m$$

$$H = H_G + h_{l1} + h_{l2} + h_{l3} + \frac{v_0^2}{2g}$$

$$K_s = \frac{I_{f1}}{I_{f2}} \cdot \frac{I_s}{I_n}$$

$$\sigma = \frac{cc_1}{bc_1}$$

Chapter ❷ 火力発電

$$T\ [\text{K}] = t\ [\text{℃}] + 273.15$$

$$1\,\text{kW·h} = 860\,\text{kcal} = 3\,600\,\text{kJ}$$

$$H = U + pV\ [\text{J}]$$

$$dS = \frac{dQ}{T}\ [\text{J/K}]$$

$$\eta = \frac{Q_0 - Q_2}{Q_0} = 1 - \frac{Q_2}{Q_0} = \frac{T_1 - T_2}{T_1} = 1 - \frac{T_2}{T_1}$$

$$\eta = \frac{\text{面積} 3456123}{\text{面積} a4561ba}$$

$$\eta_R = \frac{(h_1-h_3) - m(h_2-h_3)}{h_1-h_6}$$

$$\eta = \frac{\text{面積} 12346781}{\text{面積} 123ca6781}$$

$$\mu = \frac{A}{A_0}$$

$$\eta = \frac{送電端出力}{ボイラ入力} = \frac{3\,600\,P_S}{B \cdot H} = \frac{3\,600(P_G - P_L)}{BH} = \frac{3\,600\,P_G\left(1 - \dfrac{P_L}{P_G}\right)}{BH} = \eta_P(1 - L)$$

$$\eta_g + (1 - \eta_g)\eta_s$$

Chapter ❸ 原子力発電

$$E = mc^2 \ [\mathrm{J}]$$

Chapter ❹ 再生可能エネルギー（新エネルギー）等

$$E = \frac{1}{2}C_p \rho A v^3 \,[\mathrm{J}] \quad P = \frac{1}{2}C_p \rho A v^3 \,[\mathrm{W}]$$

$$N = \frac{120f}{p}$$

Chapter ❺ 変電

$$I_a = I_l \times \frac{z_b}{z_a + z_b} \ [\mathrm{A}]$$

$$I_b = I_l \times \frac{z_a}{z_a + z_b} \ [\mathrm{A}]$$

$$P_a = P_l \times \frac{\%z_b{}'}{\%z_a + \%z_b{}'} \ [\mathrm{V \cdot A}]$$

$$P_b = P_l \times \frac{\%z_a}{\%z_a + \%z_b{}'} \ [\mathrm{V \cdot A}]$$

$$\%z = \frac{zI_n}{E_a} \times 100 \ [\%] = \frac{zS}{10E^2} \ [\%]$$

$$\%z = \frac{zI_n}{V_a/\sqrt{3}} \times 100 \ [\%] = \frac{zS}{10V^2} \ [\%]$$

$$\%z' = \%z \times \frac{S'}{S} \ [\%]$$

$$I_s = \frac{V_a}{\sqrt{3}\,z} = \frac{100}{\%z} \times I_n \ [A]$$

$$S_s = S_{BASE} \times \frac{100}{\%z} \ [kV \cdot A]$$

Chapter 7 架空送配電線路における各種障害とその対策

$$\dot{E}_s = \frac{C_a\dot{E}_a + C_b\dot{E}_b + C_c\dot{E}_c}{C_a + C_b + C_c + C_s}$$

$$\dot{E} = -j\omega Ml(\dot{I}_a + \dot{I}_b + \dot{I}_c) = -j\omega Ml\dot{I} [V]$$

$$L = \frac{1}{3\omega^2 C_0}$$

Chapter 8 電気的特性

$$R = \rho\frac{l}{S}$$

$$V = \sqrt{3}\,E$$

$$w_1 = I^2R$$

$$\Delta E = I(R\cos\theta + X\sin\theta)$$

単相 2 線式電圧降下 p.318 （8・5） p.325 （8・18）	三相電圧降下 p.318 （8・6） p.325 （8・19）
$\Delta V = 2I(R\cos\theta + X\sin\theta)$	$\Delta V = \sqrt{3}\, I(R\cos\theta + X\sin\theta)$

単相電力	p.318 （8・7）（8・10） p.320 （8・15），p.321
$P_1 = EI\cos\theta = \dfrac{E_s E_r}{X}\sin\delta$	

三相電力　　p.318 （8・8）（8・9）（8・11），p.320 （8・16），p.321 （8・17）
$P_3 = 3P_1 = 3\,EI\cos\theta = \sqrt{3}\,VI\cos\theta = \dfrac{V_s V_r}{X}\sin\delta$

電圧降下率 p.319 （8・12） p.328 （8・24）	電圧変動率 p.319 （8・13）（注），p.329 （8・26）
電圧降下率 $= \dfrac{V_s - V_r}{V_r} \times 100$ 〔％〕	電圧変動率 $= \dfrac{V_{0r} - V_r}{V_r} \times 100$ 〔％〕 電圧変動率 $= \dfrac{V_後 - V_前}{V_前} \times 100\,\%$

電力損失率　　p.319 （8・14），p.329	送電損失率　　p.319 （8・14′），p.329
電力損失率 $= \dfrac{\text{電力損失}}{\text{受電電力}} \times 100$ 〔％〕	送電損失率 $= \dfrac{\text{電力損失}}{\text{送電端電力}} \times 100$ 〔％〕

力率　　　p.343 （8・29）（8・30）	バランサ電流　　　　p.365 （8・35）
$P = S\cos\theta$ $Q = S\sin\theta = P\tan\theta$	$i = \dfrac{i_1 - i_2}{2}$

変圧器利用率 （∨ 結線）p.377 （8・38）	変圧器利用率 （△ 結線）p.378 （8・41）
利用率 $= \dfrac{\sqrt{3}\,P}{2P} = 0.866 = 86.6\,\%$	利用率 $= \dfrac{\sqrt{3}\,P}{3P} \fallingdotseq 0.577 = 57.7\,\%$

Chapter ❾ 短絡地絡故障計算

短絡電流 （オーム法）　　　　　　　　　　p.396 （9・1），p.397 （9・2）
$I_s = \dfrac{E}{Z} = \dfrac{E}{\sqrt{R^2 + X^2}}$ 〔A〕（単相） $I_s = \dfrac{V/\sqrt{3}}{Z} = \dfrac{V/\sqrt{3}}{\sqrt{R^2 + X^2}} = \dfrac{E}{\sqrt{R^2 + X^2}}$ 〔A〕（三相）

Chapter ⑩ 地中電線路

パルスレーダ法	p.443 （10・6）

$$x = \frac{vt}{2} \ [\text{m}]$$

静電容量測定法	p.443 （10・7）

$$x = \frac{C_x}{C} \, l \ [\text{m}]$$

Chapter ⑪ 機械的特性

たるみ（弛度）	
p.456 （11・1）	導き方 p.458

$$D = \frac{WS^2}{8T} \ [\text{m}]$$

電線実長	
p.457 （11・2）	導き方 p.458

$$L = S + \frac{8D^2}{3S} \ [\text{m}]$$

温度変化と電線実長	p.459 （11・3）

$$L_2 = L_1(1 + \alpha t) = L_1 + \alpha t L_1 \fallingdotseq L_1 + \alpha t S$$

電線の水平張力と支線張力	
	p.465 （11・6）

$$T = \frac{P}{\sin \theta} \ [\text{N}]$$

支線条数	p.468 （11・12）

$$n = \frac{TF}{t} \ [\text{条}]$$

Chapter ⑫ 管理および保護

柱上変圧器のタップ調整	p.477 （12・1）

$$二次側電圧 = 受電点電圧 \times \frac{105}{タップ電圧} \ [\text{V}]$$

Chapter ⑬ 電気材料

透磁率	p.509 （図13・2）

$$\frac{B}{H}$$

抵抗率 ρ と導電率 C	p.515 （13・1）

$$\rho = \frac{1}{58} \times \frac{100}{C} \ [\Omega \cdot \text{mm}^2/\text{m}]$$

用語索引

サ　行

タ　行

ナ 行

ハ　行

〈著者略歴〉

植地修也（うえじ しゅうや）
　平成 4 年　第一種電気主任技術者試験合格
　現　　在　（一財）中部電気保安協会

丹羽　拓（にわ　たく）
　平成 23 年　第一種電気主任技術者試験合格
　現　　在　中部電力パワーグリッド株式会社

完全マスター電験三種受験テキスト
電　力（改訂 4 版）

2008 年 4 月 20 日　　第 1 版第 1 刷発行
2014 年 4 月 25 日　　改訂 2 版第 1 刷発行
2019 年 4 月 25 日　　改訂 3 版第 1 刷発行
2023 年 11 月 30 日　　改訂 4 版第 1 刷発行

著　　者　植地修也
　　　　　丹羽　拓
発 行 者　村上和夫
発 行 所　株式会社 オーム社
　　　　　郵便番号　101-8460
　　　　　東京都千代田区神田錦町 3-1
　　　　　電話　03(3233)0641(代表)
　　　　　URL　https://www.ohmsha.co.jp/

© 植地修也・丹羽拓 2023

印刷　中央印刷　　製本　協栄製本
ISBN978-4-274-23130-8　Printed in Japan

本書の感想募集　https://www.ohmsha.co.jp/kansou/
本書をお読みになった感想を上記サイトまでお寄せください．
お寄せいただいた方には，抽選でプレゼントを差し上げます．